AF293837

DIE GRUNDLEHREN DER MATHEMATISCHEN WISSENSCHAFTEN

IN EINZELDARSTELLUNGEN MIT BESONDERER
BERÜCKSICHTIGUNG DER ANWENDUNGSGEBIETE

HERAUSGEGEBEN VON

J. L. DOOB · E. HEINZ · F. HIRZEBRUCH
E. HOPF · H. HOPF · W. MAAK · W. MAGNUS
F. K. SCHMIDT · K. STEIN

GESCHÄFTSFÜHRENDE HERAUSGEBER

B. ECKMANN UND B. L. VAN DER WAERDEN
ZÜRICH

BAND 59

SPRINGER-VERLAG
BERLIN · GÖTTINGEN · HEIDELBERG · NEW YORK
1964

VORLESUNGEN ÜBER ZAHLENTHEORIE

VON

HELMUT HASSE
O. PROFESSOR AN DER UNIVERSITÄT
IN HAMBURG

ZWEITE NEUBEARBEITETE AUFLAGE

MIT 28 ABBILDUNGEN

SPRINGER-VERLAG
BERLIN · GÖTTINGEN · HEIDELBERG · NEW YORK
1964

Geschäftsführende Herausgeber:

Prof. Dr. B. ECKMANN
Eidgenössische Technische Hochschule Zürich

Prof. Dr. B. L. VAN DER WAERDEN
Mathematisches Institut der Universität Zürich

ISBN 978-3-642-88679-9   ISBN 978-3-642-88678-2 (eBook)
DOI 10.1007/978-3-642-88678-2

Titelnummer 5042

Vorwort zur zweiten Auflage

Die zweite Auflage hat gegenüber der ersten nur wenige, räumlich begrenzte Änderungen erfahren.

Die numerischen Angaben über Mersennesche und Fermatsche Primzahlen in § 3,5,7 sowie zur Kummerschen Vermutung in § 20,6 wurden auf den neuesten Stand (August 1964) gebracht. Bei der Artinschen Vermutung in § 5,3, bei den Beziehungen zwischen Dirichletscher und natürlicher Dichte in § 14,4 und beim Beweis des Euler-Lagrangeschen Satzes in § 16,5 wurden Unstimmigkeiten berichtigt. Der Beweis des Minkowskischen Gitterpunktsatzes in § 17,5 wurde nach BIRKHOFF – BLICHFELDT – HLAWKA von dem auf Minkowski zurückgehenden Grenzprozeß befreit. Die Vorzeichenbestimmung der quadratischen Gaußschen Summe in § 20,5 wurde nach MORDELL durch eine rein algebraische Schlußweise ergänzt.

Einer Reihe von Anregungen aus Besprechungen der ersten Auflage wurde ganz oder teilweise stattgegeben. So wurde auf Vorschlag von E. HLAWKA in § 16,6 auf die vollständige Lösung des Problems der quadratischen Zahlkörper mit Euklidischem Algorithmus durch CHATLAND-DAVENPORT hingewiesen. Ferner wurden auf Vorschlag von P. T. BATEMAN in § 16,6 die in neuerer Zeit gegebenen elementaren Beweise des Dirichletschen Primzahlsatzes jedenfalls zitiert und dazu lehrbuchartige Darstellungen angeführt; gegen eine vollständige Wiedergabe sprach, daß diese Beweise wohl doch nicht das genügende Maß an Eleganz besitzen, „um den mathematischen Geschmack zu formen'', wie es L. J. MORDELL in seiner Besprechung als einen wesentlichen Vorzug meines Buches gepriesen hat. Schließlich wurden auf Vorschlag von E. S. SELMER die Literaturhinweise erheblich vermehrt; insbesondere wurde in § 16,6 der gewünschte Hinweis auf die epochemachenden Resultate von A. SELBERG gegeben.

Bei einigen weiteren Anregungen aus Besprechungen konnte ich mich zur Annahme nicht entschließen. So hatte L. J. MORDELL vorgeschlagen, in § 10 den von E. ARTIN vermuteten und von CL. CHEVALLEY bewiesenen Satz zu beweisen, daß eine Polynomkongruenz $f_r(x_1, \ldots, x_n) \equiv 0$ mod. p vom Grad $r < n$, wenn sie e i n e Lösung hat, dann auch noch eine w e i t e r e

Lösung besitzt. Mir schien dieser Satz nicht unter die Paragraphenüberschrift „Verteilungsfragen über quadratische Reste nach einer Primzahl" zu passen. Von einem hervorragenden Kenner der Wahrscheinlichkeitstheorie wurden die einleitenden Ausführungen in § 10,3 als nicht gelungen bezeichnet, weil sie mit den modernen Auffassungen und Begriffsbildungen dieser Theorie nicht im Einklang sind. Das ist ohne weiteres zuzugeben. Strenggenommen sollte man die gebrauchten Ausdrucksweisen aus der Wahrscheinlichkeitstheorie durch rein statistische Begriffsbildungen ersetzen. Doch sind hervorragende Zahlentheoretiker für die Beibehaltung dieser Ausführungen eingetreten, weil es bei ihnen weniger auf mathematische Präzision ankommt als vielmehr darauf, dem naiv eingestellten Leser in der vorliegenden Form ein leicht zugängliches, lebendiges Vorstellungsbild an die Hand zu geben. Daher habe ich mich entschlossen, im Gegenteil lediglich die bisherigen statistischen Ausdrucksweisen „Streuungsgesetz der Statistik" und „regellose Verteilung" durch die wahrscheinlichkeitstheoretischen Ausdrucksweisen „Streuungsgesetz für Zufallsgrößen" und „rein zufällige Verteilung" zu ersetzen. Man mag diese Ausdrucksweisen als bloße *façons de parler* für die bei ihrer Einführung angegebenen Eigenschaften des Fehlergliedes ansehen.

Allen meinen Kritikern möchte ich an dieser Stelle für das durchweg wohlwollende Interesse, das sie an meinem Buch genommen haben, und für die gegebenen Verbesserungsvorschläge meinen herzlichen Dank sagen.

Beim Lesen der Druckkorrekturen hat mich diesmal Herr E. MAUS in dankenswerter Weise unterstützt und mir wertvolle Hinweise gegeben. Mein Dank gebührt wiederum dem Verlag für sein entgegenkommendes Eingehen auf meine Wünsche und die gediegene Ausstattung des Buches.

Hamburg, im August 1964

H. HASSE

Vorwort zur ersten Auflage

Nachdem ich im Vorjahre mein Buch „Zahlentheorie" (Akademie-Verlag, Berlin) herausgebracht habe, lasse ich hier ein weiteres Buch „Vorlesungen über Zahlentheorie" folgen. Man wird nach der Existenzberechtigung dieses neuen Buches fragen.

Während die vorjährige „Zahlentheorie" eine systematische, handbuchartige Darstellung der Grundfragen der höheren Zahlentheorie, insbesondere der Arithmetik in algebraischen Zahl- und Funktionenkörpern, gibt, handelt es sich bei diesen „Vorlesungen" um eine nur geringfügig erweiterte Wiedergabe einer zweisemestrigen Kursusvorlesung von mehr einführendem Charakter, die ich in Göttingen 1939/40 und in Berlin 1948/49 gehalten habe. In früheren Jahren habe ich die Erfahrung gemacht, daß der streng-systematische, von algebraischen Strukturgesichtspunkten beherrschte Aufbau der Arithmetik in Zahl- und Funktionenkörpern dem erstmalig in die Zahlentheorie Eindringenden doch allzu große Schwierigkeiten macht. Um diese, auch historisch am Ende einer langen Entwicklung stehende, stark von abstrakten Begriffen durchdrungene Strukturtheorie voll verstehen und würdigen zu können, braucht man ganz naturgemäß eine gewisse Vertrautheit mit dem zugrunde liegenden konkreten Material in seiner ursprünglichen, unmittelbar faßlichen Form. Eine solche zu geben und damit einen hinreichend breiten Erfahrungsschatz für das Verständnis der abstrakten Begriffsbildungen und Strukturzusammenhänge in der Zahlentheorie zu vermitteln, ist Sinn und Ziel der vorliegenden „Vorlesungen".

Aus dieser Zielsetzung heraus habe ich im Gegensatz zu der „Zahlentheorie" hier eine mehr induktive Art der Darstellung gewählt. In jedem der vier Abschnitte des Buches führe ich von den einfachsten Anfängen ausgehend, im großen und ganzen der historischen Entwicklung folgend, an die moderne Auffassung und die tieferliegenden Fragestellungen heran. Dabei steigern sich die Anforderungen an den Leser jedesmal gegen Ende des Abschnittes. Auch läßt es sich bei dieser Form der Darstellung nicht vermeiden, daß früher schon berührte Dinge noch einmal in vertiefter Gestalt aufgerollt werden, um Neues daran anzuknüpfen. Solche Fortführungen oder Verallgemeinerungen werden nicht immer in allen Einzelheiten durchgeführt. Das Heranführen an die moderne Forschung endet vielfach mit Hinweisen auf die Zeitschriftenliteratur. Alles dies entspricht der Entstehung des Buches aus Vorlesungen, wo man ja so vorzugehen pflegt, und erscheint von dem vorschwebenden didaktischen Gesichtspunkt aus berechtigt.

Was die behandelte Materie betrifft, so habe ich großen Wert darauf gelegt, den Gegenstand der eigentlichen Zahlentheorie, nämlich Aussagen über die natürlichen Zahlen, in den Vordergrund zu stellen und theoretische Überlegungen und Ausspinnungen daran erwachsen zu lassen. Es entspricht dies meiner grundsätzlichen Überzeugung, daß ein Ergebnis der Zahlentheorie um so größeres Gewicht und Interesse hat, je mehr es unsere Kenntnisse über die Eigenschaften der natürlichen Zahlen bereichert. Um diese Gegenstandsnähe zu wahren, habe ich einige Dinge verarbeitet, die mehr oder weniger außerhalb des durch die Disposition gegebenen systematischen Rahmens stehen, so in Abschn. I die vollkommenen Zahlen, die Mersenneschen und die Fermatschen Primzahlen, ferner die Artinsche Vermutung über Primitivwurzeln, in Abschn. II Verteilungsfragen über quadratische Reste, in Abschn. IV die Einheitenberechnung durch Kettenbrüche, die rein-arithmetischen Klassenzahlformeln und die Kummersche Vermutung über kubische Restcharaktere. Ich darf mich der Hoffnung hingeben, hierdurch zu einer neuen Belebung dieser in der bisherigen Lehrbuchliteratur etwas vernachlässigten echt-zahlentheoretischen Fragestellungen beizutragen.

Zwischen den vier einzelnen Abschnitten besteht ein starker innerer Zusammenhang, wie das schon äußerlich in den zahlreichen Rück- und Vorverweisungen hervortritt. Insbesondere liegt das Bindeglied zwischen Abschn. II und dem auf den ersten Blick ganz heterogenen Abschn. III in dem durch DIRICHLET klassisch gewordenen Zusammenhang des Beweises seines Primzahlsatzes mit der Theorie der quadratischen Reste, und zwischen den Abschn. III und IV dann in der Verallgemeinerung dieses Zusammenhangs. Was diesen letzteren Punkt betrifft, so möchte ich hier folgendes bemerken. Die von mir in § 15,5 gegebene erste Einführung des für die höhere Zahlentheorie so grundlegenden Divisorbegriffs, die an die analytische Produktdarstellung des Produkts der Dirichletschen L-Reihen anknüpft, entspricht gewiß weder der historischen Entwicklung noch einer systematischen Begründung der Theorie der Divisoren. Sie hat aber den Vorteil, demjenigen, der analytische Formeln nicht nur als Mitteilungen über Größengleichheiten sondern als Gegenstände von organischem Bau zu betrachten liebt, den neu einzuführenden Begriff wenigstens in seinen formalen Beziehungen unmittelbar zu suggerieren und zugleich dem Kern des von DIRICHLET entdeckten Zusammenhangs zwischen Analysis und Zahlentheorie auf die Spur zu kommen. Was die im Anschluß daran ohne Beweise skizzierte allgemeine Arithmetik in algebraischen Zahlkörpern betrifft, so muß der Leser für ihr ausführliches Studium auf die systematische Darstellung in meiner „Zahlentheorie" verwiesen werden. In Abschn. IV wird nur der Spezialfall der quadratischen Zahlkörper ausführlich behandelt, und zwar nach der ganz zu Unrecht etwas in Vergessenheit geratenen KUMMERschen Methode, bei der wohl unter allen überhaupt bekannten Methoden die inhaltliche Definition des Divisors am meisten der zuvor gestellten Forderung der Gegenstandsnähe zu den natürlichen Zahlen entspricht. Im Sinne der ganzen Anlage des Buches wäre es konsequenter gewesen, diese Methode auch noch für den Fall der Kreisteilungskörper und ihrer Teilkörper auseinanderzusetzen, so wie es ja KUMMER selbst getan hat. Doch mußte ich darauf des beschränkten Raumes halber leider verzichten.

Schließlich möchte ich noch anführen, daß ich mir Mühe gegeben habe, möglichst suggestive Bezeichnungen zu verwenden und die auftretenden Formeln in möglichst organischer Gestalt zu schreiben, eben weil ich – wie schon gesagt – Formeln nicht lediglich als Mitteilungen von Größengleichheiten angesehen wissen möchte.

An Vorkenntnissen setze ich die Grundlagen der Algebra etwa in dem Umfange voraus, wie ich sie in meinen beiden Bändchen „Höhere Algebra" I, II* entwickelt habe, außerdem in Abschn. III die Anfangsgründe von Differential-, Integralrechnung und Reihenlehre, sowie in § 15,4 auch die Grundlagen der komplexen Funktionentheorie.

Beim Lesen des Manuskripts und der Korrektur haben mich die Herren W. KLOBE, R. KOCHENDÖRFFER, H. W. LEOPOLDT, C. MEYER, G. MITAS und Frl. G. BEYER in dankenswerter Weise unterstützt und mir viele wertvolle Hinweise gegeben. Mein Dank gebührt auch dem Springer-Verlag für sein bereitwilliges Eingehen auf alle meine Wünsche und die äußere Ausstattung des Buches in der altgewohnten Form.

Berlin, im März 1950

H. HASSE

---

* Slg. Göschen Bd. I, 5. Aufl. 1963; Bd. II, 4. Aufl. 1958.

Inhaltsverzeichnis

Erster Abschnitt

Grundlagen

§ 5. Die Struktur der primen Restklassengruppen

Zweiter Abschnitt

Quadratische Reste

§ 6. Definition, Reduktion, Kriterien

§ 7. Das quadratische Reziprozitätsgesetz: Elementarer Beweis

§ 8. Das quadratische Reziprozitätsgesetz: Beweis mit Gaußschen Summen

Vierter Abschnitt

Quadratische Zahlkörper

§ 16. Elementare Teilbarkeitslehre

§ 17. Divisorentheorie

§ 18. Bestimmung der Klassenzahl

Grundlagen

§ 1. Primzerlegung

1. Natürliche, ganze und rationale Zahlen

Gegenstand der elementaren Zahlentheorie sind in erster Linie die *natürlichen Zahlen* 1, 2, 3, ... Nach KRONECKER hat sie der liebe Gott geschaffen, nach DEDEKIND der menschliche Geist. Das ist je nach Weltanschauung ein unlösbarer Widerspruch oder ein und dasselbe. Für die Zahlentheorie ist es gleichgültig, wer die natürlichen Zahlen geschaffen hat. Sie stellt sich auf den Standpunkt, daß sie jedenfalls da sind und uns wohlbekannt sind.

Wir wollen etwas genauer sagen, was wir hier mit dem Wohlbekanntsein meinen. Wir setzen als bekannt voraus: 1. Die Definitionen und die Gesetze des Rechnens mit den natürlichen Zahlen nach den drei ersten elementaren Rechenoperationen (Addition, Subtraktion, Multiplikation) und auch nach der vierten (Division), soweit diese im Bereich der natürlichen Zahlen ausführbar sind, 2. die Definitionen und die Gesetze der Anordnung der natürlichen Zahlen nach ihrer Größe, 3. die zwischen dem Rechnen und der Anordnung bestehenden Gesetze (wie Größeres mit Größerem addiert oder multipliziert gibt Größeres).

Wir setzen hier ferner auch als bekannt voraus die Erweiterung des Bereichs der natürlichen Zahlen zu dem in bezug auf die ersten drei elementaren Rechenoperationen geschlossenen *Integritätsbereich* Γ *der ganzen Zahlen:*

$$\ldots, \ -3, \ -2, \ -1, \ 0, \ 1, \ 2, \ 3, \ldots$$

und dessen Erweiterung zu dem in bezug auf die vier elementaren Rechenoperationen geschlossenen *Körper* P *der rationalen Zahlen:*

$$0; \ \pm 1; \ \pm 2, \ \pm \frac{1}{2} \ ; \pm 3, \ \pm \frac{1}{3} \ ; \pm 4, \ \pm \frac{3}{2}, \ \pm \frac{2}{3}, \ \pm \frac{1}{4} \ ; \ldots,$$

sowie die Übertragung der Anordnung (einschließlich des absoluten Betrages) nebst ihren Gesetzen auf diese Erweiterungen.

---

1   Hasse, Zahlentheorie, 2. Aufl.

Die eingeführten Bezeichnungen Γ, P für den Bereich der ganzen bzw. rationalen Zahlen werden wir durchweg ohne jedesmalige neue Erklärung verwenden.

Für alle Existenzbeweise der Zahlentheorie grundlegend sind die folgenden beiden Prinzipien, die wir ebenfalls als bekannt voraussetzen:

Existenzprinzip. *In jeder nicht leeren Menge natürlicher Zahlen existiert eine kleinste natürliche Zahl.*

Dies Prinzip wird bei der bekannten Veranschaulichung der ganzen Zahlen als beiderseits unbegrenzte Folge äquidistanter Punkte auf einer Geraden (kurz: *Darstellung auf der Zahlgeraden*), die wir im folgenden gelegentlich heranziehen werden, unmittelbar einsichtig. Ebenso einsichtig und übrigens eine formale Folge davon ist, daß in jeder beschränkten nicht leeren Menge natürlicher Zahlen eine größte natürliche Zahl existiert.

Prinzip der vollständigen Induktion. *Ist eine Aussage, in der eine unbestimmte natürliche Zahl n vorkommt, richtig für $n = 1$, und folgt aus ihrer Richtigkeit für alle natürlichen Zahlen n' mit $1 \leq n' \leq n$ (oder auch nur für n) ihre Richtigkeit für $n + 1$, so ist die Aussage richtig für jede natürliche Zahl n.*

Bei der Anwendung dieses Prinzips wird oft statt des Bereichs der natürlichen Zahlen n der durch Hinzunahme der Zahl 0 erweiterte Bereich der ganzen Zahlen $n \geq 0$ zugrunde gelegt und die Induktion demnach mit $n = 0$ begonnen. Das ist nur eine formale Umgestaltung des Prinzips durch die Substitution $n \to n - 1$. Auch kommt es häufig vor, daß die in Rede stehende Aussage für den Anfangswert $n = 1$ bzw. $n = 0$ in trivialer Weise dadurch richtig ist, daß sie für diesen Wert leer ist. Solche Induktionsbeweise, bei denen also gar keine Anfangsfeststellung zu erbringen ist, gelten sogar als besonders elegant.

2. Elementare Teilbarkeitslehre

Wir betrachten zunächst nur den Integritätsbereich Γ. Alle vorkommenden Buchstaben sollen dabei Zahlen aus Γ bedeuten.

An der Spitze der elementaren Zahlentheorie steht die folgende *Definition der Teilbarkeit:*

b heißt *Teiler* von a, wenn $a = gb$ ist.

Der Nachdruck liegt dabei darauf, daß die in der letzteren Beziehung auftretende Zahl g zu Γ gehört (ganz ist); mit einer Zahl g aus P, nämlich $g = \frac{a}{b}$, läßt sich diese Beziehung ja stets erfüllen, wenn nur $b \neq 0$ ist. Auf Grund unserer vorangestellten Bezeichnungsverabredung konnten wir jedoch die Zusatzforderung, daß g ganz sein soll, unterdrücken.

Dafür, daß b Teiler von a ist, verwendet man die kurze *Bezeichnung:* $b \mid a$ (lies: b *teilt* a), Gegenteil $b \nmid a$ (lies: b *nicht-teilt* a).
Andere Ausdrucksweisen für $b \mid a$ sind:

 b ist *enthalten* in a, b *geht auf* in a,
 a ist *teilbar* durch b, a *enthält* b, a ist *Vielfaches* von b.

Die in der Definition auftretende Zahl g heißt der zu b *komplementäre Teiler* von a.

Über die Teilbarkeitsbeziehung gelten die folgenden Grundtatsachen, deren unmittelbar aus der Definition und den Eigenschaften von Γ fließende Beweise wir wohl nicht auszuführen brauchen:

$$a \mid a \text{ für jedes } a,$$

$$\left\{ \begin{array}{ll} b \mid 0 \text{ für jedes } b, & \pm 1 \mid a \text{ für jedes } a \\ 0 \mid a \text{ nur für } a = 0, & b \mid \pm 1 \text{ nur für } b = \pm 1 \end{array} \right\},$$

$$\text{aus } c \mid b, \ b \mid a \text{ folgt } c \mid a,$$

$$\left\{ \begin{array}{l} \text{aus } b \mid a \text{ folgt } cb \mid ca \text{ für jedes } c \\ \text{aus } cb \mid ca \text{ mit } c \neq 0 \text{ folgt } b \mid a \end{array} \right\},$$

$$\text{aus } b_1 \mid a_1, \ b_2 \mid a_2 \text{ folgt } b_1 b_2 \mid a_1 a_2,$$

$$\left\{ \begin{array}{l} \text{aus } b \mid a_1, \ b \mid a_2 \text{ folgt } b \mid a_1 \pm a_2 \\ \text{aus } b \mid a \qquad\quad \text{folgt } b \mid ca \text{ für jedes } c \\ \text{aus } b \mid a_1, \ b \mid a_2 \text{ folgt } b \mid c_1 a_1 + c_2 a_2 \text{ für beliebige } c_1, c_2 \\ \text{(und entsprechend für mehrgliedrige lineare Komposita)} \end{array} \right\}$$

$$\text{aus } b \mid a \text{ und } a \mid b \text{ folgt } b = \pm a \text{ (und umgekehrt).}$$

Jedes a hat die *trivialen Teiler* ± 1, $\pm a$. Die beiden ersteren ± 1 sind auch als die einzigen Teiler von 1 gekennzeichnet; sie heißen die *Einheiten* von Γ. Die beiden letzteren $\pm a$ entstehen aus a durch Multiplikation mit den Einheiten; sie werden zu a *assoziiert* genannt (Bezeichnung $\cong$). Wenn ein Teiler b eines $a \neq 0$ nicht zu a assoziiert ist, so redet man von einem *echten Teiler* b von a, Bezeichnung $b \mid\mid a$. Diese Beziehung ist (unter den gemachten Voraussetzungen $b \mid a$, $a \neq 0$) dann und nur dann erfüllt, wenn $|b| < |a|$ ist, oder auch wenn der zu b komplementäre Teiler g von a die Eigenschaft $|g| > 1$ hat.

Die natürlichen Zahlen a können, vom Standpunkte der vorstehend skizzierten Teilbarkeitslehre in Γ aus, als multiplikativ-abgeschlossener Teilbereich derart aufgefaßt werden, daß darin jedes Paar assoziierter (also im Sinne der Teilbarkeit gleichberechtigter) ganzer Zahlen $\pm a \neq 0$ genau einen Vertreter hat. Im Hinblick hierauf beschränken wir uns für den weiteren Ausbau der Teilbarkeitslehre zunächst auf den Teilbereich der natürlichen Zahlen, die ja sowieso der eigentliche Gegenstand der elementaren Zahlentheorie sind, und fügen erst später die einfachen Ergänzungen an, die beim Übergang zum vollen Integritätsbereich Γ erforderlich werden.

3. Die Primzahlen

Grundlegend für den weiteren Ausbau der Teilbarkeitslehre und überhaupt für die ganze Zahlentheorie ist die folgende Definition, die uns die Bausteine für den multiplikativen Aufbau der natürlichen Zahlen liefert.

Definition. *Eine natürliche Zahl p heißt Primzahl, wenn $p \neq 1$ ist und keine nicht-trivialen Teiler hat.*

An natürlichen Teilern sollen also nur die beiden trivialen $1, p$ vorhanden sein. Daß man die Einheit 1 nicht zu den Primzahlen rechnet, ist eine Konvention, die sich für die Formulierung fast aller zahlentheoretischen Gesetzlichkeiten als zweckmäßig erweist.

Wie man durch Probieren sofort feststellt, gibt es Primzahlen; ihre Folge beginnt mit $p = 2, 3, 5, 7, \ldots$ Ohne solches Probieren ergibt sich die Existenz von Primzahlen aus der folgenden Existenzaussage, die wir nachher noch anzuwenden haben werden.

Hilfssatz. *Jede natürliche Zahl $a > 1$ besitzt mindestens einen Primteiler p (d.h. eine Primzahl p mit $p \,|\, a$), und zwar ist der kleinste natürliche Teiler $p > 1$ von a Primzahl.*

Beweis. Wir betrachten die Menge $\mathfrak{M}$ aller natürlichen Teiler > 1 von a. Diese Menge $\mathfrak{M}$ ist nicht leer, da $a > 1$ und ein Teiler von a, also in $\mathfrak{M}$ enthalten ist. Nach dem Existenzprinzip in **1** existiert daher in $\mathfrak{M}$ eine kleinste natürliche Zahl p, die also als der kleinste natürliche Teiler $p > 1$ von a gekennzeichnet ist. Wäre p keine Primzahl, so besäße p einen nicht-trivialen Teiler q. Wegen der Transitivität in $q \,|\, p \,|\, a$ wäre q auch Teiler von a; wegen $q > 1$ gehörte daher q zu $\mathfrak{M}$. Wegen $q < p$ ist das aber ein Widerspruch zur minimalen Wahl von p in $\mathfrak{M}$.

Von ganz anderer Art als der damit bewiesene Hilfssatz ist die folgende Existenzaussage, die sich – ebenso wie der erste Teil des Hilfssatzes – bereits in dem Kompendium der klassischen griechischen Mathematik, den „Elementen" von EUKLID (Buch IX, Satz 20), mit dem nachstehend ausgeführten Beweis findet.

Satz von Euklid[1]. *Die Folge der Primzahlen bricht nicht ab, es gibt also unendlich viele Primzahlen.*

Beweis. Es wird gezeigt – und so lautet auch die Formulierung bei Euklid –, daß es zu jeder vorgelegten Menge von Primzahlen $p_1, \ldots, p_n$ in endlicher Anzahl n eine weitere Primzahl p_{n+1} gibt. Dazu bildet man die natürliche Zahl

$$a = p_1 \cdots p_n + 1.$$

---

[1] Diese üblich gewordene Benennung soll nicht sagen, daß Euklid der Entdecker des Satzes ist; dieser ist vielmehr nicht bekannt.

Da $a > 1$ ist, besitzt a nach dem vorangestellten Hilfssatz mindestens einen Primteiler p_{n+1}. Dieser ist von $p_1, \ldots, p_n$ verschieden; denn sonst wäre $p_{n+1} | p_1 \cdots p_n$, was mit $p_{n+1} | a$ zusammen den Widerspruch $p_{n+1} | 1$ zur Folge hätte.

Bemerkung. Es ist interessant festzustellen, daß dieses Schlußverfahren bereits mit der Anzahl $n = 0$ begonnen werden kann, also ohne daß man überhaupt eine Primzahl kennt. Man muß dazu nur die formale Konvention treffen, daß ein Produkt $p_1 \cdots p_n$ aus n Faktoren im Spezialfall $n = 0$ den Wert 1 haben soll (ebenso wie man unter einer Summe $a_1 + \cdots + a_n$ von n Summanden im Spezialfall $n = 0$ üblicherweise den Wert 0 versteht). Für $n = 0$ wird dann in obigem Beweis $a = 1 + 1 = 2$, und das liefert nach dem Hilfssatz die kleinste Primzahl $p_1 = 2$. Bei Fortsetzung des Verfahrens erhält man im zweiten Schritt aus $a = 2 + 1 = 3$ die zweitkleinste Primzahl $p_2 = 3$, im dritten Schritt jedoch aus $a = 2 \cdot 3 + 1 = 7$ nicht die drittkleinste Primzahl 5, sondern $p_3 = 7$, im vierten Schritt aus $a = 2 \cdot 3 \cdot 7 + 1 = 43$ schon $p_4 = 43$, und so fortlaufend eine Folge von Primzahlen p_n, die übrigens nicht notwendig monoton anzuwachsen braucht, weil die auftretenden Zahlen a nicht notwendig, wie in den ersten Schritten, selbst Primzahlen sind. So ist bereits im nächsten, fünften Schritt $a = 2 \cdot 3 \cdot 7 \cdot 43 + 1 = 1807 = 13 \cdot 139$, also (bei Wahl des kleinsten Primfaktors) $p_5 = 13$.

Man kann den Euklidischen Schluß ausnutzen, um eine wenn auch rohe obere Abschätzung für die n-te Primzahl p_n, jetzt in der natürlichen Folge aller Primzahlen verstanden, zu gewinnen. Setzt man nämlich diesen Schluß mit den n ersten Primzahlen $p_1, \ldots, p_n$ an, so lehrt er, daß die $(n + 1)$-te Primzahl p_{n+1} höchstens gleich dem kleinsten Primteiler der Zahl $p_1 \cdots p_n + 1$ ist. Hieraus ergibt sich nach dem Prinzip der vollständigen Induktion in **1** die Abschätzung:

$$p_n \leq 2^{2^{n-1}} \text{ für jedes } n \geq 1 .$$

Wir erwähnen hier auch noch eine andere, auf den ersten Blick überraschende Tatsache, daß nämlich in der Folge $p_1, p_2, \ldots$ aller Primzahlen Lücken von beliebig großer Länge $n \geq 1$ auftreten. In der Tat ist unter den n aufeinanderfolgenden natürlichen Zahlen

$$(n + 1)! + 2, \ldots, (n + 1)! + (n + 1)$$

keine eine Primzahl, da ja in ihnen der Reihe nach die Zahlen

$$2, \ldots, n + 1$$

als echte Teiler enthalten sind.

Die größte derzeit (August 1964) bekannte Primzahl ist $2^{11213} - 1$ (§ 3,5).

4. Fundamentalsatz der elementaren Zahlentheorie

Wir beweisen nunmehr den Fundamentalsatz der elementaren Zahlentheorie, der feststellt, daß die Primzahlen in der Tat, wie bei ihrer Definition angekündigt, die Bausteine für den multiplikativen Aufbau der natürlichen Zahlen sind.

Satz von der eindeutigen Primzerlegung. *Jede natürliche Zahl a besitzt eine Darstellung*

$$a = p_1 \cdots p_n$$

als Produkt einer Anzahl $n \geq 0$ von (nicht notwendig verschiedenen) Primzahlen $p_1, \ldots, p_n$, und von der willkürlichen Reihenfolge der Faktoren abgesehen auch nur eine solche Darstellung.

Dabei ist im Sinne der in **3** getroffenen Verabredung auch $n = 0$ zugelassen, um die Zahl $a = 1$ einzuschließen.

Die eindeutige Darstellung $a = p_1 \cdots p_n$ heißt die *Primzahlzerlegung* oder kürzer *Primzerlegung* von a.

Beweis: Wir beweisen die beiden Aussagen des Satzes, nämlich a) die Existenz und b) die Eindeutigkeit der Zerlegung, einem in neuerer Zeit von ZERMELO gegebenen Gedanken folgend, durch vollständige Induktion nach a.

Für $a = 1$ ist die Existenzaussage mit $n = 0$ trivialerweise richtig, und auch die Eindeutigkeitsaussage stimmt, weil jedes Primzahlprodukt $p_1 \cdots p_n$ mit $n \geq 1$ sicher > 1 ist.

Sei $a > 1$, und sei vorausgesetzt, daß beide Aussagen für alle natürlichen Zahlen $a' < a$ zutreffen. Wir zeigen, daß sie dann auch für a zutreffen.

a) *Existenz.* Nach dem Hilfssatz aus **3** besitzt a mindestens einen Primteiler p. Es besteht dann eine Zerlegung

$$a = p\,b$$

mit natürlichem b, und dabei ist $1 \leq b < a$. Nach der Induktionsvoraussetzung hat daher b eine Primzerlegung:

$$b = p_1 \cdots p_r \quad (r \geq 0).$$

Damit ergibt sich auch für a eine Primzerlegung:

$$a = p\,p_1 \cdots p_r.$$

b) *Eindeutigkeit.* Nach der Induktionsvoraussetzung ist ferner die Primzerlegung von b eindeutig. Daher besitzt a jedenfalls keine andere Primzerlegung, in der p als ein Primfaktor vorkommt; in jeder etwa vorhandenen weiteren Primzerlegung von a können also nur Primfaktoren $\neq p$ vorkommen.

Angenommen, es gäbe eine solche weitere Primzerlegung

$$a = q\,q_1 \cdots q_s,$$

die wir unter Hervorhebung eines Primfaktors q auch in der Form

$$a = qc$$

mit

$$c = q_1 \cdots q_s \quad (s \geqq 0)$$

schreiben. Wie gesagt, ist dabei notwendig $q \neq p$, und es kann ohne Einschränkung sogar $q > p$ angenommen werden; letzteres ist von selbst erfüllt, wenn vorher p nach dem Beweis des Hilfssatzes in 3 eindeutig als der kleinste natürliche Teiler > 1 von a gewählt wird. Ferner sind notwendig auch $q_1, \ldots, q_s \neq p$.

Wir bilden dann die ganze Zahl

$$a' = a - pc = \begin{vmatrix} p\,(b - c) \\ (q - p)\,c \end{vmatrix}.$$

Wegen $q > p$ ist a' eine natürliche Zahl, und wegen $a' = a - pc$ ist $a' < a$. Auch die Faktoren $b - c$, $q - p$, c von a sind natürliche Zahlen $< a$. Nach der Induktionsvoraussetzung besitzen daher a', $b - c$, $q - p$, c sämtlich eindeutige Primzerlegungen. Die Gleichung $a' = p\,(b - c)$ lehrt nun, daß in der Primzerlegung von a' der Primfaktor p vorkommt. Aus der Gleichung $a' = (q - p)\,c$ folgt daher, daß der Primfaktor p auch in der Primzerlegung von $q - p$ oder in der Primzerlegung von c vorkommt. In der Primzerlegung von $c = q_1 \cdots q_s$ kommt aber p nicht vor; denn es war ja schon festgestellt, daß $q_1, \ldots, q_s \neq p$ sind. Somit müßte p in der Primzerlegung von $q - p$ vorkommen; es wäre also $p \,|\, q - p$. Zusammen mit $p \,|\, p$ und auf Grund der Additionsbeziehung $(q - p) + p = q$ ergäbe das die Teilbarkeitsbeziehung $p \,|\, q$, und wegen $p < q$ sogar $p \,||\, q$. Das ist aber ein Widerspruch zur Primzahleigenschaft von q. Demnach ist die gemachte Annahme einer weiteren Primzerlegung von a unzutreffend, d.h. die Primzerlegung von a ist eindeutig.

Damit sind die beiden Aussagen des Satzes durch vollständige Induktion bewiesen.

5. Ausbau des Fundamentalsatzes

Wir geben jetzt drei mehr oder weniger formale Abrundungen des Fundamentalsatzes der elementaren Zahlentheorie. Die erste faßt die in der Primzerlegung auftretenden Primfaktoren zu Potenzen verschiedener Primzahlen zusammen; die zweite bezieht die negativen ganzen Zahlen und die dritte auch die gebrochenen rationalen Zahlen ein.

I. **Zusammenfassung zu Potenzen.** *Jede natürliche Zahl a besitzt eine und von der Reihenfolge abgesehen auch nur eine Darstellung*

$$a = p_1^{\alpha_1} \cdots p_r^{\alpha_r}$$

als Potenzprodukt einer Anzahl $r \geqq 0$ verschiedener Primzahlen $p_1, \ldots, p_r$ mit natürlichen Exponenten $\alpha_1, \ldots, \alpha_r$.

Diese Formulierung des Fundamentalsatzes ergibt sich ohne weiteres aus der in **4** gegebenen, indem man die einander gleichen Primfaktoren p_i zu Potenzen $p_i^{\alpha_i}$ mit natürlichen Exponenten α_i zusammenfaßt. Diese Exponenten α_i sind als die *Vielfachheiten* des Vorkommens der verschiedenen Primzahlen p_i in der Primzerlegung von a eindeutig bestimmt. Man kann auch noch die Reihenfolge der Primzahlpotenzfaktoren durch eine Normierungsvorschrift eindeutig festlegen, nämlich durch die Vorschrift

$$p_1 < \cdots < p_r$$

(natürliche Anordnung der Primfaktoren), und redet in diesem Sinne gelegentlich von der *kanonischen Zerlegung* von a.

Für unsere Zwecke — und überhaupt für die ganze Zahlentheorie einschließlich ihrer höheren, in diesen Vorlesungen nicht behandelten Teile – ist jedoch eine andersartige formale Abrundung der Formulierung I grundlegend. Diese geht von folgender Auffassung aus. Bei gegebener natürlicher Zahl a zerfällt nach dem Fundamentalsatz die Menge $\mathfrak{P}$ aller Primzahlen in zwei zueinander komplementäre Teilmengen, nämlich die Menge $\mathfrak{P}_a$ der in der Primzerlegung von a vorkommenden Primzahlen und die Menge $\mathfrak{Q}_a$ der in der Primzerlegung von a nicht vorkommenden Primzahlen. Die Teilmenge $\mathfrak{P}_a$ ist nach dem Fundamentalsatz endlich, die Teilmenge $\mathfrak{Q}_a$ also nach dem Satz von Euklid unendlich. Nach I ist ferner durch a für jede der endlich vielen Primzahlen p_i aus $\mathfrak{P}_a$ eindeutig ein natürlicher Exponent α_i bestimmt, nämlich die Vielfachheit des Vorkommens von p_i in der Primzerlegung von a. Die letztere Begriffsbildung läßt sich nun sinnvoll auch auf die unendlich vielen Primzahlen q aus $\mathfrak{Q}_a$ ausdehnen: diese kommen in der Primzerlegung von a sämtlich mit der Vielfachheit 0 vor. Zusammengenommen bestimmt also a für jede Primzahl p aus der vollen Menge $\mathfrak{P}$ eindeutig eine ganze Zahl $\alpha_p \geqq 0$, die Vielfachheit des Vorkommens von p in der Primzerlegung von a. Wir fassen die Gesamtheit dieser Werte α_p als eine durch a bestimmte nicht negative Funktion in der Menge $\mathfrak{P}$ aller Primzahlen p als Argumente auf. Sie hat die besondere Eigenschaft, daß für nur endlich viele Argumente p der Funktionswert $\alpha_p > 0$ ist.

Die Primzerlegung von a läßt sich dann in der Form eines formal unendlichen Produktes

$$a = \prod_{p \ \text{in} \ \mathfrak{P}} p^{\alpha_p}$$

über alle Primzahlen p aus $\mathfrak{P}$ schreiben. Denn die endlich vielen $p = p_i$ aus der Teilmenge $\mathfrak{P}_a$ liefern ja durch ihre Beiträge $p^{\alpha_p} = p_i^{\alpha_i}$ nach I bereits das Produkt a, und durch die formal hinzugenommenen unendlich vielen $p = q$ aus Ω_a mit den Beiträgen $p^{\alpha_p} = q^0 = 1$ wird daran nichts geändert. Wir bezeichnen im folgenden ein über die Menge $\mathfrak{P}$ aller Primzahlen p erstrecktes Produkt durchweg kurz mit $\prod\limits_p$. Nach alledem können wir dem Fundamentalsatz statt I auch die folgende Formulierung geben:

I'. *Jede natürliche Zahl a besitzt eine Darstellung*

$$a = \prod_p p^{\alpha_p}$$

mit einem durch a eindeutig bestimmten, den Primzahlen p zugeordneten System ganzzahliger Exponenten α_p mit den Eigenschaften:

$$\alpha_p \geqq 0 \ \textit{für jedes } p,$$
$$\alpha_p > 0 \ \textit{für nur endlich viele } p.$$

Umgekehrt bestimmt jedes ganzzahlige Exponentensystem α_p mit diesen Eigenschaften durch die Produktformel in I' eindeutig eine natürliche Zahl a. Demnach entsprechen sich die natürlichen Zahlen a und die ganzzahligen Exponentensysteme α_p mit den angegebenen Eigenschaften durch die Produktformel in I' umkehrbar eindeutig.

Der Vorteil dieser Auffassung und der formalen Schreibweise I' des Fundamentalsatzes gegenüber I tritt in Erscheinung, wenn man die Multiplikation der natürlichen Zahlen betrachtet. Sind

$$a = \prod_p p^{\alpha_p}, \qquad\qquad b = \prod_p p^{\beta_p}$$

zwei natürliche Zahlen in ihrer eindeutigen Primzerlegung, so erhält man die eindeutige Primzerlegung ihres Produktes ersichtlich in der Gestalt

$$a\,b = \prod_p p^{\alpha_p + \beta_p},$$

also, indem man die den Faktoren a, b entsprechenden Exponentensysteme α_p, β_p gliedweise (d.h. als Funktionen von p) addiert.

II. Einbeziehung der negativen ganzen Zahlen (Integritätsbereich Γ). *Jede ganze Zahl $a \neq 0$ besitzt eine und von der Reihenfolge abgesehen auch nur eine Darstellung*

$$a = \varepsilon\, p_1^{\alpha_1} \cdots p_r^{\alpha_r}$$

als Potenzprodukt eines Einheitsfaktors $\varepsilon = \pm 1$ und einer Anzahl $r \geqq 0$ verschiedener Primzahlen $p_1, \ldots, p_r$ mit natürlichen Exponenten $\alpha_1, \ldots, \alpha_r$.

Diese Verallgemeinerung von I ist auf Grund der Entstehung der negativen ganzen Zahlen aus den natürlichen Zahlen ohne weiteres klar, sowohl was die Existenz als auch was die Eindeutigkeit der Zerlegung betrifft. Analog zu I' läßt sie sich auch so formulieren.

II'. *Jede ganze Zahl $a \neq 0$ besitzt eine Darstellung*

$$a = \varepsilon \prod_p p^{\alpha_p}$$

mit einem durch a eindeutig bestimmten Einheitsfaktor $\varepsilon = \pm 1$ und einem durch a eindeutig bestimmten, den Primzahlen p zugeordneten System ganzzahliger Exponenten α_p mit den Eigenschaften:

$$\alpha_p \geqq 0 \text{ für jedes } p,$$

$$\alpha_p > 0 \text{ für nur endlich viele } p.$$

Umgekehrt bestimmt jedes ganzzahlige Exponentensystem α_p mit diesen Eigenschaften zusammen mit jedem Einheitsfaktor ε durch die Produktformel in II' eindeutig eine ganze Zahl $a \neq 0$.

Sind

$$a = \varepsilon \prod_p p^{\alpha_p}, \qquad\qquad b = \eta \prod_p p^{\beta_p}$$

zwei ganze Zahlen $\neq 0$ in dieser eindeutigen Darstellung, so erhält man die eindeutige Darstellung ihres Produktes ersichtlich in der Gestalt

$$a\,b = \varepsilon\,\eta \prod_p p^{\alpha_p + \beta_p},$$

also, indem man die den Faktoren a, b entsprechenden Einheitsfaktoren ε, η multipliziert und die Exponentensysteme α_p, β_p gliedweise addiert.

III. Einbeziehung der gebrochenen rationalen Zahlen (Körper P). *Jede rationale Zahl $a \neq 0$ besitzt eine und von der Reihenfolge der Faktoren in Zähler und Nenner abgesehen auch nur eine Darstellung der Gestalt*

$$a = \varepsilon \frac{p_1^{\alpha_1} \cdots p_r^{\alpha_r}}{q_1^{\beta_1} \cdots q_s^{\beta_s}},$$

wo $\varepsilon = \pm 1$ ist, die p_i, q_j verschiedene Primzahlen in Anzahlen r, $s \geqq 0$ und die α_i, β_j natürliche Exponenten sind.

Da wir an dieser Stelle unseres Aufbaus der elementaren Zahlentheorie noch nicht über den Satz von der Existenz und Eindeutigkeit der Darstellung jeder rationalen Zahl $a \neq 0$ als reduzierter (unkürzbarer) Bruch verfügen, diesen Satz vielmehr erst mittels der hier entwickelten Theorie der eindeutigen Primzerlegung im folgenden § 2 beweisen wollen, ist die ausgesprochene Verallgemeinerung von II nicht ohne weiteres auf Grund der Entstehung der gebrochenen rationalen Zahlen aus den ganzen Zahlen klar, bedarf vielmehr eines Beweises.

Beweis. Auf Grund der Konstruktion der rationalen Zahlen aus den ganzen Zahlen besitzt jede rationale Zahl $a \neq 0$ mindestens eine Darstellung der Form

$$a = \varepsilon \frac{A}{B}$$

mit einem Einheitsfaktor ε und natürlichen Zahlen A, B. Für die letzteren denken wir uns ihre eindeutigen Primzerlegungen gemäß I eingesetzt und nach den Rechenregeln für die rationalen Zahlen die gemeinsamen Primfaktoren aus Zähler und Nenner weggehoben. So erhalten wir eine Darstellung der behaupteten Art; wir schreiben sie kurz als

$$a = \varepsilon \, \frac{P}{Q}\,,$$

wo also

$$P = p_1^{\alpha_1} \cdots p_r^{\alpha_r}, \quad Q = q_1^{\beta_1} \cdots q_s^{\beta_s}$$

Potenzprodukte von sämtlich verschiedenen Primzahlen p_i, q_j in Anzahlen r, $s \geq 0$ sind. Sei nun

$$a = \varepsilon' \, \frac{P'}{Q'}$$

eine weitere derartige Darstellung. Dann hat man nach der Gleichheitsregel für die rationalen Zahlen

$$\varepsilon P Q' = \varepsilon' P' Q\,.$$

Wegen der Eindeutigkeit in der Primzerlegung II der ganzen Zahlen folgt hieraus einerseits $\varepsilon = \varepsilon'$ und andererseits, daß die Primfaktoren von P, weil sie von denen von Q durchweg verschieden sind, unter denen von P' vorkommen (einschließlich ihrer Vielfachheiten) und ebenso umgekehrt die von P' unter denen von P, so daß also $P = P'$ und dann auch $Q = Q'$ ist. Damit ist die Existenz und Eindeutigkeit der behaupteten Darstellung bewiesen.

Analog zu II′ ergibt sich jetzt ohne weiteres die folgende Formulierung:

III′. *Jede rationale Zahl $a \neq 0$ besitzt eine Darstellung*

$$a = \varepsilon \prod_p p^{\alpha_p}$$

mit einem durch a eindeutig bestimmten Einheitsfaktor $\varepsilon = \pm 1$ und einem durch a eindeutig bestimmten, den Primzahlen p zugeordneten System ganzzahliger Exponenten α_p mit der Eigenschaft:

$$\alpha_p \neq 0 \;\; \textit{für nur endlich viele } p.$$

Umgekehrt bestimmt jedes ganzzahlige Exponentensystem mit dieser Eigenschaft zusammen mit jedem Einheitsfaktor durch die Produktformel in III′ eindeutig eine rationale Zahl $a \neq 0$.

Sind

$$a = \varepsilon \prod_p p^{\alpha_p}\,, \qquad\qquad b = \eta \prod_p p^{\beta_p}$$

zwei rationale Zahlen $\neq 0$ in dieser eindeutigen Darstellung, so erhält man die eindeutigen Darstellungen ihres Produktes und ihres Quotienten ersichtlich in der Gestalt

$$a\,b = \varepsilon\,\eta\,\prod_p p^{\alpha_p + \beta_p}\,, \qquad \frac{a}{b} = \frac{\varepsilon}{\eta}\,\prod p^{\alpha_p - \beta_p}\,,$$

also, indem man die den Faktoren a, b entsprechenden Einheitsfaktoren ε, η multipliziert bzw. dividiert und die Exponentensysteme α_p, β_p addiert bzw. subtrahiert.

Wir nennen die in II′ für die $a \neq 0$ aus Γ, in III′ für die $a \neq 0$ aus P gegebene eindeutige Darstellung $a = \varepsilon \prod_p p^{\alpha_p}$ kurz die *Primzerlegung der ganzen* bzw. *rationalen Zahlen*. Kommt es auf den Einheitsfaktor ε (das Vorzeichen von a) nicht an, so schreiben wir dafür kürzer $a \cong \prod_p p^{\alpha_p}$, unter Verwendung des in **2** eingeführten Zeichens $\cong$ für die Assoziiertheit.

Formal besteht der einzige Unterschied zwischen den Formulierungen II′ für Γ und III′ für P darin, daß die in II′ auftretende Eigenschaft „$\alpha_p \geq 0$ für jedes p" des Exponentensystems in III′ wegfällt. Betrachtet man also den Integritätsbereich Γ als Teilbereich des Körpers P, so sind die Zahlen $a \neq 0$ aus Γ unter den sämtlichen Zahlen $a \neq 0$ aus P dadurch gekennzeichnet, daß in ihrer Primzerlegung alle Exponenten $\alpha_p \geq 0$ sind: jede Zahl $a \neq 0$ aus Γ hat diese Eigenschaft, und jede Zahl $a \neq 0$ aus P mit dieser Eigenschaft gehört zu Γ. Diese Kennzeichnung der ganzen unter allen rationalen Zahlen sei ihrer grundsätzlichen Bedeutung wegen als besonderer Satz formuliert:

Ganzheitssatz. *Eine rationale Zahl $a \neq 0$ ist dann und nur dann ganz, wenn in ihrer Primzerlegung $a \cong \prod_p p^{\alpha_p}$ alle Exponenten $\alpha_p \geq 0$ sind.*

6. Irrationalität der n-ten Wurzeln ganzer Zahlen

Als Anwendung der Primzerlegung der rationalen Zahlen behandeln wir die Frage, wann eine rationale und insbesondere eine ganze Zahl $a \neq 0$ die n-te Potenz einer rationalen Zahl $b \neq 0$ ist, wo n eine gegebene natürliche Zahl ist.

Die Gleichung $a = b^n$ ist, wenn man a, b wie oben in ihrer Primzerlegung ansetzt, wegen deren Eindeutigkeit gleichbedeutend mit dem gleichzeitigen Bestehen der Beziehungen

$$\varepsilon = \eta^n\,, \quad \alpha_p = n\beta_p \quad \text{für alle } p.$$

Damit diese Beziehungen bei gegebenen ε, α_p mit den Eigenschaften aus III′ eine Lösung η, β_p mit ebenfalls diesen Eigenschaften haben, ist ersichtlich notwendig und hinreichend, daß folgende Bedingungen erfüllt sind:

$$\varepsilon = 1, \text{ falls } n \text{ gerade}; \quad n \mid \alpha_p \text{ für alle } p.$$

Die letzten Bedingungen sind nicht-trivial nur für die endlich vielen p mit $\alpha_p \neq 0$.

Wird insbesondere a als ganze Zahl vorausgesetzt, so daß alle $\alpha_p \geq 0$ sind, so werden auch die $\beta_p \geq 0$, d.h. es ist dann notwendig auch b ganz.

Damit ist bewiesen:

IV. *Damit eine rationale Zahl $a \neq 0$ die n-te Potenz einer rationalen Zahl $b \neq 0$ ist, ist notwendig und hinreichend, daß $a > 0$ im Falle eines geraden n ist und daß alle Primzahlen p in der Primzerlegung von a zu durch n teilbaren Exponenten vorkommen.*

Ist a ganz, so ist notwendig auch b ganz.

Der Nachdruck in diesem Ergebnis liegt auf der letzten Aussage. Umgekehrt gewendet stellt diese fest, daß eine ganze Zahl $a \neq 0$, die nicht n-te Potenz einer ganzen Zahl ist, auch nicht n-te Potenz einer rationalen Zahl ist, so daß dann also die (im Körper der reellen oder komplexen Zahlen vorhandenen) Zahlen $\sqrt[n]{a}$ irrational sind. Speziell sind so für $n > 1$ alle $\sqrt[n]{\pm p}$ mit Primzahlen p irrational, ebenso auch alle $\sqrt[n]{\pm p_1 \cdots p_r}$ mit $r \geq 1$ verschiedenen Primzahlen $p_1, \ldots, p_r$.

§ 2. Größter gemeinsamer Teiler

1. Kriterium für Teilbarkeit und Primteiler

Dem weiteren Ausbau der in § 1,2 skizzierten Teilbarkeitslehre im Integritätsbereich Γ der ganzen Zahlen stellen wir ein Teilbarkeitskriterium voran, das sich ohne weiteres aus dem Ganzheitssatz in § 1,5 ergibt.

Kriterium für Teilbarkeit. *Es seien*

$$a \cong \prod_p p^{\alpha_p}, \quad \alpha_p \geq 0, \qquad \text{nur endlich viele } \alpha_p > 0,$$

$$b \cong \prod_p p^{\beta_p}, \quad \beta_p \geq 0, \qquad \text{nur endlich viele } \beta_p > 0,$$

zwei ganze Zahlen $\neq 0$ in Primzerlegung. Dann und nur dann ist $b \mid a$, wenn $\beta_p \leq \alpha_p$ für alle p ist.

Denn $b \mid a$ ist definitionsgemäß gleichbedeutend damit, daß

$$\frac{a}{b} \cong \prod_\alpha p^{\alpha_p - \beta_p}$$

ganz ist, und dies wiederum nach dem Ganzheitssatz damit, daß alle $\alpha_p - \beta_p \geq 0$ sind.

Um zu erreichen, daß dieses Teilbarkeitskriterium auch richtig bleibt, wenn $a = 0$ oder $b = 0$ ist, führen wir formal eine Primzerlegung auch für die Zahl 0 ein. Die Zahl 0 hat die Eigenschaft $b\,|\,0$ für alle ganzen b. Setzt man also an $0 \cong \prod\limits_{p} p^{\nu_p}$, so ist zur Gültigkeit des Kriteriums auch für $a = 0$ zu fordern, daß das Exponentensystem ν_p die Eigenschaft $\beta_p \leq \nu_p$ für jedes mögliche Exponentensystem β_p einer ganzen Zahl hat. Dies ist dann und nur dann erfüllt, wenn alle $\nu_p = \infty$ sind. Demgemäß definieren wir formal:

$$0 \cong \prod_{p} p^{\infty}.$$

Bei dieser Definition bleibt das Teilbarkeitskriterium für $a = 0$ gültig, aber auch für $b = 0$; denn entsprechend der Tatsache, daß $0\,|\,a$ nur für $a = 0$ gilt, haben die Exponentenbeziehungen $\infty \leq \alpha_p$ nur die Lösung $\alpha_p = \infty$.

Die hinzugenommene Primzerlegung der Zahl 0, in der alle Exponenten ∞ sind, stellen wir gegenüber der Primzerlegung

$$\pm\,1 \cong \prod_{p} p^{0}$$

der Einheiten $\pm\,1$, in der alle Exponenten 0 sind. Im Sinne der Teilbarkeit sind – anders als der natürlichen Anordnung oder dem absoluten Betrage nach – die Zahlen $\pm\,1$ und 0 unter allen ganzen Zahlen a am kleinsten bzw. am größten, wie das in den Teilbarkeitsbeziehungen $\pm\,1\,|\,a\,|\,0$ für alle ganzen a zum Ausdruck kommt, und diese Minimal- bzw. Maximaleigenschaft spiegelt sich in den ganzzahligen nicht-negativen Exponentensystemen α_p der Primzerlegung durch das Vorliegen der kleinstmöglichen Werte 0 bzw. größtmöglichen Werte ∞ wider.

Als wichtige Folge aus dem Teilbarkeitskriterium heben wir hervor:

Kriterium für Primteiler. *Die Primteiler p einer ganzen Zahl a, d.h. die in a aufgehenden Primzahlen p, sind auch als diejenigen Primzahlen p gekennzeichnet, deren in der Primzerlegung von a zugeordnete Exponenten $\alpha_p > 0$ sind.*

Denn nach dem Teilbarkeitskriterium ist die Beziehung $p\,|\,a$ für eine Primzahl p gleichbedeutend damit, daß der eine, p in der Primzerlegung von a zugeordnete Exponent $\alpha_p \geq 1$ ist.

2. Definition des größten gemeinsamen Teilers

Wir wenden uns jetzt der Aufgabe zu, eine Übersicht über alle gemeinsamen Teiler x zweier ganzer Zahlen a, b zu gewinnen.

Dazu setzen wir a, b wie im Teilbarkeitskriterium in Primzerlegung an, und entsprechend auch die zu bestimmenden

$$x \cong \prod_{p} p^{\xi_p}.$$

Nach dem Teilbarkeitskriterium ist dann und nur dann gleichzeitig
$x \mid a$, $x \mid b$, wenn gleichzeitig $\xi_p \leq \alpha_p$, $\xi_p \leq \beta_p$ für alle p ist, oder also wenn
$\xi_p \leq \mathrm{Min}\,(\alpha_p, \beta_p)$ für alle p ist. Sind nun a, b nicht beide 0, so ist

$$\delta_p = \mathrm{Min}\,(\alpha_p, \beta_p)$$

ein ganzzahliges Exponentensystem mit den beiden Eigenschaften:

$$\delta_p \geq 0 \text{ für jedes } p,$$

$$\delta_p > 0 \text{ für nur endlich viele } p,$$

definiert also eine natürliche Zahl

$$d = \prod_p p^{\delta_p}$$

in Primzerlegung. Diese hat ihrer Konstruktion nach die folgenden
beiden Eigenschaften:

(1.) $d \mid a$, $d \mid b$,

(2.) aus $x \mid a$, $x \mid b$ folgt $x \mid d$ (und umgekehrt).

Sie ist überdies durch diese beiden Eigenschaften eindeutig festgelegt.
Denn hat auch die natürliche Zahl d' diese Eigenschaften, so folgt
aus (1.) für d und (2.) für d', daß $d \mid d'$ ist, und ebenso aus (1.) für d'
und (2.) für d, daß $d' \mid d$ ist, also zusammengenommen $d = d'$.

Damit haben wir die folgende Übersicht über die gemeinsamen Teiler
zweier ganzer Zahlen gewonnen:

I. *Zu zwei ganzen Zahlen a, b, die nicht beide 0 sind, existiert eine und
nur eine natürliche Zahl d mit den Eigenschaften* (1.), (2.). *Sie heißt der
größte gemeinsame Teiler von a, b; Bezeichnung:*

$$d = (a, b).$$

Die gemeinsamen Teiler von a, b sind die Teiler von d.

In dem beiseite gelassenen Spezialfall, daß $a = 0$ und $b = 0$ ist, muß
man auch $d = 0$, also

$$0 = (0, 0)$$

setzen, um die Eigenschaften (1.), (2.) zu erhalten. Von diesem Spezialfall abgesehen ist d nicht nur im Sinne der Teilbarkeit der „größte"
gemeinsame Teiler von a und b – Eigenschaft (2.) –, sondern auch der
gewöhnlichen Größe (Anordnung auf der Zahlgeraden) oder dem absoluten Betrage nach.

Während zur Konstruktion von d die Primzerlegungen von a, b
benutzt wurden, ist von diesen in der Formulierung I einschließlich der

Eigenschaften (1.), (2.) nicht mehr die Rede. Auf diesen wichtigen Punkt kommen wir nachher noch ausführlich zurück.

3. Definition des kleinsten gemeinsamen Vielfachen

Ganz analog läßt sich die Aufgabe lösen, eine Übersicht über alle gemeinsamen Vielfachen y zweier ganzer Zahlen a, b zu gewinnen.

Dazu setzen wir wieder a, b wie im Teilbarkeitskriterium in Primzerlegung an und entsprechend auch die zu bestimmenden

$$y = \prod_p p^{\eta_p}.$$

Nach dem Teilbarkeitskriterium ist dann und nur dann gleichzeitig $a\,|\,y$, $b\,|\,y$, wenn gleichzeitig $\alpha_p \leq \eta_p$, $\beta_p \leq \eta_p$ für alle p ist, oder also wenn $\mathrm{Max}\,(\alpha_p, \beta_p) \leq \eta_p$ für alle p ist. Sind nun a, b beide nicht 0, so ist

$$\varepsilon_p = \mathrm{Max}\,(\alpha_p, \beta_p)$$

ein ganzzahliges Exponentensystem mit den beiden Eigenschaften:

$$\varepsilon_p \geq 0 \ \text{ für jedes } p,$$

$$\varepsilon_p > 0 \ \text{ für nur endlich viele } p,$$

definiert also eine natürliche Zahl

$$e = \prod_p p^{\varepsilon_p}$$

in Primzerlegung. Diese hat ihrer Konstruktion nach die folgenden beiden Eigenschaften:

$$(3.) \ \ a\,|\,e, \qquad b\,|\,e,$$

$$(4.) \ \ \text{aus } a\,|\,y, \ b\,|\,y \ \text{folgt } e\,|\,y \ \text{(und umgekehrt)}.$$

Sie ist überdies durch diese beiden Eigenschaften eindeutig festgelegt. Denn hat auch die natürliche Zahl e' diese Eigenschaften, so folgt aus (3.) für e und (4.) für e', daß $e'\,|\,e$ ist, und ebenso aus (3.) für e' und (4.) für e, daß $e\,|\,e'$ ist, also zusammengenommen $e = e'$.

Damit haben wir folgende Übersicht über die gemeinsamen Vielfachen zweier ganzer Zahlen gewonnen:

II. *Zu zwei ganzen Zahlen a, b die beide nicht 0 sind, existiert eine und nur eine natürliche Zahl e mit den Eigenschaften (3.), (4.). Sie heißt das kleinste gemeinsame Vielfache von a, b; Bezeichnung:*

$$e = [a, b].$$

Die gemeinsamen Vielfachen von a, b sind die Vielfachen von e.

In dem beiseite gelassenen Spezialfall, daß $a = 0$ oder $b = 0$ ist, muß
man auch $e = 0$, also

$$0 = [0, b] = [a, 0]$$

setzen, um die Eigenschaften (3.), (4.) zu erhalten.

Man beachte, daß die formale Analogie zwischen größtem gemeinsamem Teiler und kleinstem gemeinsamem Vielfachen nur hinsichtlich
der beiseite gelassenen Spezialfälle durchbrochen wird; in I sind diese
durch ,,a, b nicht beide 0" gekennzeichnet, in II durch ,,a, b beide
nicht 0". Drückt man diese beiden Kennzeichnungen mittels der logi-
schen Grundrelationen $\vee$ (oder), $\wedge$ (und) aus:

$$a \neq 0 \ \vee \ b \neq 0 \quad \text{bzw.} \quad a \neq 0 \ \wedge \ b \neq 0,$$

so entsprechen sie einander bei dem bekannten Dualismus der formalen
Logik.

4. Rechenregeln für größte gemeinsame Teiler
und kleinste gemeinsame Vielfache

Ganz Entsprechendes zu den in **2**, **3** für zwei ganze Zahlen a, b
entwickelten Tatsachen gilt auch für endlich viele ganze Zahlen a, b, ...
Wir können uns hierbei kürzer fassen.

Aus den Primzerlegungen

$$a \cong \prod_p p^{\alpha_p}, \qquad b \cong \prod_p p^{\beta_p}, \ \ldots$$

bestimmen sich zwei Zahlen

$$d = (a, b, \ldots) = \prod_p p^{\mathrm{Min}(\alpha_p, \beta_p, \ldots)},$$
$$e = [a, b, \ldots] = \prod_p p^{\mathrm{Max}(\alpha_p, \beta_p, \ldots)},$$

der *größte gemeinsame Teiler* und das *kleinste gemeinsame Vielfache* von
a, b, ..., und zwar d als natürliche Zahl, wenn a, b, ... nicht sämtlich 0
sind, sonst $d = 0$, und e als natürliche Zahl, wenn a, b, ... sämtlich nicht
0 sind, sonst $e = 0$. Diese beiden Zahlen d, e haben die Eigenschaften

$$\left.\begin{cases}(1.) \ \ d \,|\, a, \ d \,|\, b, \ldots \\ (2.) \ \ \text{aus } x \,|\, a, \ x \,|\, b, \ldots \text{ folgt } x \,|\, d \text{ (und umgekehrt)}\end{cases}\right\}',$$
$$\left.\begin{cases}(3.) \ \ a \,|\, e, \ b \,|\, e, \ldots \\ (4.) \ \ \text{aus } a \,|\, y, \ b \,|\, y, \ldots \text{ folgt } e \,|\, y \text{ (und umgekehrt)}\end{cases}\right\}',$$

und sie sind durch diese Eigenschaften eindeutig festgelegt.

Aus den Eigenschaften der Bildungen Min und Max ergeben sich ohne
Schwierigkeiten die folgenden Rechenregeln für die Bildungen $(a, b, \ldots)$
und $[a, b, \ldots]$:

$(a, b, \ldots)$ und $[a, b, \ldots]$ sind unabhängig von der Reihenfolge
der $a, b, \ldots$,

$(a, b, c, \ldots) = (a, (b, c, \ldots))$, $[a, b, c, \ldots] = [a, [b, c, \ldots]]$,

$(ta, tb, \ldots) \cong t\,(a, b, \ldots)$, $[ta, tb, \ldots] \cong t\,[a, b, \ldots]$ für jedes ganze t,

$(0, a, b, \ldots) = (a, b, \ldots)$, $[1, a, b, \ldots] = [a, b, \ldots]$,

$(1, a, b, \ldots) = 1$, $\qquad [0, a, b, \ldots] = 0$.

Die zweite dieser Regeln gestattet es, die Bestimmung des größten gemeinsamen Teilers und des kleinsten gemeinsamen Vielfachen endlich vieler ganzer Zahlen rekursiv auf die mehrmalige Bestimmung des größten gemeinsamen Teilers bzw. des kleinsten gemeinsamen Vielfachen zweier ganzer Zahlen zurückzuführen, und nach der vierten und fünften Regel kann man dabei unter Beachtung der Unabhängigkeit von den Vorzeichen ohne Einschränkung voraussetzen, daß es sich um von 0 und 1 verschiedene natürliche Zahlen handelt. Weiter kann man die Bestimmung des kleinsten gemeinsamen Vielfachen noch auf die Bestimmung des größten gemeinsamen Teilers zurückführen. Seien dazu ohne Einschränkung $a, b, \ldots$ sämtlich nicht 0 und seien $A, B, \ldots$ diejenigen ganzen Zahlen, die aus dem Produkt $ab\cdots$ durch Wegdivision von $a, b, \ldots$ entstehen:

$$aA = bB = \cdots = ab\cdots .$$

Dann gilt

$$[a, b, \ldots] \cong \frac{ab\cdots}{(A, B, \ldots)}\,.$$

Sind nämlich $\alpha_p, \beta_p, \ldots, A_p, B_p, \ldots$ die Exponentensysteme aus den Primzerlegungen von $a, b, \ldots, A, B, \ldots$, so daß also

$$\sigma_p = \alpha_p + A_p = \beta_p + B_p = \cdots$$

das Exponentensystem aus der Primzerlegung des Produkts $ab\cdots$ ist, so hat man

$$\mathrm{Max}\,(\alpha_p, \beta_p, \ldots) = \mathrm{Max}\,(\sigma_p - A_p, \sigma_p - B_p, \ldots) = \sigma_p - \mathrm{Min}\,(A_p, B_p, \ldots);$$

daraus folgt die Behauptung. Speziell für zwei ganze Zahlen a, b, die beide nicht 0 sind, lautet die letztgenannte Zurückführungsregel einfach

$$[a, b] \cong \frac{ab}{(a, b)}\,.$$

Es sei noch bemerkt, daß man für die Bildung des größten gemeinsamen Teilers sogar zulassen kann, daß die $a, b, \ldots$ eine unendliche Menge von ganzen Zahlen sind, nicht jedoch auch für die Bildung des kleinsten gemeinsamen Vielfachen.

5. Teilerfremdheit und paarweise Teilerfremdheit

Ganze Zahlen $a, b, \ldots$ heißen zueinander *teilerfremd* oder *prim*, wenn ihr größter gemeinsamer Teiler $(a, b, \ldots) = 1$ ist; sie heißen *paarweise teilerfremd*, wenn dies für jedes aus ihnen herausgegriffene Paar der Fall ist.

Aus der in **4** gegebenen Primzerlegung des größten gemeinsamen Teilers $d = (a, b, \ldots)$ entnimmt man als notwendige und hinreichende Bedingung für $d = 1$ ohne weiteres, daß für jedes p mindestens einer der Exponenten $\alpha_p, \beta_p, \ldots = 0$ ist. Nach dem Kriterium für Primteiler aus **1** bedeutet dies, daß für jedes p mindestens eine der Beziehungen $p \nmid a$, $p \nmid b, \ldots$ besteht. So ergibt sich:

Kriterium für die Teilerfremdheit. *Ganze Zahlen sind dann und nur dann teilerfremd, wenn sie keinen gemeinsamen Primteiler haben.*

Daraus folgt:

Kriterium für die paarweise Teilerfremdheit. *Ganze Zahlen $a, b, \ldots$ sind dann und nur dann paarweise teilerfremd, wenn die Primteiler von a, die Primteiler von $b, \ldots$ alle zusammen untereinander verschieden sind.*

Ein anderes, nicht auf die Primzerlegung gestütztes Kriterium für die paarweise Teilerfremdheit endlich vieler ganzen Zahlen $a, b, \ldots$, die sämtlich nicht 0 sind, lautet:

$$[a, b, \ldots] \cong a\,b \cdots.$$

Denn in den Bezeichnungen aus **4** ist die letztere Beziehung gleichbedeutend mit dem Bestehen der Beziehungen

$$\mathrm{Max}\,(\alpha_p, \beta_p, \ldots) = \alpha_p + \beta_p + \cdots$$

für alle p; diese sind aber ersichtlich dann und nur dann erfüllt, wenn unter den Exponenten $\alpha_p, \beta_p, \ldots \geqq 0$ für jedes p höchstens einer > 0 ist, und das besagt nach dem Kriterium für Primteiler aus **1**, daß die Primteiler von a, von $b, \ldots$ alle zusammen untereinander verschieden sind.

Nimmt man die in **4** bewiesene Zurückführungsregel hinzu, so ergibt sich hieraus der häufig angewendete Satz:

III. *Sind $a, b, \ldots$ endlich viele ganze Zahlen, die sämtlich nicht 0 sind, und entstehen $A, B, \ldots$ durch Wegdivision von $a, b, \ldots$ aus dem Produkt $a\,b \ldots$, so sind $a, b, \ldots$ dann und nur dann paarweise teilerfremd, wenn $A, B, \ldots$ teilerfremd sind.*

Ein weiterer für die Folge wichtiger Satz lautet:

IV. *Besteht für ganze a, b, g die Teilbarkeitsrelation $b \mid g\,a$ und ist dabei g prim zu b, so folgt $b \mid a$.*

2*

Beweis. Seien α_p, β_p, γ_p die Exponenten aus den Primzerlegungen von a, b, g. Für die p mit $\gamma_p > 0$, also die $p \mid g$, ist nach Voraussetzung $p \nmid b$, also $\beta_p = 0$ und daher sicher $\beta_p \leq \alpha_p$. Für die p mit $\gamma_p = 0$ ist die Voraussetzung $\beta_p \leq \alpha_p + \gamma_p$ gleichbedeutend mit der Behauptung $\beta_p \leq \alpha_p$.

Schließlich ergibt sich aus der Regel in 4 über das Herausziehen eines gemeinsamen Faktors ohne weiteres:

V. *Sind a, b, ... ganze Zahlen, die sämtlich nicht 0 sind, und ist*

$$(a, b, \ldots) = d,$$

so hat man

$$a = d a_0, \quad b = d b_0, \ldots$$

mit

$$(a_0, b_0, \ldots) = 1,$$

also mit teilerfremden ganzen Zahlen a_0, b_0, ...

6. Reduzierte Bruchdarstellung, Hauptnennerdarstellung

Mittels der Theorie des größten gemeinsamen Teilers ganzer Zahlen läßt sich die *reduzierte Bruchdarstellung* der rationalen Zahlen entwickeln.

Satz von der reduzierten Bruchdarstellung. *Jede rationale Zahl a besitzt eine Bruchdarstellung*

$$a = \frac{m}{n}$$

mit durch a eindeutig bestimmten ganzen teilerfremden Zahlen m, n, von denen $n > 0$ ist.

Jede weitere Bruchdarstellung

$$a = \frac{M}{N}$$

mit ganzen M, N, von denen $N > 0$ ist, entsteht aus ihr durch Erweiterung mit einer natürlichen Zahl t, nämlich mit $t = (M, N)$, in der Form

$$M = tm, \qquad N = tn.$$

Beweis. Ist $a = \dfrac{M}{N}$ irgendeine Bruchdarstellung von a, so läßt sich $t = (M, N)$ nach dem Schema aus 5,V wegheben:

$$M = tm, \qquad N = tn,$$

und es entsteht eine Bruchdarstellung $a = \dfrac{m}{n}$ der behaupteten Gestalt. Ist nun $a = \dfrac{m'}{n'}$ eine weitere solche, so hat man

$$mn' = m'n,$$

also $n\,|\,mn'$ und $n'\,|\,m'n$. Wegen $(m, n) = 1$ und $(m', n') = 1$ folgt daraus nach **5**, IV weiter $n\,|\,n'$ und $n'\,|\,n$. Da $n > 0$, $n' > 0$ sein sollten, folgt $n = n'$ und damit $m = m'$.

Die in der reduzierten Bruchdarstellung $a = \dfrac{m}{n}$ auftretenden Zahlen m, n werden kurz der *Zähler* und der *Nenner* von a genannt. Für $a \neq 0$ erhält man sie offenbar aus der Primzerlegung

$$a = \varepsilon \prod_p p^{\alpha_p}$$

in der Form

$$m = \varepsilon \prod_{\alpha_p > 0} p^{\alpha_p}, \qquad n = \prod_{\alpha_p < 0} p^{-\alpha_p}.$$

Für $a = 0$ ist $m = 0$, $n = 1$.

Die reduzierte Bruchdarstellung einer einzelnen rationalen Zahl a verallgemeinert sich für endlich viele rationale Zahlen $a_1, \ldots, a_r$ zur *Hauptnennerdarstellung*. Sei dazu n das kleinste gemeinsame Vielfache der Nenner von $a_1, \ldots, a_r$, der sog. *Hauptnenner* von $a_1, \ldots, a_r$. Dann lassen sich $a_1, \ldots, a_r$ als Brüche mit dem gemeinsamen Nenner n schreiben, d.h. es besteht ein System von Darstellungen

$$a_1 = \frac{m_1}{n}, \ldots, a_r = \frac{m_r}{n}$$

mit ganzen $m_1, \ldots, m_r$. Ist nun

$$a_1 = \frac{M_1}{N}, \ldots, a_r = \frac{M_r}{N}$$

irgendein System von Darstellungen mit natürlichem N und ganzen $M_1, \ldots, M_r$, so ist N ein gemeinsames Vielfaches der Nenner von $a_1, \ldots, a_r$ und daher ein Vielfaches von n. Daher entstehen die Brüche des zweiten Darstellungssystems aus denen des ersten durch Erweiterung mit einer natürlichen Zahl t, in der Form

$$M_1 = tm_1, \ldots, M_r = tm_r, N = tn.$$

Hieraus folgt, daß $m_1, \ldots, m_r, n$ teilerfremd sind; denn sonst existierte nach **5**,V ein Darstellungssystem der betrachteten Art mit gemeinsamem Nenner $n'\,||\,n$, während doch nach dem eben Gezeigten für jedes solche Darstellungssystem im Gegenteil $n\,|\,n'$ gilt. Überdies ist das zum Ausgang genommene Darstellungssystem mit dem Hauptnenner n unter allen weiteren durch die Teilerfremdheit $(m_1, \ldots, m_r, n) = 1$ gekennzeichnet; denn für die weiteren gilt ja nach dem Gezeigten

$$(M_1, \ldots, M_r, N) = t.$$

Indem wir den damit festgestellten Sachverhalt etwas anders wenden, können wir demnach das Ergebnis in folgender zum Fall einer rationalen Zahl a analogen Form aussprechen:

Satz von der Hauptnennerdarstellung. *Zu gegebenen endlich vielen rationalen Zahlen $a_1, \ldots, a_r$ existiert eine eindeutig bestimmte natürliche Zahl n derart, daß*

$$a_1 = \frac{m_1}{n}, \ldots, a_r = \frac{m_r}{n}$$

mit ganzen $m_1, \ldots, m_r$ und $(m_1, \ldots, m_r, n) = 1$ ist. Jedes weitere System von Bruchdarstellungen

$$a_1 = \frac{M_1}{N}, \ldots, a_r = \frac{M_r}{N}$$

mit natürlichem N und ganzen $M_1, \ldots, M_r$ entsteht daraus durch Erweiterung mit einer natürlichen Zahl t, nämlich mit $t = (M_1, \ldots, M_r, N)$, in der Form

$$M_1 = t m_1, \ldots, M_r = t m_r, \; N = t n.$$

Die natürliche Zahl n ist der Hauptnenner von $a_1, \ldots, a_r$, d.h. das kleinste gemeinsame Vielfache der Nenner von $a_1, \ldots, a_r$.

7. Hauptsatz über den größten gemeinsamen Teiler

Der vorstehend gegebene Aufbau der Teilbarkeitslehre entspricht, was den Stoff betrifft, durchaus dem Lehrgang im elementaren Rechenunterricht, nur daß dieser Stoff hier von theoretischen Gesichtspunkten aus gestaltet und mit strengen mathematischen Beweisen versehen wurde. Letzteres gilt insbesondere für den die Grundlage bildenden Fundamentalsatz von der eindeutigen Primzerlegung, der im elementaren Rechenunterricht stillschweigend als richtig hingestellt zu werden pflegt, da ja auf dieser Stufe überhaupt noch nicht von strengen Beweisen die Rede sein kann. Leider wird dadurch, wie die Erfahrung lehrt, in früher Jugend, gerade was diesen Satz betrifft, der ganz unberechtigte Eindruck erzeugt, als ob er unmittelbar einsichtig sei und keiner Begründung bedürfe, ein Eindruck, der sich bei vielen Menschen dann für immer festsetzt.

Was die Form betrifft, so ist der gegebene Aufbau der Teilbarkeitslehre rein multiplikativ, wie das ja bei der nur in der Multiplikation wurzelnden Definition der Teilbarkeit ganz naturgemäß erscheint. Daß die Addition-Subtraktion in den Exponentensystemen der Primzerlegungen auftritt, spielt dabei keine Rolle; mit den eigentlichen Objekten der Untersuchung, den ganzen Zahlen, wird nur multipliziert. Lediglich an einer einzigen, allerdings sehr wesentlichen Stelle spielt die Addition-Subtraktion auch für diese Objekte mit hinein, nämlich im Beweis der Eindeutigkeit der Primzerlegung in § 1,4, wo die Differenzen $a - pc$, $b - c$, $q - p$ auftraten und die additive Teilbarkeitsregel „aus $b \mid a_1$, $b \mid a_2$ folgt $b \mid a_1 + a_2$" angewandt wurde (außerdem noch in der Bildung $p_1, \ldots, p_n + 1$ des Beweises von Euklid in § 1,3, der jedoch für die Teilbarkeitslehre unerheblich ist). In der eigentlichen Theorie des größten gemeinsamen Teilers hat dann aber dieses frühere Hereinspielen der Addition-Subtraktion keine Spur mehr hinterlassen.

Um so mehr muß es daher überraschen, daß der größte gemeinsame Teiler neben der multiplikativen auch eine additive Deutung zuläßt, nämlich die folgende:

Hauptsatz über den größten gemeinsamen Teiler. *Der größte gemeinsame Teiler $d = (a_1, \ldots, a_r)$ endlich vieler ganzer Zahlen $a_1, \ldots, a_r$, die nicht sämtlich 0 sind, ist in der Form*

$$d = x_1 a_1 + \cdots + x_r a_r$$

mit ganzen $x_1, \ldots, x_r$ darstellbar, und zwar ist d die kleinste natürliche Zahl, die in dieser Form darstellbar ist.

Alle in dieser Form darstellbaren Zahlen sind Vielfache von d (und umgekehrt).

Der Beweis dieses Hauptsatzes beruht auf der *Division mit Rest*, die ebenfalls noch aus dem elementaren Rechenunterricht bekannt ist:

Satz von der Division mit Rest. *Sind eine ganze Zahl a und eine natürliche Zahl m vorgegeben, so gibt es dazu ein und nur ein Paar ganzer Zahlen q, r derart, daß*

$$a = qm + r \quad mit \quad 0 \leqq r < m$$

ist.

q heißt der *Quotient*, r der *Rest* bei der Division von a durch m.

Beweis. Die behaupteten Beziehungen lassen sich unter Elimination von r in der Form $qm \leqq a > (q + 1)\, m$ oder auch $q \leqq \dfrac{a}{m} < q + 1$ ausdrücken. Es gibt eine und nur eine ganze Zahl q, die diese Beziehungen erfüllt, nämlich die nach dem Existenzprinzip in § 1,1 vorhandene größte ganze Zahl $\leqq \dfrac{a}{m}$.

Denkt man die Zahlgerade durch die ganzen Zahlen als Endpunkte in Intervalle der Länge 1 eingeteilt und jeweils den unteren Endpunkt zum Intervall hinzugerechnet, so ist q der untere Endpunkt desjenigen Intervalls, in dem die rationale Zahl $\dfrac{a}{m}$ liegt. Man nennt die so bestimmte ganze Zahl q auch das *größte Ganze* unter $\dfrac{a}{m}$ und bezeichnet sie mit

$$q = \left[\frac{a}{m}\right].$$

Als auf der Hand liegende Ergänzung zu dem Satz von der Division mit Rest vermerken wir noch das Teilbarkeitskriterium:

Zusatz. *Es ist dann und nur dann $m \mid a$, wenn die Division mit Rest von a durch m den Rest $r = 0$ ergibt.*

Da für die Division mit Rest das aus dem elementaren Rechenunterricht geläufige, auf die Zifferndarstellung der natürlichen Zahlen gegründete systematische Rechenverfahren zur Verfügung steht, hat man hiernach ein systematisches Verfahren, um in gegebenen Fällen über die Teilbarkeit zu entscheiden.

8. Beweis des Hauptsatzes als Hauptsatz über Ideale aus ganzen Zahlen

Um zu einem Beweis des Hauptsatzes über den größten gemeinsamen Teiler zu gelangen, betrachten wir allgemein bei gegebenen endlich vielen ganzen Zahlen $a_1, \ldots, a_r$, die nicht sämtlich 0 sind, die sämtlichen Ausdrücke

$$x = x_1 a_1 + \cdots + x_r a_r$$

mit ganzzahligen Koeffizienten $x_1, \ldots, x_r$, kurz die *ganzzahlig-linearen Komposita* von $a_1, \ldots, a_r$. Diese Ausdrücke x bilden eine Menge $\mathfrak{A}$ ganzer Zahlen mit den folgenden drei Eigenschaften:

(1.) mit x und y gehören auch $x \pm y$ zu $\mathfrak{A}$,

(2.) mit x gehört für jedes ganze g auch $g x$ zu $\mathfrak{A}$,

(3.) $\mathfrak{A}$ besteht nicht nur aus 0.

Ist nämlich

$$x = x_1 a_1 + \cdots + x_r a_r \text{ mit ganzen } x_1, \ldots, x_r,$$
$$y = y_1 a_1 + \cdots + y_r a_r \text{ mit ganzen } y_1, \ldots, y_r,$$

so ist

$$x \pm y = (x_1 \pm y_1) a_1 + \cdots + (x_r \pm y_r) a_r \quad \text{mit ganzen } x_1 \pm y_1, \ldots, x_r \pm y_r,$$
$$g x = (g x_1) a_1 + \cdots + (g x_r) a_r \qquad \text{mit ganzen } g x_1, \ldots, g x_r.$$

Und $\mathfrak{A}$ enthält insbesondere die Zahlen $a_1, \ldots, a_r$, von denen nach Voraussetzung mindestens eine nicht 0 ist. Aus den beiden Eigenschaften (1.), (2.) folgt allgemeiner, daß mit endlich vielen ganzen Zahlen $x^{(1)}, \ldots, x^{(s)}$ auch jedes ganzzahlig-lineare Kompositum

$$g_1 x^{(1)} + \cdots + g_s x^{(s)}$$

zu $\mathfrak{A}$ gehört, daß also die Menge $\mathfrak{A}$ in bezug auf ganzzahlig-lineare Komposition geschlossen ist.

Man nennt eine Menge $\mathfrak{A}$ von ganzen Zahlen mit den Eigenschaften (1.), (2.), (3.) - anders gesagt, eine nicht nur aus 0 bestehende, bei ganzzahlig-linearer Komposition geschlossene Menge ganzer Zahlen - ein *Ideal* im Integritätsbereich Γ. Wir haben diese wichtige Definition gleich so gefaßt, wie es für die Verallgemeinerung auf andere Integritätsbereiche statt Γ geboten ist; im Spezialfall Γ kann nämlich, wie leicht zu sehen, die Forderung (2.) als formale Folge aus (1.) weggelassen werden (Herleitung der Multiplikation in Γ durch wiederholte Addition bzw. Subtraktion).

Speziell bildet für jede ganze Zahl $a \neq 0$ die Menge aller Vielfachen von a ein Ideal in Γ (Fall $r = 1$ in obiger Hinführung zum Idealbegriff). Ein solches Ideal nennt man ein *Hauptideal, durch a erzeugt.* Dasselbe Hauptideal wird auch durch die assoziierte Zahl $- a$ erzeugt; man kann somit bei der Erzeugung eines Hauptideals ohne Einschränkung die Erzeugende a als natürliche Zahl voraussetzen. Allgemeiner nennt man das zum Ausgang genommene Ideal $\mathfrak{A}$ der ganzzahlig-linearen Komposita von $a_1, \ldots, a_r$ durch $a_1, \ldots, a_r$ erzeugt.

Der Hauptsatz über den größten gemeinsamen Teiler wird sich nun als eine Folge des nachstehenden Hauptsatzes über Ideale in Γ erweisen, der aussagt, daß im Integritätsbereich Γ der allgemeine Idealbegriff seinem Umfang nach mit dem speziellen Hauptidealbegriff zusammenfällt:

Hauptsatz über Ideale in Γ. *Jedes Ideal $\mathfrak{A}$ in Γ ist ein Hauptideal, besteht also genau aus den Vielfachen einer natürlichen Zahl d. Diese ist durch $\mathfrak{A}$ eindeutig bestimmt, nämlich als die kleinste natürliche Zahl d in $\mathfrak{A}$.*

Beweis. Da $\mathfrak{A}$ nach (3.) nicht nur aus 0 besteht und nach (2.) mit jeder Zahl a auch die Assoziierte $- a$ enthält, enthält $\mathfrak{A}$ mindestens eine natürliche Zahl. Nach dem Existenzprinzip in § 1,1 gibt es also eine kleinste natürliche Zahl d in $\mathfrak{A}$. Nach (2.) enthält dann $\mathfrak{A}$ alle Vielfachen von d, also das durch d erzeugte Hauptideal. Es bleibt zu zeigen, daß auch umgekehrt jede Zahl a aus $\mathfrak{A}$ ein Vielfaches von d ist. Dazu dividieren wir a durch d mit Rest:

$$a = qd + r \qquad \text{mit } q \text{ ganz, } 0 \leqq r < d.$$

Der Rest $r = a - qd$ liegt nach (1.), (2.) ebenfalls in $\mathfrak{A}$. Dies ist mit der Minimalauswahl von d in $\mathfrak{A}$ nur dann verträglich, wenn $r = 0$ ist. Dann ist aber in der Tat $a = qd$, also a ein Vielfaches von d.

Wendet man den damit bewiesenen Hauptsatz über Ideale in Γ auf das aus $a_1, \ldots, a_r$ erzeugte Ideal $\mathfrak{A}$ an, so ergibt sich, daß das kleinste natürliche ganzzahlig-lineare Kompositum

$$d = x_1 a_1 + \cdots + x_r a_r$$

von $a_1, \ldots, a_r$ (existiert und) die Eigenschaft hat, daß jedes ganzzahlig-lineare Kompositum von $a_1, \ldots, a_r$ ein Vielfaches von d ist (und natürlich umgekehrt). Insbesondere sind die Zahlen $a_1 \ldots, a_r$ selbst Vielfache von d, es ist also d ein gemeinsamer Teiler von $a_1, \ldots, a_r$. Auf Grund der ganzzahlig-linearen Darstellung von d durch $a_1, \ldots, a_r$ ist ferner jeder gemeinsame Teiler von $a_1, \ldots, a_r$ in d enthalten. Nach **2,I** ist daher $d = (a_1, \ldots, a_r)$ der größte gemeinsame Teiler von $a_1, \ldots, a_r$. Mit diesen Feststellungen ist der Beweis des Hauptsatzes über den größten gemeinsamen Teiler erbracht.

Aus diesem Beweis ergibt sich noch folgende Fassung des Hauptsatzes:

VI. *Das aus $a_1, \ldots, a_r$ erzeugte Ideal besteht genau aus den Vielfachen des größten gemeinsamen Teilers $d = (a_1, \ldots, a_r)$.*

Speziell folgt das Teilerfremdheitskriterium:

VII. *Ganze Zahlen $a_1, \ldots, a_r$ sind dann und nur dann teilerfremd, wenn es ganze Zahlen $x_1, \ldots, x_r$ mit $x_1 a_1 + \cdots + x_r a_r = 1$ gibt.*

Daß diese Bedingung hinreichend ist, liegt auf der Hand, da bei ihrem Erfülltsein aus $d \mid a_1, \ldots, d \mid a_r$ sofort $d \mid 1$ folgt. Der Nachdruck liegt darauf, daß sie notwendig ist, d.h. daß aus ganzen teilerfremden Zahlen die 1 ganzzahlig-linear komponierbar ist, und dies ist erst auf Grund des Hauptsatzes über den größten gemeinsamen Teiler klar.

9. Der Euklidische Algorithmus

Die Aufgabe, bei endlich vielen gegebenen ganzen Zahlen ihren größten gemeinsamen Teiler und ihr kleinstes gemeinsames Vielfaches zu bestimmen, läßt sich, wie in **4** bereits bemerkt, auf die Bestimmung des größten gemeinsamen Teilers zweier natürlicher Zahlen a, b zurückführen. Bisher haben wir hierfür nur das Zurückgehen auf die Definition des größten gemeinsamen Teilers $d = (a, b)$ aus der Primzerlegung

$$a = \prod_{p} p^{\alpha_p}, \qquad b = \prod_{p} p^{\beta_p}$$

in der Form

$$d = \prod_{p} p^{\mathrm{Min}(\alpha_p, \beta_p)}$$

zur Hand. Nun gibt es aber kein systematisches Rechenverfahren zur Herstellung der Primzerlegung einer natürlichen Zahl; man ist dazu vielmehr auf Probierverfahren angewiesen, die bei einigermaßen großen Zahlen sehr langwierig und umfangreich sind. Es entsteht daher der Wunsch nach einem einfachen systematischen Verfahren zur Bestimmung von $d = (a, b)$. Gestützt auf das systematische Verfahren der Division mit Rest leistet dies der *Euklidische Algorithmus*.

Man setzt dazu zweckmäßig $a = a_0$, $b = a_1$ und bildet die folgende Kette von Divisionen mit Rest:

$$
\begin{aligned}
a_0 &= q_1 a_1 + a_2 && \text{mit} \quad 0 < a_2 < a_1, \\
a_1 &= q_2 a_2 + a_3 && \text{mit} \quad 0 < a_3 < a_2, \\
&\cdots\cdots\cdots\cdots\cdots\cdots\cdots \\
a_{n-2} &= q_{n-1} a_{n-1} + a_n && \text{mit} \quad 0 < a_n < a_{n-1},
\end{aligned}
$$

wo $q_1, q_2, \ldots$ die Quotienten und $a_2, a_3, \ldots$ die Reste sind. Diese Kette setzt man so lange fort, wie die Reste noch > 0 sind. Da die Reste monoton abnehmen, kommt man nach endlich vielen Schritten einmal zum Rest 0. Es sei als letzter Rest $a_n > 0$; dann ist die Gleichung

$$a_{n-1} = q_n a_n + 0$$

als Abschluß der Kette anzusehen. Natürlich kann speziell schon im ersten Schritt der Rest 0 auftreten, also $n = 1$ sein (wenn nämlich $a_1 | a_0$, d.h. $b | a$ ist). Für die Quotienten gilt jedenfalls $q_2, q_3 \ldots q_n > 0$, und wenn man noch ohne Einschränkung $a_0 \geqq a_1$ voraussetzt, auch $q_1 > 0$ (sonst nur $q_1 \geqq 0$).

Indem man die Kette dieser Divisionsgleichungen einmal von unten nach oben, das andere Mal von oben nach unten durchgeht, erkennt man die Richtigkeit folgender Tatsachen:

(1.) $\qquad\qquad a_n | a_{n-1}, a_n | a_{n-2}, \ldots, a_n | a_1, a_n | a_0,$

(2.) $\qquad\qquad$ aus $x | a_0, x | a_1$ folgt $x | a_2, \ldots, x | a_n.$

Gemäß **2**,I ist demnach

$$a_n = (a_0, a_1),$$

d.h., *der gesuchte größte gemeinsame Teiler $d = (a, b)$ wird durch den letzten noch von 0 verschiedenen Divisionsrest a_n gegeben.*

Durch Absteigen in der Kette erhält man ferner:

(3.) $a_2, a_3, \ldots, a_n$ sind ganzzahlig-lineare Komposita von $a_0, a_1,$

also einen neuen Beweis für die Darstellbarkeit des größten gemeinsamen Teilers $d = (a, b)$ in der Form

$$d = xa + yb$$

mit ganzen x, y und damit des Hauptsatzes über den größten gemeinsamen Teiler im Spezialfall zweier Zahlen, der anders als unser Beweis in **8** zugleich ein systematisches Verfahren zur Bestimmung von x, y liefert. Für mehr als zwei Zahlen kann man dann die entsprechende Aufgabe, wie in **4** bemerkt, durch mehrmalige Anwendung dieses Verfahrens lösen; so ergibt sich der Hauptsatz auch im allgemeinen Fall.

Der Euklidische Algorithmus für zwei natürliche Zahlen a, b kann auch als *Kettenbruchentwicklung* der positiven rationalen Zahl $\frac{a}{b} = \frac{a_0}{a_1}$ geschrieben werden:

$$\frac{a_0}{a_1} = q_1 + \frac{a_2}{a_1} \quad \text{mit} \quad 0 < \frac{a_2}{a_1} < 1, \quad \text{dabei } q_1 \geqq 0 \text{ ganz},$$

$$\frac{a_1}{a_2} = q_2 + \frac{a_3}{a_2} \quad \text{mit} \quad 0 < \frac{a_3}{a_2} < 1, \quad \text{dabei } q_2 > 0 \text{ ganz},$$

$$\cdots \cdots \cdots \cdots \cdots \cdots \cdots \cdots \cdots \cdots \cdots \cdots$$

$$\frac{a_{n-2}}{a_{n-1}} = q_{n-1} + \frac{a_n}{a_{n-1}} \quad \text{mit} \quad 0 < \frac{a_n}{a_{n-1}} < 1, \text{ dabei } q_{n-1} > 0 \text{ ganz},$$

$$\frac{a_{n-1}}{a_n} = q_n + 0, \qquad\qquad\qquad \text{dabei } q_n > 0 \text{ ganz},$$

oder zusammengezogen:

$$\frac{a}{b} = q_1 + \cfrac{1}{q_2 + \cfrac{1}{\ddots \ q_{n-1} + \cfrac{1}{q_n}}}.$$

Diese in der fortgesetzten Abspaltung des größten Ganzen und Umkehrung des Restes bestehende Kettenbruchentwicklung ist ersichtlich eindeutig, sogar für beliebige positive reelle Zahlen $\alpha = \alpha_0$ statt der rationalen $\frac{a}{b} = \frac{a_0}{a_1}$ und dann positive reelle Reste $\varrho_i = \frac{1}{\alpha_i} < 1$ statt der rationalen $\frac{a_{i+1}}{a_i}$ $(i = 1, 2, \ldots)$. Wir können demnach als Nebenergebnis feststellen:

Die Kettenbruchentwicklung jeder positiven rationalen Zahl bricht ab.

Umgekehrt liefert natürlich jeder abbrechende Kettenbruch eine positive rationale Zahl. Unser Ergebnis besagt daher, daß die positiven rationalen Zahlen unter allen positiven reellen Zahlen durch das Abbrechen ihrer Kettenbruchentwicklung gekennzeichnet sind. Wir werden in § 16,**5** auf die Theorie der Kettenbruchentwicklungen zurückkommen.

10. Anderer Beweis des Fundamentalsatzes der elementaren Zahlentheorie

Der Euklidische Algorithmus wird in den „Elementen" von EUKLID (Buch VII, Satz 2) zum Beweis des folgenden Satzes verwendet, der – wenn man Existenz und Eindeutigkeit der Primzerlegung voraussetzt – unmittelbar klar ist (Kriterium für Primteiler in **1**):

VIII. *Geht eine Primzahl p in einem Produkt $a\,b$ zweier natürlicher Zahlen auf, so geht p in mindestens einem der beiden Faktoren a, b auf:*

$$\text{aus } p\,|\,a\,b \text{ folgt } p\,|\,a \text{ oder } p\,|\,b.$$

Beweis (nach Euklid, ohne Primzerlegung). Sei $p\,|\,a\,b$, und sei etwa $p \nmid a$ angenommen, so daß $p\,|\,b$ zu beweisen ist. Als Teiler der Primzahl p ist der größte gemeinsame Teiler $(a, p) = 1$ oder p. Als Teiler von a ist nach Annahme $(a, p) \neq p$. Somit ist $(a, p) = 1$. Nach dem Euklidischen Algorithmus gibt es dann ganze x, y mit

$$x\,a + y\,p = 1.$$

Durch Multiplikation mit b ergibt sich daraus

$$x\,(a\,b) + (y\,b)\,p = b.$$

Auf Grund der Voraussetzung $p\,|\,a\,b$ folgt hieraus $p\,|\,b$ und damit die Behauptung.

Unmittelbar hinter den Satz VIII stellt EUKLID den Hilfssatz aus
§ 1,3, daß jede natürliche Zahl $a > 1$ mindestens einen Primteiler p besitzt. Während aus diesem letzteren Satz mühelos die Existenz der Primzerlegung folgt (§ 1,4), ergibt sich mittels des ersteren leicht ein neuer
Beweis ihrer Eindeutigkeit; denn man kann ja nach ihm aus einer
angenommenen Gleichheit $p_1 \cdots p_r = q_1 \cdots q_s$ zweier Primzahlprodukte
durch fortgesetzte Wegdivision je einer Primzahl der Reihe nach auf
das Übereinstimmen der Faktoren p_i, q_j (bis auf die Reihenfolge) einschließlich ihrer Anzahlen r, s schließen. Dieser letztere, auf die Division
mit Rest und den Hauptsatz über den größten gemeinsamen Teiler gestützte Eindeutigkeitsbeweis wurde in den bisherigen Darstellungen der
Zahlentheorie fast durchweg gegeben. Unser in § 1,4 gebrachter Eindeutigkeitsbeweis nach ZERMELO hat den Vorteil, einen rein-multiplika-
tiven Aufbau der Teilbarkeitslehre ganz nach dem Schema des elementaren Rechenunterrichts zu ermöglichen und dadurch die von diesem
Standpunkt aus überraschende additive Deutung des größten gemeinsamen Teilers ins rechte Licht zu rücken. Ein solcher Beweisgang
erscheint weitaus natürlicher als der bisher übliche. Daß man dabei,
wie oben in **7** schon hervorgehoben, nicht ganz ohne additive Bildungen
auskommt, darf nicht wundernehmen; denn an irgendeiner Stelle des
Beweisgangs muß man ja schließlich einmal davon Gebrauch machen,
daß die behandelten Objekte des Rechnens gerade die natürlichen Zahlen
sind, und nicht nur Elemente irgendeines abstrakten multiplikativ-
abgeschlossenen Rechenbereichs.

Sehr verwunderlich ist die Tatsache, daß EUKLID zwar in den unmittelbar hintereinander gestellten Aussagen von Satz VIII und § 1,3,
Hilfssatz, die Kernaussagen für die Existenz und Eindeutigkeit der Primzerlegung in der Hand hat, aber den Fundamentalsatz der elementaren
Zahlentheorie selbst nicht formuliert. Man muß annehmen, daß dieser
Satz den Griechen bekannt war. Weshalb er in der Gesamtdarstellung
von Euklid nur durch jene beiden Aussagen angedeutet, aber nicht ausdrücklich formuliert wird, ist gerade im Hinblick auf den hochsyste-
matischen, bis ins kleinste ausgefeilten Charakter dieses Werkes unver-
ständlich.

§ 3. Vollkommene Zahlen, Mersennesche und Fermatsche Primzahlen

1. Definition der vollkommenen Zahlen

Wir unterbrechen unseren systematischen Aufbau, um einer abseits
von der breiten Straße liegenden Frage aus der elementaren Zahlentheorie nachzugehen, die zu einem Teil mit den uns bereits zur Verfügung

stehenden Hilfsmitteln gelöst werden kann, zum anderen Teil aber auf so tiefliegende Problemstellungen führt, daß ihre Lösung den Anstrengungen der Mathematiker bis heute nicht gelungen ist.

Wir bezeichnen die Summe aller natürlichen Teiler d einer natürlichen Zahl n mit $\sigma(n)$, in Zeichen:

$$(1.)\qquad \sigma(n) = \sum_{a\mid n} d,$$

wobei allgemein festgesetzt sei, daß $\sum_{d\mid n}$ die Summation über alle natürlichen Teiler d von n bedeuten soll.

Eine natürliche Zahl n heißt *vollkommen*, wenn

$$\sigma(n) = 2n$$

ist. Ist $\sigma(n) < 2n$, so heißt n *defizient*, und ist $\sigma(n) > 2n$, so heißt n *abundant*; diese letzteren beiden Begriffsbildungen interessieren uns hier jedoch weniger.

Die Definition der vollkommenen Zahlen findet sich bereits in den „Elementen" von EUKLID (Buch IX, Satz 36). Sie wird besser verständlich, wenn man beachtet, daß die Griechen das Ganze n nicht mit zu den Teilern d zählten, also die Summe $\sigma_0(n) = \sum_{d\mid\mid n} d$ der echten Teiler von n betrachteten. Die vollkommenen Zahlen sind dann durch $\sigma_0(n) = n$ gekennzeichnet. Auch bei PLATON (im „Staat") werden die vollkommenen Zahlen erwähnt. Die Griechen sahen in ihnen, ähnlich wie in den regulären Körpern, etwas vollkommen Harmonisches, sozusagen eine Widerspiegelung der Harmonie des Universums, und unter ihrem Einfluß wurden diesen Zahlen im ganzen Altertum und frühen Mittelalter mysteriöse Deutungen beigelegt.

Daß es vollkommene, defiziente und abundante Zahlen gibt, zeigen die Beispiele

$$n = 6,\ 8,\ 12$$

mit

$$\sigma_0(n) = 6,\ 7,\ 16.$$

6 ist, wie sofort zu bestätigen, die kleinste vollkommene Zahl; als nächste findet sich 28. Es entsteht die Frage nach einer Übersicht über alle vollkommenen Zahlen. Dieser Frage wollen wir nachgehen.

2. Produktformel für die Teilersumme

Ist speziell $n = p^\nu$ eine Primzahlpotenz, so ist

$$\sigma(n) = 1 + p + \cdots + p^{\nu-1} + p^\nu = \frac{p^\nu - 1}{p - 1} + p^\nu < 2p^\nu.$$

Daher sind alle Primzahlpotenzen defizient. Jede vollkommene Zahl enthält mindestens zwei verschiedene Primteiler.

Allgemein läßt sich für die Teilersumme $\sigma(n)$ aus ihrer additiven Definition (1.) eine multiplikative Darstellung herleiten, die der Primzerlegung von n entspricht. Sei dazu

$$n = p_1^{\nu_1} \cdots p_r^{\nu_r}$$

diese Primzerlegung im Sinne von § 1,I (kanonische Zerlegung). Dann sind nach dem Teilbarkeitskriterium in § 2,1 die natürlichen Teiler d von n in entsprechender Zerlegung gegeben durch

$$d = p_1^{\delta_1} \cdots p_r^{\delta_r},$$

wo $\delta_1, \ldots, \delta_r$ alle Systeme ganzer Zahlen mit

$$0 \leq \delta_1 \leq \nu_1, \ldots, \quad 0 \leq \delta_r \leq \nu_r$$

durchläuft. Nach elementaren Rechenregeln ist also

$$\sigma(n) = \sum_{\delta_1, \ldots, \delta_r = 0}^{\nu_1, \ldots, \nu_r} p_1^{\delta_1} \cdots p_r^{\delta_r} = \sum_{\delta_1 = 0}^{\nu_1} p_1^{\delta_1} \cdots \sum_{\delta_r = 0}^{\nu_r} p_r^{\delta_r} = \frac{p_1^{\nu_1 + 1} - 1}{p_1 - 1} \cdots \frac{p_r^{\nu_r + 1} - 1}{p_r - 1}.$$

Setzt man die Primzerlegung von n in der Form § 1,I' an:

$$n = \prod_p p^{\nu_p},$$

so schreibt sich diese Produktformel für $\delta(n)$ in der Gestalt:

$$(2.) \qquad \sigma(n) = \prod_p \frac{p^{\nu_p + 1} - 1}{p - 1} = \prod_p \sigma(p^{\nu_p}),$$

wobei ebenso wie in der Primzerlegung selbst nur die endlich vielen Primzahlen p mit $\nu_p > 0$ (die Primteiler von n) von 1 verschiedene Beiträge liefern.

Aus dieser Produktformel (2.) ergibt sich nach dem Kriterium für die Teilerfremdheit in § 2,5 die allgemeine Regel:

$$(3.) \qquad \sigma(n_1 n_2) = \sigma(n_1)\,\sigma(n_2), \quad \text{wenn} \quad (n_1, n_2) = 1.$$

3. Hinreichende Bedingung für gerade vollkommene Zahlen: Satz von Euklid

Bei EUKLID ist folgendes merkwürdige Ergebnis über gerade vollkommene Zahlen verzeichnet:

Satz von Euklid. *Ist n von der Form*

$$n = 2^\nu (2^{\nu + 1} - 1) = 2^\nu p,$$

und ist dabei

$$p = 2^{\nu + 1} - 1 \text{ Primzahl,}$$

so ist n vollkommen.

Beweis. Ist n von dieser Form, so ist nach (2.) in der Tat

$$\sigma(n) = (2^{\nu+1} - 1)(p+1) = p2^{\nu+1} = 2n.$$

Unter den Exponenten $\nu \leqq 6$ ist die wesentliche Bedingung dieses Satzes, daß nämlich $2^{\nu+1} - 1 = p$ Primzahl ist, genau für $\nu = 1, 2, 4, 6$ mit $p = 3, 7, 31, 127$ erfüllt. So ergeben sich die vier geraden vollkommenen Zahlen

$$n = 6, 28, 496, 8128,$$

die bereits den Griechen bekannt waren. Was höhere Werte von ν betrifft, so kommen wir darauf nachher zu sprechen.

4. Notwendige Bedingung für gerade vollkommene Zahlen: Satz von Euler

Im Anschluß an den Satz von Euklid haben sich zwar Jahrhunderte hindurch zahlreiche Mathematiker mit der Frage der vollkommenen Zahlen beschäftigt und eine Reihe von speziellen Ergebnissen, größtenteils rein numerischen Charakters zusammengetragen. Der erste wesentliche Fortschritt von allgemeinem Charakter, der bis heute auch der einzige geblieben ist, wurde jedoch erst 2000 Jahre später von EULER erzielt.

Satz von Euler. *Die Zahlen der im Satz von Euklid angegebenen Form sind die einzigen geraden vollkommenen Zahlen.*

Beweis. Sei

$$n = 2^{\nu} u$$

irgendeine gerade Zahl, eindeutig zerlegt in eine Potenz von 2 mit Exponent $\nu \geqq 1$ und eine ungerade Zahl u. Nach (3.) ist dann

$$\sigma(n) = (2^{\nu+1} - 1)\,\sigma(u).$$

Es sei nun vorausgesetzt, daß n vollkommen, also $\sigma(n) = 2n$ ist. Dann hat man die Gleichung

$$2^{\nu+1} u = (2^{\nu+1} - 1)\,\sigma(u),$$

anders geschrieben

$$\frac{u}{\sigma(u)} = \frac{2^{\nu+1} - 1}{2^{\nu+1}}.$$

Hier steht rechts ein reduzierter Bruch. Nach dem Satz von der reduzierten Bruchdarstellung (§ 2,**6**) entsteht daher der Bruch links aus ihm durch Erweiterung mit einer natürlichen Zahl t, d.h., es gilt gleichzeitig

(a) $$u = (2^{\nu+1} - 1)\,t,$$

(b) $$\sigma(u) = 2^{\nu+1} t.$$

Weil u die Darstellung (a) hat, kommen in der Teilersumme $\sigma(u) = \sum_{d \mid u} d$ sicher die beiden verschiedenen Teiler t und $(2^{\nu+1} - 1)\, t > t$ als Summanden d vor. Deren Summe ergibt aber bereits den Wert $2^{\nu+1}\, t$, der nach (b) der vollen Teilersumme $\sigma(u)$ zukommt. Daher hat u außer den beiden aufgeführten Teilern

$$t \quad \text{und} \quad (2^{\nu+1} - 1)\, t = u$$

keine weiteren natürlichen Teiler d. Nun sind aber die Primzahlen p definitionsgemäß (§ 1,3) die einzigen natürlichen Zahlen mit genau zwei verschiedenen natürlichen Teilern, nämlich

$$1 \quad \text{und} \quad p.$$

Folglich ist $u = p$ eine Primzahl und gleichzeitig

$$t = 1 \quad \text{und} \quad 2^{\nu+1} - 1 = p.$$

Demnach hat n in der Tat die Euklidische Form.

5. Die Mersenneschen Primzahlen

Durch die Sätze von Euklid und Euler ist zwar eine implizite Kennzeichnung der Gesamtheit aller geraden vollkommenen Zahlen gewonnen. Um aber daraus zu einer expliziten Übersicht über diese Zahlen zu gelangen, bleibt noch die folgende Frage zu beantworten:

Für welche natürlichen Exponenten ν ist $p = 2^{\nu+1} - 1$ Primzahl?

Eine notwendige Bedingung hierfür, und damit eine Einschränkung für die zu betrachtenden Exponenten ν, ist leicht anzugeben. Man setzt dazu zweckmäßig $\nu + 1 = \pi$.

Dann gilt:

Die Zahl $p = 2^\pi - 1$ ist höchstens dann Primzahl, wenn der Exponent π Primzahl ist.

Beweis. Ist $\pi = \alpha\beta$ eine Zerlegung von π in zwei natürliche Faktoren α, β, und zwar nicht-trivial, also $1 < \alpha < \pi$, so ist

$$2^\pi - 1 = (2^\alpha - 1)(1 + 2^\alpha + \cdots + 2^{\alpha(\beta-1)})$$

eine Zerlegung von $2^\pi - 1$ in zwei natürliche Faktoren, und zwar nicht-trivial, weil $1 < 2^\alpha - 1 < 2^\pi - 1$ ist.

Nach diesem Ergebnis reduziert sich die Euklidische Form der geraden vollkommenen Zahlen auf die Gestalt:

$$n = 2^{\pi-1}\, p \quad \text{mit} \quad \left\{ \begin{matrix} \pi \ \text{Primzahl} \\ p = 2^\pi - 1 \ \text{Primzahl} \end{matrix} \right\},$$

und es bleibt die Frage:

Für welche Primzahlen π ist $p = 2^\pi - 1$ Primzahl?

Die Primzahlen p dieser Form heißen die *Mersenneschen Primzahlen*, nach dem französischen Mathematiker MERSENNE, der mit FERMAT über sie korrespondiert hat. Für die ersten vier Primzahlen

$$\pi = 2, 3, 5, 7$$

resultieren die vier bereits in 3 genannten Primzahlen

$$p = 3, 7, 31, 127,$$

die zu den vier dort angegebenen geraden vollkommenen Zahlen der klassischen griechischen Mathematik führen. Es ist aber keineswegs so, daß jede Primzahl π zu einer Primzahl $p = 2^\pi - 1$ führt, wie viele Mathematiker, darunter kein Geringerer als LEIBNIZ, geglaubt haben. Schon die nächste Primzahl $\pi = 11$ liefert die zusammengesetzte Zahl $2^{11} - 1 = 2047 = 23 \cdot 89$. Für $\pi = 13$ erhält man wieder eine Primzahl

$$p = 2^{13} - 1 = 8191$$

und damit die fünfte gerade vollkommene Zahl
$$n = 33\,550\,336.$$

Ob die Folge der Mersenneschen Primzahlen abbricht oder unendlich ist, ist bis heute nicht bekannt. Als Ergebnis ausgedehnter Überprüfungen mittels elektronischer Rechenautomaten[1] weiß man derzeit (August 1964) nur noch, daß für die weiteren Primzahlen

$$\pi = 17, 19, 31, 61, 89, 107, 127, 521, 607, 1279, 2203, 2281, 3217,$$
$$4253, 4423, 9689, 9941, 11213$$

Primzahlen p resultieren, dagegen nicht für die übrigen Primzahlen $\pi < 12000$.

Man hat so auch die iterierte Folge $2^{2^\pi - 1} - 1 = 2^p - 1$ überprüft, soweit die Exponenten $2^\pi - 1 = p$ (Mersennesche) Primzahlen sind. Für die ersten vier Exponenten $\pi = 2, 3, 5, 7$ liefert diese Folge nach dem Gesagten wieder (Mersennesche) Primzahlen, für den fünften $\pi = 13$ jedoch nicht (D. J. WHEELER 1954), ebenso auch nicht für den sechsten und siebenten $\pi = 17, 19$ (R. M. ROBINSON 1954).

6. Ungerade vollkommene Zahlen

Während die Frage nach den geraden vollkommenen Zahlen durch die Sätze von Euklid und Euler grundsätzlich gelöst ist und nur die

---

[1] Siehe dazu u.a. die Arbeiten von R. M. ROBINSON in Proc. Amer. Math. Soc. **5** (1954), 842–846, **9** (1958), 673–681, und Math. Tables Aid Comp. **11** (1957), 265–268, sowie von AL. HURWITZ, Math. Comp. **16** (1962), 249–251, AL. HURWITZ – J. L. SELFRIDGE, Notices Amer. Math. Soc. **8** (1961), 601, und D. B. GILLIES Math. Comp. **18** (1964), 93–97.

Frage nach den Merseneschen Primzahlen übrigblieb, hat man bis heute ungerade vollkommene Zahlen weder numerisch auffinden noch durch einen allgemeinen Beweis als nicht-existent dartun können. Ein direktes Anpacken der Forderung $\sigma(n) = 2n$ in der Produktgestalt

$$\prod_{p} \frac{p^{\nu_p + 1} - 1}{p - 1} = 2 \prod_p p^{\nu_p},$$

als Gleichung für das unbekannte ganzzahlige Exponentensystem $\nu_p \geqq 0$ mit nur endlich vielen $\nu_p > 0$, führt im Falle ungerader n (wo also $\nu_2 = 0$ ist) auf ein derartig kompliziertes Ineinandergreifen von Größen- und Teilbarkeitsforderungen, daß man bisher nur zu mehr oder weniger speziellen notwendigen Bedingungen für evtl. ungerade vollkommene Zahlen gelangt ist. So hat man etwa zeigen können, daß eine ungerade vollkommene Zahl n größer als 10^{20} sein und mindestens sechs verschiedene Primteiler haben müßte, daß es bei vorgegebener Anzahl r der verschiedenen Primteiler von n höchstens endlich viele ungerade vollkommene Zahlen gibt, daß deren kleinster Primteiler dann $> \dfrac{2r + 2}{3}$ ist und daß ihr größter Primteiler $\geqq 2 \operatorname{Max}(\nu_p + 1)$ ist; außerdem daß ihre natürliche Dichte in der Menge aller natürlichen Zahlen (Bildungsschema analog wie in § 14,4) gleich 0 ist[1].

Es kann nicht der Sinn unserer Vorlesungen sein, die zum Teil recht komplizierten Beweise für diese Aussagen zu erbringen. Wir haben sie hier nur angeführt, um einen Begriff von der Art der bisher gewonnenen Kenntnisse über ungerade vollkommene Zahlen zu geben. Als Probestück für die Beweise begnügen wir uns damit, die Anzahl $r = 2$ auszuschließen, nämlich schärfer zu beweisen:

Jede ungerade natürliche Zahl mit genau zwei verschiedenen Primteilern ist defizient.

Beweis. Ist in kanonischer Zerlegung

$$n = p_1^{\nu_1} p_2^{\nu_2} \quad \text{mit} \quad p_1 \geqq 3, \; p_2 \geqq 5,$$

so hat man nach (2.)

$$\sigma(n) = \frac{p_1^{\nu_1 + 1} - 1}{p_1 - 1} \cdot \frac{p_2^{\nu_2 + 1} - 1}{p_2 - 1} < \frac{p_1^{\nu_1 + 1}}{p_1 - 1} \cdot \frac{p_2^{\nu_2 + 1}}{p_2 - 1},$$

also in der Tat

$$\frac{\sigma(n)}{n} < \frac{p_1}{p_1 - 1} \cdot \frac{p_2}{p_2 - 1} \leqq \frac{3}{2} \cdot \frac{5}{4} = \frac{15}{8} < 2.$$

---

[1] Siehe dazu die Arbeiten von H.-J. Kanold im J. f. Math. **183** (1941), 98–109, **184** (1942), 116–123, **186** (1944), 25–29, **189** (1950), 169–182, **192** (1953), 24–34, **194** (1955), 218–220, sowie in Math. Zeitschr. **61** (1954), 180–185, und Math. Ann. **131** (1956), 167–179, 390–392, **132** (1957), 246–255, 442–450; außerdem eine Arbeit von O. Grün in Math. Zeitschr. **55** (1952), 353–354.

Schließlich wollen wir als Gegenstück hierzu noch feststellen:

Der Quotient $\frac{\sigma(n)}{n}$ ist für geeignete natürliche Zahlen n beliebig großer Werte fähig.

Beweis. Indem man von den Teilern d von n zu ihren komplementären Teilern $d' = \frac{n}{d}$ übergeht und diese dann wieder mit d bezeichnet, erhält man

$$\frac{\sigma(n)}{n} = \sum_{d\mid n} \frac{d}{n} = \sum_{d\mid n} \frac{1}{d}.$$

Wählt man nun speziell $n = N! = 1 \cdot 2 \cdots N$, so kommen an Teilern sicher alle Zahlen $d = 1, \ldots, N$ vor. Daher ist dann

$$\frac{\sigma(n)}{n} \geq 1 + \frac{1}{2} + \cdots + \frac{1}{N}.$$

Da die rechts auftretende Teilsumme der harmonischen Reihe wegen deren Divergenz durch geeignete Wahl von N beliebig groß gemacht werden kann, ergibt sich die Behauptung.

7. Die Fermatschen Primzahlen

Zum Abschluß wollen wir auf eine Frage eingehen, die mit den vollkommenen Zahlen nichts zu tun hat, sondern hier nur durch ihre formale Analogie zur Frage nach den Mersenneschen Primzahlen nahegelegt wird.

Für welche natürlichen Exponenten n ist $p = 2^n + 1$ Primzahl?

Eine notwendige Bedingung hierfür ist wieder leicht anzugeben:

Die Zahl $p = 2^n + 1$ ist höchstens dann Primzahl, wenn der Exponent $n = 2^\nu$ Potenz von 2 ist.

Beweis. Ist $n = um$ eine (nicht-triviale oder triviale) Zerlegung von n mit einem ungeraden Faktor $u > 1$, so ist

$$2^n + 1 = (2^m + 1)\,(1 - 2^m + 2^{2m} - \cdots + 2^{(u-1)m})$$

eine Zerlegung von $2^n + 1$ in zwei natürliche Faktoren, und zwar nicht-trivial, weil $1 < 2^m + 1 < 2^n + 1$ ist.

Nach diesem Ergebnis reduziert sich unsere Frage auf die folgende:

Für welche ganzzahligen Exponenten $\nu \geq 0$ ist $p = 2^{2^\nu} + 1$ Primzahl?

Die Primzahlen p dieser Form heißen die *Fermatschen Primzahlen.* Sie spielen eine Rolle in der Kreisteilung. Wie GAUSS bewiesen hat, ist das reguläre p-Eck für eine Primzahl $p > 2$ dann und nur dann mit Zirkel und Lineal konstruierbar, wenn p eine Fermatsche Primzahl ist. Ähnlich wie Leibniz von den Mersenneschen Primzahlen, vermutete

FERMAT, daß für jedes ganze $\nu \geqq 0$ wirklich eine Primzahl p vorläge. Während aber für

$$\nu = 0, 1, 2, 3, 4$$

die Primzahlen

$$p = 3, 5, 17, 257, 65537$$

resultieren, ist schon für $\nu = 5$ die Zahl $2^{2^5} + 1 = 2^{32} + 1$ durch 641 teilbar (EULER 1732), wie wir in § 4,2 zur Einübung der Kongruenzrechnung zeigen werden, und ist auch für $\nu = 6$ die Zahl $2^{2^6} + 1 = 2^{64} + 1$ durch 274177 teilbar (TH. CLAUSEN 1855).

Ob die Folge der Fermatschen Primzahlen abbricht oder unendlich ist, ist bis heute nicht bekannt. Man kennt jedenfalls keine weitere Fermatsche Primzahl und weiß durch Überprüfungen mittels elektronischer Rechenautomaten[1] derzeit (August 1964), daß auch noch die weiteren Exponenten

$$\nu = 7 \text{ bis } 16, 18, 19, 21, 23, 25, 26, 27, 30, 32, 36, 38, 39, 42, 52, 55, 58,$$
$$63, 73, 77, 81, 117, 125, 144, 150, 207, 226, 228, 250, 267, 268, 284,$$
$$316, 452, 1945$$

zusammengesetzte Zahlen liefern, wobei nur für $\nu = 7, 8, 13, 14$ kein Faktor bekannt ist.

Als Kuriosum sei noch bemerkt, daß zwar nach dem Gesagten $\nu = 1, 2, 2^2$ Fermatsche Primzahlen liefern, aber für $\nu = 2^{2^2}$ eine zusammengesetzte Zahl vorliegt (SELFRIDGE 1953).

8. Zusammenstellung der noch offenen Fragen

Wir stellen die in diesem Paragraphen offengebliebenen Fragen noch einmal zusammen:

 I. *Gibt es ungerade vollkommene Zahlen?*

 II. *Gibt es unendlich viele Mersennesche Primzahlen $p = 2^\pi - 1$?*

 III. *Gibt es unendlich viele Fermatsche Primzahlen $p = 2^{2^\nu} + 1$?*

Es ist charakteristisch für die Zahlentheorie, und darin besteht ein eigenartiger Reiz dieser mathematischen Disziplin, daß es in ihr eine große Reihe von Problemen wie diese drei gibt, die sich zwar mit den allereinfachsten Mitteln formulieren und ohne Mühe auch Nichtmathematikern verständlich oder gar anziehend machen lassen, deren Lösung jedoch bis heute allen Bemühungen der Mathematiker getrotzt hat. In vielen Fällen sind solche Bemühungen nicht umsonst gewesen, indem aus solchem Anlaß große, schöne, fruchtbare Theorien erwachsen sind, die –

---

[1] Siehe dazu u. a. die in 5 zitierten Arbeiten von ROBINSON, HURWITZ-SELFRIDGE, sowie CL. P. WRATHALL, Math. Comp. **18** (1964), 324–325.

wenn sie auch nicht die Lösung der zum Ausgang genommenen Frage ermöglicht haben – doch die Wissenschaft oft um viel wertvollere Ergebnisse bereichert haben.

So ist aus der Frage nach den Fermatschen Primzahlen der sog. *kleine Fermatsche Satz* erwachsen, den wir in § 4,5 kennenlernen werden, und aus der berühmten, bis heute unentschiedenen *großen Fermatschen Vermutung*, daß nämlich die Gleichung

$$x^n + y^n + z^n = 0$$

für keine natürliche Zahl $n > 1$ eine Lösung in ganzen von Null verschiedenen Zahlen x, y, z besitzt, die arithmetische Theorie der algebraischen Zahlen, mit deren Grundlagen wir uns im vierten Abschnitt beschäftigen werden.

Was die in diesem Paragraphen behandelte Frage nach den vollkommenen Zahlen betrifft, so hat sie allerdings derartige Ergebnisse nicht gezeitigt, sondern in der Entwicklung der Zahlentheorie immer nur einen bescheidenen Platz am Rande eingenommen.

§ 4. Kongruenz, Restklassen

1. Definition der Kongruenz und der Restklassen

Sei m eine feste natürliche Zahl. Wir betrachten alle ganzen Zahlen a in ihrer Beziehung zu m, indem wir für sie die Division mit Rest durch m ansetzen:

$$a = qm + r; \quad q, r \text{ ganz}, \quad 0 \leqq r < m.$$

Der Rest r ist dabei auf die m Werte $0, 1, \ldots, m-1$ beschränkt, von denen auch wirklich jeder vorkommt (etwa für $a = 0, 1, \ldots, m-1$). Es liegt nahe, Zahlen a, b, die bei der Division durch m ein und denselben Rest r ergeben, als in bezug auf m näher verwandt anzusehen, als solche, bei denen die Reste verschieden ausfallen.

. Wie oft in der Mathematik die Einführung einer prägnanten Bezeichnung oder eines bequem zu handhabenden Kalküls mehr als bloß formale Bedeutung hat, sondern die Weiterentwicklung auch inhaltlich entscheidend fördert oder gar überhaupt erst ermöglicht – man denke etwa an die von LEIBNIZ eingeführte Bezeichnung der Determinante oder seinen Differential- und Integralkalkül –, so ist es in der Zahlentheorie eine überaus glückliche und weittragende Tat von GAUSS gewesen, daß er für die Gleichheit der Reste bei der Division durch eine feste Zahl m eine der gewöhnlichen Gleichheit ähnliche Bezeichnung eingeführt und die Handhabung des dadurch ermöglichten Kalküls gelehrt hat. Die Gaußsche Definition lautet:

Definition. *Zwei ganze Zahlen a, b heißen kongruent mod. m (lies: modulo m), in Zeichen:*

$$a \equiv b \bmod. m,$$

wenn sie bei der Division durch m den gleichen Rest lassen. Die natürliche Zahl m nennt man auch den Modul der Kongruenz.

Die so definierte Kongruenz hat, wie die ihr zugrunde liegende Gleichheit (der Reste), die Eigenschaften der

Reflexivität $(a \equiv a \bmod. m)$,
Symmetrie (aus $a \equiv b$ mod. m folgt $b \equiv a$ mod. m),
Transitivität (aus $a \equiv b$, $b \equiv c$ mod. m folgt $a \equiv c$ mod. m),

ist also eine sog. Äquivalenzrelation. Demgemäß führt sie zu einer Einteilung aller ganzen Zahlen in Klassen untereinander mod. m kongruenter Zahlen. Diese Klassen nennt man die *Restklassen mod. m.* Entsprechend den m möglichen Resten $r = 0, 1, \ldots, m-1$ gibt es m solche Restklassen mod. m. Die dem Rest r entsprechende Restklasse besteht aus allen $a = qm + r$, wo r fest ist und q alle ganzen Zahlen durchläuft. Auf der Zahlgeraden bilden diese Zahlen eine beiderseits unbegrenzte Folge äquidistanter Punkte im Abstand m. Eine hübsche Veranschaulichung der Restklassen mod. 12 liefert ein (beiderseits unbegrenztes) Klavier; die Restklassen entsprechen dabei den nur um Oktaven unterschiedenen Tönen gleichen Namens.

In den Anwendungen braucht man zur Feststellung der Kongruenz meist das folgende Kriterium, das auch als Definition hätte zugrunde gelegt werden können (nur daß dann die Feststellung der Symmetrie und Transitivität kleine Rechnungen erfordert hätte):

I. *Es ist dann und nur dann $a \equiv b$ mod. m, wenn $m \mid a - b$ ist.*

Beweis. Die Divisionen mit Rest von a, b durch m seien

$$a = qm + r; \quad q \text{ ganz}, \quad 0 \leq r < m,$$
$$b = q'm + r'; \quad q' \text{ ganz}, \quad 0 \leq r' < m,$$

und es sei ohne Einschränkung $r \geq r'$. Dann entsteht durch Subtraktion

$$a - b = (q - q')\, m + (r - r'); \quad q - q' \text{ ganz}; \quad 0 \leq r - r' < m$$

gerade die Division mit Rest von $a - b$ durch m. Einerseits ist nun definitionsgemäß $a \equiv b$ mod. m gleichbedeutend mit $r = r'$. Andererseits ist nach dem Gezeigten und § 2,7, Zusatz, auch $m \mid a - b$ gleichbedeutend mit $r - r' = 0$. Zusammengenommen ergibt sich die Behauptung.

Nach I kann eine Restklasse mod. m statt durch ihren kleinsten Rest r auch durch jede ihr angehörige Zahl a_0 beschrieben werden; sie besteht genau aus allen Zahlen $a = gm + a_0$, wo g alle ganzen Zahlen durchläuft. Es ist zweckmäßig, unter der Bildung a_0 mod. m (ohne das Kongruenzzeichen $\equiv$) die durch a_0 erzeugte Restklasse mod. m, also die Gesamtheit der Zahlen $a \equiv a_0$ mod. m zu verstehen.

Ein System von m ganzen Zahlen, das aus jeder der m-Restklassen mod. m genau einen Vertreter enthält, nennt man ein *volles Restsystem mod. m*. Insbesondere nennt man die bei der Division mit Rest zugrunde gelegten Reste

$$r = 0, 1, \ldots, m-1 \text{ das } \textit{kleinste Restsystem mod. } m$$

(genauer das *kleinste nicht-negative Restsystem mod. m*), sowie die Reste

$$s = \begin{cases} 0, \pm 1, \ldots, \pm \dfrac{m-1}{2} & (m \text{ ungerade}) \\[2mm] 0, \pm 1, \ldots, \pm \left(\dfrac{m}{2} - 1\right), \dfrac{m}{2} & (m \text{ gerade}) \end{cases} \left.\begin{array}{l} \\ \\ \end{array}\right\} \begin{array}{l} \text{das } \textit{absolut-kleinste} \\ \textit{Restsystem mod. m.} \end{array}$$

Als m aufeinanderfolgende Zahlen bilden die letzteren in der Tat ein volles Restsystem mod. m; es ist durch die Ungleichung $|s| \leq \dfrac{m}{2}$ für den absoluten Betrag und die Zusatzfestsetzung gekennzeichnet, daß im Falle eines geraden m unter den beiden zueinander mod. m kongruenten Zahlen $\pm \dfrac{m}{2}$ die positive gewählt ist.

2. Der Restklassenring

Der Vorteil der Schreibweise $a \equiv b$ mod. m für die Teilbarkeitsbeziehung $m \mid a - b$ liegt darin, daß mit solchen Kongruenzen ganz analog wie mit Gleichungen gerechnet werden kann, jedenfalls nach den drei ersten elementaren Rechenoperationen. Es gelten nämlich die Regeln: Aus

$$a \equiv a' \text{ mod. } m,$$
$$b \equiv b' \text{ mod. } m$$

folgt

$$a \pm b \equiv a' \pm b' \text{ mod. } m,$$
$$ab \equiv a'b' \quad \text{mod. } m.$$

Denn ist

$$a = a' + gm,$$
$$b = b' + hm,$$

so folgt

$$a \pm b = (a' \pm b') + (g \pm h)\,m,$$
$$ab = a'b' + (gb' + ha' + ghm)\,m,$$

und hierin sind mit a, b, a', b' und g, h auch die an m auftretenden Faktoren ganz.

Diese Regeln können auch so ausgesprochen werden. Unterwirft man die Zahlen zweier Restklassen a mod. m und b mod. m sämtlich einer der drei Operationen Addition, Subtraktion, Multiplikation, so erhält man in jedem Falle Zahlen aus ein und derselben Restklasse mod. m, nämlich aus $a \pm b$ mod. m bzw. ab mod. m. Auf diese Weise ist also zwei Restklassen a mod. m und b mod. m unabhängig von der Wahl der Vertreter a, b aus ihnen je eine Summen-, Differenz- und Produktklasse zugeordnet, d. h., es sind die drei ersten elementaren Rechenoperationen im Bereiche der Restklassen mod. m in bestimmter Weise eindeutig definiert. Da diese Definitionen in der Ausführung der entsprechenden Rechenoperationen für die Zahlen aus den Restklassen bestehen, gelten dabei die formalen Gesetze jener drei Operationen, nämlich

Kommutativität und Assoziativität der Addition:

$$a + b = b + a, \quad (a + b) + c = a + (b + c),$$

Unbeschränktheit und Eindeutigkeit der Subtraktion:

$$a + x = b \text{ stets und eindeutig durch } x \text{ lösbar,}$$

Kommutativität und Assoziativität der Multiplikation:

$$ab = ba, \quad (ab)\, c = a\,(bc),$$

Distributivität der Multiplikation in bezug auf die Addition:

$$(a + b)\, c = ac + bc,$$

wie sie in den Grundlagen der Algebra gelehrt werden. Man nennt einen abstrakten Rechenbereich, in dem diese Gesetze gelten, einen *Ring*. Demnach können wir feststellen:

II. *Bei elementweiser Addition, Subtraktion und Multiplikation bilden die Restklassen mod. m einen Ring, den Restklassenring mod. m.*

Der Restklassenring mod. m ist ein abstrakter Rechenbereich aus nur endlich vielen, nämlich genau m Elementen. Sein Nullelement ist die Restklasse 0 mod m, und als Einselement besitzt er die Restklasse 1 mod. m. Mit der Existenz dieses Einselements erfüllt er die e i n e Bedingung, die allgemein ein Ring erfüllen muß, wenn er sogar ein Integritätsbereich sein soll. Die a n d e r e dafür erforderliche Bedingung, daß nämlich die Division durch von Null verschiedene Elemente, wenn möglich, dann eindeutig ist, oder – was auf dasselbe hinausläuft – daß ein Produkt zweier von Null verschiedener Elemente wieder von Null verschieden ist, ist jedoch für den Restklassenring mod. m nicht immer erfüllt; dieser ist also nicht immer ein Integritätsbereich. Besteht nämlich eine nicht-triviale Zerlegung $m = m_1 m_2$, so sind zwar die beiden Restklassen m_1 mod. m, m_2 mod. m wegen $m_1 \not\equiv 0$ mod m, $m_2 \not\equiv 0$ mod. m von der Nullklasse verschieden, aber ihr Produkt ist wegen $m_1 m_2 \equiv 0$ mod. m die Nullklasse.

Numerisches Beispiel. Als ein kleines Beispiel für die Brauchbarkeit der Kongruenzrechnung geben wir den in § 3,7 angekündigten Nachweis, daß die Zahl

$$2^{2^5} + 1 = 2^{32} + 1 \text{ durch } 641 \text{ teilbar}$$

ist. Dazu gehen wir aus von den beiden additiven Zerlegungen

$$641 = 640 + 1 = 5 \cdot 2^7 + 1,$$
$$641 = 625 + 16 = 5^4 + 2^4.$$

Nach der ersten Zerlegung hat man

$$5 \cdot 2^7 \equiv -1 \text{ mod. } 641.$$

Durch Potenzierung mit 4 folgt daraus

$$5^4 \cdot 2^{28} \equiv 1 \text{ mod. } 641.$$

Nach der zweiten Zerlegung kann hierin

$$5^4 \equiv -2^4 \text{ mod. } 641$$

gesetzt werden. Damit ergibt sich

$$-2^{32} \equiv 1 \text{ mod. } 641,$$

also in der Tat

$$2^{32} + 1 \equiv 0 \text{ mod. } 641.$$

Auf entsprechende, wenn auch nicht ganz so einfache Weise hat man in den anderen in § 3,5,7 angegebenen Fällen das Vorhandensein echter Teiler nachgewiesen. So hat zum Beispiel die (zur Zeit der ersten Auflage dieses Buches größte) im Falle der Fermatschen Primzahlen untersuchte Zahl $2^{273} + 1$ mehr als 10^{21} Ziffern. Sie würde bei einer Ziffernbreite von 1 mm mehr als 60 Milliarden mal um den Äquator reichen und bei einer Ziffernschreibdauer von $^1/_2$ Sek. etwa 200 Billionen Jahre Aufschreibezeit erfordern. Diese wahrlich exorbitante Größe ist aber für die Kongruenzmethode kein unüberwindliches Hindernis. Es ist MOREHEAD[1] gelungen, diese Zahl als durch $5 \cdot 2^{75} + 1$ teilbar zu erweisen.

3. Division im Restklassenring

Wir wollen jetzt der zuletzt angeschnittenen Frage nach der Division im Restklassenring mod. m genauer nachgehen, d.h. der Frage nach der Lösbarkeit einer Kongruenz

$$a x \equiv b \text{ mod. } m$$

mit gegebenen Restklassen a, b mod. m durch eine Restklasse x mod. m, und gegebenenfalls nach der Gesamtheit ihrer Lösungen. Diese Lösungen sind natürlich immer ganze Restklassen mod. m; denn mit einer Zahl x_0 ist nach den Regeln aus 2 auch jede Zahl $x \equiv x_0$ mod. m eine Lösung.

---

[1] Bull. Amer. Math. Soc. **12** (1906), 449–451, Annals of Math. (2) **10** (1908/09). 88–104.

Als Vorbereitung für diese Untersuchung stellen wir zunächst fest:

III. *Alle Zahlen a einer Restklasse mod. m haben mit m ein und denselben größten gemeinsamen Teiler d = (a, m).*

Beweis. Sei $a \equiv a'$ mod. m, also $a = a' + gm$ mit ganzem g, und sei $d = (a, m)$, $d' = (a', m)$. Mittels der Kennzeichnung § 2,**2**,I des größten gemeinsamen Teilers schließt man dann folgendermaßen:

wegen $d\,|\,a$, $d\,|\,m$ gilt auch $d\,|\,a'$, $d\,|\,m$ und daher $d\,|\,d'$,

wegen $d'\,|\,a'$, $d'\,|\,m$ gilt auch $d'\,|\,a$, $d'\,|\,m$ und daher $d'\,|\,d$.

Zusammengenommen ergibt sich $d = d'$, wie behauptet.

Die hiernach nur von der Restklasse a mod. m, nicht von der Wahl des Vertreters a aus ihr, abhängige natürliche Zahl $d = (a, m)$ wird der *Teiler der Restklasse a mod. m* genannt. Insbesondere heißen die Restklassen a mod. m vom Teiler $(a, m) = 1$ die *primen Restklassen mod. m,* weil sie aus lauter zu m primen Zahlen bestehen.

Als erstes Ergebnis über die Division im Restklassenring mod. m beweisen wir nunmehr:

IV. *Die Division durch eine prime Restklasse a mod. m ist stets möglich und eindeutig, d.h. eine Kongruenz*

$$a\,x \equiv b \bmod. m \quad mit \quad (a, m) = 1$$

ist für jedes ganze b durch eine und nur eine Restklasse x mod. m lösbar.

Beweis. a) Ist $(a, m) = 1$, so ist nach dem Hauptsatz über den größten gemeinsamen Teiler (§ 2,**7**) die Gleichung

$$a\,x + m\,y = b$$

für jedes ganze b durch ganze x, y lösbar. Nach I bedeutet das die Lösbarkeit der Kongruenz $a\,x \equiv b$ mod. m für jedes ganze b.

b) Ist neben x mod. m auch x' mod. m eine Lösung dieser Kongruenz, so folgt nach den Rechenregeln für Kongruenzen $a\,(x - x') \equiv 0$ mod. m, also $m\,|\,a\,(x - x')$. Wegen $(a, m) = 1$ folgt hieraus nach § 2,**5**,IV weiter $m\,|\,x - x'$, also $x \equiv x'$ mod. m. Somit stimmen die beiden Lösungen überein.

Nachdem so die Unbeschränktheit und Eindeutigkeit der Division durch prime Restklassen bewiesen ist, zeigen wir weiter, daß bei der Division durch nicht-prime Restklassen sowohl die Unbeschränktheit als auch die Eindeutigkeit verlorengeht, indem wir darüber hinaus nach dem Vorbild der Theorie der linearen Gleichungssysteme untersuchen, welches im allgemeinen Falle die notwendige und hinreichende Lösbarkeitsbedingung für die Divisionskongruenz $a\,x \equiv b$ mod. m ist und wie die Lösungsgesamtheit beschaffen ist.

Soll die allgemeine Kongruenz

$$a\,x \equiv b \bmod. m, \quad wo \quad (a, m) = d,$$

lösbar sein, so muß nach III notwendig $d \mid b$ gelten; im Falle $d \neq 1$ ist also die Kongruenz in der Tat nicht für alle ganzen b lösbar.

Sei jetzt die notwendige Lösbarkeitsbedingung $d \mid b$ erfüllt. Nach § 2,5,V hat man dann

$$a = d\,a_0, \quad b = d\,b_0, \quad m = d\,m_0$$

mit ganzen a_0, b_0, natürlichem m_0 und $(a_0, m_0) = 1$. Indem man die zu untersuchende Kongruenz gemäß I in der Form $a\,x = b + g\,m$ mit ganzem g schreibt, erkennt man, daß sie dann mit $a_0\,x = b_0 + g\,m_0$ gleichbedeutend ist, also mit der Kongruenz

$$a_0\,x \equiv b_0 \; \mathrm{mod.}\; m_0, \quad \mathrm{wo} \quad (a_0, m_0) = 1.$$

Diese letztere Kongruenz ist nach IV durch genau eine Restklasse $x \equiv x_0 \; \mathrm{mod.}\; m_0$ lösbar. Wie man am Bild auf der Zahlgeraden sofort erkennt, zerfällt jede Restklasse $x_0 \; \mathrm{mod.}\; m_0$ in genau d Restklassen mod. m, nämlich in die Restklassen

$$x \equiv x_0, \quad x_0 + m_0, \; \ldots, \; x_0 + (d-1)\,m_0 \; \mathrm{mod.}\; m.$$

Diese bilden dann die Lösungsgesamtheit der untersuchten Kongruenz; im Falle $d \neq 1$ ist also diese Kongruenz in der Tat, wenn lösbar, nicht eindeutig lösbar.

Zusammengefaßt haben wir damit bewiesen:

V. *Damit die Kongruenz*

$$a\,x \equiv b \; mod.\; m$$

lösbar ist, ist notwendig und hinreichend, daß der Teiler $d = (a, m)$ der Restklasse a mod. m auch in b aufgeht, d.h. daß

$$b \equiv 0 \; mod.\; d$$

ist. Ist dies der Fall, so wird die Kongruenz durch genau d Restklassen x mod. m gelöst, die eine Restklasse x mod. $\frac{m}{d}$ zusammensetzen.

Wendet man dies im Spezialfall $b \equiv 0 \; \mathrm{mod.}\; m$ an, in dem die notwendige Lösbarkeitsbedingung sicher erfüllt und eine Lösung sicher $x \equiv 0 \; \mathrm{mod.}\; m$ ist, so erhält man den oft gebrauchten Zusatz:

V'. *Die Kongruenz $a\,x \equiv 0 \; mod.\; m$ ist gleichbedeutend mit der Kongruenz $x \equiv 0 \; mod.\; \frac{m}{(a,\,m)}$.*

4. Die prime Restklassengruppe

Durch die vorstehenden Sätze ist die Bedeutung der primen Restklassen mod. m für die Division im Restklassenring mod. m hervorgetreten. Wir wollen uns daher noch näher mit ihnen beschäftigen.

Wir beweisen zunächst:

VI. *Produkt und Quotient von primen Restklassen mod. m sind wieder prime Restklassen mod. m.*

Beweis. Ist $(a, m) = 1$, $(b, m) = 1$ und $a x \equiv b \bmod. m$, so ist nach dem Teilerfremdheitskriterium (§ 2,5) einerseits auch $(a b, m) = 1$, andererseits nach III zunächst $(a x, m) = 1$ und daher auch $(x, m) = 1$.

Hiernach bilden die primen Restklassen mod. m einen Rechenbereich mit kommutativer, assoziativer, unbeschränkt und eindeutig umkehrbarer Multiplikation, d.h. eine multiplikative *abelsche Gruppe*, die *prime Restklassengruppe mod. m.*

Ist speziell $m = p$ Primzahl, so ist die in IV auftretende Bedingung $(a, p) = 1$ gleichbedeutend mit $p \nmid a$ oder mit $a \not\equiv 0 \bmod. p$; dann ist also bei der Division im Restklassenring mod. p nur die Nullklasse als Divisor auszunehmen. Für eine Primzahl p sind demnach im Restklassenring mod. p die beiden oben nach II genannten Zusatzbedingungen für das Vorliegen eines Integritätsbereiches erfüllt. Da darüber hinaus die Division durch von Null verschiedene Elemente nicht nur, wenn möglich, dann eindeutig, sondern stets möglich ist, liegt sogar ein bezüglich aller vier elementaren Rechenoperationen (mit Ausnahme der Division durch Null) geschlossener Rechenbereich, d.h. ein *Körper* vor.

Ist jedoch m keine Primzahl, so ist entweder $m = 1$, und dann gibt es nur eine einzige Restklasse – gleichzeitig Null- und Einsklasse –, oder m besitzt eine nicht-triviale Zerlegung $m = m_1 m_2$, und dann ist, wie in 2 im Anschluß an II gezeigt, der Restklassenring mod. m kein Integritätsbereich, also erst recht kein Körper.

Zusammenfassend können wir feststellen:

VII. *Der Restklassenring mod. m ist dann und nur dann ein Integritätsbereich, wenn m = p Primzahl ist, und dann ist er sogar ein Körper.*

5. Der kleine Fermatsche Satz

Durch die Feststellung, daß die primen Restklassen mod. m eine multiplikative abelsche Gruppe, und zwar eine solche aus endlich vielen Elementen bilden, werden die aus der Algebra bekannten allgemeinen Sätze über endliche abelsche Gruppen auf sie anwendbar und liefern zahlentheoretische Erkenntnisse.

Ist $\mathfrak{A}$ eine multiplikative abelsche Gruppe aus n Elementen – n heißt dann die *Ordnung* von $\mathfrak{A}$ –, so gilt für jedes Element A aus $\mathfrak{A}$ die Beziehung

$$(1.) \qquad\qquad A^n = E,$$

wo E das Einselement von $\mathfrak{A}$ ist.

Denn sind $X_1, \ldots, X_n$ die n verschiedenen Elemente von $\mathfrak{A}$, so sind die n Produkte $A X_1, \ldots, A X_n$ wegen der Eindeutigkeit der Division in $\mathfrak{A}$ sämtlich untereinander verschieden, stellen also von der Reihenfolge abgesehen wieder die n verschiedenen Elemente $X_1, \ldots, X_n$ von $\mathfrak{A}$ dar.

Daher ist ihr Produkt

$$A^n X_1 \cdots X_n = X_1 \cdots X_n,$$

und daraus folgt wegen der Eindeutigkeit der Division in $\mathfrak{A}$ die behauptete Beziehung (1.).

Die Ordnung der primen Restklassengruppe mod. m bezeichnet man mit $\varphi(m)$. Es ist das eine im Bereich der natürlichen Zahlen m erklärte Funktion – eine sog. *zahlentheoretische Funktion* –, deren Wert $\varphi(m)$ selbst eine natürliche Zahl, nämlich die Anzahl der primen Restklassen mod. m ist. Sie heißt die *Eulersche Funktion*.

Indem man die allgemeine gruppentheoretische Beziehung (1.) auf die prime Restklassengruppe mod. m anwendet, erhält man das zahlentheoretische Ergebnis:

Kleiner Fermatscher Satz. *Für jede prime Restklasse a mod. m gilt die Kongruenz*

$$a^{\varphi(m)} \equiv 1 \; mod. \; m.$$

Sei wieder allgemein $\mathfrak{A}$ eine multiplikative abelsche Gruppe der Ordnung n und A ein Element aus $\mathfrak{A}$.

Wir betrachten die Potenzen A^x mit Exponenten x aus dem Integritätsbereich Γ der ganzen Zahlen. Da $\mathfrak{A}$ endlich ist, kommen unter diesen formal unendlich vielen Potenzen in Wahrheit nur endlich viele verschiedene vor. Um diesen Sachverhalt genauer zu überblicken, betrachten wir speziell diejenigen Exponenten y, für welche $A^y = E$ ist. Diese y bilden ein Ideal in Γ; denn die drei Eigenschaften (1.), (2.), (3.) aus § 2,8 sind für sie erfüllt:

mit $A^{y_1} = E$, $A^{y_2} = E$ ist auch $A^{y_1 + y_2} = E$ und $A^{y_1} A^{y_2} = E$,

mit $A^y = E$ ist auch $A^{xy} = (A^y)^x = E$ für jedes ganze x,

es ist speziell $A^n = E$ nach (1.).

Nach dem Hauptsatz über Ideale in Γ (s. § 2,8) sind mithin die in Rede stehenden Exponenten y die sämtlichen Vielfachen des kleinsten positiven solchen Exponenten k, anders gesagt, es gilt:

(2.) $A^y = E$ dann und nur dann, wenn $y \equiv 0 \; mod. \; k.$

Daraus folgt allgemeiner sofort:

(3). $A^x = A^{x'}$ dann und nur dann, wenn $x \equiv x' \; mod. \; k.$

Durch diese Aussagen wird eine vollständige Übersicht über die zwischen den Potenzen A^x bestehenden Gleichheiten gegeben. Die verschiedenen

Potenzen A^x entsprechen nach (3.) genau den verschiedenen Restklassen x mod. k. Sie werden repräsentiert etwa durch die k Potenzen

$$(4.) \qquad A^0 = E, \quad A^1 = A, \ldots, A^{k-1}.$$

Dabei ist k eindeutig gekennzeichnet als die kleinste natürliche Zahl derart, daß

$$(5.) \qquad A^k = E$$

ist. Diese Zahl k heißt die *Ordnung* von A. Aus (1.) folgt nach (2.) noch, daß diese Ordnung k des Elements A ein Teiler der Ordnung n der Gruppe $\mathfrak{A}$ ist.

Die Potenzen A^x mit ganzen Exponenten x bilden für sich eine multiplikative abelsche Gruppe der Ordnung k, die in der Gruppe $\mathfrak{A}$ als Untergruppe enthalten ist. Da die Folge (4.) ihrer verschiedenen Elemente sich vermöge der Beziehung (5.) zyklisch schließt, nennt man eine solche Gruppe *zyklisch* und redet von dem durch A erzeugten *Zyklus*. Seine Elemente entsprechen nach (3.) umkehrbar eindeutig den Restklassen mod. k. Dabei entspricht überdies der Multiplikation

$$A^{x_1} A^{x_2} = A^{x_1 + x_2}$$

in $\mathfrak{A}$ die Addition im Restklassenring mod. k. Die letztere konstituiert eine additive abelsche Gruppe der Ordnung k. Man drückt dann den festgestellten Sachverhalt auch so aus: Der durch A erzeugte Zyklus ist vermöge der eindeutigen Zuordnung $A^x \leftrightarrow x$ mod. k *isomorph* zur additiven Restklassengruppe mod. k.

Indem man die vorstehenden allgemeinen gruppentheoretischen Tatsachen auf die prime Restklassengruppe mod. m anwendet, erhält man das zahlentheoretische Ergebnis:

VIII. *Zu jeder primen Restklasse a mod. m existiert ein kleinster natürlicher Exponent k derart, daß*

$$a^k \equiv 1 \ mod. \ m$$

ist. Für nicht-negative x, x' gilt:

$a^x \equiv a^{x'} \ mod. \ m$ dann und nur dann, wenn $x \equiv x' \ mod. \ k$,

und es ist $k \mid \varphi(m)$.

Man nennt k auch den *Exponenten, zu dem die Restklasse a mod. m gehört*; diese Bezeichnung stammt aus der Zeit, wo man die gruppentheoretischen Begriffsbildungen noch nicht zur Verfügung hatte. Unter Verwendung dieser ist k die *Ordnung der Restklasse a mod. m* in der primen Restklassengruppe mod. m.

Zu der Formulierung in VIII ist noch folgendes zu bemerken. Während in der allgemeinen gruppentheoretischen Aussage (3.) die Exponenten

x, x' beliebige ganze, also auch negative Zahlen sein können, wobei der Potenzbegriff für negative Exponenten in der geläufigen Weise erklärt ist, haben wir den Kongruenzbegriff bisher nur für ganze Zahlen definiert, müssen uns also in der entsprechenden Aussage in VIII vorläufig auf nicht-negative Exponenten x, x' beschränken. Wir werden diese Beschränkung nachher durch eine sinngemäße Erweiterung des Kongruenzbegriffs auf gebrochene Zahlen (mit zu m primen Nennern) beseitigen. Für den Augenblick haben wir, soweit nicht x, $x' \geqq 0$ sind, die in Rede stehende Kongruenz ihrer gruppentheoretischen Entstehung nach als die Restklassengleichheit $(a \bmod. m)^x = (a \bmod. m)^{x'}$ zu deuten.

Wir bemerken schließlich, daß sich vermöge der Kongruenz des kleinen Fermatschen Satzes, oder auch der entsprechenden Kongruenz in VIII, für die allgemeine lineare Kongruenz

$$a x \equiv b \bmod. m \quad \text{mit} \quad (a, m) = 1$$

die nach IV vorhandene und eindeutig bestimmte Lösung $x \bmod. m$ formelmäßig ausdrücken läßt, nämlich als

$$x \equiv a^{\varphi(m)-1} b \bmod. m \quad \text{oder auch} \quad x \equiv a^{k-1} b \bmod. m.$$

Da $k \,|\, \varphi(m)$ und, wie wir sehen werden, im allgemeinen sogar $k \,||\, \varphi(m)$ ist, erfordert die letztere Formel im allgemeinen geringere Rechenarbeit als die erstere. Im übrigen braucht man zur Berechnung der Potenzen $a^n \bmod. m$ natürlich nicht die Potenzen a^n selbst zu berechnen, sondern kann durch sukzessive Multiplikation mit a und jedesmalige Reduktion auf den kleinsten (oder sogar absolut kleinsten) Rest $\bmod. m$ die vorkommenden Zahlen unterhalb der Schranke $m\,|a|$ (oder sogar $\frac{1}{2} m\,|a|$) halten.

Beispiel. Die Potenzen der Restklasse 7 mod. 11 ergeben sich nach dem Schema:

$$
\begin{aligned}
7^1 &\equiv -4 & 7^6 &\equiv (-1)\cdot(-4) \equiv 4 \\
7^2 &\equiv (-4)\cdot(-4) \equiv 16 \equiv 5 & 7^7 &\equiv (-1)\cdot 5 \quad\cdot \equiv -5 \\
7^3 &\equiv 5\cdot(-4) \quad \equiv -20 \equiv 2 & 7^8 &\equiv (-1)\cdot 2 \quad \equiv -2 \\
7^4 &\equiv 2\cdot(-4) \quad \equiv -8 \equiv 3 & 7^9 &\equiv (-1)\cdot 3 \quad \equiv -3 \\
7^5 &\equiv 3\cdot(-4) \quad \equiv -12 \equiv -1 & 7^{10} &\equiv (-1)\cdot(-1) \equiv 1.
\end{aligned}
$$

Es ist also $k = 10$, und die lineare Kongruenz

$$7 x \equiv b \bmod. 11$$

wird für jedes ganze b durch

$$x \equiv 7^9 b \equiv -3 b \bmod. 11$$

gelöst.

Wir stellen diesem Verfahren zum Vergleich das folgende Lösungsverfahren gegenüber, das unserem Existenzbeweis in **3** (Beweis von IV) entspringt. Man bestimmt durch den Euklidischen Algorithmus (§ 2,**9**) für a, m eine ganzzahlige Lösung x_0, y_0 der Gleichung $a x_0 + m y_0 = 1$, hat damit eine Lösung der speziellen Kongruenz $a x_0 \equiv 1$ mod. m und daraus ersichtlich $x \equiv x_0 b$ mod. m als Lösung der allgemeinen Kongruenz $a x \equiv b$ mod. m.

Beispiel. Links vom Strich ist der Euklidische Algorithmus für 7, 11 angegeben, wobei der Deutlichkeit halber die Reste vor den Quotienten durch Unterstreichen hervorgehoben sind:

$$
\begin{array}{l|l}
11 = 1 \cdot \underline{7} + \underline{4} & \underline{4} = (-1) \cdot \underline{7} + 1 \cdot \underline{11} \\
\underline{7} = 1 \cdot \underline{4} + \underline{3} & \underline{3} = (-1) \cdot \underline{4} + 1 \cdot \underline{7} = 2 \cdot \underline{7} + (-1) \cdot \underline{11} \\
\underline{4} = 1 \cdot \underline{3} + \underline{1} & \underline{1} = (-1) \cdot \underline{3} + 1 \cdot \underline{4} = -3 \cdot \underline{7} + 2 \cdot \underline{11}. \\
\underline{3} = 3 \cdot \underline{1} + \underline{0} &
\end{array}
$$

Rechts vom Strich sind durch Absteigen in der Kette die ganzzahlig-linearen Darstellungen der späteren Reste durch die beiden ersten berechnet. Nach der erhaltenen Enddarstellung ist $x_0 = -3$ und damit $x \equiv -3 b$ mod. 11 die gesuchte Lösung.

6. Summenformel für die Eulersche Funktion

Es entsteht die Aufgabe, *die Anzahl $\varphi(m)$ der primen Restklassen mod. m zu bestimmen.*

Dazu denken wir uns die sämtlichen Restklassen mod. m zu Komplexen $\Re_d$ mit jeweils festem Teiler d zusammengefaßt, wo d alle natürlichen Teiler von m durchläuft, und drücken die Gesamtzahl m aller Restklassen mod. m als Summe der Anzahlen der Restklassen in den einzelnen Komplexen $\Re_d$ aus. Die Restklassen aus $\Re_d$, also die Restklassen a mod. m mit $(a, m) = d$ entsprechen vermöge der Reduktion $a = d a_0$, $m = d m_0$ eineindeutig den Restklassen a_0 mod. m_0 vom Teiler $(a_0, m_0) = 1$, also den primen Restklassen mod. m_0; diesen Schluß kennen wir bereits aus dem obigen Beweis von **3**,V. Demnach besteht der Komplex $\Re_d$ aus genau $\varphi(m_0) = \varphi\left(\dfrac{m}{d}\right)$ Restklassen. So ergibt sich die Anzahlformel

$$
\sum_{d \mid m} \varphi\left(\frac{m}{d}\right) = m \qquad \text{oder auch} \qquad \sum_{d \mid m} \varphi(d) = m \,,
$$

letzteres durch Transformation der Summation auf die Komplementärteiler. Es handelt sich dann darum, aus dieser Funktionalgleichung für die Eulersche Funktion $\varphi(m)$ diese Funktion selbst zu bestimmen. Das kann mittels eines Formalismus von allgemeiner Bedeutung geschehen, den wir zunächst entwickeln wollen.

7. Die Möbiusschen Umkehrformeln

Wir definieren eine zahlentheoretische Funktion $\mu(m)$ mit den Werten $0, \pm 1$ folgendermaßen. Ist

$$m = p_1^{\mu_1} \cdots p_r^{\mu_r} \qquad (\mu_i \geqq 1 \text{ für } i = 1, \ldots, r)$$

die kanonische Zerlegung von m, so sei

$$\mu(m) = \begin{cases} (-1)^r, & \text{wenn alle Exponenten } \mu_i = 1 \text{ sind} \\ 0, & \text{wenn mindestens ein Exponent } \mu_i > 1 \text{ ist} \end{cases}.$$

Für $m = 1$, also $r = 0$, sei dabei sinngemäß

$$\mu(1) = 1$$

verstanden. Die so definierte Funktion $\mu(m)$ heißt die *Möbiussche Funktion*.

Die Zahlen m, für die alle Exponenten $\mu_i = 1$ sind, nennt man auch *quadratfrei*, weil sie durch kein von 1 verschiedenes Quadrat einer natürlichen Zahl teilbar sind. Die Definition der Möbiusschen Funktion kann dann auch so ausgesprochen werden:

$$\mu(m) = \begin{cases} (-1)^r, & \text{wenn } m \text{ quadratfrei ist und genau} \\ & \qquad r \text{ verschiedene Primteiler hat} \\ 0, & \text{wenn } m \text{ nicht quadratfrei ist} \end{cases}.$$

Analog zu der in § 3,2 für die Teilersumme $\sigma(n)$ festgestellten Eigenschaft (3.) gilt ersichtlich auch hier:

$$(1.) \qquad \mu(m_1 m_2) = \mu(m_1)\,\mu(m_2), \quad \text{wenn} \quad (m_1, m_2) = 1.$$

Wir führen ferner noch die triviale zahlentheoretische Funktion

$$\varepsilon(m) = \begin{cases} 1 \text{ für } m = 1 \\ 0 \text{ für } m \neq 1 \end{cases}$$

ein und beweisen die Identität:

$$(2.) \qquad \sum_{d \mid m} \mu(d) = \varepsilon(m).$$

Beweis. Für $m = 1$ stimmt die Behauptung. Sei $m \neq 1$, so daß in der obigen kanonischen Zerlegung $r \geqq 1$ ist. Wie in § 3,2 sind die natürlichen Teiler d von m in kanonischer Zerlegung gegeben durch

$$d = p_1^{\delta_1} \cdots p_r^{\delta_r},$$

wo $\delta_1, \ldots, \delta_r$ alle Systeme ganzer Zahlen mit

$$0 \leqq \delta_1 \leqq \mu_1, \ldots, 0 \leqq \delta_r \leqq \mu_r$$

durchläuft, und nach (1.) ist dabei

$$\mu(d) = \mu\left(p_1^{\delta_1}\right) \cdots \mu\left(p_r^{\delta_r}\right).$$

Analog wie in § 3,**2** ergibt sich damit

$$\sum_{d\mid m} \mu(d) = \sum_{\delta_1,\dots,\delta_r=0}^{\mu_1,\dots,\mu_r} \mu\left(p_1^{\delta_1}\right) \cdots \mu\left(p_r^{\delta_r}\right) = \sum_{\delta_1=0}^{\mu_1} \mu\left(p_1^{\delta_1}\right) \cdots \sum_{\delta_r=0}^{\mu_r} \mu\left(p_r^{\delta_r}\right)$$

$$= \left[1 + \mu(p_1) + \cdots + \mu\left(p_1^{\mu_1}\right)\right] \cdots \left[1 + \mu(p_r) + \cdots + \mu\left(p_r^{\mu_r}\right)\right]$$

$$= (1-1) \cdots (1-1) \qquad\qquad = 0,$$

also die Behauptung auch für $m \neq 1$.

Mittels der damit bewiesenen Identität (2.) leiten wir nunmehr als Hauptanwendung der Möbiusschen Funktion den folgenden Formalismus her:

Möbiussche Umkehrformeln. *Besteht zwischen zwei zahlentheoretischen Funktionen $f(m)$ und $g(m)$ eine der beiden Funktionalgleichungen*

(A) $$\sum_{d\mid m} f(d) = g(m),$$

(B) $$\sum_{d\mid m} \mu\left(\frac{m}{d}\right) g(d) = f(m),$$

so besteht auch die andere.

Beweis. a) Sei das Bestehen von (A) vorausgesetzt. Dann bilden wir die linke Seite von (B), indem wir für $g(d)$ den Ausdruck aus (A) einsetzen:

$$\sum_{d\mid m} \mu\left(\frac{m}{d}\right) g(d) = \sum_{d\mid m} \mu\left(\frac{m}{d}\right) \sum_{t\mid d} f(t) = \sum_{t\mid d\mid m} \mu\left(\frac{m}{d}\right) f(t).$$

Diese ursprünglich primär nach d geordnete Doppelsumme kann auch primär nach t geordnet werden: t durchläuft alle natürlichen Teiler von m und d dazu alle diejenigen natürlichen Teiler von m, für die $t\mid d$ gilt. Diese letztere Teilbarkeitsbeziehung ist nun (definitionsgemäß!) gleichbedeutend mit der umgekehrten $\dfrac{m}{d} \Big| \dfrac{m}{t}$ für die Komplementärteiler. Durch Transformation der Summation über d auf die Komplementärteiler $d' = \dfrac{m}{d}$ erhält man demnach weiter:

$$\sum_{t\mid d\mid m} \mu\left(\frac{m}{d}\right) f(t) = \sum_{t\mid m} f(t) \sum_{d'\mid \frac{m}{t}} \mu(d') = \sum_{t\mid m} f(t)\, \varepsilon\left(\frac{m}{t}\right) = f(m),$$

also zusammengenommen das Bestehen von (B).

b) Sei das Bestehen von (B) vorausgesetzt. Dann bilden wir die linke Seite von (A), indem wir für $f(d)$ den Ausdruck aus (B) einsetzen:

$$\sum_{d\mid m} f(d) = \sum_{d\mid m} \sum_{t\mid d} \mu\left(\frac{d}{t}\right) g(t) = \sum_{t\mid d\mid m} \mu\left(\frac{d}{t}\right) g(t).$$

Durch entsprechende Umformung wie eben erhält man weiter:

$$\sum_{t|d|m} \mu\left(\frac{d}{t}\right) g(t) = \sum_{t|m} g(t) \sum_{d'|\frac{m}{t}} \mu\left(\frac{m}{d't}\right) = \sum_{t|m} g(t) \sum_{d''|\frac{m}{t}} \mu(d'')$$

$$= \sum_{t|m} g(t)\, \varepsilon\left(\frac{m}{t}\right) = g(m),$$

also zusammengenommen das Bestehen von (A).

8. Produktformel für die Eulersche Funktion

Aus der in **6** hergeleiteten Anzahlformel

$$\sum_{d|m} \varphi\left(\frac{m}{d}\right) = m \qquad \text{oder auch} \qquad \sum_{d|m} \varphi(d) = m$$

folgt mittels der Möbiusschen Umkehrformeln

$$\sum_{d|m} \mu\left(\frac{m}{d}\right) d = \varphi(m) \qquad \text{oder auch} \qquad \sum_{d|m} \mu(d)\, \frac{m}{d} = \varphi(m).$$

Damit ist die explizite Bestimmung der Eulerschen Funktion $\varphi(m)$ grundsätzlich geleistet.

Die erhaltene Formel läßt sich noch so umgestalten, daß in ihr die Möbiussche Funktion nicht mehr auftritt. Ähnlich wie in **7** beim Beweis der Identität (2.) hat man nämlich in den dortigen Bezeichnungen

$$\frac{\varphi(m)}{m} = \sum_{d|m} \frac{\mu(d)}{d} = \sum_{\delta_1,\ldots,\delta_r=0}^{\mu_1,\ldots,\mu_r} \frac{\mu(p_1^{\delta_1})}{p_1^{\delta_1}} \cdots \frac{\mu(p_r^{\delta_r})}{p_r^{\delta_r}} = \sum_{\delta_1=0}^{\mu_1} \frac{\mu(p_1^{\delta_1})}{p_1^{\delta_1}} \cdots \sum_{\delta_r=0}^{\mu_r} \frac{\mu(p_r^{\delta_r})}{p_r^{\delta_r}}$$

$$= \left(1 - \frac{1}{p_1}\right) \cdots \left(1 - \frac{1}{p_r}\right).$$

Unter Verwendung der üblichen kurzen Bezeichnung $\prod_{p|m}$ für ein über die verschiedenen Primteiler p von m erstrecktes Produkt läßt sich dies Ergebnis kurz in der Form schreiben:

$$(1.) \qquad \frac{\varphi(m)}{m} = \prod_{p|m}\left(1 - \frac{1}{p}\right).$$

Hiernach gilt speziell

$$\frac{\varphi(p^\mu)}{p^\mu} = 1 - \frac{1}{p}$$

oder also

$$\varphi(p^\mu) = p^\mu - p^{\mu-1} = p^{\mu-1}(p-1)$$

für Primzahlpotenzen p^μ mit $\mu \geqq 1$, und insbesondere

$$\frac{\varphi(p)}{p} = 1 - \frac{1}{p}$$

oder also

$$\varphi(p) = p - 1$$

für Primzahlen p. Damit folgen aus der allgemeinen Formel (1.) die Funktionalgleichungen:

$$(2.) \qquad \varphi(m) = \prod_p \varphi(p^{\mu_p}), \quad \text{wenn} \quad m = \prod_p p^{\mu_p}.$$

$$(3.) \qquad \frac{\varphi(m)}{m} = \prod_{p \mid m} \frac{\varphi(p)}{p}.$$

Die Funktionalgleichung (2.) ist formal analog zu der in § 3,**2** erhaltenen Funktionalgleichung (2.) der Teilersumme $\sigma(n)$. Entsprechend wie dort (3.) folgt aus ihr auch hier die allgemeine Funktionalgleichung:

$$(4.) \qquad \varphi(m_1 m_2) = \varphi(m_1)\,\varphi(m_2), \quad \text{wenn} \quad (m_1, m_2) = 1.$$

Daß $\varphi(p) = p - 1$ ist, ist auch unmittelbar klar; denn die Teilerfremdheitsbedingung $(a, p) = 1$ ist, wenn p Primzahl ist, gleichbedeutend mit $p \nmid a$, also mit $a \not\equiv 0$ mod. p, und diese Bedingung wird genau durch $p - 1$ der p Restklassen a mod. p erfüllt. Entsprechend sieht man auch die Richtigkeit von $\varphi(p^\mu) = p^\mu - p^{\mu-1}$ unmittelbar ein; denn $(a, p^\mu) = 1$ ist wieder gleichbedeutend mit $a \not\equiv 0$ mod. p, und da es genau $p^{\mu-1}$ Restklassen a mod. p^μ mit $a \equiv 0$ mod. p gibt (vertreten durch die Vielfachen $p, 2p, \ldots, p^{\mu-1} \cdot p$), wird die Bedingung $a \not\equiv 0$ mod. p durch genau $p^\mu - p^{\mu-1}$ der sämtlichen p^μ Restklassen a mod. p^μ erfüllt.

Durch Verallgemeinerung dieser Schlußweise kann man auch die oben mittels der Möbiusschen Funktion gewonnene allgemeine Formel

$$\varphi(m) = \sum_{d \mid m} \mu(d)\,\frac{m}{d} = m - \sum_{p \mid m} \frac{m}{p} + \sum_{\substack{p \mid m,\, p' \mid m \\ p \neq p'}} \frac{m}{p\,p'} - \cdots$$

direkt ableiten. Aus den m Zahlen $a = 1, 2, \ldots, m$ werden in einem ersten Schritt die durch einen der Primteiler p von m teilbaren a gestrichen; das sind für jedes p genau $\dfrac{m}{p}$. Dabei sind dann aber die durch zwei verschiedene Primteiler p, p' teilbaren a zweimal gestrichen, müssen also in einem zweiten Schritt noch einmal neu hinzugezählt werden; das sind für jedes Paar p, p' genau $\dfrac{m}{p\,p'}$. In einem dritten Schritt müssen sodann für die durch drei verschiedene Primteiler p, p', p'' teilbaren a die Anzahlen $\dfrac{m}{p\,p'\,p''}$ wieder abgezogen werden, usw. Daß hierbei wirklich jedes zu m prime a genau einmal, jedes zu m nicht-prime a genau nullmal gezählt und somit die gesuchte Anzahl $\varphi(m)$ erhalten wird, erkennt man folgendermaßen. Ist $(a, m) = 1$, also durch 0 Primteiler von m teilbar, so wird a nur im nullten Summanden m der Formel, also nur einmal, gezählt. Ist aber $(a, m) \neq 1$ und genau durch $\varrho \geq 1$ Primteiler $p, p', \ldots, p^{(\varrho-1)}$ teilbar, so wird a im nullten, ersten, zweiten, $\ldots$, ϱ-ten Summanden der

Formel gezählt, und zwar mit den Kombinationszahlen $1, \binom{\varrho}{1}, \binom{\varrho}{2}, \ldots,$ $\binom{\varrho}{\varrho}$ als Vielfachheiten und mit abwechselnden Vorzeichen, also in der Gesamtvielfachheit $1 - \binom{\varrho}{1} + \binom{\varrho}{2} - \cdots + (-1)^\varrho \binom{\varrho}{\varrho} = (1 - 1)^\varrho = 0$.

Im Anschluß an diese Abzählungen geben wir schließlich für die Funktionalgleichung (3.) eine *wahrscheinlichkeitstheoretische Deutung*. Dazu betrachten wir in der Menge der natürlichen Zahlen $a = 1, \ldots, m$, oder allgemeiner auch $a = 1, \ldots, hm$ mit beliebig großem natürlichem h, die folgenden Ereignisse:

E_m : a ist prim zu m,

E_p : a ist prim zu p,

$\overline{E}_p$: a ist nicht prim zu p, oder also a ist teilbar durch p.

Die Wahrscheinlichkeiten für diese Ereignisse, definiert jeweils als Anzahl der „günstigen" durch Anzahl der möglichen Fälle, sind

$$w(E_m) = \frac{\varphi(m)}{m}, \; w(E_p) = \frac{\varphi(p)}{p} = \frac{p-1}{p}, \; w(\overline{E}_p) = \frac{1}{p}.$$

Die Funktionalgleichung (3.) besagt also das Bestehen der Produktformel

$$(3'.) \qquad w(E_m) = \prod_{p|m} w(E_p) = \prod_{p|m}(1 - w(\overline{E}_p)).$$

Nun besteht das Ereignis E_m gerade im gleichzeitigen Eintreffen der Ereignisse E_p für alle Primteiler p von m oder auch im gleichzeitigen Nichteintreffen ihrer Gegenteile $\overline{E}_p$. Die Funktionalgleichung (3.) in der Deutung (3'.) entspricht also dem Produktgesetz der Wahrscheinlichkeitstheorie für ein solches gleichzeitiges Eintreffen. Dieses Produktgesetz ist in der Wahrscheinlichkeitstheorie an die Voraussetzung gebunden, daß die betrachteten Ereignisse voneinander *unabhängig* sind. Die Präzisierung des Begriffs der Unabhängigkeit ist dabei eine Aufgabe, die in der früheren, naiven Grundlegung der Wahrscheinlichkeitstheorie (Wahrscheinlichkeit *a priori*) Schwierigkeiten machte. Bei der heutigen, axiomatischen Begründung (Wahrscheinlichkeit *a posteriori*) entfallen diese Schwierigkeiten, indem die Unabhängigkeit von Ereignissen durch die Gültigkeit des Produktgesetzes für sie definiert wird. In diesem Sinne sind die Ereignisse E_p für je endlich viele verschiedene Primzahlen p wegen der Gültigkeit der Formel (3.) voneinander unabhängig. Ebenso sind auch ihre Gegenteile $\overline{E}_p$ zu je endlich vielen voneinander unabhängig, wie man durch entsprechende Ausdeutung der Formel $\frac{1}{m} = \prod_{p|m} \frac{1}{p}$ für quadratfreies m erkennt.

9. Simultane Kongruenzen, direkte Summenzerlegung des Restklassenrings

Es erhebt sich die Frage, ob es möglich ist, auch für die Funktionalgleichung (4.) der Eulerschen Funktion $\varphi(m)$ einen direkten, vom Formalismus der Möbiusschen Funktion freien Beweis zu erbringen. Wendet man dann (4.) in der speziellen Gestalt (2.) an und benutzt zur Bestimmung der $\varphi(p^{\mu})$ die einfachen bereits in **8** durchgeführten Abzählungen, so erhält man einen neuen Beweis für die explizite Formel (1.)

Dieses Vorgehen ist in der Tat möglich und beruht auf einer mehr begrifflichen Methode, die auch abgesehen von jenem Zweck für die Zahlentheorie von großer Bedeutung ist, nämlich der Theorie der simultanen Kongruenzen.

Wir betrachten ganz allgemein irgendeine feste Zerlegung

$$m = m_1 \cdots m_r$$

der gegebenen natürlichen Zahl m in eine Anzahl $r \geqq 1$ paarweise teilerfremder natürlicher Zahlen $m_1, \ldots, m_r$. Diese können speziell etwa die m zusammensetzenden Potenzen $p_1^{\mu_1}, \ldots, p_r^{\mu_r}$ verschiedener Primzahlen $p_1, \ldots, p_r$ sein. Wir stellen uns dann die Aufgabe, die Fragen der Lösbarkeit und gegebenenfalls Lösungsgesamtheit für ein Kongruenzensystem der Gestalt

$$x \equiv a_1 \text{ mod. } m_1, \ldots, x \equiv a_r \text{ mod. } m_r$$

mit irgendwelchen gegebenen ganzen $a_1, \ldots, a_r$ zu entscheiden.

Mit einer Zahl x ist auch jede Zahl $x' \equiv x$ mod. m Lösung des Kongruenzensystems. Sind umgekehrt x, x' zwei Lösungen, so ist $x' - x$ durch $m_1, \ldots, m_r$ teilbar; da aber $m_1, \ldots, m_r$ paarweise teilerfremd vorausgesetzt sind, nach § 2,**5** also $[m_1, \ldots, m_r] = m_1 \cdots m_r = m$ ist, ist dann $x' - x$ durch m teilbar, also $x' \equiv x$ mod. m. Wenn es somit überhaupt Lösungen x des Systems gibt, so bilden diese genau eine Restklasse mod. m.

Wir zeigen jetzt, daß es für beliebige $a_1, \ldots, a_r$ wirklich stets eine Lösung x mod. m gibt. Dazu führen wir die Komplementärteiler

$$M_1 = \frac{m}{m_1}, \ldots, M_r = \frac{m}{m_r}$$

ein. Diese sind nach § 2,**5**,III teilerfremd. Nach § 2,**8**,VII gibt es also ganze $g_1, \ldots, g_r$ mit

$$g_1 M_1 + \cdots + g_r M_r = 1,$$

eine Beziehung, die übrigens auch in der von den $M_1, \ldots, M_r$ freien Gestalt

$$\frac{g_1}{m_1} + \cdots + \frac{g_r}{m_r} = \frac{1}{m}$$

geschrieben werden kann. Wir setzen

$$e_1 = g_1 M_1, \ldots, e_r = g_r M_r.$$

Dann ist also

$$e_1 + \cdots + e_r = 1$$

sowie

$$e_1 \equiv 0 \bmod. M_1, \ldots, e_r \equiv 0 \bmod. M_r.$$

Ersetzt man in diesen Kongruenzen die $M_1, \ldots, M_r$ jeweils durch die in ihnen steckenden Faktoren $m_1, \ldots, m_r$, wobei in jedem M_i nur der gleichindizierte Faktor m_i nicht vorkommt, und wendet hinsichtlich der letzteren die vorhergehende Gleichung an, so erhält man das Kongruenzensystem

$$e_1 \equiv 1 \bmod. m_1, \; e_1 \equiv 0 \bmod. m_2, \ldots, e_1 \equiv 0 \bmod. m_r,$$
$$e_2 \equiv 0 \bmod. m_1, \; e_2 \equiv 1 \bmod. m_2, \ldots, e_2 \equiv 0 \bmod. m_r,$$
$$\cdots\cdots\cdots\cdots\cdots\cdots\cdots\cdots\cdots\cdots$$
$$e_r \equiv 0 \bmod. m_1, \; e_r \equiv 0 \bmod. m_2, \ldots, e_r \equiv 1 \bmod. m_r,$$

in dem die rechten Seiten in der Hauptdiagonale 1, außerhalb der Hauptdiagonale 0 sind. Durch zeilenweise Multiplikation dieser Kongruenzen mit $a_1, \ldots, a_r$ und Addition ergibt sich dann schließlich, daß die Zahl

$$a = a_1 e_1 + \cdots + a_r e_r$$

die Kongruenzeigenschaften

$$a \equiv a_1 \bmod. m_1, \ldots, a \equiv a_r \bmod. m_r$$

hat, so daß also die Restklasse $x \equiv a \bmod. m$ eine Lösung des vorgelegten Kongruenzensystems ist.

Wir haben damit bewiesen:

Hauptsatz über simultane Kongruenzen. *Ist* $m = m_1 \cdots m_r$ *mit paarweise teilerfremden* $m_1, \ldots, m_r$, *so ist das Kongruenzensystem*

$$x \equiv a_1 \bmod. m_1, \ldots, x \equiv a_r \bmod. m_r$$

für beliebig vorgegebene ganze $a_1, \ldots, a_r$ *durch genau eine Restklasse*

$$x \equiv a \bmod. m$$

lösbar.

Überdies hat unser Beweis auch ein Verfahren zur Bestimmung dieser Lösung $a \bmod. m$ ergeben. Man braucht dazu nur die (von den $a_1, \ldots, a_r$ nicht abhängigen, also für beliebige $a_1, \ldots, a_r$ brauchbaren) Zahlen $e_1, \ldots, e_r$ zu bestimmen. Diese erhält man aus den Zahlen $g_1, \ldots, g_r$, und deren Bestimmung kann nach § 2,9 grundsätzlich durch wiederholte Anwendung des Euklidischen Algorithmus geschehen. Daß die Zahlen

$g_1, \ldots, g_r$ und $e_1, \ldots, e_r$ dabei nicht eindeutig bestimmt sind, ist irrelevant. Nach dem Hauptsatz sind jedenfalls die Restklassen e_1 mod. $m, \ldots,$ e_r mod. m, als die Lösungen des betrachteten Kongruenzensystems für die r speziellen Systeme $(a_1, \ldots, a_r) = (1, 0, \ldots, 0), (0, 1, 0, \ldots, 0), \ldots,$ $(0, \ldots, 0, 1)$ eindeutig bestimmt, und darauf allein kommt es an. Die Lösung a mod. m ist dann durch die Kongruenz

$$a \equiv a_1 e_1 + \cdots + a_r e_r \text{ mod. } m$$

bestimmt. Hierbei kommt es wieder nicht auf die Zahlen $a_1, \ldots, a_r$ sondern nur auf die in das Kongruenzensystem eingehenden Restklassen a_1 mod. $m_1, \ldots, a_r$ mod. m_r an.

Man nennt die in dieser Weise eindeutig bestimmte Restklasse a mod. m aus den Restklassen a_1 mod. $m_1, \ldots, a_r$ mod. m_r *zusammengesetzt*. Dabei sind auch umgekehrt die *Komponenten* a_1 mod. $m_1, \ldots, a_r$ mod. m_r durch a mod. m eindeutig bestimmt, weil ja

$$a \equiv a_1 \text{ mod. } m_1, \ldots, a \equiv a_r \text{ mod. } m_r$$

ist. Die Komponenten durchlaufen alle $m_1 \cdots m_r$ Systeme von Restklassen a_1 mod. $m_1, \ldots, a_r$ mod. m_r, und als zusammengesetzte Restklassen treten alle m Restklassen a mod. m auf. Letzteres erkennt man entweder, indem man von dem Komponentensystem a mod. $m_1, \ldots, a$ mod m_r (mit einander gleichen Repräsentanten $a_1 = \cdots = a_r = a$) ausgeht, oder aus der zuvor festgestellten Eindeutigkeit in beiden Richtungen in Verbindung mit der Anzahlgleichheit $m_1 \cdots m_r = m$. Zusammengenommen hat man damit eine eineindeutige Zuordnung zwischen den sämtlichen Restklassen a mod. m einerseits und den sämtlichen Restklassensystemen a_1 mod. $m_1, \ldots, a_r$ mod. m_r andererseits. Aus der Definition

$$a \equiv a_1 \text{ mod. } m_1, \ldots, a \equiv a_r \text{ mod. } m_r$$

dieser Zuordnung erkennt man überdies, daß dabei der Ausführung der drei ersten elementaren Rechenoperationen für die Restklassen mod. m die Ausführung dieser Operationen für die Komponenten

$$\text{mod. } m_1, \ldots, \text{mod. } m_r$$

entspricht, d.h. daß die Restklassen $a \pm b$, ab mod. m bzw. die Komponenten $a_i \pm b_i$, $a_i b_i$ mod. $m_i (i = 1, \ldots, r)$ haben. Bei Vorliegen dieses Sachverhalts sagt man in der Algebra:

IX. *Der Restklassenring mod. m ist die direkte Summe der Restklassenringe mod. $m_1, \ldots,$ mod. m_r.*

Der Zusammensetzungsformel

$$a \equiv a_1 e_1 + \cdots + a_r e_r \text{ mod. } m$$

entsprechend sagt man ferner, diese direkte Summenzerlegung sei erzeugt durch die *orthogonalen Idempotente* e_1 mod. m, ..., e_r mod. m. Mit dieser letzteren Benennung bringt man das Bestehen der Relationen

$$e_i e_j \equiv \begin{cases} e_i \text{ mod. } m & \text{für} \quad j = i \\ 0 \text{ mod. } m & \text{für} \quad j \neq i \end{cases} (i, j = 1, ..., r)$$

zum Ausdruck, nach denen jede einzelne Restklasse e_i mod. m ihrem Quadrat und damit allen ihren natürlichen Potenzen gleich (idempotent) ist und zwei verschiedene Restklassen e_i mod. m, e_j mod. m als Produkt die Nullklasse haben (zueinander orthogonal sind). Daß diese Orthogonalitätsrelationen bestehen, erkennt man am einfachsten komponentenweise; die Komponenten der Restklassen e_1 mod. m, ..., e_r mod. m bilden ja die Zeilen der r-reihigen Einsmatrix, und diese Zeilen erfüllen gliedweise die Orthogonalitätsrelationen.

Nach IX reduziert sich das Rechnen im Restklassenring mod. m auf das simultane Rechnen in den Restklassenringen mod. m_1, ..., mod. m_r. Wir wollen weiter sehen, wie sich hierbei die primen Restklassen verhalten. Wegen $a \equiv a_i$ mod. m_i folgt nach **3**, III, daß $(a, m_i) = (a_i, m_i)$ ist $(i = 1, ..., r)$. Ist nun $(a, m) = 1$, so sind a fortiori alle $(a, m_i) = 1$ und daher alle $(a_i, m_i) = 1$. Sind umgekehrt alle $(a_i, m_i) = 1$, so sind alle $(a, m_i) = 1$, und dann ist nach dem Teilerfremdheitskriterium (§ 2,**5**) auch $(a, m) = 1$. Somit gilt:

X. *Eine Restklasse a mod. m ist dann und nur dann prim, wenn ihre Komponentenrestklassen a_1 mod. m_1, ..., a_r mod. m_r prim sind.*

Unter Beachtung von $(a, m) = (a, m_1) \cdots (a, m_r)$ ergibt sich allgemeiner:

X'. *Der Teiler $d = (a, m)$ einer Restklasse a mod. m ist gleich dem Produkt der Teiler $d_1 = (a_1, m_1)$, ..., $d_r = (a_r, m_r)$ ihrer Komponentenrestklassen a_1 mod. m_1, ..., a_r mod. m_r.*

Nach X reduziert sich bei der direkten Summenzerlegung aus IX das Rechnen in der primen Restklassengruppe mod. m auf das simultane Rechnen in den primen Restklassengruppen mod. m_1, ..., mod. m_r. Da es sich dabei nur noch um das multiplikative Rechnen handelt, drückt man dies in der Algebra folgendermaßen aus:

XI. *Die prime Restklassengruppe mod. m ist das direkte Produkt der primen Restklassengruppen mod. m_1, ..., mod. m_r.*

Achtet man bei der vorstehend festgestellten eineindeutigen Zuordnung zwischen den primen Restklassen a mod. m einerseits und den Systemen primer Restklassen a_1 mod. m_1, ..., a_r mod. m_r andererseits nur auf die Anzahlen, so ergibt sich das Bestehen der Formel

$$\varphi(m) = \varphi(m_1) \cdots \varphi(m_r)$$

für jede Zerlegung von m in paarweise teilerfremde Faktoren $m_1, \ldots, m_r$, also der auf eine beliebige Anzahl r von Faktoren verallgemeinerten Funktionalgleichung (4.). Damit haben wir die Frage, mit der wir die Theorie der simultanen Kongruenzen einleiteten, in bejahendem Sinne entschieden.

10. Kongruenz für gebrochene Zahlen

Im Anschluß an die Formulierung 5,VIII unseres Ergebnisses über die Ordnung einer primen Restklasse a mod. m hatten wir es als erwünscht hingestellt, den Kongruenzbegriff auf gebrochene rationale Zahlen mit zu m primem Nenner zu verallgemeinern. Das soll jetzt geschehen.

Die rationalen Zahlen mit zu m primem Nenner (im Sinne von § 2,6) bilden einen Integritätsbereich Γ_m, der den Integritätsbereich Γ der ganzen Zahlen enthält; man nennt sie auch die *für m ganzen* Zahlen. Bei der Feststellung, daß Γ_m ein Integritätsbereich ist, wie überhaupt im folgenden, beachte man, daß eine rationale Zahl α sicher dann für m ganz ist, wenn sie nur überhaupt eine Bruchdarstellung $\alpha = \dfrac{b}{a}$ mit zu m primem a besitzt; denn dann hat ja die durch Befreiung vom Teiler $d = (a, b)$ entstehende r e d u z i e r t e Bruchdarstellung $\alpha = \dfrac{b_0}{a_0}$ sicher zu m primen Nenner a_0.

Für Zahlen a, a' aus Γ ist nun die Kongruenz $a \equiv a'$ mod. m nach 1,I gleichbedeutend damit, daß die Teilbarkeitsbeziehung $m \,|\, a - a'$ in Γ gilt, d.h. daß $a - a' = gm$ mit einer Zahl g aus Γ ist. Dementsprechend definieren wir formal ganz analog für Zahlen α, α' aus Γ_m die Kongruenz $\alpha \equiv \alpha'$ mod. m dadurch, daß die Teilbarkeitsbeziehung $m \,|\, \alpha - \alpha'$ in Γ_m gilt, d.h. daß $\alpha - \alpha' = \gamma m$ mit einer Zahl γ aus Γ_m ist. Daß sich die in § 1,2 skizzierte elementare Teilbarkeitslehre in Γ formal auf den Integritätsbereich Γ_m und überhaupt auf jeden Integritätsbereich überträgt, wenn man nur statt der speziellen Einheiten ± 1 in Γ allgemein unter Einheiten die Teiler der 1, also in Γ_m die rationalen Zahlen mit zu m primem Nenner und Zähler versteht, sei hier nur nebenbei erwähnt. Ohne diese begriffliche Unterbauung läßt sich die in Rede stehende Verallgemeinerung der Kongruenzdefinition so aussprechen:

Definition. *Zwei für m ganze Zahlen α, α' heißen* **kongruent** *mod. m, wenn die Zahl $\dfrac{\alpha - \alpha'}{m}$ ganz für m ist, wenn also ihre Differenz durch m teilbaren Zähler hat.*

Für diese verallgemeinerten Kongruenzen gelten wieder die Regeln des Rechnens nach den ersten drei elementaren Rechenoperationen. Das ergibt sich genau wie oben in 2 einfach aus der Tatsache, daß Γ_m wie Γ ein Integritätsbereich ist.

In irgendwelchen Bruchdarstellungen

$$\alpha = \frac{b}{a}, \quad \alpha' = \frac{b'}{a'}$$

mit zu m primen Nennern ausgedrückt, ist die verallgemeinerte Kongruenz

$$\alpha \equiv \alpha' \bmod. m$$

gleichbedeutend mit der gewöhnlichen Kongruenz

$$a'b \equiv ab' \bmod. m.$$

In der Tat ist dann

$$\alpha - \alpha' = \frac{a'b - ab'}{a\,a'}$$

eine Bruchdarstellung mit zu m primem Nenner, also die Kongruenz $\alpha \equiv \alpha' \bmod. m$ definitionsgemäß gleichbedeutend mit der Teilbarkeitsbeziehung $m \mid a'b - ab'$. Man beachte hierbei wieder, daß es nach § 2,5,IV für die Teilbarkeit des Zählers durch m nicht darauf ankommt, ob man die reduzierte Bruchdarstellung oder irgendeine solche mit zu m primem Nenner zugrunde legt.

Sind insbesondere die rationalen Zahlen α, α' nicht nur für m, sondern im gewöhnlichen Sinne ganz, so können oben $a = 1$, $a' = 1$, also $\alpha = b$, $\alpha' = b'$ gewählt werden. Demnach ist dann die verallgemeinerte Kongruenz $\alpha \equiv \alpha' \bmod. m$ gleichbedeutend mit der gewöhnlichen Kongruenz $b \equiv b' \bmod. m$ oder also mit der im gewöhnlichen Sinne verstandenen Kongruenz $\alpha \equiv \alpha' \bmod. m$, wie man das von einer sinnvollen Begriffserweiterung verlangen muß.

Analog wie oben in **2** führt unsere verallgemeinerte Kongruenz zu einer Einteilung des Integritätsbereichs Γ_m in Restklassen mod. m. Nach dem eben Gesagten liegt dabei für den Teilbereich Γ die uns bekannte Einteilung in die m gewöhnlichen Restklassen mod. m vor. Man könnte denken, daß im vollen Bereich Γ_m weitere Restklassen hinzukommen, weil ja mehr Zahlen eingeteilt werden. Dies ist jedoch nicht der Fall. Vielmehr gilt:

XII. *Jede für m ganze Zahl α ist einer im gewöhnlichen Sinne ganzen Zahl kongruent mod. m. Diese ist dann und nur dann prim zu m, wenn α auch zu m primen Zähler hat.*

Beweis. Sei $\alpha = \frac{b}{a}$ irgendeine Bruchdarstellung mit zu m primem Nenner a der zu betrachtenden für m ganzen Zahl α. Nach dem zuvor Gezeigten ist dann die behauptete Kongruenz $\alpha \equiv x \bmod. m$, wo $x = \frac{x}{1}$ eine geeignete ganze Zahl ist, gleichbedeutend mit der gewöhnlichen Kongruenz $a x \equiv b \bmod. m$. Diese ist aber nach **3**,IV wegen $(a, m) = 1$

in der Tat durch eine ganze Zahl x lösbar, und dabei ist dann und nur dann $(x, m) = 1$, wenn $(b, m) = 1$ ist.

Nach diesem Beweis kann umgekehrt die nach 3,IV vorhandene und eindeutig bestimmte Lösung x mod. m der Kongruenz

$$a x \equiv b \text{ mod. } m \quad \text{mit} \quad (a, m) = 1$$

unter Verwendung unserer Verallgemeinerung des Kongruenzbegriffs in der Form

$$x \equiv \frac{b}{a} \text{ mod. } m$$

geschrieben, also wie bei Gleichungen einfach durch formale Wegdivision des Faktors a erhalten werden. Man muß sich nur darüber klar sein, daß man auf diese Weise die Aufgabe der Auflösung von $a x \equiv b$ mod. m nur formal verschoben hat. Denn bei der Stellung dieser Aufgabe wird ja implizit die Auffindung einer ganzzahligen Lösung x verlangt, während man so nur die im allgemeinen gebrochene Lösung $\frac{b}{a}$ erhält. Die Auffindung einer zu ihr mod. m kongruenten ganzen Zahl x ist nach dem Beweis von XII mit der ursprünglichen Aufgabe gleichbedeutend.

Während also vom praktischen Standpunkt durch unsere Verallgemeinerung des Kongruenzbegriffs kein neues Lösungsverfahren für die allgemeine lineare Kongruenz $a x \equiv b$ mod. m resultiert, ist die nunmehr erhaltene Möglichkeit der Schreibweise $x \equiv \frac{b}{a}$ mod. m vom theoretischen Standpunkt aus eine wertvolle Bereicherung der Ausdrucksform. So kann z. B. unsere in 5,VIII gewonnene Feststellung:

$$a^x \equiv a^{x'} \text{ mod. } m \text{ dann und nur dann, wenn } x \equiv x' \text{ mod. } k,$$

wo k die Ordnung der primen Restklasse a mod. m ist, nunmehr ohne weiteres auch für negative Exponenten x, x' verstanden werden. Denn die Reziproke der Restklasse a mod. m, die wir bisher nur als Lösung a' mod. m der Kongruenz $a a' \equiv 1$ mod. m oder in der unbequemen Form $(a \text{ mod. } m)^{-1}$ ausdrücken konnten, kann ja jetzt einfach als $\frac{1}{a}$ mod. m oder a^{-1} mod. m geschrieben werden, und dann allgemeiner jede Potenz mit ganzem Exponenten x in der Form a^x mod. m.

In dieser Bereicherung der Ausdrucksform liegt die hauptsächliche Bedeutung unserer Verallgemeinerung des Kongruenzbegriffs. Im übrigen lehrt das Ergebnis XII, daß die Verallgemeinerung hinsichtlich der Restklasseneinteilung außer der Auffüllung der einzelnen Restklassen durch hinzukommende gebrochene (nur für m ganze) Zahlen nichts Neues bringt. Der Restklassenring mod. m von Γ_m besteht einfach aus den m

in dieser Weise aufgefüllten Klassen des Restklassenrings mod. m von Γ mit ihren bereits in Γ vorliegenden Rechenverknüpfungen. Entsprechendes gilt für die in ihm enthaltene prime Restklassengruppe mod. m.

Die primen Restklassen mod. m füllen sich übrigens beim Übergang von Γ zu Γ_m nach XII gerade um diejenigen rationalen Zahlen α auf, für die neben dem Nenner auch der Zähler prim zu m ist. Es sind das gerade die vorher erwähnten Einheiten von Γ_m. Man nennt sie auch die *zu m primen rationalen Zahlen*. In ihrer Primzerlegung $\alpha \cong \prod_p p^{\alpha_p}$ sind sie dadurch gekennzeichnet, daß $\alpha_p = 0$ für alle $p \mid m$ ist.

11. Der Restklassenkörper nach einer Primzahl

Wie wir in 4,VII festgestellt haben, ist für den Spezialfall einer Primzahl $m = p$ der Restklassenring mod. p ein Körper. Wir wollen jetzt diesen *Restklassenkörper* mod. p näher betrachten. Er ist ein endlicher Körper von p Elementen. In der Algebra zeigt man, daß er als solcher eindeutig bestimmt ist, und nennt ihn den zu p gehörigen *Primkörper*; er werde mit Π bezeichnet. Auf die algebraische Bedeutung dieses Körpers Π wollen wir hier nicht weiter eingehen.

Der in 5 bewiesene kleine Fermatsche Satz lautet im vorliegenden Spezialfall:

$$a^{p-1} \equiv 1 \ \text{mod.} \ p \ \text{für alle} \ a \not\equiv 0 \ \text{mod.} \ p,$$

da ja, wie wir in 8 zeigten, die Eulersche Funktion $\varphi(p) = p - 1$ ist. Er kann unter Einbeziehung der Restklasse $a \equiv 0 \ \text{mod.} \ p$ zu der Aussage

$$a^p \equiv a \ \text{mod.} \ p \ \text{für alle ganzen} \ a$$

abgerundet werden.

Hiernach hat jedes Element A des Körpers Π die Eigenschaft $A^p = A$. Bezeichnen also $A_0, A_1, \ldots, A_{p-1}$ die p verschiedenen Elemente von Π – und zwar A_i die Restklasse $i \ \text{mod.} \ p$ –, so hat das Polynom p-ten Grades $t^p - t$, als Polynom in t mit Koeffizienten aus Π betrachtet, die p verschiedenen Nullstellen $A_0, A_1, \ldots, A_{p-1}$. Nach einem bekannten Satz aus der Algebra über Nullstellen von Polynomen in einem Körper folgt daraus das Bestehen der Identität

$$t^p - t = (t - A_0)(t - A_1) \cdots (t - A_{p-1}),$$

oder nach Wegdivision des Linearfaktors $t = t - A_0$ auch

$$t^{p-1} - E = (t - A_1) \cdots (t - A_{p-1})$$

wo $E = A_1$ das Einselement von Π bedeutet. Aus dieser Identität in t ergeben sich durch Koeffizientenvergleich die (in der Algebra im allgemeinen Falle nach VIETA benannten) Formeln:

$$A_1 + A_2 + \cdots + A_{p-1} \qquad\qquad = 0,$$
$$A_1 A_2 + A_1 A_3 + \cdots + A_{p-2} A_{p-1} = 0,$$
$$\cdots\cdots\cdots\cdots\cdots\cdots\cdots\cdots\cdots$$
$$A_1 A_2 \cdots A_{p-1} \qquad\qquad = (-E)^p.$$

Nach der Bedeutung der A_i als die Restklassen i mod. p bedeuten diese Formeln die Kongruenzen:

$$1 + 2 + \cdots + (p - 1) \qquad\qquad \equiv 0 \bmod. p,$$
$$1 \cdot 2 + 1 \cdot 3 + \cdots + (p - 2)(p - 1) \equiv 0 \bmod. p,$$
$$\cdots\cdots\cdots\cdots\cdots\cdots\cdots\cdots\cdots$$
$$1 \cdot 2 \cdots (p - 1) \qquad\qquad \equiv (-1)^p \bmod. p.$$

Hiervon ist die letzte unter dem Namen *WILSONscher Satz* bekannt; da stets $(-1)^p \equiv -1$ mod. p ist (für $p \neq 2$ sogar mit $=$ statt $\equiv$ mod. p), kann er in der Form

$$(p - 1)! \equiv -1 \bmod. p$$

ausgesprochen werden.

Als eine interessante und wichtige Folge aus diesem Wilsonschen Satz heben wir schon hier eine Tatsache hervor, die eigentlich erst in die Theorie der quadratischen Reste (§ 7) gehört:

XIII. *Für jede Primzahl $p \equiv 1$ mod. 4 ist die Kongruenz $x^2 \equiv -1$ mod. p lösbar, d.h. ist die Restklasse -1 mod. p ein Quadrat in* Π.

Beweis. Ist $p = 4n + 1$ mit natürlichem n, so hat man

$$(p - 1)! = [1 \cdot 2 \cdots (2n)]\,[(p - 1)(p - 2)\cdots(p - 2n)]$$
$$\equiv [(2n)!]\,[(-1)^{2n}(2n)!] \equiv [(2n)!]^2 \bmod. p.$$

Nach dem Wilsonschen Satz ist also $x \equiv (2n)!$ mod. p eine Lösung von $x^2 \equiv -1$ mod. p.

Was die übrigen oben durch Koeffizientenvergleich hergeleiteten Kongruenzen betrifft, so haben sie kein besonderes Interesse. Die erste ist sogar trivial, da die Summe $1 + 2 + \cdots + (p - 1) = \dfrac{p(p - 1)}{2}$ ist; für $p \neq 2$ ist dieser Summenwert das Vielfache $\dfrac{p - 1}{2} \cdot p$; für $p = 2$ kommt jene erste Kongruenz unter den Vietaschen Formeln gar nicht vor, diese reduzieren sich vielmehr auf die letzte.

Eine weitere wichtige Tatsache, die auch in der algebraischen Theorie des Primkörpers Π eine große Rolle spielt, ist die folgende:

XIV. *Für jede Primzahl p sind die mittleren Binomialkoeffizienten*

$$\binom{p}{\nu} \equiv 0 \bmod. p \qquad (\nu = 1, \ldots, p - 1).$$

Beweis. Bekanntlich ist

$$\binom{p}{\nu} = \frac{p\,(p-1)\cdots(p-(\nu-1))}{1\cdot 2\cdots \nu}.$$

In dem rechtsstehenden Bruch ist der Zähler durch p teilbar, der Nenner für $\nu = 1, \ldots, p-1$ prim zu p. Nach § 2,5,IV ist daher auch der (ganzzahlige!) Quotient $\binom{p}{\nu}$ durch p teilbar.

Nach XIV und dem binomischen Lehrsatz gilt für Unbestimmte x, y die Kongruenz

$$(x+y)^p \equiv x^p + y^p \text{ mod. } p$$

in dem Sinne, daß die Koeffizienten gleicher Potenzprodukte auf beiden Seiten kongruent mod. p sind. Setzt man für die Unbestimmten x, y ganze Zahlen a, b ein, so wird die entstehende Aussage

$$(a+b)^p \equiv a^p + b^p \text{ mod. } p$$

nach dem kleinen Fermatschen Satz trivial, da nach ihm ja beide Seiten $\equiv a + b$ mod. p sind. Man kann aber umgekehrt auf diese Weise einen Beweis des kleinen Fermatschen Satzes im Primzahlfalle gewinnen, indem man etwa $b = 1$ wählt und vollständige Induktion nach a anwendet.

12. Additive Darstellung der Restklassen nach einer Primzahlpotenz

Wenn man eine bestimmte natürliche Zahl a mitteilen will, so gibt man sie im allgemeinen nicht in ihrer natürlichen Entstehungsform, nämlich als eine Summe $1 + 1 + \cdots + 1$ von a Einheiten an, sondern in ihrer dekadischen Zifferndarstellung

$$a = a_0 + a_1\, 10 + \cdots + a_{h-1}\, 10^{h-1},$$

wobei die $h \geqq 1$ Ziffern $a_0, a_1, \ldots, a_{h-1}$ dem kleinsten Restsystem $0, 1, \ldots, 9$ mod. 10 angehören. Die Zahlen a mit höchstens h Ziffern bilden dabei, wenn man $a = 0$ einschließt, gerade das kleinste Restsystem $0, 1, \ldots, 10^h - 1$ mod. 10^h.

Vom theoretischen Standpunkt ist diese Art, die natürlichen Zahlen zu schreiben, eine ungerechtfertigte, lediglich durch das praktische Zahlenrechnen gebotene Bevorzugung der Grundzahl 10. Theoretisch gleichberechtigt sind die entsprechenden Darstellungen für andere Grundzahlen m, und zwar kann jede natürliche Zahl $m \neq 1$ als Grundzahl gewählt werden. Das Ziffernsystem ist dann das kleinste Restsystem $0, 1, \ldots, m-1$ mod. m, und es bilden wieder die Zahlen a mit höchstens h Ziffern das kleinste Restsystem $0, 1, \ldots, m^h - 1$ mod. m^h.

Speziell für den Fall einer Primzahl $m = p$ erhält man so die folgende häufig gebrauchte additive Darstellung der Restklassen mod. p^h:

XV. *Die Restklassen* a *mod.* p^h *werden für jeden festen Exponenten* $h \geqq 1$ *in eindeutiger Darstellung gegeben durch*

$$a \equiv a_0 + a_1 p + \cdots + a_{h-1} p^{h-1} \bmod. p^h$$

mit Koeffizienten $a_0, a_1, \ldots, a_{h-1}$ *aus dem kleinsten Restsystem*

$$0, 1, \ldots, p - 1 \bmod. p.$$

Die Einzelausführung des leicht zu erbringenden Beweises dieser Tatsache (Inkongruenz mod. p^h der Ausdrücke rechts und Abzählung) können wir uns wohl durch den vorangestellten Hinweis auf die Analogie zur dekadischen Zifferndarstellung ersparen. Wir wollen jedoch ausdrücklich auf folgendes hinweisen. Die angegebene Darstellung ist zwar eindeutig, jedoch erhält man nicht etwa das Ziffernsystem einer Summe durch gliedweise Addition der Ziffernsysteme der Summanden; vielmehr treten bei der Addition ganz analog wie beim gewöhnlichen Zahlenrechnen Ziffernübertragungen auf. Es handelt sich also bei jener eindeutigen Darstellung keineswegs um das, was man in der Theorie der endlichen abelschen Gruppen (hier der additiven Restklassengruppe mod. p^h) Basisdarstellung nennt.

Aus der Darstellung von a mod. p^h in XV erhält man die entsprechende Darstellung von a mod. p^k mit irgendeinem Exponenten $k < h$ einfach durch Weglassen der Glieder von $a_k p^k$ an. Insbesondere ist also $a \equiv a_0$ mod. p diese (triviale) Darstellung für $k = 1$. Da die primen Restklassen a mod. p^h durch die Eigenschaft $a \not\equiv 0$ mod. p gekennzeichnet sind, ergibt sich hieraus der Zusatz:

XV'. *In der eindeutigen Darstellung* XV *sind die primen Restklassen* a *mod.* p^h *durch die Eigenschaft* $a_0 \neq 0$ *gekennzeichnet.*

Die Abzählung der Ziffernsysteme $a_0, a_1, \ldots, a_{h-1}$ für diese primen Restklassen liefert die uns schon aus **8** bekannte Anzahlformel $\varphi(p^h) = (p-1) p^{h-1}$, hier in formal etwas anderer Weise als dort.

Wir wollen die p-adische Zifferndarstellung

$$n = a_0 + a_1 p + \cdots + a_{h-1} p^{h-1}$$

einer natürlichen Zahl n noch anwenden, um den genauen Exponenten zu bestimmen, zu dem die Primzahl p in der Primzerlegung von $n!$ vorkommt, oder – wie man dafür auch kurz sagt – zu dem p in $n!$ *steckt*, und überdies feststellen, welchen Kongruenzwert mod. p der nach Wegdivision dieser Potenz von p (oder vielmehr von $-p$) aus $n!$ verbleibende komplementäre Faktor hat. Wir beweisen:

XVI. *Ist n eine natürliche Zahl und p eine Primzahl, so steckt p in $n!$ zum Exponenten $\dfrac{n - s_n}{p - 1}$, und es gilt*

$$\frac{n!}{(-p)^{\frac{n - s_n}{p-1}}} \equiv t_n \, mod. \, p \,,$$

wo

$$s_n = a_0 + a_1 + \cdots + a_{h-1}$$

die p-adische Ziffernsumme und

$$t_n = a_0! \, a_1! \cdots a_{h-1}!$$

das p-adische Ziffernfakultätenprodukt von n bezeichnen.

Beweis. Wir verwenden vollständige Induktion nach n, gestützt auf die Funktionalgleichung

$$n! = (n - 1)! \, n$$

der Fakultät. Für $n = 1$ stimmen die beiden Behauptungen ersichtlich ($s_1 = 1$, $t_1 = 1$). Sei $n > 1$, und stecke p in n zum Exponenten ν. Dann ist in der p-adischen Zifferndarstellung von n als erste Ziffer $a_\nu \neq 0$, also ausführlich geschrieben

$$n = 0 + 0\,p + \cdots + 0\,p^{\nu-1} + a_\nu\,p^\nu + a_{\nu+1}\,p^{\nu+1} + \cdots + a_{h-1}\,p^{h-1}$$

mit

$$a_\nu \geq 1$$

sowie

$$\frac{n}{p^\nu} \equiv a_\nu \, mod. \, p \,.$$

Durch Abziehen von 1 (unter Berücksichtigung der Ziffernübertragung) erhält man daraus für $n - 1$ die p-adische Zifferndarstellung

$$n - 1 = (p - 1) + (p - 1)\,p + \cdots + (p - 1)\,p^{\nu-1} + (a_\nu - 1)\,p^\nu$$
$$+ a_{\nu+1}\,p^{\nu+1} + \cdots + a_{h-1}\,p^{h-1}.$$

Einerseits ist daher

$$s_n = s_{n-1} + 1 - \nu\,(p - 1),$$

also

$$\frac{n - s_n}{p - 1} = \frac{(n - 1) - s_{n-1}}{p - 1} + \nu \,,$$

und vermöge dieser Beziehung folgt die Richtigkeit der ersten Behauptung für n aus ihrer Richtigkeit für $n - 1$. Andererseits ist unter Beachtung des Wilsonschen Satzes

$$t_n = t_{n-1} \frac{a_\nu}{[(p - 1)!]^\nu} \equiv t_{n-1} \frac{a_\nu}{(-1)^\nu} \equiv t_{n-1} \frac{n}{(-p)^\nu} \, mod. \, p \,,$$

und vermöge dieser Beziehung folgt auch die Richtigkeit der zweiten Behauptung für n aus ihrer Richtigkeit für $n-1$.

Man beachte, daß durch den Induktionsschluß für die erste Behauptung auch die Ganzzahligkeit des Exponenten $\frac{n-s_n}{p-1}$ mitbewiesen wird. Diese ist aber in Gestalt der Kongruenz

$$n \equiv s_n \mod. p-1$$

auch direkt als Folge der p-adischen Zifferndarstellung von n einsichtig, da ja $p \equiv 1 \mod. p-1$ ist. Die letztere Kongruenz ist, als Kriterium für die Teilbarkeit von n durch $p-1$ und allgemeiner für den Divisionsrest von n durch $p-1$ aufgefaßt, die Verallgemeinerung der von der dekadischen Zifferndarstellung her geläufigen Neunerprobe.

Beispiel. Für $n=100$, $p=7$ hat man

$$100 = 2 + 0 \cdot 7 + 2 \cdot 7^2,$$

also

$$s_n = 2 + 0 + 2 = 4, \qquad \frac{n-s_n}{p-1} = \frac{96}{6} = 16.$$
$$t_n = 2! \cdot 0! \cdot 2! = 4,$$

und demnach

$$100! \equiv 0 \mod. 7^{16}$$

sowie

$$\frac{100!}{(-7)^{16}} \equiv 4 \mod. 7.$$

13. Periodizität der m-adischen Bruchentwicklung für rationale Zahlen

Bekanntlich besitzt jede positive reelle Zahl a eine unendliche *Dezimalbruchentwicklung*

$$a = \sum_{\nu \gg -\infty} \frac{a_\nu}{10^\nu}$$

mit Ziffern a_ν aus dem kleinsten Restsystem mod. 10, die grundsätzlich für alle ganzzahligen Stellenzahlen definiert, aber nach links hin (für $\nu \to -\infty$) von einer Stelle an alle 0 sind, was durch die Summationsbezeichnung $\nu \gg -\infty$ angedeutet sei. Diese Entwicklung ist ferner bekanntlich auch eindeutig, wenn man die nach rechts hin (für $\nu \to \infty$) in entsprechender Weise abbrechenden Entwicklungen

$$a = \cdots + \frac{a_n}{10^n} + \frac{0}{10^{n+1}} + \frac{0}{10^{n+2}} + \cdots$$

(wo zuletzt $a_n \neq 0$ ist) dadurch ausschließt, daß man sie in der Form

$$a = \cdots + \frac{a_n - 1}{10^n} + \frac{9}{10^{n+1}} + \frac{9}{10^{n+2}} + \cdots$$

schreibt. Man kann auch bei diesen Entwicklungen wieder an Stelle der Grundzahl 10 irgendeine natürliche Zahl $m \neq 1$ verwenden. Jede positive reelle Zahl a besitzt also eine eindeutig bestimmte, nach rechts nicht abbrechende m-adische Bruchentwicklung

$$a = \sum_{\nu \gg -\infty} \frac{a_\nu}{m^\nu}$$

mit Ziffern a_ν aus dem kleinsten Restsystem mod. m. Umgekehrt liefert jede solche Entwicklung eine reelle positive Zahl a.

Wir wollen hier nicht auf den in die Analysis gehörigen einfachen Beweis dieser Tatsache für beliebige reelle $a > 0$ eingehen, sondern uns nur mit dem Spezialfall der rationalen $a > 0$ befassen. Wie aus dem elementaren Rechenunterricht erinnerlich ist, sind die Dezimalbruchentwicklungen der rationalen Zahlen $a > 0$ periodisch, und umgekehrt liefert jede periodische Dezimalbruchentwicklung eine rationale Zahl $a > 0$. Diese letzteren Tatsachen für eine beliebige Grundzahl m statt 10 wollen wir hier mit zahlentheoretischen Mitteln beweisen und darüber hinaus eine zahlentheoretische Kennzeichnung der Bestimmungsstücke der Entwicklung durch die Zahl a geben.

Wir müssen zunächst diese Bestimmungsstücke in eindeutiger Weise festlegen. Dazu setzen wir die allgemeinste *periodische m-adische Bruchentwicklung* in der folgenden Form an:

$$a = m^h \left(b_1 m^{l-1} + \cdots + b_l + \frac{a_1}{m} + \cdots + \frac{a_k}{m^k} + \frac{a_1}{m^{k+1}} + \cdots + \frac{a_k}{m^{2k}} + \cdots \right),$$

kurz

$$a = m^h \left(b_1 \ldots b_l \cdot \overline{a_1 \ldots a_k} \right).$$

Wir denken uns dabei die *Kommaverschiebungszahl h*, die *Vorperiode* $b_1 \ldots b_l$ und die *Periode* $a_1 \ldots a_k$ so festgelegt, daß die folgenden Bedingungen erfüllt sind:

a) Die Periode $a_1 \ldots a_k$ hat kleinstmögliche Länge k (≥ 1); man redet dann auch von der *primitiven* Periode.

b) Die Vorperiode $b_1 \ldots b_l$ hat ebenfalls kleinstmögliche Länge l (≥ 0). Im Falle ihres wirklichen Auftretens ($l \geq 1$) ist also $b_1 \neq 0$, $b_l \neq a_k$, im Falle ihres Fehlens ($l = 0$) denken wir sie uns durch eine 0 ersetzt und verstehen die letztere Forderung sinngemäß als $a_k \neq 0$. Der Klarheit halber bemerken wir, daß hierdurch in diesem letzteren Falle, wenn zudem $a_1 = 0$ ist, die Umformung $m^h (0.\overline{0\,a_2 \ldots a_k}) = m^{h-1}(0.\overline{a_2 \ldots a_k\,0})$ unzulässig wird, so daß man also für $l = 0$, $k > 1$ nicht etwa auf diese Weise auch noch $a_1 \neq 0$ erreichen kann.

Außerdem soll nach der bereits zuvor getroffenen Festsetzung die Periode $a_1 \ldots a_k$ nicht die eingliedrige Periode 0 sein.

Alle diese Normierungen lassen sich ersichtlich durch triviale Umformung der gegebenen periodischen Entwicklung erreichen. Dadurch sind dann die genannten Bestimmungsstücke in der umgekehrten Reihenfolge $a_1 \ldots a_k$, $b_1 \ldots b_l$, h (als ganze Zahl $\gtrless 0$) eindeutig festgelegt. Wir reden in diesem Sinne von einer *normierten* periodischen m-adischen Bruchentwicklung.

Als Kernstück unserer Untersuchung behandeln wir zunächst den durch $h = 0$, $l = 0$ gekennzeichneten Spezialfall der normierten *rein-periodischen* m-adischen Bruchentwicklungen

$$a = 0.\overline{a_1 \ldots a_k}.$$

Die Normierungsbedingungen reduzieren sich für sie auf die beiden Forderungen, daß k kleinstmöglich und $a_k \neq 0$ ist. Wir bezeichnen mit

$$A = a_1 m^{k-1} + \cdots + a_k$$

die der Periode zugeordnete natürliche Zahl mit derselben m-adischen Zifferndarstellung. Sie hat die Eigenschaften

$$0 < A \leq m^k - 1, \quad m \nmid A.$$

Nach der Summenformel für die unendliche geometrische Reihe ergibt sich dann a als die rationale Zahl

$$a = \frac{A}{m^k} + \frac{A}{m^{2k}} + \cdots = \frac{A}{m^k - 1} = \frac{z}{n},$$

wo letzteres die reduzierte Bruchdarstellung sei, mit den Eigenschaften

(1.) $\qquad\qquad 0 < z \leq n, \quad m \nmid z, \quad (m, n) = 1.$

Überdies ist

(2.) $\qquad\qquad m^k \equiv 1 \bmod. n,$

also k nach **5**,VIII ein Vielfaches der Ordnung k_0 der primen Restklasse $m \bmod. n$. In dieser Schlußkette ist von den beiden Normierungsforderungen nur die zweite ($a_k \neq 0$) ausgenutzt (sie ergab $m \nmid A$, also $m \nmid z$), die erste (k minimal) noch nicht.

Sei jetzt umgekehrt eine rationale Zahl in reduzierter Bruchdarstellung $a = \frac{z}{n}$ mit den Eigenschaften (1.) gegeben. Wählt man dann irgendein natürliches Vielfaches k der Ordnung k_0 von $m \bmod. n$, so daß also (2.) gilt, so liefert die dementsprechend erweiterte Bruchdarstellung $a = \frac{A}{m^k - 1}$ nach den vorstehenden Formeln die rein-periodische m-adische Bruchentwicklung $a = 0.\overline{a_1 \ldots a_k}$ mit der durch die m-adische Ziffernfolge von A bestimmten Periode, und dabei ist nach 2,**5**,IV die zweite Normierungsforderung ($a_k \neq 0$) erfüllt, die erste (k minimal) nicht notwendig. Nach dieser Schlußkette existiert aber jedenfalls eine periodische m-adische Bruchentwicklung von a mit der Periodenlänge k_0, so daß die minimale Periodenlänge $\leq k_0$ ist, während sie nach der vorhergehenden Schlußkette ein Vielfaches von k_0, also $\geq k_0$ ist. Zusammengenommen ergibt sich daraus $k = k_0$.

Damit ist bewiesen:

XVII. *Die normierten rein-periodischen m-adischen Bruchentwicklungen $a = 0.\overline{a_1 \ldots a_k}$ liefern genau diejenigen rationalen Zahlen a, deren reduzierte Bruchdarstellung $a = \dfrac{z}{n}$ die Eigenschaften (1.) hat, d.h. die positiven echten Brüche mit durch m nicht teilbarem Zähler und zu m primem Nenner.*

Dabei ist die Länge k der primitiven Periode als die Ordnung der primen Restklasse m mod. n bestimmt, und die Ziffernfolge $a_1 \ldots a_k$ als die m-adische Ziffernfolge des Zählers der dementsprechend erweiterten Bruchdarstellung $a = \dfrac{A}{m^k - 1}$.

Wir bemerken noch, daß nach dem Beweis dem Aufgeben der Normierungsforderung $a_k \neq 0$ das Wegfallen der Bedingung $m \nmid z$ entspricht. In dieser etwas modifizierten Form werden wir die Aussage XVII im folgenden anzuwenden haben.

Der allgemeine Fall einer beliebigen normierten periodischen m-adischen Bruchentwicklung

$$a = m^h (b_1 \ldots b_l . \overline{a_1 \ldots a_k})$$

läßt sich nunmehr leicht durch Zurückführung auf den rein-periodischen Spezialfall behandeln. Wir bezeichnen mit

$$B = b_1 m^{l-1} + \cdots + b_l$$

die der Vorperiode zugeordnete nicht-negative ganze Zahl und setzen mit den bisherigen Bezeichnungen

$$a^* = 0 . \overline{a_1 \ldots a_k} = \frac{A}{m^k - 1} = \frac{z}{n}.$$

Dann ist a die rationale Zahl

$$(3.) \qquad a = m^h (B + a^*) = m^h \frac{B(m^k - 1) + A}{m^k - 1} = m^h \frac{Bn + z}{n},$$

letzteres in reduzierter Bruchdarstellung des Faktors von m^h.

Dabei ist auf Grund der Normierung zunächst

$$(4.) \qquad B(m^k - 1) + A \equiv -b_l + a_k \not\equiv 0 \bmod. m.$$

Hieraus folgt:

XVIIIa. *Die Kommaverschiebungszahl h ist durch a eindeutig als die
größte ganze Zahl ($\geqq 0$) derart gekennzeichnet, daß $\frac{a}{m^h}$ noch zu m primen
Nenner – und daher durch m nicht teilbaren Zähler – hat.*

Weiter ist $0 < a^* \leqq 1$. Daraus folgt:

XVIIIb. *Die Vorperiodenzahl B ist durch a eindeutig als diejenige
ganze Zahl ($\geqq 0$) gekennzeichnet, für die $\frac{a}{m^h}$ im Intervall $B < \frac{a}{m^h} \leqq B + 1$
liegt. Insbesondere ist daher die Vorperiodenlänge l durch a eindeutig als
die kleinste ganze Zahl ($\geqq 0$) gekennzeichnet, für die noch $\frac{a}{m^h} \leqq m^l$ ist.*

Schließlich hat $\frac{a}{m^h}$ denselben zu m primen Nenner n wie a. Daraus
folgt nach XVII:

XVIIIc. *Die Periodenlänge k ist durch a eindeutig gekennzeichnet als
die Ordnung mod. n des Nenners von $\frac{a}{m^h}$. Die Periodenzahl A ergibt sich
als Zähler, wenn man den positiven echten Bruch $\frac{a}{m^h} - B$ auf den Nenner
$m^k - 1$ bringt.*

Ist umgekehrt a als positive rationale Zahl vorgegeben, und bestimmt
man dazu h, l, B, k, A in der in XVIII a, b, c angegebenen Weise, so
ergibt sich aus der Zerlegung (3.) eine periodische m-adische Bruchentwicklung von a, indem man für a^* die rein-periodische Entwicklung
nach XVII und für B die m-adische Zifferndarstellung einträgt, und
diese Entwicklung ist wegen (4.) normiert.

Abschließend ist damit der folgende Satz bewiesen, der bereits eingangs als aus dem elementaren Rechenunterricht erinnerlich hingestellt
wurde:

Hauptsatz über m-adische Bruchentwicklungen. *Die positiven rationalen Zahlen sind unter allen positiven reellen Zahlen dadurch gekennzeichnet, daß ihre m-adischen Bruchentwicklungen für eine beliebige natürliche Grundzahl $m \neq 1$ periodisch sind.*

Überdies sind in den Aussagen XVIII a, b, c eindeutige Kennzeichnungen für die normierten Bestimmungsstücke dieser periodischen
m-adischen Bruchentwicklungen durch die dargestellten Zahlen gegeben.

§ 5. Die Struktur der primen Restklassengruppen

1. Zurückführung auf Primzahlpotenzen

Die prime Restklassengruppe mod. m für eine natürliche Zahl m ist
eine endliche abelsche Gruppe von der in §4,8 bestimmten Ordnung $\varphi(m)$.
Sie ist nach §4,9,XI das direkte Produkt der primen Restklassengruppen

mod. p^μ für die in m steckenden Primzahlpotenzen p^μ. Hierdurch wird die Frage nach der Struktur der primen Restklassengruppe mod. m auf die Frage nach der Struktur der primen Restklassengruppen mod. p^μ zurückgeführt. Das Rechnen mit den primen Restklassen a mod. m läuft auf das gliedweise Rechnen mit ihren Komponenten, den primen Restklassen a mod. p^μ, hinaus. Der Formalismus dieser Komponentenzerlegung wurde in § 4,9 ausführlich behandelt.

Es genügt hiernach, wenn wir uns weiterhin mit der Struktur der primen Restklassengruppe mod. p^μ für eine Primzahlpotenz p^μ $(\mu \geq 1)$ befassen. Wir bezeichnen diese endliche abelsche Gruppe im folgenden mit $\mathfrak{P}_\mu$; sie hat nach §4,8 oder §4,12 die Ordnung $\varphi(p^\mu) = (p-1)\,p^{\mu-1}$.

2. Der Fall einer Primzahl

Wir beginnen mit der Untersuchung der Struktur der primen Restklassengruppe mod. p für eine Primzahl p, also der Gruppe $\mathfrak{P}_1 = \mathfrak{P}$ von der Ordnung $\varphi(p) = p - 1$. Sie kann auch als die Multiplikationsgruppe des Restklassenkörpers mod. p (Primkörpers Π) beschrieben werden (s. § 4,11). Diese letztere Beschreibung benutzen wir in der folgenden Untersuchung wesentlich.

Jedes Element A aus $\mathfrak{P}$ hat als Ordnung einen bestimmten natürlichen Teiler d der Gruppenordnung $p - 1$ (§ 4,5). Wir wollen jetzt umgekehrt feststellen, wie groß die Anzahl $\psi(d)$ der Elemente A aus $\mathfrak{P}$ mit einem gegebenen natürlichen Teiler d von $p - 1$ als Ordnung ist. Es könnte an sich sein, daß es zu einem gegebenen $d \mid p - 1$ überhaupt kein A der Ordnung d in $\mathfrak{P}$ gibt, daß also $\psi(d) = 0$ ist. Ist jedoch mindestens ein solches Element A vorhanden, d.h. ist $\psi(d) > 0$, so schließen wir folgendermaßen. Der durch A erzeugte Zyklus A besteht nach § 4,5 aus genau d verschiedenen Elementen, den d verschiedenen Restklassen δ mod. d entsprechend. Diese Elemente sind sämtlich Nullstellen des Polynoms $t^d - E$ vom Grade d, wo E das Einselement von Π bezeichnet. Analog wie in § 4,11 folgt daraus das Bestehen der Identität

$$t^d - E = \prod_{\delta \,\mathrm{mod.}\, d} (t - A^\delta)\,.$$

Dabei soll die Schreibweise $\displaystyle\prod_{\delta \,\mathrm{mod.}\, d}$ bedeuten, daß über irgendein volles Restsystem δ mod. d zu multiplizieren ist; diese invariante Bezeichnungsweise werden wir an Stelle der nicht-invarianten $\displaystyle\sum_{\delta=0}^{d-1}$ immer verwenden, wenn es für den Wert des Produktes auf die Festlegung des Restsystems δ mod. d nicht ankommt (entsprechend auch bei Summen).

Aus der erhaltenen Identität folgt weiter, daß jedes Element B aus $\mathfrak{P}$ von der Ordnung d, als Nullstelle des Polynoms $t^d - E$, einer der Nullstellen A^δ gleich ist. Unter der Voraussetzung, daß in $\mathfrak{P}$ ein Element A

von der Ordnung d vorhanden ist, sind demnach die sämtlichen Elemente aus $\mathfrak{P}$ von der Ordnung d in der Form $B = A^\delta$ darstellbar. Ihre Anzahl $\psi(d)$ ist daher gleich der Anzahl derjenigen Restklassen δ mod. d, für die auch A^δ die Ordnung d hat.

Nun ist eine Potenz $(A^\delta)^x = A^{\delta x} = E$ dann und nur dann, wenn $\delta x \equiv 0$ mod. d ist, und dies wiederum nach § 4,3,V' dann und nur dann, wenn $x \equiv 0$ mod. $\dfrac{d}{(\delta, d)}$ ist. Daher hat A^δ die Ordnung $\dfrac{d}{(\delta, d)}$. Insbesondere hat A^δ die Ordnung d selbst genau dann, wenn $(\delta, d) = 1$ ist. Die Elemente $B = A^\delta$ von der Ordnung d entsprechen somit genau den primen Restklassen δ mod. d und sind demnach in der Anzahl $\psi(d) = \varphi(d)$ vorhanden.

Damit ist gezeigt, daß für jeden natürlichen Teiler d von $p - 1$ eine der beiden Beziehungen

$$\psi(d) = 0 \quad \text{oder} \quad \psi(d) = \varphi(d)$$

gilt. Nun gelten aber die beiden Summenbeziehungen

$$\sum_{d | p - 1} \psi(d) = p - 1 \quad \text{und} \quad \sum_{d | p - 1} \varphi(d) = p - 1 \, ,$$

erstere als Bilanz der Aufzählung aller $p - 1$ Elemente von $\mathfrak{P}$ nach ihren Ordnungen geordnet, letztere nach § 4,6 (wo sie durch entsprechende Aufzählung aller $p - 1$ Restklassen mod. $p - 1$, nach ihren Teilern geordnet, gewonnen wurde). Daraus ergibt sich, daß die Beziehung $\psi(d) = 0$ in Wahrheit nie erfüllt ist, vielmehr durchweg

$$\psi(d) = \varphi(d)$$

gilt. Wir haben damit bewiesen:

I. *Für jeden natürlichen Teiler d von $p - 1$ gibt es genau $\varphi(d)$ prime Restklassen mod. p von der Ordnung d. Diese entstehen aus einer solchen a mod. p in der Form a^δ mod. p mit primem δ mod. d.*

Wir wenden jetzt dies Ergebnis speziell auf den höchstmöglichen Teiler $d = p - 1$, die Ordnung von $\mathfrak{P}$ selbst, an. Dann besagt es die Existenz einer primen Restklasse w mod. p derart, daß der durch sie erzeugte Zyklus w^α mod. p (α mod. $p - 1$) aus genau $p - 1$ Elementen besteht und daher mit der vollen Gruppe $\mathfrak{P}$ zusammenfällt. Damit haben wir als Hauptergebnis unserer Strukturuntersuchung:

II. *Die prime Restklassengruppe mod. p ist zyklisch.*

Eine sie erzeugende Restklasse w mod. p (oder auch die Zahl w) nennt man eine *primitive Wurzel* mod. p. Es gibt genau $\varphi(p - 1)$ solche; sie entstehen aus einer von ihnen in der Form w^α mod. p mit primen α mod. $p - 1$. Durch eine primitive Wurzel w mod. p erhält man alle primen Restklassen a mod. p in der eindeutigen Darstellung

$$a \equiv w^\alpha \text{ mod. } p \quad (\alpha \text{ mod. } p - 1).$$

Es ist das eine *Basisdarstellung* der Gruppe $\mathfrak{P}$ im Sinne der Theorie der endlichen abelschen Gruppen. Der Multiplikation der primen Restklassen a mod. p entspricht dabei die Addition der Exponenten α mod. $p - 1$, ebenso der Division die Subtraktion. In der älteren Zahlentheorie hat man daher in Analogie zu den Logarithmen die Exponenten α (als kleinste Reste mod. $p - 1$ normiert) die *Indizes* der a (ebenfalls als kleinste Reste mod. p normiert) in bezug auf die feste primitive Wurzel w mod. p genannt und mit $\alpha = \mathrm{ind}_w\, a$ bezeichnet.

3. Zur Bestimmung primitiver Wurzeln, Artinsche Vermutung

Ein systematisches Rechenverfahren zur Bestimmung einer primitiven Wurzel mod. p, etwa der kleinsten, ist nicht bekannt. Man ist dazu auf Probierverfahren angewiesen. So findet man durch schrittweise Berechnung der Potenzfolgen

$$2^0 \equiv 1, \quad 2^1 \equiv 2, \quad 2^2 \equiv 4, \quad 2^3 \equiv 3, \quad 2^4 \equiv 1 \quad \text{mod. } 5,$$

$$2^0 \equiv 1, \quad 2^1 \equiv 2, \quad 2^2 \equiv 4, \quad 2^3 \equiv 1 \quad\qquad \text{mod. } 7,$$

daß 2 mod. 5 primitive Wurzel ist, dagegen 2 mod. 7 nur die Ordnung 3 (statt 6) hat, während aus

$$3^0 \equiv 1, \quad 3^1 \equiv 3, \quad 3^2 \equiv 2, \quad 3^3 \equiv 6, \quad 3^4 \equiv 4, \quad 3^5 \equiv 5, \quad 3^6 \equiv 1 \quad \text{mod. } 7$$

folgt, daß 3 mod. 7 primitive Wurzel ist.

Interessanter ist die umgekehrte Frage:

Für welche Primzahlen p ist eine gegebene ganze Zahl w primitive Wurzel mod. p?

Für $w = 1$ kommt natürlich nur $p = 2$ in Frage, und für $w = -1$ nur $p = 2, 3$. Allgemeiner kommt auch für Quadratzahlen $w = w_0^2$ höchstens $p = 2$ in Frage; denn ist $p \neq 2$, so ist ja für diese, sofern p überhaupt in Frage kommt, d.h. sofern $p \nmid w$ ist, nach dem kleinen Fermatschen Satz schon $w^{(p-1)/2} = w_0^{p-1} \equiv 1$ mod. p, also die Ordnung von w mod. p ein Teiler von $\dfrac{p-1}{2}$ und nicht $p - 1$ wie verlangt. Heuristische Überlegungen wahrscheinlichkeitstheoretischer Art haben ARTIN zu der folgenden Vermutung geführt:

Artinsche Vermutung. *Für jede ganze Zahl $w \neq \pm 1$, die keine Quadratzahl w_0^2 ist, gibt es unendlich viele (nicht in w aufgehende) Primzahlen p derart, daß w primitive Wurzel mod. p ist.*

Ist k die größte (dann ungerade) natürliche Zahl derart, daß $w = w_0^k$ eine k-te Potenz ist, so strebt das Verhältnis der Anzahl $\pi_w(n)$ dieser Primzahlen p unterhalb n zur Anzahl $\pi(n)$ aller Primzahlen unterhalb n mit $n \to \infty$ gegen den nur von k abhängigen Grenzwert

$$\omega_k = \lim_{n \to \infty} \frac{\pi_w(n)}{\pi(n)} = \prod_{q \mid k}\left(1 - \frac{1}{q-1}\right) \cdot \prod_{q \nmid k}\left(1 - \frac{1}{(q-1)\,q}\right).$$

Hierbei ist nur der Fall auszunehmen, daß w (und dann auch schon w_0) bis auf einen quadratischen Faktor die Form $p^* = (-1)^{(p-1)/2} p$ mit einer ungeraden Primzahl $p \nmid k$ hat. In diesem Ausnahmefall ist in dem zweiten Produkt der $q = p$ entsprechende Faktor wegzulassen.

Das Produkt ist dabei über alle Primzahlen q, gesondert nach den endlich vielen Teilern und unendlich vielen Nichtteilern von k, zu erstrecken. Es konvergiert absolut, da die Reihe $\sum_q \dfrac{1}{(q-1)\,q}$ die ersichtlich konvergente Majorante $\sum_{n=2}^{\infty} \dfrac{1}{(n-1)\,n} = \sum_{n=2}^{\infty} \left(\dfrac{1}{n-1} - \dfrac{1}{n} \right) = \left(1 - \dfrac{1}{2} \right) + \left(\dfrac{1}{2} - \dfrac{1}{3} \right) + \cdots = 1$ hat, und hat daher (wenn k ungerade ist) einen positiven reellen Wert w_k. Dieser ist am größten für $k = 1$, wenn also w überhaupt keine Potenzzahl mit Exponent > 1 ist, und ist dann, von dem Ausnahmefall abgesehen, zwischen $\dfrac{1}{3}$ und $\dfrac{5}{12}$ gelegen, während sich im Ausnahmefall diese Schranken um den Faktor $\dfrac{p\,(p-1)}{p\,(p-1)-1}$ erhöhen. So ist also z.B. für $w = 2,\ 3$ und überhaupt alle Primzahlen (auch mit negativem Vorzeichen) zu erwarten, daß bei Vorgehen der Größe nach sich w für mehr als jede dritte Primzahl als primitive Wurzel mod. p erweist.

Ein Beweis der Artinschen Vermutung ist bis heute nicht bekannt. Dagegen hat BILHARZ eine analoge Vermutung, die an Stelle des rationalen Zahlkörpers P den Körper $\Omega\,(t)$ der rationalen Funktionen einer Unbestimmten t über einem endlichen Körper Ω betrifft, auf die sog. Riemannsche Vermutung für algebraische Funktionenkörper zurückführen können[1], und diese letztere Vermutung wurde kürzlich durch WEIL bewiesen[2].

4. Zyklische Verschiebung
der Periode in der m-adischen Bruchentwicklung

Als kleine Nebenbemerkung über primitive Wurzeln führen wir hier im Anschluß an die Theorie der m-adischen Bruchentwicklungen in § 4,13 noch den folgenden Sachverhalt an. Ist p eine nicht in der Grundzahl m aufgehende Primzahl, so haben nach § 4,13,XVII die $p - 1$ echten Brüche $\dfrac{a}{p}$ mit $1 \leq a \leq p - 1$ rein-periodische m-adische Bruchentwicklungen

$$\frac{a}{p} = 0 . \overline{a_1 \ldots a_k},$$

[1] H. BILHARZ: Primdivisoren mit vorgegebener Primitivwurzel. Math. Ann. 114 (1937), 476–492.
[2] A. WEIL: Sur les courbes algébriques et les variétés qui s'en déduisent. Actual. Scientif. Industr. 1041, Paris 1948.

deren Periodenlänge k durchweg die Ordnung von m mod. p ist. Mit einer Periode $a_1 \ldots a_k$ kommen dabei auch alle k aus ihr durch zyklische Ziffernverschiebung entstehenden Perioden vor. Die zyklische Verschiebung um eine Stelle nach links liefert nämlich ersichtlich den Bruch

$$\frac{a'}{p} = 0 . \overline{a_2 \ldots a_k a_1} = \frac{m\,a}{p} - a_1 ,$$

wo a' durch a als der kleinste Rest von $m\,a$ mod. p, also durch

$$m\,a \equiv a' \bmod. p \quad \text{mit} \quad 1 \leq a' \leq p - 1$$

gekennzeichnet ist. Insgesamt entstehen demnach durch zyklische Verschiebung als neue Zähler das zyklisch geschlossene System der kleinsten Reste $a^{(\varkappa)}$ aus

$$m^{\varkappa} a \equiv a^{(\varkappa)} \bmod. p \quad \text{mit} \quad 1 \leq a^{(\varkappa)} \leq p - 1 \quad (\varkappa \bmod. k - 1).$$

Gruppentheoretisch ausgedrückt handelt es sich hierbei um die durch a bestimmte Nebengruppe zu der durch m erzeugten zyklischen Untergruppe der Ordnung k in der Gruppe $\mathfrak{P}$. Insbesondere ergibt sich – und darin besteht unsere Nebenbemerkung:

Dann und nur dann, wenn speziell m eine primitive Wurzel mod. p, also $k = p - 1$ ist, erschöpfen die durch zyklische Ziffernverschiebung aus einer von ihnen, etwa der von $\frac{1}{p}$, entstehenden m-adischen Bruchentwicklungen die sämtlichen $p - 1$ echten Brüche $\frac{a}{p}$ vom Nenner p.

Es ist das eine Verallgemeinerung der vom elementaren Rechnen her geläufigen Tatsache, daß die 6 Dezimalbruchentwicklungen

$$\frac{1}{7} = 0 . \overline{142857}$$

$$\frac{3}{7} = 0 . \overline{428571}$$

$$\frac{2}{7} = 0 . \overline{285714}$$

$$\frac{6}{7} = 0 . \overline{857142}$$

$$\frac{4}{7} = 0 . \overline{571428}$$

$$\frac{5}{7} = 0 . \overline{714285}$$

der echten Brüche vom Nenner 7 durch zyklische Ziffernverschiebung zusammenhängen. In der Tat ist $10 \equiv 3$ mod. 7, wie in **3** gezeigt, primitive Wurzel, und die der zyklischen Ziffernverschiebung entsprechende Reihenfolge 1, 3, 2, 6, 4, 5 der kleinsten Reste mod. 7 ist genau die oben durch Reduktion des Zyklus 3^0, 3^1, 3^2, 3^3, 3^4, 3^5 mod. 7 erhaltene.

5. Hilfssätze über Kongruenzen nach einer Primzahlpotenz

Wir kommen jetzt zur Untersuchung der Struktur der primen Restklassengruppen mod. p^μ für Primzahlpotenzen p^μ, also der Gruppen $\mathfrak{P}_\mu$, für Exponenten $\mu > 1$. Entsprechend der Zerlegung der Ordnung $\varphi(p^\mu) = (p-1)\,p^{\mu-1}$ werden wir eine direkte Produktzerlegung der Gruppe $\mathfrak{P}_\mu$ in zwei zyklische Gruppen $\mathfrak{P}'_\mu$, $\mathfrak{P}''_\mu$ der Ordnungen $p-1$, $p^{\mu-1}$ und damit eine Basisdarstellung für die Elemente von $\mathfrak{P}_\mu$ herleiten. Für $p = 2$ ist die Zerlegung $\varphi(2^\mu) = 1 \cdot 2^{\mu-1}$ trivial, so daß $\mathfrak{P}'_\mu = 1$, $\mathfrak{P}''_\mu = \mathfrak{P}_\mu$ würde; wir werden in diesem Falle eine der Zerlegung $\varphi(2^\mu) = 2 \cdot 2^{\mu-2}$ entsprechende direkte Produktzerlegung von $\mathfrak{P}_\mu$ in zwei zyklische Gruppen $\mathfrak{P}'_\mu$, $\mathfrak{P}''_\mu$ der Ordnungen 2, $2^{\mu-2}$ herleiten; diese ist nur für den kleinsten in Betracht zu ziehenden Exponenten $\mu = 2$ trivial.

Die Konstruktion dieser direkten Produktzerlegung von $\mathfrak{P}_\mu$ beruht auf den folgenden drei Hilfssätzen über Kongruenzen nach Primzahlpotenzmoduln, in denen p eine Primzahl und a, b, c und g ganze oder auch nur für p ganze Zahlen im Sinne von § 4,10 bedeuten:

Hilfssatz 1. *Für jedes $n \geq 1$ gilt:*

aus $a \equiv b$ mod. p^n folgt $a^p \equiv b^p$ mod. p^{n+1}.

Beweis. Die Voraussetzung $a \equiv b$ mod. p^n besagt

$$a = b + g p^n \text{ mit ganzem (bzw. für } p \text{ ganzem) } g.$$

Nach dem binomischen Lehrsatz ist dann

$$a^p = b^p + \binom{p}{1} b^{p-1} g p^n + \cdots + \binom{p}{p-1} b\, g^{p-1} p^{(p-1)n} + g^p\, p^{pn}.$$

Wegen der Teilbarkeit der mittleren Binomialkoeffizienten durch p (s. § 4,11,XIV) und unter Beachtung von $pn \geq n + 1$ für $n \geq 1$ folgt daraus die Behauptung $a^p \equiv b^p$ mod. p^{n+1}.

Aus Hilfssatz 1 ergibt sich durch wiederholte Anwendung (vollständige Induktion) ohne weiteres:

Hilfssatz 2. *Für jedes $v \geq 1$ gilt:*

aus $c \equiv 1$ mod. p^v folgt $c^{p^{\mu-v}} \equiv 1$ mod. p^μ für alle $\mu \geq v$.

Wir werden Hilfssatz 2 nur in folgendem Spezialfall anzuwenden haben:

$$v = 1 \quad \text{für} \quad p \neq 2, \qquad v = 2 \quad \text{für} \quad p = 2.$$

In diesem Spezialfall wird er, wie folgt, durch schärfere Angabe der Voraussetzung und dementsprechende Verschärfung der Behauptung ausgebaut:

Hilfssatz 3. *Für $p \neq 2$ gilt:*

aus $c \equiv 1 + g p$ mod. p^2 folgt $c^{p^{\mu-1}} \equiv 1 + g p^\mu$ mod. $p^{\mu+1}$ für alle $\mu \geq 1$.

Für $p = 2$ gilt:

aus $c \equiv 1 + g\,2^2$ mod. 2^3 folgt $c^{2^{\mu-2}} \equiv 1 + g\,2^\mu$ mod. $2^{\mu+1}$ für alle $\mu \geq 2$.

Man beachte, daß es in diesen Aussagen nur auf die Restklasse g mod. p ankommt.

Beweis. Wir verwenden vollständige Induktion nach μ. Für $\mu = 1$ bzw. $\mu = 2$ sind die behaupteten Aussagen trivialerweise richtig. Werden sie für ein $\mu \geq 1$ bzw. $\mu \geq 2$ als richtig vorausgesetzt, so folgt aus den vorausgesetzten Kongruenzen nach Hilfssatz 1 zunächst

$$\text{für } p \neq 2: \quad c^{p^\mu} \equiv (1 + g\,p^\mu)^p \text{ mod. } p^{\mu+2},$$

$$\text{für } p = 2: \quad c^{2^{\mu-1}} \equiv (1 + g\,2^\mu)^2 \text{ mod. } 2^{\mu+2}.$$

Nun ist aber analog wie im Beweis von Hilfssatz 1

$$\text{für } p \neq 2: \quad (1 + g\,p^\mu)^p = 1 + \binom{p}{1} g\,p^\mu + \cdots + \binom{p}{p-1} g^{p-1} p^{(p-1)\mu} + g^p\,p^{p\mu}$$

$$\equiv 1 + g\,p^{\mu+1} \text{ mod. } p^{\mu+2},$$

$$\text{da dann } p\,\mu \geq 3\,\mu \geq \mu + 2 \text{ für } \mu \geq 1 \text{ ist,}$$

$$\text{für } p = 2: \quad (1 + g\,2^\mu)^2 = 1 + 2g\,2^\mu + g^2\,2^{2\mu}$$

$$\equiv 1 + g\,2^{\mu+1} \text{ mod. } 2^{\mu+2},$$

$$\text{da } 2\,\mu \geq \mu + 2 \text{ für } \mu \geq 2 \text{ ist.}$$

Zusammengenommen ergeben sich so die behaupteten Kongruenzen für $\mu + 1$. Damit ist die Richtigkeit der behaupteten Aussagen durch vollständige Induktion dargetan.

Man beachte, daß der das letzte Glied der Binomialentwicklung betreffende Schluß im Falle $p \neq 2$ diese Voraussetzung in der Gestalt $p \geq 3$ voll ausnutzt; für $p = 2$ würde er bei $\mu = 1$ versagen. Dadurch wird die Unterscheidung der beiden Fälle $p \neq 2$ und $p = 2$ in der Formulierung von Hilfssatz 3 nötig.

6. Der Fall einer ungeraden Primzahlpotenz

Wir konstruieren nunmehr zunächst für $p \neq 2$ die angekündigte direkte Produktzerlegung der Gruppe $\mathfrak{P}_\mu$ von der Ordnung $\varphi(p^\mu) = (p-1)\,p^{\mu-1}$ in zwei zyklische Gruppen $\mathfrak{P}'_\mu$, $\mathfrak{P}''_\mu$ von den Ordnungen $p-1$, $p^{\mu-1}$. Dazu definieren wir für jede prime Restklasse a mod. p^μ eine Produktzerlegung

$$(1.) \qquad a \equiv b\,c \text{ mod. } p^\mu$$

in zwei Komponenten b, c mod. p^μ durch die Formeln

$$(2.) \qquad b \equiv a^{p^{\mu-1}}, \qquad c \equiv a^{1-p^{\mu-1}} \qquad \text{mod. } p^\mu,$$

und beweisen darüber der Reihe nach folgende Tatsachen:

(a) *Durchläuft a mod. p^μ die Gruppe $\mathfrak{P}_\mu$, so durchlaufen b, c mod. p^μ Untergruppen $\mathfrak{P}_\mu'$, $\mathfrak{P}_\mu''$.*

Beweis. Der Multiplikation und Division der Restklassen a mod. p^μ entspricht nach (2.) ersichtlich die Multiplikation und Division der Komponenten b, c mod. p^μ. Die von diesen durchlaufenen Teilmengen $\mathfrak{P}_\mu'$, $\mathfrak{P}_\mu''$ der Gruppe $\mathfrak{P}_\mu$ sind daher bezüglich der Multiplikation und Division abgeschlossen, also in der Tat Untergruppen.

(b) *Die Untergruppen $\mathfrak{P}_\mu'$, $\mathfrak{P}_\mu''$ sind auch durch die Eigenschaften*

$$(3.) \qquad b^{p-1} \equiv 1 \bmod. p^\mu, \qquad c \equiv 1 \bmod. p$$

gekennzeichnet, d. h. bestehen aus der Gesamtheit aller b, c mod. p^μ mit diesen Eigenschaften.

Beweis. Daß die Eigenschaften (3.) aus den Formeln (2.) folgen, ist leicht auf Grund des kleinen Fermatschen Satzes zu sehen:

$$\text{aus } b \equiv a^{\nu^{\mu-1}} \bmod. p^\mu \text{ folgt } b^{p-1} \equiv a^{(p-1)p^{\mu-1}} \equiv a^{\varphi(p^\mu)} \equiv 1 \bmod. p^\mu,$$

$$\text{aus } c \equiv a^{1-\nu^{\mu-1}} \bmod. p^\mu \text{ folgt } c \equiv 1 \bmod. p,$$

letzteres weil $a^p \equiv a$ mod. p, also auch $a^{p^{\mu-1}} \equiv a$ mod. p gilt.

Daß umgekehrt aus den Eigenschaften (3.) das Bestehen der Formeln (2.) mit jeweils einer geeigneten Restklasse a mod. p^μ, nämlich einfach mit $a \equiv b$ bzw. c mod. p^μ, folgt, sieht man so:

$$\text{aus } b^{p-1} \equiv 1 \bmod. p^\mu \text{ folgt } b \equiv b^p \bmod. p^\mu,$$

$$\text{also auch } b \equiv b^{p^{\mu-1}} \bmod. p^\mu,$$

$$\text{aus } c \equiv 1 \bmod. p \text{ folgt } c^{p^{\mu-1}} \equiv 1 \bmod. p^\mu \text{ (Hilfssatz 2)},$$

$$\text{also } c \equiv c^{1-p^{\mu-1}} \bmod. p^\mu.$$

(c) *Die Untergruppen $\mathfrak{P}_\mu'$, $\mathfrak{P}_\mu''$ haben die Ordnungen $p-1$, $p^{\mu-1}$.*

Beweis. Für die Gruppe $\mathfrak{P}_\mu''$ ersieht man das daraus, daß ihre Elemente auf Grund der Kennzeichnung (3.) nach § 4,**12**,XV in eindeutiger Darstellung durch $c \equiv 1 + c_1 p + \cdots + c_{\mu-1} p^{\mu-1}$ mod. p^μ mit $c_1, \ldots, c_{\mu-1}$ aus dem kleinsten Restsystem mod. p gegeben, also in der Tat in der Anzahl $p^{\mu-1}$ vorhanden sind.

Für die Gruppe $\mathfrak{P}_\mu'$ folgt es aus ihrer Erzeugung (2.). Läßt man nämlich in dieser a mod. p^μ die Gruppe $\mathfrak{P}_\mu$ durchlaufen, so hängt erstens die entstehende Restklasse b mod. p^μ nach Hilfssatz 2 nur von der Restklasse a mod. p ab, und nach (3.) ist zweitens $b \equiv a$ mod. p. Da für a mod. p genau $p-1$ verschiedene Möglichkeiten bestehen, hat b mod. p^μ wegen der ersten Tatsache höchstens $p-1$ und wegen der zweiten Tatsache mindestens $p-1$ verschiedene Möglichkeiten, so daß die b mod. p^μ in der Tat genau in der Anzahl $p-1$ vorhanden sind.

(d) *Die Zerlegung (1.), gegeben durch (2.), ist auch eindeutig als Zerlegung der Elemente aus $\mathfrak{P}_\mu$ in zwei Komponenten aus $\mathfrak{P}_\mu'$, $\mathfrak{P}_\mu''$ gekenn-*

zeichnet, d.h. *die Gruppe* $\mathfrak{P}_\mu$ *ist das direkte Produkt der beiden Untergruppen* $\mathfrak{P}'_\mu$, $\mathfrak{P}''_\mu$.

Beweis. Das ergibt sich jetzt einfach durch Abzählung. Nach (c) gibt es $(p-1)\,p^{\mu-1}$ Produkte je eines Elements aus $\mathfrak{P}'_\mu$ und $\mathfrak{P}''_\mu$. Nach (a) kommt unter diesen Produkten jedes der $\varphi(p^\mu)$ Elemente von $\mathfrak{P}_\mu$ mindestens einmal vor. Wegen der Anzahlgleichheit $(p-1)\,p^{\mu-1} = \varphi(p^\mu)$ liefern demnach die Produkte aus $\mathfrak{P}'_\mu$ und $\mathfrak{P}''_\mu$ jedes Element von $\mathfrak{P}_\mu$ genau einmal, d.h. es gibt außer der in (1.), (2.) konstruierten keine weitere Zerlegung der Elemente von $\mathfrak{P}_\mu$ in Komponenten aus $\mathfrak{P}'_\mu$, $\mathfrak{P}''_\mu$.

(e) *Die Komponente b mod. p^μ aus $\mathfrak{P}'_\mu$ einer Restklasse a mod. p^μ aus $\mathfrak{P}_\mu$, also die Restklasse $b \equiv a^{p^{\mu-1}}$ mod. p^μ ist auch eindeutig gekennzeichnet durch die Eigenschaften*

$$b \equiv a \bmod. p\,, \qquad b^{p-1} \equiv 1 \bmod. p^\mu.$$

Beweis. Daß sie diese beiden Eigenschaften hat, wurde bereits festgestellt. Daß sie durch diese Eigenschaften eindeutig gekennzeichnet ist, sieht man so. Aus der zweiten Eigenschaft folgt wie im Beweis von (b), daß $b \equiv b^{p^{\mu-1}}$ mod. p^μ ist, und dann weiter aus der ersten nach Hilfssatz 2, daß $b \equiv a^{p^{\mu-1}}$ mod. p^μ ist.

(f) *Die Untergruppen $\mathfrak{P}'_\mu$, $\mathfrak{P}''_\mu$ sind zyklisch, und zwar wird erzeugt:*

$\mathfrak{P}'_\mu$ *durch die aus irgendeiner primitiven Wurzel w_0 mod. p gebildete Restklasse $w \equiv w_0^{p^{\mu-1}}$ mod. p^μ, eindeutig gekennzeichnet auch durch die Eigenschaften*

$$w \equiv w_0 \bmod. p\,, \qquad w^{p-1} \equiv 1 \bmod. p^\mu,$$

$\mathfrak{P}''_\mu$ *durch irgendeine Restklasse der Form $1 + gp$ mod. p^μ mit $g \not\equiv 0$ mod. p, speziell etwa durch $1 + p$ mod. p^μ.*

Beweis. Die als Erzeugende angegebenen Restklassen gehören nach (2.) bzw. (3.) jedenfalls den Untergruppen $\mathfrak{P}'_\mu$, $\mathfrak{P}''_\mu$ an. Nach (c) genügt es dann, noch zu zeigen, daß ihre Ordnungen nicht echte Teiler von $p-1$ bzw. $p^{\mu-1}$ sind.

Für $\mathfrak{P}''_\mu$ ist dies eine Folge aus Hilfssatz 3; denn für den höchsten echten Teiler $p^{\mu-2}$ von $p^{\mu-1}$ wird nach ihm (man beachte, daß hier $\mu \geq 2$ vorausgesetzt ist) $(1 + gp)^{p^{\mu-2}} \equiv 1 + gp^{\mu-1} \not\equiv 1$ mod. p^μ.

Für $\mathfrak{P}'_\mu$ ist für jeden echten Teiler d von $p-1$ wegen $w \equiv w_0$ mod. p sicher $w^d \equiv w_0^d \not\equiv 1$ mod. p, also erst recht $w^d \not\equiv 1$ mod. p^μ.

Nach alledem können wir feststellen:

III. *Die primen Restklassen a mod. p^μ $(p \neq 2, \mu > 1)$ sind in eindeutiger Basisdarstellung gegeben durch*

$$a \equiv w^{\alpha'}(1 + p)^{\alpha''} \bmod. p^\mu \begin{cases} \alpha' \bmod. p - 1 \\ \alpha'' \bmod. p^{\mu-1} \end{cases},$$

wo w eine primitive Wurzel mod. p mit der Normierung $w^{p-1} \equiv 1$ mod. p^μ ist.

Von irgendeiner primitiven Wurzel w_0 mod. p ausgehend, erhält man eine so normierte primitive Wurzel $w \equiv w_0$ mod. p in der Form $w \equiv w_0^{p^{\mu-1}}$ mod. p^μ.

Dem multiplikativen Rechnen mit den primen Restklassen a mod. p^μ entspricht bei dieser Basisdarstellung das gliedweise additive Rechnen mit den Exponentenpaaren α' mod. $p-1$, α'' mod. $p^{\mu-1}$.

Als für die Anwendungen wichtig heben wir noch folgendes hervor. Die Basis w, $1 + p$ von $\mathfrak{P}_\mu$ ist gleichzeitig auch eine Basis aller $\mathfrak{P}_\nu$ mit $1 < \nu \leq \mu$; denn erfüllt w die Normierungsvorschrift mod. p^μ, so erfüllt w a fortiori die Normierungsvorschrift mod. p^ν. Der Übergang von der Basisdarstellung von a mod. p^μ zu der von a mod. p^ν vollzieht sich einfach dadurch, daß man die Restklasse α'' mod. $p^{\mu-1}$ zu α'' mod. $p^{\nu-1}$ vergröbert, etwa durch Außerbetrachtlassen der letzten $\mu - \nu$ Ziffern in der p-adischen Darstellung $\alpha'' \equiv \alpha_0 + \alpha_1 p + \cdots + \alpha_{\mu-2} p^{\mu-2}$ mod. $p^{\mu-1}$. Der in **2** behandelte Fall $\mu = 1$ ordnet sich so unter, daß dann das Basiselement $1 + p \equiv 1$ mod. p wird und sein Exponent sich auf $\alpha'' \equiv 0$ mod. 1 reduziert. Wir vermerken noch die folgende gelegentlich gebrauchte Tatsache:

IV. Die Gruppen $\mathfrak{P}_\mu (p \neq 2)$ sind selbst zyklisch, nämlich erzeugt durch eine primitive Wurzel $\overline{w}$ mod. p mit der Normierung $\overline{w}^{p-1} \not\equiv 1$ mod. p^2.

Die allgemeinste solche erhält man, ausgehend von einer nach III normierten primitiven Wurzel w mod. p, in der Form

$$\overline{w} \equiv w (1 + p)^\omega \equiv w (1 + \omega p) \text{ mod. } p^2 \quad \text{mit} \quad \omega \not\equiv 0 \text{ mod. } p$$

(oder also auch $\overline{w} \equiv w + g p$ mod. p^2 mit $g \not\equiv 0$ mod. p).

Die primen Restklassen a mod. p^μ sind dann in eindeutiger Basisdarstellung gegeben durch

$$a \equiv \overline{w}^\alpha \text{ mod. } p^\mu \quad (\alpha \text{ mod. } (p-1) p^{\mu-1}).$$

Beweis. Ist $\overline{w}$ wie angegeben konstruiert, so wird

$$\overline{w}^{p-1} \equiv w^{p-1} (1 + p)^{(p-1)\omega} \equiv 1 + (p-1) \omega p \equiv 1 - \omega p \text{ mod. } p^2 ,$$

letzteres durch Binomialentwicklung. Für $\omega \not\equiv 0$ mod. p, und auch nur dann, ist also in der Tat die Normierungsvorschrift $\overline{w}^{p-1} \not\equiv 1$ mod. p^2 erfüllt.

Wir haben dann zu zeigen, daß für jedes $\mu > 1$ die Restklasse $\overline{w}$ mod. p^μ die Ordnung $\varphi(p^\mu) = (p-1) p^{\mu-1}$ hat, also die volle Gruppe $\mathfrak{P}_\mu$ erzeugt. Die Basisdarstellung von $\overline{w}$ mod. p^μ lautet nun nach dem zuvor Bemerkten

$$\overline{w} \equiv w (1 + p)^{\omega_\mu} \text{ mod. } p^\mu$$

mit einer Restklasse ω_μ mod. $p^{\mu-1}$, für die $\omega_\mu \equiv \omega \not\equiv 0$ mod. p gilt. Für eine beliebige Potenz mit ganzem Exponenten x ergibt sich daraus die Basisdarstellung

$$\overline{w}^x \equiv w^x (1 + p)^{x\,\omega_\mu} \bmod. p^\mu.$$

Wegen der Eindeutigkeit der Basisdarstellung ist $\overline{w}^x \equiv 1$ mod. p^μ dann und nur dann, wenn gleichzeitig $x \equiv 0$ mod. $p - 1$, $x\omega_\mu \equiv 0$ mod. $p^{\mu-1}$ ist. Unter Beachtung von $\omega_\mu \not\equiv 0$ mod. p und der Teilerfremdheit von $p - 1$ und $p^{\mu-1}$ ist dies aber dann und nur dann der Fall, wenn $x \equiv 0$ mod. $(p - 1) p^{\mu-1}$ ist. Nach § 4,5,VIII hat also $\overline{w}$ mod. p^μ in der Tat die Ordnung $(p - 1) p^{\mu-1}$.

Der Tatsache, daß $\mathfrak{P}_\mu$ selbst zyklisch ist, liegt übrigens ein allgemeiner Satz aus der Gruppentheorie zugrunde, wonach das direkte Produkt von endlich vielen zyklischen Gruppen mit paarweise teilerfremden Ordnungen $m_1, \ldots, m_r$ wieder zyklisch ist. Dieser Satz ist, wenn man die zyklischen Gruppen gemäß § 4,5 isomorph als die additiven Restklassengruppen mod. $m_1, \ldots$, mod. m_r deutet, eine unmittelbare Folge aus der in § 4,9 behandelten direkten Summenzerlegung des Restklassenrings mod. $m_1 \cdots m_r$.

Beispiele. Für $p = 3$ wird die Normierungsvorschrift aus III bei jedem Exponenten μ offenbar durch $w = -1$ erfüllt. Die Basisdarstellung III lautet dann

$$a = (-1)^{\alpha'} 4^{\alpha''} \bmod. 3^\mu \left\{ \begin{matrix} \alpha' \ \bmod. 2 \\ \alpha'' \ \bmod. 3^{\mu-1} \end{matrix} \right\}.$$

So erhält man für $\mu = 2$ tabellarisch:

a mod. 3^2	α' mod. 2	α'' mod. 3
1	0	0
4	0	1
7	0	2
$-1 \equiv 8$	1	0
$-4 \equiv 5$	1	1
$-7 \equiv 2$	1	2

Die Normierungsvorschrift aus IV wird etwa durch $\overline{w} = 2$ erfüllt. So erhält man für $\mu = 2$ tabellarisch:

$a \equiv 2^\alpha$ mod. 3^2	α mod. 6
1	0
2	1
4	2
8	3
7	4
5	5

Für $p = 5$, $\mu = 2$ wird die Normierungsvorschrift aus III bei Ausgehen von der primitiven Wurzel 2 mod. 5 durch $w \equiv 2^5 \equiv 7$ mod. 5^2 erfüllt, die Normierungsvorschrift aus IV dagegen bei jeder der vier anderen Normierungen $\overline{w} \equiv 2, 12, 17, 22$ mod. 5^2.

7. Der Fall einer Potenz der Primzahl 2

Wir konstruieren jetzt schließlich für $p = 2$ die angekündigte direkte Produktzerlegung der Gruppe $\mathfrak{P}_\mu$ von der Ordnung $\varphi(2^\mu) = 2^{\mu-1}$ in zwei zyklische Gruppen $\mathfrak{P}'_\mu$, $\mathfrak{P}''_\mu$ von den Ordnungen 2, $2^{\mu-2}$. Dabei können wir uns wesentlich kürzer fassen, weil hier ein Sachverhalt vorliegt, wie er schon eben in dem Beispiel $p = 3$ hervortritt, daß nämlich auch der direkte Faktor $\mathfrak{P}'_\mu$, der uns ja allgemein für $p \neq 2$ die meiste Mühe machte, bei jedem Exponenten μ durch ein und dieselbe Zahl -1 erzeugbar ist.

Für $\mu = 2$ ist die Gruppe $\mathfrak{P}_2$ zyklisch von der Ordnung $\varphi(2^2) = 2$ und besteht aus den beiden primen Restklassen $a \equiv \pm 1$ mod. 2^2. Diese sind in eindeutiger Basisdarstellung gegeben durch

$$a \equiv (-1)^{\alpha'} \text{ mod. } 2^2 \qquad (\alpha' \text{ mod. } 2).$$

Hieraus folgt, daß jede zu 2 prime Zahl a (ganz oder auch nur rational – s. § 4,10) eine eindeutige Zerlegung der Form

$$a = (-1)^{\alpha'} a^* \quad \text{mit} \quad a^* \equiv 1 \text{ mod. } 2^2$$

besitzt, formal analog zu der für jede rationale Zahl bestehenden eindeutigen Zerlegung

$$a = (-1)^{\alpha} |a| \quad \text{mit} \quad |a| > 0$$

in Vorzeichenfaktor und absoluten Betrag, nur daß hier an Stelle der Größennormierung $|a| > 0$ die Kongruenznormierung $a^* \equiv 1$ mod. 2^2 tritt. Wir halten an der hier eingeführten Bedeutung der Bezeichnung a^* im weiteren Verlaufe unserer Darstellung fest und verwenden sie gelegentlich auch in numerischen Fällen, wie $3^* = -3$, $5^* = 5$, $(-1)^* = 1$.

Ebenso ergibt sich, daß jede prime Restklasse a mod. 2^μ eine eindeutige Zerlegung

$$a \equiv (-1)^{\alpha'} a^* \text{ mod. } 2^\mu \qquad (\alpha' \text{ mod. } 2)$$

besitzt, wo der erste Faktor der durch die Restklasse -1 mod. 2^μ erzeugten zyklischen Untergruppe $\mathfrak{P}'_\mu$ von der Ordnung 2 der Gruppe $\mathfrak{P}'_\mu$ angehört und der zweite Faktor der Untergruppe $\mathfrak{P}''_\mu$ von der Ordnung $2^{\mu-2}$, die aus allen in der Restklasse 1 mod. 2^2 gelegenen Restklassen mod. 2^μ besteht, also aus allen Restklassen der Form $1 + 0 \cdot 2 + a_2 2^2 + \cdots + a_{\mu-1} 2^{\mu-1}$ mod. 2^μ mit $a_2, \ldots, a_{\mu-1}$ aus dem kleinsten Restsystem 0, 1 mod. 2.

Damit haben wir die Analoga zu der in **6** zum Ausgang genommenen Zerlegung (1.), (2.) und den dortigen Aussagen (a), (b), (c) über sie – nur daß hier die auf $\mathfrak{P}'_\mu$ bezügliche erste Beziehung (3.) wegen der von (2.) abweichenden Festlegung der Zerlegung (1.) in Fortfall kommt – und können in Analogie zu (d) folgern, daß die Gruppe $\mathfrak{P}_\mu$ das direkte Produkt der beiden Untergruppen $\mathfrak{P}'_\mu$, $\mathfrak{P}''_\mu$ ist; für $\mu = 2$ handelt es sich dabei um die triviale Zerlegung in $\mathfrak{P}'_2 = \mathfrak{P}_2$, $\mathfrak{P}''_2 = 1$.

Auf das Äquivalent der ersten Beziehung in (3.) und der damit zusammenhängenden Aussage (e) kommen wir nachher zu sprechen. Analog zu (f) folgt auch hier, daß neben der zyklischen Untergruppe $\mathfrak{P}'_\mu$ von der Ordnung 2 auch die Untergruppe $\mathfrak{P}''_\mu$ von der Ordnung $2^{\mu-2}$ zyklisch ist, und zwar erzeugt durch irgendeine Restklasse der Form $1 + g\,2^2$ mod. 2^μ mit $g \not\equiv 0$ mod. 2, speziell etwa durch die Restklasse von $1 + 2^2 = 5$; denn ist $\mu \geqq 3$ (für $\mu = 2$ ist nichts zu beweisen), so ist für den höchsten echten Teiler $2^{\mu-3}$ von $2^{\mu-2}$ nach Hilfssatz 3 sicher

$$(1 + g\,2^2)^{2^{\mu-3}} \equiv 1 + g\,2^{\mu-1} \not\equiv 1 \text{ mod. } 2^\mu.$$

Damit ist in weitgehender, aber nicht vollständiger Analogie zu **6**,III bewiesen:

V. *Die primen Restklassen a mod.* 2^μ ($\mu > 2$) *sind in eindeutiger Basisdarstellung gegeben durch*

$$a \equiv (-1)^{\alpha'} 5^{\alpha''} \text{ mod. } 2^\mu \quad \begin{cases} \alpha' \text{ mod. } 2 \\ \alpha'' \text{ mod. } 2^{\mu-2} \end{cases}.$$

Dem multiplikativen Rechnen mit den primen Restklassen a mod. 2^μ entspricht dabei das additive Rechnen mit den Exponentenpaaren α' mod. 2, α'' mod. $2^{\mu-2}$. Aus der Basisdarstellung von a mod. 2^μ erhält man die von a mod. 2^ν mit $2 < \nu \leqq \mu$ einfach, indem man die Restklasse α'' mod. $2^{\mu-2}$ zu α'' mod. $2^{\nu-2}$ vergröbert, etwa durch Außerbetrachtlassen der letzten $\mu - \nu$ Ziffern in der dyadischen Darstellung $\alpha'' \equiv \alpha_0 + \alpha_1\,2 + \cdots + \alpha_{\mu-3}\,2^{\mu-3}$ mod. $2^{\mu-2}$. Im Falle $\mu = 2$ wird das Basiselement $5 = 1 + 2^2 \equiv 1$ mod. 2^2, und sein Exponent reduziert sich auf $\alpha'' \equiv 0$ mod. 1. Im Falle $\mu = 1$ wird auch das Basiselement $-1 \equiv 1$ mod. 2; hier ist ja die Gruppe $\mathfrak{P}_1 = \mathfrak{P} = 1$.

Die Aussage **6**,IV ist für $p = 2$ nicht mehr richtig; denn wenn $\mu > 2$ ist, so gilt nach V für jede prime Restklasse a mod. 2^μ die Kongruenz $a^{2^{\mu-2}} \equiv 1$ mod. 2^μ, so daß es in $\mathfrak{P}_\mu$ kein Element der Ordnung $\varphi(2^\mu) = 2^{\mu-1}$ gibt. Unter den Gruppen $\mathfrak{P}_\mu$ sind also für $p = 2$ nur $\mathfrak{P}_2$ (und trivialerweise $\mathfrak{P}_1 = 1$) zyklisch.

Wir kommen schließlich auf das Äquivalent der in **6**, (3.) und (e) gegebenen Kennzeichnung der ersten Komponente $(-1)^{\alpha'}$ unserer Basisdarstellung V zu sprechen. Nach der Definition der Zerlegung $a = (-1)^{\alpha'} a^*$ ist $\alpha' \equiv 0$ oder 1 mod. 2, je nachdem $a \equiv 1$ oder -1 mod. 2^2 oder also

$\dfrac{a-1}{2} \equiv 0$ oder 1 mod. 2 ist. Demnach wird die Restklasse α' mod. 2 aus der primen Restklasse a mod. 2^2 eindeutig durch die Formel

$$(1.) \qquad \alpha' \equiv \frac{a-1}{2} \text{ mod. } 2$$

geliefert. Man kann demnach die obige Definition von a^* auch in die Form

$$a = (-1)^{\frac{a-1}{2}} a^*$$

setzen, analog zu der Schreibweise

$$a = \operatorname{sgn} a \cdot |a|$$

für die Definition des absoluten Betrages $|a|$.

Eine zu (1.) analoge Formel läßt sich auch für den Kongruenzwert α'' mod. 2 des Exponenten der zweiten Komponente $a^* \equiv 5^{\alpha''}$ mod. 2^μ unserer Basisdarstellung V aufstellen. Dieser Kongruenzwert ist nach der Bemerkung hinter V bereits durch die Restklasse a mod. 2^3 oder auch a^* mod. 2^3 eindeutig festgelegt, und zwar ist $\alpha'' \equiv 0$ oder 1 mod. 2, je nachdem $a^* \equiv 1$ oder 5 mod. 2^3 oder also $\dfrac{a^*-1}{4} \equiv 0$ oder 1 mod. 2 ist. Demnach wird die Restklasse α'' mod. 2 aus der primen Restklasse a mod. 2^3 eindeutig durch die Formel

$$(2.) \qquad \alpha'' \equiv \frac{a^*-1}{4} \equiv \frac{(-1)^{\frac{a-1}{2}}\, a - 1}{4} \text{ mod. } 2$$

geliefert.

In den Anwendungen von V wird meistens nur der Spezialfall $\mu = 3$ der primen Restklassengruppe mod. 8 gebraucht. In diesem Falle werden die primen Restklassen a mod. 8 umgekehrt durch das in (1.), (2.) formelmäßig ausgedrückte Restklassenpaar α', α'' mod. 2 vollständig beschrieben (während es für $\mu \geq 3$ auf den schärferen Kongruenzwert α'' mod. $2^{\mu-2}$ ankommt). Die Basisdarstellung selbst kann daher in der Form

$$a \equiv (-1)^{\frac{a-1}{2}} 5^{\frac{a^*-1}{4}} \text{ mod. } 8$$

angegeben werden. Die beiden Funktionen $\dfrac{a-1}{2}$, $\dfrac{a^*-1}{4}$ mod. 2 der primen Restklassen a mod. 8 werden im folgenden Abschnitt eine wichtige Rolle spielen. Die letztere kann auch in die Form

$$\frac{a^*-1}{4} \equiv \frac{a^2-1}{8} \text{ mod. } 2$$

gesetzt werden, in der sie in der bisherigen zahlentheoretischen Literatur immer auftritt. In der Tat ist für jede zu 2 prime Zahl $a = 1 + 2g$ das Quadrat

$$a^2 = 1 + 4g\,(g + 1) \equiv 1 \bmod. 8$$

(was auch aus der Basisdarstellung V klar ist – siehe die obige allgemeine Kongruenz $a^{2^{\mu-2}} \equiv 1 \bmod. 2^\mu$), und wenn man $a^* = 1 + 4g'$ setzt, ergibt sich schärfer

$$a^2 = a^{*\,2} = 1 + 8g' + 16g'^{\,2} \equiv 1 + 8g' \bmod. 16,$$

also

$$\frac{a^2 - 1}{8} \equiv g' \equiv \frac{a^* - 1}{4} \bmod. 2\,.$$

Zweiter Abschnitt

Quadratische Reste

§ 6. Definition, Reduktion, Kriterien

1. Definition der quadratischen Reste

Eines der reizvollsten Kapitel aus der elementaren Zahlentheorie, das zugleich den hauptsächlichen Anlaß zur Entwicklung der höheren Zahlentheorie gegeben hat, ist die Theorie der quadratischen Reste. Diese entspringt aus der Frage, für welche primen Restklassen $a \bmod. m$ bei gegebener natürlicher Zahl $m \neq 1$ die quadratische Kongruenz

$$x^2 \equiv a \bmod. m$$

durch eine (dann wieder prime) Restklasse $x \bmod. m$ lösbar ist, anders gesagt, welche Elemente $a \bmod. m$ aus der primen Restklassengruppe mod. m Quadrate in dieser Gruppe sind. Je nachdem dies der Fall ist oder nicht, heißt a *quadratischer Rest* oder *quadratischer Nichtrest* mod. m.

Wie wir sehen werden, läßt sich diese Frage mittels der in § 5 entwickelten Strukturtheorie auf die Fälle zurückführen, daß entweder $m = p \neq 2$ (ungerade Primzahl) oder $m = 8$ ist, und im letzteren Falle ohne weiteres, im ersteren Falle durch einfache Kriterien entscheiden. Hierin liegt noch nicht das eigentliche Interesse und die Bedeutung der Theorie. Dies ergibt sich vielmehr erst, wenn man die Fragestellung entsprechend umgekehrt, wie wir es in § 5,3 für die Frage nach den primitiven Wurzeln $w \bmod. p$ taten, wenn man nämlich bei gegebener ganzer Zahl $a \neq 0$ nach denjenigen Primzahlen p fragt, für welche a quadratischer Rest mod. p ist. Während bei den primitiven Wurzeln diese umgekehrte Frage auf die bis heute unentschiedene Artinsche Vermutung führt, läßt sie bei den quadratischen Resten eine vollständige und durch ihre eigenartige Form überraschende Beantwortung zu, die dann erst den eigentlich interessanten Inhalt der Theorie ausmacht.

Bei der zunächst zu behandelnden ursprünglichen Frage nach der Lösbarkeit der Kongruenz $x^2 \equiv a$ mod. m werden wir auch auf die Lösungen x mod. m selbst, insbesondere deren Anzahl eingehen, obwohl das in der späteren eigentlichen Theorie in den Hintergrund tritt. Wir bezeichnen die Lösungsanzahl von $x^2 \equiv a$ mod. m mit $N_a(m)$. Wenn von quadratischen Resten oder Nichtresten a mod. m und von der Lösungsanzahl $N_a(m)$ die Rede ist, setzen wir durchweg stillschweigend voraus, daß a prim zu m ist, ohne das immer ausdrücklich anzugeben.

2. Reduktion auf Primzahlpotenzmoduln

Sei

$$m = \prod_{i=1}^{r} p_i^{\mu_i} \quad (r > 0, \ \mu_i > 0)$$

die Primzerlegung der gegebenen natürlichen Zahl $m \neq 1$. Auf Grund der in § 5,1 festgestellten direkten Produktzerlegung der primen Restklassengruppe mod. m in die primen Restklassengruppen mod. $p_i^{\mu_i}$ ist eine prime Restklasse a mod. m dann und nur dann Quadrat, wenn ihre Komponenten a mod. $p_i^{\mu_i}$ Quadrate sind. Nach dem in § 4,9 behandelten Formalismus dieser Zerlegung entsprechen dabei die Lösungen x mod. m der Kongruenz $x^2 \equiv a$ mod. m eineindeutig den Lösungssystemen x_i mod. $p_i^{\mu_i}$ der Kongruenzen $x_i^2 \equiv a$ mod. $p_i^{\mu_i}$ vermöge des Kongruenzensystems $x \equiv x_i$ mod. $p_i^{\mu_i}$. Demnach gilt:

I. *Dann und nur dann ist a quadratischer Rest mod. m, wenn a quadratischer Rest mod. $p_i^{\mu_i}$ ist für jede der in m steckenden Primzahlpotenzen $p_i^{\mu_i}$.*

Für die Lösungszahlen besteht dabei die Produktformel

$$N_a(m) = \prod_{i=1}^{r} N_a(p_i^{\mu_i}).$$

3. Reduktion auf ungerade Primzahlmoduln

Sei jetzt $m = p^\mu$ Potenz einer Primzahl p. Wir legen die in § 5,6,7 hergeleitete Basisdarstellung der primen Restklassengruppe mod. p^μ zugrunde und haben demnach die beiden Fälle $p \neq 2$ und $p = 2$ zu unterscheiden.

a) $p \neq 2$.

Dann lautet unsere Basisdarstellung (§ 5,6,III):

$$a \equiv w^{\alpha'} (1 + p)^{\alpha''} \text{ mod. } p^\mu \begin{Bmatrix} \alpha' \text{ mod. } p - 1 \\ \alpha'' \text{ mod. } p^{\mu-1} \end{Bmatrix},$$

wo w eine primitive Wurzel mod. p mit der Normierung $w^{\mu-1} \equiv 1$ mod. p^{μ} ist. Setzt man entsprechend an:

$$x \equiv w^{\xi'}(1 + p)^{\xi''} \text{ mod. } p^{\mu} \begin{Bmatrix} \xi' \text{ mod. } p - 1 \\ \xi'' \text{ mod. } p^{\mu-1} \end{Bmatrix},$$

so ist wegen der Eindeutigkeit der Basisdarstellung das Bestehen der zu betrachtenden Kongruenz $x^2 \equiv a$ mod. p^{μ} gleichbedeutend mit dem Bestehen der beiden Exponentenkongruenzen

$$2\xi' \equiv \alpha' \text{ mod. } p - 1, \qquad 2\xi'' \equiv \alpha'' \text{ mod. } p^{\mu-1}.$$

Die notwendigen Lösbarkeitsbedingungen aus § 4,3,V für diese beiden Kongruenzen lauten formal:

$$\alpha' \equiv 0 \text{ mod. } (2, p - 1), \qquad \alpha'' \equiv 0 \text{ mod. } (2, p^{\mu-1}).$$

Da im vorliegenden Falle

$$(2, p - 1) = 2, \qquad (2, p^{\mu-1}) = 1$$

ist, reduzieren sie sich auf die eine Bedingung

$$\alpha' \equiv 0 \text{ mod. } 2.$$

Ist diese erfüllt, so existieren nach § 4,3,V

$$2 \text{ Lösungen } \xi', \; \xi' + \frac{p-1}{2} \text{ mod. } p - 1, \quad 1 \text{ Lösung } \xi'' \text{ mod. } p^{\mu-1}.$$

Dem entsprechen dann 2 Lösungen der Form $\pm x$ mod. p^{μ} der zu betrachtenden Kongruenz.

Daß diese Kongruenz, wenn sie überhaupt eine Lösung x mod. p^{μ} besitzt, auch die entgegengesetzte $-x$ mod. p^{μ} hat, ist natürlich von vornherein klar. Diese beiden Lösungen sind auch wirklich verschieden, da $1 \not\equiv -1$ mod. p^{μ} für $p^{\mu} \neq 2$ gilt. Man erhält aber das Vorliegen eines solchen Lösungspaares auch durch unsere obige formale Schlußweise, wenn man beachtet, daß die mod. p^{μ} normierte primitive Wurzel w mod. p die Eigenschaft

$$w^{\frac{p-1}{2}} \equiv -1 \text{ mod. } p^{\mu}$$

hat. Dies ergibt sich ohne weiteres aus der Zerlegung

$$0 \equiv w^{p-1} - 1 \equiv \left(w^{\frac{p-1}{2}} - 1\right)\left(w^{\frac{p-1}{2}} + 1\right) \text{ mod. } p^{\mu},$$

in der wegen der Primitivwurzeleigenschaft der erste Faktor

$$w^{\frac{p-1}{2}} - 1 \not\equiv 0 \text{ mod. } p,$$

also prim zu p^μ ist. Dem Lösungspaar ξ', $\xi' + \dfrac{p-1}{2}$ mod. $p-1$ (zusammen mit ξ'' mod. $p^{\mu-1}$) entspricht danach in der Tat ein Lösungspaar der Form $\pm x$ mod. p^μ.

Nach der Bemerkung hinter § 5,6,III ist die Kongruenz $\alpha' \equiv 0$ mod. 2 auch die Lösbarkeitsbedingung für jede der Kongruenzen $x^2 \equiv a$ mod. p^ν mit $1 \leq \nu \leq \mu$, insbesondere also auch der mit $\nu = 1$. Damit haben wir zusammengefaßt als Ergebnis die folgende Reduktion:

IIa. *Im Falle $p \neq 2$ ist dann und nur dann a quadratischer Rest mod. p^μ ($\mu \geq 1$), wenn a quadratischer Rest mod. p ist.*

Ist dies der Fall, so hat die Kongruenz $x^2 \equiv a$ mod. p^μ

$$N_a(p^\mu) = N_a(p) = 2$$

Lösungen; diese sind von der Form $\pm x$ mod. p^μ.

b) $p = 2$.

Den trivialen Fall $\mu = 1$, wo die einzige prime Restklasse $a \equiv 1$ mod. 2 quadratischer Rest mod. 2, die Lösungsanzahl $N_a(2) = 1$ und die einzige Lösung $x \equiv 1$ mod. 2 ist, können wir beiseite lassen.

Wir setzen also $\mu \geq 2$ voraus. Dann lautet unsere Basisdarstellung (§ 5,7,V):

$$a \equiv (-1)^{\alpha'} 5^{\alpha''} \text{ mod. } 2^\mu \begin{Bmatrix} \alpha' \text{ mod. } 2 \\ \alpha'' \text{ mod. } 2^{\mu-2} \end{Bmatrix}.$$

Setzt man entsprechend an

$$x \equiv (-1)^{\xi'} 5^{\xi''} \text{ mod. } 2^\mu \begin{Bmatrix} \xi' \text{ mod. } 2 \\ \xi'' \text{ mod. } 2^{\mu-2} \end{Bmatrix},$$

so ist analog wie eben das Bestehen von $x^2 \equiv a$ mod. 2^μ gleichbedeutend mit dem Bestehen von

$$2\xi' \equiv \alpha' \text{ mod. } 2, \qquad 2\xi'' \equiv \alpha'' \text{ mod. } 2^{\mu-2}.$$

Die notwendigen Lösbarkeitsbedingungen aus § 4,3,V hierfür lauten formal:

$$\alpha' \equiv 0 \text{ mod. } 2, \begin{Bmatrix} \alpha'' \equiv 0 \text{ mod. } 1, & \text{falls} & \mu = 2 \\ \alpha'' \equiv 0 \text{ mod. } 2. & \text{falls} & \mu > 2 \end{Bmatrix}.$$

Sind sie erfüllt, so existieren nach § 4,3,V

$$\begin{array}{ll} 2 \text{ Lösungen} & \begin{Bmatrix} 1 \text{ Lösung } \xi'' \equiv 0 \text{ mod. } 1, & \text{falls} & \mu = 2 \\ \xi' \equiv 0, 1 \text{ mod. } 2, & 2 \text{ Lösungen } \xi'', \xi'' + 2^{\mu-3} \text{ mod. } 2^{\mu-2}, & \text{falls} & \mu > 2 \end{Bmatrix}. \end{array}$$

Dem entsprechen dann 2 Lösungen der Form $\pm x$ mod. 2^2 bzw. 4 Lösungen der Form $\pm x$, $\pm x\,(1 + 2^{\mu-1}) \equiv \pm\,(x + 2^{\mu-1})$ mod. 2^{μ} (s. hierzu § 5,5, Hilfssatz 3) der zu betrachtenden Kongruenz.

Im Falle $\mu = 2$, wo die Basisdarstellung sich auf $a \equiv (-1)^{\alpha'}$ mod. 2^2 reduziert, ist demnach von den beiden primen Restklassen $a \equiv \pm 1$ mod. 2^2 nur die eine $a \equiv 1$ mod. 2^2 ein Quadrat, die ihr entsprechende Lösungsanzahl ist $N_a(2^2) = 2$, und die beiden Lösungen sind wieder von der Form $x \equiv \pm 1$ mod. 2^2. Alles dies ist natürlich auch von vornherein klar.

Im Falle $\mu \geq 3$ ist nach der Bemerkung hinter § 5,7,V das Kongruenzenpaar $\alpha' \equiv 0$, $\alpha'' \equiv 0$ mod. 2 auch die Lösbarkeitsbedingung für jede der Kongruenzen $x^2 \equiv a$ mod. 2^{ν} mit $3 \leq \nu \leq \mu$, insbesondere also auch der mit $\nu = 3$, und es besagt einfach, daß $a \equiv 1$ mod. 2^3 sein muß. Die Notwendigkeit dieser letzteren Bedingung für die Lösbarkeit von $x^2 \equiv a$ mod. 2^{μ} $(\mu \geq 3)$ ist auch von vornherein nach der Schlußbemerkung in § 5,7 klar, nach der ja jedes zu 2 prime x die Eigenschaft $x^2 \equiv 1$ mod. 2^3 hat.

Damit haben wir zusammengefaßt das Ergebnis:

IIb. *Im Falle $p = 2$ ist für $\mu = 2$, 3 dann und nur dann a quadratischer Rest mod. 2^{μ}, wenn $a \equiv 1$ mod. 2^{μ} ist. Ist dies der Fall, so hat die Kongruenz $x^2 \equiv a$ mod. 2^{μ}*

$$N_a(2^2) = 2 \quad bzw. \quad N_a(2^3) = 4$$

Lösungen, nämlich alle primen Restklassen $x \equiv \pm 1$ mod. 2^2 bzw.

$$x \equiv \pm 1,\ \pm 5\ mod.\ 2^3.$$

Für $\mu \geq 3$ ist dann und nur dann a quadratischer Rest mod. 2^{μ}, wenn a quadratischer Rest mod. 2^3 (also $a \equiv 1$ mod. 2^3) ist. Ist dies der Fall, so hat die Kongruenz $x^2 \equiv a$ mod. 2^{μ}

$$N_a(2^{\mu}) = N_a(2^3) = 4$$

Lösungen; diese sind von der Form $\pm x$, $\pm\,(x + 2^{\mu-1})$ mod. 2^{μ}, reduzieren sich also auf ein Paar entgegengesetzter Restklassen $\pm x$ mod. $2^{\mu-1}$.

Daß die Lösungen von $x^2 \equiv a$ mod. 2^{μ}, falls überhaupt vorhanden, Restklassenpaare $\pm x$ mod. $2^{\mu-1}$ bilden, ist wieder auch von vornherein nach § 5,5, Hilfssatz 1, klar, nach dem ja aus $x' \equiv \pm x$ mod. $2^{\mu-1}$ folgt $x'^2 \equiv x^2$ mod. 2^{μ}; und man sieht auch ohne weiteres, daß die beiden Restklassen eines solchen Paares für $\mu = 2$ zusammenfallen, für $\mu \geq 3$ nicht.

Aus den Ergebnissen IIa, b (und dem über den trivialen Fall $p = 2$, $\mu = 1$ Gesagten) folgt nach 2,I für den allgemeinen Fall:

III. *Dann und nur dann ist a quadratischer Rest mod. m, wenn a quadratischer Rest mod. p ist für jeden ungeraden Primteiler $p \mid m$ und außerdem $a \equiv 1$ mod. 4 bzw. 8, falls $4 \mid m$ bzw. sogar $8 \mid m$ ist.*

Ist dies der Fall, so ist die Lösungsanzahl $N_a(m)$ der Kongruenz $x^2 \equiv a$ mod. m gegeben durch

$$N_a(m) = 2^{s+z},$$

wo s die Anzahl der ungeraden Primteiler $p \mid m$ bedeutet und $z = 0, 1, 2$ ist, je nachdem $4 \nmid m$, $4 \mid m$ aber $8 \nmid m$, $8 \mid m$ ist.

Durch das Ergebnis III wird die Entscheidung unserer Grundfrage, wann a quadratischer Rest mod. m ist, auf den Fall zurückgeführt, daß der Modul $m = p \neq 2$ eine ungerade Primzahl ist. Dieser Entscheidung wenden wir uns jetzt zu. Unter p sei dabei durchweg eine ungerade Primzahl verstanden.

4. Erstes Kriterium: Legendresches Symbol

Ein erstes Kriterium dafür, ob a quadratischer Rest mod. p ist, hatten wir bereits bei der Herleitung unserer Reduktion **3**,II a erhalten.

Erstes Kriterium für den quadratischen Restcharakter von a mod. p. *Dann und nur dann ist a quadratischer Rest mod. p, wenn in der Basisdarstellung*

$$a \equiv w^\alpha \bmod. p \qquad (\alpha \bmod. p - 1)$$

durch eine primitive Wurzel w mod. p der Exponent $\alpha \equiv 0$ mod. 2 ist.

Man beachte hierbei, was ja auch nach der Herleitung klar ist, daß die Restklasse α mod. 2 durch die Restklasse a mod. $p - 1$ eindeutig bestimmt ist, weil $p - 1 \equiv 0$ mod. 2 ist.

Es gibt hiernach $\dfrac{p-1}{2}$ quadratische Reste mod. p, repräsentiert durch die Potenzen

$$1, w^2, \ldots, w^{p-3}$$

und $\dfrac{p-1}{2}$ quadratische Nichtreste mod. p, repräsentiert durch die Potenzen

$$w, w^3, \ldots, w^{p-2}$$

irgendeiner primitiven Wurzel w mod. p.

Bei der Multiplikation verhalten sich die Eigenschaften ,,quadratischer Rest'' und ,,quadratischer Nichtrest'' nach dem Schema:

$$
\begin{aligned}
\text{Rest} \times \text{Rest} &= \text{Rest,} \\
\text{Rest} \times \text{Nichtrest} &= \text{Nichtrest,} \\
\text{Nichtrest} \times \text{Nichtrest} &= \text{Rest,}
\end{aligned}
$$

entsprechend dem Additionsschema für ,,gerade'' und ,,ungerade''.

Gruppentheoretisch läßt sich dieser Sachverhalt folgendermaßen darstellen (und auch begründen). In der zyklischen Gruppe $\mathfrak{P}$ der primen Restklassen mod. p bilden, weil die Ordnung $\varphi(p) = p - 1$ gerade ist, die Quadrate eine (die einzige) Untergruppe $\mathfrak{Q}$ von der Ordnung

$\frac{1}{2}\varphi(p) = \frac{p-1}{2}$, also vom Index 2, bestehend aus den Elementen $A = W^{\alpha}$ mit geraden Exponenten α bei der Darstellung durch ein erzeugendes Element W von $\mathfrak{P}$. Die (einzige) Nebengruppe $W\Omega$ besteht aus den Elementen mit ungeraden Exponenten α. Das Multiplikationsschema für „Rest" und „Nichtrest" ist das Multiplikationsschema der aus Ω und $W\Omega$ bestehenden Faktorgruppe $\mathfrak{P}/\Omega$.

Nach dem ersten Kriterium liegt es nahe, die Unterscheidung der quadratischen Reste und Nichtreste a mod. p durch ein Symbol mit dem Wert $(-1)^{\alpha}$ zum Ausdruck zu bringen. Ein solches Symbol wurde von LEGENDRE eingeführt, während GAUSS, auf den der Begriff der quadratischen Reste und Nichtreste zurückgeht, sich, wie wir es bisher taten, mit der Unterscheidung in Worten begnügte.

Definition des Legendreschen Symbols. *Für zu p prime a werde*

$$\left(\frac{a}{p}\right) = (-1)^{\alpha}$$

gesetzt (lies: a nach p), also ausführlicher

$$\left(\frac{a}{p}\right) = \begin{cases} 1, \text{ wenn } a \text{ quadratischer Rest mod. } p \\ -1, \text{ wenn } a \text{ quadratischer Nichtrest mod. } p \end{cases}.$$

Für die Darstellung der quadratischen Reste bringt das Legendresche Symbol gegenüber der schwerfälligen Gaußschen Schreibweise bedeutende Vereinfachungen mit sich. Überdies hat es in der höheren Zahlentheorie eine tiefliegende begriffliche Bedeutung, an die wir im vierten Abschnitt heranführen werden.

Das obige Multiplikationsschema für „Rest" und „Nichtrest" stellt sich durch das Legendresche Symbol in der einfachen Form der *Produktregel*

$$\left(\frac{ab}{p}\right) = \left(\frac{a}{p}\right)\left(\frac{b}{p}\right)$$

für zu p prime a, b dar.

Wir wollen allgemein eine durchweg von Null verschiedene zahlentheoretische Funktion $\chi(a)$, die der Funktionalgleichung

$$(1.) \qquad \chi(ab) = \chi(a)\,\chi(b)$$

genügt, eine *multiplikative* Funktion nennen. Der Definitionsbereich braucht dabei nicht notwendig der volle Integritätsbereich Γ aller ganzen Zahlen a zu sein. Eine im Bereich aller zu einer natürlichen Zahl m primen ganzen Zahlen a definierte multiplikative Funktion $\chi_m(a)$, für die zudem gilt:

$$(2.) \qquad \chi_m(a') = \chi_m(a), \qquad \text{wenn } a' \equiv a \text{ mod. } m,$$

die also nur von der Restklasse a mod. m ihres Arguments abhängt, heißt ein *Restklassencharakter* oder auch kurz *Restcharakter* mod. m. Nach § 4,**10** ist klar, daß sich eine solche Funktion unter Erhaltung der Eigenschaften (1.), (2.) eindeutig auf den Bereich aller zu m primen rationalen Zahlen a fortsetzt. Da dieser Argumentbereich auch hinsichtlich der Division geschlossen (eine Gruppe) ist, genügt es in ihm, neben (1.) die Forderung

$$(2'.) \qquad\qquad \chi_m(a) = 1, \qquad \text{wenn } a \equiv 1 \text{ mod. } m$$

zu stellen, aus der ja dann (2.) durch Betrachtung des Arguments $\dfrac{a'}{a}$ folgt. Das Legendresche Symbol $\left(\dfrac{a}{p}\right)$ ordnet sich diesem allgemeinen Begriff als ein Restklassencharakter mod. p unter. Als solcher $\chi_p(a)$ ist es eindeutig dadurch festgelegt, daß es die weitere Eigenschaft

$$(3.) \qquad\qquad \chi_p(a)^2 = 1, \quad \text{also} \quad \chi_p(a) = \pm 1$$

für alle zu p primen a hat, aber nicht identisch 1 ist; denn dann ist für eine primitive Wurzel w mod. p notwendig $\chi_p(w) = -1$, also allgemein $\chi_p(a) = \chi_p(w^\alpha) = \chi_p(w)^\alpha = (-1)^\alpha = \left(\dfrac{a}{p}\right)$. Man nennt daher das Legendresche Symbol auch *den quadratischen Restcharakter* mod. p, wobei der Nachdruck jetzt auf dem bestimmten Artikel liegt.

5. Zweites Kriterium: Eulersches Kriterium

Das erste Kriterium für den quadratischen Restcharakter von a mod. p ist insofern unbefriedigend, als es auf eine primitive Wurzel w mod. p Bezug nimmt, die an sich mit der gestellten Frage nichts zu tun hat, und die durch p nicht einmal eindeutig bestimmt ist, sondern nach § 5,**2** auf $\varphi(p-1)$ Arten gewählt werden kann. Man kann nun die primitive Wurzel w mod. p und damit den auf sie bezogenen Exponenten α mod. $p-1$ eliminieren und so zu einem zweiten Kriterium gelangen, das nur noch die in die Frage eingehenden Daten p und a mod. p enthält.

Dies geschieht auf Grund der bereits oben bei der Herleitung von **3**,II a vermerkten, für jede primitive Wurzel w mod. p gültigen Kongruenz

$$w^{\frac{p-1}{2}} \equiv -1 \text{ mod. } p.$$

Danach hat man, wenn $a \equiv w^\alpha$ mod. p ist, die Beziehungskette

$$\left(\frac{a}{p}\right) = (-1)^\alpha \equiv w^{\alpha\frac{p-1}{2}} \equiv a^{\frac{p-1}{2}} \text{ mod. } p.$$

Unterdrückt man in ihr die Mittelglieder, so ist die gewünschte Elimination von w und α vollzogen. Durch die verbleibende Kongruenz zwischen den Außengliedern ist in der Tat das Legendresche Symbol $\left(\dfrac{a}{p}\right)$ eindeutig bestimmt. Nach dem kleinen Fermatschen Satz ist nämlich entsprechend wie oben in **3**

$$0 \equiv a^{p-1} - 1 \equiv \left(a^{\frac{p-1}{2}} - 1\right)\left(a^{\frac{p-1}{2}} + 1\right) \mathrm{mod.}\ p,$$

und daher notwendig eine der beiden Kongruenzen $a^{\frac{p-1}{2}} \equiv \pm 1\ \mathrm{mod.}\ p$ richtig, wegen $1 \not\equiv -1\ \mathrm{mod.}\ p$ aber auch nur eine. Je nachdem nun die eine oder die andere richtig ist, ist nach der erhaltenen Kongruenz das Legendresche Symbol $\left(\dfrac{a}{p}\right) = \pm 1$. Damit haben wir:

Zweites Kriterium für den quadratischen Restcharakter von a mod. p: Eulersches Kriterium. *Es ist*

$$\left(\frac{a}{p}\right) \equiv a^{\frac{p-1}{2}}\ \mathrm{mod.}\ p,$$

also $\left(\dfrac{a}{p}\right) = 1$ *oder* -1, *je nachdem* $a^{\frac{p-1}{2}} \equiv 1$ *oder* $-1\ \mathrm{mod.}\ p$ *ist.*

6. Drittes Kriterium: Gaußsches Lemma

Wir leiten schließlich aus dem Eulerschen Kriterium ein besonders interessantes und wichtiges drittes Kriterium her. Dazu führen wir den folgenden neuen Begriff ein:

Definition. *Ein System* $r_1, \ldots, r_{\frac{p-1}{2}}$ *von* $\dfrac{p-1}{2}$ *ganzen (oder auch nur für p ganzen) Zahlen heißt ein Halbsystem mod. p, wenn die $p-1$ Zahlen* $\pm r_1, \ldots, \pm r_{\frac{p-1}{2}}$ *ein volles primes Restsystem mod. p bilden.*

Beispiele solcher Halbsysteme sind etwa die positiven absolutkleinsten Reste $1, 2, \ldots, \dfrac{p-1}{2}$ oder auch die ersten $\dfrac{p-1}{2}$ Potenzen $1, w, \ldots, w^{\frac{p-3}{2}}$ einer primitiven Wurzel w mod. p; letzteres folgt sofort daraus, daß $w^{\frac{p-1}{2}} \equiv -1\ \mathrm{mod.}\ p$ und daher allgemein $w^{\frac{p-1}{2}+\alpha} \equiv -w^{\alpha}$ mod. p ist. Gruppentheoretisch bedeutet ein Halbsystem mod. p ein Vertretersystem der $\dfrac{p-1}{2}$ Nebengruppen nach der aus den beiden Restklassen ± 1 mod. p bestehenden Untergruppe von der Ordnung 2 in der primen Restklassengruppe mod. p.

Sei nun $r_1, \ldots, r_{\frac{p-1}{2}}$ irgendein Halbsystem mod. p. Bildet man dann, analog wie beim Beweis des kleinen Fermatschen Satzes in § 4,**5**, die Produkte $a r_1, \ldots, a r_{\frac{p-1}{2}}$ und reduziert sie auf das vollständige prime

Restsystem $\pm r_1, \ldots, \pm r_{\frac{p-1}{2}}$, so erhält man ein Kongruenzensystem der Gestalt

$$(1.) \qquad a\,r_i \equiv (-1)^{\alpha_i} r_{i'} \bmod. p \qquad \left(i = 1, \ldots, \frac{p-1}{2}\right)$$

mit durch die prime Restklasse $a \bmod. p$ eindeutig bestimmten Exponenten $\alpha_i \bmod. 2$ und Indizes i' aus der Reihe $1, \ldots, \frac{p-1}{2}$. Diese Indizes i' sind sämtlich verschieden, bilden also eine Permutation der Indizes $i = 1, \ldots, \frac{p-1}{2}$. Ist nämlich $j' = i'$, so folgt $a\,r_j \equiv \pm a\,r_i \bmod. p$, also $r_j \equiv \pm r_i \bmod. p$, und dies ist nach der Definition eines Halbsystems nur für $j = i$ der Fall. Durch Multiplikation der $\frac{p-1}{2}$ Kongruenzen (1.) und Wegdivision des zu p primen Faktors $r_1 \cdots r_{\frac{p-1}{2}}$ erhält man daher, analog wie beim Beweis des kleinen Fermatschen Satzes, hier die Kongruenz

$$a^{\frac{p-1}{2}} \equiv (-1)^{\sum_i \alpha_i} \bmod. p.$$

Diese präzisiert, welches der beiden Vorzeichen in der nach dem kleinen Fermatschen Satz bestehenden Kongruenz $a^{\frac{p-1}{2}} \equiv \pm 1 \bmod. p$ steht. Nach dem Eulerschen Kriterium bestimmt sie damit den Wert des Legendreschen Symbols $\left(\dfrac{a}{p}\right)$ zu

$$(2.) \qquad \left(\frac{a}{p}\right) = (-1)^{\sum_i \alpha_i}.$$

Die Exponentenrestklasse $\sum_i \alpha_i \bmod. 2$ in dieser Formel (2.) läßt sich auch als der Kongruenzwert einer Anzahl $n \bmod. 2$ auffassen, nämlich der Anzahl n der Vorzeichenfaktoren $(-1)^{\alpha_i} = -1$ in den Kongruenzen (1.).

Damit ergibt sich:

Drittes Kriteruim für den quadratischen Restcharakter von a mod. p: Gaußsches Lemma (allgemeine Form). *Es ist*

$$\left(\frac{a}{p}\right) = (-1)^{n},$$

wo n die Anzahl der Minuszeichen ist, die bei der Reduktion (1.) der $\frac{p-1}{2}$ Produkte $a\,r_i$ eines Halbsystems $r_i \bmod. p$ auf das volle prime Restsystem $\pm r_i \bmod. p$ auftreten.

Gauss selbst hat dies Lemma nur für das spezielle Halbsystem $1, 2, \ldots, \frac{p-1}{2}$ bewiesen. Da lautet es etwas kürzer so:

Gaußsches Lemma (spezielle Form): *Es ist*

$$\left(\frac{a}{p}\right) = (-1)^n,$$

wo n *die Anzahl der negativen unter den absolut-kleinsten Resten mod.* p *der Vielfachen* $a\,1,\ a\,2,\ \ldots,\ a\,\dfrac{p-1}{2}$ *ist.*

Beispiel. Wir berechnen das Legendresche Symbol $\left(\dfrac{7}{13}\right)$ nach jedem der drei Kriterien.

1. Kriterium:

α mod. 12	0	1	2	3	4	5	6	7	8	9	10	11
2^{α} mod. 13	1	2	4	8	3	6	−1	−2	−4	−8	−3	−6

$$7 \equiv -6 \equiv 2^{11} \text{ mod. } 13, \quad \left(\frac{7}{13}\right) = (-1)^{11} = -1.$$

2. Kriterium:

ν mod. 12	0	1	2	3	4	5	6
7^{ν} mod. 13	1	−6	−3	5	−4	−2	−1

$$7^6 \equiv -1 \text{ mod. } 13, \quad \left(\frac{7}{12}\right) = -1.$$

3. Kriterium:

r	1	2	3	4	5	6
$7\,r$ mod. 13	−6	1	−5	2	−4	3

$$n = 3, \quad \left(\frac{7}{13}\right) = (-1)^3 = -1.$$

§ 7. Das quadratische Reziprozitätsgesetz: Elementarer Beweis

1. Grundfrage, Reduktion auf Primzahlen

In den drei Kriterien aus § 6,4,5,6 gaben wir eine vollständige Antwort auf die Frage:

Welche rationalen Zahlen $a \neq 0$ *sind quadratische Reste nach einer gegebenen ungeraden Primzahl* p?

Wie schon in § 6,1 ausgeführt, liegt das eigentliche Interesse an der Theorie der quadratischen Reste in der umgekehrten Frage:

Nach welchen ungeraden Primzahlen p *ist eine gegebene rationale Zahl* $a \neq 0$ *quadratischer Rest?*

Die erstere Frage bedeutet das Studium des Legendreschen Symbols $\left(\dfrac{a}{p}\right) = \chi_p(a)$ bei festem p als Funktion von a. Die letztere Frage, deren Beantwortung wir uns jetzt zuwenden, bedeutet entsprechend das Studium des Legendreschen Symbols $\left(\dfrac{a}{p}\right) = \psi_a(p)$ bei festem a als Funktion von p. Während bei der ersteren Auffassung das Argument a auf die zu p primen rationalen Zahlen zu beschränken ist, ist bei der letzteren Auffassung das Argument p auf die nicht in a steckenden ungeraden Primzahlen zu beschränken; es sind also $p = 2$ und die endlich vielen Primteiler p des Zählers und Nenners von a außer Betracht zu lassen.

Nun läßt sich die gegebene rationale Zahl $a \neq 0$ multiplikativ aus -1, 2 und ungeraden Primzahlen q zusammensetzen, und dabei setzt sich nach der Produktregel (§ 6,**4**) das Legendresche Symbol $\left(\dfrac{a}{p}\right)$ entsprechend aus den Symbolen $\left(\dfrac{-1}{p}\right)$, $\left(\dfrac{2}{p}\right)$, $\left(\dfrac{q}{p}\right)$ zusammen. Kennt man also diese letzteren speziellen Symbole als Funktionen von p, so beherrscht man damit grundsätzlich auch das allgemeine Legendresche Symbol als Funktion von p. Ob diese Zusammensetzung zu einfachen Aussagen über $\left(\dfrac{a}{p}\right)$ führt, hängt natürlich von der Art der Ergebnisse über $\left(\dfrac{-1}{p}\right)$, $\left(\dfrac{2}{p}\right)$, $\left(\dfrac{q}{p}\right)$ ab. Wir werden in der Tat sehen, daß die Zusammensetzung dieser Ergebnisse in abgerundeter Form noch eine besondere Betrachtung erfordert, die wir erst im späteren § 9 geben werden. Hier behandeln wir zunächst einmal die speziellen Legendreschen Symbole $\left(\dfrac{-1}{p}\right)$, $\left(\dfrac{2}{p}\right)$, $\left(\dfrac{q}{p}\right)$.

Die Frage, wie sich diese speziellen Symbole als Funktionen von p verhalten, wird beantwortet durch das berühmte von GAUSS bewiesene quadratische Reziprozitätsgesetz nebst seinen beiden Ergänzungssätzen, und zwar beziehen sich die beiden *Ergänzungssätze* auf die beiden Symbole $\left(\dfrac{-1}{p}\right)$, $\left(\dfrac{2}{p}\right)$, während die auf den Symboltypus $\left(\dfrac{q}{p}\right)$ bezügliche Aussage das *allgemeine Reziprozitätsgesetz* heißt. Gauß hat dieses Gesetz mit Recht das *Theorema fundamentale theoriae residuorum quadraticorum* genannt. Es ist im Laufe der seitdem verflossenen 150 Jahre zum zentralen Theorem der neueren Zahlentheorie geworden, durch seine mannigfachen formalen und begrifflichen Beziehungen zu allen möglichen zahlentheoretische Fragen und Theorien, sowie durch seine Verallgemeinerung in der Theorie der algebraischen Zahlen.

2. Die beiden Ergänzungssätze

Wir beginnen mit der Herleitung der beiden Ergänzungssätze.

a) Der quadratische Restcharakter $\left(\dfrac{-1}{p}\right)$ läßt sich nach jedem unserer drei Kriterien aus § 6,**4,5,6** leicht bestimmen:

1. Es ist $-1 \equiv w^{\frac{p-1}{2}}$ mod. p und daher $\left(\dfrac{-1}{p}\right) = (-1)^{\frac{p-1}{2}}$.

2. Es ist $\left(\dfrac{-1}{p}\right) \equiv (-1)^{\frac{p-1}{2}}$ mod. p und daher $\left(\dfrac{-1}{p}\right) = (-1)^{\frac{p-1}{2}}$.

3. Die absolut kleinsten Reste der $\dfrac{p-1}{2}$ Vielfachen

$$-1\cdot 1,\ -1\cdot 2,\ \ldots,\ -1\cdot \frac{p-1}{2}$$

stimmen mit diesen Vielfachen überein, sind also sämtlich negativ, und

daher ist $\left(\dfrac{-1}{p}\right) = (-1)^{\frac{p-1}{2}}$

Damit ist bewiesen:

Erster Ergänzungssatz zum quadratischen Reziprozitätsgesetz. *Es ist*

$$\left(\frac{-1}{p}\right) = (-1)^{\frac{p-1}{2}}$$

für jede ungerade Primzahl p; in Worten:

-1 ist quadratischer Rest nach allen Primzahlen $p \equiv 1$ mod. 4,

-1 ist quadratischer Nichtrest nach allen Primzahlen $p \equiv -1$ mod. 4.

Die erstere Aussage hatten wir bereits in § 4,**11**,XIII im Anschluß an den Wilsonschen Satz bewiesen, indem wir für $p = 4n + 1$ eine Lösung der Kongruenz $x^2 \equiv -1$ mod. p explizit angaben, nämlich $x \equiv (2n)!$ mod. p.

Aus der letzteren Aussage ziehen wir eine interessante Folgerung. Die Lösbarkeit der quadratischen Kongruenz $x^2 \equiv -1$ mod. p ist ersichtlich gleichbedeutend mit der Lösbarkeit der zugeordneten homogenen quadratischen Kongruenz

$$x^2 + y^2 \equiv 0 \text{ mod. } p \quad \text{mit} \quad x,\, y \not\equiv 0 \text{ mod. } p.$$

Somit gilt:

Folgerung. *Eine Summe $x^2 + y^2$ zweier ganzzahliger Quadrate ist – von gemeinsamen Primteilern von $x,\, y$ abgesehen – höchstens durch Primzahlen $p \equiv 1$ mod. 4 oder $p = 2$ teilbar.*

Insbesondere kann demnach keine Primzahl $p \equiv -1$ mod. 4 als Summe zweier ganzzahliger Quadrate dargestellt werden.

Für die Primzahl $p = 2$ gibt es eine solche Darstellung: $2 = 1^2 + 1^2$. Daß es auch für alle Primzahlen $p \equiv 1$ mod. 4 solche Darstellungen $p = x^2 + y^2$ gibt, ist eine tieferliegende Tatsache, die wir erstmalig in § 10,**8** in ähnlicher Weise als Nebenergebnis erhalten werden, wie die Lösbarkeit von $x^2 \equiv -1$ mod. p in § 4,**11**,XIII, nämlich durch explizite Konstruktion.

b) Etwas schwieriger ist schon die Bestimmung des quadratischen Restcharakters $\left(\dfrac{2}{p}\right)$. Hier kommt man mit dem ersten und zweiten

Kriterium nicht (oder wenigstens nicht unmittelbar) zum Ziel, wohl aber mit dem dritten Kriterium, dessen Überlegenheit dadurch hervortritt.

Wir haben die $\frac{p-1}{2}$ Vielfachen

$$2 \cdot 1, \ 2 \cdot 2, \ \ldots, \ 2 \cdot \frac{p-1}{2}$$

zu betrachten. Das sind die geraden Zahlen

$$2, 4, \ldots, p-1 \, .$$

Von ihnen ergeben einen negativen absolut-kleinsten Rest genau diejenigen, die zwischen $\frac{p}{2}$ und p liegen. Ihre Anzahl n kann (vermöge Division durch 2) auch als die Anzahl der ganzen Zahlen zwischen $\frac{p}{4}$ und $\frac{p}{2}$ beschrieben werden. Die erste dieser ganzen Zahlen ist nun $\frac{p+3}{4}$ oder $\frac{p+1}{4}$, je nachdem $p \equiv 1$ oder -1 mod. 4 ist, während die letzte in jedem Falle $\frac{p-1}{2}$ ist. Somit ist

$$n = \frac{p-1}{2} - \frac{p+3}{4} + 1 = \frac{p-1}{4} \equiv \frac{p-1}{4} \quad \text{mod. 2 für } p \equiv 1 \quad \text{mod. 4} \, ,$$

$$n = \frac{p-1}{2} - \frac{p+1}{4} + 1 = \frac{p+1}{4} \equiv \frac{-p-1}{4} \ \text{mod. 2 für } p \equiv -1 \ \text{mod. 4} \, .$$

Diese beiden Formeln lassen sich auf Grund der Definition von p^* in § 5,7 zu der einen

$$n \equiv \frac{p^* - 1}{4} \, \text{mod. 2}$$

zusammenfassen. Damit ist bewiesen:

Zweiter Ergänzungssatz zum quadratischen Reziprozitätsgesetz. *Es ist*

$$\left(\frac{2}{p}\right) = (-1)^{\frac{p^*-1}{4}}$$

für jede ungerade Primzahl p; in Worten:

2 ist quadratischer Rest nach allen Primzahlen $p \equiv \pm 1$ mod. 8,

2 ist quadratischer Nichtrest nach allen Primzahlen $p \equiv \pm 5$ mod. 8.

Als Beispiel einer Zusammensetzung der in 1 besprochenen Art wollen wir hier gleich die Ergebnisse der beiden Ergänzungssätze über die Symbole $\left(\frac{-1}{p}\right)$, $\left(\frac{2}{p}\right)$ zu einem solchen über das Symbol $\left(\frac{-2}{p}\right)$ zusammensetzen. Formal ergibt sich:

$$\left(\frac{-2}{p}\right) = (-1)^{\frac{p-1}{2} + \frac{p^*-1}{4}}$$

für jede ungerade Primzahl p. Die dabei im Exponenten auftretende Restklasse $\frac{p-1}{2} + \frac{p^*-1}{4}$ mod. 2 hängt nur von der Restklasse p mod. 8 ab. Indem man die vier Möglichkeiten $p \equiv \pm 1, \pm 5$ mod. 8 durchgeht, bestätigt man die Richtigkeit der folgenden Formulierung in Worten:

−2 ist quadratischer Rest nach allen Primzahlen $p \equiv 1, -5$ mod. 8,

−2 ist quadratischer Nichtrest nach allen Primzahlen $p \equiv -1, 5$ mod. 8.

Es ist interessant zu bemerken, daß in den Formeln für die Ergänzungssätze gerade die Exponenten aus der Basisdarstellung § 5,7,V der Restklasse p mod. 8 auftreten, die ja nach der Bemerkung am Schluß von § 5,7 in der Gestalt

$$p \equiv (-1)^{\frac{p-1}{2}} 5^{\frac{p^*-1}{4}} \text{ mod. } 8$$

geschrieben werden kann.

3. Das allgemeine Reziprozitätsgesetz

Wir kommen jetzt zur Untersuchung des Symboltypus $\left(\frac{q}{p}\right)$, wo q irgendeine ungerade Primzahl ist und p dann auf die von ihr verschiedenen ungeraden Primzahlen beschränkt ist. Diesen Symboltypus werden wir nicht, wie die beiden zuvor betrachteten Symbole $\left(\frac{-1}{p}\right)$, $\left(\frac{2}{p}\right)$, als eine elementare Funktion von p bestimmen, sondern lediglich eine Beziehung zu dem umgekehrten Symbol $\left(\frac{p}{q}\right)$ herleiten können; daher die Bezeichnung *Reziprozitätsgesetz*. Für unsere Fragestellung leistet diese eigenartige und überraschende Form der Antwort dieselben Dienste wie eine explizite Bestimmung. Denn sieht man, wie es der Frage entspricht, q als fest, p als variabel an, so wird ja durch die Antwort die unbekannte Art, wie die Funktion $\left(\frac{q}{p}\right) = \psi_q(p)$ von p abhängt, auf die nach § 6,4 bekannte Art zurückgeführt, wie der quadratische Restcharakter $\left(\frac{p}{q}\right) = \chi_q(p)$ von p abhängt. Wir kommen darauf im einzelnen nach der Herleitung des Reziprozitätsgesetzes zu sprechen.

Gauss hat für sein *Theorema fundamentale* sieben verschiedene Beweise gegeben, und diese Zahl hat sich seitdem auf über 50 vermehrt, wobei es sich allerdings meistens nur um leichte Varianten handelt. Wir geben hier eine sehr einfache und anschauliche solche Variante eines der Gaußschen Beweise, die auf Frobenius zurückgeht.

Nach dem Gaußschen Lemma ist

$$\left(\frac{q}{p}\right) = (-1)^n,$$

wo

n die Anzahl derjenigen Vielfachen qx mit $x = 1, \ldots, \dfrac{p-1}{2}$ ist, deren absolut-kleinste Reste mod. p negativ sind, d.h. für welche die Ungleichung

$$-\frac{p}{2} < qx - py < 0$$

eine ganzzahlige Lösung y hat.

Wenn letzteres für ein $x = 1, \ldots, \dfrac{p-1}{2}$ der Fall ist, so ist die Lösung y ersichtlich eindeutig bestimmt, und es gelten für sie die Ungleichungen

$$y > 0, \text{ denn man hat } py > qx > 0,$$

$$y < \frac{q+1}{2}, \text{ denn man hat } py < qx + \frac{p}{2} < q\,\frac{p}{2} + \frac{p}{2} = p\,\frac{q+1}{2}\,.$$

Aus diesen beiden Ungleichungen und der Ganzzahligkeit folgt zusammengenommen, daß die Lösung, wenn vorhanden, dem System $y = 1, \ldots, \dfrac{q-1}{2}$ angehört. Daher ist auch

$$n \text{ die Anzahl der Paare} \left\{ \begin{array}{l} x = 1, \ldots, \dfrac{p-1}{2} \\[2ex] y = 1, \ldots, \dfrac{q-1}{2} \end{array} \right\} \text{mit} -\frac{p}{2} < qx - py < 0.$$

Ganz entsprechend hat man

$$\left(\frac{p}{q}\right) = (-1)^{n'},$$

wo

$$n' \text{ die Anzahl der Paare} \left\{ \begin{array}{l} x = 1, \ldots, \dfrac{p-1}{2} \\[2ex] y = 1, \ldots, \dfrac{q-1}{2} \end{array} \right\} \text{mit} -\frac{q}{2} < py - qx < 0.$$

Die letztere Ungleichung kann auch in der Form $0 < qx - py < \dfrac{q}{2}$, also mit demselben Ausdruck in der Mitte wie die erstere Ungleichung, geschrieben werden. Da nun die Gleichung $qx - py = 0$ in den angegebenen Werten x, y nicht erfüllt sein kann, weil der reduzierte Bruch $\dfrac{p}{q}$ keine niedrigere Bruchdarstellung $\dfrac{x}{y}$ zuläßt, setzen sich bei Addition der Anzahlen n, n' die beiden Ungleichungen zu einer einzigen, mit den Außengliedern als Schranken zusammen. So ergibt sich:

$$\left(\frac{q}{p}\right)\left(\frac{p}{q}\right) = (-1)^{n+n'},$$

wo

$$n + n' \text{ die Anzahl der Paare } \begin{cases} x = 1 , \ldots, \dfrac{p-1}{2} \\[2mm] y = 1 , \ldots, \dfrac{q-1}{2} \end{cases} \text{ mit } -\frac{p}{2} < q\,x - p\,y < \frac{q}{2}\,.$$

Analytisch-geometrisch stellt die letztere Ungleichung in stetig veränderlichen reellen x, y das Innere eines Streifens dar, der von den beiden parallelen Geraden

$$q\,x - p\,y = -\frac{p}{2}\,, \quad q\,x - p\,y = \frac{q}{2}\,.$$

begrenzt wird. Bezeichnet man die Punkte mit ganzzahligen Koordinaten x, y als *Gitterpunkte*, so ist $n + n'$ die Anzahl der Gitterpunkte, die im Innern jenes Streifens und zugleich im Rechteck

$$1 \leqq x \leqq \frac{p-1}{2}\,, \quad 1 \leqq y \leqq \frac{q-1}{2}$$

liegen (Abb. 1).

Der Parallelstreifen liegt symmetrisch zum Mittelpunkt

$$(x_0 , y_0) = \left(\frac{p+1}{4}\,, \frac{q+1}{4}\right)$$

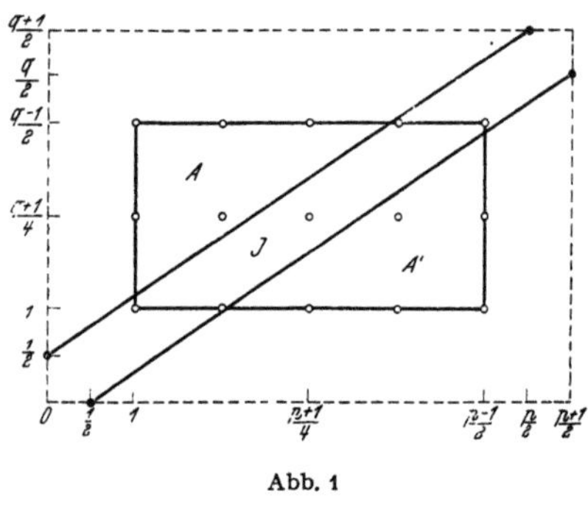

Abb. 1

des Rechtecks (nicht notwendig ein Gitterpunkt). Man erkennt das entweder, wie in der Abbildung angedeutet, durch Betrachtung der Schnittpunkte seiner Begrenzungsgeraden mit den Seiten des in jeder Richtung um 1 vergrößerten Rechtecks

$$0 \leqq x \leqq \frac{p+1}{2}\,, \quad 0 \leqq y \leqq \frac{q+1}{2}$$

oder daraus, daß seine Mittelparallele

$$q\,x - p\,y = \frac{1}{2}\left(-\frac{p}{2} + \frac{q}{2}\right) = \frac{q-p}{4}$$

durch den Rechtecksmittelpunkt

$$(x_0 , y_0) = \left(\frac{p+1}{4}\,, \frac{q+1}{4}\right)$$

geht. Daher zerlegt der Parallelstreifen das Rechteck in einen Innenteil J und zwei zum Mittelpunkt symmetrisch gelegene Außenteile A, A'.

Nach dem Gesagten ist $n + n'$ die Anzahl der Gitterpunkte in J. Wegen der Symmetrie enthalten A und A' dieselbe Anzahl m von Gitterpunkten. Alle diese Gitterpunkte zusammen sind aber gerade die $\frac{p-1}{2}\frac{q-1}{2}$ Gitterpunkte im vollen Rechteck. Somit gilt

$$n + n' + 2m = \frac{p-1}{2}\cdot\frac{q-1}{2}.$$

Daraus folgt

$$n + n' \equiv \frac{p-1}{2}\cdot\frac{q-1}{2} \bmod. 2$$

und somit die Reziprozitätsformel

$$\left(\frac{q}{p}\right)\left(\frac{p}{q}\right) = (-1)^{\frac{p-1}{2}\frac{q-1}{2}}.$$

Will man den geometrischen Schluß, der zum Beweis dieser Formel geführt hat, aus Gründen der Methodenreinheit vermeiden, so drücke man die Spiegelung am Mittelpunkt

$$(x_0, y_0) = \left(\frac{p+1}{4}, \frac{q+1}{4}\right)$$

in der algebraischen Form der Substitution

$$(x, y) = \left(\frac{p+1}{2} - x', \frac{q+1}{2} - y'\right)$$

aus und schließe folgendermaßen. Durch diese Substitution wird die Gesamtheit der $\frac{p-1}{2}\frac{q-1}{2}$ Paare (x, y) mit $\left\{\begin{array}{l} x = 1, \ldots, \frac{p-1}{2} \\ y = 1, \ldots, \frac{q-1}{2} \end{array}\right\}$ umkehrbar eindeutig auf sich bezogen. Dabei gehen die Paare (x, y), welche die Ungleichung

$$\text{(A)}\quad qx - py \leqq -\frac{p}{2} \qquad \text{bzw.} \quad \text{(A')}\quad \frac{q}{2} \leqq qx - py$$

erfüllen, wie man sofort nachrechnet, in die Gesamtheit der Paare (x', y') über, welche die jeweils andere Ungleichung

$$\text{(A')}\quad \frac{q}{2} \leqq qx' - py' \qquad \text{bzw.} \quad \text{(A)}\quad qx' - py' \leqq -\frac{p}{2}$$

erfüllen. Diese beiden Sorten von Paaren sind mithin in ein und derselben Anzahl m vorhanden. Nimmt man die $n + n'$ Paare (x, y) mit der Ungleichung

$$\text{(J)}\qquad\qquad -\frac{p}{2} < qx - py < \frac{q}{2}$$

hinzu, so erhält man wieder die Anzahlbeziehung

$$n + n' + 2m = \frac{p-1}{2}\cdot\frac{q-1}{2}$$

und damit die Reziprozitätsformel.

Wir haben damit bewiesen:

Allgemeines Reziprozitätsgesetz der quadratischen Reste. *Es ist*

$$\left(\frac{q}{p}\right)\left(\frac{p}{q}\right) = (-1)^{\frac{p-1}{2}\frac{q-1}{2}}$$

für jedes Paar verschiedener ungerader Primzahlen p, q; in Worten:

Ist eine der beiden Primzahlen p oder $q \equiv 1$ mod. 4, so stimmen die quadratischen Restcharaktere von p nach q und q nach p überein.

Sind beide Primzahlen p und $q \equiv -1$ mod. 4, so sind die quadratischen Restcharaktere von p nach q und q nach p entgegengesetzt.

In unserem Beweis sind diese beiden Fälle dadurch unterschieden, daß der Mittelpunkt $\left(\frac{p+1}{4}, \frac{q+1}{4}\right)$ im ersteren kein Gitterpunkt, im letzteren ein Gitterpunkt ist. Man kann den Beweis dementsprechend auch so führen, daß man nur den Innenteil J betrachtet und feststellt, daß die in ihm liegenden $n + n'$ Gitterpunkte, soweit sie vom Mittelpunkt verschiedenen sind, durch die Spiegelung am Mittelpunkt zu Paaren verschiedener zusammengefaßt werden.

Die vorstehend erhaltene Form des allgemeinen Reziprozitätsgesetzes ist durch ihre Symmetrie in den beiden eingehenden Primzahlen p, q ausgezeichnet, worauf ja auch der gegebene Beweis beruhte. Für die Beantwortung unserer zum Ausgang genommenen Frage nach einer Darstellung des Symbols $\left(\frac{q}{p}\right)$ als Funktion seines „Nenners" p – so sagt man kurz, obwohl es sich nicht um einen Bruch handelt – ist eine andere Form zweckmäßiger, die sich unter Anwendung des ersten Ergänzungssatzes und der Produktregel folgendermaßen ergibt:

$$\left(\frac{q}{p}\right) = (-1)^{\frac{p-1}{2}\frac{q-1}{2}}\left(\frac{p}{q}\right) = \left(\frac{-1}{q}\right)^{\frac{p-1}{2}}\left(\frac{p}{q}\right) = \left(\frac{(-1)}{q}\right)^{\frac{p-1}{2}}\left(\frac{p}{q}\right)$$

$$= \left(\frac{(-1)^{\frac{p-1}{2}}\,p}{q}\right) = \left(\frac{p^*}{q}\right).$$

Es gilt also die einfache *Umkehrformel*

$$\text{(U)} \qquad\qquad \left(\frac{q}{p}\right) = \left(\frac{p^*}{q}\right)$$

für jedes Paar verschiedener ungerader Primzahlen p, q. Diese glatte Form des allgemeinen Reziprozitätsgesetzes, in der der Vorzeichenfaktor $(-1)^{\frac{p-1}{2}\frac{q-1}{2}}$ zum Fortfall gebracht ist, ist für die Anwendungen besonders zweckmäßig. Auch entspricht sie am besten der tieferen Bedeutung des Gesetzes in der algebraischen Zahlentheorie, wie schon bei dem Beweis im folgenden § 8 und dann später in § 19 hervortreten wird.

4. Das Legendresche Symbol als Funktion seines Nenners

Durch die beiden Ergänzungssätze und das allgemeine Reziprozitätsgesetz werden die speziellen Legendreschen Symbole

$$\left(\frac{-1}{p}\right), \quad \left(\frac{2}{p}\right), \quad \left(\frac{q}{p}\right) \quad (q \text{ von } p \text{ verschiedene ungerade Primzahl})$$

explizit als die Funktionen

$$(-1)^{\frac{p-1}{2}}, \quad (-1)^{\frac{p^*-1}{4}}, \quad \left(\frac{p^*}{q}\right) = \left(\frac{-1}{q}\right)^{\frac{p-1}{2}} \left(\frac{p}{q}\right)$$

dargestellt. Das Überraschende an dieser Antwort auf unsere Grundfrage liegt in der Form dieser Funktionen, nämlich darin, daß sie nur von den Restklassen

$$p \bmod. 4, \quad p \bmod. 8, \quad \begin{cases} p \bmod. q, & \text{falls } q \equiv 1 \bmod. 4 \\ p \bmod. 4q, & \text{falls } q \equiv -1 \bmod. 4 \end{cases}$$

abhängen; im letzteren Falle beachte man dazu, daß das eigentlich eingehende Restklassenpaar p mod. 4, p mod. q sich nach § 4,**9** eineindeutig durch die eine Restklasse p mod. $4q$ beschreiben läßt. Eine solche Antwort war von vornherein gar nicht zu erwarten, insbesondere nicht bei dem dritten Symboltypus, der ja seiner Definition nach ein Charakter $\left(\frac{q}{p}\right) = \chi_p(q)$ der primen Restklassen q mod. p ist und als solcher mit dem umgekehrten Restklassenverhalten von p mod. q nichts zu tun hat.

Wir betrachten jetzt das allgemeine Symbol $\left(\frac{a}{p}\right)$ mit irgendeiner vorgegebenen rationalen Zahl $a \neq 0$ als Funktion seines Nenners p, der dann im Bereich aller nicht in a steckenden ungeraden Primzahlen variiert. Dazu setzen wir a in Primzerlegung

$$a = (-1)^\alpha \prod_q q^{\alpha_q} = (-1)^\alpha 2^{\alpha_2} \prod_{q \neq 2} q^{\alpha_q} \begin{cases} \alpha \bmod. 2, \ \alpha_q \text{ ganz} \\ \text{nur endlich viele } \alpha_q \neq 0 \end{cases}$$

an. Dann ist nach der Produktregel und den obigen Reziprozitätsformeln

$$\left(\frac{a}{p}\right) = \left(\frac{-1}{p}\right)^\alpha \cdot \left(\frac{2}{p}\right)^{\alpha_2} \cdot \prod_{q \neq 2} \left(\frac{q}{p}\right)^{\alpha_q} = (-1)^{\alpha \frac{p-1}{2}} \cdot (-1)^{\alpha_2 \frac{p^*-1}{4}} \cdot \prod_{q \neq 2} \left(\frac{p^*}{q}\right)^{\alpha_q}$$

$$= (-1)^{\alpha \frac{p-1}{2}} \cdot (-1)^{\alpha_2 \frac{p^*-1}{4}} \cdot \prod_{q \neq 2} \left(\frac{-1}{q}\right)^{\alpha_q \frac{p-1}{2}} \left(\frac{p}{q}\right)^{\alpha_q}$$

für alle nicht in a steckenden ungeraden Primzahlen p; der in dem Produkt formal vorkommende nicht definierte Faktor mit $q = p$ tritt dabei wegen $\alpha_p = 0$ in Wirklichkeit nicht auf. Nach dieser Formel hängt das Symbol $\left(\dfrac{a}{p}\right)$ nur ab von den Restklassen

$$p \bmod. 4 \qquad\qquad p \bmod. 8$$
$$\text{falls } \alpha \equiv 1 \bmod. 2 \quad \Big| \quad \text{falls } \alpha_2 \equiv 1 \bmod. 2$$
$$\begin{cases} p \bmod. q & \text{für die } q \equiv 1 \bmod. 4 \\ p \bmod. 4q & \text{für die } q \equiv -1 \bmod. 4 \end{cases} \quad \text{mit} \quad \alpha_q \equiv 1 \bmod. 2.$$

Sicherlich hängt demnach $\left(\dfrac{a}{p}\right)$ nur ab von der Restklasse von p nach dem kleinsten gemeinsamen Vielfachen $m(a)$ aller dieser Einzelmoduln. Um $m(a)$ auszudrücken, bezeichnen wir mit

$$k(a) = (-1)^{\alpha} \prod_{\alpha_q \equiv 1 \bmod. 2} q$$

das Produkt des Vorzeichenfaktors von a und der verschiedenen in a zu ungeraden Exponenten α_q steckenden Primzahlen q (einschließlich 2), den sog. *quadratfreien Kern* von a. Dann ist

$$(1.) \qquad m(a) = \begin{cases} k(a), \text{ wenn } k(a) > 0 \text{ ist und } k(a) \text{ nur} \\ \qquad\quad \text{Primzahlen } q \equiv 1 \bmod. 4 \text{ enthält} \\ 4\,|k(a)| \qquad\qquad\qquad \text{sonst} \end{cases}.$$

Mit dem so bestimmten Modul $m(a)$ gilt dann

$$(2.) \qquad \left(\frac{a}{p}\right) = \left(\frac{a}{p'}\right), \quad \text{wenn } p \equiv p' \bmod. m(a),$$

für irgendwelche nicht in a steckenden ungeraden Primzahlen p, p'.

Damit haben wir die Existenz einer natürlichen Zahl $m(a)$ derart festgestellt, daß das Symbol $\left(\dfrac{a}{p}\right)$ die Eigenschaft (2.) aus § 6,4 eines Restklassencharakters mod. $m(a)$ hat, also als Funktion von p vom Typus $\left(\dfrac{a}{p}\right) = \chi_{m(a)}(p)$ ist. Von einem Erfülltsein der dortigen Eigenschaft (1.), der Multiplikativität, kann natürlich hier nicht die Rede sein, da ja der Argumentbereich nur aus Primzahlen p besteht; wir werden das in § 9 zum Anlaß einer Verallgemeinerung des Legendreschen Symbols auf zusammengesetzte Nenner nehmen.

In der Aussage (2.) kann unter Umständen der Modul $m(a)$ aus (1.) noch durch einen echten Teiler ersetzt werden. Wir zeigen, daß folgende Verschärfung gilt:

I. *Die Aussage* (2.) *bleibt richtig, wenn man in ihr den Modul* $m(a)$ *aus* (1.) *durch den absoluten Betrag von*

$$f(a) = \begin{cases} k(a), & \text{wenn } k(a) \equiv 1 \bmod. 4 \\ 4\,k(a), & \text{wenn } k(a) \not\equiv 1 \bmod. 4 \end{cases}$$

ersetzt.

Beweis. Es ist zu zeigen, daß der Faktor 4 aus $m(a)$ schon unter der geringeren Voraussetzung $k(a) \equiv 1$ mod. 4 statt der in (1.) auftretenden weggelassen werden kann. Nun läßt sich die obige explizite Darstellung von $\left(\frac{a}{p}\right)$ als Funktion von p in die Form setzen:

$$(3.) \qquad \left(\frac{a}{p}\right) = \left[(-1)^\alpha \prod_{q \,\neq\, 2} \left(\frac{-1}{q}\right)^{\alpha_q}\right]^{\frac{p-1}{2}} \cdot (-1)^{\alpha_2 \frac{p^*-1}{4}} \cdot \prod_{q \,\neq\, 2} \left(\frac{p}{q}\right)^{\alpha_q}.$$

Ist $k(a) \equiv 1$ mod. 4, so ist einerseits $\alpha_2 \equiv 0$ mod. 2, so daß die Basis der $\frac{p^*-1}{4}$-ten Potenz 1 ist, und andererseits auch die Basis der $\frac{p-1}{2}$-ten Potenz 1. Diese letztere Basis ist nämlich, wenn $2 \nmid k(a)$ ist, einfach der Kongruenzwert $k(a) \equiv \pm 1$ mod. 4; denn da für $q \neq 2$ nach dem ersten Ergänzungssatz $\left(\frac{-1}{q}\right) \equiv q$ mod. 4 ist, hat man

$$(-1)^\alpha \prod_{q \,\neq\, 2} \left(\frac{-1}{q}\right)^{\alpha_q} = (-1)^\alpha \prod_{\alpha_q \equiv 1\,\text{mod.}\,2} \left(\frac{-1}{q}\right)$$

$$\equiv (-1)^\alpha \prod_{\alpha_q \equiv 1\,\text{mod.}\,2} q \equiv k(a) \ \text{mod.}\ 4\,.$$

Für $k(a) \equiv 1$ mod. 4 vereinfacht sich demnach (3.) zu

$$(3'.) \qquad\qquad \left(\frac{a}{p}\right) = \prod_{q \,\neq\, 2} \left(\frac{p}{q}\right)^{\alpha_q},$$

so daß in diesem Falle das Symbol $\left(\frac{a}{p}\right)$ in der Tat nicht von der Restklasse p mod. 4 sondern nur von der Restklasse p mod. $|k(a)|$ abhängt.

5. Der Führer des Legendreschen Symbols als Funktion seines Nenners

Wir wollen jede natürliche Zahl m, für welche die Aussage (2.) aus 4 gilt, der also die Eigenschaft

$$\left(\frac{a}{p}\right) = \left(\frac{a}{p'}\right), \quad \text{wenn} \ \ p \equiv p' \ \text{mod.}\ m\,,$$

zukommt, und zwar im Bereich der nicht in a und auch nicht in m steckenden ungeraden Primzahlen p, einen *Erklärungsmodul* des Legendreschen Symbols $\left(\frac{a}{p}\right)$ als Funktion seines Nenners p nennen. Der kleinste solche Erklärungsmodul f heißt der *Führer* von $\left(\frac{a}{p}\right)$ als Funktion von p.

Die Theorie dieses Führers wird erst in § 9 ihre volle Abrundung durch Ausdehnung des Argumentbereichs von den Primzahlen p auf zusammengesetzte Zahlen erfahren. Wir wollen dennoch bereits hier ihre Grundzüge in dem beschränkten Argumentbereich entwickeln, weil das sehr lehrreich ist und die Bedeutung der in § 9 zu gebenden Verallgemeinerung in helles Licht treten läßt. Zufolge der Beschränkung des Argumentbereichs auf Primzahlen müssen wir uns dabei auf einen tiefliegenden zahlentheoretischen Satz stützen, dessen Beweis wir erst im dritten Abschnitt behandeln werden, nämlich auf den berühmten DIRICHLETschen „*Satz von den Primzahlen in einer arithmetischen Progression*":

In jeder primen Restklasse gibt es unendlich viele Primzahlen.

Unter Anwendung dieses Satzes beweisen wir zunächst die folgende allgemeine Tatsache:

II. *Mit zwei natürlichen Zahlen m_1, m_2 ist auch ihr größter gemeinsamer Teiler (m_1, m_2) ein Erklärungsmodul des Legendreschen Symbols $\left(\dfrac{a}{p}\right)$, und zwar im Bereich der nicht in a und auch nicht im kleinsten gemeinsamen Vielfachen $[m_1, m_2]$ steckenden ungeraden Primzahlen p.*

Beweis. Es seien m_1, m_2 zwei Erklärungsmoduln von $\left(\dfrac{a}{p}\right)$, und es seien p_1, p_2 zwei nicht in a und nicht in m_1, m_2 steckende ungerade Primzahlen mit der Kongruenzeigenschaft

$$p_1 \equiv p_2 \text{ mod. } (m_1, m_2).$$

Dann lassen sich die beiden primen Restklassen p_1 mod. m_1 und p_2 mod. m_2 zu einer eindeutig bestimmten primen Restklasse r mod. $[m_1, m_2]$ zusammensetzen, d.h. es existiert ein zu $[m_1, m_2]$ primes r derart, daß

$$r \equiv p_1 \text{ mod. } m_1, \qquad r \equiv p_2 \text{ mod. } m_2$$

ist. Daß die Restklasse r mod. $[m_1, m_2]$ durch diese Forderungen eindeutig bestimmt ist, ist klar. Ihre Existenz, auf die es hier ankommt, erkennt man so. Man denke sich die primen Restklassen p_1 mod. m_1 und p_2 mod. m_2 nach § 4,9 in ihre Komponenten nach den Beiträgen q^{μ_1}, q^{μ_2} der einzelnen Primzahlen q zur Primzerlegung von m_1, m_2 zerlegt. Dann wähle man jeweils die dem höheren Beitrag $q^{\mathrm{Max}\,(\mu_1,\,\mu_2)}$ entsprechende Komponente aus; wegen der Voraussetzung

$$p_1 \equiv p_2 \text{ mod. } (m_1, m_2)$$

ist sie in der dem niederen Beitrag $q^{\mathrm{Min}\,(\mu_1,\,\mu_2)}$ entsprechenden Komponente enthalten. Nun setze man die ausgewählten Komponenten mod. $q^{\mathrm{Max}\,(\mu_1,\,\mu_2)}$ nach § 4,9 zu einer primen Restklasse r mod. $[m_1, m_2]$ zusammen. Dann sind nach dem zuletzt Gesagten die Forderungen $r \equiv p_1$ mod. q^{μ_1}, $r \equiv p_2$ mod. q^{μ_2} für alle q erfüllt, und es gilt somit in der Tat $r \equiv p_1$ mod. m_1, $r \equiv p_2$ mod. m_2.

Nach dem Dirichletschen Satz gibt es nun eine nicht in a steckende ungerade Primzahl p mit $p \equiv r$ mod. $[m_1, m_2]$, also mit

$$p \equiv p_1 \text{ mod. } m_1, \qquad p \equiv p_2 \text{ mod. } m_2.$$

Anders gesagt, die eben ausgeführte Zusammensetzung kann nach jenem Satz sogar durch eine nicht in a steckende ungerade Primzahl p in der Rolle von r vollzogen werden. Für eine so bestimmte Primzahl p gilt nach Voraussetzung

$$\left(\frac{a}{p}\right) = \left(\frac{a}{p_1}\right), \quad \left(\frac{a}{p}\right) = \left(\frac{a}{p_2}\right).$$

Daraus folgt dann

$$\left(\frac{a}{p_1}\right) = \left(\frac{a}{p_2}\right),$$

was die Behauptung ergibt.

Aus II folgern wir:

III. *Der Führer f von $\left(\dfrac{a}{p}\right)$ als Funktion von p ist ein Teiler jedes Erklärungsmoduls m von $\left(\dfrac{a}{p}\right)$, insbesondere also ein Teiler des Moduls $|f(a)|$ aus* 4,I.

Beweis. Aus II folgt auf Grund der nach Definition bestehenden Minimaleigenschaft des Führers f, daß $(f, m) \geq f$ ist, während doch als Teiler $(f, m) \leq f$ ist. Daher ist $(f, m) = f$ und somit $f \mid m$, wie behauptet.

Unter erneuter Zuhilfenahme des Dirichletschen Satzes können wir nunmehr zeigen:

VI. *Der Führer des Legendreschen Symbols $\left(\dfrac{a}{p}\right)$ als Funktion von p ist der Modul $|f(a)|$ aus* 4,I.

Beweis. Nach III genügt es, die echten Teiler des Moduls

$$|f(a)| = \begin{cases} |k(a)|, & \text{wenn } k(a) \equiv 1 \text{ mod. } 4 \\ 4\,|k(a)|, & \text{wenn } k(a) \not\equiv 1 \text{ mod. } 4 \end{cases}$$

als Erklärungsmoduln von $\left(\dfrac{a}{p}\right)$ auszuschließen. Dabei kann man sich ferner trivialerweise auf die Betrachtung der Teiler von der Form $\dfrac{|f(a)|}{q}$ beschränken, wo q die Primteiler von $|f(a)|$ durchläuft. Man hat dann also zu zeigen, daß zu jedem Primteiler q von $|f(a)|$ ein Paar nicht in a steckender ungerader Primzahlen p, p' mit $p \equiv p'$ mod. $\dfrac{|f(a)|}{q}$ derart existiert, daß $\left(\dfrac{a}{p}\right) \neq \left(\dfrac{a}{p'}\right)$, also etwa $\left(\dfrac{a}{p}\right) = 1$, $\left(\dfrac{a}{p'}\right) = -1$ ist.

Für $q \neq 2$ wählen wir dazu

$$p \equiv 1 \text{ mod. } \frac{|f(a)|}{q}, \quad p \equiv 1 \text{ mod. } q,$$

$$p' \equiv 1 \text{ mod. } \frac{|f(a)|}{q}, \quad p' \equiv w \text{ mod. } q,$$

wo w eine primitive Wurzel mod. q oder auch nur ein quadratischer Nichtrest mod. q ist. Diese Forderungen laufen, da die beiden Moduln teilerfremd zueinander sind, auf die Wahl von p, p' in zwei primen Restklassen mod. $|f(a)|$ hinaus, können also nach dem Dirichletschen Satz durch zwei nicht in a steckende Primzahlen p, p' erfüllt werden. In der im Beweis von 4,I erhaltenen expliziten Darstellung (3.) des Legendreschen Symbols sind dann für die Symbole $\left(\dfrac{a}{p}\right)$, $\left(\dfrac{a}{p'}\right)$ die beiden dem betrachteten Primteiler q entsprechenden Beiträge $\left(\dfrac{p}{q}\right) = 1$, $\left(\dfrac{p'}{q}\right) = -1$ und alle übrigen Beiträge 1, so daß in der Tat $\left(\dfrac{a}{p}\right) = 1$, $\left(\dfrac{a}{p'}\right) = -1$ wird, während nach Konstruktion $p \equiv p'$ mod. $\dfrac{|f(a)|}{q}$ ist.

Für $q = 2$ schließen wir ganz entsprechend. Nach 4,I ist in diesem Falle $k(a) \not\equiv 1$ mod. 4 und $|f(a)| = 4\,|k(a)|$. Wir wählen dann

$$\left\{\begin{array}{ll} p \equiv 1 \text{ mod. } |k(a)|, & p \equiv 1 \text{ mod. } 4 \\ p' \equiv 1 \text{ mod. } |k(a)|, & p' \equiv -1 \text{ mod. } 4 \end{array}\right\}, \text{ wenn } k(a) \equiv -1 \text{ mod. } 4,$$

$$\left\{\begin{array}{ll} p \equiv 1 \text{ mod. } \dfrac{|k(a)|}{2}, & p \equiv 1 \ \ \text{ mod. } 8 \\[2mm] p' \equiv 1 \text{ mod. } \dfrac{|k(a)|}{2}, & p' \equiv 5 \ \ \text{ mod. } 8 \end{array}\right\}, \text{ wenn } 2\,|\,k(a).$$

In der Formel (3.) aus dem Beweis von 4,I sind dann für $\left(\dfrac{a}{p}\right)$, $\left(\dfrac{a}{p'}\right)$ die Beiträge der $\dfrac{p-1}{2}$-ten, $\dfrac{p'-1}{2}$-ten Potenzen im Falle $k(a) \equiv -1$ mod. 4 (s. das dort über sie Gesagte) bzw. die Beiträge der $\dfrac{p^*-1}{4}$-ten, $\dfrac{p'^*-1}{4}$-ten Potenzen im Falle $2\,|\,k(a)$ gleich 1, -1 und alle übrigen Beiträge gleich 1. Es wird dann also wieder $\left(\dfrac{a}{p}\right) = 1$, $\left(\dfrac{a}{p'}\right) = -1$, während nach Konstruktion

$$p \equiv p' \text{ mod. } 2\,|k(a)| \quad \text{bzw.} \quad \text{mod. } 4\,\dfrac{|k(a)|}{2},$$

also in jedem Falle $p \equiv p'$ mod. $\dfrac{|f(a)|}{2}$ ist.

Beispiele. $\underline{a = 3}$, $f(a) = 4 \cdot 3 = 12$.

$$\left(\dfrac{3}{p}\right) = \left(\dfrac{p^*}{3}\right) = \pm 1, \quad \text{je nachdem} \quad p^* \equiv \pm 1 \text{ mod. } 3.$$

p mod. 12	1	5	$7 \equiv -5$	$11 \equiv -1$
$\left(\dfrac{3}{p}\right)$	1	-1	-1	1

$\underline{a = -3, \quad f(a) = -3.}$

$$\left(\frac{-3}{p}\right) = \left(\frac{p}{3}\right) = \pm 1 \text{, je nachdem } p \equiv \pm 1 \text{ mod. } 3 \,.$$

p mod. 3	1	$2 \equiv -1$
$\left(\dfrac{-3}{p}\right)$	1	-1

$\underline{a = 5, \quad f(a) = 5.}$

$$\left(\frac{5}{p}\right) = \left(\frac{p}{5}\right) = 1 \text{ oder } -1 \text{, je nachdem } p \equiv \pm 1 \text{ oder } \pm 2 \text{ mod. } 5 \,.$$

p mod. 5	1	2	$3 \equiv -2$	$4 \equiv -1$
$\left(\dfrac{5}{p}\right)$	1	-1	-1	1

$\underline{a = 7, \quad f(a) = 4 \cdot 7 = 28.}$

$$\left(\frac{7}{p}\right) = \left(\frac{p^*}{7}\right) = \pm 1 \text{, je nachdem } p^* = \pm(1, 2, 4) \text{ mod. } 7 \,.$$

p mod. 28	1	3	5	9	11	13	$15 \equiv -13$	$17 \equiv -11$	$19 \equiv -9$	$23 \equiv -5$	$25 \equiv -3$	$27 \equiv -1$
$\left(\dfrac{7}{p}\right)$	1	1	-1	1	-1	-1	-1	-1	1	-1	1	1

$\underline{a = -6 = -2 \cdot 3, \quad f(a) = -4 \cdot 6 = -24.}$

$$\left(\frac{-6}{p}\right) = (-1)^{(p^*-1)/4} \left(\frac{-3}{p}\right) \text{, wo } \left(\frac{-3}{p}\right) \text{ zuvor bestimmt} \,.$$

p mod. 24	1	5	7	11	$13 \equiv -11$	$17 \equiv -7$	$19 \equiv -5$	$23 \equiv -1$
$\left(\dfrac{-6}{p}\right)$	1	1	1	1	-1	-1	-1	-1

$\underline{a = 21 = 3 \cdot 7, \quad f(a) = 21.}$

$$\left(\frac{21}{p}\right) = \left(\frac{3}{p}\right)\left(\frac{7}{p}\right) \text{, wo } \left(\frac{3}{p}\right), \left(\frac{7}{p}\right) \text{ zuvor bestimmt.}$$

p mod. 21	1	2	4	5	8	10	$11 \equiv -10$	$13 \equiv -8$	$16 \equiv -5$	$17 \equiv -4$	$19 \equiv -2$	$20 \equiv -1$
$\left(\dfrac{21}{p}\right)$	1	-1	1	1	-1	-1	-1	-1	1	1	-1	1

Wenngleich es in der Aussage IV nur auf den Betrag $|f(a)|$ ankommt, haben wir im Hinblick auf spätere Ausführungen die Definition von $f(a)$ in 4,I einschließlich des Vorzeichens ausgesprochen, das mit dem Vorzeichen von a übereinstimmt. In den vorstehenden Beispielen ist die Verteilung der Symbolwerte ± 1 im kleinsten primen Restsystem mod. $|f(a)|$ für $f(a) > 0$ symmetrisch, für $f(a) < 0$ antisymmetrisch (Vorzeichenumkehr!) zum Mittelpunkt $\frac{1}{2}\,|f(a)|$. Wir werden in § 9,5 einen Einbau des Vorzeichens von $f(a)$ in die charakteristische Eigenschaft des Führers geben und dabei die allgemeine Richtigkeit dieser Symmetriegesetzmäßigkeit erkennen.

§ 8. Das quadratische Reziprozitätsgesetz: Beweis mit Gaußschen Summen

1. Einheitswurzeln von Primzahlordnung

Der großen Bedeutung des quadratischen Reziprozitätsgesetzes entsprechend wollen wir noch einen weiteren, auf ganz anderer Grundlage fußenden Beweis für dieses Gesetz bringen. Während unser erster in § 7,2,3 gegebener Beweis wesentlich auf dem Gaußschen Lemma beruhte, also auf einer elementar-zahlentheoretischen Formel für das Legendresche Symbol, wird dieser zweite Beweis einen ersten Einblick in die Verwurzelung des Gesetzes in der algebraischen Zahlentheorie geben. Zur Kennzeichnung des Legendreschen Symbols benutzt er zwar das elementar-zahlentheoretische Eulersche Kriterium, zieht jedoch eine Erweiterung des Integritätsbereichs Γ der ganzen rationalen Zahlen und die Grundlagen der Kongruenztheorie in dieser Erweiterung heran. Es handelt sich um den Integritätsbereich $\Gamma\,[\zeta]$ aller Polynome mit Koeffizienten aus Γ in einer Einheitswurzel ζ von Primzahlordnung p. Wir haben uns zur Vorbereitung mit den einfachsten Tatsachen über p-te Einheitswurzeln zu beschäftigen.

Es sei zunächst n irgendeine natürliche Zahl. Unter den *n-ten Einheitswurzeln* versteht man die n Wurzeln des Polynoms $x^n - 1$. Da die Ableitung $n\,x^{n-1}$ dieses Polynoms für keine seiner Wurzeln verschwindet, sind die n Wurzeln untereinander verschieden. Da ferner Produkt und Quotient von n-ten Einheitswurzeln wieder solche sind, bilden die n-ten Einheitswurzeln eine multiplikative abelsche Gruppe von der Ordnung n. Aus den Grundlagen der Analysis ist bekannt, daß diese Gruppe zyklisch ist, daß nämlich die n-ten Einheitswurzeln in Polarkoordinaten als die n Potenzen

$$\zeta^\nu = e^{\frac{2\pi i \nu}{n}} \qquad (\nu \bmod. n)$$

einer unter ihnen gegeben sind. Man nennt allgemeiner eine n-te Einheitswurzel ζ, die wie hier $\zeta = e^{\frac{2\pi i}{n}}$ die genaue Ordnung n hat und daher die volle Gruppe erzeugt, eine *primitive n-te Einheitswurzel*. Es gibt $\varphi(n)$ primitive n-te Einheitswurzeln, nämlich die Potenzen ζ^ν mit primen ν mod. n einer solchen. Statt sich auf die in der Analysis wurzelnde Polarkoordinatendarstellung zu stützen, kann man die Existenz einer primitiven n-ten Einheitswurzel ζ auch rein-algebraisch beweisen, nämlich genau nach dem Schema des Beweises für die Existenz einer primitiven Wurzel w mod. p in § 5,**2**; dort handelt es sich ja einfach um den Spezialfall $n = p - 1$, wobei allerdings der Grundkörper (mit dessen Einselement als Koeffizienten das Polynom $x^n - 1$ gebildet ist) nicht wie hier der rationale Zahlkörper P sondern der Primkörper Π aus p Elementen ist. Wir wollen uns hier mit diesem Hinweis begnügen, da es sich ja dabei um Dinge handelt, die in die Algebra und nicht in die Zahlentheorie gehören.

Es sei jetzt speziell $n = p$ Primzahl. Da dann die Gruppe der p-ten Einheitswurzeln die Ordnung p hat, ist die Existenz einer primitiven p-ten Einheitswurzel ζ ohne weiteres rein-algebraisch klar. Jede von 1 verschiedene Wurzel von $x^p - 1$, also jede Wurzel ζ des Polynoms

$$f(x) = \frac{x^p - 1}{x - 1} = x^{p-1} + \cdots + x + 1$$

hat dann ja als Ordnung einen von 1 verschiedenen Teiler von p, also notwendig p selbst.

Für das Folgende wichtig ist die Tatsache:

I. *Das Polynom* $f(x) = x^{p-1} + \cdots + x + 1$ *ist irreduzibel im rationalen Zahlkörper* P.

Beweis. Die Irreduzibilität von $f(x)$ ist gleichbedeutend mit der Irreduzibilität des durch die Substitution $x = y + 1$ entstehenden Polynoms

$$g(y) = \frac{(y + 1)^p - 1}{y} = y^{p-1} + \binom{p}{1} y^{p-2} + \cdots + \binom{p}{p-1},$$

neben dem wir auch noch das durch die Substitution $y = \dfrac{1}{z}$ und Multiplikation mit z^{p-1} entstehende Polynom

$$h(z) = \binom{p}{p-1} z^{p-1} + \cdots + \binom{p}{1} z + 1$$

betrachten. Nach § 4,**11**,XIV sind die Koeffizienten dieser beiden Polynome mit Ausnahme des ersten bzw. letzten durch p teilbar.

Eine echte Zerlegung von $g(y)$ im rationalen Zahlkörper P kann durch Heraufmultiplizieren der Hauptnenner der Koeffizienten der beiden Faktoren in der Form

$$(1.) \qquad m\,g(y) = (a_r y^r + \cdots + a_0)(b_s y^s + \cdots + b_0)$$

angenommen werden, wo m eine ganze Zahl, r, s natürliche Zahlen mit

$r + s = p - 1$, sowie $a_r, \ldots, a_0$ und $b_s, \ldots, b_0$ Systeme teilerfremder ganzer Zahlen sind, und es ist dann daneben

$$(2.) \qquad m\,h(z) = (a_0\,z^r + \cdots + a_r)\,(b_0\,z^s + \cdots + b_s).$$

Sind in (1.) von links her zuerst $a_\varrho, b_\sigma \not\equiv 0$ mod. p, so hat im Produkt als höchstes das Glied $a_\varrho\,b_\sigma\,y^{\varrho+\sigma}$ einen Koeffizienten $\not\equiv 0$ mod. p. Koeffizientenvergleich mit $m\,g(y)$ ergibt, daß notwendig $\varrho + \sigma = p - 1$, also $\varrho = r$, $\sigma = s$, sowie $m \equiv a_r\,b_s \not\equiv 0$ mod. p ist.

Sind in (2.) von links her zuerst $a_\mu, b_\nu \not\equiv 0$ mod. p, so hat im Produkt als höchstes das Glied $a_\mu\,b_\nu\,z^{(p-1)-(\mu+\nu)}$ einen Koeffizienten $\not\equiv 0$ mod. p. Koeffizientenvergleich mit $m\,h(z)$ ergibt, daß notwendig $\mu + \nu = p - 1$, also $\mu = r$, $\nu = s$ und daher $a_0, \ldots, a_{r-1}$; $b_0, \ldots, b_{s-1} \equiv 0$ mod. p sind.

Nun ist aber $a_0\,b_0 = \binom{p}{p-1}\,m = p\,m$. Nach der Folgerung aus (1.) steckt in dieser Zahl nur p^1, nach der Folgerung aus (2.) aber mindestens p^2. Die Annahme einer echten Zerlegung von $f(x)$ in P führt somit zu einem Widerspruch.

2. Gaußsche Summen

Es sei p eine ungerade Primzahl und ζ eine fest gewählte primitive p-te Einheitswurzel. Wir ordnen jeder primitiven p-ten Einheitswurzel ζ^a ($a \not\equiv 0$ mod. p) eine *zum quadratischen Restcharakter* $\left(\dfrac{x}{p}\right)$ *gehörige Gaußsche Summe*

$$\tau_a = \sum_{x \,\not\equiv\, 0 \,\text{mod.}\, p} \left(\frac{x}{p}\right) \zeta^{a x}$$

zu. Diese $p - 1$ Gaußschen Summen lassen sich sämtlich durch die eine

$$\tau = \sum_{x \,\not\equiv\, 0 \,\text{mod.}\, p} \left(\frac{x}{p}\right) \zeta^{x},$$

also die $\zeta^1 = \zeta$ entsprechende Summe $\tau_1 = \tau$ ausdrücken. Es gilt nämlich die Formel:

$$(1.) \qquad \tau_a = \left(\frac{a}{p}\right)\tau.$$

Beweis. Führt man in der Definition von τ_a die Summationstransformation $a\,x \equiv y$ mod. p mit der eindeutigen Umkehrung $x \equiv a^{-1}\,y$ mod. p (im Sinne von § 4,10 verstanden) aus, so erhält man

$$\tau_a = \sum_{y \,\not\equiv\, 0 \,\text{mod.}\, p} \left(\frac{a^{-1}\,y}{p}\right) \zeta^{y} = \left(\frac{a^{-1}}{p}\right) \sum_{y \,\not\equiv\, 0 \,\text{mod.}\, p} \cdot \left(\frac{y}{p}\right) \zeta^{y} = \left(\frac{a}{p}\right)\tau,$$

wobei zu beachten ist, daß $\left(\dfrac{a^{-1}}{p}\right) = \left(\dfrac{a}{p}\right)^{-1} = \left(\dfrac{a}{p}\right)$ ist.

Wir beweisen nun weiter die für unseren Beweis grundlegende und darüber hinaus auch allgemein wichtige Formel

$$(2.) \qquad \tau^2 = p^*, \quad \text{also} \quad \tau = \pm \sqrt{p^*},$$

durch die der Wert von τ bis auf das offen bleibende Vorzeichen bestimmt wird.

Beweis. Aus der Definitionsformel für τ erhält man durch formale Ausmultiplikation die Doppelsummendarstellung

$$\tau^2 = \sum_{x,\,y\,\not\equiv\,0\,\text{mod.}\,p} \left(\frac{x}{p}\right)\left(\frac{y}{p}\right) \zeta^x \zeta^y = \sum_{x,\,y\,\not\equiv\,0\,\text{mod.}\,p} \left(\frac{x\cdot y}{p}\right) \zeta^{x+y}.$$

Führt man hierin für jedes feste x mod. p die Summationstransformation $y \equiv xt$ mod. p mit der eindeutigen Umkehrung $t \equiv x^{-1}y$ mod. p aus, so ergibt sich

$$\tau^2 = \sum_{x,\,t\,\not\equiv\,0\,\text{mod.}\,p} \left(\frac{x^2 t}{p}\right) \zeta^{x+xt} = \sum_{x,\,y\,\not\equiv\,0\,\text{mod.}\,p} \left(\frac{x}{p}\right)^2 \left(\frac{t}{p}\right) \zeta^{x(1+t)}$$

$$= \sum_{t\,\not\equiv\,0\,\text{mod.}\,p} \left(\frac{t}{p}\right) \sum_{x\,\not\equiv\,0\,\text{mod.}\,p} \zeta^{x(1+t)}.$$

Nun ist allgemein

$$\sum_{x\,\not\equiv\,0\,\text{mod.}\,p} \zeta^{ax} = \begin{cases} p-1 & \text{für} \quad a \equiv 0 \text{ mod. } p \\ -1 & \text{für} \quad a \not\equiv 0 \text{ mod. } p \end{cases},$$

letzteres weil dann ζ^{ax} genau die $p-1$ primitiven p-ten Einheitswurzeln, also die Wurzeln von $f(x) = x^{p-1} + x^{p-2} + \cdots + x + 1$ durchläuft. Damit wird weiter

$$\tau^2 = \left(\frac{-1}{p}\right)(p-1) - \sum_{t\,\not\equiv\,0,\,-1\,\text{mod.}\,p} \left(\frac{t}{p}\right) = \left(\frac{-1}{p}\right) p - \sum_{t\,\not\equiv\,0\,\text{mod.}\,p} \left(\frac{t}{p}\right)$$

$$= (-1)^{\frac{p-1}{2}} p - 0 = p^*,$$

wobei benutzt wurde, daß die Summe $\displaystyle\sum_{t\,\not\equiv\,0\,\text{mod.}\,p} \left(\frac{t}{p}\right) = 0$ ist, weil es gleichviele quadratische Reste und Nichtreste t mod. p gibt.

Es sei noch bemerkt, daß die Bestimmung des Vorzeichens der Gaußschen Summe τ in (2.) tieferliegende Methoden erfordert. Während die Formel (2.) unabhängig von der Auswahl der primitiven p-ten Einheitswurzel ζ ist, hängt das Vorzeichen, wie (1.) erkennen läßt, von dieser Normierung ab. Bei seiner Bestimmung pflegt man die analytische Normierung $\zeta = e^{\frac{2\pi i}{p}}$ zu nehmen, und findet dann:

$$\tau = \sqrt{p} \quad \text{für} \quad p \equiv 1 \text{ mod. } 4,$$

$$\tau = i\sqrt{p} \quad \text{für} \quad p \equiv -1 \text{ mod. } 4$$

mit positiver Quadratwurzel. Wir werden hierauf im vierten Abschnitt (§ 20,5) zurückkommen.

3. Beweis des Reziprozitätsgesetzes

Sei jetzt eine weitere ungerade Primzahl $q \neq p$ gegeben. Wie in § 4,11 gezeigt, gilt für Unbestimmte x, y die Kongruenz $(x + y)^q \equiv x^q + y^q$ mod. q in dem Sinne, daß die Koeffizienten gleicher Potenzprodukte von x, y auf beiden Seiten kongruent mod. q sind, was hier durch das Zeichen $\equiv$ angedeutet sei. Eine entsprechende Regel gilt dann natürlich auch für mehrgliedrige Summen, wie man ohne weiteres durch wiederholte Anwendung (vollständige Induktion) erkennt. Wendet man diese Regel auf die Definitionsformel der Gaußschen Summe τ an und beachtet, daß $\left(\dfrac{x}{p}\right)^q = \left(\dfrac{x}{p}\right)$ ist, so ergibt sich eine Kongruenz

$$\left(\sum_{x \,\not\equiv\, 0 \,\mathrm{mod.}\, p} \left(\frac{x}{p}\right) \zeta^x \right)^q \equiv \sum_{x \,\not\equiv\, 0 \,\mathrm{mod.}\, p} \left(\frac{x}{p}\right) \zeta^{qx} \;\mathrm{mod.}\; q\,,$$

oder also

$$(3.) \qquad\qquad \tau^q \equiv \tau_q \;\mathrm{mod.}\; q\,,$$

jetzt in dem Sinne, daß die Koeffizienten gleich hoher Potenzen von ζ auf beiden Seiten einander kongruent sind. Nun ist aber ζ keine Unbestimmte, sondern genügt der algebraischen Gleichung $f(\zeta) = 0$. Zwischen den verschiedenen Potenzen von ζ bestehen daher lineare Abhängigkeiten, und es ist fraglich, ob eine Kongruenz der erhaltenen Art einen gegenüber allen dadurch möglichen Umformungen invarianten Sinn hat. Weiter ist es dann auch fraglich, ob man mit solchen Kongruenzen nach den Regeln für gewöhnliche Kongruenzen rechnen darf.

Wir wollen zunächst den formalen Teil des Beweises zu Ende bringen und nehmen daher für den Augenblick an, daß beides der Fall sei. Nachher geben wir dann eine ausführliche Rechtfertigung.

Aus unserer Ausgangskongruenz (3.) ergibt sich nach (1.) die Kongruenz

$$(4.) \qquad\qquad \tau^q \equiv \left(\frac{q}{p}\right) \tau \;\mathrm{mod.}\; q\,.$$

Um unsere spätere Rechtfertigung nicht mit einer Division durch τ zu belasten, multiplizieren wir diese Kongruenz beiderseits mit τ und wenden beiderseits (2.) an; so folgt

$$(5.) \qquad\qquad (p^*)^{\frac{q+1}{2}} \equiv \left(\frac{q}{p}\right) p^* \;\mathrm{mod.}\; q\,.$$

Hier stehen aber auf beiden Seiten ganze rationale Zahlen. Wenn also unsere Kongruenz eine sinnvolle Verallgemeinerung der gewöhnlichen

Kongruenz ist, folgt weiter

$$(6.) \qquad (p^*)^{\frac{q+1}{2}} \equiv \left(\frac{q}{p}\right) p^* \bmod. q$$

auch im gewöhnlichen Sinne. Hier können wir dann den zu q primen Faktor p^* wegdividieren und erhalten so schließlich

$$(p^*)^{\frac{q-1}{2}} \equiv \left(\frac{q}{p}\right) \bmod. q\,.$$

Der Vergleich dieser durch die Gaußsche Summe gelieferten Kongruenz mit dem Eulerschen Kriterium

$$(p^*)^{\frac{q-1}{2}} \equiv \left(\frac{p^*}{q}\right) \bmod. q$$

ergibt das allgemeine Reziprozitätsgesetz

$$\left(\frac{q}{p}\right) = \left(\frac{p^*}{q}\right),$$

und zwar gleich in Gestalt der glatten Umkehrformel (U) aus § 7,3.

Die wenigen, von jeder eigentlichen Rechnung freien Schlüsse, die von unserer Ausgangskongruenz zur Reziprozitätsformel (U) führen, dürfen nicht darüber hinwegtäuschen, daß in die Beweise der benutzten Formeln (1.), (2.) für die Gaußsche Summe τ doch einige Rechnung eingeht. In der algebraischen Zahlentheorie wird aber auch dieser vorbereitende Teil des Beweises begrifflich so durchdrungen, daß sowohl die Formel (1.) als auch die Reziprozitätsformel (U) dann als Strukturaussagen über die Beziehungen zwischen dem Körper $P(\zeta)$ der p-ten Einheitswurzeln und dem nach (2.) in ihm enthaltenen quadratischen Teilkörper $P(\sqrt{p^*})$ erscheinen (§ 19,3).

4. Unterbauung des Beweises durch Kongruenztheorie im Einheitswurzelbereich

Die Gaußsche Summe τ ist eine Zahl des durch Adjunktion von ζ zu P entstehenden Körpers $P(\zeta)$ der p-ten Einheitswurzeln, der aus allen rationalen Funktionen mit Koeffizienten aus P einer primitiven p-ten Einheitswurzel ζ besteht, und zwar gehört τ sogar zu dem in $P(\zeta)$ enthaltenen Integritätsbereich $\Gamma[\zeta]$ aller ganzrationalen Funktionen von ζ mit Koeffizienten aus Γ. Wir brauchen uns hier nur mit diesem Integritätsbereich $\Gamma[\zeta]$ zu befassen.

Jede ganzrationale Funktion von ζ kann man unter Benutzung der Gleichungen

$$\zeta^p = 1 \quad \text{und} \quad \text{schärfer} \quad \zeta^{p-1} + \zeta^{p-2} + \cdots + \zeta + 1 = 0$$

folgendermaßen umformen:

$$\sum_{\nu=0}^{n} c_\nu \zeta^\nu = \sum_{\varrho=0}^{p-1} b_\varrho \zeta^\varrho \quad \text{mit} \quad b_\varrho = \sum_{\substack{\nu=0 \\ \nu \equiv \varrho \bmod. p}}^{n} c_\nu$$

$$= \sum_{\varrho=0}^{p-2} a_\varrho \zeta^\varrho \quad \text{mit} \quad a_\varrho = b_\varrho - b_{p-1}.$$

Sind die ursprünglichen Koeffizienten c_ν ganzrationale Zahlen, so sind auch die dabei entstehenden Koeffizienten b_ϱ und a_ϱ ganzrationale Zahlen. Hiernach besitzt jede Zahl α aus $\Gamma[\zeta]$ eine Darstellung als Polynom in ζ von einem Grade $< p - 1$ mit Koeffizienten a_ϱ aus Γ. Diese Darstellung ist eindeutig. Denn gäbe es zwei verschiedene solche Darstellungen von α, so folgte durch Subtraktion eine algebraische Gleichung $g(\zeta) = 0$ von einem Grade $< p - 1$ mit nicht sämtlich verschwindenden Koeffizienten aus Γ. Das widerspricht aber der in 1,I festgestellten Irreduzibilität in P des Polynoms $f(x)$ vom Grade $p - 1$, der zufolge ja $f(\zeta) = 0$ die Gleichung niedrigsten Grades für ζ mit Koeffizienten aus P ist. Damit ist gezeigt:

II. *Die Zahlen* α *aus* $\Gamma[\zeta]$ *sind in eindeutiger Basisdarstellung gegeben durch*

$$\alpha = \sum_{\varrho=0}^{p-2} a_\varrho \zeta^\varrho \quad \text{mit} \quad a_\varrho \text{ aus } \Gamma.$$

Für die Zahlen α aus $\Gamma[\zeta]$ läßt sich nun, da es sich um einen Integritätsbereich handelt, eine elementare Teilbarkeitslehre analog wie in § 1,2 für die Zahlen a aus Γ entwickeln, wobei lediglich an Stelle der dortigen beiden Einheiten ± 1 jetzt die sämtlichen in $\Gamma[\zeta]$ vorhandenen Teiler von 1 als Einheiten treten. Auf diese Einheiten, deren Aufstellung eine besondere Theorie erfordert, brauchen wir aber hier nicht einzugehen. Für uns ist nur wichtig, daß sich aus der elementaren Teilbarkeitslehre in $\Gamma[\zeta]$ weiter analog zu § 4,1,2 eine elementare Kongruenztheorie entwickeln läßt, indem man allgemein die Kongruenz $\alpha \equiv \beta \bmod. \mu$ durch die Teilbarkeitsbeziehung $\mu \mid \alpha - \beta$ definiert. Für die so definierten Kongruenzen gelten dann, weil $\Gamma[\zeta]$ ein Integritätsbereich ist, wieder die formalen Rechenregeln nach den drei ersten elementaren Rechenoperationen, d.h. die Restklassen mod. μ bilden einen Ring. Zu alledem siehe auch das schon in § 4,10 bei der Ausdehnung des Kongruenzbegriffs von Γ auf den dortigen Integritätsbereich Γ_m Gesagte.

Wir brauchen uns hier nur mit dem speziellen Fall zu befassen, daß der Modul $\mu = m$ eine ganzrationale (ohne Einschränkung natürliche) Zahl ist. In diesem Falle läßt sich auf Grund der Basisdarstellung II leicht ein explizites Kriterium für die Kongruenz mod. m in $\Gamma[\zeta]$ angeben, das dann auch sofort eine Übersicht über die Elemente des Restklassenrings mod. m in $\Gamma[\zeta]$ in Gestalt eines vollständigen Restsystems liefert. Es gilt nämlich:

III. *Ist m eine natürliche Zahl, so besteht für zwei in Basisdarstellung gegebene Zahlen*

$$\alpha = \sum_{\varrho=0}^{p-2} a_\varrho \zeta^\varrho, \quad \beta = \sum_{\varrho=0}^{p-2} b_\varrho \zeta^\varrho \quad (a_\varrho, b_\varrho \ in \ \Gamma)$$

aus $\Gamma[\zeta]$ die Kongruenz

$$\alpha \equiv \beta \ mod. \ m$$

dann und nur dann, wenn die Kongruenzen

$$a_\varrho \equiv b_\varrho \ mod. \ m \quad (\varrho = 0, \ldots, p-2)$$

für die Koeffizienten aus Γ bestehen.

Demnach bilden die m^{p-1} Zahlen α, deren $p-1$ Koeffizienten a_ϱ auf alle möglichen Arten aus einem vollen Restsystem mod. m in Γ gewählt sind, ein volles Restsystem mod. m in $\Gamma[\zeta]$.

Beweis. Die Kongruenz $\alpha \equiv \beta$ mod. m in $\Gamma[\zeta]$ ist definitionsgemäß gleichbedeutend damit, daß eine Gleichung $\alpha = \beta + \gamma m$ mit einer Zahl γ aus $\Gamma[\zeta]$ besteht. Setzt man auch diese Zahl in Basisdarstellung

$$\gamma = \sum_{\varrho=0}^{p-2} g_\varrho \zeta_\varrho \quad (g_\varrho \ in \ \Gamma)$$

an, so erhält jene Gleichung die Form

$$\sum_{\varrho=0}^{p-2} a_\varrho \zeta^\varrho = \sum_{\varrho=0}^{p-2} (b_\varrho + g_\varrho m) \zeta^\varrho$$

und läuft daher wegen der Eindeutigkeit der Basisdarstellung auf das Bestehen der Gleichungen

$$a_\varrho = b_\varrho + g_\varrho m \quad (\varrho = 0, \ldots, p-2)$$

für die Koeffizienten, also auf das Bestehen der Kongruenzen

$$a_\varrho \equiv b_\varrho \ mod. \ m$$

in Γ hinaus.

Auf Grund des Kriteriums III können wir jetzt, ebenso wie in § 4,**10** bei der dort vollzogenen Verallgemeinerung des Kongruenzbegriffs von Γ auf Γ_m, auch hier feststellen, daß der Kongruenzbegriff mod. m in $\Gamma[\zeta]$ eine sinnvolle Erweiterung des Kongruenzbegriffs mod. m in Γ ist, daß nämlich die folgende Tatsache gilt:

IV. *Ist m eine natürliche Zahl, so ist für Zahlen a, b aus Γ das Bestehen der Kongruenz $a \equiv b$ mod. m in $\Gamma[\zeta]$ gleichbedeutend mit ihrem Bestehen in Γ.*

Beweis. Für die Zahlen a aus Γ lautet die eindeutige Basisdarstellung II ersichtlich

$$a = a + 0\,\zeta + \cdots + 0\,\zeta^{p-2}.$$

Sie sind also innerhalb der Zahlen α aus $\Gamma[\zeta]$ dadurch gekennzeichnet, daß die Koeffizienten $a_1, \ldots, a_{p-2} = 0$ sind, während $a_0 = a$ ist. Bei zwei Zahlen a, b aus Γ reduziert sich demnach das Kriterium III für die Kongruenz $a \equiv b \bmod. m$ in $\Gamma[\zeta]$ in der Tat auf das Bestehen der Kongruenz $a \equiv b \bmod. m$ in Γ.

Auf einen weiteren Ausbau der Kongruenztheorie in $\Gamma[\zeta]$ wollen wir hier nicht eingehen, da wir durch die vorstehenden Ausführungen bereits alles Nötige in der Hand haben, um unsere Schlußkette in **3** vollständig zu rechtfertigen. Die Ausgangskongruenz (3.) ist eine Kongruenz mod. q in $\Gamma[\zeta]$ (das dortige Zeichen $\equiv$ entspricht dem Zusatz „in $\Gamma[\zeta]$" zum Zeichen $=$ in den vorstehenden Ausführungen), denn sie bedeutet ja ihrer Entstehung nach, daß $\tau^q - \tau_q$ eine ganzrationale Funktion von ζ mit ganzrationalen durch q teilbaren Koeffizienten, also das q-fache einer Zahl aus $\Gamma[\zeta]$ ist. Der Übergang von (3.) zu (4.) ist jetzt trivialerweise erlaubt; denn es wird ja dabei für die Zahl τ_q aus $\Gamma[\zeta]$ rechts lediglich eine andere Darstellung $\left(\dfrac{q}{p}\right)\tau$ als Polynom in ζ eingesetzt, und das macht nunmehr, wo der Kongruenzbegriff invariant (von der Darstellung durch ζ unabhängig) erklärt ist, nichts aus. Die von (4.) zu (5.) führende Multiplikation mit τ ist nach den elementaren Rechenregeln für Kongruenzen erlaubt, und der Übergang von der Kongruenz (5.) in $\Gamma[\zeta]$ zu derselben Kongruenz (6.) in Γ ist durch den vorstehenden Satz IV gerechtfertigt.

5. Beweis des zweiten Ergänzungssatzes

Der vorstehend gegebene Beweis des allgemeinen Reziprozitätsgesetzes fußt auf dem Eulerschen Kriterium, im Gegensatz zu dem in § 7,3 gegebenen elementaren Beweis, der auf dem Gaußschen Lemma fußt. Während nun der erste Ergänzungssatz sich in § 7,2 als eine unmittelbare Folge des Eulerschen Kriteriums herausstellte, war dort für den zweiten Ergänzungssatz ebenfalls die Heranziehung des Gaußschen Lemmas nötig. Wir wollen jetzt noch zeigen, daß man auch für den zweiten Ergänzungssatz einen auf dem Eulerschen Kriterium fußenden Beweis erhält, indem man eine diesem Zweck angepaßte Gaußsche Summe und die Kongruenztheorie im zugehörigen Einheitswurzelbereich heranzieht.

Wir benötigen dazu den Integritätsbereich $\Gamma[\zeta]$, wo ζ eine primitive Einheitswurzel der Ordnung $n = 8$ ist, also eine Wurzel des Polynoms

$$f(x) = \frac{x^8 - 1}{x^4 - 1} = x^4 + 1,$$

das ja gerade alle 8-ten aber nicht 4-ten, also die $\varphi(8) = 4$ primitiven 8-ten Einheitswurzeln ζ, ζ^3, ζ^5, ζ^7 zu Wurzeln hat. Führt man noch die primitive 4-te Einheitswurzel $\zeta^2 = i$, eine Wurzel des Polynoms $x^2 + 1 = (x - i)(x + i)$ ein, so stellen sich die sämtlichen 8-ten Einheitswurzeln in der Form dar:

ν mod. 8	0	1	2	3	4	5	6	7
ζ^ν	1	ζ	i	$i\zeta$	-1	$-\zeta$	$-i$	$-i\zeta$

Das Polynom $f(x) = x^4 + 1$ ist irreduzibel in P; denn es hat in P einerseits nach § 1,6,IV keine Wurzel, also keine Zerlegung in zwei Faktoren ersten und dritten Grades, andererseits aber auch keine Zerlegung in zwei Faktoren zweiten Grades. Letzteres bestätigt man folgendermaßen. Eine solche Zerlegung ist notwendig von der Form

$$x^4 + 1 = (x^2 + a\,x + b)\left(x^2 - a\,x + \frac{1}{b}\right)$$

mit

$$a^2 = b + \frac{1}{b}, \quad a\left(b - \frac{1}{b}\right) = 0.$$

Dabei ist notwendig entweder $a = 0$ und dann $b^2 = -1$, oder $b - \frac{1}{b} = 0$, also $b = \pm 1$, und dann $a^2 = \pm 2$. Beides ist aber nach § 1,6,IV mit a, b aus P unmöglich.

Aus der Irreduzibilität von $f(x)$ folgt wie in **4**, daß die Zahlen α aus $\Gamma[\zeta]$ in eindeutiger Basisdarstellung durch

$$\alpha = a_0 + a_1\zeta + a_2\zeta^2 + a_3\zeta^3 = (a_0 + a_2 i) + (a_1 + a_3 i)\zeta$$

$$\text{mit} \quad a_0, a_1, a_2, a_3 \text{ aus } \Gamma$$

gegeben und dabei die Zahlen a aus Γ durch $a_1, a_2, a_3 = 0$, $a = a_0$ gekennzeichnet sind. Damit überträgt sich dann die in **4** entwickelte Kongruenztheorie mod. m auf den hier zu betrachtenden Integritätsbereich $\Gamma[\zeta]$.

Nach diesen Vorbereitungen läßt sich der Beweis des zweiten Ergänzungssatzes, in völliger Analogie zu dem Beweis des allgemeinen Reziprozitätsgesetzes aus **2**, **3**, folgendermaßen führen.

Wir betrachten die *zum quadratischen Restcharakter* $(-1)^{\frac{x^*-1}{4}}$ *gehörigen Gaußschen Summen*

$$\tau_a = \sum_{\substack{x \bmod. 8 \\ x \not\equiv 0 \bmod. 2}} (-1)^{\frac{x^*-1}{4}} \zeta^{a x},$$

die mit den vier primitiven 8-ten Einheitswurzeln ζ^a ($a \not\equiv 0 \bmod. 2$)

gebildet sind. Sie lassen sich durch die eine

$$\tau = \sum_{\substack{x \bmod. 8 \\ x \not\equiv 0 \bmod. 2}} (-1)^{\frac{x^*-1}{4}} \zeta_x$$

in der Form

$$(1.) \qquad \tau_a = (-1)^{\frac{a^*-1}{4}} \tau$$

ausdrücken. Man beweist das genau wie die entsprechende Tatsache (1.) in **2** auf Grund der Tatsache, daß $(-1)^{\frac{x^*-1}{4}} = \chi_8(x)$ ein quadratischer Restklassencharakter mod. 8 im Sinne von § 6,4 ist; dies ist aus dem Auftreten von $\frac{x^*-1}{4}$ mod. 2 als Exponent von 5 in der Basisdarstellung von x mod. 8 nach § 5,7 klar. An Stelle des Beweises der Tatsache (2.) aus **2** können wir hier den Wert von τ leicht explizit ausrechnen:

$$\tau = \zeta^1 - \zeta^3 - \zeta^5 + \zeta^7 = \zeta\left(1 - \zeta^2 - \zeta^4 + \zeta^6\right) = \zeta(1 - i + 1 - i)$$
$$= 2\zeta\,(1 - i).$$

Unter Beachtung von $(1 - i)^2 = -2i$ folgt daraus

$$(2.) \qquad \tau^2 = 8.$$

Sei jetzt eine ungerade Primzahl q gegeben. Durch Potenzierung der Definitionsformel von τ mit q erhält man wie in **3** die Kongruenz

$$\tau^q \equiv \tau_q \bmod. q$$

in $\Gamma\,[\zeta]$. Nach (1.) folgt aus ihr

$$\tau^q \equiv (-1)^{\frac{q^*-1}{4}} \tau \bmod. q.$$

Durch Multiplikation mit τ und Anwendung von (2.) folgt daraus weiter

$$8^{\frac{q+1}{2}} \equiv (-1)^{\frac{q^*-1}{4}} 8 \bmod. q,$$

also eine Kongruenz mod. q zwischen Zahlen aus Γ, die demnach als Kongruenz in Γ verstanden werden darf. Wegdivision des zu q primen Faktors 8 liefert

$$8^{\frac{q-1}{2}} \equiv (-1)^{\frac{q^*-1}{4}} \bmod. q,$$

während nach dem Eulerschen Kriterium

$$8^{\frac{q-1}{2}} \equiv \left(\frac{8}{q}\right) \equiv \left(\frac{2}{q}\right) \bmod. q$$

ist. Der Vergleich ergibt den zweiten Ergänzungssatz

$$\left(\frac{2}{q}\right) = (-1)^{\frac{q^*-1}{4}}.$$

§ 9. Die Jacobische Verallgemeinerung

1. Definition des Jacobischen Symbols

Bei der Untersuchung des Legendreschen Symbols $\left(\dfrac{a}{p}\right)$ als Funktion seines Nenners p in § 7,4,5 war die Zweckmäßigkeit einer Erweiterung der Definition des Symbols auf zusammengesetzte Nenner hervorgetreten. Diese Erweiterung soll jetzt nach dem Vorgang von Jacobi vollzogen werden.

Wie die erweiterte Definition anzusetzen ist, liegt nach dem in § 7,4 bereits Gesagten auf der Hand. Dort wurde aus dem Reziprozitätsgesetz gefolgert, daß $\left(\dfrac{a}{p}\right) = \chi_{|f(a)|}(p)$ im Argumentbereich der nicht in a stekkenden ungeraden Primzahlen p die Eigenschaft (2.) aus § 6,4 eines Restcharakters nach dem durch a gemäß § 7,4,I bestimmten Modul $|f(a)|$ (als Führer) hat, und zwar eines quadratischen Restcharakters, da auch die Eigenschaft (3.) aus § 6,4 erfüllt ist. Man wird also die Erweiterung der Definition so ansetzen, daß auch noch die Eigenschaft (1.) aus § 6,4, die Multiplikativität, erfüllt ist, von der im bisherigen Argumentbereich aus nur Primzahlen p nicht die Rede sein konnte.

Dementsprechend definiert man:

Definition des Jacobischen Symbols. *Für irgend zwei rationale Zahlen $a, b \neq 0$ mit den Eigenschaften*

$$b \text{ prim zu } 2, \qquad a \text{ prim zu } b$$

werde der Primzerlegung

$$b \cong \prod_{p \,\neq\, 2} p^{\beta_p}$$

entsprechend

$$\left(\frac{a}{b}\right) = \prod_p \left(\frac{a}{p}\right)^{\beta_p}$$

gesetzt.

Das so definierte Jacobische Symbol $\left(\dfrac{a}{b}\right)$ hat in seinem Definitionsbereich folgende Eigenschaften. Zunächst ist es wie die zusammensetzenden Legendreschen Symbole $\left(\dfrac{a}{p}\right)$ multiplikativ in a, d.h. es gilt die Regel

$$(1.) \qquad \left(\frac{a_1 a_2}{b}\right) = \left(\frac{a_1}{b}\right)\left(\frac{a_2}{b}\right).$$

Ferner ist es seiner auf der Primzerlegung fußenden Definition nach auch multiplikativ in b, d.h. es gilt die Regel

$$(2.) \qquad \left(\frac{a}{b_1 b_2}\right) = \left(\frac{a}{b_1}\right)\left(\frac{a}{b_2}\right).$$

Seine Werte sind die beiden Einheiten ± 1, so daß $\left(\dfrac{a}{b}\right)^2 = 1$ ist. Daraus folgt nach den Regeln (1.), (2.), daß

$$(3.) \qquad \left(\frac{a\,x^2}{b}\right) = \left(\frac{a}{b}\right), \quad \left(\frac{a}{b\,y^2}\right) = \left(\frac{a}{b}\right)$$

für irgendwelche nach der Definition zulässigen rationalen $x, y \neq 0$ ist, d.h. daß der Symbolwert ungeändert bleibt, wenn man im Zähler oder Nenner nach der Definition zulässige quadratische Faktoren anbringt.

Daß man in (3.) den quadratischen Faktoren die durch die Definition gebotenen Beschränkungen

$$x \text{ prim zu } b, \qquad y \text{ prim zu } 2 \text{ und } a$$

auferlegt, ist offenbar ganz unwesentlich. Führt man nämlich auch noch die Primzerlegung

$$a = (-1)^\alpha \prod_q q^{\alpha_q}$$

ein, so läßt sich die Definitionsformel in die Gestalt

$$(4.) \qquad \left(\frac{a}{b}\right) = \prod_p \left(\frac{-1}{p}\right)^{\alpha\beta_p} \cdot \prod_{p,q} \left(\frac{q}{p}\right)^{\alpha_q \beta_p}$$

setzen. Bereits bei dieser Schreibweise kommen in den Produkten formal die nicht definierten Faktoren mit $q = p$ oder $p = 2$ vor, fallen aber in Wirklichkeit heraus, da für sie nach den Voraussetzungen über a, b die Exponenten $\alpha_q \beta_p$ bzw. $\alpha\beta_p = 0$ sind. Setzt man nun in entsprechendem Sinne, aber allgemeiner fest, daß das Symbol $\left(\dfrac{a}{b}\right)$ durch die Formel (4.) auch definiert sein soll, wenn unerklärte Faktoren mit $q = p$ oder $p = 2$ und nur $\alpha_q \beta_p$ bzw. $\alpha\beta_p \equiv 0$ mod. 2 (statt $= 0$) vorkommen, so läuft das offenbar gerade darauf hinaus, die rationalen Zahlen x, y in (3.) nur noch der trivialen Beschränkung $x, y \neq 0$ zu unterwerfen. Für manche Zwecke empfiehlt es sich aus Gründen der Abrundung und formalen Eleganz, diese weitere, im Gegensatz zur eigentlichen Jacobischen Verallgemeinerung bloß formale Verallgemeinerung einzuführen. Die Regeln (1.), (2.) bleiben dabei im Hinblick auf die multiplikative Struktur der Formel (4.) erhalten. Die Voraussetzungen, unter denen das Jacobische Symbol dann definiert ist, lassen sich kurz so beschreiben, daß man in den beiden Voraussetzungen der obigen Definition die Zahlen a, b durch ihre quadratfreien Kerne $k(a), k(b)$ (s. § 7,4) ersetzt:

$$k(b) \text{ prim zu } 2, \qquad k(a) \text{ prim zu } k(b).$$

Man sagt dafür auch:

$$b \textit{ kernprim zu } 2, \qquad a \textit{ und } b \textit{ kernprim zueinander.}$$

Wir werden jedoch diesen weitestmöglichen Definitionsbereich des Jacobischen Symbols nicht überall zugrunde legen, sondern ihn, wo es der Natur der Sache angepaßt ist, durch Einführung stärkerer Voraussetzungen entsprechend einengen.

Wir geben vorausschauend kurz Sinn und Ziel unserer nachfolgenden Betrachtungen über das Jacobische Symbol an. In § 7,4,5 war als Folge aus dem quadratischen Reziprozitätsgesetz hervorgetreten, daß das Legendresche Symbol $\left(\dfrac{a}{p}\right)$ eine Einteilung aller ungeraden Primzahlen $p \nmid k(a)$ in zwei Klassen, die mit $\left(\dfrac{a}{p}\right) = 1$ und die mit $\left(\dfrac{a}{p}\right) = -1$, hervorruft, die sich durch das Kongruenzverhalten der Primzahlen $p \bmod. |f(a)|$ [mit der dort angegebenen Bedeutung von $f(a)$] beschreiben läßt. Diese Klasseneinteilung wird nun von grundlegender Bedeutung für die im vierten Abschnitt zu entwickelnde Arithmetik im quadratischen Zahlkörper $P\left(\sqrt{a}\right)$ sein, und es ist daher wichtig, ihren Mechanismus genau zu studieren. Das Jacobische Symbol $\left(\dfrac{a}{b}\right)$ stellt das hierzu geeignet formale Hilfsmittel dar. Es erlaubt nämlich, jene Klasseneinteilung, die zunächst nur im Bereich der ungeraden Primzahlen $p \nmid k(a)$ definiert ist, in sinnvoller Weise auf den Bereich aller zu 2 und $k(a)$ oder auch nur zu $f(a)$ primen Zahlen b auszudehnen und dadurch einer glatten, nämlich gruppentheoretisch bestimmten Beschreibung zugänglich zu machen.

Um zu dieser Beschreibung zu gelangen, die der Betrachtung von $\left(\dfrac{a}{b}\right)$ als Funktion des Nenners b entspricht, studieren wir zunächst, was leichter ist, die in analoger Weise aus der Betrachtung als Funktion des Zählers a hervorgehende Klasseneinteilung. Wir zeigen sodann, daß sich die Formeln aus § 7,2,3 für das quadratische Reziprozitätsgesetz vom Legendreschen auf das Jacobische Symbol übertragen. Damit haben wir dann die Möglichkeit, von der Betrachtung des Symbols $\left(\dfrac{a}{b}\right)$ als Funktion des Zählers zur Betrachtung als Funktion des Nenners überzugehen und so schließlich die uns vornehmlich interessierende Erweiterung der Klasseneinteilung aus § 7,4,5 formelmäßig zu beschreiben.

2. Das Jacobische Symbol als Funktion seines Zählers

Bei der jetzt zu gebenden Beschreibung des Jacobischen Symbols $\left(\dfrac{a}{b}\right)$ als Funktion seines Zählers a ist es zweckmäßig, die folgenden Voraussetzungen zugrunde zu legen, die einerseits schwächer als die in der ursprünglichen Definition sind, andererseits gegenüber den eben genannten etwas verstärkt sind:

$$k(b) \text{ prim zu } 2, \qquad a \text{ prim zu } k(b).$$

Da in der Definitionsformel für $\left(\dfrac{a}{b}\right)$ wesentlich (nicht nur formal) nur die Legendreschen Symbole $\left(\dfrac{a}{p}\right)$ mit den Primteilern p von $k(b)$ auftreten, und da jedes solche Symbol als Funktion von a ein quadratischer Restcharakter mod. p ist, hat das Jacobische Symbol $\left(\dfrac{a}{b}\right)$ die Eigenschaft

$$(5.) \qquad \left(\frac{a}{b}\right) = 1\,, \quad \text{wenn} \quad a \equiv 1 \bmod. |k(b)|\,,$$

d. h. die Eigenschaft $(2.')$ aus § 6,4 für den Modul $|k(b)|$. Es ist also als Funktion von a ein quadratischer Restcharakter mod. $|k(b)|$. Wir zeigen, daß dessen analog zu § 7,4 definierter Führer genau $|k(b)|$ ist.

Dazu bemerken wir, daß die in § 7,5 für $\left(\dfrac{a}{p}\right)$ als Funktion von p entwickelte Führertheorie sich ohne weiteres auf den hier vorliegenden Fall des Symbols $\left(\dfrac{a}{b}\right)$ als Funktion von a überträgt, daß man aber dazu hier nicht den Dirichletschen Primzahlsatz heranzuziehen hat, weil der Argumentbereich hier nicht auf Primzahlen p beschränkt, sondern der Bereich aller zu $k(b)$ primen Zahlen a ist. Dieses gilt für die Übertragung sowohl des Beweises der allgemeinen Tatsache § 7,5,II und damit III, wonach der Führer jedenfalls ein Teiler von $|k(b)|$ ist, als auch des Beweises von § 7,5,IV, wodurch die echten Teiler von $|k(b)|$ ausgeschlossen werden. Wir können uns mit der Durchführung dieses letzteren Schlusses unter den hier vorliegenden Gegebenheiten begnügen. Es genügt, die Teiler der Form $\dfrac{|k(b)|}{p}$ auszuschließen, wo p die Primteiler von $k(b)$ durchläuft. Man hat also zu zeigen, daß zu jedem Primteiler p von $k(b)$ eine zu $k(b)$ prime Zahl a mit $a \equiv 1 \bmod. \dfrac{|k(b)|}{p}$ derart existiert, daß $\left(\dfrac{a}{b}\right) = -1$ ist. Das leistet aber jede Zahl a mit den Kongruenzeigenschaften

$$a \equiv 1 \bmod. \frac{|k(b)|}{p}\,, \quad a \equiv w \bmod. p\,,$$

wo w eine primitive Wurzel mod. p oder allgemeiner irgendein quadratischer Nichtrest mod. p ist. Diese Forderungen lassen sich, da die beiden Moduln teilerfremd sind, nach § 4,9 durch eine prime Restklasse $a \bmod. |k(b)|$ erfüllen. Wegen der ersteren ist dann $\left(\dfrac{a}{p'}\right) = 1$ für alle von p verschiedenen Primteiler p' von $k(b)$, und wegen der letzteren ist $\left(\dfrac{a}{p}\right) = -1$. Nach der Definition des Jacobischen Symbols ist demnach in der Tat $\left(\dfrac{a}{b}\right) = -1$.

Zusammengefaßt ist damit bewiesen:

I. *Das Jacobische Symbol $\left(\dfrac{a}{b}\right)$ ist als Funktion seines Zählers a ein quadratischer Restcharakter, dessen Führer der Betrag des quadratfreien Kernes $k(b)$ ist.*

Wie wir in § 6,4 bemerkten, ist das Legendresche Symbol $\left(\dfrac{a}{p}\right) = \chi_p(a)$ der einzige quadratische Restcharakter mod. p, dessen Führer genau p ist; denn die dort neben (1.), (2.), (3.) gemachte Voraussetzung, daß $\chi_p(a)$ nicht identisch 1 sein soll, läuft ja gerade darauf hinaus, daß der Führer nicht der einzig vorhandene echte Teiler 1 von p sein soll. In Verallgemeinerung dieser Tatsache stellen wir als Ergänzung zu I noch fest, daß das Jacobische Symbol $\left(\dfrac{a}{b}\right) = \chi_{|k(b)|}(a)$ der einzige quadratische Restcharakter vom Führer $|k(b)|$ ist, so daß wir sagen können:

II. *Das Jacobische Symbol $\left(\dfrac{a}{b}\right)$ ist als Funktion seines Zählers a durch die Aussage I eindeutig gekennzeichnet.*

Beweis. Nach Voraussetzung ist $|k(b)|$ ein Produkt verschiedener ungerader Primzahlen. Wir denken uns dementsprechend die primen Restklassen a mod. $|k(b)|$ in Komponenten zerlegt:

$$a \equiv \prod_{p \mid k(b)} a_p \quad \text{mod.} \, |k(b)|$$

mit

$$a_p \equiv a \, \text{mod.} \, p \, , \quad a_p \equiv 1 \, \text{mod.} \, \frac{|k(b)|}{p} \, .$$

Ist nun ψ ein quadratischer Restcharakter mod. $|k(b)|$, so ergibt sich daraus die entsprechende Komponentenzerlegung

$$\psi(a) = \prod_{p \mid k(b)} \psi_p(a)$$

mit

$$\psi_p(a) = \psi(a_p) \, .$$

Hierbei ist jede Komponente $\psi_p(a)$ eine nur von der Restklasse a mod. p abhängige multiplikative Funktion von a, die im Quadrat 1 ist, also ein quadratischer Restcharakter mod. p. Hat ferner ψ den genauen Führer $|k(b)|$, so hat jede Komponente ψ_p den genauen Führer p; denn wäre eine Komponente $\psi_p(a)$ identisch 1, so gälte $\psi(a) = 1$ bereits für alle $a \equiv 1 \, \text{mod.} \, \dfrac{|k(b)|}{p}$. Nach dem zuvor Bemerkten ist dann durchweg $\psi_p(a) = \left(\dfrac{a}{p}\right)$. Daraus folgt $\psi(a) = \left(\dfrac{a}{b}\right)$, wie behauptet.

Im Anschluß an die Tatsachen I, II stellen wir noch folgendes fest. Auf Grund der Definitionseigenschaften eines quadratischen Restcharakters in § 6,4 wird bei festem zu 2 kernprimem b durch die Forderung

$\left(\dfrac{a}{b}\right) = 1$ in der Gruppe $\mathfrak{G}$ der primen Restklassen a mod. $|k(b)|$ eine Untergruppe $\mathfrak{H}$ definiert, die entweder mit $\mathfrak{G}$ zusammenfällt, wenn nämlich $\left(\dfrac{a}{b}\right)$ als Funktion von a identisch 1 ist, oder in $\mathfrak{G}$ den Index 2 hat, wenn das nicht der Fall ist. Im letzteren Falle bilden die primen Restklassen a mod. $|k(b)|$ mit $\left(\dfrac{a}{b}\right) = -1$ die einzige Nebengruppe zu $\mathfrak{H}$. Nun kann aber $\left(\dfrac{a}{b}\right)$ als Funktion von a wegen der Führereigenschaft von $k(b)$ nur dann identisch 1 sein, wenn $|k(b)| = 1$ ist; denn sonst wäre ja 1 ein echter Teiler von $|k(b)|$ mit der Eigenschaft $\left(\dfrac{a}{b}\right) = 1$ für alle (zu $k(b)$ primen) $a \equiv 1$ mod. 1. Da $|k(b)|$ das Produkt der verschiedenen in b zu ungeraden Exponenten steckenden Primzahlen ist, ist $|k(b)| = 1$ lediglich in dem trivialen Falle, daß b bis aufs Vorzeichen ein Quadrat ist. Damit ist bewiesen:

III. *Bei festem zu 2 kernprimem b wird durch die Forderung* $\left(\dfrac{a}{b}\right) = 1$ *in der Gruppe $\mathfrak{G}$ der primen Restklassen a mod. $|k(b)|$ eine Untergruppe $\mathfrak{H}$ vom Index*

$$[\mathfrak{G}:\mathfrak{H}] = \begin{cases} 1, & \text{wenn} \quad \pm b \quad \text{Quadrat} \\ 2, & \text{wenn} \quad \pm b \quad \text{kein Quadrat} \end{cases}$$

definiert.

Die Tatsache, daß die Untergruppe $\mathfrak{H}$ aus denjenigen primen Restklassen a mod. $|k(b)|$ besteht, für die der quadratische Restcharakter $\left(\dfrac{a}{b}\right)$ vom Führer $|k(b)|$ den Wert 1 hat, darf nicht dazu verleiten, sie mit der Untergruppe $\mathfrak{U}$ der quadratischen Reste a mod. $|k(b)|$ zu verwechseln. Im Spezialfall einer Primzahl $b = p$ ist zwar nach der Definition des Legendreschen Symbols $\mathfrak{U} = \mathfrak{H}$. Enthält jedoch $k(b)$ mehrere Primteiler $p, p', \ldots$, so ist a nach § 6,I dann und nur dann quadratischer Rest mod. $|k(b)|$, wenn gleichzeitig

$$\left(\frac{a}{p}\right) = 1, \; \left(\frac{a}{p'}\right) = 1, \; \ldots$$

gilt, dagegen $\left(\dfrac{a}{b}\right) = 1$ schon immer dann, wenn nur das Produkt

$$\left(\frac{a}{p}\right)\left(\frac{a}{p'}\right)\cdots = 1$$

ist. Dann ist also $\mathfrak{U}$ eine echte Untergruppe von $\mathfrak{H}$, und zwar hat $\mathfrak{U}$ in $\mathfrak{G}$, wie leicht zu sehen, den Index $[\mathfrak{G}:\mathfrak{U}] = 2^r$, wo r die Anzahl der Kernprimteiler p von b ist. Das Jacobische Symbol $\left(\dfrac{a}{b}\right)$ ist mithin nur eine formale Verallgemeinerung des Legendreschen Symbols $\left(\dfrac{a}{p}\right)$. Die inhaltliche Bedeutung des Legendreschen Symbols als Kriterium für die erste Grundfrage über quadratische Reste, die ja der eigentliche Anlaß zu seiner Definition war, geht bei der Verallgemeinerung zum Jacobischen Symbol verloren.

3. Ergänzungssätze und allgemeines Reziprozitätsgesetz

Die eigentliche Bedeutung der formalen Verallgemeinerung des Legendreschen zum Jacobischen Symbol liegt in der Tatsache, daß sich die Formeln des quadratischen Reziprozitätsgesetzes und seiner beiden Ergänzungssätze entsprechend formal verallgemeinern.

Wir bemerken dazu vorweg, daß die beiden Funktionen

$$\chi_4(a) = (-1)^{\frac{a-1}{2}}, \quad \chi_8(a) = (-1)^{\frac{a^*-1}{4}}$$

im Bereich der zu 2 primen Zahlen a quadratische Restcharaktere mit den Führern 4, 8 sind. Dies ergibt sich ohne weiteres aus dem Auftreten der Exponenten

$$\alpha' \equiv \frac{a-1}{2} \bmod. 2, \qquad \alpha'' \equiv \frac{a^*-1}{4} \bmod. 2$$

in den Basisdarstellungen

$$a \equiv (-1)^{\alpha'} \bmod. 4, \qquad a \equiv (-1)^{\alpha'} 5^{\alpha''} \bmod. 8$$

aus § 5,7. Entsprechend ist die Funktion

$$\chi_\infty(a) = (-1)^{\frac{\operatorname{sgn} a - 1}{2}}$$

im Bereich aller rationalen Zahlen $a \neq 0$ ein quadratischer Charakter (nicht Restklassencharakter), d.h. multiplikativ und im Quadrat 1. Das ergibt sich aus dem Auftreten des Exponenten $\alpha \equiv \frac{\operatorname{sgn} a - 1}{2} \bmod. 2$ in der Darstellung

$$a = (-1)^{\alpha} |a|.$$

Die Beziehung $(-1)^{\alpha} = \operatorname{sgn} a$ wird in der Tat in der angegebenen Weise nach der Exponentenrestklasse aufgelöst, wie man sofort durch Nachprüfen der beiden einzigen Möglichkeiten $a \lessgtr 0$, $\alpha \equiv 0, 1 \bmod. 2$ bestätigt.

Die Multiplikativität der angegebenen drei Funktionen $\chi_4(a)$, $\chi_8(a)$, $\chi_\infty(a)$, oder auch die Additivität ihrer Exponenten bei Multiplikation der Argumente, wird bei der jetzt zu gebenden Herleitung der Reziprozitätsformel für das Jacobische Symbol die Hauptrolle spielen.

Erster Ergänzungssatz. *Ist b prim zu 2, so ist*

$$\left(\frac{-1}{b}\right) = (-1)^{\frac{b-1}{2} + \frac{\operatorname{sgn} b - 1}{2}}.$$

Ist also überdies $b > 0$, so ist

$$\left(\frac{-1}{b}\right) = (-1)^{\frac{b-1}{2}}.$$

Zweiter Ergänzungssatz. *Ist b prim zu 2, so ist*

$$\left(\frac{2}{b}\right) = (-1)^{\frac{b^* - 1}{4}}.$$

Beweise. Sei in Primzerlegung

$$b = (-1)^\beta \prod_p p^{\beta_p},$$

wobei nach Voraussetzung $\beta_2 = 0$ ist. Dann hat man nach der Definition des Jacobischen Symbols, nach den beiden Ergänzungssätzen für das Legendresche Symbol und nach der Vorbemerkung

$$\left(\frac{-1}{b}\right) = \prod_p \left(\frac{-1}{p}\right)^{\beta_p} = \prod_{p \neq 2} \chi_4(p)^{\beta_p} = \chi_4(|b|) = \chi_4(b)\,\chi_4(\operatorname{sgn} b),$$

$$\left(\frac{2}{b}\right) = \prod_p \left(\frac{2}{p}\right)^{\beta_p} = \prod_{p \neq 2} \chi_8(p)^{\beta_p} = \chi_8(|b|) = \chi_8(b),$$

also die Behauptungen.

Zusatz. *Unter der weitestmöglichen Voraussetzung, daß b nur kernprim zu 2 ist, ergeben sich die entsprechenden Formeln mit dem quadratfreien Kern $k(b)$ an Stelle von b in den Exponenten $\dfrac{b-1}{2}$, $\dfrac{b^*-1}{4}$.*

Hinsichtlich des Exponenten $\dfrac{\operatorname{sgn} b - 1}{2}$ beachte man dazu, daß natürlich $\operatorname{sgn} k(b) = \operatorname{sgn} b$ ist. Ebenso sind übrigens für zu 2 prime b auch die Exponenten $\dfrac{b-1}{2}$, $\dfrac{b^*-1}{4}$ bei Ersetzung von b durch $k(b)$ invariant, da jedes ungerade Quadrat $\equiv 1$ mod. 8 ist.

Allgemeines Reziprozitätsgesetz. *Sind a, b prim zu 2 und prim zueinander, so ist*

$$\left(\frac{a}{b}\right)\left(\frac{b}{a}\right) = (-1)^{\frac{a-1}{2}\frac{b-1}{2} + \frac{\operatorname{sgn} a - 1}{2}\frac{\operatorname{sgn} b - 1}{2}}.$$

Ist also überdies $a > 0$ oder $b > 0$, so ist

$$\left(\frac{a}{b}\right)\left(\frac{b}{a}\right) = (-1)^{\frac{a-1}{2}\frac{b-1}{2}}.$$

Beweis. Sei in Primzerlegung

$$a = (-1)^\alpha \prod_p q^{\alpha_q}, \quad b = (-1)^\beta \prod_p p^{\beta_p},$$

wobei nach Voraussetzung $\alpha_2 = 0$, $\beta_2 = 0$ und $\alpha_j \beta_p = 0$ für $q = p$ ist. Dann hat man nach der Definition des Jacobischen Symbols

$$\left(\frac{a}{b}\right) = \left(\frac{-1}{b}\right)^\alpha \prod_{p,q} \left(\frac{q}{p}\right)^{\alpha_q \beta_p}, \quad \left(\frac{b}{a}\right) = \left(\frac{-1}{a}\right)^\beta \prod_{p,q} \left(\frac{p}{q}\right)^{\alpha_q \beta_p}.$$

Nach dem oben bewiesenen ersten Ergänzungssatz für das Jacobische Symbol, nach dem allgemeinen Reziprozitätsgesetz für das Legendresche Symbol und nach der Vorbemerkung (jetzt zur Wahrung der Symmetrie in a, b in additiver Schreibweise) folgt daraus durch Multiplikation

$$\left(\frac{a}{b}\right)\left(\frac{b}{a}\right) = (-1)^{\omega_0 + \omega}$$

mit

$$\omega_0 \equiv \alpha \left(\frac{b-1}{2} + \frac{\operatorname{sgn} b - 1}{2}\right) + \beta \left(\frac{a-1}{2} + \frac{\operatorname{sgn} a - 1}{2}\right)$$

$$\equiv \frac{\operatorname{sgn} a - 1}{2}\left(\frac{b-1}{2} + \frac{\operatorname{sgn} b - 1}{2}\right) + \frac{\operatorname{sgn} b - 1}{2}\left(\frac{a-1}{2} + \frac{\operatorname{sgn} a - 1}{2}\right)$$

$$\equiv \frac{\operatorname{sgn} a - 1}{2}\frac{b-1}{2} + \frac{a-1}{2}\frac{\operatorname{sgn} b - 1}{2} \bmod 2,$$

$$\omega \equiv \sum_{p,q \,\neq\, 2} \alpha_q \beta_p \frac{q-1}{2}\frac{p-1}{2} \equiv \sum_{q \,\neq\, 2} \alpha_q \frac{q-1}{2} \cdot \sum_{p \,\neq\, 2} \beta_p \frac{p-1}{2}$$

$$\equiv \frac{|a|-1}{2}\frac{|b|-1}{2} \equiv \left(\frac{a-1}{2} + \frac{\operatorname{sgn} a - 1}{2}\right)\left(\frac{b-1}{2} + \frac{\operatorname{sgn} b - 1}{2}\right)$$

$$\equiv \frac{a-1}{2}\frac{b-1}{2} + \frac{\operatorname{sgn} a - 1}{2}\frac{\operatorname{sgn} b - 1}{2}$$

$$+ \frac{a-1}{2}\frac{\operatorname{sgn} b - 1}{2} + \frac{\operatorname{sgn} a - 1}{2}\frac{b-1}{2} \bmod 2,$$

also zusammengenommen die Behauptung.

Zusatz. *Unter der weitestmöglichen Voraussetzung, daß a, b nur kernprim zu 2 und zueinander sind, ergibt sich die entsprechende Formel mit den quadratfreien Kernen $k(a)$, $k(b)$ statt a, b in den Exponenten $\dfrac{a-1}{2}$, $\dfrac{b-1}{2}$.*

Bei der damit vollzogenen Verallgemeinerung der Reziprozitätsformeln auf das Jacobische Symbol hat übrigens der erste Ergänzungssatz seine selbständige Bedeutung verloren; er steckt ja nunmehr als der Spezialfall $a = -1$ im allgemeinen Reziprozitätsgesetz.

4. Rekursionsverfahren zur Bestimmung des Jacobischen Symbols

Schon das Reziprozitätsgesetz für das Legendresche Symbol $\left(\dfrac{a}{p}\right)$ läßt sich grundsätzlich ausnutzen, um den Symbolwert in endlich vielen Schritten ohne Zurückgehen auf die Kriterien aus § 6,4,5,6 zu bestimmen. Man braucht dazu ja nur a in seine Primfaktoren (einschließlich -1) zu zerlegen, die dabei auftretenden Symbole $\left(\dfrac{-1}{p}\right)$, $\left(\dfrac{2}{p}\right)$ nach den Ergänzungssätzen auszuwerten und die Symbole vom Typus $\left(\dfrac{q}{p}\right)$ nach dem allgemeinen Reziprozitätsgesetz auf $\left(\dfrac{p}{q}\right)$ zurückzuführen. In diesen letzteren Symbolen kann man dann, ohne ihren Wert zu ändern, p durch seine kleinsten oder sogar absolut-kleinsten Reste r nach den einzelnen q ersetzen und hat damit die Aufgabe auf die Berechnung endlich vieler Symbole $\left(\dfrac{r}{q}\right)$ zurückgeführt, deren Zähler r dem Betrage nach kleiner als der ursprüngliche Zähler a sind. Nach endlich vielen solchen Schritten muß dieses Verfahren dadurch zum Ende kommen, daß nach Abspaltung der Faktoren -1, 2 die Zähler 1 werden. Wegen des dauernden Aufspaltens in Primfaktoren ist aber dieses Verfahren unbequem und zu einer systematischen Darstellung wenig geeignet.

Beispiel. Zu berechnen sei $\left(\dfrac{-874}{5231}\right)$. Es ist

$$- 874 = (-1) \cdot 2 \cdot 19 \cdot 23,$$

also

$$\left(\frac{-874}{5231}\right) = (-1) \cdot (+1) \cdot \left[-\left(\frac{5231}{19}\right)\right] \cdot \left[-\left(\frac{5231}{23}\right)\right] = -\left(\frac{6}{19}\right)\left(\frac{10}{23}\right).$$

Hierin ist

$$\left(\frac{6}{19}\right) = -\left(\frac{3}{19}\right) = \left(\frac{19}{3}\right) = \left(\frac{1}{3}\right) = 1,$$

$$\left(\frac{10}{23}\right) = \left(\frac{5}{23}\right) = \left(\frac{23}{5}\right) = \left(\frac{-2}{5}\right) = -1.$$

Zusammengenommen ergibt sich

$$\left(\frac{-874}{5231}\right) = 1.$$

Die Verallgemeinerung des Reziprozitätsgesetzes auf das Jacobische Symbol erlaubt es, das beschriebene Verfahren auf ein einfach zu handhabendes Schema zu bringen und systematisch darzustellen, weil durch diese Verallgemeinerung die Aufspaltung in Primfaktoren – bis auf die auch jetzt noch nötige Abspaltung des Primfaktors 2 – entbehrlich gemacht wird.

Zu berechnen sei allgemein ein Jacobisches Symbol $\left(\dfrac{a_0}{a_1}\right)$, wo ohne Einschränkung a_0 und a_1 als ganze Zahlen mit den Eigenschaften

$$a_1 \text{ prim zu } 2, \qquad a_0 \text{ prim zu } a_1$$

vorausgesetzt seien. In einem ersten Schritt nehme man die Restreduktion und Abspaltung

$$a_0 \equiv 2^{\alpha_1} a_2 \bmod. |a_1| \quad \text{mit} \quad a_2 \text{ prim zu 2 und } |a_2| < \frac{1}{2}|a_1|$$

vor, wobei der (von dem Primteiler 2 befreite) absolut-kleinste Rest a_2 auch prim zu a_1 ausfällt. Nach **2**,I und den Reziprozitätsformeln aus **3** gilt dabei

$$\left(\frac{a_0}{a_1}\right) = \left(\frac{a_0}{|a_1|}\right) = \left(\frac{2}{|a_1|}\right)^{\alpha_1}\left(\frac{a_2}{|a_1|}\right) = (-1)^{\alpha_1 \frac{a_1^{*}-1}{4} + \frac{|a_1|-1}{2}\frac{a_2-1}{2}}\left(\frac{|a_1|}{|a_2|}\right).$$

In einem zweiten Schritt nehme man die Restreduktion und Abspaltung

$$|a_1| \equiv 2^{\alpha_2}a_3 \bmod. |a_2| \quad \text{mit} \quad a_3 \text{ prim zu 2 und } |a_3| < \frac{1}{2}|a_2|$$

vor, wobei wieder a_3 auch prim zu a_2 ausfällt. Dabei gilt entsprechend

$$\left(\frac{|a_1|}{|a_2|}\right) = \left(\frac{2}{|a_2|}\right)^{\alpha_2}\left(\frac{a_3}{|a_2|}\right) = (-1)^{\alpha_2 \frac{a_2^{*}-1}{4} + \frac{|a_2|-1}{2}\frac{a_3-1}{2}}\left(\frac{|a_2|}{|a_3|}\right).$$

Da die Folge $a_1, a_2, a_3, \ldots$ dem Betrage nach monoton abnimmt, wird nach endlich vielen solchen Schritten einmal $|a_{r+1}| = 1$, so daß dann das Verfahren mit

$$\left(\frac{|a_{r-1}|}{|a_r|}\right) = \left(\frac{2}{|a_r|}\right)^{\alpha_r}\left(\frac{a_{r+1}}{|a_r|}\right) = (-1)^{\alpha_r \frac{a_r-1}{4} + \frac{|a_r|-1}{2}\frac{a_{r+1}-1}{2}}$$

zum Abschluß kommt. Der zu bestimmende Symbolwert ergibt sich aus dieser Gleichungskette zu

$$\left(\frac{a_0}{a_1}\right) = (-1)^{\alpha} \quad \text{mit} \quad \alpha \equiv \sum_{i=1}^{r}\left(\alpha_i \frac{a_i^{*}-1}{4} + \frac{|a_i|-1}{2}\frac{a_{i+1}-1}{2}\right) \bmod. 2$$

Von der Ausnutzung der Regel (3.) aus **1**, nach der quadratische Faktoren ohne Änderung des Symbolwerts abgespalten werden können, und im Zusammenhang damit auch von der Berücksichtigung der weitestmöglichen Voraussetzungen

$$a_1 \text{ kernprim zu 2,} \qquad a_0 \text{ und } a_1 \text{ kernprim zueinander,}$$

haben wir bei der Darstellung dieses dem Euklidischen Algorithmus nachgebildeten Verfahrens bewußt abgesehen, weil eine solche Abspaltung im Gegensatz zu der Division mit Rest nicht durch ein systematisches Rechenverfahren geleistet werden kann, vielmehr die Kenntnis der Primzerlegung erfordert, und diese soll ja gerade durch die Verwendung des Jacobischen Symbols entbehrlich gemacht werden. In gegebenen numerischen Fällen kann man natürlich durch Abspaltung erkennbarer quadratischer Faktoren die Anzahl der Schritte unter Umständen herabdrücken. Auch kann man selbstverständlich bei der numerischen Durchführung die in den einzelnen Schritten auftretenden Vorzeichenfaktoren jedesmal sofort durch Bestimmung der Reste $a_i \bmod. 8$, $|a_i| \bmod. 4$,

a_{i+1} mod. 4 ausrechnen, oder noch einfacher nach den leicht merkbaren Regeln für die Symbole $\left(\dfrac{2}{|a_i|}\right)$ und die sog. Umkehrfaktoren

$$\left(\frac{a_{i+1}}{|a_i|}\right)\left(\frac{|a_i|}{|a_{i+1}|}\right)$$

laufend das jeweils richtige Vorzeichen vor das weiter zu behandelnde Symbol setzen.

Beispiele. 1. Zu berechnen sei $\left(\dfrac{-874}{5231}\right)$ (s. obiges Beispiel).

$$-874 = 2 \cdot (-437)$$

$$\begin{aligned}
&5231\\
12\cdot 437 &= 5244\\
\hline
\text{Rest} &-13
\end{aligned}$$

$$\begin{aligned}
&437\\
34\cdot 13 &= 442\\
\hline
\text{Rest} &-5
\end{aligned}$$

$$\begin{aligned}
&13\\
3\cdot 5 &= 15\\
\hline
\text{Rest} &-2
\end{aligned}$$

$$\left(\frac{-874}{5231}\right)=\left(\frac{-437}{5231}\right)=-\left(\frac{5231}{437}\right)$$
$$=-\left(\frac{-13}{437}\right)=-\left(\frac{437}{13}\right)$$
$$=-\left(\frac{-5}{13}\right)=-\left(\frac{13}{5}\right)$$
$$=\left(\frac{-1}{5}\right)=1.$$

2. Zu berechnen sei $\left(\dfrac{49337}{129061}\right)$.

$$\begin{aligned}
&129061\\
3\cdot 49337 &= 148011\\
\hline
\text{Rest} &-18950 = 2\cdot(-9475)
\end{aligned}$$

$$\begin{aligned}
&49337\\
5\cdot 9475 &= 47375\\
\hline
\text{Rest} &1962 = 2\cdot 981
\end{aligned}$$

$$\begin{aligned}
&9475\\
10\cdot 981 &= 9810\\
\hline
\text{Rest} &-335
\end{aligned}$$

$$\begin{aligned}
&981\\
3\cdot 335 &= 1005\\
\hline
\text{Rest} &-24 = 2^3\cdot(-3)
\end{aligned}$$

$$\begin{aligned}
&335\\
3\cdot 112 &= 336\\
\hline
\text{Rest} &-1
\end{aligned}$$

$$\left(\frac{49337}{129061}\right)=\left(\frac{129061}{49337}\right)$$
$$=\left(\frac{-9475}{49337}\right)=\left(\frac{49337}{9475}\right)$$
$$=-\left(\frac{981}{9475}\right)=-\left(\frac{9475}{981}\right)$$
$$=-\left(\frac{-335}{981}\right)=-\left(\frac{981}{335}\right)$$
$$=-\left(\frac{-3}{335}\right)=-\left(\frac{335}{3}\right)$$
$$=-\left(\frac{-1}{3}\right)=1.$$

In diesem Beispiel könnte die Rechnung noch durch Abspaltung der quadratischen Faktoren aus $9475 = 5^2 \cdot 379$ und $981 = 3^2 \cdot 109$ abgekürzt werden.

5. Das Jacobische Symbol als Funktion seines Nenners

Bei der nunmehr zu gebenden Beschreibung des Jacobischen Symbols $\left(\dfrac{a}{b}\right)$ als Funktion seines Nenners b ist es zweckmäßig, die folgenden Voraussetzungen zugrunde zu legen, die gegenüber den schwächstmöglichen aus 1 in etwas anderer Weise verstärkt sind als in **2** bei der Beschreibung als Funktion des Zählers a, und die dem jetzigen Zweck entsprechend auch so formuliert sind, daß der zugelassene Argumentbereich für b (statt oben für a) explizit hervortritt:

$$a \neq 0 \text{ beliebig}, \qquad b \text{ prim zu } 2 \text{ und zu } k(a).$$

Für die gegebene rationale Zahl $a \neq 0$ setzen wir die beiden folgenden eindeutigen Darstellungen an:

$$(1.) \qquad \left\{ \begin{array}{llll} a = 2^{\alpha_2}(-1)^{\alpha_2'} a^* & \text{mit} & a^* \equiv 1 \bmod. 4 \\ a = (-1)^{\alpha}|a| & \text{mit} & |a| > 0 \end{array} \right\},$$

deren erste die in § 5,7 gegebene Definition der Bildung a^* in naheliegender Weise auf beliebige (auch zu 2 nicht prime) Zahlen verallgemeinert. Dabei drückt sich das Vorzeichen von a^* durch die beiden Exponenten α_2', $\alpha \bmod. 2$ vermöge der Formel

$$\operatorname{sgn} a^* = (-1)^{\alpha_2'} \operatorname{sgn} a = (-1)^{\alpha_2' + \alpha}$$

aus, so daß nach dem Exponenten aufgelöst

$$\frac{\operatorname{sgn} a^* - 1}{2} \equiv \alpha_2' + \alpha \bmod. 2$$

ist.

Nach den Reziprozitätsformeln aus **3** stellt sich dann das zu untersuchende Jacobische Symbol $\left(\dfrac{a}{b}\right)$ in folgender Weise explizit als Funktion seines Nenners b dar:

$$\left(\frac{a}{b}\right) = \left(\frac{2}{b}\right)^{\alpha_2} \left(\frac{-1}{b}\right)^{\alpha_2'} \left(\frac{a^*}{b}\right)$$

$$= (-1)^{\alpha_2 \frac{b^* - 1}{4}} (-1)^{\alpha_2' \left(\frac{b-1}{2} + \frac{\operatorname{sgn} b - 1}{2}\right)} (-1)^{\frac{\operatorname{sgn} a^* - 1}{2} \frac{\operatorname{sgn} b - 1}{2}} \left(\frac{b}{a^*}\right)$$

$$= (-1)^{\alpha \frac{\operatorname{sgn} b - 1}{2}} (-1)^{\alpha_2 \frac{b^* - 1}{4} + \alpha_2' \frac{b-1}{2}} \left(\frac{b}{a^*}\right).$$

Hierin lassen sich die voranstehenden Faktoren durch die in **3** eingeführten quadratischen Charaktere $\chi_4(b)$, $\chi_8(b)$, $\chi_\infty(b)$ ausdrücken, während der letzte Faktor nach **2**,I,II der quadratische Restcharakter

$$\chi_{|k(a^*)|}(b) = \left(\frac{b}{a^*}\right)$$

vom Führer $|k(a^*)|$ ist. Wir schreiben demnach die erhaltene explizite Darstellung auch in der Form

$$(2.) \qquad \left(\frac{a}{b}\right) = \chi_\infty(b)^\alpha \chi_8(b)^{\alpha_2} \chi_4(b)^{\alpha_2'} \chi_{|k(a^*)|}(b),$$

in der nunmehr die Art der Abhängigkeit von b klar hervortritt; die Exponenten α, α_2, α_2' mod. 2 sowie die Bildung a^* sind dabei durch die Darstellungen (1.) erklärt.

Nur für $\alpha \equiv 0$ mod. 2, also für $a > 0$ und damit auch $k(a) > 0$, ist das Symbol $\left(\frac{a}{b}\right)$ als Funktion von b ein Restklassencharakter im bisherigen Sinne, da dann die durch $\chi_\infty(b)$ bedingte zusätzliche Abhängigkeit vom Vorzeichen von b nicht wirklich auftritt. Der Führer $f(a)$ dieses Restklassencharakters bestimmt sich dann wie folgt.

Sind auch α_2, $\alpha_2' \equiv 0$ mod. 2, d.h. ist $k(a) = k(a^*)$, so ist

$$f(a) = k(a^*) = k(a).$$

Ist zwar $\alpha_2 \equiv 0$ mod. 2, aber $\alpha_2' \equiv 1$ mod. 2, d.h. ist $k(a) = -k(a^*)$, so tritt zufolge der durch $\chi_4(b)$ bedingten wirklichen Abhängigkeit von der Restklasse b mod. 4 außerdem noch der Faktor 4 im Führer auf; dieser ist dann also $f(a) = 4\,|k(a^*)| = 4k(a)$.

Ist schließlich $\alpha_2 \equiv 1$ mod. 2 und α_2' mod. 2 beliebig, d.h. ist $k(a) = \pm 2k(a^*)$, so tritt zufolge der durch $\chi_8(b)\,\chi_4(b)^{\alpha_2'}$ bedingten wirklichen Abhängigkeit von der Restklasse b mod. 8 außerdem statt des Faktors 4 sogar der Faktor 8 im Führer auf; dieser ist dann also $f(a) = 8\,|k(a^*)| = 4k(a)$.

In jedem dieser Fälle hat sich als Führer $f(a)$ genau der Modul ergeben, den wir in § 7,**5** im auf Primzahlen $b = p$ beschränkten Argumentbereich erhalten hatten, und zwar jetzt ohne Benutzung des Dirichletschen Primzahlsatzes und überhaupt ohne eine Wiederholung der dortigen Schlüsse, vielmehr auf Grund der Jacobischen Reziprozitätsformeln direkt aus der weniger tiefliegenden entsprechenden Tatsache **2**,I für das Jacobische Symbol als Funktion seines Zählers.

Für $\alpha \equiv 1$ mod. 2, also für $a < 0$ und damit auch $k(a) < 0$, ist das Symbol $\left(\frac{a}{b}\right)$ zufolge der durch $\chi_\infty(b)$ bedingten wirklichen Abhängigkeit vom Vorzeichen von b nicht mehr ein Restklassencharakter im bisherigen Sinne. Der Betrag $|f(a)|$ des vorstehend für die einzelnen Fälle angegebenen, jetzt negativen Moduls $f(a)$ hat dann aber wieder die Führereigenschaft, wenn man den Argumentbereich des Symbols auf die $b > 0$ oder auch auf die $b < 0$ mit den übrigen vorausgesetzten Eigenschaften beschränkt. Dabei wird jede Restklasse mod. $|f(a)|$ in zwei *Halbrestklassen*, eine aus positiven und eine aus negativen Zahlen, zerlegt. Es ist in dem hier vorliegenden Zusammenhang zweckmäßig, diese Aufspaltung der Restklassen formal wieder durch eine Kongruenzvorschrift zu beschreiben.

Dazu braucht man nur dem jetzt in $f(a)$ auftretenden Vorzeichenfaktor -1 die Bedeutung eines Moduls beizulegen, der jene Aufspaltung bewirkt, nämlich allgemein festzusetzen, daß für einen negativen Modul $-m$ die Kongruenz

$$a \equiv a' \text{ mod. } (-m) \quad \text{mit} \quad a \equiv a' \text{ mod. } m \quad \text{und} \quad \operatorname{sgn} a = \operatorname{sgn} a'$$

gleichbedeutend sein soll. Die oben benutzte Darstellung $a = (-1)^{\alpha} |a|$ mit $|a| > 0$ kann auf Grund dieser Festsetzung in der zur Definition von a^* analogen Form

$$a = (-1)^{\alpha} |a| \quad \text{mit} \quad |a| \equiv 1 \text{ mod. } (-1)$$

oder kurz als Basisdarstellung

$$a \equiv (-1)^{\alpha} \text{ mod. } (-1) \qquad (\alpha \text{ mod. } 2)$$

von a in der Restklassengruppe mod. (-1) [von der Ordnung $\varphi(-1) = 2$] geschrieben werden.

Auf den hier vorliegenden Fall angewandt, werden dann die beiden durch das Vorzeichen unterschiedenen Halbrestklassen mod. $|f(a)|$ formal zu Restklassen mod. $f(a)$. Das Symbol $\left(\dfrac{a}{b}\right)$ ist in diesem Sinne auch für $a < 0$ ein Restklassencharakter vom Führer $f(a)$.

Zusammengefaßt können wir demnach in Abrundung zu § 7,I,IV feststellen:

IV. *Versteht man die Kongruenz nach einem negativen Modul als Kongruenz nach seinem absoluten Betrag und Vorzeichengleichheit, so ist das Jacobische Symbol $\left(\dfrac{a}{b}\right)$ bei festem Zähler $a \neq 0$ als Funktion seines Nenners b ein quadratischer Restcharakter vom Führer*

$$f(a) = \begin{cases} k(a), & \text{wenn } k(a) \equiv 1 \text{ mod. } 4 \\ 4\,k(a), & \text{wenn } k(a) \not\equiv 1 \text{ mod. } 4 \end{cases},$$

wo $k(a)$ der quadratfreie Kern von a ist, und zwar gilt dies im Bereich der zu 2 und $k(a)$ primen b.

Beim Vergleich dieser Aussage mit dem Spezialfall § 7,I,IV für $b = p$ beachte man, daß die Primzahlen $p > 0$ sind, so daß aus einer Kongruenz $p \equiv p'$ mod. $|f(a)|$ von selbst die schärfere Kongruenz $p \equiv p'$ mod. $f(a)$ im jetzigen Sinne folgt.

Wir bemerken ferner, daß die hier zugrunde gelegte Bedeutung von $a \equiv a'$ mod. $(-m)$ sich nicht für den allgemeinen Gebrauch eignet. Vom elementaren Standpunkt aus gesehen ist ja die $a \equiv a'$ mod. m definierende Beziehung $m \mid a - a'$ **invariant** bei der Ersetzung von m durch $-m$, so daß es im allgemeinen üblich ist, $a \equiv a'$ mod. $(-m)$ als **gleichbedeutend** mit $a \equiv a'$ mod. m zu verstehen. Aus diesem Grunde, und aus anderen Erwägungen, die hier zu weit führen würden, hat man in der höheren Zahlentheorie eine andere Schreibweise für die Kongruenz einschließlich Vorzeichengleichheit eingeführt, indem man nämlich dem Modul m an Stelle von -1 ein neues Symbol ∞ als Faktor hinzufügt. Der in 3 eingeführte quadratische Charakter χ_∞ bezieht sich dann gerade auf die Restklassengruppe mod. ∞; daher seine Bezeichnung. Bei Verwendung dieses Symbols ∞ würde jedoch hier die in IV gegebene Formel für den Führer $f(a)$ als Funktion von a nicht ganz so glatt ausfallen.

Wenn in der Herleitung von IV von einer Abhängigkeit des Symbols $\left(\frac{a}{b}\right)$ vom Vorzeichen von b die Rede war, so war das dort sinngemäß so zu verstehen, daß im Falle $a < 0$ für eine Gleichheit $\left(\frac{a}{b}\right) = \left(\frac{a}{b'}\right)$ der Symbolwerte die Kongruenz $b \equiv b'$ mod. $|f(a)|$ nicht ausreicht, sondern noch die Vorzeichengleichheit sgn $b =$ sgn b' und damit die im neuen Sinne verstandene Kongruenz $b \equiv b'$ mod. $f(a)$ zu fordern ist. Wir heben das ausdrücklich hervor, weil doch der Definition nach durchweg

$$\left(\frac{a}{b}\right) = \left(\frac{a}{-b}\right)$$

gilt, also das Symbol $\left(\frac{a}{b}\right)$ in diesem Sinne, d.h. als *Zahlfunktion* im Gegensatz zu Restklassencharakter, vom Vorzeichen von b unabhängig oder, wie man dafür auch sagt, eine *gerade* Funktion ist. Ausführlich beschrieben liegt folgender Sachverhalt vor. Denkt man sich die zu 2 und $k(a)$ primen b auf der Zahlgeraden dargestellt, so liefert das Symbol $\left(\frac{a}{b}\right)$ eine bestimmte Verteilung der beiden Werte ± 1 auf die die b darstellenden Punkte. Diese Verteilung ist erstens im Bereich $b > 0$ und im Bereich $b < 0$ periodisch mit der Periode $|f(a)|$ und zweitens spiegelbildlich zum Nullpunkt. Im Falle $a > 0$ ist sie auch im vollen Bereich $b \gtrless 0$ periodisch, im Falle $a < 0$ ist das nicht der Fall. Innerhalb des kleinsten primen Restsystems mod. $|f(a)|$ unterschieden sich diese beiden Fälle so:

$$\left(\frac{a}{b}\right) = \left(\frac{a}{|f(a)| - b}\right) \qquad \text{für } a > 0,$$

$$\left(\frac{a}{b}\right) = -\left(\frac{a}{|f(a)| - b}\right) \qquad \text{für } a < 0;$$

denn im ersteren Falle ist $|f(a)| - b \equiv -b$ mod. $f(a)$, im letzteren Falle zwar $|f(a)| - b \equiv -b$ mod. $|f(a)|$ aber nicht auch mod. $f(a)$. Für $a > 0$

ist demnach die beschriebene Verteilung der Symbolwerte im kleinsten Restsystem mod. $|f(a)|$ spiegelbildlich zum Mittelpunkt $\frac{1}{2}\,|f(a)|$ *(symmetrisch)*, für $a < 0$ nur spiegelbildlich mit Vorzeichenumkehr *(antisymmetrisch)*, wie wir das in § 7,5 bereits an den dortigen Beispielen erkannt hatten. Man nennt dementsprechend das Symbol $\left(\dfrac{a}{b}\right)$ als *Restklassencharakter mod. $f(a)$ gerade* bzw. *ungerade*, während es als Zahlfunktion, wie gesagt, stets gerade ist.

Ebenso wie aus der Zählertatsache **2**,I mittels der Jacobischen Reziprozitätsformeln die analoge Nennertatsache IV folgt, lassen sich aus den weiteren Zählertatsachen **2**,II,III analoge Nennertatsachen herleiten.

Was das Analogon zu der gruppentheoretischen Aussage **2**,III betrifft, so stellen wir dies noch zurück, da es erst bei der in **6** zu gebenden Abrundung der Definition des Jacobischen Symbols klar herauskommt, beschränken uns also hier auf das Analogon zu der Eindeutigkeitsaussage **2**,II.

Es sei wie vorher in (1.)

$$a = 2^{\alpha_2}(-1)^{\alpha_2'}\,a^* \qquad \text{mit } a^* \equiv 1 \bmod. 4,$$
$$a = (-1)^{\alpha}\,|a| \qquad \text{mit } |a| \equiv 1 \bmod. (-1).$$

Dann ist nach IV

$$f(a) = \begin{cases} (-1)^{\alpha}\cdot|k(a^*)| & \text{für } \alpha_2 \equiv 0,\ \alpha_2' \equiv 0 \bmod. 2 \\ (-1)^{\alpha}\cdot 4\cdot|k(a^*)| & \text{für } \alpha_2 \equiv 0,\ \alpha_2' \equiv 1 \bmod. 2 \\ (-1)^{\alpha}\cdot 8\cdot|k(a^*)| & \text{für } \alpha_2 \equiv 1,\ \alpha_2' \text{ bel. } \bmod. 2 \end{cases}$$

und nach (2.)

$$\left(\frac{a}{b}\right) = \chi_\infty(b)^{\alpha}\chi_8(b)^{\alpha_2}\chi_4(b)^{\alpha_2'}\chi_{|k(a^*)|}(b).$$

Wir haben zu untersuchen, ob dies der einzige quadratische Restcharakter vom Führer $f(a)$ ist. Dazu betrachten wir den in jedem Falle $f(a)$ enthaltenden Modul

$$m(a) = (-1)\cdot 8\cdot|k(a^*)|$$

und zerlegen seinem Aufbau entsprechend die primen Restklassen b mod. $m(a)$ in Komponenten:

$$b \equiv b_\infty\,b_8\,b_{|k(a^*)|} \bmod. m(a)$$

mit

$$b_\infty \equiv \begin{cases} b \bmod. (-1) \\ 1 \bmod. 8\,|k(a^*)| \end{cases},\quad b_8 \equiv \begin{cases} b \bmod. 8 \\ 1 \bmod. (-|k(a^*)|) \end{cases},$$
$$b_{|k(a^*)|} \equiv \begin{cases} b \bmod. |k(a^*)| \\ 1 \bmod. (-8) \end{cases}.$$

Daß dieser Formalismus der Komponentenzerlegung sich auf den hier betrachteten Fall eines negativen Moduls $m(a)$ überträgt, erkennt man ohne weiteres, indem man die Komponentenzerlegung zunächst nur mod. $|m(a)|$ ausführt und dann durch Hinzufügen absolut hinreichend großer Vielfacher von $|m(a)|$ zu den Komponenten dafür sorgt, daß diese die zusätzlich verlangten Vorzeichenbedingungen erfüllen.

Ist nun ψ ein quadratischer Restcharakter mod. $f(a)$, also a fortiori auch mod. $m(a)$, so besteht analog wie in 2 beim Beweis von II die entsprechende Komponentenzerlegung

$$\psi(b) = \psi_\infty(b)\,\psi_8(b)\,\psi_{|k(a^*)|}(b)$$

mit

$$\psi_\infty(b) = \psi(b_\infty),\quad \psi_8(b) = \psi(b_8),\quad \psi_{|k(a^*)|}(b) = \psi(b_{|k(a^*)|}),$$

und diese Komponenten sind quadratische Restcharaktere mod. (-1), mod. 8, mod. $|k(a^*)|$. Hat ferner ψ den genauen Führer $f(a)$, so sind analog wie dort die Führer der Komponenten genau die $f(a)$ zusammensetzenden Beiträge $(-1)^\alpha\begin{Bmatrix}1\\4\\8\end{Bmatrix}|k(a^*)|$. Die einzigen quadratischen Restcharaktere von den Führern -1, 4, 8 sind nun auf Grund der Basisdarstellung nach diesen Moduln die Charaktere χ_∞, χ_4, $\begin{Bmatrix}\chi_8\\\chi_8\,\chi_4\end{Bmatrix}$ und der einzige quadratische Restcharakter vom Führer $|k(a^*)|$ ist nach 2,II das Jacobische Symbol $\chi_{|k(a^*)|}(b) = \left(\dfrac{b}{a^*}\right)$. Somit hat die Komponentenzerlegung von ψ die Gestalt

$$\psi = \chi_\infty^\alpha\,(\chi_8\,\chi_4^\delta)^{\alpha_2}\,\chi_4^{\alpha_2'}\,\chi_{|k(a^*)|}$$

mit einem nicht näher bestimmten Exponenten δ mod. 2.

Im Falle $\alpha_2 \equiv 0$ mod. 2, wo dieser Exponent δ keine Rolle spielt, ist hiernach

$$\psi(b) = \left(\frac{a}{b}\right).$$

In diesem Falle ist also $\left(\dfrac{a}{b}\right)$ als Funktion von b in der Tat der einzige quadratische Restcharakter vom Führer $f(a)$.

Im Falle $\alpha_2 \equiv 1$ mod. 2 ergeben sich jedoch, den beiden Kongruenzwerten $\delta \equiv 0,1$ mod. 2 entsprechend, zwei solche, nämlich

$$\psi(b) = \left(\frac{a}{b}\right) \quad \text{und} \quad \psi(b) = (-1)^{\frac{b-1}{2}}\left(\frac{a}{b}\right) = (-1)^{\frac{\operatorname{sgn}b-1}{2}}\left(\frac{-a}{b}\right),$$

letzteres nach dem ersten Ergänzungssatz. Sie lassen sich dadurch unterscheiden, daß der erstere als Zahlfunktion gerade, der letztere als Zahlfunktion ungerade ist.

Damit haben wir in Analogie zu der Eindeutigkeitsaussage **2**,II bewiesen:

V. *Das Jacobische Symbol* $\left(\dfrac{a}{b}\right)$ *ist als Funktion seines Nenners b durch die Aussage* IV *und die Eigenschaft, als Zahlfunktion gerade zu sein, eindeutig gekennzeichnet.*

Ist a kernprim zu 2, *so genügt zur eindeutigen Kennzeichnung die Aussage* IV *allein; ist a nicht kernprim zu* 2, *so erfüllt neben der geraden Zahlfunktion* $\left(\dfrac{a}{b}\right)$ *auch noch die ungerade Zahlfunktion*

$$(-1)^{\frac{b-1}{2}}\left(\frac{a}{b}\right) = (-1)^{\frac{\operatorname{sgn}b-1}{2}}\left(\frac{-a}{b}\right)$$

die Aussage IV.

Die Aussage IV mit ihrer Ergänzung V ist eine von Formeln freie, begriffliche Formulierung des quadratischen Reziprozitätsgesetzes und daher von grundsätzlichem Interesse. Es wird durch sie festgestellt, daß das Symbol $\left(\dfrac{a}{b}\right)$, das seiner Definition nach zwar als Funktion von a ein quadratischer Restcharakter mod. $|k(b)|$ ist, aber als Funktion von b nichts mit dem Kongruenzverhalten von b nach irgendeinem Modul zu tun zu haben scheint, in Wahrheit ein quadratischer Restcharakter nach dem durch a gegebenen Modul $f(a)$ ist, und zwar ein ganz bestimmter solcher, nämlich der einzige, dessen Führer genau $f(a)$ ist und der als Zahlfunktion gerade ist. Die explizite Angabe dieses eindeutig bestimmten quadratischen Restcharakters in Gestalt der obigen Formel (2.) führt dann von der begrifflichen zu der formelmäßigen Formulierung des Reziprozitätsgesetzes. Die letztere Bemerkung zeigt, daß es zum Beweis des quadratischen Reziprozitätsgesetzes genügen würde, umgekehrt wie bei dem hier eingeschlagenen Beweisgang zunächst die begriffliche Formulierung herzuleiten. Dies ist in der Tat durch die begrifflichen Methoden der algebraischen Zahlentheorie möglich. Wir kommen darauf im vierten Abschnitt (§ 19,3) zurück.

6. Das Kroneckersche Symbol

Die in **5** entwickelte Theorie des Jacobischen Symbols als Funktion seines Nenners hat noch einen kleinen Schönheitsfehler. Während nämlich im Fall $k(a) \not\equiv 1$ mod. 4, wo $f(a) = 4k(a)$ ist, der Argumentbereich

$$b \text{ prim zu } 2, \qquad b \text{ prim zu } k(a)$$

der volle Bereich aller zum Modul $f(a)$ primen Zahlen ist, ist er im Falle $k(a) \equiv 1$ mod. 4, wo $f(a) = k(a)$ ist, nur ein Teilbereich davon. Die Beschränkung auf zu 2 prime b, die durch die Definition des Legendreschen Symbols $\left(\dfrac{a}{p}\right)$ nur für Primzahlen $p \neq 2$ hereinkommt, erscheint im letzteren Falle unorganisch.

Dieser Umstand hat KRONECKER veranlaßt, die Definition des Jacobischen Symbols im Falle $k(a) \equiv 1$ mod. 4 noch etwas zu erweitern. Es ist klar, wie dies in organischer Weise zu geschehen hat. Die in 5 gegebene explizite Darstellung (2.) von $\left(\dfrac{a}{b}\right)$ als Funktion von b lautet ja im zu betrachtenden Falle einfach

$$(1.) \qquad \left(\frac{a}{b}\right) = (-1)^{\frac{\mathrm{sgn}\,a-1}{2}\,\frac{\mathrm{sgn}\,b-1}{2}} \left(\frac{b}{a}\right) \quad \text{für } k(a) \equiv 1 \text{ mod. 4}.$$

Hier ist der Ausdruck rechts für alle zu $k(a) = f(a)$ primen (oder auch nur kernprimen) b definiert, liefert also auch für zu 2 nicht (kern)prime b bestimmte Werte für das Symbol $\left(\dfrac{a}{b}\right)$ links. Das in dieser Weise verallgemeinerte Jacobische Symbol nennt man das *Kroneckersche Symbol*, und zwar verwendet man diese Bezeichnung unter Einschluß auch des Falles $k(a) \not\equiv 1$ mod. 4, in dem keine Erweiterung der Definition vorgenommen wird. Die beiden Fälle $k(a) \equiv 1$, $k(a) \not\equiv 1$ mod. 4 sind nach 5,IV auch durch $2 \nmid f(a)$, $2 \mid f(a)$ unterschieden.

Das Kroneckersche Symbol $\left(\dfrac{a}{b}\right)$ ist seiner Definition nach wie das Jacobische Symbol multiplikativ in a und in b. Hinsichtlich der Multiplikativität in a ist zu beachten, daß aus $k(a) \equiv 1$, $k(a') \equiv 1$ mod. 4 auch $k(aa') \equiv 1$ mod. 4 folgt. Wegen der Multiplikativität in b reduziert sich die vorgenommene Erweiterung des Definitionsbereichs auf die Hinzunahme des einen neuen Symbolwertes

$$(2.) \qquad \left(\frac{a}{2}\right) = \left(\frac{2}{a}\right) \quad \text{für } k(a) \equiv 1 \text{ mod. 4},$$

oder also nach dem zweiten Ergänzungssatz explizit

$$(3.) \qquad \left(\frac{a}{2}\right) = (-1)^{\frac{k(a)-1}{4}} \quad \text{für } k(a) \equiv 1 \text{ mod. 4},$$

und die Forderung der Multiplikativität in b.

Da für beliebiges zu 2 kernprimes a, wenn man $a = (-1)^{\alpha'_2} a^*$ mit $k(a^*) \equiv 1$ mod. 4 setzt, trivialerweise $\left(\dfrac{2}{a}\right) = \left(\dfrac{2}{a^*}\right)$ ist, wird durch die Formel (2.) der zweite Ergänzungssatz in seiner allgemeinsten Form auf die Gestalt einer Umkehrformel $\left(\dfrac{2}{a}\right) = \left(\dfrac{a^*}{2}\right)$ gebracht, deren rechte Seite als durch die Formel (3.) (mit a^* statt a) definiert anzusehen ist.

In der allgemeinen Formel (1.) ist es wegen der Symmetrie in a und b einerlei, ob man die Zusatzvoraussetzung $k(a) \equiv 1$ mod. 4 ($f(a)$ prim zu 2) oder $k(b) \equiv 1$ mod. 4 $\big(f(b)$ prim zu 2$\big)$ macht. Demnach hat man in nach Voraussetzung und Behauptung symmetrischer Formulierung:

Reziprozitätsgesetz für das Kroneckersche Symbol. *Unter den Voraussetzungen*

$$f(a) \text{ oder } f(b) \text{ prim zu } 2, \qquad k(a) \text{ und } k(b) \text{ prim zueinander gilt}$$

$$\left(\frac{a}{b}\right)\left(\frac{b}{a}\right) = (-1)^{\frac{\operatorname{sgn} a - 1}{2}\,\frac{\operatorname{sgn} b - 1}{2}}.$$

Wir hätten die beiden Voraussetzungen auf Grund von **5**,IV auch in die eine zusammenfassen können, daß $f(a)$ und $f(b)$ prim zueinander sind, haben das aber nicht getan, weil wir die Teilerfremdheit von Führern einschließlich der in ihnen gegebenenfalls vorkommenden Vorzeichenfaktoren -1 (Symbole ∞) verstellen wollen. Wenn $f(a)$ und $f(b)$ in diesem schärferen Sinne prim zueinander sind (und auch nur unter dieser Voraussetzung), ist der von den Vorzeichen abhängige Faktor in der Reziprozitätsformel gleich 1. Demnach haben wir:

Zusatz. *Unter der Voraussetzung, daß $f(a)$ und $f(b)$ (einschließlich der Vorzeichenfaktoren) prim zueinander sind, gilt die glatte Umkehrformel*

$$\left(\frac{a}{b}\right) = \left(\frac{b}{a}\right).$$

Durch das Reziprozitätsgesetz für das Kroneckersche Symbol wird, wie schon ausgeführt, auch der zweite Ergänzungssatz als Spezialfall $a = 2$ in das allgemeine Reziprozitätsgesetz einbezogen, was ja für den ersten Ergänzungssatz als Spezialfall $a = -1$ bereits durch das Reziprozitätsgesetz für das Jacobische Symbol erreicht war. Demnach ist das Reziprozitätsgesetz für das Kroneckersche Symbol als der allgemeinste formelmäßige Ausdruck des Reziprozitätsgesetzes der quadratischen Reste anzusehen. Es befriedigt nicht nur durch diese Allgemeinheit sondern auch durch die Einfachheit und Symmetrie in Voraussetzung und Behauptung.

Hinsichtlich der Allgemeinheit ist allerdings folgendes zu sagen. Die allgemeinsten Voraussetzungen, unter denen das Symbol nunmehr definiert ist, lauten:

$k(a)$ und $k(b)$ prim zueinander (im gewöhnlichen Sinne),

wenn $2 \mid k(b)$, so $2 \nmid f(a)$.

Im Falle $2 \mid k(b)$ fällt das Symbol unter die Voraussetzungen des Reziprozitätsgesetzes für das Kroneckersche Symbol, im Falle $2 \nmid k(b)$ dagegen nicht notwendig, weil ja dann gleichwohl $2 \mid f(b)$ gelten kann (wenn nämlich $k(b) \equiv -1$ mod. 4 ist) und gleichzeitig $2 \mid f(a)$ sein kann. Setzt man jedoch, analog wie schon oben bei der Einordnung des zweiten Ergänzungssatzes, $b = (-1)^{\beta_2'}\, b^*$ mit $k(b^*) \equiv 1$ mod. 4, so ist trivialerweise $\left(\dfrac{a}{b}\right) = \left(\dfrac{a}{b^*}\right)$, und die Voraussetzungen des Reziprozitätsgesetzes sind für das abgeänderte Symbol $\left(\dfrac{a}{b^*}\right)$ erfüllt. Demnach kann das Reziprozitätsgesetz für das Kroneckersche Symbol auf jedes definierte Symbol $\left(\dfrac{a}{b}\right)$ angewandt werden, indem man nötigenfalls das irrelevante Vorzeichen des Nenners b umkehrt.

Als Funktion seines Nenners b im Bereich der zu $f(a)$ primen b betrachtet, ist das Kroneckersche Symbol $\left(\dfrac{a}{b}\right)$ ein quadratischer Restcharakter vom Führer $f(a)$, und zwar der einzige solche, der als Zahlfunktion gerade ist, wie wir das in den Aussagen 5,IV und V für das Jacobische Symbol festgestellt hatten. Die Verallgemeinerung auf das Kroneckersche Symbol besteht hierbei lediglich darin, daß der Definitionsbereich auf den vollen Bereich der zu $f(a)$ primen b erweitert ist, was ja für uns der Anlaß zur Einführung des Kroneckerschen Symbols war. Wir wollen jetzt noch das Nenneranalogon zu der gruppentheoretischen Zähleraussage 2,III bringen, das wir in 5 zurückstellten:

VI. *Bei festem $a \neq 0$ wird durch die Forderung* $\left(\dfrac{a}{b}\right) = 1$ *in der Gruppe* $\mathfrak{G}$ *der primen Restklassen b mod. $f(a)$ eine Untergruppe $\mathfrak{H}$ vom Index*

$$[\mathfrak{G}:\mathfrak{H}] = \begin{cases} 1, & \text{wenn } a \text{ Quadrat}, \\ 2, & \text{wenn } a \text{ kein Quadrat} \end{cases}$$

definiert.

Beweis. Aus der Restcharaktereigenschaft von $\left(\dfrac{a}{b}\right) = \chi_{f(a)}(b)$ ist klar, daß die primen Restklassen b mod. $f(a)$ mit $\left(\dfrac{a}{b}\right) = 1$ eine Untergruppe $\mathfrak{H}$ bilden, die entweder mit $\mathfrak{G}$ zusammenfällt, wenn nämlich $\left(\dfrac{a}{b}\right)$ als Funktion von b identisch 1 ist, oder in $\mathfrak{G}$ den Index 2 hat, wenn das nicht der Fall ist. Wegen der Führereigenschaft von $f(a)$ kann aber $\left(\dfrac{a}{b}\right)$ als Funktion von b nur dann identisch 1 sein, wenn $f(a) = 1$ ist; denn sonst wäre 1 ein echter Teiler von $f(a)$ mit der Eigenschaft $\left(\dfrac{a}{b}\right) = 1$ für alle (zu $f(a)$ primen) $b \equiv 1$ mod. 1. Nach 5,IV ist $f(a) = 1$ lediglich in dem trivialen Falle, daß a ein Quadrat ist.

Die in VI auftretende Untergruppe $\mathfrak{H}$ der primen Restklassengruppe $\mathfrak{G}$ mod. $f(a)$ ist (im Gegensatz zu der in 2,III auftretenden weniger wichtigen) in der algebraischen Zahlentheorie von großer Bedeutung. Sie steht in engem Zusammenhang mit der Arithmetik in dem durch a bestimmten quadratischen Zahlkörper $P(\sqrt{a})$, wie wir im vierten Abschnitt (§ 19,1) genauer sehen werden. Diese begriffliche Deutung des Kroneckerschen Symbols ist dann der Ansatzpunkt für einen in der

Arithmetik des Körpers $P\left(\sqrt{a}\right)$ wurzelnden Beweis des quadratischen Reziprozitätsgesetzes, von dem schon in 5 im Anschluß an die Aussagen IV, V die Rede war.

§ 10. Verteilungsfragen über quadratische Reste nach einer Primzahl

1. Lösungszahl quadratischer Kongruenzen

Das quadratische Reziprozitätsgesetz, dessen Theorie wir in den vorangehenden §§ 7–9 ausführlich entwickelt haben, gibt eine erschöpfende Antwort auf die zweite, schwierigere der beiden in § 7,1 vorangestellten Grundfragen, nach welchen ungeraden Primzahlen p eine gegebene Zahl a quadratischer Rest ist. Wir kommen jetzt nochmals auf die erste, einfachere dieser Grundfragen zurück, welche Zahlen a quadratische Reste nach einer gegebenen ungeraden Primzahl p sind. Diese Frage wird an sich durch die drei Kriterien aus § 6 vollständig beantwortet, nach denen man ja auf drei verschiedene Weisen entscheiden kann, ob a quadratischer Rest nach p ist oder nicht. Man erhält aber durch keines jener drei Kriterien Kenntnis darüber, wie die quadratischen Reste und Nichtreste im kleinsten Restsystem mod. p im einzelnen verteilt sind.

In dieser Hinsicht können wir bisher nur die folgenden beiden rohen Aussagen machen:

I. *Unter den* $p - 1$ *primen Resten* a *mod.* p *gibt es genau* $\dfrac{p-1}{2}$ *quadratische Reste und* $\dfrac{p-1}{2}$ *quadratische Nichtreste.*

II. *Die Verteilung der quadratischen Reste und Nichtreste* a *mod.* p *im kleinsten primen Restsystem* $0 < a < p$ *ist symmetrisch oder antisymmetrisch zu* $\dfrac{p}{2}$, *je nachdem* $p \equiv 1$ *oder* -1 *mod.* 4 *ist.*

Beweise. Ersteres wurde bereits in § 6,4 festgestellt; letzteres folgt daraus, daß der quadratische Restcharakter $\left(\dfrac{a}{p}\right) = \chi_p(a)$ gerade oder ungerade ist (§ 9,5), je nachdem $\left(\dfrac{-1}{p}\right) = \chi_p(-1) = 1$ oder -1 ist, also nach dem ersten Ergänzungssatz zum quadratischen Reziprozitätsgesetz, je nachdem $p \equiv 1$ oder -1 mod. 4 ist.

Der Wunsch nach genaueren Aussagen über die Verteilung der quadratischen Reste im kleinsten Restsystem mod. p hat in neuerer Zeit Anlaß zur Entwicklung einer reizvollen Theorie gegeben, in der ein ganz allgemeiner Typus derartiger Verteilungsfragen, auf den man von den quadratischen Resten ausgehend zwangsläufig kommt, systematisch behandelt wird. Dazu sind allerdings tiefliegende Hilfsmittel aus der arithmetischen Theorie der algebraischen Funktionenkörper heranzuziehen. Wir wollen hier einen Einblick in die Fragestellungen und Ergebnisse dieser Theorie geben und in einigen Spezialfällen, die mit den uns zu Gebote stehenden Hilfsmitteln zugänglich sind, elementare Beweise bringen.

Wir verstehen im folgenden unter p durchweg eine ungerade Primzahl, die zunächst als fest gegeben anzusehen ist.

Es ist für die zu behandelnden Fragen – und auch in anderen Zusammenhängen – zweckmäßig, die Definition des Legendreschen Symbols $\left(\dfrac{a}{p}\right)$ auf die Nullklasse $a \equiv 0 \bmod. p$ zu erweitern, und zwar durch die Festsetzung

$$(1.) \qquad\qquad \left(\frac{a}{p}\right) = 0 \qquad \text{für } a \equiv 0 \bmod. p,$$

Diese Zusatzdefinition ist so beschaffen, daß die Produktregel

$$\left(\frac{ab}{p}\right) = \left(\frac{a}{p}\right)\left(\frac{b}{p}\right)$$

und das Eulersche Kriterium

$$\left(\frac{a}{p}\right) \equiv a^{\frac{p-1}{2}} \bmod. p$$

auch im erweiterten Definitionsbereich gelten. Wir heben aber ausdrücklich hervor, daß diese Definitionserweiterung des Symbols $\left(\dfrac{a}{p}\right)$ als Restklassencharakter mod. p nicht mit der in § 9,1 vorgenommenen, für das Reziprozitätsgesetz zweckmäßigen Definitionserweiterung auf zu p nur kernprime a im Einklang steht; denn dabei wird ja abweichend von (1.) der Symbolwert $\left(\dfrac{a}{p}\right) = \left(\dfrac{a_0}{p}\right)$ definiert, wenn $a = p^{2\alpha} a_0$ mit zu p primem a_0 ist. Von dieser letzteren Definitionserweiterung des Symbols $\left(\dfrac{a}{p}\right)$ als Zahlfunktion müssen wir demnach hier absehen.

Die Tatsache I, daß es in jedem primen Restsystem mod. p gleichviele quadratische Reste und Nichtreste gibt, drückt sich mittels des Legendreschen Symbols durch die Summenformel

$$(2.) \qquad\qquad \sum_{a\,\mathrm{mod.}\,p} \left(\frac{a}{p}\right) = 0$$

aus, in der a jetzt auch ein volles (nicht nur ein primes) Restsystem mod. p durchlaufen darf.

Die eigentliche Bedeutung der Zusatzdefinition (1.) für den hier vorliegenden Zweck liegt in der Tatsache, daß dann die Lösungsanzahl N der Kongruenz $x^2 \equiv a \bmod. p$ für jedes $a \bmod. p$ durch den Ausdruck

$$(3.) \qquad\qquad N[x^2 \equiv a \bmod. p] = 1 + \left(\frac{a}{p}\right)$$

gegeben wird. Für $a \not\equiv 0$ mod. p ist ja, wie bereits in § 6,**3**,II a festgestellt wurde, $N = 2$ oder 0, je nachdem a quadratischer Rest oder Nichtrest mod. p, d.h. je nachdem $\left(\dfrac{a}{p}\right) = 1$ oder -1 ist, und für $a \equiv 0$ mod. p, wo jetzt $\left(\dfrac{a}{p}\right) = 0$ verstanden sein soll, ist $N = 1$, weil dann nur $x \equiv 0$ mod. p Lösung der Kongruenz ist.

Wir verwenden im folgenden die in (3.) eingeschlagene Bezeichnungsweise für die Lösungsanzahl von Kongruenzen auch in allgemeineren Fällen

$$N\,[f(x) \equiv 0 \text{ mod. } p], \qquad N\,[f(x, y) \equiv 0 \text{ mod. } p],$$

wo $f(x)$, $f(x, y)$ Polynome mit (für p) ganzen Koeffizienten sind. Im letzteren Falle ist die Anzahl der Lösungen in beiden Unbestimmten x, y mod. p gemeint. Soll nur die Anzahl der Lösungen y mod. p bei festem x mod. p ausgedrückt werden, so hängen wir das feste x als Index an N an. In diesem Sinne gilt allgemein die Summenformel

$$(4.) \quad N\,[f(x, y) \equiv 0 \text{ mod. } p] = \sum_{x \bmod. p} N_x\,[f(x, y) \equiv 0 \text{ mod. } p].$$

Schreibt man (3.) mit zwei Unbestimmten x, y in der Form

$$N_x\,[x \equiv y^2 \text{ mod. } p] = 1 + \left(\frac{x}{p}\right),$$

so erhält man aus (4.) unter Beachtung von (2.) die Anzahlformel

$$(5.) \qquad\qquad N\,[x \equiv y^2 \text{ mod. } p] = p.$$

Dies ist ein erstes Ergebnis von dem Typus, der im folgenden hervortreten wird. Es ist allerdings ganz trivial; denn es wird sofort einsichtig, wenn man die Lösungen x, y nicht, wie bei der gegebenen Herleitung, nach festen x sondern nach festen y ordnet.

Dieselbe Schlußweise liefert allgemein aus

$$N_x\,[f(x) \equiv y^2 \text{ mod. } p] = 1 + \left(\frac{f(x)}{p}\right)$$

die Anzahlformel

$$(6.) \qquad N\,[f(x) \equiv y^2 \text{ mod. } p] = p + \sum_{x \bmod. p} \left(\frac{f(x)}{p}\right) = p + \Phi_p(f)$$

für ein beliebiges Polynom $f(x)$ mit (für p) ganzen Koeffizienten. Hier tritt rechts außer dem Hauptglied p das Zusatzglied

$$(7.) \qquad\qquad \Phi_p(f) = \sum_{x \bmod. p} \left(\frac{f(x)}{p}\right)$$

auf.

10*

Im Spezialfall (5.) mit $f(x) = x$ ist dies Zusatzglied $\sum\limits_{x \bmod. p} \left(\dfrac{x}{p}\right) = 0$, und darin drückt sich, wie schon bei (2.) gesagt, die eingangs angeführte rohe Aussage I über die Verteilung der quadratischen Reste und Nichtreste mod. p aus. Entsprechend gilt allgemeiner

$$(8.) \qquad N\,[f_1(x) \equiv y^2 \bmod. p] = p, \qquad \varPhi_p(f_1) = 0$$

für jedes mod. p lineare Polynom

$$f_1(x) = a\,x + b \qquad (a \not\equiv 0 \bmod. p).$$

Denn für $a \not\equiv 0 \bmod. p$ durchläuft $a\,x + b$ mit x ein volles Restsystem mod. p.

Gelingt es, das Zusatzglied $\varPhi_p(f)$ für andere, nicht lineare Polynome f auszuwerten, so hat man damit weitere Aussagen über jene Verteilung, allerdings in einer impliziten Gestalt. Wie wir nachher sehen werden, führen umgekehrt bestimmte explizite Fragen über die Verteilung der quadratischen Reste mod. p auf die Aufgabe, die in (7.) definierte Summe $\varPhi_p(f)$ für bestimmte Polynome f auszuwerten. Für diese Summe gelten ersichtlich die beiden formalen Regeln:

$$(9.) \qquad \varPhi_p[f(a\,x + b)] = \varPhi_p[f(x)] \qquad (a \not\equiv 0 \bmod. p),$$

$$(10.) \qquad \varPhi_p[a\,f(x)] = \left(\dfrac{a}{p}\right) \varPhi_p[f(x)],$$

nach denen man das zu untersuchende Polynom f ohne Einschränkung einer ganzen, mod. p linearen Transformation unterwerfen und seinen höchsten Koeffizienten als 1 voraussetzen kann.

Ehe wir uns den zu behandelnden expliziten Verteilungsfragen zuwenden, bemerken wir noch, daß man mittels des Legendreschen Symbols die Lösungsanzahl nicht nur der speziellen quadratischen Kongruenz $x^2 - a \equiv 0 \bmod. p$ sondern auch der allgemeinen quadratischen Kongruenz

$$f_2(x) = a\,x^2 + b\,x + c \equiv 0 \bmod. p \qquad (a \not\equiv 0 \bmod. p)$$

ausdrücken kann. Da $p \neq 2$ und $a \not\equiv 0 \bmod. p$ sein soll, kann man die mit $4a$ multiplizierte Kongruenz

$$4\,a\,f_2(x) = (2\,a\,x + b)^2 - d \equiv 0 \bmod. p,$$

wo

$$d = b^2 - 4\,a\,c,$$

zugrunde legen und ihre Lösungsanzahl in der mit $x \bmod. p$ umkehrbar eindeutig zusammenhängenden Unbestimmten

$$y \equiv 2\,a\,x + b \bmod. p$$

bestimmen, womit die Aufgabe auf den Spezialfall (3.) zurückgeführt ist. So ergibt sich die Formel:

$$(11.) \qquad N[f_2(x) \equiv 0 \bmod. p] = 1 + \left(\frac{d}{p}\right),$$

wo d die Diskriminante des mod. p quadratischen Polynoms f_2 ist.

2. Sequenzen mit vorgeschriebenen Restcharakteren

Um die Verteilung der quadratischen Reste und Nichtreste mod. p vollständig zu beherrschen, müßte man allgemein wissen, ob auf einen gegebenen quadratischen Rest bzw. Nichtrest a mod. p ein quadratischer Rest oder Nichtrest $a + 1$ mod. p folgt. Eine so ins einzelne gehende Beschreibung der Verteilung ist jedoch wohl kaum erreichbar. Man muß zufrieden sein, wenn man, analog wie bei der eingangs angeführten rohen Verteilungsaussage 1,I, nur die Gesamtanzahlen der im primen Restsystem auftretenden Sequenzen von jedem der vier Typen RR, RN, NR, NN kennt, wo R, N für „quadratischer Rest, Nichtrest" stehen. Dieses Ziel erweist sich als erreichbar.

Wir verallgemeinern diese Anzahlfrage gleich auf Sequenzen irgendeiner Länge n mit $1 \le n \le p - 1$, fragen also allgemein nach der Anzahl $N_0(\varepsilon_1, \ldots, \varepsilon_n | p)$ der im primen Restsystem mod. p auftretenden n-gliedrigen Sequenzen $x + 1, \ldots, x + n$ mit vorgegebenen quadratischen Restcharakteren

$$(1.) \qquad \left(\frac{x+1}{p}\right) = \varepsilon_1, \ldots, \left(\frac{x+n}{p}\right) = \varepsilon_n,$$

wobei also $\varepsilon_1, \ldots, \varepsilon_n$ vorgegebene Einheiten ± 1 sind. Denken wir uns das kleinste prime Restsystem mod. p zugrunde gelegt, so ist dabei $0 \le x < p - n$ vorauszusetzen, damit die Sequenz $x + 1, \ldots, x + n$ ganz diesem System angehört. Die n Forderungen (1.) sind ersichtlich dann und nur dann gleichzeitig erfüllt, wenn das Produkt

$$\left(1 + \varepsilon_1 \left(\frac{x+1}{p}\right)\right) \cdots \left(1 + \varepsilon_1 \left(\frac{x+n}{p}\right)\right) = 2^n$$

ist, während dies Produkt (bei der angegebenen Beschränkung von x) in jedem anderen Falle gleich 0 ist. Daher ist die fragliche Anzahl durch die Summenformel

$$(2.) \quad N_0(\varepsilon_1, \ldots, \varepsilon_n | p) = \frac{1}{2^n} \sum_{0 \le x < p - n} \left(1 + \varepsilon_1 \left(\frac{x+1}{p}\right)\right) \cdots \left(1 + \varepsilon_n \left(\frac{x+n}{p}\right)\right)$$

gegeben.

Vom theoretischen Standpunkt aus ist es vernünftiger, an Stelle dieser auf $0 \le x < p - n$ beschränkten Summe die über das volle Restsystem $0 \leq x < p$ erstreckte Summe zu betrachten, in der dann statt dieses kleinsten Restsystems mod. p auch jedes andere solche treten kann:

$$(3.) \quad N(\varepsilon_1, \ldots, \varepsilon_n \,|\, p) = \frac{1}{2^n} \sum_{x \bmod p} \left(1 + \varepsilon_1 \left(\frac{x+1}{p}\right)\right) \cdots \left(1 + \varepsilon_n \left(\frac{x+n}{p}\right)\right).$$

Die Summe der beim Übergang von (2.) zu (3.) hinzugefügten n Glieder läßt sich leicht bestimmen. In jedem dieser Glieder kommt unter den $x+1, \ldots, x+n$ ein $x+\nu_0 = p$ vor, mit dem Beitrag $1 + \varepsilon_{\nu_0}\left(\dfrac{x+\nu_0}{p}\right) = 1$. Das Produkt der $n-1$ übrigen Beiträge $1 + \varepsilon_\nu\left(\dfrac{x+\nu}{p}\right)$ ist gleich 2^{n-1}, wenn die gestellten Forderungen (1.) für die $n-1$ übrigen $x+\nu$ erfüllt sind, sonst gleich 0. Unter Berücksichtigung des Faktors $\dfrac{1}{2^n}$ vor der Summe ist demnach die Summe jener n Zusatzglieder gleich der halben Anzahl von Malen, daß im Intervall $p-n \leq x < p$ die $n-1$ Forderungen (1.) mit $x+\nu \neq p$ erfüllt sind. Anders gesagt, wird in der Anzahl N im Gegensatz zu N_0 das Restsystem $x \bmod p$ als zyklisch geschlossen angesehen und das Auftreten von $\left(\dfrac{x+\nu_0}{p}\right) = 0$ statt ε_{ν_0} in (1.), wenn die $n-1$ übrigen Forderungen $\dfrac{x+\nu}{p} = \varepsilon_\nu$ erfüllt sind, bei der Zählung nur mit $\dfrac{1}{2}$ statt 1 bewertet, ein Zählungsmodus, wie er aus der Analysis bei Randphänomenen geläufig ist. Hiernach gilt für die Anzahlen N_0, N aus (2.), (3.) jedenfalls die Ungleichung

$$(4.) \qquad 0 \leq N - N_0 \leq \frac{n}{2}.$$

Im trivialen Spezialfall $n = 1$ wird $N = \dfrac{p}{2} = \dfrac{p-1}{2} + \dfrac{1}{2}$.

Die Anzahl N läßt sich nach (3.) wie folgt weiter ausrechnen. Durch Ausmultiplikation des allgemeinen Gliedes rechts und Summation über die dabei entstehenden 2^n Produkte erhält man zunächst, dem Produkt aller Summanden 1 entsprechend, das Hauptglied

$$\frac{1}{2^n} \sum_{x \bmod p} 1 = \frac{p}{2^n},$$

und ferner, den Produkten mit mindestens einem der Summanden $\varepsilon_\nu\left(\dfrac{x+\nu}{p}\right)$ entsprechend, $2^n - 1$ Zusatzglieder vom Typus

$$\frac{1}{2^n} \varepsilon_{\nu_1} \cdots \varepsilon_{\nu_r} \sum_{x \bmod p} \left(\frac{(x+\nu_1)\cdots(x+\nu_r)}{p}\right) = \frac{1}{2^n} \varepsilon_{\nu_1} \cdots \varepsilon_{\nu_r} \Phi_p(f_{\nu_1, \ldots, \nu_r}),$$

wo $\nu_1, \ldots, \nu_r$ alle Kombinationen aus $1, \ldots, n$ mit den Gliederanzahlen

$r = 1, \ldots, n$ durchläuft. In den Zählern der Legendreschen Symbole bilden sich dabei die Polynome r-ten Grades

$$f_{v_1, \ldots, v_r}(x) = (x + v_1) \cdots (x + v_r),$$

so daß bis auf den voranstehenden Faktor $\frac{1}{2^n}\, \varepsilon_{v_1} \cdots \varepsilon_{v_r}$ die in **1**, (7.) definierten Summen $\Phi_p(f_{v_1, \ldots, v_r})$ für diese Polynome vorliegen. Insgesamt ergibt sich so:

$$(5.) \quad N(\varepsilon_1, \ldots, \varepsilon_n \mid p) = \frac{p}{2^n} + \frac{1}{2^n} \sum_{r=1}^{n} \sum_{\{v_1, \ldots, v_r\}} \varepsilon_{v_1} \cdots \varepsilon_{v_r}\, \Phi_p(f_{v_1, \ldots, v_r}),$$

wo $\{v_1, \ldots, v_r\}$ die r-gliedrigen Kombinationen aus $1, \ldots, n$ durchläuft. Neben dem Hauptglied $\frac{p}{2^n}$ tritt also eine mit dem Faktor $\frac{1}{2^n}$ versehene Summe von $2^n - 1$ Zusatzgliedern auf, die (bis auf die durch die $\varepsilon_1, \ldots, \varepsilon_n$ bestimmten Vorzeichen) vom Typus **1**, (7.) mit Polynomen der Grade $r = 1, \ldots, n$ vom höchsten Koeffizienten 1 sind.

3. Wahrscheinlichkeitstheoretische Deutung. Überblick über die Ergebnisse

Bei den Anzahlformeln **1**, (6.) und **2**, (5.) haben wir von dem Hauptglied und den Zusatzgliedern gesprochen. Wir wollen diese Ausdrucksweise jetzt näher erläutern. Von einem groben wahrscheinlichkeitstheoretischen Standpunkt aus ist zu erwarten, daß ungefähr der p-te Teil aller p^2 Restklassenpaare x, y mod. p der Kongruenz $f(x) \equiv y^2$ mod. p genügt, und daß ungefähr der 2^n-te Teil aller p Restklassen x mod. p den Sequenzforderungen $\left(\dfrac{x + v}{p}\right) = \varepsilon_v\,(v = 1, \ldots, n)$ genügt. Denn im ersteren Falle wird den Restklassenpaaren x, y mod. p eine Bedingung $f(x) \equiv y^2$ mod. p auferlegt, durch die etwa y mod. p bei gegebenem x mod. p bestimmt wird, und in letzterem Falle wird der Restklasse x mod. p ein System von n Bedingungen $\left(\dfrac{x + v}{p}\right) = \varepsilon_v\,(v = 1, \ldots, n)$ auferlegt, deren jede durch ungefähr die Hälfte aller Restklassen x mod. p erfüllt wird. Das Hauptglied ist in jedem dieser beiden Fälle gleich der Gesamtanzahl p^2 bzw. p der betrachteten Restklassen mal der in diesem groben Sinne verstandenen Wahrscheinlichkeit $\frac{1}{p}$ bzw. $\frac{1}{2^n}$ für das Eintreffen des in der betrachteten Anzahl gezählten Ereignisses. Allerdings ist hierzu zu sagen, daß im ersteren Falle ja in Wahrheit durch die Kongruenz $f(x) \equiv y^2$ mod. p bei gegebenem x mod. p entweder kein oder ein oder zwei y mod. p bestimmt werden, so daß durch die obige grobe Schlußweise nicht erwiesen wird, ob wirklich insgesamt ungefähr p Lösungen x, y mod. p vorhanden sind (z.B. sind für $f(x) = x^2$, wo die eine Kongruenz $x^2 \equiv y^2$ mod. p in die zwei Kongruenzen $x \equiv y$ oder $x \equiv -y$ mod. p zerfällt, $2p - 1$ Lösungen vorhanden), und daß im letzteren Falle nicht feststeht, ob die n Bedingungen $\left(\dfrac{x + v}{p}\right) = \varepsilon_v$ ($v = 1, \ldots, n$) im wahrscheinlichkeitstheoretischen Sinne voneinander unabhängig sind, ob also ihre Wahrscheinlichkeit wirklich das Produkt $\dfrac{1}{2^n}$ der Einzelwahrscheinlichkeiten $\dfrac{1}{2}$ ist. Im strengen Sinne kann ferner von einer Wahrscheinlichkeit überhaupt nicht die Rede sein, solange die Primzahl p als fest gegeben angesehen wird, weil ja dann nur ein einziger Versuch bzw. ein einziges System von n Versuchen vorliegt. Erstreckt man jedoch die Betrachtung auf die Gesamtheit aller ungeraden Primzahlen p, so liegt wegen deren Unendlichkeit in der Tat die Grundgegebenheit einer Statistik und damit die Voraussetzung für die Anwendbarkeit wahrscheinlichkeitstheoretischer Begriffsbildungen vor.

Bei dieser Auffassung hat man $f(x)$ als ganzzahliges Polynom bzw. n als natürliche Zahl und $\varepsilon_1, \ldots, \varepsilon_n$ als Einheiten ± 1 fest gegeben anzusehen und die Lösungsanzahl $N[f(x) \equiv y^2$ mod. $p]$ bzw. die Sequenzenanzahl $N(\varepsilon_1, \ldots, \varepsilon_n | p)$ für alle ungeraden Primzahlen p (im letzteren Falle $\geq n$) zu betrachten. Es erhebt sich dann die Frage, ob die Abweichung dieser Anzahl N von dem Hauptglied p bzw. $\dfrac{p}{2^n}$, als Funktion von p betrachtet, asymptotisch *von kleinerer Größenordnung* als dieses Hauptglied ist, d.h. ob diese Abweichung, durch p bzw. $\dfrac{p}{2^n}$ dividiert, für $p \to \infty$ zu Null strebt. Ist dies der Fall, so wird man sagen dürfen, daß die betrachtete Verteilungsfrage 1 bzw. *n unabhängige Ereignisse* betrifft, und wird das Hauptglied als den wahrscheinlichkeitstheoretischen *Erwartungswert* oder *Mittelwert*, das Zusatzglied bzw. ihre Summe als den *Fehler* bezeichnen dürfen. Stellt sich schärfer heraus, daß der Fehler nicht nur von kleinerer Größenordnung als p sondern von der Ordnung $O(\sqrt{p})$ ist, d.h. daß sein absoluter Betrag kleiner als $C\sqrt{p}$ mit einer nicht näher bestimmten, aber jedenfalls von p unabhängigen positiven Konstanten C ist, so wird man im Hinblick auf das Auftreten dieser Größenordnung des Fehlers im sog. Gesetz der großen Zahlen sagen dürfen, daß für die betrachtete Verteilungsfrage das *Streuungsgesetz für Zufallsgrößen* gilt. Und wenn man zudem zeigen kann, daß der Fehler genau von der Ordnung $O(\sqrt{p})$ (nicht von kleinerer Größenordnung als $\sqrt{p}$) ist, wird man von einer *rein-zufälligen Verteilung* reden dürfen.

So genügt z.B. die in 1, (8.) betrachtete Kongruenz $f_1(x) \equiv y^2$ mod. p mit einem linearen Polynom $f_1(x) = ax + b$ trivialerweise dem Streuungsgesetz für Zufallsgrößen, weil, von den endlich vielen $p \,|\, a$ abgesehen, durchweg $N = p$ ist; da aber hier der Fehler 0 ist, liegt keine rein zufällige Verteilung vor. Bei der zuvor angeführten Kongruenz $x^2 \equiv y^2$ mod. p dagegen liegt keine Streuung von Zufallsgrößen vor, weil hier durchweg $N = 2p - 1 = p + (p - 1)$ ist; diese Kongruenz kann nicht als e i n unabhängiges Ereignis angesehen werden, wie das in ihrem Zerfallen in die z w e i alternativ verbundenen Kongruenzen $x \equiv y$ oder $x \equiv - y$ mod. p zum Ausdruck kommt. Dasselbe gilt allgemeiner auch für die Kongruenz $f_1(x)^2 \equiv y^2$ mod. p mit linearem f_1. Einen Typus von Kongruenzen $f(x) \equiv y^2$ mod. p, für den das Streuungsgesetz für Zufallsgrößen erfüllt ist und eine rein zufällige Verteilung vorliegt, werden wir im folgenden kennenlernen.

Für die Sequenzanzahl $N(\varepsilon_1, \ldots, \varepsilon_n | p)$ wird unsere Fragestellung nach der Größenordnung der Zusatzglieder durch die Formel 2, (5.) nach 1, (6.), (7.) auf die entsprechende Frage für die Lösungsanzahlen $N[f(x) \equiv y^2$ mod. $p]$ mit gewissen speziellen Polynomen $f = f_{v_1, \ldots v_r}$ der Grade $r = 1, \ldots, n$ zurückgeführt. Kann man zeigen, daß für diese Polynome durchweg

$$\Phi\left(f_{v_1, \ldots, v_r}\right) = O\left(\sqrt{p}\right)$$

gilt, so folgt in der Tat

$$N(\varepsilon_1, \ldots, \varepsilon_n | p) = \frac{p}{2^n} + O\left(\sqrt{p}\right),$$

sogar mit der gleichen Konstanten C im Fehlerglied. Dieselbe Formel (mit einer passenden anderen Konstanten im Fehlerglied) gilt dann nach 2, (4.) auch für die ursprüngliche, ohne Berücksichtigung der Randglieder gebildete Sequenzanzahl $N_0(\varepsilon_1, \ldots, \varepsilon_n | p)$.

Es hat sich nun die ganz allgemeine Anzahlabschätzung

$$(1.) \qquad N[f(x, y) \equiv 0 \text{ mod. } p] = p + O\left(\sqrt{p}\right)$$

als richtig erwiesen, wo $f(x, y)$ irgendein ganzzahliges Polynom in zwei Unbestimmten ist, das nur absolut (d.h. im Körper aller algebraischen Zahlen) irreduzibel sein muß. Den Beweis hierfür hat A. WEIL in einer 1948 erschienenen Veröffentlichung erbracht[1]. Er stützt sich auf sehr tiefliegende Hilfsmittel aus der arithmetischen Theorie der algebraischen Funktionenkörper bzw. aus der algebraischen Geometrie. Durch Heranziehung solcher Hilfsmittel war es mir schon 1933 gelungen, bei dem uns hier interessierenden besonderen Kongruenztypus 1, (6.) die Anzahlabschätzung

$$(2.) \qquad N[f(x) \equiv y^2 \text{ mod. } p] = p + O\left(\sqrt{p}\right) \quad \text{also} \quad \Phi(f) = O\left(\sqrt{p}\right)$$

speziell für quadratfreie Polynome $f(x)$ dritten und vierten Grades zu

---

[1] Siehe das Zitat zu § 5,3.

beweisen. Bei diesen algebraisch-funktionentheoretischen Beweisen ergibt sich übrigens die Abschätzung des Fehlers in der genaueren Form

$$(3.) \qquad |N^* - (p + 1)| \leq 2g\sqrt{p},$$

wo N^* die durch Mitberücksichtigung der geeignet definierten unendlichen Lösungen modifizierte Lösungsanzahl bedeutet – der Mittelwert ist dann entsprechend zu $p + 1$ zu modifizieren –, und die Konstante g das in jener Theorie definierte Geschlecht der algebraischen Gleichung $f(x, y) = 0$ ist; dabei sind diejenigen endlich vielen p auszunehmen, für welche beim Übergang zur Kongruenz $f(x, y) \equiv 0$ mod. p die absolute Irreduzibilität verlorengeht oder sich das Geschlecht erniedrigt.

Bei dem uns hier im Hinblick auf die Sequenzfrage interessierenden Typus (2.) liegt absolute Irreduzibilität mod. p vor, wenn das im Restklassenkörper mod. p verstandene Polynom $f(x)$ bei Normierung auf höchsten Koeffizienten 1 kein Quadrat ist. Setzt man schärfer ohne wesentliche Einschränkung $f(x)$ mod. p als quadratfrei (die Diskriminante von $f(x)$ als $\not\equiv 0$ mod. p) voraus, so haben immer die Polynome der Grade $2g + 1$, $2g + 2$ das Geschlecht g. Die unendlichen Lösungen sind in diesen Fällen wie folgt definiert. Es sei

$$f(x) \equiv a_0\, x^{2g+2} + a_1\, x^{2g+1} + \cdots + a_{2g+2} \text{ mod. } p$$

mit $a_0 \equiv 0$, $a_1 \not\equiv 0$ bzw. $a_0 \not\equiv 0$ mod. p, je nachdem $f(x)$ mod. p vom Grade $2g + 1$ oder $2g + 2$ ist. Dann setze man $x = \dfrac{1}{\xi}$, $y = \dfrac{\eta}{\xi^{g+1}}$. Dadurch geht die Kongruenz $f(x) \equiv y^2$ mod. p über in

$$a_0 + a_1 \xi + \cdots + a_{2g+2}\, \xi^{2g+2} \equiv \eta^2 \text{ mod. } p.$$

Als unendliche Lösungen von $f(x) \equiv y^2$ mod. p werden dann diejenigen Lösungen ξ, η mod. p der letzteren Kongruenz gerechnet, für die $\xi \equiv 0$ mod. p, also $\eta^2 \equiv a_0$ mod. p ist. Nach 1, (3.) ist ihre Anzahl $1 + \left(\dfrac{a_0}{p}\right)$. Demnach ist die modifizierte Lösungsanzahl

$$N^* = N + 1 + \left(\frac{a_0}{p}\right),$$

also

$$N^* - (p + 1) = \begin{cases} N - p & \text{für ungeraden Grad } 2g + 1 \\ N + \left(\dfrac{a_0}{p}\right) - p & \text{für geraden Grad } \quad 2g + 2 \end{cases}.$$

wo a_0 den höchsten Koeffizienten von $f(x)$ mod. p bei formaler Schreibweise als Polynom vom Grade $2g + 2$ bedeutet. In den Fällen $g = 0$ und $g = 1$ der Polynome ersten-zweiten und dritten-vierten Grades mit höchstem Koeffizienten 1, die uns im folgenden beschäftigen werden, lautet hiernach die Aussage (3.) folgendermaßen:

$$(3_0.) \qquad \begin{cases} N = p & \text{für den Grad 1} \\ N = p - 1 & \text{für den Grad 2} \end{cases},$$

$$(3_1.) \qquad \begin{cases} |N - p| \leq 2\sqrt{p} & \text{für den Grad 3} \\ |N + 1 - p| \leq 2\sqrt{p} & \text{für den Grad 4} \end{cases}.$$

Wir haben diese den Typus $f(x) \equiv y^2 \bmod. p$ betreffenden Einzelheiten aus der arithmetischen Theorie der algebraischen Funktionen hier unter Verzicht auf eine systematisch beweisende Darstellung angeführt, um klarzumachen, wie sich die im folgenden herzuleitenden speziellen Ergebnisse den vorstehend mitgeteilten allgemeinen Tatsachen (1.), (2.), (3.) unterordnen.

Der Fall der Polynome ersten Grades ($g = 0$) ist, wie schon gesagt, nach **1**, (8.) trivial. Der Fall der Polynome zweiten Grades ($g = 0$), sowie der Fall des Polynoms dritten Grades ($g = 1$) von dem in der Sequenzanzahlformel **2**, (5.) für $n = 3$ auftretenden besonderen Typus wurden bereits vor längerer Zeit durch JACOBSTHAL mit elementaren Hilfsmitteln erledigt. Diese Jacobsthalschen Ergebnisse sind es, die wir im folgenden ausführlich darstellen und auf die Sequenzfrage anwenden wollen.

Zuvor sei noch bemerkt, daß den tiefliegenden, abschließenden Ergebnissen (1.), (2.) vorläufige, mit einfacheren Hilfsmitteln erzielte Ergebnisse von MORDELL und DAVENPORT vorangingen, die sich auf spezielle Kongruenzen vom Typus $f(x) \equiv y^m \bmod. p$ (nicht nur mit $m = 2$) beziehen. Dabei wurden in den Abschätzungen des Fehlergliedes jeweils weniger scharfe Ordnungen $O(p^\Theta)$ mit $\frac{1}{2} < \Theta < 1$ erzielt.

4. Fall der Polynome zweiten Grades

Wir betrachten ein ganzzahliges quadratisches Polynom $f_2(x)$, von dem wir nach **1**, (10.) ohne Einschränkung voraussetzen können, daß der höchste Koeffizient 1 ist:

$$f_2(x) = x^2 + bx + c.$$

Die Diskriminante von f_2 ist

$$d = b^2 - 4c.$$

Wir wollen die Summe

$$\Phi_p(f_2) = \sum_{x \bmod. p} \left(\frac{f_2(x)}{p} \right)$$

exakt berechnen. Dazu geben wir erstens eine Abschätzung ihres absoluten Betrages und bestimmen zweitens und drittens ihre Kongruenzwerte mod. 2 und mod. p.

Für den absoluten Betrag von $\Phi_p(f_2)$ ergibt sich ohne weiteres die Abschätzung

$$(1.) \qquad |\Phi_p(f_2)| \le p.$$

Denn die Summe $\Phi_p(f_2)$ besteht aus p Gliedern, deren jedes einen der Werte $\pm 1, 0$ hat, also absolut ≤ 1 ist.

Für den Kongruenzwert von $\Phi_p(f_2)$ mod. 2 folgt entsprechend zunächst

$$\Phi_p(f_2) \equiv (p - N) \cdot 1 + N \cdot 0 \equiv p - N \equiv 1 - N \equiv N - 1 \text{ mod. } 2,$$

wo N die Lösungsanzahl der Kongruenz $f_2(x) \equiv 0 \text{ mod. } p$ ist. Nach **1**, (11.) ist nun $N = 1 + \left(\dfrac{d}{p}\right)$. Damit ergibt sich:

$$(2.) \qquad \Phi_p(f_2) \equiv \left(\frac{d}{p}\right) \equiv \begin{cases} 1 \text{ mod. } 2 & \text{für} \quad d \not\equiv 0 \text{ mod. } p \\ 0 \text{ mod. } 2 & \text{für} \quad d \equiv 0 \text{ mod. } p \end{cases}.$$

Zur Bestimmung des Kongruenzwertes von $\Phi_p(f_2)$ mod. p benötigen wir die Kongruenzwerte der Summen

$$S_r \equiv \sum_{x \,\text{mod.}\, p} x^r \equiv \sum_{x \,\not\equiv\, 0 \,\text{mod.}\, p} x^r \text{ mod. } p$$

für natürliche Exponenten r. Sie ergeben sich, indem man für die $x \not\equiv 0$ mod. p die Darstellung

$$x \equiv w^v \text{ mod. } p \qquad (v \text{ mod. } p - 1)$$

durch eine primitive Wurzel w mod. p einführt, wie folgt:

$$S_r \equiv \sum_{v \,\text{mod.}\, p-1} w^{vr} \equiv \begin{cases} p - 1 \quad\;\; \equiv -1 \text{ mod. } p & \text{für} \quad r \equiv 0 \text{ mod. } p - 1 \\ \dfrac{w^{(p-1)r} - 1}{w^r - 1} \equiv \;\; 0 \text{ mod. } p & \text{für} \quad r \not\equiv 0 \text{ mod. } p - 1 \end{cases}.$$

Mittels dieser Formel erhält man den gesuchten Kongruenzwert von $\Phi_p(f_2)$ mod. p durch die folgende hübsche Schlußweise. Nach dem Eulerschen Kriterium ist

$$\left(\frac{f_2(x)}{p}\right) \equiv f_2(x)^{\frac{p-1}{2}} \equiv (x^2 + bx + c)^{\frac{p-1}{2}}$$
$$\equiv x^{p-1} + a_1 x^{p-2} + \cdots + a_{p-2} x + a_{p-1} \text{ mod. } p$$

mit gewissen ganzen Koeffizienten $a_1, \ldots, a_{p-1}$. Durch Summation über x mod. p folgt daraus

$$\Phi_p(f_2) \equiv S_{p-1} + a_1 S_{p-2} + \cdots + a_{p-2} S_1 + p\, a_{p-1} \text{ mod. } p,$$

also nach den obigen Formeln

$$(3.) \qquad \Phi_p(f_2) \equiv -1 \text{ mod. } p.$$

Aus den Aussagen (1.), (2.), (3.) über $\Phi_p(f_2)$ läßt sich nun der genaue Wert von $\Phi_p(f_2)$ ermitteln. Zunächst ergeben (2.) und (3.) durch Zusammensetzung

$$\Phi_p(f_2) \equiv \begin{cases} -1 \mod. 2p & \text{für} \quad d \not\equiv 0 \mod. p \\ p-1 \mod. 2p & \text{für} \quad d \equiv 0 \mod. p \end{cases}.$$

Nach (1.) ist ferner $\Phi_p(f_2)$ eine der $2p+1$ Zahlen $-p, \ldots, p$. Da unter diesen Zahlen jede Restklasse $\not\equiv p \mod. 2p$ nur einmal vertreten ist, muß demnach $\Phi_p(f_2)$ mit dem zuvor angegebenen, dieser Folge angehörigen Rest -1 bzw. $p-1 \mod. 2p$ übereinstimmen. Damit haben wir das Ergebnis:

III. *Ist f_2 ein ganzzahliges quadratisches Polynom mit höchstem Koeffizienten 1 und mit der Diskriminante d, so ist*

$$\Phi_p(f_2) = \begin{cases} -1 & \text{für} \quad d \not\equiv 0 \, mod. \, p \\ p-1 & \text{für} \quad d \equiv 0 \, mod. \, p \end{cases},$$

also

$$N[f_2(x) \equiv y^2 \mod. p] = \begin{cases} p-1 & \text{für} \quad d \not\equiv 0 \, mod. \, p \\ 2p-1 & \text{für} \quad d \equiv 0 \, mod. \, p \end{cases}.$$

Vom Standpunkt der allgemeinen Ausführungen in **3** ist zu diesem Ergebnis folgendes zu bemerken. Im Falle $d \equiv 0 \mod. p$ ist

$$f_2(x) \equiv \left(x + \frac{1}{2} b\right)^2 \mod. p,$$

so daß die Kongruenz

$$f_2(x) - y^2 \equiv \left(x + \frac{1}{2} b\right)^2 - y^2 \mod. p$$

in den beiden Kongruenzen

$$x + \frac{1}{2} b - y \equiv 0 \quad \text{oder} \quad x + \frac{1}{2} b + y \equiv 0 \mod. p$$

zerfällt und, wie bereits in **3** festgestellt, die Lösungsanzahl

$$N = 2p - 1 = p + (p - 1)$$

hat. In diesem Falle ist also unser Ergebnis trivial. Im Falle $d \not\equiv 0 \mod. p$ ist die Kongruenz $f_2(x) - y^2 \equiv 0 \mod. p$ absolut-irreduzibel und vom Geschlecht $g = 0$. Unser Ergebnis bestätigt dann die zweite Aussage aus **3**,$(3_0.)$.

5. Anwendung auf zweigliedrige Sequenzen

Die allgemeine Formel **2**,(5.) für die Sequenzanzahl reduziert sich im Falle $n = 2$ auf

$$N(\varepsilon_1, \varepsilon_2|p) = \frac{p}{4} + \frac{\varepsilon_1}{4} \Phi_p(x+1) + \frac{\varepsilon_2}{4} \Phi_p(x+2) + \frac{\varepsilon_1 \varepsilon_2}{4} \Phi_p((x+1)(x+2)).$$

Von den drei Zusatzgliedern haben die beiden ersten mit den linearen Polynomen $x + 1$, $x + 2$ nach 1,(8.) den Wert 0, während das letzte mit dem quadratischen Polynom $(x + 1)(x + 2)$ nach 4,III den Wert -1 hat. Damit ergibt sich:

$$(1.) \qquad N(\varepsilon_1, \varepsilon_2|p) = \frac{p}{4} - \frac{\varepsilon_1 \varepsilon_2}{4}.$$

Hiernach ist für die zweigliedrigen Sequenzen das Streuungsgesetz für Zufallsgrößen erfüllt. Es liegt aber keine rein-zufällige Verteilung vor; vielmehr hat der Fehler stets einen der beiden Werte $\pm \frac{1}{4}$.

Wir wollen auch die ursprüngliche Sequenzanzahl $N_0(\varepsilon_1, \varepsilon_2|p)$ berechnen, bei der die Randpaare $(-1,0)$ und $(0,1)$ mod. p nicht berücksichtigt sind. Nach 2,(2.), (3.) und dem ersten Ergänzungssatz ist

$$N(\varepsilon_1, \varepsilon_2|p) - N_0(\varepsilon_1, \varepsilon_2|p)$$

$$= \frac{1}{4}\left(1 + \varepsilon_1\left(\frac{-1}{p}\right)\right)\left(1 + \varepsilon_2\left(\frac{0}{p}\right)\right) + \frac{1}{4}\left(1 + \varepsilon_1\left(\frac{0}{p}\right)\right)\left(1 + \varepsilon_2\left(\frac{1}{p}\right)\right)$$

$$= \frac{1}{4}\left(1 + \varepsilon_1(-1)^{\frac{p-1}{2}}\right) + \frac{1}{4}(1 + \varepsilon_2).$$

Nach (1.) wird demnach für $p \equiv 1$ mod. 4

$$(2\,\mathrm{a.}) \qquad N_0(\varepsilon_1, \varepsilon_2|p) = \frac{p}{4} - \frac{\varepsilon_1 \varepsilon_2 + (1 + \varepsilon_1) + (1 + \varepsilon_2)}{4}$$

$$= \frac{p-1}{4} - \frac{(1 + \varepsilon_1)(1 + \varepsilon_2)}{4}$$

und für $p \equiv -1$ mod. 4

$$(2\,\mathrm{b.}) \qquad N_0(\varepsilon_1, \varepsilon_2|p) = \frac{p}{4} - \frac{\varepsilon_1 \varepsilon_2 + (1 - \varepsilon_1) + (1 + \varepsilon_2)}{4}$$

$$= \frac{p-3}{4} + \frac{(1 + \varepsilon_1)(1 - \varepsilon_2)}{4}.$$

Aus diesen Formeln ergibt sich im einzelnen die folgende Tabelle:

ε_1	ε_2	$N_0(\varepsilon_1\,\varepsilon_2\|p \equiv 1\,\mathrm{mod.}\,4)$	$N_0(\varepsilon_1, \varepsilon_2\|p \equiv -1\,\mathrm{mod.}\,4)$
$+1$	$+1$	$\dfrac{p-5}{4}$	$\dfrac{p-3}{4}$
$+1$	-1	$\dfrac{p-1}{4}$	$\dfrac{p+1}{4}$
-1	$+1$	$\dfrac{p-1}{4}$	$\dfrac{p-3}{4}$
-1	-1	$\dfrac{p-1}{4}$	$\dfrac{p-3}{4}$

6. Fall eines speziellen Polynoms dritten Grades

In der allgemeinen Formel **2**,(5.) für die Sequenzanzahl tritt im Falle $n = 3$ neben Polynomen ersten und zweiten Grades nur noch das eine Polynom dritten Grades $(x + 1)(x + 2)(x + 3)$ auf. Wir wollen die ihm entsprechende Summe

$$\Phi_p = \Phi_p\big((x + 1)(x + 2)(x + 3)\big) = \sum_{x \bmod p} \left(\frac{(x + 1)(x + 2)(x + 3)}{p}\right)$$

berechnen. Nach **1**,(9.) können wir dabei das durch die Substitution $x \to x - 1$ entstehende Polynom $(x - 1)\,x\,(x + 1) = x\,(x^2 - 1)$ zugrunde legen:

$$\Phi_p = \Phi_p\big(x\,(x^2 - 1)\big) = \sum_{x \bmod p} \left(\frac{x}{p}\right)\left(\frac{x^2 - 1}{p}\right).$$

Diese Summe ist nach **1**,(6.), (7.) das Fehlerglied

$$\Phi_p = N\big[x\,(x^2 - 1) \equiv y^2 \bmod p\big] - p.$$

Durch eine einfache Transformation gehen wir zu einer entsprechenden Darstellung mit einer anderen Kongruenz über, in der statt des Polynoms dritten Grades $x\,(x^2 - 1)$ das Polynom vierten Grades $x^4 - 1$ steht, und bestimmen dann die Lösungsanzahl dieser neuen Kongruenz.

Die Transformation ergibt sich wie folgt. Nach dem Ergebnis **4**,III für Polynome zweiten Grades ist

$$\sum_{x \bmod p} \left(\frac{x^2 - 1}{p}\right) = -1.$$

Damit wird

$$\Phi_p = \sum_{x \bmod p} \left(1 + \left(\frac{x}{p}\right)\right)\left(\frac{x^2 - 1}{p}\right) + 1.$$

Nach **1**,(3.) kann das auch in der Gestalt

$$\Phi_p = \sum_{x \bmod p} N_x\,[x \equiv y^2 \bmod p]\left(\frac{x^2 - 1}{p}\right) + 1$$

geschrieben werden. Faßt man hierin die Lösungsanzahlen N_x als Vielfachheiten auf, zu denen die Summanden $\left(\frac{x^2 - 1}{p}\right)$ in die Summe eingehen, und summiert über die Lösungen $y \bmod p$ statt $x \bmod p$, so fallen diese Vielfachheiten fort, und man erhält einfach

$$\Phi_p = \sum_{y \bmod p} \left(\frac{y^4 - 1}{p}\right) + 1,$$

wobei natürlich wieder x statt y gesetzt werden kann. So ergibt sich die Darstellung:

$$(1.) \qquad \Phi_p = N\big[x^4 - 1 \equiv y^2 \bmod p\big] + 1 - p.$$

Die hierin auftretende Kongruenz $x^4 - 1 \equiv y^2$ mod. p ist, obschon sich der Grad von 3 auf 4 erhöht hat, wegen ihrer einfachen Gestalt leichter zu behandeln als die ursprüngliche $x(x^2 - 1) \equiv y^2$ mod. p.

Wir haben dazu die beiden Fälle $p \equiv 1$ mod. 4 und $p \equiv -1$ mod. 4 zu unterscheiden.

$$\text{a) } p \equiv -1 \text{ mod. } 4.$$

Dieser Fall ist ganz einfach zu erledigen und sei daher vorweggenommen. Wir vergleichen die Lösungsanzahl von

$$x^4 \equiv a \text{ mod. } p$$

bei festem a mod. p mit der Lösungsanzahl von

$$u^2 \equiv a \text{ mod. } p.$$

Ist $\left(\dfrac{a}{p}\right) = -1$, so haben beide Kongruenzen keine Lösung. Ist $\left(\dfrac{a}{p}\right) = 0$, so haben beide Kongruenzen genau eine Lösung, nämlich $x \equiv 0$ bzw. $u \equiv 0$ mod. p. Ist $\left(\dfrac{a}{p}\right) = 1$, so hat die letztere Kongruenz genau zwei Lösungen $\pm u$ mod. p. Wegen $\left(\dfrac{-1}{p}\right) = -1$ kann dabei eine dieser Lösungen eindeutig durch die Forderung $\left(\dfrac{u}{p}\right) = 1$ vor der anderen ausgezeichnet werden. Für sie hat dann $u \equiv x^2$ mod. p genau zwei Lösungen $\pm x$ mod. p, und diese sind Lösungen der ersteren Kongruenz. Weitere Lösungen kann die erstere Kongruenz nicht haben, da umgekehrt jedes Lösungspaar $\pm x$ mod. p ersichtlich vermöge $x^2 \equiv u$ mod. p eine Lösung u mod. p der letzteren Kongruenz mit $\left(\dfrac{u}{p}\right) = 1$ liefert. Somit gilt in jedem Falle

$$N[x^4 \equiv a \text{ mod. } p] = N[u^2 \equiv a \text{ mod. } p].$$

Auf $a \equiv 1 + y^2$ mod. p angewandt ergibt das

$$N_y[x^4 - 1 \equiv y^2 \text{ mod. } p] = N_y[u^2 - 1 \equiv y^2 \text{ mod. } p]$$

für beliebiges y mod. p und daher

$$N[x^4 - 1 \equiv y^2 \text{ mod. } p] = N[u^2 - 1 \equiv y^2 \text{ mod. } p].$$

Damit ist im vorliegenden Falle $p \equiv -1$ mod. 4 die zu behandelnde Kongruenz mit dem biquadratischen Polynom $x^4 - 1$ auf die entsprechende Kongruenz mit dem quadratischen Polynom $u^2 - 1$ zurückgeführt. Diese Zurückführung läuft auf die Tatsache hinaus, daß in der zyklischen primen Restklassengruppe mod. p die Quadrate mit den Biquadraten zusammenfallen, wenn 2 in der Ordnung $p - 1$ nur zur ersten Potenz aufgeht.

Nach dem Ergebnis **4**,III über quadratische Polynome ist nun

$$N[u^2 - 1 \equiv y^2 \bmod. p] = p - 1.$$

Daher ist im vorliegenden Falle $p \equiv -1 \bmod. 4$ auch

(2a.) $$N[x^4 - 1 \equiv y^2 \bmod. p] = p - 1.$$

Nach (1.) ergibt sich damit:

(3a.) $$\Phi_p = 0.$$

Für das zum Ausgang genommene Polynom dritten Grades gilt demnach hier:

(4a.) $$N[x(x^2 - 1) \equiv y^2 \bmod. p] = p.$$

b) $p \equiv 1 \bmod. 4$.

Dieser Fall ist schwieriger, aber auch interessanter. Die zu bestimmende Lösungsanzahl läßt sich nach einer analogen Schlußweise wie oben vor (1.) in der Form

$$N[x^4 - 1 \equiv y^2 \bmod. p] = \sum_{\substack{x,\,y \bmod. p \\ x^4 - 1 \equiv y^2 \bmod. p}} 1$$

$$= \sum_{\substack{u,\,v \bmod. p \\ u - 1 \equiv v \bmod. p}} N_u[x^4 \equiv u \bmod. p] \cdot N_v[y^2 \equiv v \bmod. p]$$

ausdrücken. Hierin ist $N_v[y^2 \equiv v \bmod. p] = 1 + \left(\dfrac{v}{p}\right)$. Wir brauchen eine entsprechende Darstellung für $N_u[x^4 \equiv u \bmod. p]$. Dazu müssen wir in Analogie zu dem quadratischen Restcharakter $\psi_p(a) = \left(\dfrac{a}{p}\right)$ einen biquadratischen Restcharakter $\chi_p(a)$ einführen. Das kann nach dem Muster aus § 6,4 leicht geschehen. Ohne eine systematische Theorie der biquadratischen Reste zu entwickeln, beschränken wir uns hier auf die wenigen für unseren Zweck benötigten Tatsachen.

Wir stellen die primen Restklassen $a \bmod. p$ durch eine primitive Wurzel $w \bmod. p$ in der Form

$$a \equiv w^\alpha \bmod. p \qquad (\alpha \bmod. p - 1)$$

dar und definieren

$$\chi_p(a) = i^\alpha,$$

wo i eine primitive vierte Einheitswurzel ist. Diese Definition ist im vorliegenden Falle $p \equiv 1 \bmod. 4$ eindeutig, nämlich nicht von der Wahl des Exponenten α innerhalb seiner Restklasse $\bmod. p - 1$ abhängig. Sie liefert eine nur von der Restklasse a mod. p abhängige, multiplikative Funktion $\chi_p(a)$ mit der Eigenschaft $\chi_p(a)^4 = 1$, also einen biquadratischen Restcharakter mod. p. Wir ergänzen die Definition wieder durch die Festsetzung

$$\chi_p(a) = 0 \quad \text{für} \quad a \equiv 0 \bmod. p,$$

bei der die Multiplikativität erhalten bleibt. Damit ein $a \not\equiv 0$ mod. p biquadratischer Rest mod. p, d.h. die Kongruenz $x^4 \equiv a$ mod. p lösbar ist, ist auf Grund des Ansatzes

$$x \equiv w^\xi \bmod. p \qquad (\xi \bmod. p - 1)$$

notwendig und hinreichend, daß die Exponentenkongruenz

$$4\xi \equiv \alpha \bmod. p - 1$$

lösbar ist. Dies ist nach § 4,**3**,V wegen $p \equiv 1$ mod. 4 dann und nur dann der Fall, wenn $\alpha \equiv 0$ mod. 4, d.h. wenn $\chi_p(a) = 1$ ist, und dann existieren genau 4 Lösungen ξ mod. $p - 1$, also genau 4 Lösungen x mod. p. Hieraus ergibt sich die Richtigkeit der Anzahlformel

$$N[x^4 \equiv a \bmod. p] = 1 + \chi_p(a) + \chi_p^2(a) + \chi_p^3(a).$$

In der Tat ist für $a \not\equiv 0$ mod. p auch die Summe rechts gleich 4 oder 0, je nachdem die vierte Einheitswurzel $\chi_p(a) = 1$ oder $\neq 1$ ist, und für $a \equiv 0$ mod. p sind beide Seiten gleich 1. Auch für den biquadratischen Restcharakter $\chi_p(a)$ gilt die Summenformel

$$\sum_{a \bmod. p} \chi_p(a) = 0.$$

Denn den vier möglichen Charakterwerten $\chi_p(a) = 1, i, i^2, i^3$ entsprechen im primen Restsystem a mod. p je gleichviel, nämlich $\dfrac{p-1}{4}$ Zahlen, da die vier Exponentenkongruenzwerte $\alpha \equiv 0, 1, 2, 3$ mod. 4 gleich oft vorkommen, und es ist $1 + i + i^2 + i^3 = 0$. Wir vermerken noch, daß

$$\chi_p^2(a) = \psi_p(a) = \left(\frac{a}{p}\right)$$

der quadratische Restcharakter mod. p und

$$\chi_p^3(a) = \chi_p^{-1}(a) = \bar{\chi}_p(a)$$

konjugiert-komplex zu $\chi_p(a)$ ist; die Schreibweise $\chi_p^{-1}(a)$ ist dabei streng genommen auf $a \not\equiv 0$ mod. p zu beschränken.

Nach alledem läßt sich die obige Anzahlformel folgendermaßen weiter umformen:

$$N[x^4 - 1 \equiv y^2 \text{ mod. } p]$$

$$= \sum_{\substack{u,\,v \text{ mod. } p \\ u-1 \equiv v \text{ mod. } p}} (1 + \chi_p(u) + \chi_p^2(u) + \chi_p^3(u))\,(1 + \psi_p(v))$$

$$= \sum_{u \text{ mod. } p} (1 + \psi_p(u) + \chi_p(u) + \bar\chi_p(u))\,(1 + \psi_p(u-1))$$

$$= p + \sum_{u \text{ mod. } p} \psi_p(u(u-1))$$

$$+ \sum_{u \text{ mod. } p} \chi_p(u)\,\psi_p(u-1) + \sum_{u \text{ mod. } p} \bar\chi_p(u)\,\psi_p(u-1)\,.$$

Von den drei hier neben dem Hauptglied p auftretenden Zusatzgliedern ist nach **4**,III das erste

$$\sum_{u \text{ mod. } p} \psi_v(u(u-1)) = -1,$$

während die beiden letzten

$$\pi = \sum_{u \text{ mod. } p} \chi_p(u)\,\psi_p(u-1)\,, \qquad \bar\pi = \sum_{u \text{ mod. } p} \bar\chi_p(u)\,\psi_p(u-1)$$

zueinander konjugiert-komplex sind. Mit den letzteren Abkürzungen bekommt die Anzahlformel die Gestalt:

$$(2\,\text{b.}) \qquad N[x^4 - 1 \equiv y^2 \text{ mod. } p] = p - 1 + \pi + \bar\pi.$$

Nach (1.) ist also

$$(3\,\text{b.}) \qquad \Phi_p = \pi + \bar\pi$$

und demnach

$$(4\,\text{b.}) \qquad N[x(x^2 - 1) \equiv y^2 \text{ mod. } p] = p + \pi + \bar\pi.$$

In diesen Ergebnissen für den vorliegenden Fall $p \equiv 1$ mod. 4 tritt, statt des Fehlerglieds 0 in den entsprechenden Ergebnissen für $p \equiv -1$ mod. 4, als Fehlerglied Φ_p der doppelte Realteil der komplexen Zahl

$$(5.) \qquad \pi = \sum_{u \text{ mod. } p} \chi_p(u)\,\psi_p(u-1)$$

auf, der noch zu bestimmen bleibt. In dieser Bestimmung liegt der Schwerpunkt unserer Untersuchung und auch ihr besonderer Reiz. Wir zeigen, daß

$$(6.) \qquad |\pi|^2 = \pi\bar\pi = p$$

ist, woraus dann

$$(7.) \qquad |\Phi_p| \leq 2\sqrt{p}$$

folgt.

11*

Der Beweis von (6.) erfolgt nach dem Muster des Beweises für die entsprechende Tatsache (2.) aus §8,2 über die dortige Gaußsche Summe τ. Zunächst kann in der Summe (5.) die Summation auf ein primes Restsystem $u \not\equiv 0 \bmod. p$ beschränkt werden, weil $\chi_p(u) = 0$ für $u \equiv 0 \bmod. p$ ist. Durch formale Ausmultiplikation der beiden konjugiert-komplexen Summen π, $\bar\pi$ erhält man dann für $|\pi|^2 = \pi\bar\pi$ die Doppelsummendarstellung

$$|\pi|^2 = \sum_{u,\, v \,\not\equiv\, 0\,\mathrm{mod.}\,p} \chi_p(u)\,\bar\chi_p(v)\,\psi_p(u-1)\,\psi_p(v-1).$$

Führt man hierin für jedes $u \bmod. p$ die Summationstransformation $v \equiv ut \bmod. p$ mit der eindeutigen Umkehrung $t \equiv u^{-1} v \bmod. p$ aus, so ergibt sich

$$|\pi|^2 = \sum_{u,\, t \,\not\equiv\, 0\,\mathrm{mod.}\,p} \chi_p(u)\,\bar\chi_p(u)\,\bar\chi_p(t)\,\psi_p((u-1)(ut-1)).$$

Hierin ist $\chi_p(u)\,\bar\chi_p(u) = 1$. Zieht man ferner aus dem Argument von ψ_p den Faktor t heraus und beachtet

$$\bar\chi_p\,\psi_p = \chi_p^{-1}\,\chi_p^2 = \chi_p,$$

so folgt weiter

$$|\pi|^2 = \sum_{u,\, t \,\not\equiv\, 0\,\mathrm{mod.}\,p} \chi_p(t)\,\psi_p((u-1)(u-t^{-1}))$$

$$= \sum_{t \,\not\equiv\, 0\,\mathrm{mod.}\,p} \chi_p(t)\left[\sum_{u\,\mathrm{mod.}\,p} \psi_p((u-1)(u-t^{-1})) - \psi_p(t^{-1})\right]$$

$$= \sum_{t \,\not\equiv\, 0\,\mathrm{mod.}\,p} \chi_p(t)\sum_{u\,\mathrm{mod.}\,p} \psi_p((u-1)(u-t^{-1})),$$

letzteres weil $\chi_p(t)\,\psi_p(t^{-1}) = \chi_p(t)\,\chi_p^{-2}(t) = \bar\chi_p(t)$ und $\displaystyle\sum_{t \,\not\equiv\, 0\,\mathrm{mod.}\,p} \bar\chi_p(t) = 0$ ist.
Nach dem Ergebnis **4**,III über quadratische Polynome ist nun

$$\sum_{u\,\mathrm{mod.}\,p} \psi_p((u-1)(u-t^{-1})) = \begin{cases} p-1 & \text{für} & t \equiv 1\,\mathrm{mod.}\,p \\ -1 & \text{für} & t \not\equiv 1\,\mathrm{mod.}\,p \end{cases}.$$

Damit ergibt sich

$$|\pi|^2 = \sum_{t \,\not\equiv\, 0,1\,\mathrm{mod.}\,p} \chi_p(t)\,(-1) + \chi_p(1)\,(p-1) = -\sum_{t \,\not\equiv\, 0\,\mathrm{mod.}\,p} \chi_p(t) + p = p,$$

wie behauptet.

Durch die damit als richtig erkannte Abschätzung (7.) sind nach (2b.), (4b.) für die beiden speziellen Polynome dritten und vierten Grades $x(x^2-1)$ und x^4-1 auch im Falle $p \equiv 1 \bmod. 4$ die allgemeinen Aussagen aus **3**,(3_1.) bestätigt, nachdem das im Falle $p \equiv -1 \bmod. 4$ bereits in trivialer Weise durch (2a.), (4a.) geschehen war. Während für $p \equiv -1 \bmod. 4$ nach (3a.) das Fehlerglied 0 ist, tritt uns für $p \equiv 1 \bmod. 4$ nach (3b.), (6.) zum ersten Male ein nicht-triviales Fehlerglied Φ_p entgegen.

Mit seiner arithmetisch interessanten Struktur werden wir uns nachher noch näher beschäftigen. Insbesondere werden wir dabei erkennen, ohne allerdings den Beweis hier durchführen zu können, daß die Abschätzung (7.) bestmöglich ist, so daß also für die Lösungsanzahlen (2b.), (4b.) eine rein-zufällige Verteilung im Sinne von **3** vorliegt.

7. Anwendung auf dreigliedrige Sequenzen

Die allgemeine Formel **2**,(5.) für die Sequenzanzahl reduziert sich im Falle $n = 3$ unter Beachtung der Aussagen **1**,(8.) und **4**,III über Polynome ersten und zweiten Grades auf

$$(1.) \qquad N(\varepsilon_1, \varepsilon_2, \varepsilon_3 | p) = \frac{p}{8} - \frac{\varepsilon_1\varepsilon_2 + \varepsilon_1\varepsilon_3 + \varepsilon_2\varepsilon_3}{8} + \frac{\varepsilon_1\varepsilon_2\varepsilon_3}{8} \Phi_p,$$

wo Φ_p die Bedeutung aus **6** hat.

$$\text{a) } p \equiv -1 \bmod. 4.$$

Nach **6**,(3a.) ist in diesem Falle $\Phi_p = 0$. Daher drückt sich hier die Sequenzanzahl durch die zu **5**,(1.) analoge Formel

$$(1\,a.) \qquad N(\varepsilon_1, \varepsilon_2, \varepsilon_3 | p) = \frac{p}{8} - \frac{\varepsilon_1\varepsilon_2 + \varepsilon_1\varepsilon_3 + \varepsilon_2\varepsilon_3}{8}$$

aus.

Wir wollen analog zu **5**, (2.) wieder auch die ursprüngliche Sequenzanzahl $N_0(\varepsilon_1, \varepsilon_2, \varepsilon_3 | p)$ berechnen, bei der die Randtripel $(-2, -1, 0)$, $(-1, 0, 1)$, $(0, 1, 2)$ mod. p nicht berücksichtigt sind. Nach **2**, (2.), (3.) und den beiden Ergänzungssätzen ist

$$N(\varepsilon_1, \varepsilon_2, \varepsilon_3 | p) - N_0(\varepsilon_1, \varepsilon_2, \varepsilon_3 | p)$$

$$= \frac{1}{8}\left(1 + \varepsilon_1\left(\frac{-2}{p}\right)\right)\left(1 + \varepsilon_2\left(\frac{-1}{p}\right)\right) + \frac{1}{8}\left(1 + \varepsilon_1\left(\frac{-1}{p}\right)\right)\left(1 + \varepsilon_3\left(\frac{1}{p}\right)\right)$$

$$+ \frac{1}{8}\left(1 + \varepsilon_2\left(\frac{1}{p}\right)\right)\left(1 + \varepsilon_3\left(\frac{2}{p}\right)\right)$$

$$= \frac{1}{8}\left(1 - \varepsilon_1(-1)^{\frac{p+1}{4}}\right)(1 - \varepsilon_2) + \frac{1}{8}(1 - \varepsilon_1)(1 + \varepsilon_3) + \frac{1}{8}(1 + \varepsilon_2)\left(1 + \varepsilon_3(-1)^{\frac{p+1}{4}}\right).$$

Nach (1a.) wird demnach, wie man durch leichte Rechnung bestätigt, für $p \equiv -1 \bmod. 8$

$$(2\,a_1.) \quad N_0(\varepsilon_1, \varepsilon_2, \varepsilon_3 | p) = \frac{p+1}{8} - \frac{(1 - \varepsilon_1)(1 - \varepsilon_2) + (1 + \varepsilon_2)(1 + \varepsilon_3)}{4}$$

und für $p \equiv -5 \bmod. 8$

$$(2\,a_2.) \quad N_0(\varepsilon_1, \varepsilon_2, \varepsilon_3 | p) = \frac{p-3}{8} \quad \text{(unabhängig von } \varepsilon_1, \varepsilon_2, \varepsilon_3\text{)}.$$

Aus diesen Formeln ergibt sich im einzelnen die folgende Tabelle:

ε_1	ε_2	ε_3	$N_0\,(\varepsilon_1, \varepsilon_2, \varepsilon_3\,|\,p \equiv -1 \bmod. 8)$	$N_0\,(\varepsilon_1, \varepsilon_2, \varepsilon_3\,|\,p \equiv -5 \bmod. 8)$
$+1$	$+1$	$+1$	$\dfrac{p-7}{8}$	
$+1$	$+1$	-1	$\dfrac{p+1}{8}$	
$+1$	-1	$+1$	$\dfrac{p+1}{8}$	
$+1$	-1	-1	$\dfrac{p+1}{8}$	$\dfrac{p-3}{8}$
-1	$+1$	$+1$	$\dfrac{p-7}{8}$	
-1	$+1$	-1	$\dfrac{p+1}{8}$	
-1	-1	$+1$	$\dfrac{p-7}{8}$	
-1	-1	-1	$\dfrac{p-7}{8}$	

b) $p \equiv 1 \bmod. 4$.

Nach **6**, (3 b.) ist in diesem Falle $\Phi_p = \pi + \bar\pi$ mit der dortigen Bedeutung von π, die wir in **8** noch näher erläutern werden. Für die Sequenzanzahl $N(\varepsilon_1, \varepsilon_2, \varepsilon_3\,|\,p)$ ergibt sich damit aus (1.) eine $\pi + \bar\pi$ enthaltende Formel, die auch umgekehrt dazu dienen kann, den Realteil der Zahl π durch Abzählung der Sequenzen (etwa mit $\varepsilon_1 = 1$, $\varepsilon_2 = 1$, $\varepsilon_3 = 1$) zu berechnen, was nach den noch zu bringenden Ausführungen in **8** von Interesse ist. Weniger genau ergibt sich aus der in **6**, (7.) festgestellten Abschätzung $|\Phi_p| \leq 2\sqrt{p}$ für die Sequenzanzahl die Abschätzung

$$(1\,\mathrm{b.}) \qquad \left| N\,(\varepsilon_1, \varepsilon_2, \varepsilon_3\,|\,p) - \frac{p}{8} \right| \leqq \frac{3 + 2\sqrt{p}}{8} \left(< \frac{2 + \sqrt{3}}{8}\,\sqrt{p} \right).$$

Für die ursprüngliche Sequenzanzahl folgt daraus nach **2**, (4.) die Abschätzung

$$(2\,\mathrm{b.}) \qquad \left| N_0\,(\varepsilon_1, \varepsilon_2, \varepsilon_3\,|\,p) - \frac{p}{8} \right| \leqq \frac{15 + 2\sqrt{p}}{8} \left(< \frac{2 + 5\sqrt{3}}{8}\,\sqrt{p} \right).$$

Man kann diese Abschätzungen noch etwas verschärfen, indem man analog wie oben bei (2a.) die acht Wertsysteme ε_1, ε_2, ε_3 und die beiden Kongruenzwerte $p \equiv 1$ oder $5 \bmod. 8$ unterscheidet. Jedoch wollen wir darauf nicht näher eingehen.

Im Sinne der Ausführungen aus **3** besagen die vorstehenden Ergebnisse, daß für die dreigliedrigen Sequenzen das Streuungsgesetz für Zufallsgrößen erfüllt ist, und zwar mit einem Fehler, der im Falle $p \equiv -1$ mod. 4 wie bei den zweigliedrigen Sequenzen von der Größenordnung $O(1)$ (beschränkt), im Falle $p \equiv 1$ mod. 4 dagegen von der Größenordnung $O(\sqrt{p})$ und, wie wir in **8** noch sehen werden, auch nicht von kleinerer Ordnung ist. Im Falle $p \equiv 1$ mod. 4 liegt demnach für die dreigliedrigen Sequenzen eine rein-zufällige Verteilung vor.

8. Zerlegung der Primzahlen p ≡ 1 mod. 4 in zwei Quadrate

Durch die Ergebnisse aus **6** für den Fall $p \equiv 1$ mod. 4 sind die beiden konjugiert-komplexen Zahlen

$$(1.) \qquad \pi = \sum_{u \bmod. p} \chi_p(u)\, \psi_p(u-1)\,, \qquad \bar{\pi} = \sum_{u \bmod. p} \bar{\chi}_p(u)\, \psi_p(u-1)$$

in den Mittelpunkt des Interesses getreten, wo ψ_p der quadratische und $\chi_p, \bar{\chi}_p$ die beiden konjugiert-komplexen biquadratischen Restcharaktere mod. p sind. Diese beiden Zahlen gehören dem Körper $P(i)$ der vierten Einheitswurzeln an, und zwar liegen sie auf Grund der Summendarstellung (1.) im Integritätsbereich $\Gamma[i]$ der sog. *ganzen komplexen Zahlen.* Sie besitzen demnach Darstellungen der Form

$$\pi = a + bi, \qquad \bar{\pi} = a - bi$$

mit ganzen rationalen Zahlen a, b. Dabei ist dann

$$(2.) \qquad \Phi_p = \pi + \bar{\pi} = 2a$$

das Fehlerglied aus **6, 7**, und nach **6**, (6.) gilt

$$(3.) \qquad p = \pi\, \bar{\pi} = a^2 + b^2.$$

Mit dieser letzteren Beziehung haben wir, losgelöst von den in diesem Paragraphen behandelten Verteilungsfragen, das wichtige Ergebnis gewonnen:

IV. *Jede Primzahl $p \equiv 1$ mod. 4 besitzt eine Darstellung $p = a^2 + b^2$ als Summe zweier Quadratzahlen.*

Daß eine solche Darstellung auch n u r für die Primzahlen $p \equiv 1$ mod. 4 möglich ist, wenn man von der Primzahl $p = 2 = 1^2 + 1^2$ absieht, ist nach dem ersten Ergänzungssatz zum quadratischen Reziprozitätsgesetz klar, wie bereits in § 7,**2** hervorgehoben wurde.

Die Art, wie wir hier die Aussage IV erhalten haben, ist vergleichbar mit der Art, wie wir in § 4,**11**,XIII in Vorwegnahme der Theorie der quadratischen Reste die Lösbarkeit der Kongruenz $x^2 \equiv -1$ mod. p für $p \equiv 1$ mod. 4 gewannen, nämlich dort durch explizite Konstruktion der

Lösung in der Form $x \equiv \left(\dfrac{p-1}{2}\right)! \bmod. p$. Hier haben wir die Basis a des einen der beiden Quadrate aus (3.) nach (2.) und nach der Bedeutung von Φ_p aus **6** in der Form

$$(4.) \qquad a = \frac{1}{2}\,\Phi_p = \frac{1}{2} \sum_{x \bmod. p} \left(\frac{x}{p}\right)\left(\frac{x^2-1}{p}\right)$$

konstruiert. Nach dieser Formel – oder, wie schon in **7** gesagt, auch nach der dortigen Formel (1.) für die dreigliedrige Sequenzanzahl – kann man bei gegebener Primzahl $p \equiv 1 \bmod. 4$ die Quadratbasis a berechnen.

Zur Vertiefung der damit gewonnenen Erkenntnis wollen wir einige Ergebnisse vorwegnehmen, die wir erst im vierten Abschnitt beweisen werden. Dort werden wir uns ausführlich mit der Arithmetik in allgemeinen quadratischen Zahlkörpern beschäftigen. Für den speziellen Körper $P(i)$ und den in ihm enthaltenen Integritätsbereich $\Gamma[i]$ wird sich dabei in § 16,6,XIX A ergeben, daß jede ganze komplexe Zahl eine Zerlegung in einen Einheitsfaktor ± 1, $\pm i$ und eine Anzahl *komplexer Primzahlen* π (nur trivial zerlegbarer Zahlen aus $\Gamma[i]$) besitzt, die bis auf die Reihenfolge der Primfaktoren und ihre Festlegung unter den jeweils vier Assoziierten $\pm\pi$, $\pm i\pi$ eindeutig ist. Für die Primzahlen $p \equiv 1 \bmod. 4$ aus Γ, als Zahlen aus $\Gamma[i]$ betrachtet, wird sich diese Primzerlegung gerade als vom Typus (3.) erweisen. Die beiden Faktoren π, $\bar{\pi}$ in (3.) liegen somit – und das ist es, was wir hier brauchen – durch p eindeutig bis auf eine Substitution $\pi \to \pm\pi$, $\pm i\pi$ und die Unterscheidung zwischen π und $\bar{\pi}$ fest. Die beiden Quadratbasen a, b in (3.) liegen demnach bis auf die Reihenfolge und die Vorzeichen durch p eindeutig fest, wie man aus folgender Zusammenstellung entnimmt:

$$
\begin{aligned}
\pi &= a + bi, & \bar{\pi} &= a - bi, \\
-\pi &= -a - bi, & -\bar{\pi} &= -a + bi, \\
i\pi &= -b + ai, & -i\bar{\pi} &= -b - ai, \\
-i\pi &= b - ai, & i\bar{\pi} &= b + ai.
\end{aligned}
$$

Da von den beiden Quadratbasen a, b notwendig die eine ungerade, die andere gerade ist, kann man die Reihenfolge eindeutig durch die Forderung normieren, daß a ungerade sein soll. Dann kann man das Vorzeichen von a eindeutig durch die Forderung $a > 0$ oder auch durch die Forderung $a \equiv 1 \bmod. 4$ oder allgemeiner auch durch eine Forderung vom Typus

$$(5.) \qquad\qquad a \equiv \varepsilon_p \bmod. 4$$

mit einer als Funktion von p vorgegebenen Einheit $\varepsilon_p = \pm 1$ normieren. Schließlich kann man das Vorzeichen von b eindeutig durch die Forderung $b > 0$ normieren; dies brauchen wir jedoch hier nicht, da wir es nur mit a zu tun haben.

Durch die Forderung (5.) wird hiernach bei gegebenem $p \equiv 1$ mod. 4 und gegebenem $\varepsilon_p = \pm 1$ eine Zerlegung der Form (3.) eindeutig bis auf das Vorzeichen von b (und dementsprechend die Unterscheidung zwischen π und $\bar{\pi}$) festgelegt. Es erhebt sich dann die Frage, ob die aus der Verteilungstheorie gemäß (4.) gewonnene Zerlegung (3.) gerade die so normierte Zerlegung ist. Wir wollen zeigen, daß dies in der Tat bei passender Wahl der Normierungseinheit ε_μ der Fall ist. Es läuft das darauf hinaus festzustellen, daß der Ausdruck $\frac{1}{2}\Phi_p$ rechts in (4.) ungerade ist, und seinen Kongruenzwert ε_μ mod. 4 als Funktion von p zu bestimmen.

Um aus dem Ausdruck

$$\frac{1}{2}\Phi_p = \frac{1}{2} \sum_{x \bmod. p} \left(\frac{x}{p}\right)\left(\frac{x^2 - 1}{p}\right)$$

den für diese Untersuchung hinderlichen Nenner 2 wegzuschaffen, lassen wir bei der Summation die Restklasse $x \equiv 0$ mod. p mit dem Beitrag 0 aus und fassen je zwei entgegengesetzte Restklassen $\pm x$ mod. p. die ja wegen $\left(\frac{-1}{p}\right) = 1$ gleiche Beiträge liefern, zusammen. So ergibt sich die nennerfreie Darstellung

$$\frac{1}{2}\Phi_p = \sum_{\pm x \bmod. p} \left(\frac{x}{p}\right)\left(\frac{x^2 - 1}{p}\right),$$

in der die Summation nur noch über ein Halbsystem mod. p (§ 6,6) erstreckt ist, was durch die Schreibweise $\pm x$ mod. p unter dem Summenzeichen angedeutet sei. Nach der Verteilungsaussage **1**,II sind nun für $p \equiv 1$ mod. 4 bereits in jedem Halbsystem mod. p gleichviele quadratische Reste und Nichtreste vorhanden, es gilt also in Verschärfung von **1**, (2.) schon

$$\sum_{\pm x \bmod. p} \left(\frac{x}{p}\right) = 0 .$$

Durch Subtraktion dieser Beziehung folgt weiter

$$\frac{1}{2}\Phi_p = \sum_{\pm x \bmod. p} \left(\frac{x}{p}\right)\left[\left(\frac{x^2 - 1}{p}\right) - 1\right] .$$

Da in dieser Summe für $\pm x \not\equiv 1$ mod. p die zweiten Faktoren $\equiv 0$ mod. 2 sind, können zur Bestimmung des Kongruenzwertes mod. 4 die ersten Faktoren mod. 2 reduziert, d.h. durch 1 ersetzt werden; im Glied mit $\pm x \equiv 1$ mod. p, wo das nicht statthaft wäre, ist der erste Faktor schon $= 1$. Demnach ist

$$\frac{1}{2}\Phi_p \equiv \sum_{\pm x \bmod p.} \left[\left(\frac{x^2 - 1}{p}\right) - 1\right] \bmod. 4 .$$

Nach dem Ergebnis **4**,III für quadratische Polynome ist nun

$$1 + 2 \sum_{\pm\, x \bmod.\, p} \left(\frac{x^2 - 1}{p}\right) = \sum_{x \bmod.\, p} \left(\frac{x^2 - 1}{p}\right) = -1,$$

also auch

$$\sum_{\pm\, x \bmod.\, p} \left(\frac{x^2 - 1}{p}\right) = -1.$$

Damit ergibt sich:

$$\frac{1}{2}\,\Phi_p \equiv -1 - \frac{p-1}{2} \equiv - \frac{p+1}{2} \equiv \begin{cases} -1 \bmod. 4 & \text{für} \quad p \equiv 1 \bmod. 8 \\ 1 \bmod. 4 & \text{für} \quad p \equiv 5 \bmod. 8 \end{cases},$$

oder mittels des zweiten Ergänzungssatzes einfacher ausgedrückt:

$$\frac{1}{2}\,\Phi_p \equiv - \left(\frac{2}{p}\right) \bmod. 4.$$

Hiermit ist bewiesen, daß die in (4.) konstruierte Quadratbasis $a = \frac{1}{2}\,\Phi_p$ in der Tat ungerade ist und der Normierungsbedingung (5.) mit der Einheit $\varepsilon_p = -\left(\frac{2}{p}\right)$ genügt. Wir können demnach in Ergänzung zu IV folgendes Ergebnis feststellen:

V. *Für* $p \equiv 1$ *mod. 4 liefert die Summe*

$$a = \frac{1}{2}\,\Phi_p = \frac{1}{2} \sum_{x \bmod.\, p} \left(\frac{x}{p}\right)\left(\frac{x^2 - 1}{p}\right) = \sum_{\pm\, x \bmod.\, p} \left(\frac{x}{p}\right)\left(\frac{x^2 - 1}{p}\right)$$

die Basis a *des ungeraden Quadrats der Zerlegung* $p = a^2 + b^2$ *in der Normierung* $a \equiv -\left(\frac{2}{p}\right)$ *mod. 4, also* $a \equiv \begin{cases} -1 \bmod. 4 & \text{für} \quad p \equiv 1 \bmod. 8 \\ 1 \bmod. 4 & \text{für} \quad p \equiv 5 \bmod. 8 \end{cases}.$

Eine Ergänzung hierzu, nämlich die hier noch offen gebliebene Festlegung des Vorzeichens der Basis b des geraden Quadrats, werden wir in § 18,**5**, (29.) geben.

Wir bemerken übrigens, daß die Reduktion der Summation in dem Ausdruck für Φ_p auf ein Halbsystem mod. p im Falle $p \equiv -1$ mod. 4, wo $\left(\frac{-x}{p}\right) = -\left(\frac{x}{p}\right)$ gilt, sofort die Tatsache $\Phi_p = 0$ ergibt, die wir in **6**, (3 a.) mit Rücksicht auf die dortige Systematik etwas umständlicher bewiesen hatten.

Wir wenden uns schließlich der am Schluß von **6** ausgesprochenen Behauptung zu, daß die Abschätzung $|\Phi_p| \leqq 2\,\sqrt{p}$ bestmöglich ist. Mit den Mitteln der analytischen Zahlentheorie, in die wir im dritten Abschnitt einen Einblick geben werden (der allerdings zur Bewältigung der hier in Rede stehenden Aufgabe bei weitem nicht ausreicht) hat HECKE gezeigt[1], daß es unendlich viele Primzahlen $p \equiv 1$ mod. 4 derart gibt, daß das Verhältnis $\dfrac{b^2}{a^2}$ der beiden Quadratzahlen ihrer normierten Zerlegung $p = a^2 + b^2$ einem beliebig vorgegebenen positiven Intervall angehört. Schreibt man speziell ein Intervall der Form $0 < \dfrac{b^2}{a^2} < \varepsilon$ vor, so haben die in Rede stehenden unendlich vielen Primzahlen die Eigenschaft

$$p = a^2 + b^2 < (1 + \varepsilon)\, a^2,$$

d.h. es gilt für sie

$$|\Phi_p| = 2\,|a| > \frac{1}{\sqrt{1 + \varepsilon}}\, 2\sqrt{p}\,.$$

Da man durch hinreichend kleine Wahl von ε den Faktor vor $2\sqrt{p}$ von unten her beliebig nahe an 1 bringen kann, ist also die Abschätzung $|\Phi_p| \leq 2\sqrt{p}$ auf Grund jenes Heckeschen Satzes in der Tat bestmöglich, sowohl was die Größenordnung $O(\sqrt{p})$ als auch was die Konstante 2 betrifft.

9. Analogon für die Primzahlen p ≡ 1 mod. 3

Außer dem in **6** und **8** behandelten Fall der Kongruenz $x(x^2 - 1) \equiv y^2$ mod. p, die sich durch unsere Transformation als zu der Kongruenz

$$x^4 - 1 \equiv y^2 \text{ mod. } p$$

im Sinne unserer Fragestellung äquivalent erwies, läßt sich noch ein weiterer Fall mit den hier verwendeten elementaren Methoden behandeln, nämlich der Fall der Kongruenz

$$x^3 - 1 \equiv y^2 \text{ mod. } p.$$

Wir wollen für diese letztere Kongruenz ganz entsprechende Tatsachen herleiten, wie wir sie für die erstgenannte Kongruenz in **6** und **8** bewiesen haben. Im Hinblick auf die weitgehende Analogie beider Fälle können wir uns dabei etwas kürzer fassen.

Wir betrachten das Fehlerglied

$$\Phi_p = N\,[x^3 - 1 \equiv y^2 \text{ mod. } p] - p = \sum_{x \bmod. p} \left(\frac{x^3 - 1}{p} \right).$$

Zunächst erledigen wir kurz den Fall

$$p \equiv -1 \text{ mod. } 3,$$

der sich hier als trivial erweist. In diesem Falle ist die Ordnung $p - 1$ der primen Restklassengruppe mod. p nicht durch 3 teilbar. Daher hat

---

[1] E. HECKE: Eine neue Art von Zetafunktionen und ihre Beziehungen zur Verteilung der Primzahlen. Math. Zschr. **1** (1918), 357–376; **6** (1920), 11–51.

die Kongruenz $x^3 \equiv a$ mod. p für jedes a mod. p genau eine Lösung. Demnach gilt hier

$$N\,[x^3 - 1 \equiv y^2\,\mathrm{mod.}\,p] = N\,[u - 1 \equiv y^2\,\mathrm{mod.}\,p]$$

$$= \sum_{y\,\mathrm{mod.}\,p} N_y\,[u - 1 \equiv y^2\,\mathrm{mod.}\,p]$$

$$= \sum_{y\,\mathrm{mod.}\,p} 1 = p\,,$$

also

$$\Phi_p = 0.$$

Sei weiterhin

$$\underline{p \equiv 1\,\mathrm{mod.}\,3}$$

vorausgesetzt. Dann ist die Ordnung $p - 1$ der primen Restklassengruppe mod. p durch 3 teilbar. Dementsprechend gibt es einen kubischen Restcharakter mod. p, definiert durch

$$\chi_p(a) = \varrho^\alpha \quad \text{für} \quad a \equiv w^\alpha\,\mathrm{mod.}\,p \qquad (\alpha\,\mathrm{mod.}\,p - 1),$$

wo w eine primitive Wurzel mod. p und ϱ eine primitive dritte Einheitswurzel ist. Setzt man zudem

$$\chi_p(a) = 0 \quad \text{für} \quad a \equiv 0\,\mathrm{mod.}\,p,$$

so gilt wieder

$$N\,[x^3 \equiv a\,\mathrm{mod.}\,p] = 1 + \chi_p(a) + \chi_p^2(a)$$

sowie

$$\sum_{a\,\mathrm{mod.}\,p} \chi_p(a) = 0,$$

wobei hier zu beachten ist, daß $1 + \varrho + \varrho^2 = 0$ ist. Der Charakter $\chi_p^2 = \chi_p^{-1} = \bar{\chi}_p$ ist konjugiert-komplex zu χ_p.

Bezeichnet

$$\psi_p(a) = \left(\frac{a}{p}\right)$$

den quadratischen Restcharakter mod. p, so hat man

$$\chi_p(a)\,\psi_p(a) = (-\varrho)^\alpha \quad \text{für} \quad a \equiv w^\alpha\,\mathrm{mod.}\,p \qquad (\alpha\,\mathrm{mod.}\,p - 1);$$

es ist also $\chi_p\psi_p$ der der primitiven sechsten Einheitswurzel $-\varrho$ zugeordnete bikubische Restcharakter mod. p und dann $\bar{\chi}_p\psi_p$ der zugehörige konjugiert-komplexe Charakter. Unter Beachtung der Gleichung $1 - \varrho + \varrho^2 - \varrho^3 + \varrho^4 - \varrho^5 = 0$ folgt, daß auch

$$\sum_{a\,\mathrm{mod.}\,p} \chi_p(a)\,\psi_p(a) = 0$$

gilt.

Nach alledem hat man

$$N\,[x^3 - 1 \equiv y^2 \bmod. p] = \sum_{\substack{u,\,v \bmod. p \\ u-1 \equiv v \bmod. p}} (1 + \chi_p(u) + \chi_p^2(u))(1 + \psi_p(v))$$

$$= p + \pi + \bar{\pi},$$

also

$$\Phi_p = \pi + \bar{\pi}$$

mit

$$\pi = \sum_{u \bmod. p} \chi_p(u)\,\psi_p(u-1), \qquad \bar{\pi} = \sum_{u \bmod. p} \bar{\chi}_p(u)\,\psi_p(u-1).$$

Für die so definierten beiden konjugiert-komplexen Zahlen π, $\bar{\pi}$ gilt, wie wir gleich zeigen werden, wieder

$$|\pi|^2 = \pi\,\bar{\pi} = p,$$

also

$$|\Phi_p| \leq 2\,\sqrt{p}\,.$$

Es ist nämlich ganz entsprechend wie in dem in **6** behandelten Falle

$$|\pi|^2 = \sum_{u,\,v \not\equiv 0 \bmod. p} \chi_p(u)\,\bar{\chi}_p(v)\,\psi_p(u-1)\,\psi_p(v-1)$$

$$= \sum_{u,\,t \not\equiv 0 \bmod. p} \chi_p(u)\,\bar{\chi}_p(u)\,\bar{\chi}_p(t)\,\psi_p((u-1)(ut-1))$$

$$= \sum_{u,\,t \not\equiv 0 \bmod. p} \bar{\chi}_p(t)\,\psi_p(t)\,\psi_p((u-1)(u-t^{-1}))$$

$$= \sum_{t \not\equiv 0 \bmod. p} \bar{\chi}_p(t)\,\psi_p(t)\Big[\sum_{u \bmod. p}\psi_p((u-1)(u-t^{-1})) - \psi_p(t^{-1})\Big]$$

$$= \sum_{t \not\equiv 0 \bmod. p} \bar{\chi}_p(t)\,\psi_p(t)\sum_{u \bmod. p}\psi_p((u-1)(u-t^{-1}))$$

$$= \sum_{t \not\equiv 0,1 \bmod. p} \bar{\chi}_p(t)\,\psi_p(t)\,(-1) + \bar{\chi}_p(1)\,\psi_p(1)\,(p-1)$$

$$= p - \sum_{t \not\equiv 0 \bmod. p} \bar{\chi}_p(t)\,\psi_p(t) = p.$$

Die beiden konjugiert-komplexen Zahlen π, $\bar{\pi}$ gehören dem Körper $P(\varrho)$ der dritten Einheitswurzeln an, und zwar liegen sie im Integritätsbereich $\Gamma\,[\varrho]$, besitzen also Darstellungen

$$\pi = a + b\varrho, \qquad \bar{\pi} = a + b\varrho^2$$

mit ganzen rationalen a, b. Dabei ist

$$\Phi_p = \pi + \bar{\pi} = 2a - b$$

und

$$p = \pi\,\bar{\pi} = a^2 - ab + b^2.$$

Wie sich im vierten Abschnitt in § 16,6,XIXA aus der Arithmetik im Integritätsbereich $\Gamma\,[\varrho]$ ergeben wird, liegt eine Zerlegung der letzteren

Form durch p eindeutig fest bis auf die Ersetzung von π durch eine der sechs Assoziierten $\pm\pi$, $\pm\varrho\pi$, $\pm\varrho^2\pi$ und die Unterscheidung zwischen π und $\bar\pi$. Aus

$$\begin{aligned}
\pi &= a &+&& b\varrho, \\
\varrho\pi &= -b &+& (a-b)&\varrho, \\
\varrho^2\pi &= (b-a) &-& a&\varrho,
\end{aligned}$$

sowie aus der Tatsache, daß a und b nicht beide gerade sein können, ersieht man, daß die Auswahl von $\pm\pi$ unter den drei Paaren entgegengesetzt gleicher Assoziierter eindeutig durch die Forderung

$$b \equiv 0 \bmod. 2$$

getroffen werden kann. Diese Forderung ist bei der hier konstruierten Zerlegung erfüllt. Es ist nämlich

$$2a - b = \Phi_p = \sum_{x \bmod. p} \left(\frac{x^3 - 1}{p}\right) \equiv \sum_{\substack{x \bmod. p \\ x^3 \not\equiv 1 \bmod. p}} 1 \equiv p - 3 \equiv 0 \bmod. 2,$$

da die Kongruenz $x^3 \equiv 1 \bmod. p$ genau 3 Lösungen hat $\left(\text{nämlich } 1,\ w^{\frac{p-1}{3}},\right.$ $w^{2\frac{p-1}{3}} \bmod. p\bigg)$. Führt man demgemäß die Darstellungen

$$\varrho = \frac{-1 + \sqrt{-3}}{2}, \qquad \varrho^2 = \frac{-1 - \sqrt{-3}}{2}$$

der primitiven dritten Einheitswurzeln ein, so werden die obigen Formeln zu

$$\begin{aligned}
\pi &= A + B\sqrt{-3}, \qquad \bar\pi = A - B\sqrt{-3}, \\
\Phi_p &= \pi + \bar\pi = 2A, \\
p &= \pi\bar\pi = A^2 + 3B^2
\end{aligned}$$

mit ganzen rationalen A, B, nämlich

$$A = a - \tfrac{1}{2}b, \qquad B = \tfrac{1}{2}b.$$

Bei einer Zerlegung dieser Form, bei der die beiden Faktoren π, $\bar\pi$ zum Teilintegritätsbereich $\Gamma[\sqrt{-3}]$ von $\Gamma[\varrho]$ gehören, sind dann nur noch die Vorzeichen der beiden Quadratbasen A, B unbestimmt, entsprechend der Normierung von π gegenüber $-\pi$ und gegenüber $\bar\pi$. Das Vorzeichen von A kann, da A nicht durch 3 teilbar ist, durch eine Forderung der Form

$$A \equiv \varepsilon_p \bmod. 3$$

mit einer als Funktion von p vorgegebenen Einheit $\varepsilon_p = \pm 1$ eindeutig normiert werden, und das Vorzeichen von B etwa durch die Vorschrift $B > 0$, auf die es jedoch hier nicht ankommt.

Um die Normierungseinheit ε_p bei der hier konstruierten Zerlegung zu bestimmen, haben wir den Kongruenzwert von Φ_p mod. 3 zu ermitteln. Dazu müssen wir etwas anders als in **6** vorgehen, nämlich eine weitere Tatsache aus der Arithmetik in $\Gamma[\varrho]$ heranziehen. Die Zahl $1 - \varrho$ aus $\Gamma[\varrho]$ hat die Eigenschaft, daß ihre Konjugiert-komplexe

$$1 - \varrho^2 = -\varrho^2(1 - \varrho) \cong 1 - \varrho,$$

also zu $1 - \varrho$ assoziiert ist. Daher gilt

$$3 = (1 - \varrho)(1 - \varrho^2) \cong (1 - \varrho)^2.$$

Weiß man nun von zwei ganzen rationalen Zahlen a, b, daß die Kongruenz $a \equiv b$ mod. $(1 - \varrho)$ in $\Gamma[\varrho]$ besteht, so folgt durch Subtrahieren und Quadrieren $(a - b)^2 \equiv 0$ mod. 3, also auch $a - b \equiv 0$ mod. 3, und somit $a \equiv b$ mod. 3. Demnach genügt es, den Kongruenzwert von Φ_p mod. $(1 - \varrho)$ zu ermitteln. Nun ist

$$\pi = \sum_{u\,\text{mod.}\,p} \chi_p(u)\,\psi_p(u - 1) \equiv \sum_{u\,\not\equiv\,0\,\text{mod.}\,p} \psi_p(u - 1) \;\text{mod.}\,(1 - \varrho),$$

und hierin ist

$$\sum_{u\,\not\equiv\,0\,\text{mod.}\,p} \psi_p(u - 1) = -\psi_p(-1) = -\left(\frac{-1}{p}\right).$$

Da Entsprechendes für $\bar\pi$ gilt, ergibt sich

$$\Phi_p = \pi + \bar\pi \equiv -2\left(\frac{-1}{p}\right)\text{mod.}\,(1 - \varrho),\;\text{also auch mod. 3}.$$

Demnach ist hier

$$A = \frac{1}{2}\Phi_p \equiv -\left(\frac{-1}{p}\right)\text{mod. 3}.$$

Es liegt die Normierungseinheit $\varepsilon_p = -\left(\dfrac{-1}{p}\right)$ vor.

In Analogie zu den in **8** bewiesenen Tatsachen IV und V haben wir damit folgende Ergebnisse gefunden:

VI. *Jede Primzahl* $p \equiv 1$ *mod. 3 besitzt eine Darstellung* $p = A^2 + 3B^2$ *als Summe einer Quadratzahl und einer dreifachen Quadratzahl.*

Die Basis A *der ersteren Quadratzahl wird in der Normierung*

$$A \equiv -\left(\frac{-1}{p}\right)mod.\,3,\;\text{also}\; A \equiv \begin{cases} -1\,mod.\,3 \;\text{für}\; p \equiv 1\,mod.\,4 \\ 1\,mod.\,3 \;\text{für}\; p \equiv -1\,mod.\,4 \end{cases},$$

geliefert durch die Summe

$$A = \frac{1}{2}\Phi_p = \frac{1}{2}\sum_{x\,\text{mod.}\,p}\left(\frac{x^3 - 1}{p}\right).$$

Dritter Abschnitt

Der Dirichletsche Primzahlsatz

§ 11. Elementare Sonderfälle

1. Folgerungen aus der Theorie der quadratischen Reste

Wir haben bereits in § 7,5 den berühmten Dirichletschen Satz von den Primzahlen in einer arithmetischen Progression erwähnt und dort von ihm vorübergehend Gebrauch gemacht, um das Legendresche Symbol als Funktion seines Nenners zu studieren. Dieser Satz besagt in der Dirichletschen Ausdrucksweise, daß es in jeder arithmetischen Progression

$$ r + km \qquad \binom{r \text{ ganz, } m \text{ natürlich}}{k = 0,\ 1,\ 2,\ \ldots}, $$

deren Anfangsglied r zur Differenz m teilerfremd ist, unendlich viele Primzahlen gibt, oder also in der Ausdrucksweise der neueren Zahlentheorie:

In jeder primen Restklasse r mod. m gibt es unendlich viele Primzahlen.

Der vorliegende Abschnitt ist dem Beweis dieses Satzes gewidmet. Wir werden dazu die von DIRICHLET in die Zahlentheorie eingeführten analytischen Hilfsmittel anzuwenden haben.

Ehe wir in den allgemeinen Beweis eintreten, wollen wir in diesem Paragraphen einige Sonderfälle vorwegnehmen, die sich ohne Heranziehung von analytischen Hilfsmitteln erledigen lassen. Es sind das einerseits ein Typus von Sonderfällen mit speziellen (kleinen) Werten von m, und andererseits die Fälle der Einsklasse $r \equiv 1$ mod. m und der negativen Einsklasse $r \equiv -1$ mod. m bei beliebigem m. Die Beweismethode ist in allen diesen Fällen eine Verallgemeinerung des Beweises von Euklid aus § 1,3 für das Vorhandensein von unendlich vielen Primzahlen überhaupt (ohne Kongruenzbedingung), der sich übrigens auch als der Spezialfall $m = 1$ oder 2 mit der einzigen primen Restklasse $r \equiv 1$ mod. 1 oder mod. 2 ansehen läßt.

Dem erstgenannten Typus von Sonderfällen liegt die folgende Tatsache zugrunde, die sich aus der Theorie der quadratischen Reste ergibt:

I. *Für jede Nichtquadratzahl a gibt es unendlich viele Primzahlen p mit $\left(\dfrac{a}{p}\right) = -1$ und auch unendlich viele Primzahlen p mit $\left(\dfrac{a}{p}\right) = 1$.*

Beweis. Nach dem Ergebnis § 9,6,VI bilden, wenn a keine Quadratzahl ist, die Restklassen b mod. $f(a)$ mit $\left(\dfrac{a}{b}\right) = 1$ eine Untergruppe $\mathfrak{H}$

vom Index 2 in der Gruppe $\mathfrak{G}$ aller primen Restklassen mod. $f(a)$. Die Restklassen b mod. $f(a)$ mit $\left(\frac{a}{b}\right) = -1$ bilden dann die einzige Nebengruppe zu $\mathfrak{H}$, das Komplement $\mathfrak{G}-\mathfrak{H}$. Es ist zu zeigen, daß es in jedem der beiden Komplexe $\mathfrak{H}$ und $\mathfrak{G}-\mathfrak{H}$ aus je $\frac{1}{2}\varphi(f(a))$ primen Restklassen mod. $f(a)$ unendlich viele Primzahlen gibt. Dabei hat $f(a)$ die Bedeutung aus § 9,5,IV; setzt man ohne Einschränkung a als quadratfrei voraus, so ist also

$$f(a) = \begin{cases} a \ \text{für} \ a \equiv 1 \ \text{mod.} \ 4 \\ 4a \ \text{für} \ a \not\equiv 1 \ \text{mod.} \ 4 \end{cases}.$$

a) Wir beginnen mit dem Beweis für das Komplement $\mathfrak{G}-\mathfrak{H}$, der sich besonders einfach erbringen läßt. Da $\mathfrak{H}$ den Index 2 hat, also $\mathfrak{G}-\mathfrak{H}$ nicht leer ist, gibt es in $\mathfrak{G}-\mathfrak{H}$ ganze Zahlen b. Sei b_0 irgendeine solche. Da -1 zu $\mathfrak{H}$ gehört, ist $b_0 \neq \pm 1$, so daß b_0 Primfaktoren besitzt. Lägen alle diese Primfaktoren in $\mathfrak{H}$, so auch ihr Produkt $\pm b_0$ und damit auch b_0. Folglich liegt mindestens ein Primfaktor p_0 von b_0 in $\mathfrak{G}-\mathfrak{H}$.

Seien nun bereits Primzahlen $p_0, \ldots, p_{r-1}$ aus $\mathfrak{G}-\mathfrak{H}$ in irgendeiner Anzahl $r \geq 1$ bekannt. Dann bestimmen wir ein ganzes b_r mit den Eigenschaften

(1.) $\qquad\qquad b_r \equiv b_0 \ \text{mod.} \ f(a)$

(2.) $\qquad\qquad b_r \ \text{prim zu} \ p_0 \cdots p_{r-1}.$

Man denke sich dazu die Forderung (2.) zu irgendeiner bestimmten Kongruenzvorschrift mit zu $p_0 \cdots p_{r-1}$ primem Rest spezifiziert, etwa zu

(2'.) $\qquad\qquad b_r \equiv 1 \ \text{mod.} \ p_0 \cdots p_{r-1},$

und wende den Hauptsatz aus § 4,9 über simultane Kongruenzen mit paarweise teilerfremden Moduln an; dabei ist noch zu beachten, daß sich die in der Forderung (1.) für $a < 0$ enthaltene Vorzeichenvorschrift sgn $b_r =$ sgn b_0 zusätzlich erfüllen läßt (vgl. § 9,5 im Beweis vor V). Da b_r nach (1.) zu $\mathfrak{G}-\mathfrak{H}$ gehört, folgt wie oben für b_0, daß mindestens ein Primfaktor p_r von b_r vorhanden ist, der ebenfalls zu $\mathfrak{G}-\mathfrak{H}$ gehört. Nach (2.) ist ferner p_r von $p_0, \ldots, p_{r-1}$ verschieden. Damit ist dann eine weitere Primzahl p_r in $\mathfrak{G}-\mathfrak{H}$ gefunden.

Die Analogie dieser Schlußweise zum Beweis von Euklid in § 1,3 springt in die Augen. Die dortige Bildung $p_0 \cdots p_{r-1} + 1$, die durch Auswahl eines Primteilers eine neue Primzahl liefert, ist hier bei Zugrundelegung von (2'.) durch die allgemeinere Bildung $g_r\, p_0 \cdots p_{r-1} + 1$ ersetzt, wo g_r ein nach (1.) durch die Kongruenzvorschrift $g_r\, p_0 \cdots p_{r-1} \equiv b_0 - 1 \ \text{mod.} \ f(a)$ bestimmter Zusatzfaktor ist. Neben dem Auftreten dieser Zusatzfaktoren g_r besteht ein weiterer Unterschied darin, daß dort jeder Primteiler von $p_0 \cdots p_{r-1} + 1$ in Frage kam, während hier nur die Existenz mindestens eines in Frage kommenden Primteilers von $g_r p_0 \cdots p_{r-1} + 1$ feststeht.

b) Etwas komplizierter ist der Beweis im Falle der Untergruppe $\mathfrak{H}$, bei der die obige Schlußweise versagt. Wir benutzen statt dessen die folgende Tatsache. Es sei ohne Einschränkung a quadratfrei, und es sei x irgendeine ganze Zahl mit den Eigenschaften:

$$\text{(1.)} \qquad x^2 - a \neq \pm 1,$$

$$\text{(2.)} \qquad x \text{ gerade, wenn } a \text{ ungerade,}$$

$$\text{(3.)} \qquad x \text{ prim zu } a.$$

Wegen (1.), und weil nach der Voraussetzung über a auch $x^2 - a \neq 0$ ist, besitzt $x^2 - a$ Primfaktoren, und wegen (2.), (3.) sind diese sämtlich ungerade und von den Primteilern von a verschieden. Für jeden solchen Primfaktor p gilt somit $\left(\dfrac{a}{p}\right) = 1$, d.h. p liegt in $\mathfrak{H}$. Wegen (3.) ist überdies p von den Primteilern von x verschieden.

Wir wählen eine feste ganze Zahl g derart, daß die Bedingungen (1.), (2.), (3.) nicht nur für $x = g$ sondern auch für jedes Vielfache $x = gh$ mit zu a primem ungeradem h erfüllt sind. Dies leistet, wie sofort zu sehen, etwa

$$g = a \pm 1, \text{ je nachdem } a \gtrless 0.$$

Seien nun bereits ungerade Primzahlen $p_0, \ldots, p_{r-1}$ aus $\mathfrak{H}$ in irgendeiner Anzahl $r \geq 0$ bekannt. Diese sind natürlich prim zu $f(a)$, wegen der Quadratfreiheit von a also auch prim zu a selbst. Setzt man dann $x = g p_0 \cdots p_{r-1}$, so gehört nach dem Gesagten jeder Primteiler p_r von $x^2 - a$ zu $\mathfrak{H}$ und ist von $p_0, \ldots, p_{r-1}$ verschieden. Damit ist wieder eine weitere Primzahl p in $\mathfrak{H}$ gefunden.

Auch bei dieser Schlußweise springt die Analogie zum Beweis von Euklid in die Augen. Die Verallgemeinerung besteht in zweierlei. Erstens wird (wie schon im Falle $\mathfrak{G}\text{-}\mathfrak{H}$) statt des Produkts $p_0 \cdots p_{r-1}$ ein Vielfaches $g p_0 \cdots p_{r-1}$ (jetzt mit von r unabhängigem g) verwendet. Zweitens wird hier das Produkt nicht wie dort in das lineare Polynom $x + 1$, sondern in das quadratische Polynom $x^2 - a$ eingesetzt, und es kommt dann (anders als im Falle $\mathfrak{G}\text{-}\mathfrak{H}$) wieder jeder Primteiler in Frage.

Die Aussage I liegt insofern in der Richtung des Dirichletschen Primzahlsatzes, als in ihr die Existenz unendlich vieler Primzahlen in jedem der beiden im Beweis genannten Komplexe $\mathfrak{H}$ und $\mathfrak{G}\text{-}\mathfrak{H}$ aus je $\frac{1}{2} \varphi\left(f(a)\right)$ primen Restklassen mod. $f(a)$ festgestellt wird. Im Falle $a < 0$ ist dabei zu beachten, daß der Kongruenzbegriff nach dem Modul $f(a) < 0$ im

Sinne von § 9,5 zu verstehen ist. Die beiden Komplexe $\mathfrak{H}$ und $\mathfrak{G}\text{-}\mathfrak{H}$ bestehen dann aus je $\frac{1}{4}\varphi(f(a)) = \frac{1}{2}\varphi(|f(a)|)$ Paaren entgegengesetzter primer Halbrestklassen mod. $|f(a)|$, von denen aber für das Enthalten von Primzahlen nur die positiven in Frage kommen. In jedem Falle enthalten demnach die beiden Komplexe $\mathfrak{H}$ und $\mathfrak{G}\text{-}\mathfrak{H}$ je genau $\frac{1}{2}\varphi(|f(a)|)$ positive prime Halbrestklassen mod. $f(a)$. Wenn daher speziell $\frac{1}{2}\varphi(|f(a)|) = 1$ ist, so wird durch I die Richtigkeit des Dirichletschen Primzahlsatzes für den Modul $m = |f(a)|$ festgestellt.

Da nun nach § 4,8 allgemein

$$\varphi(m) = \prod_{p\mid m}(p-1)\,p^{\mu-1} \quad \text{für } m = \prod_{p\mid m} p^{\mu}$$

ist, gilt die Gleichung $\varphi(m) = 2$ nur für $m = 3, 4, 6$. Die beiden ersten Moduln treten in der Tat als Führerbeträge $m = |f(a)|$ auf, nämlich bei $a = -3, -1$. Somit können wir feststellen:

II. *Es gibt unendlich viele Primzahlen von jeder der Sorten*

$$p \equiv 1 \ mod. \ 3, \qquad p \equiv -1 \ mod. \ 3,$$
$$p \equiv 1 \ mod. \ 4, \qquad p \equiv -1 \ mod. \ 4.$$

In jedem anderen Falle ist die Aussage I schwächer als der Dirichletsche Primzahlsatz für den Modul $m = |f(a)|$, indem sie dann nicht einzelne prime Restklassen, sondern nur Komplexe aus mehreren solchen betrifft. Hervorgehoben werden mögen noch die Fälle, wo es sich um Komplexe aus nur zwei primen Restklassen (bzw. positiven primen Halbrestklassen) handelt, wo also $\frac{1}{2}\varphi(|f(a)|) = 2$ ist. Die Gleichung $\varphi(m) = 4$ ist nur für

$$m = 5, 8, 12, 10$$

erfüllt. Von diesen Moduln treten allein die drei ersten als Führerbeträge $m = |f(a)|$ auf, nämlich bei

$$a = 5, \pm 2, 3.$$

Im Falle $m = 5$ ergibt sich demnach aus I die Aussage:

III. *Es gibt unendlich viele Primzahlen von jeder der beiden Sorten*

$$p \equiv 1,4 \ mod. \ 5 \qquad p \equiv 2,3 \ mod. \ 5.$$

In den Fällen $m = 8, 12$ kann man eine etwas schärfere Aussage erhalten. Aus I folgt zunächst, daß es von jeder der Sorten

$$p \equiv 1,7 \ mod. \ 8, \quad p \equiv 3,5 \ mod. \ 8 \quad \Big| \quad p \equiv 1,11 \ mod. \ 12, \quad p \equiv 5,7 \ mod. \ 12$$
$$p \equiv 1,3 \ mod. \ 8, \quad p \equiv 5,7 \ mod. \ 8 \quad \Big|$$

unendlich viele Primzahlen gibt. Nach II gibt es ferner auch von jeder der Sorten

$$p \equiv 1,5 \bmod. 8, \quad p \equiv 3,7 \bmod. 8 \quad \Big| \quad \begin{array}{ll} p \equiv 1,7 \bmod. 12, & p \equiv 5,11 \bmod. 12 \\ p \equiv 1,5 \bmod. 12, & p \equiv 7,11 \bmod. 12 \end{array}$$

unendlich viele Primzahlen. Da hierbei für jeden der beiden Moduln die sämtlichen Paare primer Restklassen auftreten, ergibt sich die schärfere Aussage:

IV. *Von den vier primen Restklassen mod. 8 und von den vier primen Restklassen mod. 12 enthält jeweils höchstens eine nur endlich viele Primzahlen.*

Der Grund, weswegen man in den Fällen $m = 8$, 12 die gegenüber III schärfere Aussage IV gewinnen kann, ist der, daß die prime Restklassengruppe $\mathfrak{G}$ hier das direkte Produkt von zwei Zyklen der Ordnung 2 (die sog. Vierergruppe) ist, also drei Untergruppen $\mathfrak{H}_1$, $\mathfrak{H}_2$, $\mathfrak{H}_3$ vom Index 2 besitzt, während sie für $m = 5$ die zyklische Gruppe der Ordnung 4 ist, also nur eine Untergruppe $\mathfrak{H}$ vom Index 2 besitzt.

2. Das Kreisteilungspolynom

Die für den Beweis von **1**,I im Falle $\left(\dfrac{a}{p}\right) = 1$, also im Falle der Untergruppe $\mathfrak{H}$, angewandte Verallgemeinerung des Euklidischen Schlußverfahrens läßt sich weiter so verallgemeinern, daß sie den Beweis des Dirichletschen Primzahlsatzes für die Einsklasse $r \equiv 1 \bmod. m$ bei beliebigem m liefert. Man hat dazu an Stelle des dortigen Polynoms $x^2 - a$ dasjenige Polynom $f_m(x)$ zu verwenden, dessen Wurzeln die primitiven m-ten Einheitswurzeln sind. Mit diesem Polynom $f_m(x)$ haben wir uns zunächst näher zu beschäftigen.

Wir erinnern an die allgemeinen Ausführungen über Einheitswurzeln zu Beginn von § 8,**1**. Danach bilden für jede natürliche Zahl m die m-ten Einheitswurzeln eine zyklische Gruppe der Ordnung m. Die erzeugenden Elemente dieser Gruppe heißen die primitiven m-ten Einheitswurzeln. Es gibt genau $\varphi(m)$ verschiedene solche, nämlich die Potenzen ζ^r mit primen $r \bmod. m$ einer beliebigen ζ unter ihnen. Das Polynom $f_m(x)$, dessen Wurzeln die primitiven m-ten Einheitswurzeln sind, stellt sich demnach in der Form

$$(1.) \qquad f_m(x) = \prod_{\substack{r \bmod. m \\ (r,m)=1}} (x - \zeta^r)$$

dar, wo ζ irgendeine primitive m-te Einheitswurzel ist. Man nennt $f_m(x)$ kurz das *m-te Kreisteilungspolynom*. Sein Grad ist $\varphi(m)$.

Jede m-te Einheitswurzel ζ^a ist eine primitive $\dfrac{m}{d}$-te Einheitswurzel mit einem bestimmten natürlichen Teiler d von m, nämlich dem Teiler der Restklasse $a \bmod. m$. Faßt man umgekehrt die primitiven $\frac{m}{d}$-ten Einheitswurzeln für alle natürlichen Teiler d von m zusammen, so erhält man gerade die sämtlichen m-ten Einheitswurzeln, also die Wurzeln des Polynoms

$$x^m - 1 = \prod_{a \bmod. m} (x - \zeta^a).$$

Demnach besteht die Polynomidentität

$$(2.) \qquad x^m - 1 = \prod_{d|m} f_{m/d}(x).$$

Es ist das dieselbe Schlußweise, die wir in § 4,6 zur Herleitung der Summenformel

$$m = \sum_{d|m} \varphi\left(\frac{m}{d}\right)$$

angewandt hatten; diese Summenformel erscheint hier als die der Identität (2.) entsprechende Gradrelation.

Auf die Identität (2.) wenden wir nunmehr die Möbiusschen Umkehrformeln aus § 4,7 an. Diese waren zwar dort nur für Summen hergeleitet. Ihr Beweis überträgt sich aber ohne weiteres auf Produkte, indem man formal die Addition der Funktionswerte durch ihre Multiplikation ersetzt und dementsprechend die ganzzahligen Faktoren $\mu\left(\frac{m}{d}\right)$ als Exponenten schreibt. Für irgend zwei durchweg von 0 verschiedene zahlentheoretische Funktionen $f(m)$ und $g(m)$ bedingen sich also auch die beiden multiplikativen Funktionalgleichungen

$$\prod_{d|m} f(d) = g(m), \qquad \prod_{d|m} g(d)^{\mu\left(\frac{m}{d}\right)} = f(m)$$

gegenseitig. Ersetzt man in diesen Formeln die Teiler d durch ihre Komplementärteiler und wendet sie auf die beiden zahlentheoretischen Funktionen $f(m) = f_m(x)$ und $g(m) = x^m - 1$ an (die außer von m noch von der Unbestimmten x als Parameter abhängen), so ergibt sich aus (2.) die Polynomidentität

$$(3.) \qquad f_m(x) = \prod_{d|m} (x^{m/d} - 1)^{\mu(d)},$$

durch die nunmehr das Kreisteilungspolynom $f_m(x)$ explizit dargestellt wird. Die in § 4,8 auf dieselbe Weise gewonnene explizite Darstellung

$$\varphi(m) = \sum_{d|m} \mu(d) \frac{m}{d}$$

der Eulerschen Funktion erscheint wieder als die der Identität (3.) entsprechende Gradrelation.

Die zum Ausgang genommene Darstellung (1.) des Kreisteilungspolynoms läßt nun erkennen, daß seine Koeffizienten dem Körper $P(\zeta)$ der m-ten Einheitswurzeln und sogar dem darin enthaltenen Integritätsbereich $\Gamma[\zeta]$ angehören. Die Identität (3.) lehrt, daß diese Koeffizienten in Wahrheit dem Körper P und sogar dem darin enthaltenen Integritätsbereich Γ angehören:

V. *Die Koeffizienten des Kreisteilungspolynoms $f_m(x)$ sind ganze rationale Zahlen.*

Beweis. Faßt man in (3.) die Faktoren mit $\mu(d) = 1$ und die Faktoren mit $\mu(d) = -1$ für sich zusammen, so erhält man eine Darstellung

$$f_m(x) = \frac{g_m(x)}{h_m(x)},$$

in der $g_m(x)$ und $h_m(x)$ Polynome mit ganzen rationalen Koeffizienten sind. Bei dem bekannten systematischen Verfahren der Division mit Rest für Polynome bestimmen sich nun allgemein die Koeffizienten von Quotient und Rest rational aus denen von Dividend und Divisor, und dabei tritt als Nenner nur der höchste Koeffizient des Divisors auf. Im vorliegenden Falle, wo die Division aufgeht und der Divisor $h_m(x)$ [wie auch der Dividend $g_m(x)$] den höchsten Koeffizienten 1 hat, ergeben sich demnach die Koeffizienten des Quotienten $f_m(x)$ in der Tat als ganze rationale Zahlen.

Ehe wir uns den für unseren Zweck in Frage kommenden besonderen Eigenschaften des Kreisteilungspolynoms $f_m(x)$ zuwenden, wollen wir eine für diesen Zweck nicht benötigte, aber allgemein wichtige Tatsache beweisen, die wir im Spezialfall einer Primzahl $m = p$ bereits in § 8,1,I kennengelernt haben:

VI. *Das Kreisteilungspolynom $f_m(x)$ ist im rationalen Zahlkörper P irreduzibel.*

Der Beweis stützt sich auf einen bekannten Satz aus der Algebra der ganzzahligen Polynome, für den wir hier einen kurzen Beweis voranschicken wollen:

Gaußscher Satz. *Bei jeder Zerlegung*

$$f(x) = g(x)\,h(x)$$

eines ganzzahligen Polynoms f vom höchsten Koeffizienten 1 in zwei rationalzahlige Polynome g, h vom höchsten Koeffizienten 1 sind auch die Koeffizienten der Faktoren g, h ganz.

Beweis des Gaußschen Satzes. Durch Multiplikation mit den Hauptnennern b, c der Koeffizienten von g, h entsteht eine Zerlegung

$$af(x) = G(x)\,H(x) \quad \text{mit} \quad a = bc,$$

in der G, H Polynome mit ganzen teilerfremden Koeffizienten sind. Angenommen es sei $a \neq 1$. Dann gibt es eine Primzahl $p \mid a$. Wir denken uns dann die letztere Polynomgleichung als solche über dem Körper Π der Restklassen mod. p betrachtet. Über diesem Körper ist die linke Seite wegen $p \mid a$ das Nullpolynom, während die beiden Faktoren auf der rechten Seite wegen der Teilerfremdheit der Koeffizienten vom Nullpolynom verschieden sind. Dies ist aber unmöglich. Folglich ist die Annahme $a \neq 1$ unzutreffend. Es ist somit $a = 1$, also $b = 1$, $c = 1$, so daß in der Tat $g = G$, $h = H$ ganzzahlige Polynome mit höchstem Koeffizienten 1 sind.

Beweis von VI. Es sei ζ eine feste primitive m-te Einheitswurzel. Wie man in der Algebra zeigt, gibt es zu ihr ein eindeutig bestimmtes irreduzibles rationalzahliges Polynom $g_m(x)$ vom höchsten Koeffizienten 1 mit $g_m(\zeta) = 0$, und $f_m(x)$ ist ein Vielfaches von $g_m(x)$. Die Irreduzibilität von $f_m(x)$ wird bewiesen sein, wenn gezeigt ist, daß jede Wurzel ζ' von $f_m(x)$ auch Wurzel von $g_m(x)$ ist; denn dann ist ja auch umgekehrt $g_m(x)$ ein Vielfaches von $f_m(x)$, also $f_m(x) = g_m(x)$.

Nach V und dem Gaußschen Satz hat $g_m(x)$ als Teiler von $f_m(x)$ ganze Koeffizienten. Nach dem schon im Beweis von V Bemerkten liefert daher die Division mit Rest

$$h(x) = q(x)\, g_m(x) + r(x)$$

für jedes ganzzahlige Polynom $h(x)$ einen Rest $r(x)$ von niedrigerem Grade als $g_m(x)$ mit ganzen Koeffizienten. Indem man $x = \zeta$ setzt, ergibt sich, daß jedes Element $h(\zeta)$ des Integritätsbereichs $\Gamma[\zeta]$ eine Darstellung

$$h(\zeta) = c_0 + c_1\,\zeta + \cdots + c_{n-1}\,\zeta^{n-1}$$

mit ganzen rationalen Koeffizienten $c_0, \ldots, c_{n-1}$ besitzt, wo n der Grad von $g_m(x)$ ist. Wegen der Irreduzibilität von $g_m(x)$ ist diese Darstellung eindeutig.

Wir wenden das auf die als Null zu erweisenden Elemente $g_m(\zeta^r)$ aus $\Gamma[\zeta]$ an, wo r die primen Restklassen mod. m, also ζ^r nach (1.) die Wurzeln von $f_m(x)$ durchläuft. Jeder primen Restklasse r mod. m ist danach vermöge der Darstellung

$$g_m\big(\zeta^r\big) = c_0^{(r)} + c_1^{(r)}\,\zeta + \cdots + c_{n-1}^{(r)}\,\zeta^{n-1}$$

eindeutig ein ganzzahliges Koeffizientensystem $c_0^{(r)}, \ldots, c_{n-1}^{(r)}$ zugeordnet. Es sei c das Maximum der Beträge dieser $n\varphi(m)$ Koeffizienten.

Wir betrachten nun speziell solche primen Restklassen r mod. m, die durch Primzahlen $p \equiv r$ mod. m vertretbar sind. Aus der nach § 4,**11** für jedes ganzzahlige Polynom g im Restklassenkörper mod. p gültigen Identität $g(x)^p \equiv g(x^p)$ mod. p folgt, auf $g = g_m$ angewandt, wegen

$g_m(\zeta) = 0$ eine Beziehung der Form $g_m(\zeta^p) = pG(\zeta)$ mit einem ganzzahligen Polynom G. Stellt man auch $G(\zeta)$ in der obigen Form dar, so erkennt man, daß die $g_m(\zeta')$ zugeordneten Koeffizienten $c_0^{(r)}, \ldots, c_{n-1}^{(r)} \equiv 0$ mod. p sind, wenn $r \equiv p$ mod. m mit einer Primzahl p ist. Ist überdies $p > c$, so folgt unter Beachtung von $|c_0^{(r)}|, \ldots, |c_{1-n}^{(r)}| \leq c$, daß die Koeffizienten $c_0^{(r)}, \ldots, c_{n-1}^{(r)} = 0$ sind. Aus $g_m(\zeta) = 0$ folgt somit $g_m(\zeta^r) = 0$, wenn $r \equiv p$ mod. m mit $p > c$ ist.

Setzt man den Dirichletschen Primzahlsatz voraus, so ist damit der Beweis erbracht; denn dann steht ja fest, daß es in jeder primen Restklasse r mod. m eine Primzahl $p \equiv r$ mod. m mit $p > c$ gibt. Um auch ohne den Dirichletschen Primzahlsatz zum Ziel zu kommen, wende man die durchgeführte Schlußweise mehrfach an. Man erkennt so, daß aus $g_m(\zeta) = 0$ auch dann $g_m(\zeta') = 0$ folgt, wenn zu jeder primen Restklasse mod. m endlich viele (nicht notwendig verschiedene) Primzahlen $p_\varkappa > c$ $(\varkappa = 1, \ldots, k)$ derart existieren, daß $r \equiv p_1 \cdots p_k$ mod. m ist. Dies ist nun in der Tat der Fall; denn ist $Q = q_1 \cdots q_l$ das Produkt aller nicht in m aufgehenden Primzahlen $q_\lambda \leq c$, so gibt es nach § 4,9 eine natürliche Zahl P mit

$$P \equiv r \text{ mod. } m, \qquad P \text{ prim zu } Q \ (\text{etwa} \equiv 1 \text{ mod. } Q),$$

und dann hat $P = p_1 \cdots p_k$ nur Primteiler $p_\varkappa > c$. Damit ist gezeigt, daß in der Tat jede Wurzel ζ^r von $f_m(x)$ auch Wurzel von $g_m(x)$ ist, was nach dem schon Gesagten die Behauptung $f_m(x) = g_m(x)$ ergibt.

3. Der Fall der Einsklasse

Um den Beweis des Dirichletschen Primzahlsatzes für die Einsklasse bei beliebigem Modul m zu erbringen, also die Existenz von unendlich vielen Primzahlen $p \equiv 1$ mod. m nachzuweisen, benötigen wir zwei besondere Eigenschaften des m-ten Kreisteilungspolynoms $f_m(x)$.

Die erste dieser Eigenschaften ist das genaue Analogon zu der in 1 beim Beweis von I (Fall der Untergruppe $\mathfrak{H}$) benutzten Tatsache, daß für ganzes x die nicht in a aufgehenden ungeraden Primteiler p von $x^2 - a$ sämtlich in der Untergruppe $\mathfrak{H}$ liegen, d.h. die dort interessierende Bedingung $\left(\dfrac{a}{p}\right) = 1$ erfüllen. Hier gilt entsprechend:

VII. *Für ganzes x liegen die nicht in m aufgehenden Primteiler p von $f_m(x)$ sämtlich in der Einsklasse mod. m, d.h. aus $p \mid f_m(x)$, $p \nmid m$ folgt $p \equiv 1$ mod. m.*

Beweis. Sei zunächst x eine Unbestimmte. Aus der Identität **2**, (2). und V entnimmt man ohne weiteres, daß

(1.) $$x^m - 1 = f_m(x) F_m(x)$$

mit einem ganzzahligen Polynom $F_m(x)$ gilt. Entsprechend folgt auch noch für jeden Teiler $d \neq 1$ von m, daß

$$(2.) \qquad \frac{x^m - 1}{x^{m/d} - 1} = f_m(x)\, G_{m,d}(x)$$

mit einem ganzzahligen Polynom $G_{m,d}(x)$ gilt; denn

$$x^{m/d} - 1 = \prod_{t \mid \frac{m}{d}} f_{m/td}(x)$$

ist ein Teilprodukt von

$$x^m - 1 = \prod_{t \mid m} f_{m/t}(x)\,,$$

das für $d \neq 1$ den Faktor $f_m(x)$ nicht enthält (anders gesagt: die $\frac{m}{d}$-ten Einheitswurzeln sind eine Teilmenge der m-ten Einheitswurzeln, in der für $d \neq 1$ die primitiven m-ten Einheitswurzeln nicht vorkommen).

Sei jetzt x eine ganze Zahl und p ein nicht in m aufgehender Primteiler von $f_m(x)$. Zufolge der Voraussetzung $p \mid f_m(x)$ ist einerseits nach (1.) sicher

$$(3.) \qquad x^m \equiv 1 \ \mathrm{mod.}\ p\,.$$

Andererseits ergibt sich unter Hinzunahme der Voraussetzung $p \nmid m$ nach (2.), daß

$$(4.) \qquad x^{m/d} \not\equiv 1 \ \mathrm{mod.}\ p \ \text{ für alle } d \mid m,\ d \neq 1$$

ist; denn wäre $x^{m/d} \equiv 1 \ \mathrm{mod.}\ p$, so folgte zunächst

$$\frac{x^m - 1}{x^{m/d} - 1} = x^{\frac{m}{d}(d-1)} + \cdots + x^{\frac{m}{d}} + 1 \equiv d \ \mathrm{mod.}\ p,$$

nach (2.) wäre demnach $d \equiv 0 \ \mathrm{mod.}\ p$, also $p \mid d \mid m$, im Widerspruch zu $p \nmid m$.

Nach (3.) und (4.) hat die Restklasse x mod. p die genaue Ordnung m. Nach § 4,5,VIII folgt daraus $m \mid \varphi(p) = p - 1$, also $p \equiv 1 \ \mathrm{mod.}\ m$, wie behauptet.

Die **zweite** noch benötigte Eigenschaft des Kreisteilungspolynoms $f_m(x)$ ist einfach die Tatsache, daß $f_m(x)$ für $m \neq 1$ das absolute Glied 1 hat:

$$(5.) \qquad f_m(0) = 1 \quad \text{für} \quad m \neq 1\,.$$

Das ergibt sich aus der expliziten Darstellung **2**, (3.), nach der ja gilt:

$$f_m(0) = \prod_{d \mid m} (-1)^{\mu(d)} = (-1)^{\sum_{d \mid m} \mu(d)} = (-1)^{\varepsilon(m)}$$

mit $\varepsilon(m) = 1$ oder 0, je nachdem $m = 1$ oder $\neq 1$ (vgl. § 4,7). In dem trivialen Falle $m = 1$ wird hiernach $f_m(0) = -1$, wie auch direkt aus $f_1(x) = x - 1$ klar ist.

Wir kommen nunmehr zum eigentlichen Beweis des Dirichletschen Primzahlsatzes für die Einsklasse:

VIII. *Für jedes natürliche m gibt es unendlich viele Primzahlen*

$$p \equiv 1 \ mod. \ m.$$

Beweis. Ohne Einschränkung sei $m \neq 1$ vorausgesetzt. Es seien schon Primzahlen $p_0, \ldots, p_{r-1} \equiv 1$ mod. m in irgendeiner Anzahl $r \geq 0$ bekannt. Dann bilden wir den Wert des m-ten Kreisteilungspolynoms $f_m(x)$ für die natürliche Zahl

$$x_r = gmp_0 \cdots p_{r-1},$$

wobei die natürliche Zahl g derart gewählt sei, daß alle im Bereich der natürlichen Zahlen etwa vorhandenen, höchstens endlich vielen Wurzeln der beiden algebraischen Gleichungen $f_m(x) = \pm 1$ dem Betrage nach kleiner als gm sind. Es ist dann also $f_m(x_r) \neq \pm 1$ und natürlich auch $f_m(x_r) \neq 0$, letzteres weil für $m \neq 1$ keine natürliche Zahl eine m-te primitive Einheitswurzel ist. Folglich besitzt $f_m(x_r)$ mindestens einen Primteiler p_r. Da $x_r \equiv 0$ mod. m gewählt ist, folgt aus (5.) über das von Null Verschiedensein hinaus sogar, daß

$$f_m(x_r) \equiv 1 \text{ mod. } m$$

ist und daher p_r nicht in m aufgeht. Nach VII ist somit $p_r \equiv 1$ mod. m. Wegen $x_r \equiv 0$ mod. $p_0 \cdots p_{r-1}$ folgt ferner aus (5.), daß auch

$$f_m(x_r) \equiv 1 \text{ mod. } p_0 \cdots p_{r-1}$$

und demnach p_r von $p_0, \ldots, p_{r-1}$ verschieden ist. Damit ist dann also eine weitere Primzahl $p_r \equiv 1$ mod. m gefunden.

Wir fügen diesem Beweis noch einige Bemerkungen an.

1. Man kann den Zusatzfaktor $g = 1$ wählen, also einfacher mit

$$x_r = mp_0 \cdots p_{r-1}$$

arbeiten. Wenn $m \neq 1$ ist, gilt nämlich

$$|f_m(x)| > 1 \qquad \text{für jedes natürliche } x \neq 1$$

Denn nach **2**, (1.) ist

$$|f_m(x)| = \prod_{\substack{r \bmod. m \\ (r, m) = 1}} |x - \zeta^r|,$$

und hierin sind alle Faktoren $|x - \zeta^r| > 1$, als Abstände eines Punktes $x \geq 2$ auf der reellen Achse von Punkten $\zeta^r \neq 1$ auf dem Einheitskreis (Abb. 2).

2. Mit dieser Vereinfachung ist der Beweis im Spezialfall $m = 2$, wo $f_m(x) = x + 1$ ist, gerade der Beweis von Euklid aus § 1,3; denn man kann ja dann den in $x_i = m p_0 \cdots p_{r-1}$ auftretenden Faktor $m = 2$ als die erste Primzahl $p = 2$ ansehen, während die Primzahlen $p_0, \ldots, p_{r-1}$ hier ungerade sind.

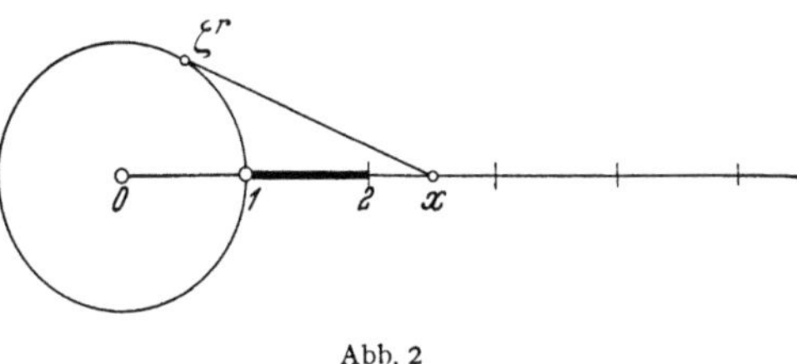

Abb. 2

3. Im Spezialfall, daß $m = q^\mu$ Potenz einer Primzahl q ist, gestaltet sich die zum Beweis führende Schlußkette besonders einfach. Man beginnt mit der Betrachtung des ganzzahligen Polynoms

$$f_{q^\mu}(x) = \frac{x^{q^\mu} - 1}{x^{q^{\mu-1}} - 1} = x^{q^{\mu-1}(q-1)} + \cdots + x^{q^{\mu-1}} + 1 = f_q\left(x^{q^{\mu-1}}\right)$$

(ohne sich um dessen Bedeutung als das q^μ-te Kreisteilungspolynom zu kümmern) und zeigt nach dem Schema des Beweises von VII, daß für ganzes x aus $p \mid f_{q^\mu}(x)$, $p \neq q$ folgt $x^{q^\mu} \equiv 1$, $x^{q^{\mu-1}} \not\equiv 1$ mod. p, mithin $q^\mu \mid \varphi(p) = p - 1$, also $p \equiv 1$ mod. q^μ. Da hier ersichtlich $f_{q^\mu}(0) = 1$ und

$$f_{q^\mu}(x) > 1 \qquad \text{für jedes natürliche } x$$

gilt, liefert jeder Primteiler p_r von $f_{q^\mu}(q p_0 \cdots p_{r-1})$ eine von $p_0, \ldots, p_{r-1}$ verschiedene Primzahl $p_r \equiv 1$ mod. q^μ. Man kann diesen Beweis auch so modifizieren, daß der Zusatzfaktor q entbehrlich wird. Dazu beachte man, daß, vom trivialen Spezialfall $q^\mu = 2^1$ abgesehen, auf Grund der Quotientendarstellung von $f_{q^\mu}(x)$ und nach § 5,5, Hilfssatz 3, die folgende Ergänzung zu VII richtig ist:

VII'. *Für ganzes x enthält $f_{q^\mu}(x)$ die Primzahl q entweder gar nicht oder nur zum Exponenten* 1, *je nachdem* $x \not\equiv 1$ *oder* $x \equiv 1$ *mod. q ist.*

Da nun ersichtlich

$$f_{q^\mu}(x) > q \qquad \text{für jedes natürliche } x \neq 1$$

gilt, enthält $f_{q^\mu}(p_0 \cdots p_{r-1})$ Primteiler $p_r \neq q$, und *jeder solche liefert eine von* $p_0, \ldots, p_{r-1}$ *verschiedene Primzahl* $p_r \equiv 1$ *mod. q^μ.*

4. Der Fall der negativen Einsklasse

Durch ein weitgehend analoges Verfahren läßt sich der Beweis des Dirichletschen Primzahlsatzes auch noch für die negative Einsklasse bei beliebigem Modul m elementar erbringen, also die Existenz unendlich vieler Primzahlen $p \equiv -1$ mod. m nachweisen. Im Hinblick auf das bereits vorliegende Vorbild des Beweises für die Einsklasse können wir uns dabei etwas gedrängter fassen. Um uns von den schon dort hervorgetretenen, hier noch beträchtlicheren Abweichungen des Formelapparats im Spezialfall $m = 1$ zu befreien, setzen wir nachstehend ohne Einschränkung durchweg $m \neq 1$ voraus.

Wir denken uns die in **3** benutzten Polynome

$$g_m(x) = x^m - 1 = \prod_{a \bmod m} (x - \zeta^a),$$

$$f_m(x) = \prod_{d \mid m} g_{m/d}(x)^{\mu(d)} = \prod_{\substack{r \bmod m \\ (r,\, m)\, =\, 1}} (x - \zeta^r)$$

einer Unbestimmten x zunächst in der homogenen Form

$$g_m(x, y) = x^m - y^m = \prod_{a \bmod m} (x - \zeta^a y),$$

$$f_m(x, y) = \prod_{d \mid m} g_{m/d}(x, y)^{\mu(d)} = \prod_{\substack{r \bmod m \\ (r,\, m)\, =\, 1}} (x - \zeta^r y)$$

geschrieben und ersetzen dann hierin die beiden Unbestimmten x, y durch $x + iy$, $x - iy$, bilden nämlich die ganzzahligen Polynome

$$(1.) \quad \begin{cases} V_m(x, y) = \dfrac{1}{2i}\, g_m(x + iy,\ x - iy) = \dfrac{1}{2i} \left[(x + iy)^m - (x - iy)^m \right] \\[2mm] \qquad\quad = J\left[(x + iy)^m \right], \end{cases}$$

$$(2.) \quad W_m(x, y) = f_m(x + iy,\ x - iy) = \prod_{d \mid m} V_{m/d}(x, y)^{\mu(d)}$$

mit den Anfangskoeffizienten

$$\frac{1}{y}\, V_m(x, y)\, \bigg|_{x\,=\,1,\ y\,=\,0} = m,$$

$$W_m(1,0) = f_m(1,1) = \prod_{d \mid m} \left(\frac{m}{d} \right)^{\mu(d)}.$$

Man beachte hierzu, daß infolge unserer Voraussetzung $m \neq 1$ nach § 4,7, (2.) gilt $\sum_{d \mid m} \mu(d) = 0$.

Außerdem brauchen wir nebenher noch die den Imaginärteilen V_m zugeordneten Realteile U_m von $(x + iy)^m$, gegeben durch einen zu (1.) analogen Ausdruck. Auf diesen kommt es nicht an, vielmehr nur auf Formeln

$$(3.) \quad \begin{cases} (x + iy)^m = U_m(x, y) + i V_m(x, y) \\ (x^2 + y^2)^m = U_m(x, y)^2 + V_m(x, y)^2 \end{cases}.$$

Der Übersichtlichkeit halber lassen wir bei U_m, V_m, W_m und weiteren im folgenden auftretenden homogenen Polynomen die Angabe der Argumente x, y meist fort.

Durch Homogenmachen der Formeln 3, (1.), (2.) und Anwendung obiger Substitution erhält man unmittelbar

$$(4.) \qquad V_m = W_m H_m,$$

$$(5.) \qquad \frac{V_m}{V_{m/d}} = W_m K_{m,d} \text{ für } d\,|\,m$$

mit ganzzahligen Polynomen H_m, $K_{m,d}$. Für beliebige natürliche Zahlen k, n, n_1, n_2 gelten ferner nach (3.) die Formeln

$$(6.) \qquad V_{kn} = V_n \left[\binom{k}{1} U_n^{k-1} - \binom{k}{3} U_n^{k-3} V_n^2 \pm \cdots \right],$$

$$(7.) \qquad V_{n_1+n_2} = U_{n_1} V_{n_2} + U_{n_2} V_{n_1}.$$

Analog zu 3,VII beweisen wir hier über das Polynom W_m die für unseren Zweck grundlegende Tatsache:

IX. *Für ganze teilerfremde x, y liegen die nicht in m aufgehenden Primteiler $p \equiv -1$ mod. 4 von $W_m(x, y)$ sämtlich in der negativen Einsklasse mod. m, d.h.*

$$\text{aus } p\,|\,W_m, \; p \nmid m, \; p \equiv -1 \text{ mod. } 4 \quad \text{folgt} \quad p \equiv -1 \text{ mod. } m.$$

Beweis. Wegen $p\,|\,W_m$ ist einerseits nach (4.) sicher

$$(8.) \qquad V_m \equiv 0 \text{ mod. } p$$

Andererseits ergibt sich unter Beachtung von $p \nmid m$, $p \equiv -1$ mod. 4 nach (5.), daß

$$(9.) \qquad V_{m/d} \not\equiv 0 \text{ mod. } p \quad \text{für alle } d\,|\,m, \; d \neq 1$$

ist. Denn wäre $V_{m/d} \equiv 0$ mod. p, so folgte zunächst nach (6.) (mit $n = \dfrac{m}{d}$, $k = d$)

$$\frac{V_m}{V_{m/d}} = \binom{d}{1} U_{m/d}^{d-1} - \binom{d}{3} U_{m/d}^{d-3} V_{m/d}^2 \pm \cdots \equiv d\, U_{m/d}^{d-1} \text{ mod. } p;$$

nach (5.) wäre daher $d\, U_{m/d}^{d-1} \equiv 0$ mod. p. Entweder wäre also $p\,|\,d\,|\,m$, im Widerspruch zu $p \nmid m$. Oder es wäre $U_{m/d} \equiv 0$ mod. p; dann wäre aber nach (3.) auch $U_{m/d}^2 + V_{m/d}^2 \equiv 0$ mod. p, also $(x^2 + y^2)^{m/d} \equiv 0$ mod. p, was wegen $p \equiv -1$ mod. 4 nur mit $x, y \equiv 0$ mod. p möglich ist (§ 7,2), während doch $(x, y) = 1$ sein sollte.

Neben den $V_{m/d}$ betrachten wir V_{p+1}. Nach (6.) (mit $n = 1$, $k = p + 1$) ist

$$V_{p+1} = y \left[\binom{p+1}{1} x^p - \binom{p+1}{3} x^{p-2} y^2 \pm \cdots + (-1)^{\frac{p-1}{2}} \binom{p+1}{p} x\, y^{p-1} \right].$$

Wegen $p \equiv -1$ mod. 4 ist hierin das letzte Vorzeichen negativ; ferner sind für $\nu = 2, \ldots, p - 1$ die Binomialkoeffizienten

$$\binom{p+1}{\nu} = \frac{(p+1)\,p\,(p-1)\cdots(p-(\nu-2))}{1 \cdot 2 \cdots \nu} \equiv 0 \ \text{mod.}\ p.$$

Daher gilt

$$V_{p+1} \equiv (p+1)\,(x^p y - x y^\nu) \ \text{mod.}\ p.$$

Nach dem kleinen Fermatschen Satz folgt daraus

$$(10.) \qquad\qquad V_{p+1} \equiv 0 \ \text{mod.}\ p.$$

Sei jetzt der Teiler d von m durch

$$\frac{m}{d} = (p+1, m)$$

definiert. Nach dem Hauptsatz über den größten gemeinsamen Teiler gibt es ganze Zahlen h, k derart, daß

$$\frac{m}{d} = h\,(p+1) - k\,m, \ \text{also}\ h\,(p+1) = \frac{m}{d} + k\,m$$

ist; man kann h, k sogar als natürliche Zahlen wählen, da sie nur bis auf ein Vielfachenpaar $g\,m, g\,(p+1)$ mit ganzem g festliegen. Nach (7.) ist dann

$$V_{h\,(p+1)} = U_{m/d}\,V_{k\,m} + U_{k\,m}\,V_{m/d}\,.$$

Nach (6.) folgt nun aus (10.) auch $V_{h(p+1)} \equiv 0$ mod. p und aus (8.) entsprechend auch $V_{k\,m} \equiv 0$ mod. p. Somit wird $U_{k\,m} V_{m/d} \equiv 0$ mod. p. Da aber nach (3.) wie vorher wegen $p \equiv -1$ mod. 4 und $(x, y) = 1$, wenn $V_{k\,m} \equiv 0$ mod. p ist, notwendig $U_{k\,m} \not\equiv 0$ mod. p ist, ergibt sich hieraus $V_{m/d} \equiv 0$ mod. p.

Nach (9.) ist letzteres nur möglich, wenn $d = 1$ ist. Das bedeutet aber $(p+1, m) = m$, also $m \mid p+1$ und somit $p \equiv -1$ mod. m, wie behauptet.

Neben der damit bewiesenen Tatsache IX brauchen wir hier, wo es sich um die negative Einsklasse handelt, ein Analogon zu **3**, (5.) mit -1 statt 1. Dazu stützen wir uns auf die folgenden beiden Eigenschaften des Polynoms W_m. Einerseits ist der höchste Koeffizient

$$W_m(1, 0) = \prod_{d \mid m} \left(\frac{m}{d}\right)^{\mu(d)} > 0\,.$$

Daher sind die Werte $W_m(x, y)$ für hinreichend große positive reduzierte Brüche $\dfrac{x}{y}$ positiv. Andererseits gibt es aber sicher einen reduzierten Bruch $\dfrac{a}{b}$ mit negativem Wert $W_m(a, b)$. Letzteres folgt leicht aus (2.)

und der davor angegebenen Linearfaktorzerlegung:

$$W_m(x, y) = f_m(x + iy,\ x - iy) = \prod_{\substack{r \bmod. m \\ (r, m) = 1}} [(x + iy) - \zeta^r(x - iy)]$$

$$= \prod_{\substack{r \bmod. m \\ (r, m) = 1}} [(1 - \zeta^r)\,x + i\,(1 + \zeta^r)\,y]\,,$$

nach der die Wurzeln $\xi_r = i\,\dfrac{\zeta^r + 1}{\zeta^r - 1}$ des zugehörigen inhomogenen Polynoms $W_m(x, 1)$ sämtlich reell sind; in der Tat ist ja die Konjugiertkomplexe

$$\bar{\xi}_r = -\,i\,\frac{\zeta^{-r} + 1}{\zeta^{-r} - 1} = -\,i\,\frac{\zeta^{-r}}{\zeta^{-r}}\,\frac{1 + \zeta^r}{1 - \zeta^r} = i\,\frac{\zeta^r + 1}{\zeta^r - 1} = \xi_r\,.$$

Da diese Wurzeln ξ_r mit den primitiven m-ten Einheitswurzeln durch eine umkehrbare gebrochene lineare Substitution zusammenhängen, sind sie wie jene untereinander verschieden. Als reellzahliges Polynom mit lauter einfachen reellen Wurzeln nimmt $W_m(x, 1)$ für reelle x Werte beiderlei Vorzeichens an. Daher gibt es sicher einen reduzierten Bruch $\dfrac{a}{b}$ mit $W_m\!\left(\dfrac{a}{b},\ 1\right) < 0$; dann ist auch $W_m(a, b) = b^{\varphi\,(m)}\,W_m\!\left(\dfrac{a}{b},\ 1\right) < 0$, wie verlangt.

Es seien nun a, b in dieser Weise bestimmt, und es sei zur Abkürzung die natürliche Zahl

$$-W_m(a, b) = w_m$$

gesetzt. Dann bilden wir aus W_m das Polynom

$$Z_m(x) = \frac{1}{w_m}\,W_m(w_m b\,x + a,\ b)\,.$$

Als Analogon zu **3**, (5.) haben wir dann in der Tat

$$(11.) \qquad\qquad Z_m(0) = -1\,.$$

Die übrigen Koeffizienten von Z_m sind wie die von W_m ganze Zahlen, wie man sofort durch Entwicklung nach Potenzen von x feststellt. Der höchste Koeffizient von Z_m ist wie der von W_m positiv, so daß für hinreichend große natürliche x auch die Werte $Z_m(x)$ natürliche Zahlen sind. Dabei ist das zugehörige Argumentpaar $w_m b\,x + a,\ b$ von W_m wie a, b teilerfremd.

Wir kommen nunmehr zum eigentlichen Beweis des Dirichletschen Primzahlsatzes für die negative Einsklasse:

X. *Für jedes natürliche m gibt es unendlich viele Primzahlen*

$$p \equiv -1\ \textit{mod. } m\,.$$

Beweis. Ohne Einschränkung sei $m \neq 1$ vorausgesetzt, so daß die vorstehenden Tatsachen gültig sind. Es seien schon Primzahlen $p_0, \ldots, p_{r-1}$ $\equiv -1$ mod. m in irgendeiner Anzahl $r \geq 0$ bekannt. Dann bilden wir die Zahl

$$Z_m(x_r) = \frac{1}{w_m} W_m(w_m b x_r + a, b)$$

mit

$$x_r = 4 g m p_0 \cdots p_{r-1}.$$

Dabei sei die natürliche Zahl g so groß gewählt, daß $Z_m(x_r)$ positiv, also eine natürliche Zahl wird. Diese hat dann nach (11.) die Kongruenzeigenschaft

$$Z_m(x_r) \equiv -1 \text{ mod. } 4 m p_0 \cdots p_{r-1}.$$

Wegen $Z_m(x_r) \equiv -1$ mod. 4 besitzt sie mindestens einen Primteiler $p_r \equiv -1$ mod. 4. Wegen $Z_m(x_r) \equiv -1$ mod. m geht p_r nicht in m auf. Es liegt somit ein nicht in m aufgehender Primteiler $p_r \equiv -1$ mod. 4 eines Wertes $W_m(w_m b x_r + a, b)$ mit ganzen teilerfremden Argumenten vor. Nach IX ist daher $p_r \equiv -1$ mod. m. Wegen $Z_m(x_r) \equiv -1$ mod. $p_0 \cdots p_{r-1}$ ist p_r von $p_0, \ldots, p_{r-1}$ verschieden. Damit haben wir eine weitere Primzahl $p_r \equiv -1$ mod. m gefunden.

§ 12. Die Methode von Dirichlet

1. Der Eulersche Beweis für die Unendlichkeit der Primzahlmenge

Die in § 11 behandelten Beweise für Sonderfälle des Dirichletschen Primzahlsatzes sind, wie hervorgehoben, durchweg Verallgemeinerungen des Beweises von Euklid aus § 1,3 für das Vorhandensein unendlich vieler Primzahlen überhaupt. Im Gegensatz dazu knüpft die Dirichletsche Beweismethode für den allgemeinen Fall an einen auf ganz anderer Grundlage beruhenden Beweis für die Unendlichkeit der Menge aller Primzahlen an, der von EULER gegeben wurde. Dieser Beweis stützt sich wesentlich auf die aus der reellen Analysis bekannte Tatsache, daß die über alle natürlichen Zahlen n erstreckte Summe $\sum\limits_{n} \frac{1}{n}$, die sog. *harmonische Reihe*, divergiert, weil für jedes natürliche ν die Summe der Glieder mit $2^{\nu-1} \leq n < 2^\nu$ größer als $\frac{1}{2}$ ist. Euler erkannte als erster den für die Zahlentheorie durch die späteren Untersuchungen von DIRICHLET so wichtig gewordenen Zusammenhang dieser Tatsache mit der Unendlichkeit der Menge aller Primzahlen p.

Wir bezeichnen fortan eine über alle natürlichen Zahlen n erstreckte Summe kurz mit $\sum\limits_{n}$, ebenso wie wir bisher schon immer ein über alle

Primzahlen p erstrecktes Produkt kurz mit $\prod\limits_{p}$ bezeichneten. Treten Zusatzbedingungen wie $(n, m) = 1$, $p \nmid m$ auf, so schreiben wir $\sum\limits_{(n,\,m)\,=\,1}$, $\prod\limits_{p\nmid m}$.

Der von Euler entdeckte Zusammenhang besteht in folgendem. Nach der Summenformel für die unendliche geometrische Reihe ist

$$\frac{1}{1 - \dfrac{1}{p}} = \sum_{v=0}^{\infty} \frac{1}{p^v}\,.$$

Man denke sich für endlich viele verschiedene Primzahlen $p_1, \ldots, p_r$ das Produkt dieser Reihen gebildet. Da es sich um Reihen mit positiven Gliedern handelt, kann das durch gliedweise Multiplikation geschehen:

$$(1.) \qquad \frac{1}{1 - \dfrac{1}{p_1}} \cdots \frac{1}{1 - \dfrac{1}{p_r}} = \sum_{v_1,\,\ldots,\,v_r\,=\,0}^{\infty} \frac{1}{p_1^{v_1} \cdots p_r^{v_r}} = {\sum_{n}}' \frac{1}{n}\,.$$

Dabei entstehen in der Summe auf Grund des Fundamentalsatzes von der eindeutigen Primzerlegung die Reziproken aller derjenigen natürlichen Zahlen $n = p_1^{v_1} \cdots p_r^{v_r}$, die aus den Primzahlen $p_1, \ldots, p_r$ zusammengesetzt sind, jedes solche genau einmal. Diese Beschränkung der Summation über n sei durch den Strich am Summenzeichen angedeutet; sie liefert nach (1.) eine konvergente Teilreihe der harmonischen Reihe.

Gäbe es nun nur endlich viele Primzahlen $p_1, \ldots, p_r$, so läge in (1.) rechts die Summe über die Reziproken aller natürlichen Zahlen n, also die volle harmonische Reihe $\sum\limits_{n} \dfrac{1}{n}$ vor. Da diese divergiert, ist das ein Widerspruch zur Endlichkeit des Produkts links in (1.). Folglich gibt es unendlich viele Primzahlen.

Der Grundgedanke dieses Eulerschen Beweises ist, daß die unendlich vielen natürlichen Zahlen n bei ihrem Aufbau durch die eindeutige Primzerlegung notwendig unendlich viele Bausteine p erfordern. Rein anzahlmäßig ist diese Schlußweise inkorrekt, wie schon das Gegenbeispiel der unendlichen Menge aller Potenzen p^v einer einzigen Primzahl p und allgemeiner der (1.) zugrunde liegende entsprechende Sachverhalt für endlich viele Primzahlen $p_1, \ldots, p_r$ lehrt. Sie wird aber korrekt, wenn man die bloße Abzählung der n durch die Betrachtung der Größe ihrer Reziprokensumme verschärft, wie das der Eulersche Beweis tut.

Der Eulersche Beweis lehrt direkt gewendet überdies, daß das über alle Primzahlen p erstreckte Produkt

$$\prod_{p} \frac{1}{1 - \dfrac{1}{p}} \quad \text{divergiert.}$$

Hieraus folgt, wie wir beiläufig bemerken, daß auch die über alle Primzahlen p erstreckte Summe

$$(2.) \qquad \sum_p \frac{1}{p} \text{ divergiert.}$$

Ganz allgemein ist nämlich ein unendliches Produkt $\prod_{\nu=1}^{\infty} \dfrac{1}{1-x_\nu}$ mit reellen $x_\nu \geqq 0$ dann und nur dann konvergent, wenn die Summe $\sum_{\nu=1}^{\infty} x_\nu$ konvergent ist, wie aus der beiderseitigen Abschätzung der logarithmischen Reihe

$$\log \frac{1}{1-x} = \frac{x}{1} + \frac{x^2}{2} + \frac{x^3}{3} + \cdots$$

$$\begin{cases} \geqq x & \text{für} \qquad x \geqq 0 \\ \leqq x + x^2 + x^3 + \cdots = \dfrac{x}{1-x} \leqq 2x & \text{für } 0 \leqq x \leqq \dfrac{1}{2} \end{cases}$$

hervorgeht und wohl auch aus den Grundlagen der Analysis bekannt ist. Die Tatsache (2.) läßt sich als Verschärfung der rein negativen Aussage des Nichtabbrechens der Primzahlfolge durch eine positive Aussage ansehen. Die Primzahlen p liegen danach in der Menge aller natürlichen Zahlen n so dicht, daß ihre Reziprokensumme noch ebenso wie die der natürlichen Zahlen divergent ist. Sie liegen z.B. in diesem Sinne dichter als die Quadratzahlen n^2, für die ja die Reziprokensumme

$$\sum_n \frac{1}{n^2} = 1 + \sum_n \frac{1}{(n+1)^2} < 1 + \sum_n \frac{1}{n(n+1)} = 1 + \sum_n \left(\frac{1}{n} - \frac{1}{n+1} \right) = 2$$

konvergent ist.

Wir kommen noch einmal auf die dem Eulerschen Beweis zugrunde liegende Beziehung (1.) zurück. Wir fassen diese Beziehung als eine solche zwischen dem formal verstandenen divergenten Produkt $\prod\limits_p \dfrac{1}{1-\dfrac{1}{p}}$ und der formal verstandenen divergenten Reihe $\sum\limits_n \dfrac{1}{n}$ auf und bringen sie dementsprechend unter Verwendung eines besonderen Zeichens in der Form

$$(3.) \qquad \prod_p \frac{1}{1-\dfrac{1}{p}} \cong \sum_n \frac{1}{n}$$

zum Ausdruck. Diese Schreibweise soll also lediglich eine formale Zusammenfassung der Beziehungen (1.) für alle möglichen Wahlen der endlich vielen Primzahlen $p_1, \ldots, p_r$ bedeuten. Bei jeder solchen Wahl ist das (natürlich konvergente) Teilprodukt über diese Primzahlen gleich der (ebenfalls konvergenten) Teilsumme über die aus ihnen zusammengesetzten natürlichen Zahlen $n = p_1^{v_1} \cdots p_r^{v_r}$. Man nennt (3.) die (*spezielle*) *Eulersche Identität*. Euler schrieb sie mit dem gewöhnlichen Gleichheitszeichen, was aber natürlich wegen der Divergenz beider Seiten nur in dem eben angegebenen formalen Sinne verstanden werden kann.

Für die Herleitung von (1.) und damit (3.) aus der Summenformel für die geometrische Reihe ist offenbar allein wesentlich, daß das Reziproke $\frac{1}{n}$ eine multiplikative Funktion der natürlichen Zahl n ist, deren Werte $\frac{1}{p}$ für Primzahlen (und damit dann auch ihre Werte für zusammengesetzte Zahlen n) im absoluten Konvergenzbereich $|x| < 1$ der geometrischen Reihe $\sum\limits_{v=0}^{\infty} x^v$ liegen. Demnach erhält man durch dasselbe Schlußverfahren die im gleichen Sinne zu verstehende (allgemeine) *Eulersche Identität*

$$(4.) \qquad \prod_p \frac{1}{1 - f(p)} \cong \sum_n f(n)$$

für jede multiplikative zahlentheoretische Funktion $f(n)$ mit reellen oder komplexen Werten, die der Bedingung $|f(n)| < 1$ genügen.

Diese bloß formale Identität wird unter Umständen zur gewöhnlichen Gleichheit der Werte. Es gilt nämlich die für alles folgende grundlegende Tatsache:

I. *Wenn in der allgemeinen Eulerschen Identität* (4.) *die Summe rechts absolut konvergiert, so konvergiert auch das Produkt links absolut und beide Seiten haben den gleichen Zahlwert:*

$$\prod_p \frac{1}{1 - f(p)} = \sum_n f(n).$$

Beweis. Es bezeichne S den Wert der Summe rechts, und es werde für jede natürliche Zahl N unter P_N das Teilprodukt links über alle Primzahlen $p \leq N$ verstanden. Nach der Bedeutung der Identität (4.) ist

$$|S - P_N| \leq \sum_{n'} |f(n')|,$$

wo n' alle diejenigen natürlichen Zahlen durchläuft, die mindestens einen Primfaktor $p > N$ haben. Diese n' sind eine Teilmenge aller natürlichen Zahlen $n > N$. Daher ist erst recht

$$|S - P_N| \leq \sum_{n > N} |f(n)|.$$

Da die letztere Restsumme nach Voraussetzung durch hinreichend große Wahl von N beliebig klein gemacht werden kann, folgt die Konvergenz des Produkts links gegen den Wert S. Daß diese Konvergenz eine absolute ist, ist – nach der Definition der absoluten Konvergenz eines unendlichen Produkts $\prod\limits_{\nu=1}^{\infty} \dfrac{1}{1-x_\nu}$ durch die absolute Konvergenz der zugeordneten Summe $\sum\limits_{\nu=1}^{\infty} x_\nu$ – klar, weil ja nach Voraussetzung a fortiori die Summe $\sum\limits_{p} f(p)$ absolut konvergent ist.

2. Der Dirichletsche Beweisansatz für die Moduln 3 und 4

DIRICHLET hat die vorstehend dargelegte analytische Beweismethode von Euler so ausgebaut, daß sie auf die Primzahlen in den primen Restklassen mod. m für beliebiges natürliches m anwendbar wird. Wir wollen die Dirichletsche Methode zunächst an den beiden Sonderfällen $m = 3, 4$ erläutern, die ja auch schon bei den elementaren Beweisen in § 11,1 hervortraten.

Die beiden Fälle $m = 3, 4$ sind dadurch gekennzeichnet, daß die Anzahl der zu betrachtenden primen Restklassen den kleinstmöglichen nichttrivialen Wert $\varphi(m) = 2$ hat. Dies ist zwar auch noch für $m = 6$ der Fall; da jedoch die beiden primen Restklassen ± 1 mod. 6 im Bereich der ungeraden Zahlen mit den beiden primen Restklassen ± 1 mod. 3 zusammenfallen, und da man für den Dirichletschen Satz von der einzigen geraden Primzahl $p = 2$ absehen kann, sind die beiden Fälle $m = 3$ und $m = 6$ für den Dirichletschen Satz miteinander äquivalent. Dasselbe gilt übrigens ganz allgemein für je zwei Fälle $m = m_0$ und $m = 2m_0$ mit ungeradem m_0, wie das bei den beiden trivialen Fällen $m = 1$ und $m = 2$ bereits in § 11,3 hervortrat.

Wir betrachten die beiden Fälle $m = 3, 4$ gemeinsam. Es bezeichne

$$\chi(n) = \left\{ \begin{array}{ll} 1 & \text{für } n \equiv 1 \bmod. m \\ -1 & \text{für } n \equiv -1 \bmod. m \end{array} \right\}$$

den quadratischen Restcharakter vom Führer m. Während sich die elementaren Beweise in § 11,1 auf die nach dem quadratischen Reziprozitätsgesetz bestehende Darstellung

$$\chi(n) = \left(\frac{-m}{n}\right) \text{ für zu } m \text{ prime } n > 0$$

dieses Charakters stützten, brauchen wir hier das quadratische Reziprozitätsgesetz nicht heranzuziehen, sondern kommen mit der angegebenen elementaren Bedeutung von $\chi(n)$ aus.

Indem man in der allgemeinen Eulerschen Identität 1, (4.) als multiplikative zahlentheoretische Funktion $f(n)$ mit $|f(n)| < 1$ einerseits die Funktion

$$f(n) = \frac{1}{n} \quad \text{für } (n, m) = 1, \qquad f(n) = 0 \quad \text{sonst,}$$

andererseits die Funktion

$$f(n) = \frac{\chi(n)}{n} \quad \text{für } (n, m) = 1, \qquad f(n) = 0 \quad \text{sonst}$$

wählt, erhält man analog zu der speziellen Eulerschen Identität 1, (3.) die beiden folgenden Identitäten:

$$(1.) \quad \left\{ \begin{array}{l} \displaystyle\prod_{p \nmid m} \frac{1}{1 - \dfrac{1}{p}} \cong \sum_{(n,\,m)\,=\,1} \frac{1}{n} \\[2em] \displaystyle\prod_{p \nmid m} \frac{1}{1 - \dfrac{\chi(p)}{p}} \cong \sum_{(n,\,m)\,=\,1} \frac{\chi(n)}{n} \end{array} \right\},$$

die sich auch in der Form

$$\left\{ \begin{array}{l} \displaystyle\prod_{p \equiv 1 \,\mathrm{mod.}\, m} \frac{1}{1 - \dfrac{1}{p}} \cdot \prod_{p \equiv -1 \,\mathrm{mod.}\, m} \frac{1}{1 - \dfrac{1}{p}} \cong \sum_{(n,\,m)\,=\,1} \frac{1}{n} \\[2em] \displaystyle\prod_{p \equiv 1 \,\mathrm{mod.}\, m} \frac{1}{1 - \dfrac{1}{p}} \cdot \prod_{p \equiv -1 \,\mathrm{mod.}\, m} \frac{1}{1 + \dfrac{1}{p}} \cong \sum_{(n,\,m)\,=\,1} \frac{\chi(n)}{n} \end{array} \right\}$$

schreiben lassen. Durch Bildung von Produkt und Quotient ergibt sich aus ihnen:

$$(2.) \left\{ \begin{array}{c} \displaystyle\prod_{p \equiv 1 \,\mathrm{mod.}\, m} \left(\frac{1}{1 - \dfrac{1}{p}} \right)^2 \cdot \prod_{p \equiv -1 \,\mathrm{mod.}\, m} \frac{1}{1 - \dfrac{1}{p^2}} \cong \sum_{(n,\,m)\,=\,1} \frac{1}{n} \cdot \sum_{(n,\,m)\,=\,1} \frac{\chi(n)}{n} \\[2.5em] \dfrac{\displaystyle\prod_{p \equiv -1 \,\mathrm{mod.}\, m} \dfrac{1}{1 - \dfrac{1}{p}}}{\displaystyle\prod_{p \equiv -1 \,\mathrm{mod.}\, m} \dfrac{1}{1 + \dfrac{1}{p}}} \cong \dfrac{\displaystyle\sum_{(n,\,m)\,=\,1} \dfrac{1}{n}}{\displaystyle\sum_{(n,\,m)\,=\,1} \dfrac{\chi(n)}{n}} \end{array} \right\}.$$

Diese Beziehungen besagen ihrer Entstehung nach folgendes. Man wähle irgendeine endliche Menge $\mathfrak{P}$ von Primzahlen und erstrecke die Produkte links über alle Primzahlen der beiden Sorten $p \equiv \pm 1 \bmod. m$ aus $\mathfrak{P}$, die Summen rechts über alle nur aus den Primzahlen von $\mathfrak{P}$ zusammengesetzten, zu m primen natürlichen Zahlen n. Dann sind jedesmal die Ausdrücke links gleich den Ausdrücken rechts. Wir denken uns speziell als $\mathfrak{P}$ die Menge $\mathfrak{P}_N$ aller Primzahlen $p \leq N$ für irgendein natürliches N gewählt und bezeichnen mit $\mathfrak{M}_N$ die Menge aller aus den Primzahlen von $\mathfrak{P}_N$ zusammengesetzten natürlichen Zahlen. Da in $\mathfrak{M}_N$ sicher alle $n \leq N$ vorkommen, stimmen dann die Glieder der in den Identitäten (2.) rechts auftretenden beiden Teilsummen

$$(3.) \qquad \sum_{\substack{(n,\,m)\,=\,1 \\ n \text{ in } \mathfrak{M}_N}} \frac{1}{n}, \qquad \sum_{\substack{(n,\,m)\,=\,1 \\ n \text{ in } \mathfrak{M}_N}} \frac{\chi(n)}{n}$$

bei hinreichend großer Wahl von N beliebig weit mit den Gliedern der über alle zu m primen n erstreckten Reihen

$$(4.) \qquad \sum_{(n,\,m)\,=\,1} \frac{1}{n}\,, \qquad \sum_{(n,\,m)\,=\,1} \frac{\chi(n)}{n}$$

überein.

Nun ist die Reihe

$$(4_1.) \quad \sum_{(n,\,m)\,=\,1} \frac{1}{n} = \begin{cases} \dfrac{1}{1} + \dfrac{1}{2} + \dfrac{1}{4} + \dfrac{1}{5} + \cdots & \text{für } m = 3 \\[2mm] \dfrac{1}{1} + \dfrac{1}{3} + \dfrac{1}{5} + \dfrac{1}{7} + \cdots & \text{für } m = 4 \end{cases} \Bigg\} \text{ divergent;}$$

denn sie geht durch gliedweise Multiplikation mit der konvergenten geometrischen Reihe

$$\frac{1}{1 - \dfrac{1}{3}} = \sum_{\nu=0}^{\infty} \frac{1}{3^\nu} \quad \text{bzw.} \quad \frac{1}{1 - \dfrac{1}{2}} = \sum_{\nu=0}^{\infty} \frac{1}{2^\nu}$$

in die volle harmonische Reihe $\sum_n \frac{1}{n}$ über, so daß aus ihrer Konvergenz auch die Konvergenz der letzteren folgen würde. Dagegen ist die Reihe

$$(4_2.) \quad \sum_{(n,\,m)\,=} \frac{\chi(n)}{n} = \begin{cases} \dfrac{1}{1} - \dfrac{1}{2} + \dfrac{1}{4} - \dfrac{1}{5} \pm \cdots & \text{für } m = 3 \\[2mm] \dfrac{1}{1} - \dfrac{1}{3} + \dfrac{1}{5} - \dfrac{1}{7} \pm \cdots & \text{für } m = 4 \end{cases} \Bigg\} \begin{array}{l} \text{konvergent} \\ \text{mit} \\ \text{Summe} \neq 0, \end{array}$$

als alternierende Reihe mit monoton abnehmendem, zu 0 strebendem allgemeinem Glied. Wegen der Divergenz der Reihe $(4_1.)$ ist die Reihe $(4_2.)$ nicht absolut, also nur bedingt konvergent, so daß es für die Summe auf die Reihenfolge der Glieder ankommt. In der Aussage, daß die Summe $\neq 0$ ist, ist hier und auch im folgenden stets die Summe in natürlicher Gliederfolge gemeint.

Auf Grund dieser Feststellungen lehrt der obige Vergleich der Teilsummen (3.) mit den vollen Reihen (4.) einerseits, daß

$$(3_1.) \qquad \lim_{\substack{N \to \infty \\ \substack{(n,\,m)\,=\,1 \\ n\,\text{in}\,\mathfrak{M}_N}}} \sum \frac{1}{n} = \infty$$

ist, und macht es andererseits plausibel, daß entsprechend

$$(3_2.) \quad \lim_{\substack{N \to \infty \\ \substack{(n,\,m)\,=\,1 \\ n\,\text{in}\,\mathfrak{M}_N}}} \sum \frac{\chi(n)}{n} \quad \text{vorhanden und} \neq 0,\ \text{nämlich} = \sum_{(n,\,m)\,=\,1} \frac{\chi(n)}{n}$$

in natürlicher Gliederfolge ist. Während $(3_1.)$ auf Grund der Positivität der Glieder klar ist, liegt $(3_2.)$ keineswegs auf der Hand; denn dabei handelt es sich um aus einer nur bedingt konvergenten Reihe herausgegriffene unendlichgliedrige Teilsummen – ihrer Entstehung nach absolut-konvergent –, die für $N \to \infty$ zwar rein gliedermäßig die volle Reihe ausschöpfen, aber nicht in der natürlichen Gliederfolge.

Nehmen wir an, daß neben $(\mathfrak{Z}_1.)$ auch $(\mathfrak{Z}_2.)$ richtig ist. Dann kann man in den beiden Identitäten (2.) durch Wahl der Primzahlmenge $\mathfrak{P} = \mathfrak{P}_N$ mit hinreichend großem N die rechten Seiten beliebig groß machen. Aus der zweiten Identität folgt daher unter der gemachten Annahme ohne weiteres, daß es unendlich viele Primzahlen $p \equiv -1$ mod. m gibt, und aus der ersten Identität folgt ebenso, daß es unendlich viele Primzahlen $p \equiv 1$ mod. m gibt, wenn man nur noch feststellt, daß das in ihr rechts zusätzlich auftretende Produkt $\displaystyle\prod_{p \equiv -1 \,\mathrm{mod.}\, m} \frac{1}{1 - \dfrac{1}{p^2}}$ kon-

vergiert. Nach der Eulerschen Identität ist nun das volle Produkt

$$\prod_{p} \frac{1}{1 - \dfrac{1}{p^2}} \cong \sum_{n} \frac{1}{n^2}\,,$$

und die Reihe rechts ist konvergent, wie oben in **1** gezeigt. Nach **1,**I ist daher auch das Produkt links konvergent, und somit erst recht sein in Rede stehendes Teilprodukt.

Damit ist der analytische Beweis des Dirichletschen Primzahlsatzes für die beiden Moduln $m = 3, 4$ auf den Nachweis der Grenzrelation $(\mathfrak{Z}_2.)$ zurückgeführt. Diese kann ihrer Entstehung nach auch in der Gestalt

$$(5.) \qquad \prod_{p \nmid m} \frac{1}{1 - \dfrac{\chi(p)}{p}} = \sum_{(n,\, m) = 1} \frac{\chi(n)}{n}$$

geschrieben werden, wobei beiderseits die natürliche Gliederfolge gemeint ist. Es ist das die der zweiten formalen Identität (1.) entsprechende gewöhnliche Gleichung; sie sagt aus, daß das unendliche Produkt links (bedingt) konvergent ist und daß sein Wert mit der Summe der (bedingt) konvergenten unendlichen Reihe rechts übereinstimmt.

Die Beziehung (5.) ist in der Tat richtig. Ihr Beweis läßt sich aber nicht mit den bisherigen einfachen analytischen Hilfsmitteln erbringen. Das Auftreten dieser Schwierigkeit veranlaßte Dirichlet, eine neue analytische Methode zu entwickeln, auf die wir anschließend zu sprechen kommen. Dabei entfällt dann die Notwendigkeit, die Beziehung (5.) zu beweisen. Daß sie tatsächlich richtig ist, kann man mit diesen neuen analytischen Hilfsmitteln auf eine recht umwegige Weise nachträglich einsehen. Ein Eingehen auf diesen Beweis müssen wir uns jedoch im Rahmen dieses Buches versagen, da man dazu überdies eine nicht ganz triviale Teilaussage des Primzahlsatzes (s. unten in **5**) benötigt.

3. Der Dirichletsche Beweisansatz für den allgemeinen Fall

Der in 2 für die Sonderfälle $m = 3$, 4 entwickelte Ansatz zum Beweis des Dirichletschen Primzahlsatzes, dessen Grundgedanken wir in 1 bei dem als Muster dienenden Eulerschen Beweis für den Sonderfall $m = 1$ angaben, wurde von Dirichlet so ausgebaut, daß er auch auf den allgemeinen Fall anwendbar und ohne Auftreten der zuletzt besprochenen Schwierigkeit durchführbar ist. Das geschieht durch zwei wesentlich verschiedene formale Ausgestaltungen, die wir zunächst umreißen wollen, ohne auf die Einzelheiten der Beweise einzugehen.

Die erste dieser Ausgestaltungen ist von analytischer Natur. Sie dient zur Umgehung der am Schluß von 2 hervorgehobenen Schwierigkeit. Man kann sie schon am Muster des Eulerschen Beweises aus 1, also des Sonderfalls $m = 1$, beschreiben. Anstatt mit der divergenten harmonischen Reihe $\sum\limits_{n} \dfrac{1}{n}$ zu arbeiten, wird die, wie sich zeigt, für alle reellen $s > 1$ konvergente Reihe $\sum\limits_{n} \dfrac{1}{n^s}$ verwendet. Und an Stelle des Ausschöpfens der Glieder der Reihe $\sum\limits_{n} \dfrac{1}{n}$ durch den Grenzübergang $N \to \infty$ in der Menge $\mathfrak{P}_N$ aller Primzahlen $p \leq N$ wird der Grenzübergang $s \to 1 + 0$ in der Reihe $\sum\limits_{n} \dfrac{1}{n^s}$ ausgeführt. Man geht also von der Eulerschen Identität

$$\prod_{p} \frac{1}{1 - \dfrac{1}{p^s}} \cong \sum_{n} \frac{1}{n^s}$$

mit dem reellen Parameter s aus, in der (wenn man die Konvergenz der Reihe rechts bewiesen hat) nach 1,I für $s > 1$ die gewöhnliche Gleichheit gesetzt werden darf, und macht darin auf beiden Seiten den Grenzübergang $s \to 1 + 0$. Dies werden wir im einzelnen gleich anschließend in 4 durchführen.

Die zweite jener Ausgestaltungen ist von algebraischer Natur. Sie betrifft das Herausgreifen der einzelnen primen Restklassen mod. m aus der Menge aller zu m primen natürlichen Zahlen n. In den Sonderfällen $m = 3$, 4 wurden dazu die beiden Charaktere

$$\varepsilon(n) = 1 \qquad \text{für alle zu } m \text{ primen } n,$$
$$\chi(n) = \pm 1, \quad \text{je nachdem } n \equiv \pm 1 \text{ mod. } m,$$

verwendet und mit ihnen die beiden Eulerschen Identitäten 2, (1.) gebildet; das in Rede stehende Herausgreifen wurde dann durch Multiplikation und Division dieser beiden Identitäten in der Form 2, (2.) vollzogen. Da hier die prime Restklassengruppe mod. m die Ordnung $\varphi(m) = 2$ hat, sind jene beiden Charaktere ε, χ offenbar gerade die sämtlichen Restklassencharaktere mod. m. Im allgemeinen Falle verwendet man zu dem gleichen Zweck die sämtlichen Charaktere χ der primen Restklassengruppe mod. m, deren Theorie wir in § 13 ausführlich entwickeln werden. Man hat es dann mit den Eulerschen Identitäten

$$\prod_{p \nmid m} \frac{1}{1 - \dfrac{\chi(p)}{p^s}} \cong \sum_{(n,\,m)\,=\,1} \frac{\chi(n)}{n^s}$$

zu tun, in denen wieder nach 1,I für $s > 1$ die gewöhnliche Gleichheit gilt.

Der Beweis des Dirichletschen Satzes erfolgt dann, wie wir in § 14 ausführen werden, wesentlich nach demselben Grundgedanken, wie wir ihn in 2 an den Sonderfällen $m = 3, 4$ entwickelt haben. Die dort am Schluß auftretende Schwierigkeit, nämlich der Nachweis, daß die eben angeführten formalen Eulerschen Identitäten (vom sog. Hauptcharakter $\chi = \varepsilon$ abgesehen) auch noch für $s = 1$ als gewöhnliche Gleichheiten 2, (5.) gelten, wird, wie schon gesagt, durch die Dirichletsche Ersetzung des Grenzprozesses $N \to \infty$ durch den Grenzprozeß $s \to 1 + 0$ umgangen. Man kommt nämlich mit dem viel einfacher zu erbringenden Nachweis aus, daß die Grenzbeziehungen

$$\lim_{s \to 1 + 0} \sum_{(n,\,m)\,=\,1} \frac{\chi(n)}{n^s} = \sum_{(n,\,m)\,=\,1} \frac{\chi(n)}{n} \qquad (\chi \neq \varepsilon)$$

gelten (s. dazu § 14,3).

Dafür tritt aber im allgemeinen Falle eine neue Schwierigkeit auf. Während bei den beiden speziellen quadratischen Charakteren $\chi \neq \varepsilon$ aus 2 unmittelbar eingesehen werden konnte, daß die Summen

$$\sum_{(n,\,m)\,=\,1} \frac{\chi(n)}{n} \neq 0$$

sind, eine Tatsache, die für die Durchführung des Beweises nach dem entwickelten Grundgedanken entscheidend ist, ist das Nichtverschwinden dieser Summen im allgemeinen Falle durchaus nicht ohne weiteres klar. Es handelt sich dann nämlich nicht mehr um alternierende Reihen; die Charakterwerte $\chi(n)$ sind vielmehr komplexe Einheitswurzeln, die entweder nicht sämtlich reell sind oder sämtlich gleich ± 1 sind, und in dem letzteren (schwierigsten) Falle sind die beiden Werte $\chi(n) = \pm 1$ im Bereich der zu m primen n im allgemeinen nicht mehr alternierend, sondern nur periodisch mit der Periode m verteilt. Für solche Reihen kann man aber das Nichtverschwinden nicht in derselben einfachen Weise erkennen, wie bei den beiden speziellen Charakteren $\chi \neq \varepsilon$ aus 2.

Die Überwindung dieser Hauptschwierigkeit des Beweises kann auf mehrere Arten geschehen, deren jede entweder komplizierte Rechnungen und Abschätzungen elementar-analytischer Natur oder das Heranziehen tieferliegender Hilfsmittel aus der komplexen Funktionentheorie oder der algebraischen Zahlentheorie erfordert. Wir kommen darauf in § 15 ausführlich zu sprechen.

4. Die Zetareihe und die Dirichletsche Wendung des Eulerschen Beweises

Auf Grund der ersten, analytischen der in 3 beschriebenen Dirichletschen Ausgestaltungen des Eulerschen Beweises haben wir die Reihe

$$\zeta(s) = \sum_n \frac{1}{n^s}$$

zu betrachten. Diese Reihe wurde ganz allgemein als Funktion einer komplexen Variablen s von RIEMANN in die analytische Zahlentheorie eingeführt und zu tief eindringenden Untersuchungen über die Verteilung der Primzahlen verwendet. Sie wird seitdem mit dem festen von Riemann gewählten Zeichen ζ geschrieben und die *Riemannsche Zetafunktion* genannt. Für unsere Zwecke (außer § 15,4) reicht es aus, die Variable s auf reelle Werte zu beschränken, wie es DIRICHLET tat, und es steht auch nicht, wie bei Riemann, das Verhalten als Funktion von s sondern das Verhalten als unendliche Reihe im Vordergrund; wir reden daher hier von der *Zetareihe*.

Wegen der Divergenz der harmonischen Reihe ist die Zetareihe für $s = 1$ und daher erst recht für alle $s < 1$ divergent. Wir zeigen jetzt in einfacher Weise, daß sie für alle $s > 1$ konvergent ist, und noch etwas mehr. Dazu fassen wir die Glieder $\frac{1}{n^s}$ als die Werte der Funktion $\frac{1}{u^s}$ mit reellem $u > 0$ für die natürlichen Zahlen $u = n$ auf und sehen s als Parameter an. Die Funktion $\frac{1}{u^s}$ nimmt, wenn $s > 0$ ist, im Bereich $u > 0$ monoton ab. Daher gelten die Ungleichungen

$$\int_n^{n+1} \frac{du}{u^s} < \frac{1}{n^s} < \int_{n-1}^n \frac{du}{u^s},$$

und zwar die linke für $n \geqq 1$, die rechte für $n \geqq 2$ (Abb. 3). Hieraus folgt durch Summation

$$\int_1^\infty \frac{du}{u^s} < \zeta(s) < 1 + \int_1^\infty \frac{du}{u^s},$$

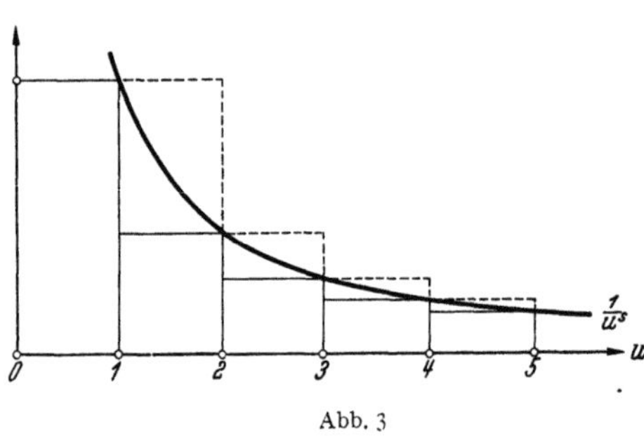

Abb. 3

d.h. die Konvergenz der Zetareihe und eine beiderseitige Abschätzung ihres Wertes, wenn das auftretende uneigentliche Integral konvergiert. Für eine endliche obere Grenze $t > 0$ ist nun

$$\int_1^t \frac{du}{u^s} = \int_1^t u^{-s}\,du = \begin{cases} \dfrac{u^{1-s}}{1-s}\Big|_1^t = \dfrac{t^{1-s}}{1-s} - \dfrac{1}{1-s} & \text{für } s \neq 1 \\[2ex] \log t & \text{für } s = 1 \end{cases}.$$

Daher ist das Integral mit unendlicher oberer Grenze divergent für $s \leqq 1$ und konvergent mit dem Wert

$$\int\limits_1^\infty \frac{d u}{u^s} = \frac{1}{s-1} \quad \text{für } s > 1.$$

Ersteres liefert einen neuen Beweis für die Divergenz der harmonischen Reihe, letzteres die behauptete Konvergenz der Zetareihe für $s > 1$ und die dabei gültige Abschätzung

$$(1.) \qquad \frac{1}{s-1} < \zeta(s) < 1 + \frac{1}{s-1}.$$

Schreibt man diese Abschätzung in der Form

$$1 < (s-1)\,\zeta(s) < s,$$

so erkennt man das Bestehen der Grenzbeziehung

$$(1'.) \qquad \lim_{s \to 1+0} (s-1)\,\zeta(s) = 1$$

bei von oben her gegen 1 strebendem s.

Zusammenfassend können wir feststellen:

II. *Die Zetareihe* $\zeta(s) = \sum_n \dfrac{1}{n^s}$ *konvergiert bei reellem s genau im Bereich* $s > 1$. *Strebt s von oben her gegen* 1, *so strebt* $\zeta(s)$ *gegen* ∞, *und zwar so, daß dabei die Ungleichungen* (1.) *und demzufolge die Grenzbeziehung* (1'.) *gelten.*

Bei dem Grenzprozeß $s \to 1 + 0$ wird hiernach $\zeta(s)$ von derselben Ordnung unendlich wie $\dfrac{1}{s-1}$, und zwar gilt das nicht nur in dem groben Sinne (1'.), daß der Quotient $\zeta(s) : \dfrac{1}{s-1}$ zu 1 strebt (sog. asymptotische Gleichheit), sondern nach (1.) in dem scharfen Sinne, daß die Differenz $\zeta(s) - \dfrac{1}{s-1}$ beschränkt bleibt. Als Ausdruck für das letztere Verhalten führen wir die abgekürzte Schreibweise

$$(2.) \qquad \zeta(s) \approx \frac{1}{s-1}$$

ein, die wir bei dem Grenzprozeß $s \to 1 + 0$ ganz allgemein im angegebenen Sinne verwenden wollen. Wir ersparen dadurch, analog wie bei der Kongruenzschreibweise in der elementaren Zahlentheorie, das Hinschreiben von Gliedern, auf die es für die auszuführenden Schlüsse nicht ankommt, und machen damit den Blick für das Wesentliche frei. Dieser Typus von Grenzbeziehung $\approx$ in der reellen Variablen s ist es, der bei der Dirichletschen analytischen Ausgestaltung die Rolle der Grenzbeziehung $\eqsim$ in der natürlichen Variablen N beim Eulerschen Beweis übernimmt. An Stelle von (2.) findet man in der Literatur meist die Schreibweise $\zeta(s) - \frac{1}{s-1} = O(1)$.

Wegen der Multiplikativität der zahlentheoretischen Funktion $\frac{1}{n^s}$ kann man in der allgemeinen Eulerschen Identität 1, (4.) die Funktion $f(n) = \frac{1}{n^s}$ (mit $s > 0$) nehmen. Wegen der (natürlich absoluten) Konvergenz der Zetareihe für $s > 1$ ergibt sich damit nach 1,I die für die analytische Zahlentheorie grundlegende (absolut-)konvergente *Produktdarstellung der Zetareihe:*

$$(3.) \qquad \zeta(s) = \prod_p \frac{1}{1 - \frac{1}{p^s}} \quad \text{für } s > 1,$$

in der die Bedeutung der Zetareihe für die Primzahltheorie wurzelt.

Für den Dirichletschen Beweis ist es aus formalen Gründen bequemer, mit den Logarithmen der Reihen zu arbeiten, weil man dadurch von den Produkten zu beim Grenzübergang leichter zu handhabenden Summen kommt. Nach (3.) ist

$$\log \zeta(s) = \sum_p \log \frac{1}{1 - \frac{1}{p^s}} = \sum_p \sum_{\nu=1}^{\infty} \frac{1}{\nu} \frac{1}{p^{\nu s}}.$$

In der rechts auftretenden Doppelsumme können beim Grenzübergang $s \to 1 + 0$ die Glieder mit $\nu \geq 2$ im Sinne $\approx$ vernachlässigt werden. In der Tat ist ihre Summe

$$\sum_p \sum_{\nu=2}^{\infty} \frac{1}{\nu} \frac{1}{p^{\nu s}} < \frac{1}{2} \sum_p \sum_{\nu=2}^{\infty} \frac{1}{p^{\nu s}} = \frac{1}{2} \sum_p \frac{\frac{1}{p^{2s}}}{1 - \frac{1}{p^s}}$$

$$< \frac{1}{2} \sum_p \frac{\frac{1}{p^{2s}}}{1 - \frac{1}{2^1}} = \sum_p \frac{1}{p^{2s}} < \zeta(2s) < \zeta(2),$$

also beschränkt. Es gilt somit die Grenzbeziehung

$$(4.) \qquad \log \zeta(s) \approx \sum_p \frac{1}{p^s}.$$

Diese Grenzbeziehung liefert diejenige Umgestaltung des Eulerschen Beweises aus 1, die der Dirichletschen analytischen Methode entspricht. Aus (2.), oder auch schon aus der gröberen Grenzbeziehung (1'.), folgt durch Übergang zum Logarithmus

$$\log \zeta(s) \approx \log \frac{1}{s-1}.$$

Nach (4.) gilt demnach auch

$$(5.) \qquad \sum_p \frac{1}{p^s} \approx \log \frac{1}{s-1} \, .$$

Da die rechte Seite für $s \to 1 + 0$ unendlich wird, muß dies auch für die linke Seite gelten. Daher muß es unendlich viele Primzahlen p geben. Man sieht, wie bei dieser Wendung die Benutzung der divergenten harmonischen Reihe ($s = 1$) und das Eingehen auf ihre Teilsummen durch die Betrachtung der Zetareihe im Konvergenzbereich $s > 1$ und den Grenzübergang $s \to 1 + 0$ ersetzt wird.

5. Einiges über den Primzahlsatz

Die Grenzbeziehung (4.) ist, wie wir hier des Interesses halber anführen wollen, auch der Ausgangspunkt für den Beweis des Hauptsatzes über die Verteilung der Primzahlen, des sog. *Primzahlsatzes:*

$$(6.) \qquad \pi(N) \sim \frac{N}{\log N} \, ,$$

nach dem die Anzahl $\pi(N)$ der Primzahlen $p \le N$ der elementaren Funktion $\dfrac{N}{\log N}$ asymptotisch gleich ist, d.h. die Grenzbeziehung

$$\lim_{N \to \infty} \frac{\pi(N)}{N/\log N} = 1$$

besteht. Man erhält (6.) aus (5.) nach einem im Prinzip sehr durchsichtigen, aber in der Einzelausführung einigermaßen komplizierten Schlußverfahren.

Man betrachtet dazu ganz allgemein Reihen vom Typus

$$f(s) = \sum_n \frac{a_n}{n^s}$$

mit irgendwelchen Koeffizienten a_n. Solche Reihen nennt man *Dirichletsche Reihen*. Die Zetareihe ist der einfachste Spezialfall einer Dirichletschen Reihe (alle $a_n = 1$), ebenso wie die geometrische Reihe $\sum\limits_{\nu=0}^{\infty} x^\nu$ der einfachste Spezialfall einer Potenzreihe $\sum\limits_{\nu=0}^{\infty} a_\nu x^\nu$ ist. Jeder Dirichletschen Reihe ordnet man ihre Koeffizientenpartialsumme

$$S(N) = \sum_{n \le N} a_n$$

als Funktion von N zu. Für die spezielle Dirichletsche Reihe $f(s) = \sum\limits_p \dfrac{1}{p^s}$ aus (5.) (wo also $a_n = 1$ oder 0, je nachdem $n = p$ Primzahl oder nicht) wird die Koeffizientenpartialsumme gerade $S(N) = \pi(N)$.

Es ist nun verhältnismäßig einfach, ganz allgemein aus dem Grenzverhalten der Koeffizientenpartialsumme $S(N)$ für $N \to \infty$ auf das Grenzverhalten von $f(s)$ für $s \to 1 + 0$ zu schließen. Dies geschieht durch eine formale Übertragung von Aussagen vom Typus des bekannten Abelschen Stetigkeitssatzes für Potenzreihen auf Dirichletsche Reihen. Auf Grund einer solchen Übertragung erweist sich speziell (5.) als eine Folge aus (6.). Um umgekehrt (6.) als Folge aus (5.) zu erweisen, muß man diese Übertragung des geeignet verallgemeinerten Abelschen Stetigkeitssatzes zu einem Rückschluß von dem Grenzverhalten der Funktion $f(s)$ für $s \to 1 + 0$ auf das Grenzverhalten der Koeffizientenpartialsumme $S(N)$ für $N \to \infty$ umkehren. Das läßt sich zwar nicht mehr in voller Allgemeinheit durchführen, sondern nur unter gewissen Zusatzbedingungen für die Koeffizienten a_n, aber doch jedenfalls so, daß der für den Primzahlsatz benötigte Spezialfall erfaßt wird. Mit den Hilfsmitteln der reellen Analysis kommt man dabei nicht aus, sondern muß etwa den Cauchyschen Integralsatz oder ihm äquivalente komplexe Integralformeln heranziehen.

Mit diesen Andeutungen müssen wir uns hier begnügen. Über den Beweis des Primzahlsatzes hinaus beschäftigt sich die Primzahlverteilungstheorie mit der Frage nach der genauen Größenordnung des Fehlergliedes in (6.). Hierzu wird nach dem grundlegenden Ansatz von RIEMANN ein tief eindringendes Studium von $\zeta(s)$ als Funktion der komplexen Variablen s benötigt.

§ 13. Die Charaktere endlicher abelscher Gruppen, Restklassencharaktere

1. Definition und Existenz der Charaktere

Wir kommen jetzt zu der zweiten, algebraischen der in § 12,3 beschriebenen Dirichletschen Ausgestaltungen des Eulerschen Beweises. Dazu entwickeln wir zunächst allgemein die Theorie der Charaktere endlicher abelscher Gruppen und dann speziell die für unseren Zweck benötigte Theorie der Charaktere der primen Restklassengruppen, beidesmal etwas ausführlicher, als es für die Anwendung auf den Beweis des Dirichletschen Primzahlsatzes erforderlich ist.

Es sei $\mathfrak{A}$ eine abelsche Gruppe von endlicher Ordnung n. Unter einem *Charakter* χ von $\mathfrak{A}$ versteht man eine Funktion der Elemente A von $\mathfrak{A}$ mit den beiden Eigenschaften

$$(1.) \qquad \chi(AB) = \chi(A)\,\chi(B),$$

$$(2.) \qquad \chi(A) \neq 0,$$

also eine multiplikative Funktion der Elemente A von $\mathfrak{A}$ mit durchweg von Null verschiedenen Werten $\chi(A)$, die wir uns hier im Bereich der komplexen Zahlen denken.

An Stelle von (2.) genügt es sogar, nur die Existenz eines Elements A aus $\mathfrak{A}$ mit $\chi(A) \neq 0$ zu fordern. Aus der Multiplikativität (1.) folgt speziell für das Einselement E von $\mathfrak{A}$, daß

$$\chi(A) = \chi(AE) = \chi(A)\,\chi(E)$$

für jedes A aus $\mathfrak{A}$ gilt; da $\chi(A) \neq 0$ (für mindestens ein A) ist, ergibt sich daraus

$$\chi(E) = 1\,.$$

Da ferner für jedes A aus $\mathfrak{A}$ die Potenz $A^n = E$ ist, erfüllen hiernach und nach (1.) alle Werte von χ die Gleichung

$$\chi(A)^n = 1\,,$$

d. h. sie sind n-te Einheitswurzeln (und daher sämtlich $\neq 0$).

Die Charaktere χ von $\mathfrak{A}$ bilden selbst eine abelsche Gruppe $\mathfrak{X}$, die *Charaktergruppe* von $\mathfrak{A}$, wenn man sie als Funktionen multipliziert, also unter $\chi\psi$ die Funktion mit den Werten $\chi(A)\,\psi(A)$ versteht. Denn dies Produkt $\chi\psi$ und ebenso auch der entsprechend definierte Quotient $\dfrac{\chi}{\psi}$ sind ersichtlich wieder multiplikative, von Null verschiedene Funktionen in $\mathfrak{A}$. Das Einselement ε der Charaktergruppe $\mathfrak{X}$ ist der *Hauptcharakter* mit den Werten

$$\varepsilon(A) = 1 \quad \text{für alle } A \text{ aus } \mathfrak{A}\,.$$

Bisher steht die Existenz nur für diesen Hauptcharakter ε fest. Wir beweisen jetzt:

I. *Eine abelsche Gruppe $\mathfrak{A}$ der Ordnung n besitzt genau n verschiedene Charaktere χ, ihre Charaktergruppe $\mathfrak{X}$ hat also ebenfalls die Ordnung n.*

Beweis. Wir denken uns in $\mathfrak{A}$ eine mit der Einsuntergruppe $\mathfrak{E}$ beginnende und mit der vollen Gruppe $\mathfrak{A}$ endende Untergruppenkette

$$\mathfrak{E} = \mathfrak{U}_0 < \mathfrak{U}_1 < \cdots < \mathfrak{U}_s = \mathfrak{A}$$

derart gewählt, daß die Faktorgruppen $\mathfrak{U}_i/\mathfrak{U}_{i-1}$ $(i = 1, \ldots, s)$ zyklisch sind. Um eine solche Untergruppenkette zu erhalten, braucht man nur von $R_0 = E$ ausgehend eine Elementfolge $R_1, \ldots, R_s$ aus $\mathfrak{A}$ so zu wählen, daß jeweils R_i nicht in der aus $R_0, \ldots, R_{i-1}$ erzeugten Untergruppe $\mathfrak{U}_{i-1}$ enthalten ist. Der Beweis von I ergibt sich dann durch s-malige Anwendung der folgenden Tatsache:

Hilfssatz. *Ist $\mathfrak{U}$ eine Untergruppe von $\mathfrak{A}$ vom Index k mit zyklischer Faktorgruppe $\mathfrak{A}/\mathfrak{U}$, so läßt sich jeder Charakter χ von $\mathfrak{U}$ auf genau k verschiedene Weisen zu einem Charakter von $\mathfrak{A}$ fortsetzen.*

Beweis. Es sei R Vertreter einer erzeugenden Klasse von $\mathfrak{A}/\mathfrak{U}$. Dann hat jedes Element A aus $\mathfrak{A}$ eine eindeutige Darstellung

$$A = R^\varkappa U \quad \left\{ \begin{array}{c} \varkappa = 0,\, 1,\, \ldots,\, k = 1 \\ U \text{ in } \mathfrak{U} \end{array} \right\},$$

und es ist

$$R^k = C$$

ein Element aus $\mathfrak{U}$. Auf Grund dieser Darstellung wird das Rechnen mit den Elementen A aus $\mathfrak{A}$ vollständig beschrieben durch das Rechnen mit den Elementen U aus $\mathfrak{U}$ und die Relation $R^k = C$.

Natürlich entsteht jeder Charakter χ von $\mathfrak{A}$ durch Fortsetzung eines Charakters von $\mathfrak{U}$, und dabei ist der spezielle Charakterwert $\chi(R)$ eine Wurzel der Gleichung

$$\chi(R)^k = \chi(C).$$

Ist umgekehrt ein Charakter χ von $\mathfrak{U}$ gegeben und wählt man den speziellen Wert $\chi(R)$ als irgendeine der k Wurzeln dieser Gleichung, so wird durch die allgemeine Festsetzung

$$\chi(A) = \chi(R)^\varkappa \chi(U)$$

eine Fortsetzung von χ als Funktion in $\mathfrak{A}$ definiert. Auf Grund der Wahl von $\chi(R)$ folgt dabei aus jeder Rechenbeziehung $A'A'' = A$ in $\mathfrak{A}$ die entsprechende Beziehung $\chi(A')\,\chi(A'') = \chi(A)$ für die Werte von χ. Daher ist die definierte Fortsetzung ein Charakter von $\mathfrak{A}$. Den k verschiedenen Wurzeln $\chi(R)$ entsprechen k verschiedene Fortsetzungen. Damit ist der Hilfssatz bewiesen. Aus ihm ergibt sich, wie gesagt, die Richtigkeit der Existenzaussage I.

2. Charakterrelationen

Es sei χ ein Charakter von $\mathfrak{A}$. Wir betrachten die über alle Elemente A aus $\mathfrak{A}$ erstreckte Summe

$$S = \sum_A \chi(A).$$

Ist B irgendein Element aus A, so gilt

$$S\chi(B) = \sum_A \chi(AB) = \sum_A \chi(A) = S,$$

da AB bei festem B mit A alle Elemente von $\mathfrak{A}$, jedes einmal durchläuft. Ist $\chi \neq \varepsilon$, so kann B so gewählt werden, daß $\chi(B) \neq 1$ ist; dann folgt also $S = 0$. Ist $\chi = \varepsilon$, so ist durchweg $\chi(A) = \varepsilon(A) = 1$, also $S = n$. Damit haben wir die n Relationen

$$(1.) \qquad \sum_A \chi(A) = \left\{ \begin{array}{ll} n & \text{für } \chi = \varepsilon \\ 0 & \text{für } \chi \neq \varepsilon \end{array} \right\}.$$

Um aus ihnen weitere Charakterrelationen zu gewinnen, bemerken wir zunächst folgendes. Mit jedem Charakter χ kommt in der Gruppe $\mathfrak{X}$ auch der konjugiert-komplexe Charakter $\bar\chi$ vor. Da für jede Einheitswurzel ζ wegen $|\zeta|^2 = \zeta\bar\zeta = 1$ die konjugiert-komplexe $\bar\zeta = \zeta^{-1}$ ist, gilt entsprechend

$$\bar\chi = \chi^{-1}, \quad \text{also} \quad \bar\chi(A) = \chi^{-1}(A) = \chi(A^{-1}),$$

d. h. der konjugiert-komplexe Charakter $\bar\chi$ ist gleich dem reziproken χ^{-1}, und man erhält seine Werte auch, indem man die Argumente A durch die reziproken A^{-1} ersetzt.

Wendet man die Relationen (1.) auf den Quotienten zweier Charaktere χ, ψ an, so erhält man hiernach die n^2 Relationen

$$(2.) \qquad \sum_A \chi(A)\,\bar\psi(A) = \begin{cases} n & \text{für } \chi = \psi \\ 0 & \text{für } \chi \neq \psi \end{cases}.$$

Wir denken uns nun die je n Werte $\chi(A)$ der n Charaktere χ aus $\mathfrak{X}$ als die n Zeilen einer quadratischen Matrix

$$\mathfrak{C} = (\chi(A)) \begin{cases} \text{Zeilenindex} \quad \chi \text{ in } \mathfrak{X} \\ \text{Spaltenindex } A \text{ in } \mathfrak{A} \end{cases}$$

von n^2 Elementen, deren n Spalten die je n Charakterwerte für festes A aus $\mathfrak{A}$ sind. Dann besagen die Relationen (2.) das Bestehen der Matrizengleichung

$$(3.) \qquad \mathfrak{C}\,\bar{\mathfrak{C}}' = n\,\mathfrak{E},$$

wo $\bar{\mathfrak{C}}'$ die transponierte konjugiert-komplexe Matrix und $\mathfrak{E}$ die n-reihige Einsmatrix bezeichnet. Hiernach ist die Matrix $\mathfrak{C}$ regulär, hat das Determinantenbetragsquadrat

$$\|\mathfrak{C}\|^2 = n^n,$$

und ihre hintere Reziproke ist durch

$$(4.) \qquad \left(\frac{1}{\sqrt{n}}\,\mathfrak{C}\right)^{-1} = \frac{1}{\sqrt{n}}\,\bar{\mathfrak{C}}'$$

bestimmt, d. h. die Matrix $\dfrac{1}{\sqrt{n}}\,\mathfrak{C}$ ist unitär.

Wie **aus** der linearen Algebra bekannt, ist die hintere Reziproke einer regulären Matrix zugleich auch die vordere Reziproke. Aus der Matrizengleichung (3.) folgt daher die weitere Matrizengleichung

$$(3'.) \qquad \bar{\mathfrak{C}}'\mathfrak{C} = n\,\mathfrak{E}.$$

Sie besagt das Bestehen der weiteren n^2 Relationen

$$(2'.)\qquad \sum_{\chi} \chi(A)\,\bar{\chi}(B) = \begin{cases} n & \text{für } A = B \\ 0 & \text{für } A \neq B \end{cases}$$

für je zwei Elemente A, B aus $\mathfrak{A}$, wobei die Summation über alle Charaktere χ aus $\mathfrak{X}$ erstreckt ist. Speziell für $B = E$ folgen aus ihnen die n Relationen

$$(1'.)\qquad \sum_{\chi} \chi(A) = \begin{cases} n & \text{für } A = E \\ 0 & \text{für } A \neq E \end{cases}.$$

Man nennt die Charakterrelationen (2.), (2'.) auch die *Orthogonalitätsrelationen* für die Charaktere, weil sie zum Ausdruck bringen, daß je zwei verschiedene Zeilen oder Spalten der Matrix $\mathfrak{C}$ zueinander orthogonal in dem für komplexe Vektoren üblichen Sinne sind. Meist werden nur die speziellen Relationen (1.), (1'.) gebraucht, aus denen ja die allgemeinen Orthogonalitätsrelationen sofort folgen, indem man χ bzw. A durch einen Quotienten $\dfrac{\chi}{\psi}$ bzw. $\dfrac{A}{B}$ ersetzt.

Für unsere Anwendung im Beweis des Dirichletschen Primzahlsatzes ist die folgende Tatsache wichtig, die sich ohne weiteres aus der Matrizengleichung (4.) oder auch in aus der linearen Algebra geläufiger Weise aus den Orthogonalitätsrelationen (2.), (2'.) ergibt:

II. *Das lineare Gleichungssystem*

$$\sum_{A} \chi(A)\,x_A = y_\chi$$

wird bei gegebenen y_χ *durch das lineare Gleichungssystem*

$$x_A = \frac{1}{n}\sum_{\chi} \bar{\chi}(A)\,y_\chi$$

eindeutig nach den x_A *aufgelöst, und umgekehrt.*

3. Das Dualitätsprinzip

Wir wollen die Theorie der Charaktere einer endlichen abelschen Gruppe noch durch einige weitere Tatsachen vervollständigen, die zwar für den Beweis des Dirichletschen Primzahlsatzes nicht gebraucht werden, aber für andere, teilweise bereits vorgekommene zahlentheoretische Anwendungen der Charaktere das algebraische Fundament bilden.

Wie aus der Definition der Charaktere und ihrer Multiplikation klar ist, ist $\chi(A)$ nicht nur bei festem χ und variablem A ein Charakter der Gruppe $\mathfrak{A}$, sondern auch umgekehrt bei festem A und variablem χ ein Charakter der Gruppe $\mathfrak{X}$. Die in **2** betrachtete Matrix $\mathfrak{C} = \big(\chi(A)\big)$ der

Charakterwerte liefert demnach nicht nur durch ihre Zeilen die Wertsysteme der n verschiedenen Charaktere χ von $\mathfrak{A}$, sondern auch durch ihre Spalten die Wertsysteme von n Charakteren von $\mathfrak{X}$. Wegen der Regularität von $\mathfrak{C}$ sind auch diese letzteren n Charaktere verschieden, bilden also nach 1,I das vollständige System der Charaktere von $\mathfrak{X}$. Sie sind den Elementen A aus $\mathfrak{A}$, die hier die Rolle von Funktionszeichen für die Argumente χ haben, eineindeutig zugeordnet, und ihre Multiplikation als Funktionen entspricht der Multiplikation der Elemente A aus $\mathfrak{A}$. Somit gilt:

III. *Ist $\mathfrak{X}$ die Charaktergruppe von $\mathfrak{A}$, so läßt sich $\mathfrak{A}$ als die Charaktergruppe von $\mathfrak{X}$ auffassen, indem man in den Charakterwerten $\chi(A)$ die Rollen der Elemente A aus $\mathfrak{A}$ (Argumente) und χ aus $\mathfrak{X}$ (Funktionszeichen) miteinander vertauscht.*

Hieraus ergibt sich:

Dualitätsprinzip. *Jede richtige Aussage über Elemente A und Charaktere χ einer endlichen abelschen Gruppe geht in eine richtige Aussage über, wenn man in ihr unter Festlassung der Charakterwerte $\chi(A)$ die Rollen der Elemente A und Charaktere χ miteinander vertauscht.*

Die Charakterrelationenpaare (1.), (1′.) und (2.), (2′.) aus **2** sind Beispiele von einander in diesem Sinne dual entsprechenden Aussagen. Weitere Beispiele werden wir in **4** kennenlernen.

Zu der dem Dualitätsprinzip zugrunde liegenden Tatsache III gilt noch eine interessante Ergänzung. Sie ergibt sich, indem man die im Beweis von 1,I implizit enthaltende Konstruktion der n Charaktere χ von $\mathfrak{A}$ zu einer expliziten Darstellung ausgestaltet.

Dazu ziehen wir den *Basissatz für endliche abelsche Gruppen* heran. Er besagt, daß jede endliche abelsche Gruppe $\mathfrak{A}$ als direktes Produkt zyklischer Gruppen darstellbar ist. Demgemäß besitzen die Elemente A von $\mathfrak{A}$ eine eindeutige Basisdarstellung der Form

$$(1.) \qquad A = \prod_{i=1}^{r} W_i^{\alpha_i} \qquad (\alpha_i \bmod. n_i)$$

durch eine Anzahl r von festen Basiselementen W_i mit den Ordnungen n_i, für die $\prod_{i=1}^{r} n_i = n$ ist. Der Multiplikation der Elemente A aus $\mathfrak{A}$ entspricht dabei die Addition der Exponentensysteme $\alpha_i \bmod. n_i$.

Auf die Wiedergabe des in die Algebra (Gruppentheorie) gehörigen Beweises dieses allgemeinen Basissatzes wollen wir hier verzichten. Im Spezialfall, daß $\mathfrak{A} = \mathfrak{G}_m$ die prime Restklassengruppe mod. m ist, haben wir das Bestehen einer solchen eindeutigen Basisdarstellung in § 5 bewiesen, indem wir zeigten, daß $\mathfrak{G}_m$ direktes Produkt der $\mathfrak{G}_{p^\mu}$ für die m

14*

zusammensetzenden Primzahlpotenzen p^μ ist, und daß die $\mathfrak{G}_{p^\mu}$ eine ein- oder zweigliedrige Basisdarstellung der angegebenen Form besitzen (§ 5,6,III und § 5,7,V).

Für jeden Charakter χ von $\mathfrak{A}$ sind wegen $W_i^{n_i} = E$ die Werte $\chi(W_i)$ $= x_i$ ein System von n_i-ten Einheitswurzeln. Durch diese speziellen Werte bestimmen sich auf Grund der Basisdarstellung (1.) alle Werte von χ in der Form

$$(2.) \qquad \chi(A) = \prod_{i=1}^{r} x_i^{\alpha_i} \qquad (\alpha_i \text{ mod. } n_i).$$

Ist umgekehrt ein beliebiges System n_i-ter Einheitswurzeln x_i vorgegeben, so wird durch (2.) eindeutig, nämlich unabhängig von der Wahl der Exponenten α_i in ihren Restklassen mod. n_i, eine Funktion χ in $\mathfrak{A}$ definiert, die multiplikativ und von Null verschieden, also ein Charakter von $\mathfrak{A}$ ist. Die $\prod\limits_{i=1}^{r} n_i = n$ verschiedenen Systeme n_i-ter Einheitswurzeln x_i liefern so gerade die n verschiedenen Charaktere χ von $\mathfrak{A}$. Die Multiplikation der χ stellt sich bei dieser Konstruktion durch die gliedweise Multiplikation der Systeme n_i-ter Einheitswurzeln x_i dar. Da die n_i-ten Einheitswurzeln nach § 8,1 eine zyklische Gruppe der Ordnung n_i bilden, ist demnach die Charaktergruppe $\mathfrak{X}$ direktes Produkt von r zyklischen Gruppen der Ordnungen n_i und daher zu $\mathfrak{A}$ isomorph. Damit ist in Ergänzung zu III bewiesen:

IV. *Die Charaktergruppe $\mathfrak{X}$ ist zur Gruppe $\mathfrak{A}$ isomorph.*

Stellt man die Systeme n_i-ter Einheitswurzeln x_i durch ein festes System primitiver n_i-ter Einheitswurzeln w_i in der Form $x_i = w_i^{\xi_i}$ (ξ_i mod. n_i) dar, so bekommt die Darstellung (2.) der Charakterwerte die Gestalt

$$(3.) \qquad \chi(A) = \prod_{i=1}^{r} w_i^{\xi_i \alpha_i} \qquad (\xi_i, \alpha_i \text{ mod. } n_i).$$

Führt man dann noch die speziellen Charaktere ω_i mit den Werten $\omega_i(A) = w_i^{\alpha_i}$ (α_i mod. n_i) ein, bei denen von den n_j-ten Einheitswurzeln x_j jeweils eine $x_i = w_i$, die übrigen $x_j = 1$ ($j \neq i$) gewählt sind, so erhält man die eindeutige Basisdarstellung

$$(4.) \qquad \chi = \prod_{i=1}^{r} \omega_i^{\xi_i} \qquad (\xi_i \text{ mod. } n_i)$$

der Elemente χ von $\mathfrak{X}$. Der Vergleich von (4.) mit (1.) gibt eine explizite Darstellung der Isomorphie von $\mathfrak{X}$ zu $\mathfrak{A}$, und die Symmetrie der Formeln (3.) in den Exponentensystemen α_i mod. n_i aus (1.) und ξ_i mod. n_i aus (4.) gibt eine explizite Darstellung der dem Dualitätsprinzip zugrunde liegenden Tatsache III.

Setzt man schließlich die primitiven n_i-ten Einheitswurzeln w_i als Potenzen einer festen primitiven n-ten Einheitswurzel w an, etwa in der einfachst-möglichen Form $w_i = w^{\frac{n}{n_i}}$, so werden die Formeln (3.) zu

$$\chi(A) = w^{\sum\limits_{i=1}^{r} \frac{n}{n_i} \xi_i \alpha_i} \qquad (\xi_i,\ \alpha_i \ \text{mod.}\ n_i).$$

Danach stellt sich eine Aussage der Form $\chi(A) = 1$ als die lineare homogene Kongruenz $\sum\limits_{i=1}^{r} \frac{n}{n_i} \xi_i \alpha_i \equiv 0 \ \text{mod.}\ n$ dar. Hierdurch wird das Dualitätsprinzip für endliche abelsche Gruppen in formale Analogie zu dem bekannten Dualitätsprinzip der analytischen Geometrie gesetzt.

4. Charaktere und Untergruppen

Wir gehen aus von den trivialerweise richtigen Aussagen:

(1.) $\chi(A) = 1$ für alle A aus $\mathfrak{A}$ ist gleichbedeutend mit $\chi = \varepsilon$,

und allgemeiner

(2.) $\chi(A) = \psi(A)$ für alle A aus $\mathfrak{A}$ ist gleichbedeutend mit $\chi = \psi$.

In ihnen kommt einfach die Gleichheitsdefinition der Charaktere χ als Funktionen in $\mathfrak{A}$ zum Ausdruck. Dual dazu sind die nicht mehr trivialerweise richtigen Aussagen:

(1'.) $\chi(A) = 1$ für alle χ aus $\mathfrak{X}$ ist gleichbedeutend mit $A = E$,

und allgemeiner

(2'.) $\chi(A) = \chi(B)$ für alle χ aus $\mathfrak{X}$ ist gleichbedeutend mit $A = B$.

Sie besagen, daß ein Element A aus $\mathfrak{A}$ durch Angabe des zugehörigen Wertsystems $\chi(A)$ der Charaktere χ von $\mathfrak{A}$ eindeutig charakterisiert ist; daher rührt die Bezeichnung Charaktere.

Man kann nun die Charaktere χ von $\mathfrak{A}$ allgemeiner auch zur Charakterisierung von Untergruppen $\mathfrak{U}$ von $\mathfrak{A}$ benutzen. Das beruht auf den folgenden beiden zueinander dualen Aussagen, deren Richtigkeit ohne weiteres aus der Multiplikativität von $\chi(A)$ in χ und A folgt:

(3.) Ist $\mathfrak{U}$ eine Untergruppe von $\mathfrak{A}$, so bilden die Charaktere χ mit $\chi(A) = 1$ für alle A aus $\mathfrak{U}$ eine Untergruppe $\mathfrak{K}$ von $\mathfrak{X}$.

(3'.) Ist $\mathfrak{K}$ eine Untergruppe von $\mathfrak{X}$, so bilden die Elemente A mit $\chi(A) = 1$ für alle χ aus $\mathfrak{K}$ eine Untergruppe $\mathfrak{U}$ von $\mathfrak{A}$.

Trivialerweise gilt:

Der Untergruppe $\mathfrak{U} = \mathfrak{E}$ ist nach (3.) die Untergruppe $\mathfrak{K} = \mathfrak{X}$ zugeordnet.

Der Untergruppe $\mathfrak{K} = \mathfrak{E}$ ist nach (3'.) die Untergruppe $\mathfrak{U} = \mathfrak{A}$ zugeordnet.

Nach (1.), (1'.) gilt ferner umgekehrt:

Der Untergruppe $\mathfrak{U} = \mathfrak{A}$ ist nach (3.) die Untergruppe $\mathfrak{K} = \mathfrak{E}$ zugeordnet.

Der Untergruppe $\mathfrak{K} = \mathfrak{X}$ ist nach (3'.) die Untergruppe $\mathfrak{U} = \mathfrak{E}$ zugeordnet.

In diesen Grenzfällen bedingen sich also die Zuordnungen (3.) und (3'.) gegenseitig.

Letzteres ist nun auch allgemein der Fall. Es gilt nämlich das Gesetz:

V. *Ist der Untergruppe $\mathfrak{U}$ nach (3.) die Untergruppe $\mathfrak{K}$ zugeordnet, so ist der Untergruppe $\mathfrak{K}$ nach (3'.) die Untergruppe $\mathfrak{U}$ zugeordnet, und umgekehrt.*

Dabei ist $\mathfrak{K}$ die Charaktergruppe von $\mathfrak{A}/\mathfrak{U}$, wenn man die Charaktere χ aus $\mathfrak{K}$ als Funktionen der Klassen $A\mathfrak{U}$ auffaßt, und $\mathfrak{X}/\mathfrak{K}$ die Charaktergruppe von $\mathfrak{U}$, wenn man die Charakterklassen $\chi\mathfrak{K}$ als Funktionen der Elemente A aus $\mathfrak{U}$ auffaßt.

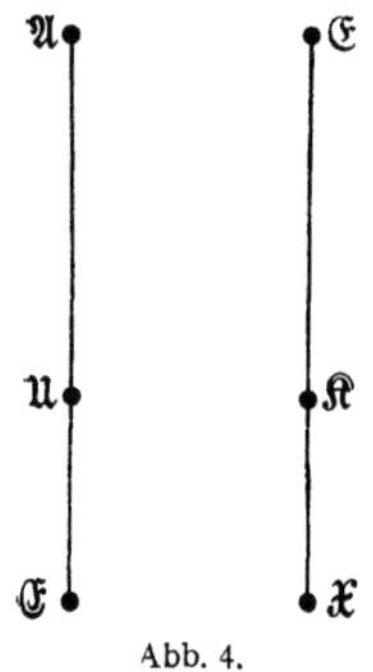

Abb. 4.

$\mathfrak{K}$ Charaktergruppe von $\mathfrak{A}/\mathfrak{U}$: $\mathfrak{K} \cong \mathfrak{A}/\mathfrak{U}$

$\mathfrak{X}/\mathfrak{K}$ Charaktergruppe von $\mathfrak{U}$: $\mathfrak{X}/\mathfrak{K} \cong \mathfrak{U}$

Beweis. Ist der Untergruppe $\mathfrak{U}$ nach (3.) die Untergruppe $\mathfrak{K}$ zugeordnet, so hängt für χ aus $\mathfrak{K}$ und beliebiges A aus $\mathfrak{A}$ der Charakterwert $\chi(A)$ nur von der Klasse $A\mathfrak{U}$ ab, der A in der Faktorgruppe $\mathfrak{A}/\mathfrak{U}$ angehört. Die Charaktere χ aus $\mathfrak{K}$ liefern mithin, wenn man sie demgemäß als Funktionen der Klassen $A\mathfrak{U}$ auffaßt, Charaktere von $\mathfrak{A}/\mathfrak{U}$. Umgekehrt wird jeder Charakter χ von $\mathfrak{A}/\mathfrak{U}$, wenn man ihn als Funktion der Elemente A aus den Klassen von $\mathfrak{A}/\mathfrak{U}$ auffaßt, zu einem Charakter χ von $\mathfrak{A}$ mit der Eigenschaft $\chi(U) = 1$ für alle U aus $\mathfrak{U}$, also zu einem Charakter χ aus der $\mathfrak{U}$ nach (3.) zugeordneten Untergruppe $\mathfrak{K}$. Nach diesen beiden Feststellungen ist bei gegebener Untergruppe $\mathfrak{U}$ die Charaktergruppe von $\mathfrak{A}/\mathfrak{U}$ gerade die nach (3.) zugeordnete Untergruppe $\mathfrak{K}$. Wendet man dann die obige Aussage (1'.) auf $\mathfrak{A}/\mathfrak{U}$ statt $\mathfrak{A}$ und $\mathfrak{K}$ statt $\mathfrak{X}$ an, so ergibt sich, daß die $\mathfrak{K}$ nach (3'.) zugeordnete Untergruppe $\mathfrak{U}$ ist. Damit ist die eine Hälfte der Aussagen aus V bewiesen. Die andere Hälfte ergibt sich daraus durch Anwendung des Dualitätsprinzips.

Das Gesetz V zeigt eine bemerkenswerte Analogie zum Hauptsatz der Galoisschen Theorie. Diese läßt sich, wie man ohne weiteres bestätigt, noch durch die folgende Feststellung ausbauen:

V'. *Sind die Untergruppen* $\mathfrak{U}$, $\mathfrak{U}'$ *von* $\mathfrak{A}$ *und die Untergruppen* $\mathfrak{K}$, $\mathfrak{K}'$ *von* $\mathfrak{X}$ *nach* (3.), (3'.) *einander gegenseitig zugeordnet, so bedingen sich die Beziehungen* $\mathfrak{U} \le \mathfrak{U}'$ *und* $\mathfrak{K} \ge \mathfrak{K}'$ *gegenseitig. und dabei ist* $\mathfrak{K}/\mathfrak{K}'$ *die Charaktergruppe von* $\mathfrak{U}'/\mathfrak{U}$.

Für die zahlentheoretischen Anwendungen ist vor allem der Spezialfall wichtig, daß

$\mathfrak{U}$ die Untergruppe aller k-ten Potenzen aus $\mathfrak{A}$

für irgendeine gegebene natürliche Zahl k ist, wobei ohne Einschränkung k als ein Teiler von n vorausgesetzt werden kann; denn ist allgemein $(k, n) = d$, so sind die k-ten Potenzen a fortiori d-te Potenzen, und wegen der ganzzahligen Lösbarkeit von $kk' + nn' = d$ die d-ten Potenzen auch umgekehrt k-te Potenzen. Die dieser Untergruppe $\mathfrak{U}$ von $\mathfrak{A}$ nach (3.) zugeordnete Untergruppe $\mathfrak{K}$ von $\mathfrak{X}$ ist durch

$$\chi(A^k) = 1 \quad \text{oder also} \quad \chi^k(A) = 1 \text{ für alle } A \text{ aus } \mathfrak{A}$$

charakterisiert. Nach (1.) ist das gleichbedeutend mit $\chi^k = \varepsilon$, d.h. es ist $\mathfrak{K}$ die Untergruppe aller Charaktere vom Exponenten k aus $\mathfrak{X}$. Diese besteht aus allen Charakteren, deren Ordnung k selbst oder ein Teiler von k ist. Die Tatsache, daß dann zu $\mathfrak{K}$ nach (3'.) wieder $\mathfrak{U}$ zugeordnet ist, ergibt das Kriterium:

VI. *Ein Element A aus $\mathfrak{A}$ ist dann und nur dann k-te Potenz, wenn* $\chi(A) = 1$ *für alle Charaktere χ von $\mathfrak{A}$ vom Exponenten k gilt.*

Ist dies der Fall, liegt also A in der Untergruppe $\mathfrak{U}$, so bilden die Lösungen X von $X^k = A$ eine Nebenklasse zur Untergruppe $\mathfrak{V}$ der Lösungen V von $V^k = E$. Diese Untergruppe $\mathfrak{V}$ von $\mathfrak{A}$ ist nach **3**,IV isomorph zur Untergruppe $\mathfrak{K}$ von $\mathfrak{X}$, weil es sich um die Gesamtheit der Elemente vom Exponenten k in zwei zueinander isomorphen Gruppen handelt. Für A aus $\mathfrak{U}$ ist somit die Anzahl $N_k(A)$ der Lösungen von $X^k = A$ gleich der Ordnung N_k von $\mathfrak{K}$. Liegt A nicht in $\mathfrak{U}$, so ist $N_k(A) = 0$. Hiernach hat $N_k(A)$ in jedem Falle denselben Wert wie die rechte Seite der Charakterrelationen **2**, (1'.) für die Faktorgruppe $\mathfrak{A}/\mathfrak{U}$ mit der Charaktergruppe $\mathfrak{K}$. Damit ist bewiesen:

VII. *Für jedes natürliche k (ohne Einschränkung Teiler von n) und jedes A aus $\mathfrak{A}$ ist die Anzahl $N_k(A)$ der Lösungen von $X^k = A$ gegeben durch*

$$N_k(A) = \sum_{\chi^k = \varepsilon} \chi(A) = \begin{cases} N_k & \text{für } A \text{ in } \mathfrak{U} \\ 0 & \text{für } A \text{ nicht in } \mathfrak{U} \end{cases},$$

wo N_k die Anzahl der Charaktere χ von $\mathfrak{A}$ vom Exponenten k ist.

Die Anzahl N_k kann bei gegebener Gruppe $\mathfrak{A}$ leicht aus der Basisdarstellung **3**, (4.) der Charaktergruppe $\mathfrak{X}$ abgelesen werden; man findet

$$N_k = \prod_{i=1}^{r} (k, n_i).$$

Die allgemeinen Tatsachen VI und VII liegen den speziellen Ergebnissen aus § 6,**2**,**3**,**4** und § 10,**6**,**9** über die Lösungsanzahl der Kongruenz $x^2 \equiv a$ mod. p^μ, speziell $x^2 \equiv a$ mod. p, sowie der Kongruenzen $x^3 \equiv a$ mod. p und $x^4 \equiv a$ mod. p als algebraisches Skelett zugrunde.

5. Restklassencharaktere

Wir betrachten nunmehr speziell die abelsche Gruppe $\mathfrak{A} = \mathfrak{G}_m$ der primen Restklassen mod. m für eine natürliche Zahl m. Ihre Ordnung ist $n = \varphi(m)$. Die $\varphi(m)$ Charaktere χ von $\mathfrak{G}_m$ sind zunächst als Funktionen der Elemente A aus $\mathfrak{G}_m$, also der primen Restklassen a mod. m definiert. Wir machen sie zu Zahlfunktionen, indem wir festsetzen:

$$\chi(a) = \chi(A) \quad \text{für alle Zahlen } a \text{ aus } A.$$

Gruppentheoretisch läuft diese Festsetzung auf folgendes hinaus. Die zu m primen rationalen Zahlen a im Sinne von § 4,**10**, also diejenigen rationalen Zahlen, deren Zähler und Nenner prim zu m sind, bilden eine multiplikative abelsche Gruppe $\mathfrak{M}$ von unendlicher Ordnung. Darin bilden die Zahlen $a \equiv 1$ mod. m, also diejenigen zu m primen rationalen Zahlen, deren Zähler und Nenner zueinander kongruent mod. m sind, eine Untergruppe $\mathfrak{U}$. Die prime Restklassengruppe mod. m entsteht bei dieser Auffassung als die Faktorgruppe $\mathfrak{G}_m = \mathfrak{M}/\mathfrak{U}$. Die Charaktere χ von $\mathfrak{G}_m$ werden dann, analog wie in dem Gesetz **4**,V, als Funktionen in $\mathfrak{M}$ mit der Eigenschaft $\chi(a) = 1$ für alle a aus $\mathfrak{U}$ aufgefaßt.

Die so im Bereich der zu m primen rationalen Zahlen definierten $\varphi(m)$ Funktionen $\chi(a)$ heißen die *Restklassencharaktere* oder auch kurz die *Charaktere mod. m*. Sie sind als solche durch die folgenden Eigenschaften gekennzeichnet:

(1.) $\qquad\qquad \chi(ab) = \chi(a)\,\chi(b),$

(2.) $\qquad\qquad \chi(a) \neq 0,$

(3.) $\qquad\qquad \chi(a) = 1 \quad \text{für} \quad a \equiv 1 \text{ mod. } m.$

Wie in **1** gezeigt, genügt es dabei, an Stelle von (2.) nur

(2'.) $\qquad \chi(a_0) \neq 0 \quad \text{für mindestens ein zu } m \text{ primes } a_0$

zu fordern; nach (1.) folgt dann $\chi(1) = 1$ und die Allgemeingültigkeit von (2.). Auf Grund von (1.) folgt aus (3.) ferner

(3'.) $\qquad\qquad \chi(a) = \chi(a') \quad \text{für} \quad a \equiv a' \text{ mod. } m.$

Legt man als Argumentbereich nur die ganzen zu m primen Zahlen a zugrunde, so muß man die Forderung (3.) durch diese allgemeine Forderung (3'.) ersetzen.

Alles dies haben wir ja bereits in § 6,4 bei der Definition des Legendreschen Symbols kennengelernt. Wir haben es hier nochmals zusammengestellt, um die Unterordnung des speziellen Begriffs des Restklassencharakters unter den allgemeinen Begriff des Charakters einer endlichen abelschen Gruppe hervortreten zu lassen, aus der sich insbesondere die dort noch nicht feststehende Existenz von genau $\varphi(m)$ Restklassencharakteren mod. m ergibt.

Die im zweiten Abschnitt ausführlich studierten quadratischen Restklassencharaktere mod. m sind durch das Hinzukommen der Eigenschaften $\chi^2 = \varepsilon$, $\chi \neq \varepsilon$, also als die Elemente der Ordnung 2 aus der Charaktergruppe $\mathfrak{X}$ von $\mathfrak{M}$ gekennzeichnet. Die Forderung $\chi^2 = \varepsilon$ kann wegen $\bar{\chi} = \chi^{-1}$ auch durch die Forderung $\bar{\chi} = \chi$ zum Ausdruck gebracht werden. Die *quadratischen Restklassencharaktere* sind demnach auch als die vom Hauptcharakter verschiedenen *reellen Restklassencharaktere* gekennzeichnet. Sie werden im Dirichletschen Beweis eine ausgezeichnete Rolle spielen. Abgesehen von den besonderen Eigenschaften dieser quadratischen Charaktere, für die wir auf die Ergebnisse des zweiten Abschnitts zurückzugreifen haben, wird für den Dirichletschen Beweis lediglich gebraucht, daß es $\varphi(m)$ Restklassencharaktere mod. m gibt und daß für sie die in 2 aus den Orthogonalitätsrelationen gefolgerte Tatsache II gilt.

6. Führer, eigentliche Charaktere

Wir wollen die vorstehend dargelegte allgemeine Theorie der Restklassencharaktere mod. m noch durch eine systematische Darstellung der Theorie des Führers abrunden, deren Grundzüge wir bereits im zweiten Abschnitt an den dort behandelten quadratischen Restcharakteren entwickelt hatten. Von der dortigen Verallgemeinerung des Kongruenzbegriffs auf negative Moduln m durch Hinzunahme der Vorzeichengleichheit (§ 9,5) sehen wir dabei zunächst ab, setzen also m vorerst, wie vorstehend in 5, als natürliche Zahl voraus.

Es sei χ ein Restklassencharakter mod. m. Hat χ für eine weitere natürliche Zahl m' die zu 5, (3.) analoge Eigenschaft

$$(1.) \qquad \chi(a) = 1 \quad \text{für} \quad a \equiv 1 \bmod. m',$$

wobei der Definition von χ gemäß a prim zu m vorausgesetzt ist, so heißt m' ein *Erklärungsmodul* für χ. Diese Bezeichnung wird durch die folgende Tatsache gerechtfertigt:

VIII. *Ist χ ein Restklassencharakter mod. m und m' ein Erklärungsmodul für χ, so wird χ durch die eindeutige Definitionserweiterung*

$$(2.) \qquad \chi(a') = \chi(a) \quad \text{für} \quad a' \equiv a \bmod. m' \text{ mit zu } m \text{ primem } a$$

auf alle zu m' primen a', und durch Weglassen der Werte mit zu m aber nicht zu m' primen a, zum Restklassencharakter mod. m'.

Man sagt dann auch, χ sei *mod. m' erklärt.*

Beweis. Sei eine zu m' prime Zahl a' vorgegeben. Dann gibt es in der primen Restklasse a' mod. m' zu m prime Zahlen a; denn man kann die Kongruenzen $a \equiv a'$ mod. m' und etwa $a \equiv 1$ mod. m_0 gleichzeitig erfüllen, wo m_0 das Produkt der nicht in m' aufgehenden Primteiler von m ist. Daher werden durch die Definitionserweiterung (2.) alle zu m' primen Zahlen a' erfaßt. Sind ferner a_1, a_2 zwei zu m prime Zahlen mit $a_1 \equiv a'$, $a_2 \equiv a'$ mod. m', so ist $\frac{a_1}{a_2} \equiv 1$ mod. m', nach der Voraussetzung (1.) also $\chi(a_1) = \chi(a_2)$. Daher ist die Definitionserweiterung (2.) von der Wahl der zu m primen Hilfszahl a unabhängig, also eindeutig. Wie man ohne weiteres erkennt, sind bei ihr die kennzeichnenden Eigenschaften 5, (1.), (2.), (3.) mit m' an Stelle von m erfüllt. Sie liefert somit in der Tat eine Erklärung von χ als Restklassencharakter mod. m'.

Denkt man in VIII die Rollen von m und m' miteinander vertauscht, so erkennt man, daß auch umgekehrt die Erklärung mod. m durch die Erklärung mod. m' eindeutig bestimmt ist. Demnach ist die zum Ausgang genommene Erklärung mod. m unter allen möglichen Erklärungen mod. m' in keiner Weise bevorzugt. Die verschiedenen Erklärungen mod. m, mod. m', ... bilden ein System von Funktionen, deren Argumentbereiche jeweils die zu m, m', ... primen Zahlen sind und von denen je zwei im Durchschnitt ihrer Argumentbereiche (den zu m und m' primen Zahlen) übereinstimmen. Sie legen also eindeutig eine Funktion χ in der Vereinigungsmenge aller Argumentbereiche (der entweder zu m oder zu m', ... primen Zahlen) fest. Es erhebt sich die Frage, wie dieser weitestmögliche Argumentbereich beschaffen ist. Zu ihrer Beantwortung müssen wir uns eine Übersicht über die sämtlichen Erklärungsmoduln von χ verschaffen.

Trivialerweise gilt zunächst:

IX. *Mit einem Erklärungsmodul m ist auch jedes Vielfache m' ein Erklärungsmodul von χ.*

Beim Übergang von der Erklärung mod. m zu der Erklärung mod. m' kommen in diesem Falle keine neuen Argumente hinzu, sondern es werden lediglich die zu m aber nicht zu m' primen Argumente (soweit solche überhaupt vorhanden) weglassen. Bei dem umgekehrten Übergang von der Erklärung mod. m' zu der Erklärung mod. m, der natürlich bei gegebenem Erklärungsmodul m' nur möglich ist, wenn der Teiler m wieder ein Erklärungsmodul ist, werden gerade umgekehrt keine Argumente weglassen, sondern es kommen lediglich die zu m aber nicht zu m' primen Zahlen (soweit solche überhaupt vorhanden) als neue Argumente hinzu.

Allgemein läßt sich der Übergang von einer Erklärung mod. m zu einer anderen Erklärung mod. m' auf die eben besprochenen beiden speziellen Übergangsarten zurückführen, indem man zunächst von m zum größten gemeinsamen Teiler (m, m') und dann zu dessen Vielfachem m' übergeht. Es gilt nämlich weiter:

X. *Mit zwei Erklärungsmoduln m_1, m_2 ist auch ihr größter gemeinsamer Teiler (m_1, m_2) ein Erklärungsmodul von χ.*

Beweis. Nach IX ist mit m_1, m_2 auch das kleinste gemeinsame Vielfache $[m_1, m_2]$ ein Erklärungsmodul von χ. Wir denken uns demgemäß χ als Restklassencharakter mod. $[m_1, m_2]$ erklärt. Es seien a_1, a_2 irgend zwei zu $[m_1, m_2]$ prime Zahlen mit $a_1 \equiv a_2$ mod. (m_1, m_2). Wie im Beweis von § 7,5,II gezeigt, gibt es dann eine zu $[m_1, m_2]$ prime Zahl a mit $a \equiv a_1$ mod. m_1, $a \equiv a_2$ mod. m_2. Da m_1, m_2 Erklärungsmoduln von χ sind, folgt daraus $\chi(a) = \chi(a_1)$, $\chi(a) = \chi(a_2)$, also $\chi(a_1) = \chi(a_2)$. Somit ist in der Tat auch (m_1, m_2) ein Erklärungsmodul von χ.

Aus den Tatsachen IX und X ergibt sich nunmehr die folgende Übersicht über alle Erklärungsmoduln von χ und die zugehörigen Erklärungen:

XI. *Die Erklärungsmoduln m eines Restklassencharakters χ sind die sämtlichen Vielfachen des kleinsten unter ihnen. Dieser durch χ eindeutig bestimmte kleinste Erklärungsmodul heißt der F ü h r e r von χ und wird mit $f(\chi)$ bezeichnet.*

Aus der Erklärung mod. $f(\chi)$, die den weitestmöglichen Argumentbereich, die zu $f(\chi)$ primen Zahlen, hat, entstehen die Erklärungen mod. m jeweils durch Weglassen der zu $f(\chi)$, aber nicht zu m primen Argumente.

Beweis. Wählt man aus irgendeiner unendlichen Menge $\mathfrak{M}$ natürlicher Zahlen m schrittweise eine Teilfolge m_1, m_2, ... so aus, daß jeweils m_{i+1} kein Vielfaches des größten gemeinsamen Teilers $d_i = (m_1, \ldots, m_i)$ ist, so gelangt man wegen des dauernden Abnehmens der Teilerkette $d_1, d_2, \ldots$ bereits nach endlich vielen Schritten zu einem Teiler $d_j = (m_1, \ldots, m_j)$, von dem alle m aus $\mathfrak{M}$ Vielfache sind, also zum größten gemeinsamen Teiler aller m aus $\mathfrak{M}$. Demnach ergibt sich durch endlichmalige Anwendung von X, daß der größte gemeinsame Teiler $f(\chi)$ aller Erklärungsmoduln m von χ wieder ein Erklärungsmodul von χ ist. Jeder Erklärungsmodul m von χ ist somit ein Vielfaches dieses kleinsten $f(\chi)$ unter ihnen, und nach IX ist auch umgekehrt jedes Vielfache m von $f(\chi)$ ein Erklärungsmodul von χ. Die weitere Behauptung aus XI ergibt sich dann nach dem zuvor schon Gesagten.

Ein Restklassencharakter χ, der im weitestmöglichen Argumentbereich, also für alle zu seinem Führer $f(\chi)$ primen Zahlen, erklärt ist, heißt ein *eigentlicher Charakter*. Jeder Restklassencharakter mod. m bestimmt eindeutig den zu ihm gehörigen eigentlichen Charakter, indem man die nach dem Schema aus VIII erklärten Werte $\chi(a)$ für zu $f(\chi)$, aber nicht zu m prime a hinzunimmt. Wir haben diese Definitionserweiterung bereits früher in einem Spezialfall kennengelernt, nämlich beim Übergang vom Jacobischen Symbol $\left(\dfrac{a}{b}\right)$ zum Kroneckerschen Symbol in § 9,6, wo im Falle $k(a) \equiv 1 \bmod. 4$, also $f(a) = k(a)$, der Definitionsbereich von den zu 2 und $k(a)$ primen b auf die nur zu $k(a) = f(a)$ primen b erweitert wurde.

Um eine Übersicht über alle Restklassencharaktere χ mit gegebenem Führer $f(\chi) = f$ zu gewinnen, betrachten wir zunächst allgemein das Verhalten der Restklassencharaktere mod. m bei der direkten Produktzerlegung der primen Restklassengruppe mod. m. Sei

$$m = m_1 \cdots m_r$$

eine Zerlegung von m in paarweise teilerfremde Faktoren m_i. Definiert man dann für jede prime Restklasse a mod. m die Komponentenklassen a_i mod. m eindeutig durch

$$a_i \equiv a \bmod. m_i, \quad a_i \equiv 1 \bmod. \frac{m}{m_i},$$

so stellt sich jene direkte Produktzerlegung in der Form

$$a \equiv a_1 \cdots a_r \bmod. m$$

dar. Definiert man nun ferner, unabhängig von der Wahl der Komponenten a_i in ihren Restklassen mod. m, die Funktionen χ_i durch

$$\chi_i(a) = \chi(a_i),$$

so haben diese Funktionen ersichtlich die Eigenschaften **5**, (1.), (2.), (3.) für die Moduln m_i, sind also Restklassencharaktere mod. m_i, und es ist

$$\chi(a) = \chi(a_1) \cdots \chi(a_r) = \chi_1(a) \cdots \chi_r(a),$$

also

$$\chi = \chi_1 \cdots \chi_r.$$

Diese Zerlegung von χ in Faktoren χ_i, die Restklassencharaktere mod. m_i sind, ist eindeutig. Denn ist

$$\chi = \chi_1' \cdots \chi_r'$$

eine weitere solche Zerlegung, so folgt

$$\chi_i(a) = \chi(a_i) = \chi_1'(a_i) \cdots \chi_r'(a_i) = \chi_i'(a_i) = \chi_i'(a),$$

also $\chi_i = \chi_i'$. Sind umgekehrt die χ_i als Restklassencharaktere mod. m_i beliebig vorgegeben, so ist $\chi = \chi_1 \cdots \chi_r$ ersichtlich ein Restklassencharakter mod. m. Damit ist bewiesen:

XII. *Ist $m = m_1 \cdots m_r$ eine Zerlegung von m in paarweise teilerfremde Faktoren m_i, so ist die Charaktergruppe der primen Restklassengruppe mod. m das direkte Produkt der Charaktergruppen der primen Restklassengruppen mod. m_i, und zwar stellt sich diese direkte Produktzerlegung in der Form*

$$\chi = \chi_1 \cdots \chi_r$$

dar, wo die Komponenten χ_i aus χ durch

$$\chi_i(a) = \chi(a_i) \quad mit \quad a_i \equiv a \bmod. m_i, \quad a_i \equiv 1 \bmod. \frac{m}{m_i}$$

bestimmt sind.

Ist weiter m' ein Teiler von m und

$$m' = m'_1 \cdots m'_r$$

seine eindeutige Zerlegung in Teiler m'_i der m_i, gegeben durch $m'_i = (m_i, m')$, so ist das Bestehen der Definitionseigenschaft (1.) eines Erklärungsmoduls m' von χ, also

(a) $\qquad\qquad \chi(a) = 1 \quad$ für $\quad a \equiv 1 \bmod. m'$,

gleichbedeutend mit dem Bestehen der Eigenschaften

(b) $\qquad\qquad \chi_i(a) = 1 \quad$ für $\quad a \equiv 1 \bmod. m'_i$

für alle Komponenten. Ist nämlich $a \equiv 1 \bmod. m'_i$, so ist $a_i \equiv 1 \bmod. m'_i$, und da stets $a_i \equiv 1 \bmod. \frac{m}{m_i}$, ist dann sicher $a_i \equiv 1 \bmod. m'$; wegen $\chi_i(a) = \chi(a_i)$ folgt daher (b) aus (a). Ist ferner $a \equiv 1 \bmod. m'$, so sind die $a_i \equiv 1 \bmod. m'_i$; wegen $\chi = \chi_1 \cdots \chi_r$ folgt daher (a) aus (b). Demnach ist dann und nur dann m' Erklärungsmodul für χ, wenn die m'_i Erklärungsmoduln für die χ_i sind. Da man sich zur Bestimmung der Führer von χ und der χ_i nach XI auf die Teiler m' von m und m'_i der m_i beschränken kann, ist hiernach der Führer $f(\chi)$ (kleinste Erklärungsmodul $m' \mid m$) gerade das Produkt der Führer $f(\chi_i)$ (kleinsten Erklärungsmoduln $m'_i \mid m_i$). Damit ist bewiesen:

XIII. *Bei der Komponentenzerlegung aus XII gilt für die Führer*

$$f(\chi) = f(\chi_1) \cdots f(\chi_r).$$

Schließlich entnimmt man aus dem Formalismus der Komponentenzerlegung in XII ohne weiteres:

XIV. *Die Charaktere χ eines festen Exponenten k (mit $\chi^k = \varepsilon$) sind aus Komponenten vom Exponenten k (mit $\chi_i^k = \varepsilon$) zusammengesetzt.*

Indem man in XII als Zerlegung in paarweise teilerfremde Faktoren die Primzerlegung nimmt, wird die Aufgabe, alle Restklassencharaktere χ

mit gegebenem Führer $f(\chi) = f$ zu bestimmen, auf den Fall einer Primzahlpotenz $f = p^\nu$ zurückgeführt. Ist

$$f = p_1^{\nu_1} \cdots p_r^{\nu_r} \qquad (\nu_i \geq 1)$$

die Primzerlegung von f, so erhält man nach XII, XIII die gesuchten Charaktere χ in der eindeutigen Darstellung

$$\chi = \chi_1 \cdots \chi_r,$$

wo jeweils χ_i alle Restklassencharaktere mit dem Führer $f(\chi_i) = p_i^{\nu_i}$ durchläuft.

Sei jetzt eine Primzahlpotenz $f = p^\nu$ ($\nu \geq 1$ für $p \neq 2$; $\nu \geq 2$ für $p = 2$) vorgegeben, und sei

$$a \equiv w^{\alpha'}(1 + p)^{\alpha''} \bmod. p^\nu \quad \text{für } p \neq 2 \quad (\alpha' \bmod. p - 1,\ \alpha'' \bmod. p^{\nu-1})$$

bzw.

$$a \equiv (-1)^{\alpha'} 5^{\alpha''} \bmod. 2^\nu \quad \text{für } p = 2 \quad (\alpha' \bmod. 2,\ \alpha'' \bmod. 2^{\nu-2})$$

die Basisdarstellung aus § 5,6,7 der primen Restklassen a mod. p^ν. Den trivialen Fall $p = 2$, $\nu = 1$ können wir beiseite lassen, da die prime Restklassengruppe mod. 2 nur aus der Einsklasse besteht, es also keinen Charakter vom Führer 2^1 geben kann. Nach **3**, (3.), (4.) erhält man dann alle Charaktere mod. p^ν in der eindeutigen Basisdarstellung

$$\chi = \chi_p^{\varkappa'} \chi_{p^\nu}^{\varkappa''} \quad \text{für } p \neq 2 \quad (\varkappa' \bmod. p - 1,\ \varkappa'' \bmod. p^{\nu-1})$$

bzw.

$$\chi = \chi_4^{\varkappa'} \chi_{2^\nu}^{\varkappa''} \quad \text{für } p = 2 \quad (\varkappa' \bmod. 2,\ \varkappa'' \bmod. 2^{\nu-2}),$$

wo die Basischaraktere durch das Wertschema

	w	$1+p$
χ_p	ζ_{p-1}	1
$\chi_{p^\nu}(\nu > 1)$	1	$\zeta_{p^{\nu-1}}$

bzw.

	-1	5
χ_4	-1	1
$\chi_{2^\nu}(\nu > 2)$	1	$\zeta_{2^{\nu-2}}$

gegeben sind, mit festen primitiven Einheitswurzeln ζ_{p-1}, $\zeta_{p^{\nu-1}}$, $\zeta_{2^{\nu-2}}$ der Ordnungen $p - 1$, $p^{\nu-1}$, $2^{\nu-2}$. Diese Basischaraktere haben als Führer die im Index angegebenen Potenzen von p; für χ_p, χ_4 ist das klar, für die χ_{p^ν} ersieht man es daraus, daß $\chi_{p^\nu}(a) = 1$ nicht schon für alle $a \equiv 1$ mod. $p^{\nu-1}$ gilt (nämlich nicht für $a \equiv 1 + p^{\nu-1} \equiv (1 + p)^{p^{\nu-2}}$ mod. p^ν bzw. $a \equiv 1 + 2^{\nu-1} \equiv (1 + 2^2)^{2^{\nu-3}}$ mod. 2^ν). Entsprechend ergibt sich, daß ein in der angegebenen Basisdarstellung angesetzter Charakter χ genau dann den Führer $f(\chi) = p^\nu$ hat, wenn

$$\varkappa' \not\equiv 0 \bmod. p - 1 \quad \text{für } \nu = 1, \qquad \varkappa'' \not\equiv 0 \bmod. p \quad \text{für } \nu > 1$$

bzw.

$$\varkappa' \not\equiv 0 \bmod. 2 \quad \text{für} \quad \nu = 2, \qquad \varkappa'' \not\equiv 0 \bmod. 2 \quad \text{für} \quad \nu > 2$$

ist. Damit ist eine vollständige Übersicht über alle Restklassencharaktere χ mit gegebenem Führer $f(\chi) = f$ gewonnen.

Die vorstehend entwickelte Theorie des Führers und des zugeordneten eigentlichen Charakters, sowie der Komponentenzerlegung überträgt sich ohne weiteres auch auf den Fall, daß χ ein Restklassencharakter mod. m mit negativem Modul m im Sinne von § 9,5 ist, also ein Charakter der Gruppe $\mathfrak{G}_m$ der primen Halbrestklassen mod. $|m|$, deren Ordnung $\varphi(m) = 2\varphi(|m|)$ ist. Man muß dazu nur den in m auftretenden Vorzeichenfaktor -1 durch ein Symbol ∞ ersetzt denken, das in Teilbarkeitsaussagen, bei der Bildung von größtem gemeinsamem Teiler und kleinstem gemeinsamem Vielfachen und auch bei der Komponentenzerlegung wie ein weiterer Primfaktor behandelt wird. Wir wollen jedoch hier, wie schon in § 9,5, die für die Theorie der quadratischen Restcharaktere als zweckmäßig erkannte Schreibweise mit dem Vorzeichenfaktor -1 beibehalten und das Symbol ∞ lediglich als Index verwenden. Den eben zusammengestellten Restklassencharakteren χ_{p^ν} mit $f(\chi) = p^\nu$ tritt dann als weitere mögliche Komponente noch der einzige Charakter χ_∞ mit $f(\chi_\infty) = -1$ hinzu, gegeben durch

$$\chi_\infty(a) = (-1)^\alpha \quad \text{für} \quad a \equiv (-1)^\alpha \bmod. -1,$$

den wir schon in § 9,3 in der Gestalt

$$\chi_\infty(a) = (-1)^{\frac{\operatorname{sgn} a - 1}{2}} = \begin{cases} 1 & \text{für} \ a > 0 \\ -1 & \text{für} \ a < 0 \end{cases}$$

kennengelernt haben. Dieser Charakter χ_∞ tritt nach XII, XIII als Komponente in genau denjenigen Restklassencharakteren χ auf, deren Führer $f(\chi)$ den Faktor -1 hat. Es gilt also:

XV. *Ein Restklassencharakter χ enthält dann und nur dann die Komponente χ_∞, wenn sein Führer $f(\chi) < 0$ ist.*

Betrachten wir insbesondere die für den Dirichletschen Beweis wichtigen quadratischen Restklassencharaktere χ, so sind nach XIV, XIII auch die zugehörigen Komponenten χ_{p^ν} mit Primzahlpotenzführern quadratisch. Da aber die χ_{p^ν} mit $p \neq 2, \nu > 1$ und mit $p = 2, \nu > 3$ sicher nicht quadratisch sind, können im Führer $f(\chi)$ eines quadratischen Charakters χ Primzahlen $p \neq 2$ nur zur ersten Potenz und die Primzahl $p = 2$ nur zur zweiten oder dritten Potenz stecken. Es gilt somit:

XVI. *Der Führer eines quadratischen Restklassencharakters ist entweder eine quadratfreie ungerade Zahl oder das Vierfache einer quadratfreien (geraden oder ungeraden) Zahl.*

Im Anschluß an die Definition der eigentlichen Charaktere bemerken wir schließlich noch folgendes. Wie schon in § 10,1, (1.) speziell für das Legendresche Symbol pflegt man ganz allgemein den Definitionsbereich eines eigentlichen Charakters χ vom Führer $f(\chi)$ noch durch die Festsetzung

$$(3.) \qquad \chi(a) = 0 \quad \text{für zu } f(\chi) \text{ nicht prime } a$$

auf den Bereich aller für $f(\chi)$ ganzen, rationalen Zahlen a zu erweitern. Bei dieser Erweiterung bleibt die Multiplikativität erhalten; denn ein Produkt für $f(\chi)$ ganzer a, b ist dann und nur dann nicht prim zu $f(\chi)$, wenn mindestens einer der Faktoren a oder b nicht prim zu $f(\chi)$ ist, in Übereinstimmung mit dem Verhalten des Wertes 0 bei der Multiplikation. Speziell gilt bei dieser Definitionserweiterung

$$\chi(0) = \left\{ \begin{array}{ll} 1 & \text{für } \chi = \varepsilon \\ 0 & \text{für } \chi \neq \varepsilon \end{array} \right\}.$$

Denn für $\chi = \varepsilon$ ist $f(\chi) = 1$, und 0 ist prim zu 1; für $\chi \neq \varepsilon$ dagegen ist $f(\chi) \neq 1$, und dann ist 0 nicht prim zu $f(\chi)$ (auch nicht für $f(\chi) = -1$, wo -1 in diesem Zusammenhang als ein nicht-trivialer gemeinsamer Teiler von 0 und $f(\chi)$ anzusehen ist).

7. Gerade und ungerade Charaktere

Ein Restklassencharakter χ heißt *als Zahlfunktion gerade oder ungerade*, je nachdem die Verteilung der Werte $\chi(a)$ auf der Zahlgeraden der Argumente a zum Nullpunkt 0 symmetrisch (spiegelbildlich) oder antisymmetrisch (spiegelbildlich mit Vorzeichenumkehr) ist, und *als Restklassencharakter mod. m gerade oder ungerade*, je nachdem die Wertverteilung im kleinsten Restsystem mod. $|m|$ zum Mittelpunkt $\frac{1}{2}|m|$ symmetrisch oder antisymmetrisch ist. Im Spezialfall der quadratischen Restcharaktere hatten wir die Begriffe bereits in § 9,5 eingeführt. Allgemein ist jeder Restklassencharakter χ als Zahlfunktion wie als Restklassencharakter mod. m entweder gerade oder ungerade, und zwar letzteres unabhängig von dem gewählten Erklärungsmodul m. Man erkennt das folgendermaßen.

Einerseits gilt wegen der Multiplikativität die Formel

$$(1.) \qquad \chi(-a) = \chi(-1)\,\chi(a) \quad \text{für alle } a,$$

auch einschließlich der Definitionserweiterung 6, (3.) auf zu $f(\chi)$ nicht prime a. Aus ihr folgt:

XVII. *Ein Restklassencharakter χ ist als Zahlfunktion gerade oder ungerade, je nachdem $\chi(-1) = 1$ oder -1 ist.*

Andererseits werden wir anschließend die Formel

$$(2.) \qquad \chi(|m| - a) = \chi(-1)\,\mathrm{sgn}\,f(\chi) \cdot \chi(a) \quad \text{für} \quad 0 < a < |m|$$

bei beliebigem Erklärungsmodul m (Vielfachem von $f(\chi)$) beweisen. Aus ihr folgt:

XVIII. *Ein Restklassencharakter χ ist als Restklassencharakter gerade oder ungerade, je nachdem $\chi(-1)\,\mathrm{sgn}\,f(\chi) = 1$ oder -1 ist.*

Um die Richtigkeit von (2.) einzusehen, bemerken wir, daß für zu $f(\chi)$ primes a mit $0 < a < |m|$ die Zahl

$$\frac{|m| - a}{-a} \equiv -1 \,\mathrm{mod.}\, -1 \quad \text{und} \quad \equiv 1 \,\mathrm{mod.}\, |f(\chi)|$$

ist. Ist also $\chi = \chi_\infty^\varkappa \chi'$ die Komponentenzerlegung **6**,XII von χ in den Beitrag $\chi_\infty^\varkappa$ ($\varkappa$ mod. 2) des Charakters χ_∞ vom Führer -1 und einen Charakter χ' mit $f(\chi') > 0$, so hat man

$$\chi_\infty^\varkappa\left(\frac{|m| - a}{-a}\right) = \chi_\infty^\varkappa(-1) = (-1)^\varkappa, \quad \chi'\left(\frac{|m| - a}{-a}\right) = 1,$$

und somit

$$\chi\left(\frac{|m| - a}{-a}\right) = (-1)^\varkappa = \mathrm{sgn}\,f(\chi),$$

letzteres nach **6**,XV. Demnach gilt

$$\chi(|m| - a) = \mathrm{sgn}\,f(\chi) \cdot \chi(-a),$$

zunächst für zu $f(\chi)$ primes a, dann aber auch für zu $f(\chi)$ nicht primes a, wo beide Seiten 0 sind. Unter Beachtung von (1.) folgt daraus die behauptete Formel (2.).

Für den Dirichletschen Beweis kommt es nur auf die Charakterwerte $\chi(a)$ mit $a > 0$ an. Hat man nur diese im Auge, so kann man χ durch Multiplikation mit einer Potenz $\chi_\infty^\varkappa$ ($\varkappa$ mod. 2) des Charakters χ_∞ vom Führer -1 normieren, wodurch ja nur die Werte $\chi(a)$ für $a < 0$ betroffen werden. Dabei erfährt der Führer $f(\chi)$ höchstens eine Vorzeichenänderung, nämlich

$$f(\chi_\infty^\varkappa \chi) = (-1)^\varkappa f(\chi),$$

wie nach **6**,XV klar ist. Die nächstliegende Möglichkeit für eine solche Normierung wäre, den Exponenten $\varkappa$ mod. 2 durch $\mathrm{sgn}\,f(\chi) = (-1)^\varkappa$ festzulegen, so daß $\chi' = \chi_\infty^\varkappa \chi$ einen Führer $f(\chi') > 0$ bekommt; diese Normierung spielte oben im Beweis von (2.) eine Rolle. Für uns ist eine andere solche Normierung

$$(3.) \qquad\qquad \chi^* = \chi_\infty^\varkappa \chi \quad \text{mit} \quad \chi(-1) = (-1)^\varkappa$$

wichtig, bei der $\varkappa$ mod. 2 gemäß XVII so festgelegt ist, daß χ^* als Zahlfunktion gerade wird. Der so normierte Charakter χ^* hat den Führer

$$(4.) \qquad f(\chi^*) = \chi(-1)\, f(\chi)$$

und ist nach XVIII als Restklassencharakter gerade oder ungerade, je nachdem $f(\chi^*) > 0$ oder < 0 ist.

Nun hatten wir bereits in § 9,5,V festgestellt, daß das Jacobische Symbol – oder besser das als eigentlicher Charakter zugehörige Kroneckersche Symbol – als Funktion seines Nenners der einzige als Zahlfunktion gerade quadratische Restklassencharakter ist, dessen Führer die Gestalt aus § 9,5,IV hat, und hatten eine noch etwas schärfere Aussage dieser Art beweisen. Nach 6,XVI hat aber der Führer jedes quadratischen Restklassencharakters vom Vorzeichen abgesehen jene Gestalt. Indem wir die schärfere Aussage aus § 9,5,V benutzen und auf den am Führer anzubringenden Vorzeichenfaktor eingehen, wollen wir zum Abschluß die folgende Abrundung des angeführten Ergebnisses aus § 9 beweisen, von der wir dann im Beweis des Dirichletschen Primzahlsatzes Gebrauch zu machen haben werden:

XIX. *Ist χ irgendein eigentlicher quadratischer Restklassencharakter, so ist der zugehörige gemäß (3.) normierte Charakter χ^* mit dem Führer (4.) im Bereich der zu $f(\chi^*)$ primen a das Kroneckersche Symbol*

$$\chi^*(a) = \left(\frac{f(\chi^*)}{a}\right).$$

Für den Charakter χ selbst gilt demnach

$$\chi(a) = \left(\frac{\chi(-1)\,f(\chi)}{a}\right) \quad \textit{für zu } f(\chi) \textit{ prime } a > 0.$$

Beweis. Wir unterscheiden die beiden folgenden, nach XVI allein in Frage kommenden Fälle.

a) Sei $f(\chi) = k$ oder $4k$ mit ungeradem quadratfreiem k. Dann bestimmen wir – formal abweichend von (3.) – den Vorzeichenfaktor $(-1)^\varkappa$ eindeutig so, daß $(-1)^\varkappa k \equiv 1$ bzw. -1 mod. 4 ist. Dann hat $(-1)^\varkappa f(\chi)$ die Gestalt aus § 9,5,IV. Nun ist $(-1)^\varkappa f(\chi) = f(\chi_\infty^\varkappa \chi)$. Nach dem Ergebnis aus § 9,5,V, in dem im vorliegenden Falle der Charakter nicht als gerade Zahlfunktion vorausgesetzt zu werden braucht, ist dann

$$\chi_\infty^\varkappa(a)\,\chi(a) = \left(\frac{f(\chi_\infty^\varkappa \chi)}{a}\right).$$

Da das Kroneckersche Symbol als Zahlfunktion gerade ist, ist demnach der Charakter $\chi_\infty^\varkappa \chi$ als Zahlfunktion gerade. Somit stimmt diese Normierung von χ mit der in (3.) getroffenen überein, d.h. es ist $\chi_\infty^\varkappa \chi = \chi^*$, was die Behauptung ergibt.

b) Sei $f(\chi) = 4k$ mit geradem quadratfreiem k. Dann haben $\pm f(\chi)$ beide die Gestalt aus § 9,5,IV. Nach dem Ergebnis aus § 9,5,V, in dem im vorliegenden Falle der Charakter als gerade Zahlfunktion vorauszusetzen ist, folgt dann für den nach (3.) normierten Charakter χ^* die Behauptung.

Das Ergebnis XIX kann auch so ausgesprochen werden. Jeder als Zahlfunktion gerade eigentliche quadratische Restklassencharakter χ ist (im Bereich der zu $f(\chi)$ primen Zahlen) ein Kroneckersches Symbol als Funktion seines Nenners, nämlich das mit dem Zähler $f(\chi)$. Jeder als Zahlfunktion ungerade eigentliche quadratische Restcharakter χ entsteht aus einem Kroneckerschen Symbol, nämlich dem mit dem Zähler $-f(\chi)$, durch Multiplikation mit dem quadratischen Charakter χ_∞ vom Führer -1. Durch diese Tatsachen tritt die Bedeutung des Kroneckerschen Symbols für die Theorie der quadratischen Restklassencharaktere in helles Licht.

§ 14. Der Beweis von Dirichlet

1. Die L-Reihen

Es sei m eine natürliche Zahl und es durchlaufe χ die $\varphi(m)$ Restklassencharaktere mod. m. Wir betrachten die ihnen zugeordneten Dirichletschen Reihen

$$L_m(s|\chi) = \sum_{(n,\,m)\,=\,1} \frac{\chi(n)}{n^s}\,,$$

wo s eine Variable ist, die wir vorerst auf reelle Werte beschränken. Sie werden die *L-Reihen* zu den Charakteren χ genannt. Der Strich zwischen dem Argument s und dem Charakter χ soll andeuten, daß es sich nicht um eine Funktion zweier Variablen handelt, sondern um eine Funktion einer Variablen s, die außerdem von der zahlentheoretischen Funktion χ abhängt.

Da die Zetareihe für reelle $s > 1$ eine konvergente absolute Majorante der L-Reihen ist (§ 12,4,II) folgt:

I. *Die L-Reihen sind für reelle $s > 1$ absolut-konvergent.*

Genauer ist die Zetareihe für $s = 1 + \delta$ mit beliebigem $\delta > 0$ eine konvergente absolute Majorante der L-Reihen für alle $s \geq 1 + \delta$. Demnach konvergieren die L-Reihen in jedem Bereich $s \geq 1 + \delta$ mit $\delta > 0$ gleichmäßig. Da zudem für $s \to +\infty$ alle ihre Glieder außer dem mit $n = 1$ zu Null streben, folgt:

II. *Die L-Reihen sind für reelle $s > 1$ stetige Funktionen von s, und es gilt*

$$\lim_{s \to +\infty} L_m(s|\chi) = 1.$$

15*

Aus I und aus der Multiplikativität der zahlentheoretischen Funktion $f(n) = \frac{\chi(n)}{n^s}$ ergibt sich nach der Eulerschen Identität (§ 12,1, (4.) und I):

III. *Die L-Reihen besitzen die für reelle $s > 1$ absolut-konvergenten Produktdarstellungen*

$$L_m(s|\chi) = \prod_{p \nmid m} \frac{1}{1 - \dfrac{\chi(p)}{p^s}} \; .$$

Es würde für den Dirichletschen Beweis ausreichen, mit den vorstehend definierten L-Reihen $L_m(s|\chi)$ zu arbeiten, bei denen die Charaktere χ als Restklassencharaktere nach dem vorgegebenen festen Modul m erklärt sind. Vom algebraischen Standpunkt aus ist es jedoch vernünftiger, die nach § 13,6 zugehörigen eigentlichen, also nach dem jeweiligen Führer $f(\chi)$ erklärten Charaktere χ zugrunde zu legen, deren Definitionsbereich dann noch gemäß § 13,6, (3.) durch Hinzunahme der Werte 0 für zu $f(\chi)$ nicht prime Argumente auf alle ganzen Zahlen erweitert ist. Die so definierten Dirichletschen Reihen

$$(1.) \qquad L(s|\chi) = \sum_n \frac{\chi(n)}{n^s} ,$$

in denen also die Summation über alle natürlichen Zahlen n erstreckt ist, heißen die *eigentlichen L-Reihen* zu den Charakteren χ.

Die Tatsachen I, II gelten auch für diese eigentlichen L-Reihen $L(s|\chi)$, ebenso auch III mit der Produktdarstellung

$$(2.) \qquad L(s|\chi) = \prod_p \frac{1}{1 - \dfrac{\chi(p)}{p^s}} ,$$

in der das Produkt jetzt über alle Primzahlen p erstreckt ist. Hierzu beachte man, daß die eigentlichen Charaktere χ auch im Bereich aller ganzen Zahlen multiplikativ sind. Mit den zuvor definierten uneigentlichen L-Reihen hängen die eigentlichen L-Reihen demnach durch die Formeln

$$(3.) \qquad L(s|\chi) = \prod_{p \mid m} \frac{1}{1 - \dfrac{\chi(p)}{p^s}} \cdot L_m(s|\chi)$$

zusammen, d.h. sie entstehen aus jenen durch Hinzunahme der endlich vielen elementaren Faktoren mit $p \mid m$, von denen nur die mit $p \nmid f(\chi)$ von 1 verschieden sind.

Speziell für den Hauptcharakter $\chi = \varepsilon$ ist die zugehörige eigentliche L-Reihe nach (1.) einfach die Zetareihe:

$$L(s|\varepsilon) = \zeta(s) .$$

Nach (3.) gilt also

$$L_m(s|\varepsilon) = \prod_{p|m}\left(1 - \frac{1}{p^s}\right)\cdot \zeta(s).$$

Bei der Behandlung der Fälle $m = 3$, 4 in § 12,2 trat dieser letztere Zusammenhang im Divergenzbeweis für die Reihen

$$L_m(1|\varepsilon) = \sum_{(n,\,m)\,=\,1} \frac{1}{n}$$

in Erscheinung. Der einzige dort auftretende Charakter $\chi \neq \varepsilon$ dagegen hat bereits den Führer $f(\chi) = m$, ist also von vornherein eigentlich, so daß für ihn $L_m(s|\chi) = L(s|\chi)$ gilt.

Während es, wie gesagt, für den Dirichletschen Beweis nicht auf den Übergang zu den eigentlichen L-Reihen ankommt, weil für ihn das Hinzutreten der endlich vielen Zusatzfaktoren in (3.) keine Rolle spielt, stellt sich in der algebraischen Zahlentheorie heraus, daß nur die eigentlichen L-Reihen zu glatten Formeln und Gesetzlichkeiten führen. Wir kommen darauf am Schluß von § 15,5 zurück.

2. Isolierung der Primzahlmengen in den einzelnen primen Restklassen

Die $\varphi(m)$ primen Restklassen $a \bmod m$ seien als Elemente ihrer Gruppe $\mathfrak{G}_m$ kurz mit A bezeichnet.

In den $\varphi(m)$ Produktdarstellungen aus 1,III treten die sämtlichen Primzahlen $p \nmid m$ auf. Die Primzahlen p aus den einzelnen primen Restklassen A werden dabei durch das zugehörige Wertsystem $\chi(p) = \chi(A)$ der Charaktere χ unterschieden; nach § 13,4, (2'.) wird ja durch das Wertsystem $\chi(A)$ für alle χ die Restklasse A eindeutig gekennzeichnet. Wir denken uns dementsprechend die Faktoren in den $\varphi(m)$ Produktdarstellungen aus 1,III nach den Primzahlmengen in den $\varphi(m)$ primen Restklassen A zusammengefaßt:

$$L_m(s|\chi) = \prod_{A}\ \prod_{p\,\text{in}\,A} \frac{1}{1 - \dfrac{\chi(A)}{p^s}}.$$

Um die hierin auftretenden Teilprodukte über die Primzahlmengen in den einzelnen primen Restklassen A zu isolieren, hatten wir in § 12,2 speziell für $m = 3$, 4, wo es sich wegen $\varphi(m) = 2$ nur um zwei Restklassen E, A und zwei Charaktere ε, χ handelte, Produkt und Quotient der beiden Produktdarstellungen von $L_m(s|\varepsilon)$ und $L_m(s|\chi)$ gebildet. Wir wollen jetzt diesen Isolierungsprozeß auf beliebiges m verallgemeinern.

Dazu gehen wir zunächst, entsprechend wie für die Zetareihe (Fall $m = 1$) in § 12,4, zu den Logarithmen der L-Reihen über. Da es sich dabei hier um Logarithmen mit im allgemeinen komplexem Argument handelt, müssen wir angeben, welcher Zweig der im Komplexen um beliebige additive Vielfache von $2\pi i$ vieldeutigen Logarithmusfunktion gemeint ist. Nach 1,II wird nun ein solcher Zweig, wegen 1,III eindeutig, durch die Normierungsvorschrift

$$\lim_{s \to +\infty} \log L_m(s|\chi) = 0$$

festgelegt. Für diesen Zweig besteht nach 1,III für reelle $s > 1$ die Summendarstellung

$$\log L_m(s|\chi) = \sum_{p \nmid m} \log \frac{1}{1 - \dfrac{\chi(p)}{p^s}} \,,$$

wenn die Logarithmen der Faktoren rechts der entsprechenden Normierungsvorschrift

$$\lim_{s \to +\infty} \log \frac{1}{1 - \dfrac{\chi(p)}{p^s}} = 0$$

unterworfen werden. Die letztere Normierungsvorschrift wird nun aber ersichtlich gerade von der für reelle $s > 1$ absolut-konvergenten Logarithmusreihe

$$\log \frac{1}{1 - \dfrac{\chi(p)}{p^s}} = \sum_{\nu = 1}^{\infty} \frac{1}{\nu} \frac{\chi(p^\nu)}{p^{\nu s}}$$

erfüllt. Folglich bestehen für die Logarithmen der L-Reihen bei der getroffenen Normierung die für reelle $s > 1$ absolut-konvergenten Summendarstellungen

$$(1.) \qquad \log L_m(s|\chi) = \sum_{p \nmid m} \sum_{\nu = 1}^{\infty} \frac{1}{\nu} \frac{\chi(p^\nu)}{p^{\nu s}} \,.$$

Da diese Summen durch die entsprechende Summe für die Zetareihe absolut majorisiert werden, bleibt in ihnen, genau wie für die Zetareihe in § 12,4 beim Grenzübergang $s \to 1 + 0$ die Summe der Glieder mit $\nu \geq 2$ beschränkt. Damit ergeben sich aus (1.) analog zu § 12,4, (4.) die Grenzbeziehungen

$$(2.) \qquad \log L_m(s|\chi) \approx \sum_{p \nmid m} \frac{\chi(p)}{p^s} \,.$$

Nach 1, (3.) können darin links die uneigentlichen $L_m(s|\chi)$ durch die eigentlichen $L(s|\chi)$ ersetzt werden, da das Produkt der endlich vielen Zusatzfaktoren für $s \to 1$ einen endlichen, von Null verschiedenen Grenzwert hat. Faßt man ferner rechts die Summanden nach den Primzahlmengen in den einzelnen primen Restklassen A zusammen, so bekommen die Grenzbeziehungen (2.) die Gestalt:

$$(3.) \qquad \sum_A \chi(A) \sum_{p \text{ in } A} \frac{1}{p^s} \approx \log L(s|\chi).$$

Ausführlich geschrieben bedeuten diese Grenzbeziehungen ein Gleichungssystem

$$\sum_A \chi(A) \sum_{p \text{ in } A} \frac{1}{p^s} = \log L(s|\chi) + E(s|\chi)$$

mit für $s \to 1 + 0$ beschränkt bleibenden Zusatzgliedern $E(s|\chi)$. Dies Gleichungssystem ist von dem Typus aus § 13,2,II. Wie dort festgestellt, wird es durch das Gleichungssystem

$$\sum_{p \text{ in } A} \frac{1}{p^s} = \frac{1}{\varphi(m)} \sum_\chi \bar\chi(A) \log L(s|\chi) + \frac{1}{\varphi(m)} \sum_\chi \bar\chi(A) E(s|\chi)$$

aufgelöst. Da hier die zweite Summe rechts für $s \to 1 + 0$ beschränkt bleibt, ergeben sich somit die Grenzbeziehungen

$$(4.) \qquad \sum_{p \text{ in } A} \frac{1}{p^s} \approx \frac{1}{\varphi(m)} \sum_\chi \bar\chi(A) \log L(s|\chi).$$

In ihnen treten die Primzahlmengen aus den einzelnen primen Restklassen A isoliert auf.

In diesem Isolierungsprozeß liegt die ganze Bedeutung der Charaktere χ für den Dirichletschen Beweis, die von Nichtalgebraikern oft überschätzt wird. Es handelt sich, wie wir herauszuarbeiten versucht haben, um eine völlig durchsichtige Schlußweise aus der linearen Algebra. Die Summen

$$x_A = \sum_{p \text{ in } A} \frac{1}{p^s},$$

für die man sich im Dirichletschen Beweis interessiert, hängen mit den Logarithmen $y_\chi = \log L(s|\chi)$ der L-Reihen, deren Grenzverhalten für $s \to 1 + 0$ leichter zugänglich ist, bis auf für $s \to 1 + 0$ beschränkt bleibende Glieder durch die lineare Substitution mit der Charakterwertmatrix $\mathfrak{C} = (\chi(A))$ und der transponierten Reziproken

$$\mathfrak{C}'^{-1} = \frac{1}{\varphi(m)} \overline{\mathfrak{C}} = \frac{1}{\varphi(m)} (\bar\chi(A))$$

zusammen.

Speziell für $m = 3,\ 4$ ist diese Matrix $\mathfrak{C} = \begin{pmatrix} 1 & 1 \\ 1 & -1 \end{pmatrix}$; man wird also auf die Bildung von Summe und Differenz der Logarithmen von $L(s|\varepsilon)$ und $L(s|\chi)$ geführt, was für die L-Reihen selbst die in § 12,2 vorgenommene Bildung von Produkt und Quotient bedeutet. Allgemein läßt sich dieser Isolierungsprozeß nicht gut ohne Übergang zu den Logarithmen darstellen, weil man sonst mit den komplexen Charakterwerten $\chi(A)$ als Exponenten zu arbeiten hätte.

3. Grenzverhalten der L-Reihen

Der Beweis des Dirichletschen Primzahlsatzes wird durch die vorstehend bewiesenen Grenzbeziehungen 3, (4.) auf den Nachweis hinausgespielt, daß die Linearkombinationen $\sum_{\chi} \bar{\chi}(A) \log L(s|\chi)$ aus den Logarithmen der L-Reihen für $s \to 1 + 0$ nicht beschränkt sind; denn dann folgt ja dasselbe für die Summen

$$\sum_{p \text{ in } A} \frac{1}{p^s},$$

so daß in den einzelnen primen Restklassen A notwendig unendlich viele Primzahlen p enthalten sein müssen. Während der bisherige Beweisteil sich auf die Produktdarstellung 1, (2.) der L-Reihen stützte, durch die die Primzahlen in die Schlußkette hereingebracht wurden, wird für den jetzt noch zu erbringenden, wesentlich analytischen Nachweis die zur Definition genommene Summendarstellung 1, (1.) der L-Reihen benutzt.

Für den Hauptcharakter $\chi = \varepsilon$ ist, wie schon in 1 festgestellt, $L(s|\varepsilon)$ $= \zeta(s)$ und nach § 12,4 (1'.) ist $\log \zeta(s) \approx \log \frac{1}{s-1}$. Somit ist das $\chi = \varepsilon$ entsprechende Glied $\log L(s|\varepsilon)$ der obigen Linearkombinationen für $s \to 1 + 0$ nicht beschränkt. Zur Vollendung des Beweises genügt es demnach zu zeigen, daß alle übrigen Glieder für $s \to 1 + 0$ beschränkt bleiben, daß also für jeden Charakter $\chi \neq \varepsilon$ der $\log L(s|\chi)$ für $s \to 1 + 0$ beschränkt bleibt.

Wir beweisen in dieser Hinsicht zunächst:

IV. *Ist der Charakter* $\chi \neq \varepsilon$, *so ist die L-Reihe*

$$L(s|\chi) = \sum_{n} \frac{\chi(n)}{n^s}$$

bei der natürlichen Reihenfolge der Glieder sogar für alle reellen $s > 0$ *konvergent und eine stetige Funktion von* s.

Für $0 < s \leq 1$ kommt es dabei auf die Reihenfolge der Glieder wirklich an; denn die Konvergenz ist für diese s wegen der Divergenz der Zetareihe nicht absolut, also nur bedingt.

Beweis. Es genügt zu zeigen, daß die Reihe $L(s|\chi)$ in jedem Bereich $s \geq \delta$ mit $\delta > 0$ gleichmäßig konvergiert. Wir wenden das allgemeine Cauchysche Konvergenzkriterium an, haben also nachzuweisen, daß das Reihenstück $\sum_{\nu < n \leq N}$ mit $\nu \to \infty$ zu Null strebt, und zwar gleichmäßig für alle $N \geq \nu$ und alle $s \geq \delta$. Ist nun $f = f(\chi)$ der Führer von χ, und sind $\varkappa f$, Kf die beiden zunächst an ν, N gelegenen Vielfachen von f, so unterscheidet sich das ν, N entsprechende Reihenstück von dem $\varkappa f$, Kf entsprechenden um höchstens f Glieder, die sämtlich mit $\nu \to \infty$ gleichmäßig für alle $N \geq \nu$ und $s \geq \delta$ zu Null streben. Somit genügt es, sich auf die speziellen Reihenstücke $\sum\limits_{\varkappa f < n \leq Kf}$ zu beschränken, die sich der Periodizität der Koeffizienten $\chi(n)$ in n mit der Periode f anpassen.

Wegen dieser Periodizität ist

$$\sum_{\varkappa f < n \leq Kf} \frac{\chi(n)}{n^s} = \sum_{r=1}^{f} \chi(r) \sum_{\varkappa \leq k < K} \frac{1}{(r + kf)^s} = \frac{1}{f^s} \sum_{r=1}^{f} \chi(r) \sum_{\varkappa \leq k < K} \frac{1}{(k + \varrho)^s},$$

wo zur Abkürzung $\varrho = \dfrac{r}{f}$ gesetzt ist. Hierin liegt $\dfrac{1}{(k + \varrho)^s}$ wegen $0 < \varrho \leq 1$ für große k nahe bei $\dfrac{1}{(k + 1)^s}$. Wegen $\chi \neq \varepsilon$ ist nun, wie in § 13,2, (1.) gezeigt, $\sum\limits_{r=1}^{f} \chi(r) = 0$, also

$$0 = \frac{1}{f^s} \sum_{r=1}^{f} \chi(r) \sum_{\varkappa \leq k < K} \frac{1}{(k + 1)^s}.$$

Durch Subtraktion dieser Beziehung von der obigen Darstellung unseres Reihenstücks erhält man

$$\sum_{\varkappa f < n \leq Kf} \frac{\chi(n)}{n^s} = \frac{1}{f^s} \sum_{r=1}^{f} \chi(r) \sum_{\varkappa \leq k < K} \left[\frac{1}{(k + \varrho)^s} - \frac{1}{(k + 1)^s} \right].$$

Nach dem Mittelwertsatz der Differentialrechnung ist nun

$$\frac{1}{(k + \varrho)^s} - \frac{1}{(k + 1)^s} = \frac{(1 - \varrho)s}{(k + \varrho')^{s+1}} \quad \text{mit} \quad \varrho \leq \varrho' \leq 1.$$

Da $\dfrac{s}{x^{s+1}}$ als Funktion von s die Ableitung $\dfrac{1 - \log x^s}{x^{s+1}} \leq 0$ für $\log x^s \geq 1$ hat, also mit zunehmendem s monoton abnimmt, wenn nur $x^s \geq e$ ist, ergibt sich hieraus die Abschätzung

$$0 \leq \frac{1}{(k + \varrho)^s} - \frac{1}{(k + 1)^s} \leq \frac{(1 - \varrho)\delta}{(k + \varrho')^{\delta+1}} \leq \frac{\delta}{k^{\delta+1}},$$

wenn nur $k \geq e^{1/\delta}$ ist. Letzteres kann im Rahmen unseres Beweises erreicht werden, indem man nur von vornherein $\varkappa \geq e^{1/\delta}$ wählt. Für unser Reihenstück folgt damit wegen $|\chi(r)| \leq 1$ die Abschätzung

$$\left| \sum_{\varkappa f < n \leq Kf} \frac{\chi(n)}{n^s} \right| \leq \frac{f\delta}{f^s} \sum_{\varkappa \leq k < K} \frac{1}{k^{\delta+1}} \quad \text{für} \quad \varkappa \geq e^{1/\delta}.$$

Da das rechts auftretende Reihenstück der Zetareihe $\zeta(1 + \delta)$ wegen der Konvergenz dieser Reihe für $\delta > 0$ mit $\varkappa \to \infty$ gleichmäßig in K zu Null strebt, ergibt sich für das links stehende Reihenstück dasselbe, und zwar auch gleichmäßig für alle $s \geq \delta$, wie verlangt.

Aus der damit bewiesenen Tatsache IV folgt, daß für jeden Charakter $\chi \neq \varepsilon$ der Grenzwert $\lim_{s \to 1} L(s|\chi)$ (sogar bei beiderseitiger Annäherung) existiert und den endlichen Wert

$$L(1|\chi) = \sum_n \frac{\chi(n)}{n_i}$$

mit natürlicher Reihenfolge der Glieder hat. Zur Vollendung des Dirichletschen Beweises bleibt dann nur noch zu zeigen, daß dieser Wert

$$L(1|\chi) \neq 0$$

ist; denn dann ist auch der Grenzwert $\lim_{s \to 1} \log L(s|\chi)$ vorhanden und hat den endlichen Wert $\log L(1|\chi)$, so daß die $\log L(s|\chi)$ sicherlich für $s \to 1 + 0$ beschränkt bleiben.

Das hervorgehobene Wörtchen „nur" ist insofern unberechtigt, als in diesem Nachweis, wie schon am Schluß von § 12,3 betont, die Hauptschwierigkeit des Dirichletschen Beweises liegt. Wir kommen darauf in § 15 ausführlich zu sprechen.

4. Dirichletsche Dichte und natürliche Dichte

Für den Augenblick sehen wir den Nachweis von $L(1|\chi) \neq 0$ für $\chi \neq \varepsilon$ als erbracht an. Nach dem in 3 schon Gesagten vereinfachen sich dann die Grenzbeziehungen **2**, (4.) zu

$$(1.) \qquad \sum_{p \text{ in } A} \frac{1}{p^s} \approx \frac{1}{\varphi(m)} \log \zeta(s) \approx \frac{1}{\varphi(m)} \log \frac{1}{s-1} \, .$$

Aus ihnen liest man, wie gesagt, die Richtigkeit des Dirichletschen Primzahlsatzes ab. Die Tatsache, daß die rechte Seite von der Restklasse A unabhängig ist und nur den von m abhängigen Zahlfaktor $\frac{1}{\varphi(m)}$ enthält, läßt aber wesentlich mehr erschließen.

Wir denken uns dazu die Grenzbeziehungen (1.) unter Beachtung der entsprechenden schon in § 12,4, (5.) festgestellten Grenzbeziehung

$$\sum_p \frac{1}{p^s} \approx \log \frac{1}{s-1} \, ,$$

die sich auch als der Spezialfall $m = 1$ von (1.) ergibt, in die Gestalt

$$(2.) \qquad \sum_{p \text{ in } A} \frac{1}{p^s} \approx \frac{1}{\varphi(m)} \sum_p \frac{1}{p^s}$$

gesetzt. Sie besagen dann, daß die den einzelnen Restklassen A entsprechenden Summen links für $s \to 1 + 0$ sämtlich dieselbe Größenordnung haben, und daß diese Größenordnung gerade der Bruchteil $\dfrac{1}{\varphi(m)}$ der Größenordnung der entsprechenden Summe für die volle Primzahlmenge ist. Dies kommt auch in den aus (2.) folgenden, weniger scharfen gewöhnlichen Grenzbeziehungen zum Ausdruck:

$$(3.) \qquad \lim_{s \to 1+0} \frac{\sum\limits_{p \text{ in } A} \dfrac{1}{p^s}}{\sum\limits_{p} \dfrac{1}{p^s}} = \frac{1}{\varphi(m)} \, .$$

Die Grenzbeziehungen (3.) geben Anlaß zu der folgenden ganz allgemeinen Definition. Es sei $\mathfrak{P}$ die Menge aller Primzahlen und $\mathfrak{M}$ irgendeine Teilmenge von $\mathfrak{P}$, die z.B., wie im Falle der primen Restklassen, als der Durchschnitt von $\mathfrak{P}$ mit einer im Bereich aller natürlichen oder ganzen Zahlen definierten Menge gegeben sein kann. Wenn dann der Grenzwert

$$\lim_{s \to 1+0} \frac{\sum\limits_{p \text{ in } \mathfrak{M}} \dfrac{1}{p^s}}{\sum\limits_{p \text{ in } \mathfrak{P}} \dfrac{1}{p^s}} = \delta(\mathfrak{M})$$

vorhanden ist – er ist dann ersichtlich endlich und genügt den Ungleichungen $0 \leq \delta(\mathfrak{M}) \leq 1$ –, so sagt man, die Primzahlmenge $\mathfrak{M}$ habe (in der Menge $\mathfrak{P}$ aller Primzahlen) die *Dirichletsche Dichte* $\delta(\mathfrak{M})$. Mittels dieser Begriffsbildung können wir das Ergebnis (3.) folgendermaßen aussprechen:

V. *Für jede natürliche Zahl m haben die Primzahlmengen in den $\varphi(m)$ primen Restklassen mod. m sämtlich eine und dieselbe Dirichletsche Dichte, nämlich $1/\varphi(m)$.*

Der Begriff der Dirichletschen Dichte erfüllt ersichtlich die Forderungen, die man an einen sinnvollen Dichtebegriff zu stellen hat. Erstens ist nämlich, wie schon gesagt, stets $0 \leq \delta(\mathfrak{M}) \leq 1$. Zweitens hat die volle Primzahlmenge $\mathfrak{P}$ die Dichte $\delta(\mathfrak{P}) = 1$, die leere Menge $\mathfrak{O}$ hat die Dichte $\delta(\mathfrak{O}) = 0$. Auch jede endliche Primzahlmenge $\mathfrak{M}$ hat die Dichte $\delta(\mathfrak{M}) = 0$. Ist drittens $\mathfrak{M} \leq \mathfrak{M}'$, so ist $\delta(\mathfrak{M}) \leq \delta(\mathfrak{M}')$, und sind viertens $\mathfrak{M}$, $\mathfrak{M}'$ elementfremd, so ist $\delta(\mathfrak{M} + \mathfrak{M}') = \delta(\mathfrak{M}) + \delta(\mathfrak{M}')$, beidemal vorausgesetzt, daß die Dichten $\delta(\mathfrak{M})$, $\delta(\mathfrak{M}')$ vorhanden sind.

Vom elementaren Standpunkt aus erscheint der Begriff der Dirichletschen Dichte einigermaßen gekünstelt; es liegt vielmehr näher, die Dichte einer Primzahlmenge $\mathfrak{M}$ durch das Vorhandensein des Grenzwertes

$$\lim_{N \to \infty} \frac{\pi_{\mathfrak{M}}(N)}{\pi_{\mathfrak{P}}(N)} = \omega(\mathfrak{M})$$

zu definieren, wo

$$\pi_{\mathfrak{M}}(N) = \sum_{\substack{p \text{ in } \mathfrak{M} \\ p \leq N}} 1, \quad \pi_{\mathfrak{P}}(N) = \sum_{\substack{p \text{ in } \mathfrak{P} \\ p \leq N}} 1$$

die Anzahlen der Primzahlen $p \leq N$ aus $\mathfrak{M}$, $\mathfrak{P}$ sind (letztere gewöhnlich einfach mit $\pi(N)$ bezeichnet). In diesem letzteren Sinne redet man von der *natürlichen Dichte* $\omega(\mathfrak{M})$ *von* $\mathfrak{M}$ (in der Menge $\mathfrak{P}$ aller Primzahlen).

Der Grenzbeziehung

$$\sum_{p \text{ in } \mathfrak{P}} \frac{1}{p^s} \approx \log \frac{1}{s-1} \quad \text{für } s \to 1 + 0,$$

die der Definition der Dirichletschen Dichte zugrunde liegt, entspricht für die natürliche Dichte der in § 12,5 erwähnte Primzahlsatz

$$\pi_{\mathfrak{P}}(N) \sim \frac{N}{\log N} \quad \text{für } N \to \infty.$$

Dort wurde ausgeführt, durch welche Art von Schlüssen diese beiden letzteren Grenzbeziehungen auseinander folgen. Entsprechend wie dort kann man (mittels einer geeigneten Verallgemeinerung des Abelschen Stetigkeitssatzes) ganz allgemein aus der Existenz der natürlichen Dichte $\omega(\mathfrak{M})$ einer Primzahlmenge $\mathfrak{M}$ auf die Existenz ihrer Dirichletschen Dichte $\delta(\mathfrak{M})$ und die Gleichheit $\delta(\mathfrak{M})=\omega(\mathfrak{M})$ schließen. Der umgekehrte Schluß, von der Dirichletschen auf die natürliche Dichte, erweist sich jedoch nur für spezielle Primzahlmengen $\mathfrak{M}$ als durchführbar, zu denen die im Dirichletschen Primzahlsatz betrachteten sowie andere, für die algebraische Zahlentheorie wichtige Primzahlmengen gehören; dieser Schluß ist wesentlich komplizierter (Umkehrung einer Verallgemeinerung des Abelschen Stetigkeitssatzes, komplexe Funktionentheorie). In der letzteren Weise, auf die wir im Rahmen dieses Buches nicht eingehen können, ergibt sich aus V die entsprechende Tatsache:

VI. *Für jede natürliche Zahl* m *haben die Primzahlen in den* $\varphi(m)$ *primen Restklassen mod. m sämtlich eine und dieselbe natürliche Dichte, nämlich* $1/\varphi(m)$.

Die Dirichletsche Dichte hat vor der natürlichen Dichte den Vorzug, daß man den Existenznachweis und die Wertbestimmung mit wesentlich geringerem analytischem Aufwand (dafür allerdings größerem algebraischem und arithmetischem Aufwand) durchführen kann, sowohl in dem hier behandelten Falle der Primzahlen in den primen Restklassen, als auch in den eben erwähnten anderen, für die algebraische Zahlentheorie wichtigen Fällen. Der Algebraiker und Arithmetiker wird daher gerne mit der etwas gekünstelten Definition der Dirichletschen Dichte vorliebnehmen und sich mit der in V gewonnenen Erkenntnis als dem wesentlichen Kern der Sache begnügen, während der Analytiker erst zufrieden ist, wenn er den komplizierten Übergang zu VI vollzogen hat.

Auf etwas anderes allerdings werden Algebraiker, Arithmetiker und Analytiker in gleicher Weise Wert legen, nämlich eine Information darüber zu bekommen, nach wievielen Schritten spätestens man bei Durchlaufen einer primen Restklasse zu einer Primzahl gelangt. Eine solche Information wurde in neuerer Zeit durch LINNIK geliefert:

VII. *Es gibt eine absolute Konstante $k > 0$ derart, daß für jedes natürliche m in jeder primen Restklasse mod. m eine Primzahl $p < m^k$ vorhanden ist.*

Auf eine Wiedergabe des komplizierten Beweises müssen wir im Rahmen dieses Buches verzichten[1]. Dieser Beweis wurde von RODOSSKIJ vereinfacht[2]. Aus den Beweisen von Linnik und Rodosskij ist aber keine Abschätzung für die Konstante k zu entnehmen. Eine solche gab neuerdings PAN, allerdings unter Beschränkung auf hinreichend große m. Er bewies nämlich[3]:

VII'. *Es existiert ein natürliches m_0 derart, daß für alle natürlichen $m \geq m_0$ die Aussage aus* VII *mit*

$$k \leq 5448$$

gilt.

Unter Annahme der berühmten *Riemannschen Vermutung* in ihrer erweiterten Form, daß nämlich die Dirichletschen L-Reihen $L(s \mid \chi)$ bei Fortsetzung ins Komplexe (siehe § 15,4,VII) keine Nullstellen mit $\sigma > \frac{1}{2}$ besitzen, kann man sogar die Gültigkeit von VII' mit

$$k \leq 2 + \varepsilon$$

zeigen.

Schließlich konnte LINNIK zusammen mit BARBAN und TSCHUDAKOFF auch ohne Annahme der erweiterten Riemannschen Vermutung beweisen[4]:

VII''. *Bei Beschränkung auf Primzahlpotenzen $m = q^\mu$ mit $q \neq 2$ und $\mu \geq \mu_0(\varepsilon)$ gilt die Aussage aus* VII *mit*

$$k \leq \frac{8}{3} + \varepsilon.$$

---

[1] Siehe dazu die Originalarbeit von JU. V. LINNIK in Mat. Sbornik **15** (1944), 1–11, 139–178, 347–368, sowie die überarbeitete Darstellung dieses Beweises bei K. PRACHAR: Primzahlverteilung, Sgl. Grundlehren der mathematischen Wissenschaften in Einzeldarstellungen, Band LIX, Berlin/Göttingen/Heidelberg: Springer 1957.

[2] K. A. RODOSSKIJ: Mat. Sbornik **34** (1955), 331–356.

[3] PAN, CHEN-DONG: On the least prime in an arithmetical progression, Bull. Univ. Peking 1958, Nr. 1.

[4] M. B. BARBAN – JU. V. LINNIK – N. G. TSCHUDAKOFF: Doklady Akademij Nauk SSSR **154** (1964), 751–753.

§ 15. Das Nichtverschwinden der L-Reihen

1. Produkte aus L-Reihen

1. Der noch zu erbringende Beweis dafür, daß für jeden Restklassencharakter $\chi \neq \varepsilon$ die eigentliche L-Reihe

$$L\,(1|\chi) = \sum_n \frac{\chi\,(n)}{n} \neq 0$$

ist, kann auf mannigfache Weise geführt werden. Entweder kann man, wie bisher, allein mit elementaren Hilfsmitteln aus der reellen Analysis arbeiten; dann läuft der Beweis auf einigermaßen komplizierte Rechnungen und Abschätzungen hinaus. Einen solchen elementar-analytischen Beweisgang, der auf MERTENS zurückgeht, werden wir hier zunächst durchführen, und zwar wählen wir die vom algebraischen Standpunkt aus durchsichtigste unter mehreren zur Verfügung stehenden Varianten[1]. Oder aber man kann tieferliegende Hilfsmittel heranziehen, und zwar entweder aus der komplexen Funktionentheorie oder aus der Theorie der algebraischen Zahlkörper; dadurch wird der Beweis vom analytischen bzw. arithmetischen Standpunkt aus erst völlig durchsichtig. Diese von dem einen bzw. anderen Standpunkt aus organischen Beweismethoden werden wir im Anschluß an den elementar-analytischen Beweis überschauend besprechen. Für eine von ihnen, nämlich die von DIRICHLET selbst in seiner klassisch gewordenen Arbeit[2] aus dem Jahre 1837 verwendete, werden wir die erforderlichen Hilfsmittel aus der Theorie der quadratischen Zahlkörper im vierten Abschnitt entwickeln.

2. Jeder der nachstehend gebrachten Beweise für das Nichtverschwinden der L-Reihen stützt sich in irgendeiner Form auf das Produkt

$$(1\,\text{a.}) \qquad \zeta_m\,(s) = \prod_\chi L\,(s|\chi) = \zeta\,(s) \prod_{\chi \neq \varepsilon} L\,(s|\chi)$$

der eigentlichen L-Reihen zu den $\varphi\,(m)$ Charakteren χ der primen Restklassengruppe mod. m. Die elementar-analytischen Beweise sowie die

---

[1] Auf eine von diesen Varianten sei hier noch ausdrücklich hingewiesen, weil sie von LANDAU in seiner Besprechung [Fortschr. 9, Math. **32** (1901), 202] als besonders bemerkenswert bezeichnet wurde, nämlich H. TEEGE: Beweis, daß die unendliche Reihe $\sum_{n=1}^{n=\infty} \left(\dfrac{P}{n}\right) \dfrac{1}{n}$ einen positiven von Null verschiedenen Wert hat, Mitt. Math. Ges. Hamburg **4** (1901), 1–11. – Allerdings hat LANDAU diesen Beweis doch nicht für sein Handbuch (s. unten in 6, Fußnote 4) verwertet, sondern dort zwei eigene Varianten gebracht.

[2] P. G. L. DIRICHLET: Beweis des Satzes, daß jede unbegrenzte arithmetische Progression, deren erstes Glied und Differenz ganze Zahlen ohne gemeinschaftlichen Faktor sind, unendlich viele Primzahlen enthält. Werke **1**, S. 313–342.

elementaren Varianten des funktionentheoretischen und des algebraisch-zahlentheoretischen Beweises stützen sich außerdem auf das Teilprodukt

$$(1\,\mathrm{b.}) \qquad \zeta(s\,|\,\chi) = L(s\,|\,\varepsilon)\,L(s\,|\,\chi) = \zeta(s)\,L(s\,|\,\chi)$$

mit einem festen reellen, quadratischen Restcharakter χ.

Den wahren Grund für diese Tatsache, der in der Bedeutung von $\zeta_m(s)$ für die Arithmetik des Körpers P_m der m-ten Einheitswurzeln und von $\zeta(s\,|\,\chi)$ für die Arithmetik des quadratischen Zahlkörpers $\mathsf{P}(\sqrt{\chi(-1)\,f(\chi)})$ wurzelt, werden wir nachher darlegen. Zunächst wollen wir einige grundlegende Tatsachen über die Produkte $\zeta_m(s)$, $\zeta(s\,|\,\chi)$ herleiten.

Diese Untersuchung wird durchsichtiger und erfordert nicht wesentlich größeren Aufwand, wenn wir allgemeiner gleich das Produkt

$$(1.) \qquad \zeta(s\,|\,\Re) = \prod_{\chi \text{ in } \Re} L(s\,|\,\chi)$$

der eigentlichen L-Reihen zu den Charakteren χ irgendeiner Gruppe $\Re$ von k Restklassencharakteren mod. m betrachten. Die Fälle (1 a.) und (1 b.), die uns hier interessieren, entsprechen dann speziell der Gruppe $\mathfrak{X}$ aller $\varphi(m)$ Restklassencharaktere mod. m bzw. der nur aus dem Hauptcharakter ε und einem quadratischen Charakter χ bestehenden Untergruppe der Ordnung 2.

Dem elementar-analytischen Standpunkt entsprechend, beschränken wir uns durchweg auf reelle $s > 1$, ohne das jedesmal anzugeben. In diesem Bereich sind, wie wir in § 14,1,I–III gezeigt haben, die $L(s\,|\,\chi)$ stetige Funktionen von s und sowohl die zu ihrer Definition genommenen Darstellungen

$$(\mathrm{R}) \qquad L(s\,|\,\chi) = \sum_n \frac{\chi(n)}{n^s}$$

als Dirichletsche Reihen, als auch die aus der Eulerschen Identität gefolgerten Darstellungen

$$(\mathrm{P}) \qquad L(s\,|\,\chi) = \prod_p \frac{1}{1 - \dfrac{\chi(p)}{p^s}}$$

als Dirichletsche Produkte konvergieren absolut. Weil in der Gruppe $\Re$ mit jedem nicht-reellen Charakter χ auch der konjugiert-komplexe Charakter $\bar{\chi} = \chi^{-1}$ vorkommt, ist das Produkt $\zeta(s\,|\,\Re)$ jedenfalls reell.

Zu weitergehenden Aussagen über $\zeta(s\,|\,\Re)$ gelangen wir, indem wir in dem Produkt (1.) für die Faktoren $L(s\,|\,\chi)$ einmal die Reihendarstellungen (R), zum anderen die Produktdarstellungen (P) einsetzen und jedesmal gliedweise ausmultiplizieren, was wegen der absoluten Konvergenz zulässig ist.

3. Wir behandeln zunächst die Einsetzung und Ausmultiplikation der Reihendarstellungen (R). Bezeichnen $\chi_1, \ldots, \chi_k$ die k Charaktere aus $\mathfrak{K}$, so hat man

$$\prod_{\chi \text{ in } \mathfrak{K}} L(s|\chi) = \sum_{n_1} \frac{\chi_1(n_1)}{n_1^s} \cdots \sum_{n_k} \frac{\chi_k(n_k)}{n_k^s} = \sum_{n_1, \ldots, n_k} \frac{\chi_1(n_1) \cdots \chi_k(n_k)}{(n_1 \cdots n_k)^s},$$

wo $n_1, \ldots, n_k$ je alle natürlichen Zahlen durchlaufen. Damit ergibt sich für das Produkt (1.) die Darstellung

$$(2.) \quad \zeta(s|\mathfrak{K}) = \sum_n \frac{\sigma(n|\mathfrak{K})}{n^s} \quad \text{mit} \quad \sigma(n|\mathfrak{K}) = \sum_{n_1 \cdots n_k = n} \chi_1(n_1) \cdots \chi_k(n_k)$$

als Dirichletsche Reihe, wo in den Koeffizienten $\sigma(n|\mathfrak{K})$ über alle Zerlegungen von n in k natürliche Faktoren $n_1, \ldots, n_k$ zu summieren ist. Diese Koeffizienten sind die Werte einer durch die Gruppe $\mathfrak{K}$ bestimmten zahlentheoretischen Funktion $\sigma(n|\mathfrak{K})$ mit der Eigenschaft

$$(3.) \qquad \sigma(nn'|\mathfrak{K}) = \sigma(n|\mathfrak{K})\, \sigma(n'|\mathfrak{K}) \quad \text{für} \quad (n, n') = 1.$$

Jedem Zerlegungspaar

$$n = n_1 \cdots n_k, \quad n' = n_1' \cdots n_k'$$

in je k natürliche Faktoren entspricht nämlich eindeutig eine Zerlegung

$$nn' = (n_1 n_1') \cdots (n_k n_k')$$

in k natürliche Faktoren, und wenn n, n' teilerfremd sind, entsteht umgekehrt jede Zerlegung von nn' in k natürliche Faktoren so aus einem eindeutig bestimmten Zerlegungspaar von n, n' in je k natürliche Faktoren; daher hat man in der Tat

$$\sigma(nn'|\mathfrak{K}) = \sum_{\substack{n_1 \cdots n_k = n \\ n_1' \cdots n_k' = n'}} \chi_1(n_1 n_1') \cdots \chi_k(n_k n_k')$$

$$= \sum_{n_1 \cdots n_k = n} \chi_1(n_1) \cdots \chi_k(n_k) \sum_{n_1' \cdots n_k' = n'} \chi_1(n_1') \cdots \chi_k(n_k') = \sigma(n|\mathfrak{K})\, \sigma(n'|\mathfrak{K}).$$

Auf Grund der Eigenschaft (3.) ist die zahlentheoretische Funktion $\sigma(s|\mathfrak{K})$ bereits durch ihre Werte für Primzahlpotenzen $n = p^\nu$ festgelegt. Diese speziellen Werte sind nach (2.) durch die Formel

$$(4.) \qquad \sigma(p^\nu|\mathfrak{K}) = \sum_{\substack{\nu_1 + \cdots + \nu_k = \nu \\ \nu_1, \ldots, \nu_k \geq 0}} \chi_1(p^{\nu_1}) \cdots \chi_k(p^{\nu_k})$$

gegeben, in der über alle Zerlegungen von ν in k nicht-negative ganze Summanden $\nu_1, \ldots, \nu_k$ zu summieren ist.

4. Wir behandeln nunmehr die Einsetzung und Ausmultiplikation der Produktdarstellungen (P). Durch Einsetzung und Umordnung der Faktoren (Vertauschung der Produktfolge) ergibt sich aus (1.) zunächst

$$(5.) \qquad \zeta(s|\mathfrak{K}) = \prod_p \left(\prod_{\chi \text{ in } \mathfrak{K}} \frac{1}{1 - \dfrac{\chi(p)}{p^s}} \right).$$

Hierin läßt sich für jede feste Primzahl p das innere (endliche) Produkt auf Grund der gruppentheoretischen Bedeutung der Charaktere χ wie folgt umformen.

Für eine feste Primzahl p liefern in dem Produkt (5.) von 1 verschiedene Beiträge nur diejenigen Charaktere χ aus der gegebenen Charaktergruppe $\mathfrak{K}$ von der Ordnung k, für die $\chi(p) \neq 0$ ist, d. h. für die p nicht im Führer $f(\chi)$ steckt. Da ein Charakterprodukt $\chi \psi$ sicher mod. $f(\chi) f(\psi)$ erklärbar ist, also sein Führer $f(\chi \psi)$ ein Teiler des Produkts $f(\chi) f(\psi)$ ist, bilden die Charaktere χ mit $p \nmid f(\chi)$ eine Untergruppe $\mathfrak{K}_p$ von $\mathfrak{K}$. Es sei k_p die Ordnung von $\mathfrak{K}_p$, also

$$k_p \text{ die Anzahl der Charaktere } \chi \text{ aus } \mathfrak{K} \text{ mir } p \nmid f(\chi).$$

In $\mathfrak{K}_p$ bilden ferner die Charaktere χ mit $\chi(p) = 1$ eine Untergruppe $\mathfrak{U}_p$. Es sei g_p die Ordnung von $\mathfrak{U}_p$, also

$$g_p \text{ die Anzahl der Charaktere } \chi \text{ aus } \mathfrak{K} \text{ mit } \chi(p) = 1,$$

und f_p der Index von $\mathfrak{U}_p$ in $\mathfrak{K}_p$, also

$$k_p = f_p g_p.$$

Die Faktorgruppe $\mathfrak{K}_p/\mathfrak{U}_p$ von der Ordnung f_p ist isomorph zur Gruppe $\mathfrak{Z}$ der Werte $\chi(p) = \zeta$ für alle χ aus $\mathfrak{K}_p$, indem die einzelnen Klassen von $\mathfrak{K}_p/\mathfrak{U}_p$ jeweils durch die Charaktere χ mit festem Wert $\chi(p) = \zeta$ gebildet werden und der Multiplikation dieser Klassen die Multiplikation der Werte entspricht. Demnach kommt jede der f_p Zahlen ζ aus $\mathfrak{Z}$ für genau g_p Charaktere aus $\mathfrak{K}_p$ als Wert $\chi(p) = \zeta$ vor. Nun sind die Werte $\chi(p) = \zeta$ aus $\mathfrak{Z}$ jedenfalls k-te Einheitswurzeln. Als Untergruppe der zyklischen Gruppe aller k-ten Einheitswurzeln ist die Gruppe $\mathfrak{Z}$ zyklisch, besteht also aus allen f_p-ten Einheitswurzeln. Nach alledem ist das Produkt

$$\prod_{\chi \text{ in } \mathfrak{K}} \left(1 - \frac{\chi(p)}{p^s}\right) = \prod_{\chi \text{ in } \mathfrak{K}_p} \left(1 - \frac{\chi(p)}{p^s}\right) = \prod_{\zeta^{f_p}=1} \left(1 - \frac{\zeta}{p^s}\right)^{g_p} = \left(1 - \frac{1}{p^{f_p s}}\right)^{g_p}.$$

Damit ergibt sich aus (5.) die absolut-konvergente Produktdarstellung

$$(6.) \qquad \zeta(s|\mathfrak{K}) = \prod_p \left(\frac{1}{1 - \dfrac{1}{p^{f_p s}}}\right)^{g_p},$$

wo die natürlichen Zahlen f_p, g_p für die einzelnen Primzahlen p wie angegeben definiert sind.

5. Mittels der in § 13,4 entwickelten Tatsachen über Charaktere und Untergruppen läßt sich die gegebene Definition der Zahlen f_q, g_p noch in eine für die Anwendung besser brauchbare Form setzen. Es sei $\mathfrak{G}$ die Gruppe aller primen Restklassen mod. m und $\mathfrak{X}$ die Gruppe aller ihrer

Charaktere, beide von der Ordnung $\varphi(m)$. Der absteigenden Untergruppenkette

$$\mathfrak{X} \;\geqq\; \mathfrak{K} \;\geqq\; \mathfrak{K}_p \;\geqq\; \mathfrak{U}_p \;\geqq\; \mathfrak{E}$$

mit den angegebenen Indizes (Ordnungen als Indizes in bezug auf die Einsuntergruppe $\mathfrak{E}$ aufgefaßt) entspricht dann nach § 13,4, V, V' umkehrbar eindeutig eine aufsteigende Untergruppenkette

$$\mathfrak{E} \;\leqq\; \mathfrak{H} \;\leqq\; \overline{\mathfrak{H}}_p \;\leqq\; \overline{\mathfrak{P}} \;\leqq\; \mathfrak{G}$$

mit denselben Indizes (an den homologen Stellen) derart, daß $\mathfrak{K}, \mathfrak{K}_p, \mathfrak{U}_p$ die Charaktergruppen von $\mathfrak{G}/\mathfrak{H}$, $\mathfrak{G}/\overline{\mathfrak{H}}_p$, $\mathfrak{G}/\overline{\mathfrak{P}}$ sind.

Es sei nun

$$m = p^{\mu_p} m_p \quad \text{mit} \quad p \nmid m_p$$

die Zerlegung von m in eine Potenz von p und eine nicht durch p teilbare natürliche Zahl m_p. Ferner sei $\mathfrak{G}_p$ die Gruppe aller primen Restklassen mod. m_p und $\mathfrak{X}_p$ die Gruppe aller ihrer Charaktere, beide von der Ordnung $\varphi(m_p)$. Die Gruppe $\mathfrak{G}_p$ ist nach § 4,9 zu demjenigen direkten Faktor von $\mathfrak{G}$ isomorph, der dem Faktor m_p von m entspricht. Für den hier verfolgten Zweck ist eine andere Herleitung von $\mathfrak{G}_p$ aus $\mathfrak{G}$ zweckmäßiger. Man erhält nämlich $\mathfrak{G}_p$ auch, indem man $\mathfrak{G}$, als Zahlgruppe aufgefaßt, mit der Gruppe $\mathfrak{E}_p$ aller $a \equiv 1$ mod. m_p (Einsklasse mod. m_p) komponiert, also in der Form

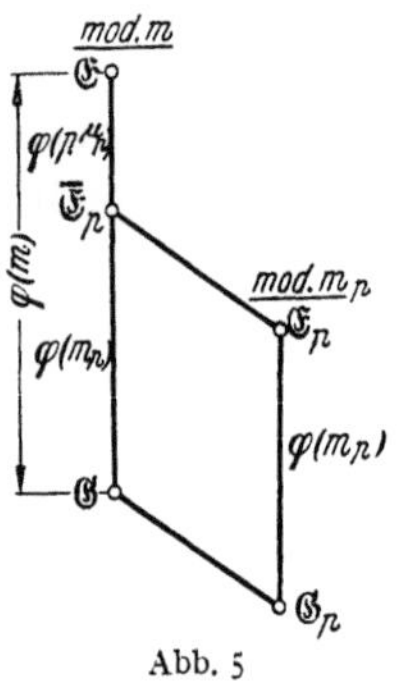

Abb. 5

$$\mathfrak{G}_p = \mathfrak{G}\,\mathfrak{E}_p.$$

Denn durch diese Komposition werden die einzelnen primen Restklassen a mod. m zu primen Restklassen a mod. m_p aufgefüllt. Die Gruppe $\mathfrak{X}_p$ ist als Untergruppe in $\mathfrak{X}$ enthalten, und zwar ist $\mathfrak{X}_p$ die Gesamtheit derjenigen Charaktere χ aus $\mathfrak{X}$, die bereits mod. m_p erklärbar sind, für die also $p \nmid f(\chi)$ ist. Die der Untergruppe $\mathfrak{X}_p$ von $\mathfrak{X}$ nach § 13,4 zugeordnete Untergruppe $\overline{\mathfrak{E}}_p$ von $\mathfrak{G}$ ist durch $\chi(a) = 1$ für alle χ aus $\mathfrak{X}_p$ charakterisiert, besteht also aus den zu m primen $a \equiv 1$ mod. m_p und ist somit der Durchschnitt

$$\overline{\mathfrak{E}}_p = \mathfrak{E}_p \cap \mathfrak{G}.$$

Wir veranschaulichen diese Sachlage schematisch in der vorstehenden Abb. 5.

Die uns hier interessierende Untergruppe $\mathfrak{K}_p$ von $\mathfrak{K}$, bestehend aus den χ aus $\mathfrak{K}$ mit $p \nmid f(\chi)$, ist nach dem eben Gesagten einfach der Durchschnitt

$$\mathfrak{K}_p = \mathfrak{K} \cap \mathfrak{X}_p.$$

Dementsprechend gestaltet sich das zuvor angegebene Schema der absteigenden Charaktergruppenkette zur nachstehenden Abb. 6a aus, in der das Kompositum $\mathfrak{K}\mathfrak{X}_p$ nicht weiter interessiert und der bisher nicht aufgetretene Index e_p von $\mathfrak{K}_p$ in $\mathfrak{K}$, für den also

$$k = e_p f_p g_p$$

gilt, erst später in **5** und dann in § 19,**2** Bedeutung erhalten wird.

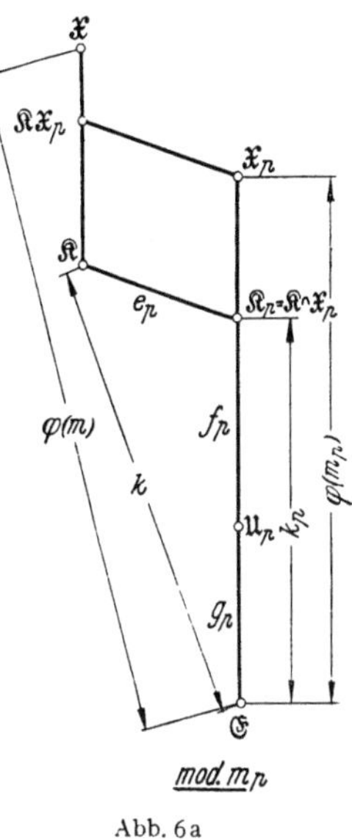

Abb. 6a

Betrachtet man $\mathfrak{K}_p$ als Untergruppe von $\mathfrak{X}_p$, so liegt dem die Erweiterung des Definitionsbereichs der Charaktere χ mit $p \nmid f(\chi)$ von den zu m primen auf die nur zu m_p primen Zahlen zugrunde, die in der vollen Erweiterung zu eigentlichen Charakteren gemäß § 13,6,VIII enthalten ist. Die $\mathfrak{K}_p$, $\mathfrak{U}_p$ als Untergruppen von $\mathfrak{X}_p$ gemäß § 13,4 zugeordneten Untergruppen $\mathfrak{H}_p$, $\mathfrak{P}$ von $\mathfrak{G}_p$ entstehen nach der dortigen Zuordnungsvorschrift aus den zuvor, von $\mathfrak{K}_p$, $\mathfrak{U}_p$ als Untergruppen von $\mathfrak{X}$ ausgehend, definierten Untergruppen $\overline{\mathfrak{H}}_p$, $\overline{\mathfrak{P}}$ von $\mathfrak{G}$ durch die entsprechende Erweiterung. Dieser Erweiterungsprozeß kann nach obigem als Komposition mit der Einsklasse $\mathfrak{E}_p$ beschrieben werden. Es ist also

$$\mathfrak{H}_p = \overline{\mathfrak{H}}_p\mathfrak{E}_p, \qquad \mathfrak{P} = \overline{\mathfrak{P}}\mathfrak{E}_p,$$

und umgekehrt

$$\overline{\mathfrak{H}}_p = \mathfrak{H}_p \cap \mathfrak{G}, \qquad \overline{\mathfrak{P}} = \mathfrak{P} \cap \mathfrak{G}.$$

Wegen der Zuordnung zu ein und denselben Charaktergruppen $\mathfrak{K}_p$, $\mathfrak{U}_p$ sind die Indizes f_p, g_p, k_p für $\mathfrak{H}_p$, $\mathfrak{P}$ dieselben wie für $\overline{\mathfrak{H}}_p$, $\overline{\mathfrak{P}}$. Man kann dies sowie die Isomorphie der zugehörigen Faktorgruppen auch einsehen, indem man den Übergang von $\overline{\mathfrak{H}}_p$, $\overline{\mathfrak{P}}$ zu $\mathfrak{H}_p$, $\mathfrak{P}$ vermöge der Isomorphie von $\mathfrak{G}_p$ zu einem direkten Faktor von $\mathfrak{G}$ vollzieht (Komponentenzerlegung § 13,6,XII der Charaktere!). Nach alledem gestaltet sich das zuvor angegebene Schema der aufsteigenden Restklassengruppenkette als Seitenstück zu Abb. 6a und unter Einbau von Abb. 4 zu der nachstehenden Abb. 6b aus.

16*

Was die Untergruppe $\mathfrak{H}_p$ betrifft, auf die es nachstehend vornehmlich ankommt, so besteht sie auf Grund der Zuordnungsvorschrift aus § 13,4 aus den primen Restklassen a mod. m_p mit der Eigenschaft

$$\chi(a) = 1 \quad \text{für alle } \chi \text{ aus } \mathfrak{K}_p.$$

Eine andere, für unsere Anwendung besser geeignete Kennzeichnung von $\mathfrak{H}_p$, bei der die der Charaktergruppe $\mathfrak{K}$ zugeordnete Restklassengruppe $\mathfrak{H}$ an die Spitze gestellt wird, ergibt sich auf Grund des vorstehend entwickelten gruppentheoretischen Schemas folgendermaßen. Der Durchschnittsdarstellung $\mathfrak{K}_p = \mathfrak{K} \cap \mathfrak{X}_p$ entsprechend, entsteht zu-

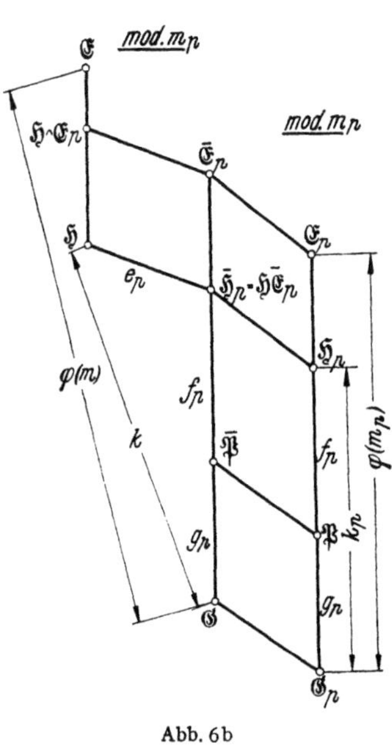

Abb. 6b

nächst $\overline{\mathfrak{H}}_p = \mathfrak{H}\,\overline{\mathfrak{E}}_p$ durch Komposition von $\mathfrak{H}$ mit der mod. m erklärten Einsklasse $\overline{\mathfrak{E}}_p$ mod. m_p und dann $\mathfrak{H}_p = \overline{\mathfrak{H}}_p\,\mathfrak{E}_p$ durch weitere Komposition mit der mod. m_p erklärten Einsklasse $\mathfrak{E}_p$ mod. m_p. Wegen $\overline{\mathfrak{E}}_p \leq \mathfrak{E}_p$ ergibt das zusammengenommen einfach

$$\mathfrak{H}_p = \mathfrak{H}\,\mathfrak{E}_p.$$

Man erhält also $\mathfrak{H}_p$ als die Gruppe derjenigen primen Restklassen mod. m_p, die durch die Zahlen der Restklassen mod. m aus $\mathfrak{H}$ geliefert werden. Die oben aus der Charaktergruppe $\mathfrak{K}$ bestimmte Zahl k_p ist dann von der zugeordneten Restklassengruppe $\mathfrak{H}$ aus der als Index dieser Erweiterungsgruppe $\mathfrak{H}_p$ in der vollen primen Restklassengruppe $\mathfrak{G}_p$ oder also als die Ordnung der Faktorgruppe $\mathfrak{G}_p/\mathfrak{H}_p$ gekennzeichnet.

Um schließlich, wie oben angekündigt, die Zahl f_p – und damit dann auch g_p als den zu f_p komplementären Teiler von k_p – auf dieser neuen Grundlage zu kennzeichnen, bemerken wir, daß f_p, als Ordnung der oben mit $\mathfrak{Z}$ bezeichneten zyklischen Gruppe der Werte $\chi(p) = \zeta$ für χ aus $\mathfrak{K}_p$, der kleinste natürliche Exponent mit der Eigenschaft

$$\chi(p)^{f_p} = \zeta^{f_p} = 1 \quad \text{für alle } \chi \text{ aus } \mathfrak{K}_p$$

ist. Beachtet man $\chi(p)^{f_p} = \chi(p^{f_p})$ und vergleicht diese Kennzeichnung von f_p mit der zuvor angegebenen von $\mathfrak{H}_p$, so erkennt man, daß f_p auch der kleinste natürliche Exponent ist, für den p^{f_p} in $\mathfrak{H}_p$ liegt, also die Ordnung der primen Restklasse p mod. m_p in bezug auf die Untergruppe $\mathfrak{H}_p$ (d.h. in der Faktorgruppe $\mathfrak{G}_p/\mathfrak{H}_p$).

Übrigens läßt sich auch noch die $\mathfrak{H}_p$ mit dem Index f_p enthaltende Untergruppe $\mathfrak{P}$ von $\mathfrak{G}_p$ auf dieser Grundlage kennzeichnen, nämlich dadurch, daß die von der Ordnung f_p zyklische Faktorgruppe $\mathfrak{P}/\mathfrak{H}_p$ durch die Restklasse p mod. m_p erzeugt wird. Nach dem eben Festgestellten genügt es dazu zu zeigen, daß die Restklasse p mod. m_p in $\mathfrak{P}$ liegt. Nun besteht $\mathfrak{P}$ definitionsgemäß aus den primen Restklassen a mod. m_p mit der Eigenschaft

$$\chi(a) = 1 \quad \text{für alle } \chi \text{ aus } \mathfrak{U}_p;$$

und $\mathfrak{U}_p$ ist durch $\chi(p) = 1$ definiert. Daher erfüllt die Restklasse p mod. m_p in der Tat die Definitionsvorschrift der Gruppe $\mathfrak{P}$.

6. Zusammengefaßt haben wir damit folgendes Ergebnis:

I. *Das Produkt*

$$\zeta(s|\mathfrak{K}) = \prod_{\chi \text{ in } \mathfrak{K}} L(s|\chi)$$

der eigentlichen L-Reihen zu den Charakteren χ einer Gruppe $\mathfrak{K}$ der Ordnung k von Restklassencharakteren mod. m besitzt eine Darstellung

$$\zeta(s|\mathfrak{K}) = \prod_{p} \left(\frac{1}{1 - \dfrac{1}{p^{f_p\,s}}} \right)^{g_p}$$

als für $s > 1$ absolut-konvergentes Dirichletsches Produkt mit natürlichen Exponenten f_p, g_p, und zwar sind diese Exponenten nach folgendem Schema bestimmt.

Es sei

$\mathfrak{H}$ *die Gruppe der a mod. m mit $\chi(a) = 1$ für alle χ aus $\mathfrak{K}$.*

Ferner sei

$$m = p^{\mu_p} m_p \quad \text{mit } p \nmid m_p,$$

$\mathfrak{H}_p$ *die Gruppe der a mod. m_p mit a aus $\mathfrak{H}$,*

k_p *der Index von $\mathfrak{H}_p$ in der primen Restklassengruppe mod. m_p.*

Dann ist

f_p *die Ordnung von p mod. m_p in bezug auf $\mathfrak{H}_p$,*

g_p *der zu f_p komplementäre Teiler von k_p.*

Von den endlich vielen Primteilern p von m abgesehen ist einfacher $m_p = m$, $\mathfrak{H}_p = \mathfrak{H}$, $k_p = k$, also f_p die Ordnung von p mod. m in bezug auf $\mathfrak{H}$ und $f_p g_p = k$.

Im Falle $\zeta_m(s)$, wo $\mathfrak{K} = \mathfrak{X}$ die Gruppe aller $k = \varphi(m)$ Restklassencharaktere mod. m ist, wird $\mathfrak{K}_p = \mathfrak{X}_p$ die Gruppe aller $k_p = \varphi(m_p)$ Restklassencharaktere mod. m_p und $\mathfrak{H}_p = \mathfrak{E}_p$ die Einsklasse mod. m_p. In diesem Falle ist somit einfach

f_p die Ordnung von p mod. m_p, $f_p g_p = \varphi(m_p)$, wo $m = p^{\mu_p} m_p$ mit $p \nmid m_p$.

Mit dieser Bedeutung der Zahlen f_p, g_p besteht also die Produktdarstellung

$$(6\,\text{a.}) \qquad \zeta_m(s) = \prod_p \left(\frac{1}{1 - \dfrac{1}{p^{f_p s}}} \right)^{g_p}.$$

Im Falle $\zeta(s\,|\,\chi)$, wo $\mathfrak{K}$ die aus einem quadratischen Restklassencharakter χ erzeugte Gruppe von der Ordnung $k = 2$ ist, können wir abweichend von der bisherigen Auffassung, wo $m > 0$ vorausgesetzt und demgemäß auch $f(\chi) > 0$ ist, den Charakter χ von vornherein nach dem Schema § 13,7, (3.), (4.) als eine gerade Zahlfunktion normiert und außerdem von vornherein $m = f(\chi)$ (jetzt nicht mehr notwendig > 0) annehmen; denn für die L-Reihe $L(s\,|\,\chi)$ kommt es ja nur auf die Werte $\chi(n)$ mit natürlichen n an, die von dieser Normierung nicht betroffen werden. Nach § 13,7,XIX ist dann χ das Kroneckersche Symbol mit dem Zähler $f(\chi)$. Die $\mathfrak{K}$ nach § 13,4,V zugeordnete Untergruppe $\mathfrak{H}$ ist dann in der Gruppe $\mathfrak{G}$ aller primen Restklassen $a \bmod. f(\chi)$ durch $\left(\dfrac{f(\chi)}{a} \right) = 1$ charakterisiert, also gerade die in § 9,6,VI genannte und dort ausführlich behandelte Gruppe. Für alle $p \nmid f(\chi)$ ist $k_p = 2$ und $\mathfrak{H}_p = \mathfrak{H}$; für die endlich vielen $p \mid f(\chi)$ ist $k_p = 1$. Somit ist in diesem Falle

$$\begin{aligned} f_p &= 1, & g_p &= 2 & \text{für} \quad & p \nmid f(\chi), \quad p \text{ in } \mathfrak{H}, \\ f_p &= 2, & g_p &= 1 & \text{für} \quad & p \nmid f(\chi), \quad p \text{ nicht in } \mathfrak{H}, \\ f_p &= 1, & g_p &= 1 & \text{für} \quad & p \mid f(\chi), \end{aligned}$$

und die Produktdarstellung (6.) lautet ausführlich geschrieben:

$$(6\,\text{b.}) \quad \zeta(s\,|\,\chi) = \prod_{\substack{p \,\nmid\, f(\chi) \\ p \text{ in } \mathfrak{H}}} \left(\frac{1}{1 - \dfrac{1}{p^s}} \right)^{2} \cdot \prod_{\substack{p \,\nmid\, f(\chi) \\ p \text{ nicht in } \mathfrak{H}}} \frac{1}{1 - \dfrac{1}{p^{2s}}} \cdot \prod_{p \mid f(\chi)} \frac{1}{1 - \dfrac{1}{p^s}}.$$

Bei der bisherigen Normierung $f(\chi) > 0$ des Charakters χ ist $\mathfrak{H}$ durch das Kroneckersche Symbol mit dem Zähler $\chi(-1)\,f(\chi)$ definiert.

7. Als erste, unmittelbare Folgerung aus der Produktdarstellung (6.) heben wir die Ungleichung

$$(7.) \qquad\qquad \zeta(s\,|\,\mathfrak{K}) > 1$$

hervor, die in den Fällen $\zeta_m(s)$, $\zeta(s\,|\,\chi)$ grundlegend für unseren elementar-analytischen Beweis sein wird.

Um eine zweite, darüber hinausgehende Folgerung zu ziehen, die für die funktionentheoretischen Beweise grundlegend ist, denken wir uns nunmehr die einzelnen Faktoren aus (6.) in die absolut-konvergenten Reihen

$$\left(\frac{1}{1 - \dfrac{1}{p^{f_p s}}} \right)^{g_p} = \sum_{\nu=0}^{\infty} \binom{\nu + g_p - 1}{\nu} \frac{1}{p^{\nu f_p s}}$$

entwickelt (Beweis dieser Formel durch $(g_p - 1)$-malige Differentiation der geometrischen Reihe $\dfrac{1}{1-x} = \sum\limits_{\nu=0}^{\infty} x^\nu$) und dann gliedweise ausmultipliziert. Letzteres geschieht nach dem von der Eulerschen Identität her geläufigen Schema, hier jedoch wegen der zusätzlichen Exponenten f_p und der Zahlkoeffizienten $\binom{\nu + g_p - 1}{\nu}$ etwas komplizierter. Auch ohne diese Ausmultiplikation formelmäßig durchzuführen, erkennt man, daß sich dabei für das Produkt $\zeta(s \mid \Re)$ eine absolut-konvergente Dirichletsche Reihe ergibt, deren Anfangsglied 1 ist und deren weitere Koeffizienten ganze nicht-negative Zahlen sind. Gerade diese letztere Eigenschaft ist es, die in den Fällen $\zeta_m(s)$, $\zeta(s \mid \chi)$ für die funktionentheoretischen Beweise grundlegend ist.

Die auf diese Weise erhaltene Darstellung von $\zeta(s \mid \Re)$ als absolut-konvergente Dirichletsche Reihe ist nun mit der zuvor auf andere Weise erhaltenen Darstellung (2.) identisch. Dies kann man auf zwei verschiedene Arten einsehen, entweder analytisch oder algebraisch.

Analytisch folgt es ohne weiteres aus der Tatsache, daß die Koeffizienten a_n einer für $s > 1$ absolut-konvergenten Dirichletschen Reihe

$$f(s) = \sum_n \frac{a_n}{n^s}$$

durch die Reihenwerte $f(s)$ eindeutig bestimmt sind (sog. Identitätssatz für Dirichletsche Reihen). Man beweist das ganz analog wie für Potenzreihen. Es genügt zu zeigen, daß aus $f(s) = 0$ für alle $s > 1$ folgt $a_n = 0$ für alle n. Wäre nun ein erstes $a_\nu \neq 0$ vorhanden, so schreibe man die Voraussetzung $f(s) = 0$ in der Form

$$a_\nu + \sum_{n > \nu} a_n \left(\frac{\nu}{n}\right)^s = 0$$

und lasse $s \to +\infty$ gehen. Da aus der abslouten Konvergenz für $s > 1$ die gleichmäßige Konvergenz in jedem Bereich $s \geq 1 + \delta$ mit $\delta > 0$ folgt, kann dieser Grenzübergang gliedweise ausgeführt werden. Er ergibt $a_\nu + 0 = 0$ im Widerspruch zu der gemachten Annahme.

Algebraisch gehe man aus von der (6.) zugrunde liegenden Formel

$$\prod_{\chi \text{ in } \Re} \left(1 - \frac{\chi(p)}{p^s}\right) = \left(1 - \frac{1}{p^{f_p s}}\right)^{g_p}$$

für die Beiträge der einzelnen Primzahlen p. Ihrer Herleitung nach gilt diese Formel sogar für eine Unbestimmte x an Stelle von $\dfrac{1}{p^s}$, also als Polynomidentität

$$\prod_{\chi \text{ in } \Re} (1 - \chi(p)\,x) = (1 - x^{f_p})^{g_p}.$$

Hieraus folgt nun formal-algebraisch, d.h. ebenfalls für unbestimmtes x, die Potenzreihenidentität

$$\prod_{\chi \,\text{in}\,\Re} \sum_{\nu=0}^{\infty} \chi(p)^\nu x^\nu = \sum_{\nu=0}^{\infty} \binom{\nu + g_p - 1}{\nu} x^{\nu f_p},$$

die aussagt, daß die durch gliedweise Ausmultiplikation der Potenzreihen links entstehende Potenzreihe koeffizientenweise mit der Potenzreihe rechts übereinstimmt. Zum Beweis setze man als Grundtatsache die Summenformel für die geometrische Reihe in die Gestalt der Polynomkongruenzenfolge $(1 - x) \sum_{\nu=0}^{N-1} x^\nu \equiv 1 \bmod. x^N$ für alle natürlichen N. Bezeichnen dann $P_N(\chi)$, P_N und Q_N die entsprechenden Partialsummen der Faktoren links, des Produkts links und der Reihe rechts, so hat man einerseits

$$\prod_{\chi \,\text{in}\,\Re} P_N(\chi) \equiv P_N \bmod. x^N,$$

andererseits

$$(1 - \chi(p) x) P_N(\chi) \equiv 1, \qquad (1 - x^{f_p})^{g_p} Q_N \equiv 1 \bmod. x^N$$

(letzteres durch vollständige Induktion nach g_p), und somit auf Grund der Polynomidentität die Kongruenz

$$(1 - x^{f_p})^{g_p} (P_N - Q_N) \equiv 0 \bmod. x^N.$$

Da $(1 - x^{f_p})^{g_p}$ den Faktor x nicht enthält, folgt hieraus $P_N \equiv Q_N \bmod. x^N$, also $P_N = Q_N$ für alle natürlichen N, wie behauptet. Durch Einsetzen von $x = \dfrac{1}{p^s}$ ergibt sich dann weiter die Identität

$$\prod_{\chi \,\text{in}\,\Re} \sum_{\nu=0}^{\infty} \frac{\chi(p)^\nu}{p^{\nu s}} = \sum_{\nu=0}^{\infty} \binom{\nu + g_p - 1}{\nu} \frac{1}{p^{\nu f_p s}}$$

in dem Sinne, daß die durch gliedweise Ausmultiplikation der Dirichletschen Reihen links entstehende Dirichletsche Reihe mit der Dirichletschen Reihe rechts koeffizientenweise übereinstimmt. Nach dem Schlußschema der Eulerschen Identität folgt hieraus dasselbe für die durch gliedweise Multiplikation über alle p entstehenden Dirichletschen Reihen. Die Koeffizienten der dabei links entstehenden Reihe sind nun nach den obigen Formeln (3.), (4.) gerade die $\sigma(n \,|\, \Re)$ aus (2.). Somit stimmt die Reihe (2.) in der Tat koeffizientenweise mit der durch Ausmultiplikation aus (6.) entstehenden Reihe überein.

8. Durch diesen Identitätsbeweis sind für die Koeffizienten $\sigma(n \,|\, \Re)$ der Reihendarstellung (2.) von $\zeta(s \,|\, \Re)$ in Ergänzung zu den wenig handlichen Formeln (3.), (4.) nunmehr explizite Ausdrücke durch Binomialkoeffizienten gewonnen, die ihre schon hervorgehobene Ganzzahligkeit und Nichtnegativität in Augenschein setzen. Indem man nämlich be-

achtet, daß schon die zuletzt angegebene Identität für die p-Beiträge die speziellen Koeffizienten $\sigma(p^\nu|\Re)$ liefert, ergibt sich zusammengefaßt:

II. *Das Produkt*

$$\zeta(s|\Re) = \prod_{\chi \text{ in } \Re} L(s|\chi)$$

der eigentlichen L-Reihen zu den Charakteren χ einer Gruppe $\Re$ von Restklassencharakteren mod. m besitzt eine Darstellung

$$\zeta(s|\Re) = \sum_n \frac{\sigma(n|\Re)}{n^s}$$

als für $s > 1$ absolut-konvergente Dirichletsche Reihe mit ganzen nichtnegativen Koeffizienten $\sigma(n|\Re)$, und zwar sind diese Koeffizienten entsprechend der Primzerlegung $n = \prod_p p^\nu$ aus den speziellen

$$\sigma(p^\nu|\Re) = \begin{cases} \dbinom{\nu_0 + g_p - 1}{\nu_0} & \text{für } \nu = \nu_0 f_p \\ 0 & \text{für } f_p \nmid \nu \end{cases}$$

multiplikativ zusammengesetzt, wo f_p, g_p die in I erklärte Bedeutung haben.

In den uns hier interessierenden Fällen $\zeta_m(s)$, $\zeta(s|\chi)$ haben f_p, g_p die im Anschluß an I erklärte spezielle Bedeutung. Hinsichtlich $\zeta_m(s)$ ist nichts weiteres zu sagen. Bei $\zeta(s|\chi)$ lautet das Koeffizientengesetz

$$\sigma(p^\nu|\chi) = \begin{cases} \nu + 1 & \text{für } p \nmid f(\chi),\ p \text{ in } \mathfrak{H} \\ 1 \text{ oder } 0,\ \text{je nachdem } \nu \text{ gerade oder ungerade,} & \\ \qquad \text{für } p \nmid f(\chi),\ p \text{ nicht in } \mathfrak{H} & \\ 1 & \text{für } p \mid f(\chi) \end{cases},$$

wie man in diesem Falle auch schon mühelos aus (4.) entnehmen kann. Wir werden außerdem das ursprüngliche Koeffizientengesetz aus (2.) benötigen, das hier in der einfachen Form

$$\sigma(n|\chi) = \sum_{d|n} \chi(d)$$

geschrieben werden kann.

2. Elementar-analytischer Beweis für nicht-quadratische Charaktere

In § 14,**2**,IV haben wir festgestellt, daß die L-Reihen

$$L(s|\chi) = \sum_n \frac{\chi(n)}{n^s}$$

mit $\chi \neq \varepsilon$ bei der natürlichen Gliederfolge sogar für $s > 0$ konvergieren und stetige Funktionen von s sind. Wir brauchen für unseren Beweis darüber hinaus:

III. *Die $L(s|\chi)$ mit $\chi \neq \varepsilon$ sind für $s > 0$ stetig differenzierbar, und ihre Ableitungen sind*

$$L'(s|\chi) = -\sum_n \frac{\chi(n)\log n}{n^s},$$

d.h. werden durch gliedweise Differentation erhalten.

Beweis. Es genügt zu zeigen, daß die gliedweise differenzierten Reihen in jedem Bereich $s \geq \delta$ mit $\delta > 0$ gleichmäßig konvergent sind; denn dann darf man diese Reihen zwischen den Grenzen s und $+\infty$ gliedweise integrieren, was gerade die ursprünglichen Reihen ergibt. Dieser Nachweis kann nun nach dem Muster des Beweises von § 14,3,IV mit geringen Abänderungen erbracht werden.

Zusätzlich gebraucht wird die Abschätzung

$$\log n = \int_1^n \frac{d x}{x} < \int_1^n x^\varepsilon \frac{d x}{x} = \frac{n^\varepsilon - 1}{\varepsilon} < \frac{n^\varepsilon}{\varepsilon} \quad \text{für jedes } \varepsilon > 0.$$

Indem man etwa $\varepsilon = \frac{1}{2}\delta$ wählt, folgt aus ihr die Abschätzung

$$\frac{\log n}{n^s} \leq \frac{\log n}{n^\delta} < \frac{2}{\delta}\,\frac{1}{n^{\frac{1}{2}\delta}} \quad \text{für alle } s \geq \delta.$$

Demnach strebt das allgemeine Glied der differenzierten Reihe mit wachsendem n gleichmäßig für alle $s \geq \delta$ zu Null. Daher genügt es wieder, sich auf die Abschätzung der speziellen Reihenstücke mit $\varkappa f < n \leq K f$ zu beschränken.

Entsprechend wie im Stetigkeitsbeweis (§ 14,3,IV) stellen sich diese Reihenstücke hier in der Form

$$\sum_{\varkappa f < n \leq K f} \frac{\chi(n)\log n}{n^s} = \frac{1}{f^s}\sum_{r=1}^f \chi(r) \sum_{\varkappa \leq k < K} \left[\frac{\log f + \log(k+\varrho)}{(k+\varrho)^s} - \frac{\log f + \log(k+1)}{(k+1)^s}\right]$$

$$= \frac{\log f}{f^s}\sum_{r=1}^f \chi(r) \sum_{\varkappa \leq k < K} \left[\frac{1}{(k+\varrho)^s} - \frac{1}{(k+1)^s}\right] + \frac{1}{f^s}\sum_{r=1}^f \chi(r) \sum_{\varkappa \leq k < K} \left[\frac{\log(k+\varrho)}{(k+\varrho)^s} - \frac{\log(k+1)}{(k+1)^s}\right]$$

$$= \qquad\qquad A \qquad\qquad\qquad + \qquad\qquad\qquad B$$

dar, wo $f = f(\chi)$ und $\varrho = \frac{r}{f}$ gesetzt ist. Von den beiden Doppelsummen A, B hat die erste nach jenem Beweis die Abschätzung

$$|A| \leq \frac{f^\delta \log f}{f^\delta} \sum_{\varkappa \leq k < K} \frac{1}{k^{\delta+1}} \quad \text{für alle } s \geq \delta,$$

wenn nur von vornherein $\varkappa \geq e^{1/\delta}$ gewählt ist. Für die zweite folgt entsprechend unter Anwendung des Mittelwertsatzes der Differentialrechnung zunächst

$$\frac{\log(k+\varrho)}{(k+\varrho)^s} - \frac{\log(k+1)}{(k+1)^s} = \frac{(1-\varrho)[s\log(k+\varrho^*)-1]}{(k+\varrho^*)^{s+1}} \quad \text{mit } \varrho \leq \varrho^* \leq 1,$$

und daraus unter der gleichen Voraussetzung $\varkappa \geqq e^{1/\delta}$ weiter

$$0 \leqq \frac{\log(k+\varrho)}{(k+\varrho)^s} - \frac{\log(k+1)}{(k+1)^s} \leqq \frac{\delta \log(k+1)}{k^{\delta+1}} \quad \text{für alle } s \geqq \delta.$$

Da nach obigem $\log(k+1) \leqq \log 2k < \frac{2}{\delta}(2k)^{\frac{1}{2}\delta}$ ist, ergibt sich hiermit für die zweite Doppelsumme die Abschätzung

$$|B| \leqq \frac{2f \cdot 2^{\frac{1}{2}\delta}}{f^\delta} \sum_{\varkappa \leqq k < K} \frac{1}{k^{\frac{1}{2}\delta+1}} \quad \text{für alle } s \geqq \delta.$$

Aus der Konvergenz der Zetareihen $\zeta(1+\delta)$ und $\zeta\left(1+\frac{1}{2}\delta\right)$ folgt dann wie im Stetigkeitsbeweis die Behauptung.

Nach der hiermit bewiesenen Aussage III ist

$$\lim_{s \to 1} \frac{L(s|\chi) - L(1|\chi)}{s-1} = L'(1|\chi)$$

für jeden Charakter $\chi \neq \varepsilon$ vorhanden und endlich. Wäre für einen Charakter $\chi_1 \neq \varepsilon$ die L-Reihe $L(1|\chi_1) = 0$, so wäre also

$$\lim_{s \to 1} \frac{L(s|\chi_1)}{s-1} = L'(1|\chi_1)$$

vorhanden und endlich. Wir wollen versuchen, hieraus in Verbindung mit der in § 12,4,II bewiesenen Grenzbeziehung

$$\lim_{s \to 1+0} (s-1)\,\zeta(s) = 1$$

einen Widerspruch zu dem Verhalten des in **1** betrachteten Produkts

$$\zeta_m(s) = \zeta(s) \prod_{\chi \neq \varepsilon} L(s|\chi)$$

herzuleiten. Dazu schreiben wir dies Produkt in der Form

$$\zeta_m(s) = (s-1)\,\zeta(s) \cdot \frac{L(s|\chi_1)}{s-1} \cdot \prod_{\chi \neq \varepsilon,\,\chi_1} L(s|\chi).$$

Wäre $L(1|\chi_1) = 0$, so ergäbe sich aus den angegebenen Grenzbeziehungen für $\zeta(s)$, $L(s|\chi_1)$ und der Stetigkeit der übrigen $L(s|\chi)$, daß $\zeta_m(s)$ für $s \to 1+0$ einen endlichen Grenzwert hätte. Das ist nun allerdings nach unserer bisherigen Kenntnis über $\zeta_m(s)$ noch kein Widerspruch. Wir wissen in dieser Hinsicht nach **1**, (7.) nur, daß jedenfalls $\zeta_m(s) > 1$ für alle $s > 1$ ist. Die letztere Tatsache reicht aber aus, um in der angegebenen Weise einen Widerspruch zu der Annahme herzuleiten, daß für zwei verschiedene Charaktere $\chi_1, \chi_2 \neq \varepsilon$ die L-Reihen $L(1|\chi_1), L(1|\chi_2)$ $= 0$ sind. Dazu schreiben wir die Produktbeziehung in der Form

$$\frac{\zeta_m(s)}{s-1} = (s-1)\,\zeta(s) \cdot \frac{L(s|\chi_1)}{s-1} \cdot \frac{L(s|\chi_2)}{s-1} \cdot \prod_{\chi \neq \varepsilon,\, \chi_1,\, \chi_2} L(s|\chi)\,.$$

Aus unserer Annahme ergäbe sich dann wie eben, daß $\dfrac{\zeta_m(s)}{s-1}$ für $s \to 1+0$ einen endlichen Grenzwert hätte. Wegen $\zeta_m(s) > 1$ für alle $s > 1$ ist dies in der Tat ein Widerspruch.

Damit ist bewiesen, daß es unter den $\varphi(m) - 1$ Charakteren $\chi \neq \varepsilon$ der primen Restklassengruppe mod. m höchstens einen χ_1 mit $L(1|\chi_1) = 0$ geben kann. Dieser muß dann notwendig reell, also quadratisch sein; denn sonst wäre er von seinem konjugiert-komplexen $\bar{\chi}_1$ verschieden, und es wäre auch für diesen $L(1|\bar{\chi}_1) = 0$. Wir können demnach feststellen:

IV. *Für jeden nicht-quadratischen Restklassencharakter $\chi \neq \varepsilon$ ist $L(1|\chi) \neq 0$.*

Unter den quadratischen Restklassencharakteren mod. m gibt es höchstens einen χ_1 mit $L(1|\chi_1) = 0$.

Vorausschauend können wir nach dem Gesagten ferner feststellen:

V. *Wenn* $\lim\limits_{s \to 1+0} \zeta_m(s) = \infty$ *gilt, so sind für alle $\chi \neq \varepsilon$ die $L(1|\chi) \neq 0$.*

Zu dem Ergebnis IV bemerken wir noch folgendes. Der Modul m spielt dabei nur eine untergeordnete Rolle. Ein Restklassencharakter χ vom Führer $f(\chi)$ kommt ja unter den Restklassencharakteren mod. m für jedes Vielfache m von $f(\chi)$ vor. Zwei verschiedene Restklassencharaktere χ, ψ kommen demnach gemeinsam unter den Restklassencharakteren mod. m für irgendein gemeinsames Vielfaches m ihrer Führer $f(\chi), f(\psi)$ vor. Somit können wir schärfer als ein IV sogar sagen:

IV'. *Unter allen quadratischen Restklassencharakteren überhaupt gibt es höchstens einen χ_1 mit $L(1|\chi_1) = 0$.*

Allerdings bedeutet diese scheinbar beinahe abschließende Erkenntnis keinerlei Erleichterung für den Restbeweis, da über den evtl. quadratischen Ausnahmecharakter gar nichts feststeht.

3. Elementar-analytischer Beweis für quadratische Charaktere

Wir beweisen nunmehr die zur Vollendung des Dirichletschen Beweises allein noch benötigte Tatsache:

VI. *Für jeden quadratischen Charakter χ ist $L(1|\chi) \neq 0$.*

Beweis. Während der in 3 gegebene Beweis für die nicht-quadratischen Charaktere $\chi \neq \varepsilon$ sich auf das Verhalten des in 1 behandelten

Produkts $\zeta_m(s) = \zeta(s) \prod\limits_{\chi \neq \varepsilon} L(s|\chi)$ aller L-Reihen mod. m stützte, ziehen wir für diesen Beweis das Verhalten des dort ebenfalls behandelten Teilprodukts

$$(1.) \qquad \zeta(s|\chi) = \zeta(s)\, L(s|\chi) = \sum_n \frac{\sigma(n|\chi)}{n^s}$$

heran. Während wir aber in **3** mit der groben Aussage $\zeta_m(s) > 1$ für $s > 1$ auskamen, die einfach aus der Produktentwicklung, also ohne Kenntnis der Reihenkoeffizienten $\sigma_m(m)$ abgelesen werden konnte, benötigen wir hier eine schärfere Aussage über $\zeta(s|\chi)$, für die es wesentlich auf die arithmetischen Eigenschaften der Reihenkoeffizienten $\sigma(n|\chi)$ ankommt. Diese Koeffizienten $\sigma(n|\chi)$ sind, wie wir in **1**,II festgestellt haben, ganze nicht-negative Zahlen. Nach den Formeln am Schluß von **1** ist ferner $\sigma(n|\chi) = 0$ genau dann, wenn in n eine nicht in $f(\chi)$ aufgehende und nicht in der Gruppe $\mathfrak{H}$ liegende Primzahl p zu ungeradem Exponenten steckt. Diese Bedingung ist nun für Quadratzahlen $n = n_0^2$ sicher nicht erfüllt. Demnach gilt

$$\sigma(n|\chi) \geqq 0 \quad \text{für alle } n,$$
$$\sigma(n|\chi) \geqq 1 \quad \text{für } n = n_0^2,$$

Hieraus folgt, daß die Reihe

$$(2.) \qquad \zeta\left(\frac{1}{2}\,\Big|\,\chi\right) = \sum_n \frac{\sigma(n|\chi)}{\sqrt{n}} \quad \text{divergiert.}$$

Denn ihre Glieder sind nicht-negativ und die Teilreihe der Glieder mit $n = n_0^2$ hat die divergente harmonische Reihe $\sum\limits_{n_0} \frac{1}{n_0}$ als Minorante.

Auf diese Tatsache (2.) wird sich unser Beweis stützen. Wir werden nämlich zeigen, daß aus $L(1|\chi) = 0$ die Konvergenz der Reihe $\zeta\left(\frac{1}{2}\,\Big|\,\chi\right)$ folgen würde.

Zur Abkürzung setzen wir

$$L(s) = L(s|\chi), \quad Z(s) = \zeta(s|\chi), \quad \sigma(n) = \sigma(n|\chi).$$

Ferner bezeichnen wir allgemein für eine Dirichletsche Reihe

$$f(s) = \sum_n \frac{a_n}{n^s}$$

mit

$$f_x(s) = \sum_{n \leqq x} \frac{a_n}{n^s}, \qquad f^x(s) = \sum_{n > x} \frac{a_n}{n^s}$$

ihre Partialsummen und Reste, und zwar soll dabei die Aufspaltungsstelle x aus formalen Gründen nicht auf natürliche Zahlen N beschränkt, sondern als beliebige reelle positive Zahl zugelassen sein. In Wahrheit kommt es natürlich nur auf die größte x nicht übertreffende ganze Zahl $N = [x]$ an, gekennzeichnet durch $N \leqq x < N + 1$.

Gemäß der Produktdefinition (1.) von $\zeta(s\,|\,\chi)$, also jetzt

$$Z(s) = \zeta(s)\,L(s) = \sum_n \frac{\sigma(n)}{n^s},$$

gelten für die Koeffizienten $\sigma(n)$, wie am Schluß von 1 festgestellt, die Formeln

$$\sigma(n) = \sum_{d|n} \chi(d).$$

Wir betrachten nun die spezielle Partialsumme

$$Z_{N^2}\!\left(\frac{1}{2}\right) = \sum_{n \leqq N^2} \frac{\sigma(n)}{\sqrt{n}},$$

mit einer quadratischen Aufspaltstelle N^2, der nach (2.) divergenten Reihe $Z\!\left(\frac{1}{2}\right)$. Mittels jener Koeffizientenformeln leiten wir für sie eine der Produktdefinition von $Z(s)$ entsprechende Beziehung zu Partialsummen $\zeta_x\!\left(\frac{1}{2}\right)$ und Resten $L^x\!\left(\frac{1}{2}\right)$ her. Darin lassen sich die $L^x\!\left(\frac{1}{2}\right)$ abschätzen und die $\zeta_x\!\left(\frac{1}{2}\right)$ bis auf ein irrelevantes Fehlerglied elementar ausdrücken. Hierbei stellt sich nun, wie zu erwarten, die Partialsumme $L_N\!\left(\frac{1}{2}\right)$, aber überraschenderweise außerdem die Partialsumme $L_N(1)$ ein. Die so resultierende Beziehung zwischen $Z_{N^2}\!\left(\frac{1}{2}\right)$ und $L_N\!\left(\frac{1}{2}\right)$, $L_N(1)$

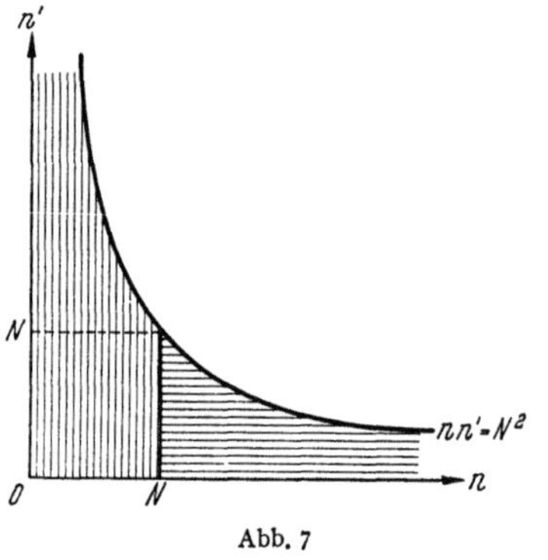

Abb. 7

ermöglicht dann durch Grenzübergang $N \to \infty$ den Schluß, daß aus $L(1) = 0$ die Konvergenz von $Z\!\left(\frac{1}{2}\right)$ folgen würde.

Wir kommen jetzt zur Durchführung dieses Beweisschemas. Nach den angegebenen Koeffizientenformeln hat man zunächst

$$Z_{N^2}\!\left(\frac{1}{2}\right) = \sum_{n \leqq N^2} \sum_{d|n} \frac{\chi(d)}{\sqrt{n}}.$$

Setzt man $n = d\,n'$ und führt n' statt n als unabhängige Summationsgröße neben d ein, so ist diese Doppelsumme über alle Paare natürlicher Zahlen d, n' mit $d\,n' \leqq N^2$ erstreckt. Schreibt man noch wieder n für d, so hat man demnach weiter

$$Z_{N^2}\!\left(\frac{1}{2}\right) = \sum_{n\,n' \leqq N^2} \frac{1}{\sqrt{n'}}\,\frac{\chi(n)}{\sqrt{n}}.$$

Durch Aufspaltung der Summation, wie in vorstehender Abb. 7 durch Strichelung veranschaulicht, wird nun

$$Z_{N^2}\left(\frac{1}{2}\right) = \sum_{n \leq N} \frac{\chi(n)}{\sqrt{n}} \sum_{n' \leq \frac{N^2}{n}} \frac{1}{\sqrt{n'}} + \sum_{n' < N} \frac{1}{\sqrt{n'}} \sum_{N < n \leq \frac{N^2}{n'}} \frac{\chi(n)}{\sqrt{n}} ,$$

oder also

$$(3.) \qquad Z_{N^2}\left(\frac{1}{2}\right) = \sum_{n \leq N} \frac{\chi(n)}{\sqrt{n}} \zeta_{\frac{N^2}{n}}\left(\frac{1}{2}\right) + \sum_{n < N} \frac{1}{\sqrt{n}} \left(L^N\left(\frac{1}{2}\right) - L^{\frac{N^2}{n}}\left(\frac{1}{2}\right)\right).$$

Wir brauchen dann eine genauere Bestimmung der Partialsummen $\zeta_x\left(\frac{1}{2}\right)$ und eine Abschätzung der Reste $L^x\left(\frac{1}{2}\right)$.

a) Bestimmung der Partialsummen $\zeta_x\left(\frac{1}{2}\right)$. Wie in § 12,4 ist

$$\int_n^{n+1} \frac{du}{\sqrt{u}} < \frac{1}{\sqrt{n}} < \int_{n-1}^{n} \frac{du}{\sqrt{u}}$$
$$(n \geq 1) \qquad\qquad (n > 1)$$

und daher

$$\int_1^x \frac{du}{\sqrt{u}} < \int_1^{[x]+1} \frac{du}{\sqrt{u}} < \zeta_x\left(\frac{1}{2}\right) < 1 + \int_1^{[x]} \frac{du}{\sqrt{u}} \leq 1 + \int_1^x \frac{du}{\sqrt{u}} ,$$

also

$$2\sqrt{x} - 2 < \zeta_x\left(\frac{1}{2}\right) < 2\sqrt{x} - 1.$$

Diese beiderseitige Abschätzung von $\zeta_x\left(\frac{1}{2}\right)$ genügt aber für unseren Zweck nicht; wir müssen vielmehr $\zeta_x\left(\frac{1}{2}\right)$ bis auf ein Fehlerglied von der Größenordnung $O\left(\frac{1}{\sqrt{x}}\right)$ genau bestimmen. Das geschieht durch Ausbau des zu der Abschätzung führenden Vergleichs mit dem Integral $\int_1^x \frac{du}{\sqrt{u}}$ folgendermaßen. Es ist

$$\zeta_x\left(\frac{1}{2}\right) - \left(2\sqrt{x} - 2\right) = \sum_{n \leq x} \frac{1}{\sqrt{n}} - \int_1^x \frac{du}{\sqrt{u}}$$
$$= \sum_{n \leq x} \int_n^{n+1} \left(\frac{1}{\sqrt{n}} - \frac{1}{\sqrt{u}}\right) du + \int_x^{[x]+1} \frac{du}{\sqrt{u}} .$$

Hierin ist rechts der zweite Summand $< \frac{1}{\sqrt{x}}$. Der erste Summand ist die x entsprechende Partialsumme der konvergenten Reihe positiver Glieder

$$a = \sum_n \int_n^{n+1} \left(\frac{1}{\sqrt{n}} - \frac{1}{\sqrt{u}}\right) du < \sum_n \left(\frac{1}{\sqrt{n}} - \frac{1}{\sqrt{n+1}}\right) = 1$$

mit der Restabschätzung

$$\sum_{n>x} \int_n^{n+1} \left(\frac{1}{\sqrt{n}} - \frac{1}{\sqrt{u}}\right) du < \sum_{n>x} \left(\frac{1}{\sqrt{n}} - \frac{1}{\sqrt{n+1}}\right) < \frac{1}{\sqrt{x}}.$$

Ersetzt man also die Partialsumme $\sum_{n \leq x}$ durch die volle Summe $a = \sum_n$, so tritt rechts noch ein negatives Restglied hinzu, dessen Betrag $< \frac{1}{\sqrt{x}}$ ist. Zusammengenommen gilt somit

$$\zeta_x\left(\frac{1}{2}\right) = 2\sqrt{x} - 2 + a + \frac{\vartheta_x}{\sqrt{x}} \quad \text{mit} \quad |\vartheta_x| < 1.$$

Auf den genauen Wert der hier auftretenden Konstanten a, für den der Herleitung nach jedenfalls $0 < a < 1$ gilt, wird es nicht ankommen.

Mittels dieser Bestimmung der Partialsummen $\zeta_x\left(\frac{1}{2}\right)$ bestimmt sich das erste Glied in (3.) bis auf ein irrelevantes Fehlerglied folgendermaßen:

$$\sum_{n \leq N} \frac{\chi(n)}{\sqrt{n}} \zeta_{N^2/n}\left(\frac{1}{2}\right) = \sum_{n \leq N} \frac{\chi(n)}{\sqrt{n}} \left(2\frac{N}{\sqrt{n}} - 2 + a\right) + \sum_{n \leq N} \frac{\chi(n)}{\sqrt{n}} \frac{\vartheta_{N^2/n}\sqrt{n}}{N}$$

$$= 2 L_N(1) N - (2-a) L_N\left(\frac{1}{2}\right) + \frac{1}{N} \sum_{n \leq N} \chi(n) \vartheta_{N^2/n}$$

$$= 2 L_N(1) N - (2-a) L_N\left(\frac{1}{2}\right) + \Theta_N \quad \text{mit} \quad |\Theta_N| < 1.$$

Die hierin auftretende Partialsumme $L_N\left(\frac{1}{2}\right)$ ist für $N \to \infty$ beschränkt, da die Reihe $L\left(\frac{1}{2}\right)$ nach § 14,**3**,IV konvergiert. Damit ergibt sich für das erste Glied in (3.) die Bestimmung

$$(4\,\text{a.}) \qquad \sum_{n \leq N} \frac{\chi(n)}{\sqrt{n}} \zeta_{N^2/n}\left(\frac{1}{2}\right) = 2 L_N(1) N + O(1)$$

bis auf ein Fehlerglied der Größenordnung $O(1)$ (beschränkt für $N \to \infty$).

b) **Abschätzung der Reste** $L^x\left(\frac{1}{2}\right)$. Wir schätzen allgemein gleich die Reste $L^x(s)$ für beliebiges $s > 0$ ab, weil wir für den Endschluß auch eine Abschätzung der $L^x(1)$ brauchen werden. Dazu führen wir die Koeffizientenpartialsummen

$$L_x(0) = \sum_{n \leq x} \chi(n)$$

von

$$L(s) = \sum_n \frac{\chi(n)}{n^s}$$

ein. Durch sie stellen sich die Koeffizienten $\chi(n)$ als die Differenzen

$$\chi(n) = L_n(0) - L_{n-1}(0)$$

dar. Setzt man diese Darstellung in die Reihe $L(s)$ ein, so folgt durch sog. partielle Summation

$$L^x(s) = \sum_{n>x} \frac{L_n(0) - L_{n-1}(0)}{n^s} = \sum_{n>x} \frac{L_n(0)}{n^s} - \sum_{n>x} \frac{L_n(0)}{(n+1)^s} - \frac{L_{[x]}(0)}{([x]+1)^s}$$
$$= \sum_{n>x} L_n(0) \left(\frac{1}{n^s} - \frac{1}{(n+1)^s}\right) - \frac{L_{[x]}(0)}{([x]+1)^s}.$$

Wegen $\sum_{n \bmod. f} \chi(n) = 0$ für jedes volle Restsystem n mod. f, wo $f = f(\chi)$ der Führer von χ ist, gilt nun ersichtlich

$$|L_x(0)| = \left|\sum_{n \leqq x} \chi(n)\right| < \frac{1}{2} f \qquad \text{für jedes } x.$$

Damit ergibt sich für die Reste $L^x(s)$ die Abschätzung

$$|L^x(s)| < \frac{1}{2} f \frac{1}{([x]+1)^s} + \frac{1}{2} f \frac{1}{([x]+1)^s} < \frac{f}{x^s}.$$

Speziell ist hiernach $\left|L^x\left(\frac{1}{2}\right)\right| < \frac{f}{\sqrt{x}}$. Damit erhält man für das zweite Glied in (3.) die Abschätzung

$$\left|\sum_{n<N} \frac{1}{\sqrt{n}} \left(L^N\left(\frac{1}{2}\right) - L^{N^2/n}\left(\frac{1}{2}\right)\right)\right| < f \sum_{n \leqq N} \frac{1}{\sqrt{n}} \left(\frac{1}{\sqrt{N}} + \frac{\sqrt{n}}{N}\right) = \frac{f}{\sqrt{N}} \zeta_N\left(\frac{1}{2}\right) + f.$$

Wie vorher bewiesen, ist nun sicher $\zeta_N\left(\frac{1}{2}\right) < 2\sqrt{N}$. Damit ergibt sich für das zweite Glied in (3.) die Abschätzung

$$(4\,\mathrm{b.}) \qquad \left|\sum_{n<N} \frac{1}{\sqrt{n}} \left(L_N\left(\frac{1}{2}\right) - L^{N^2/n}\left(\frac{1}{2}\right)\right)\right| < 3f,$$

nach der dieses Glied von der Größenordnung $O(1)$ ist.

Aus (4a.) und (4b.) folgt nach (3.) die Beziehung

$$Z_{N^2}\left(\frac{1}{2}\right) = 2 L_N(1) N + O(1),$$

oder also

$$Z_{N^2}\left(\frac{1}{2}\right) = 2 L(1) N - 2 L^N(1) N + O(1).$$

Wie eben bewiesen, ist $|L^N(1)| < \frac{1}{N}$, also auch das zweite Glied rechts von der Größenordnung $O(1)$, und somit

$$Z_{N^2}\left(\frac{1}{2}\right) = 2L(1)N + O(1).$$

Wäre nun $L(1) = 0$, so wäre hiernach $Z_{N^2}\left(\frac{1}{2}\right)$ für $N \to \infty$ beschränkt. Dies widerspricht aber der in (2.) festgestellten Divergenz der Reihe $Z\left(\frac{1}{2}\right)$, aus der ja wegen der Nichtnegativität der Glieder die Unbeschränktheit auch der speziellen Partialsummen $Z_{N_2}\left(\frac{1}{2}\right)$ folgt. Daher ist notwendig $L(1) \neq 0$, wie behauptet.

Hiermit ist unser elementar-analytischer Beweis des Dirichletschen Primzahlsatzes erbracht.

4. Die funktionentheoretische Beweismethode

Setzt man die Elemente der komplexen Funktionentheorie voraus, so wird nicht nur der vorstehend gegebene elementar-analytische Beweis für das Nichtverschwinden der L-Reihen durchsichtiger, sondern man erkennt auch den vom analytischen Standpunkt aus tieferen Grund für diese Tatsache, und es ergeben sich verschiedene Wege, den Beweis kurz und prägnant zu erbringen.

1. Wir müssen dazu einige allgemeine Tatsachen über Dirichletsche Reihen

$$f(s) = \sum_n \frac{a_n}{n^s}$$

vorausschicken, wobei jetzt s eine komplexe Variable sein soll und $n^s = e^{s \log n}$ mit reellem $\log n$ zu verstehen ist. Hierbei – und auch bei den anschließenden Anwendungen auf Zetafunktion und L-Reihen – werden wir uns mit einer mehr skizzenhaften Darstellung begnügen, da ja die funktionentheoretische Seite der Sache in diesem Buche über Zahlentheorie nicht im Mittelpunkt stehen kann.

Man setzt die komplexe Variable im vorliegenden Zusammenhang üblicherweise in der Form $s = \sigma + it$ mit reellen σ, t an. Analog wie bei Potenzreihen in einer komplexen Variablen x das Konvergenzgebiet nur vom Betrag $|x|$ abhängt, hängt es bei Dirichletschen Reihen nur vom Realteil σ ab; und analog wie es dort durch eine Ungleichung $|x| < r$ (Kreis) gegeben wird, wird es hier durch eine Ungleichung $\sigma > \alpha$ (rechte Halbebene) gegeben, wobei hier wie dort die Konvergenz in den Randpunkten fraglich bleibt. Man nennt α (reelle Zahl oder $\pm \infty$) die *Konvergenzabszisse*. Daß dieser Konvergenzsachverhalt besteht, ist plausibel, da der Betrag des allgemeinen Gliedes $\left|\dfrac{a_n}{n^s}\right| = \dfrac{|a_n|}{n^\sigma}$ ist, also nur vom Realteil abhängt.

Zum Beweis ist zu zeigen, daß *aus der Konvergenz von* $f(s)$ *für ein* $s_0 = \sigma_0 + it_0$ *die Konvergenz für alle komplexen* s *mit* $\sigma > \sigma_0$ *folgt.* Wir verbinden diesen Beweis gleich mit dem Nachweis, daß *die Konvergenz dann gleichmäßig in jedem Bereich* $\sigma \geqq \sigma_0 + \delta$, $|t - t_0| \leqq T$ *mit* $\delta > 0$, $T > 0$ *ist, und daß demnach* $f(s)$ *eine holomorphe Funktion im Bereich* $\sigma > \sigma_0$ *ist.* Vorauszusetzen brauchen wir dabei statt der Konvergenz von $f(s_0)$ nur, daß die Partialsummen $f_n(s_0)$ beschränkt sind. Es ist ähnlich

$$f(s) = \sum_n \frac{a_n}{n^{s_0}} \frac{1}{n^{s-s_0}} = \sum_n \frac{f_n(s_0) - f_{n-1}(s_0)}{n^{s-s_0}}.$$

wie bei der in **3** durchgeführten Restabschätzung ergibt sich hier für das allgemeine Reihenstück mit $\nu < n \leqq N$ durch partielle Summation die Darstellung

$$f_N(s) - f_\nu(s)$$
$$= \sum_{\nu < n \leqq N} f_n(s_0) \left(\frac{1}{n^{s-s_0}} - \frac{1}{(n+1)^{s-s_0}} \right) - \frac{f_\nu(s_0)}{(\nu+1)^{s-s_0}} + \frac{f_N(s_0)}{(N+1)^{s-s_0}}.$$

Darin ist

$$\frac{1}{n^{s-s_0}} - \frac{1}{(n+1)^{s-s_0}} = (s - s_0) \int_n^{n+1} \frac{du}{u^{s-s_0+1}},$$

also

$$\left| \frac{1}{n^{s-s_0}} - \frac{1}{(n+1)^{s-s_0}} \right| \leqq \frac{(\sigma - \sigma_0) + |t - t_0|}{n^{\sigma-\sigma_0+1}},$$

und somit wie im Beweis von § 14,**3**,IV

$$\left| \frac{1}{n^{s-s_0}} - \frac{1}{(n+1)^{s-s_0}} \right| \leqq \frac{\delta + T}{n^{\delta+1}},$$

wenn nur von vornherein $\nu \geqq e^{1/\delta}$ gewählt ist. Hieraus und aus der vorausgesetzten Beschränktheit $|f_n(s_0)| \leqq C$ ergibt sich die im Gebiet $\sigma \geqq \sigma_0 + \delta$, $|t - t_0| \leqq T$ gleichmäßige Abschätzung

$$|f_N(s) - f_\nu(s)| \leqq C(\delta + T)[\zeta_N(1 + \delta) - \zeta_\nu(1 + \delta)] + \frac{2C}{\nu^\delta},$$

also wegen der Konvergenz von $\zeta(1 + \delta)$ die gleichmäßige Konvergenz von $f(s)$ im angegebenen Bereich. Die untere Grenze aller dieser σ_0 liefert dann die Konvergenzabszisse α.

Setzt man an Stelle der Beschränktheit $f_n(s_0) = O(1)$ allgemeiner nur $f_n(s_0) = O(n^\gamma)$ mit reellem $\gamma \geqq 0$ voraus, so ergibt die entsprechende Schlußweise die Konvergenz für $\sigma > \sigma_0 + \gamma$. *Weiß man also insbesondere,* *daß die Koeffizientenpartialsummen $f_n(0) = O(n^\nu)$ sind, so ist die Konvergenzabszisse $\alpha \leq \gamma$.*

Neben der Konvergenzabszisse α bestimmt die Dirichletsche Reihe noch die Konvergenzabszisse β ihrer Betragreihe. Einerseits ist natürlich $\alpha \leq \beta$. Andererseits ist $\beta \leq \alpha + 1$; denn aus der Konvergenz von $f(s_0)$ folgt $\left| \dfrac{a_n}{n^{s_0}} \right| \leq C$, also die Majorisierung $\left| \dfrac{a_n}{n^s} \right| \leq C \dfrac{1}{n^{\sigma - \sigma_0}}$ durch die Glieder der für $\sigma - \sigma_0 > 1$ konvergenten Zetareihe $C\zeta(\sigma - \sigma_0)$ und somit die absolute Konvergenz von $f(s)$ für $\sigma > \sigma_0 + 1$. Anders als bei Potenzreihen kann bei Dirichletschen Reihen $\alpha > \beta$ sein; zwischen den Abszissen α und β liegt dann ein Streifen bedingter Konvergenz, der höchstens die Breite 1 hat.

2. Für die Zetareihe ist nach § 12,**4**,II die Konvergenzabszisse $\alpha = 1$ und auch die absolute Konvergenzabszisse $\beta = 1$. Daher ist $\zeta(s)$ eine in der Halbebene $\sigma > 1$ holomorphe Funktion.

Für die übrigen L-Reihen ist nach § 14,**3**,IV die Konvergenzabszisse $\alpha = 0$ – ersichtlich mit Divergenz für $\sigma = 0$ –, dagegen die absolute Konvergenzabszisse $\beta = 1$. Daher sind die $L(s|\chi)$ mit $\chi \neq \varepsilon$ in der Halbebene $\sigma > 0$ holomorphe Funktionen.

Analog wie bei den Potenzreihen die geometrische Reihe (Koeffizienten 1) aus ihrem Konvergenzkreis $|x| < 1$ in die ganze Ebene analytisch fortsetzbar ist, ist bei den Dirichletschen Reihen die Zetareihe (Koeffizienten 1) aus ihrer Konvergenzhalbebene $\sigma > 1$ in die ganze Ebene analytisch fortsetzbar, und analog wie bei der geometrischen Reihe diese Fortsetzung nur einen einzigen Pol bei $x = 1$ mit dem Residuum -1 hat, hat bei der Zetareihe diese Fortsetzung nur einen einzigen Pol bei $s = 1$ mit dem Residuum 1; nur daß diese Tatsachen bei der Zetareihe nicht ganz so einfach zu beweisen sind wie bei der geometrischen Reihe. Wir begnügen uns hier damit, die Fortsetzbarkeit in die Halbebene $\sigma > 0$ und die Aussage über den Pol zu beweisen; auf die letztere kommt es uns vornehmlich an. Beides ergibt sich aus der Identität

$$\left(1 - \frac{2}{2^s} \right) \zeta(s) = \left(1 - \frac{2}{2^s} \right) \sum_n \frac{1}{n^s} = \sum_n \frac{1}{n^s} - 2 \sum_n \frac{1}{(2n)^s}$$

$$= \frac{1}{1^s} - \frac{1}{2^s} + \frac{1}{3^s} - \frac{1}{4^s} \pm \cdots .$$

Die hier auftretende Dirichletsche Reihe hat beschränkte Koeffizientenpartialsummen. Daher ist ihre Konvergenzabszisse $\alpha \leq 0$. Sie stellt somit eine für $\sigma > 0$ holomorphe Funktion dar. Die Division dieser Funktion durch $1 - \dfrac{2}{2^s}$ ergibt eine analytische Darstellung von $\zeta(s)$ für $\sigma > 0$. An Polen kommen für $\zeta(s)$ in dieser Halbebene höchstens die Nullstellen von $1 - \dfrac{2}{2^s}$ in Frage; es sind das die Punkte $s = 1 + \dfrac{2g\pi i}{\log 2}$

für alle ganzen g. Unter ihnen ist $s = 1$ sicher ein Pol, weil $1 - \dfrac{1}{2} + \dfrac{1}{3} - \dfrac{1}{4} \pm \cdots = \log 2 \neq 0$ ist; und wegen $\lim\limits_{s \to 1} \dfrac{1 - \dfrac{2}{2^s}}{s - 1} = \log 2$ ergibt sich als Residuum

$$\lim_{s \to 1} (s - 1)\, \zeta(s) = 1.$$

Diese Grenzbeziehung kennen wir partiell (mit Annäherung an 1 durch reelle $s > 1$) bereits aus § 12,4. Die übrigen Nullstellen $s = 1 + \dfrac{2\,g\,\pi\,i}{\log 2}$ mit $g \neq 0$ sind keine Pole von $\zeta(s)$. Dies erkennt man unter Berufung auf die Eindeutigkeit der analytischen Fortsetzung, indem man die gleiche Schlußweise mit dem Faktor $1 - \dfrac{k}{k^s}$ für irgendeine natürliche Zahl $k \geqq 2$ durchführt. Auch die dann entstehende Dirichletsche Reihe

$$\left(1 - \frac{k}{k^s}\right) \zeta(s) = \left(1 - \frac{k}{k^s}\right) \sum_n \frac{1}{n^s} = \sum_n \frac{1}{n^s} - k \sum_n \frac{1}{(k\,n)^s}$$

$$= \left(\frac{1}{1^s} + \cdots + \frac{1}{(k-1)^s} - \frac{k-1}{k^s}\right) + \left(\frac{1}{(k+1)^s} + \cdots + \frac{1}{(2k-1)^s} - \frac{k-1}{(2k)^s}\right) + \cdots$$

hat ersichtlich beschränkte Koeffizientenpartialsummen, ist also für $\sigma > 0$ holomorph. Wählt man insbesondere für k irgend zwei verschiedene Primzahlen p, q, so haben die Nullstellengesamtheiten $1 + \dfrac{2\,g\,\pi\,i}{\log p}$, $1 + \dfrac{2\,h\,\pi\,i}{\log q}$ (g, h ganz) nur die Zahl 1 gemeinsam, weil die Gleichung $p^h = q^g$ nur die Lösung $g = 0$, $h = 0$ hat.

Zusammenfassend haben wir damit festgestellt:

VII. *Die Zetareihe $\zeta(s)$ ist aus ihrer Konvergenzhalbebene $\sigma > 1$ in die Halbebene $\sigma > 0$ analytisch fortsetzbar und dort eine bis auf einen Pol erster Ordnung bei $s = 1$ mit dem Residuum 1 holomorphe Funktion.*

Die übrigen L-Reihen $L(s\,|\,\chi)$ ($\chi \neq \varepsilon$) sind in ihrer Konvergenzhalbebene $\sigma > 0$ durchweg holomorphe Funktionen.

3. Auf Grund dieser vertieften, funktionentheoretischen Einsicht wird zunächst unser elementar-analytischer Beweis aus 2 für das Nichtverschwinden aller $L(1\,|\,\chi)$ bis auf höchstens ein $L(1\,|\,\chi_1)$ mit quadratischem χ_1 völlig durchsichtig. Nach VII ist nämlich auch das Produkt

$$\zeta_m(s) = \zeta(s) \prod_{\chi \neq \varepsilon} L(s\,|\,\chi)$$

eine für $\sigma > 0$ bis auf höchstens einen Pol erster Ordnung bei $s = 1$ holomorphe Funktion. Hinsichtlich dieses evtl. Pols, oder also der funktionentheoretischen Ordnungszahl ν von $\zeta_m(s)$ bei $s = 1$, bestehen dann nur folgende drei Möglichkeiten:

(a) Es ist $v = -1$; dann sind alle $L(1|\chi) \neq 0$, und $\zeta_m(s)$ hat bei $s = 1$ einen Pol erster Ordnung mit dem Residuum

$$\lim_{s \to 1} (s - 1)\, \zeta_m(s) = \prod_{\chi \neq \varepsilon} L(1|\chi).$$

(b) Es ist $v = 0$; dann ist genau ein $L(1|\chi_1) = 0$ von erster Ordnung, und $\zeta_m(s)$ ist bei $s = 1$ holomorph $\neq 0$.

(c) Es ist $v \geq 1$; dann ist entweder ein $L(1|\chi_1) = 0$ von höherer als erster Ordnung oder es sind mindestens zwei $L(1|\chi_1)$, $L(1|\chi_2) = 0$, und $\zeta_m(s)$ hat bei $s = 1$ eine Nullstelle.

Es gilt demnach:

VIII. *Die Aussage, daß alle $L(1|\chi) \neq 0$ sind, ist gleichbedeutend mit der Aussage, daß $\zeta_m(s)$ bei $s = 1$ einen Pol hat.*

Nach unserem elementar-analytischen Beweis in **3** sind diese beiden miteinander äquivalenten Aussagen in der Tat richtig, d.h. es liegt der Sachverhalt (a) vor. Um das unter weiterer Ausnutzung funktionentheoretischer Hilfsmittel auf durchsichtigere Art zu beweisen, hat man die Möglichkeiten (b) und (c) auszuschließen.

Die Möglichkeit (c) wird nun ersichtlich durch die in **1**, (7.) aus der Produktdarstellung (6.) abgelesene grobe Eigenschaft $\zeta_m(s) > 1$ für reelle $s > 1$ ausgeschlossen. Bei der Möglichkeit (b) ist dann, wie in **2**, der Charakter χ_1 notwendig reell, also quadratisch, und zum Ausschließen dieser Möglichkeit genügt es auch, statt des vollen Produkts $\zeta_m(s)$ nur jedes Teilprodukt

$$\zeta(s|\chi) = \zeta(s)\, L(s|\chi)$$

mit quadratischem χ als singulär bei $s = 1$ zu erweisen, oder auch nur eine der beiden Grenzbeziehungen

$$\lim_{s \to 1+0} \zeta_m(s) = +\infty, \qquad \lim_{s \to 1+0} \zeta(s|\chi) = +\infty$$

für reelle $s > 1$ zu beweisen, oder schließlich sogar nur die Unbeschränktheit von $\zeta_m(s)$ oder $\zeta(s|\chi)$ für reelle $s > 1$ festzustellen (aus der übrigens wegen der Nichtnegativität der Koeffizienten der Dirichletschen Reihen jene Grenzbeziehungen sofort folgen).

4. Dies kann in der zuerst angegebenen, echt funktionentheoretischen Form (Singularität bei $s = 1$) durch einen *allgemeinen Satz über Dirichletsche Reihen*

$$f(s) = \sum_n \frac{a_n}{n^s}$$

mit reellen nicht-negativen Koeffizienten a_n geschehen, nach dem *die durch eine solche Reihe dargestellte Funktion, wenn die Konvergenzabszisse α endlich ist, bei $s = \alpha$ eine Singularität hat.* Der Beweis ist so einfach, daß wir ihn hier bringen wollen. Angenommen die aus der Reihe durch analytische Fortsetzung entstehende Funktion $f(s)$ wäre bei $s = \alpha$ holomorph. Dann konvergiert die Potenzreihenentwicklung von $f(s)$ an einer Stelle $s = \alpha + \delta$ mit irgendeinem $\delta > 0$ in einem Kreise um diese Stelle von größerem Radius als δ, also sicher für hinreichend nahe bei α liegende reelle $s < \alpha$. Diese Potenzreihenentwicklung lautet

$$f(s) = \sum_{\nu = 0}^{\infty} \frac{1}{\nu!} f^{(\nu)}(\alpha + \delta)\,[s - (\alpha + \delta)]^{\nu}.$$

Da die Dirichletsche Reihe $f(s)$ etwa für $|s - (\alpha + \delta| \leq \frac{1}{2}\,\delta$ gleichmäßig konvergiert, und da eine gleichmäßig konvergten Reihe holomorpher Funktionen beliebig oft gliedweise differenziert werden darf, hat man

$$\frac{1}{\nu!}\, f^{(\nu)}(\alpha + \delta) = (-1)^{\nu} \sum_{n} \frac{a_n}{n^{\alpha + \delta}}\, \frac{(\log n)^{\nu}}{\nu!},$$

also

$$f(s) = \sum_{\nu = 0}^{\infty} \sum_{n} \frac{a_n}{n^{\alpha + \delta}}\, \frac{([(\alpha + \delta) - s]\log n)^{\nu}}{\nu!}.$$

Auf Grund der Voraussetzung über die a_n sind nun die Glieder dieser Doppelreihe für reelle $s < \alpha$ nicht-negative reelle Zahlen, und da sie für hinreichend nahe bei α gelegene solche s konvergiert, darf dann die Summationsfolge vertauscht werden. Dadurch entsteht aber gerade die ursprüngliche Dirichletsche Reihe $f(s)$. Diese wäre also auch noch für hinreichend nahe bei α gelegene reelle $s < \alpha$ konvergent, im Widerspruch dazu, daß α die Konvergenzabszisse sein sollte.

Dieser allgemeine Satz ist auf die Dirichletschen Reihen $\zeta_m(s)$, $\zeta(s\,|\,\chi)$ anwendbar. Erstens sind nämlich die Koeffizienten $\sigma_m(n)$, $\sigma(n\,|\,\chi)$ dieser Reihen, wie in **1**,II festgestellt, nicht-negativ, und zweitens sind ihre Konvergenzabszissen α_m, $\alpha(\chi)$ endlich.

Den letzteren Nachweis erbringen wir, indem wir eine beiderseitige Abschätzung für die Konvergenzabszissen α_m, $\alpha(\chi)$ geben, von denen wir die untere Abschätzung dann für unsere Anwendung wesentlich auszunutzen haben. Einerseits hat man nach **1**,II unmittelbar die obere Abschätzung α_m, $\alpha(\chi) \leq 1$. Andererseits folgt aus der in **3**, (2.) festgestellten Divergenz der Reihe

$$\zeta\left(\frac{1}{2}\,\Big|\,\chi\right) = \sum_{n} \frac{\sigma(n\,|\,\chi)}{n^{1/2}}$$

die untere Abschätzung $\alpha(\chi) \geq \frac{1}{2}$. Ganz entsprechend ergibt sich die untere Abschätzung $\alpha_m \geq \dfrac{1}{\varphi(m)}$, indem man die Divergenz der Reihe

$$\zeta_m\left(\frac{1}{\varphi(m)}\right) = \sum_{n} \frac{\sigma_m(n)}{n^{1/\varphi(m)}}$$

feststellt. In der Tat folgt aus dem arithmetischen Gesetz für die Koeffizienten $\sigma_m(n)$ aus **1**,II, weil die dortigen f_p hier sämtlich Teiler von $\varphi(m)$ sind, daß für $\varphi(m)$-te Potenzen $n = n_0^{\varphi(m)}$ gilt $\sigma_m(n) \geq 1$, so daß die Reihe $\zeta_m\left(\dfrac{1}{\varphi(m)}\right)$ durch die divergente harmonische Reihe $\sum\limits_{n_0} \dfrac{1}{n_0}$ minorisiert wird.

Hiernach ist der obige allgemeine Satz in der Tat auf $\zeta_m(s)$, $\zeta(s\,|\,\chi)$ anwendbar. Diese Funktionen haben also bei ihren Konvergenzabszissen α_m, $\alpha(\chi)$ je eine singuläre Stelle. Da wir nun genauer die Ungleichungen

$$\frac{1}{\varphi(m)} \leq \alpha_m \leq 1, \quad \frac{1}{2} \leq \alpha(\chi) \leq 1$$

mit positiven unteren Schranken festgestellt haben, können wir sagen, daß die singulären Stellen α_m, $\alpha(\chi)$ sicher in der Halbebene $\sigma > 0$ liegen. In dieser Halbebene kommt aber nach VII als singuläre Stelle höchstens ein Pol erster Ordnung bei $s = 1$ in Frage. Somit ergibt sich, daß in Wahrheit die Konvergenzabszissen α_m, $\alpha(\chi) = 1$ sind, und daß $\zeta_m(s)$, $\zeta(s\,|\,\chi)$ bei $s = 1$ wirklich einen Pol erster Ordnung besitzen, wie noch zu zeigen war.

In Ergänzung zu unseren in **1**,I,II zusammengestellten Ergebnissen über die L-Reihenprodukte $\zeta_m(s)$, $\zeta(s\,|\,\chi)$ können wir demnach unter Beachtung von VII feststellen:

IX. *Die Funktionen $\zeta_m(s)$, $\zeta(s\,|\,\chi)$ sind in der Halbebene $\sigma > 0$ holomorph bis auf einen Pol erster Ordnung bei $s = 1$ mit dem Residuum*

$$\lim_{s\to 1}(s-1)\,\zeta_m(s) = \prod_{\chi \neq \varepsilon} L(1\,|\,\chi), \qquad \lim_{s\to 1}(s-1)\,\zeta(s\,|\,\chi) = L(1\,|\,\chi).$$

In dieser Tatsache ist nach VII der tiefere, funktionentheoretische Grund für das Nichtverschwinden der $L(1\,|\,\chi)$ mit $\chi \neq \varepsilon$ zu sehen.

5. Will man den obigen allgemeinen Satz über Dirichletsche Reihen mit nicht-negativen Koeffizienten nicht anwenden – er erfordert ja immerhin ein tieferes Eindringen in den Begriff der holomorphen Funktion und der analytischen Fortsetzung –, so kann man den Beweis für das Nichtverschwinden der L-Reihen noch in der folgenden, mehr elementar-funktionentheoretischen Weise zum Abschluß bringen. Anstatt wie eben für jeden quadratischen Charakter χ die Singularität von $\zeta(s\,|\,\chi)$ bei $s = 1$ zu beweisen, genügt es ähnlich wie in **3**, aus der Annahme $L(1\,|\,\chi) = 0$ auf die Konvergenz von $\zeta(s\,|\,\chi)$ für $\sigma > \dfrac{1}{2}$ zu schließen und daraus dann einen Widerspruch zu der in **3**, (2.) festgestellten und auch eben wieder benutzten Divergenz der Reihe $\zeta\left(\dfrac{1}{2}\,\Big|\,\chi\right)$ herzuleiten. Das kann nun nach demselben Gedanken wie bei dem elementar-analytischen Beweis in **3**, aber erheblich einfacher folgendermaßen geschehen.

In der abgekürzten Bezeichnung aus **3** hat man

$$Z(s) = \zeta(s)\,L(s) = \sum_n \frac{\sigma(n)}{n^s} \quad \text{mit} \quad \sigma(n) = \sum_{d\mid n} \chi(d)\,.$$

An Stelle der dortigen Partialsummen $Z_{N^2}\!\left(\tfrac{1}{2}\right)$ betrachte man hier die Koeffizientenpartialsummen

$$Z_N(0) = \sum_{n \leq N} \sigma(n)\,,$$

wobei noch das dortige N^2 hier durch eine beliebige natürliche Zahl N ersetzt ist. Ganz analog zu **3**, (3.) ergibt sich für sie die Formel

$$Z_N(0) = \sum_{n \leq \sqrt{N}} \chi(n)\,\zeta_{N/n}(0) + \sum_{n < \sqrt{N}} \left(L^{\sqrt{N}}(0) - L^{N/n}(0)\right)\,.$$

Wegen

$$\zeta_{N/n}(0) = \sum_{n' \leq N/n} 1 = \left[\frac{N}{n}\right] = \frac{N}{n} - \vartheta_{N/n} \quad \text{mit} \quad 0 \leq \vartheta_{N/n} < 1$$

kann diese auch in der Form

$$Z_N(0) = L_{\sqrt{N}}(1)\,N - \sum_{n \leq \sqrt{N}} \chi(n)\,\vartheta_{N/n} + \sum_{n < \sqrt{N}} \left(L^{\sqrt{N}}(0) - L^{N/n}(0)\right)\,,$$

oder also

$$Z_N(0) - L(1)\,N = -\,L^{\sqrt{N}}(1)\,N - \sum_{n \leq \sqrt{N}} \chi(n)\,\vartheta_{N/n}$$
$$-\sum_{n < \sqrt{N}} \left(L^{\sqrt{N}}(0) - L^{N/n}(0)\right)$$

geschrieben werden. An Stelle der komplizierten Rechnungen und Abschätzungen des Beweisteils a) aus **3** hat man nun hierin einfach

$$\left|\sum_{n \leq \sqrt{N}} \chi(n)\,\vartheta_{N/n}\right| < \sqrt{N}\,,$$

$$\left|L^{\sqrt{N}}(0) - L^{N/n}(0)\right| = \left|\sum_{\sqrt{N} < n' \leq N/n} \chi(n')\right| < \frac{1}{2}f\,,$$

und nach der einfachen Restabschätzung im Beweisteil b) aus **3** ist

$$\left|L^{\sqrt{N}}(1)\right| < \frac{f}{\sqrt{N}}\,.$$

Damit ergibt sich die Abschätzung

$$|Z_N(0) - L(1)\,N| < \left(f + 1 + \tfrac{1}{2}f\right)\sqrt{N} < 2f\sqrt{N}\,,$$

also jedenfalls

$$Z_N(0) - L(1)\,N = O\!\left(\sqrt{N}\right)\,.$$

Wäre nun $L(1) = 0$, so wäre hiernach die Koeffizientenpartialsumme $Z_N(0) = O(\sqrt{N})$. Daraus folgte nach der vorausgeschickten allgemeinen Konvergenztheorie für Dirichletsche Reihen, daß die Reihe $Z(s)$ eine Konvergenzabszisse $\alpha \leq \frac{1}{2}$ hätte, also für $\sigma > \frac{1}{2}$ konvergent wäre. Da $Z(s) = \zeta(s) L(s)$ nach VII für $\sigma > 0$ (bis auf einen evtl. Pol bei $s = 1$) holomorph, könnte dann der Funktionswert $Z\left(\frac{1}{2}\right)$ aus jener konvergenten Reihe als der Grenzwert $\lim\limits_{s \to \frac{1}{2}+0} Z(s)$ berechnet werden, d. h. dieser Grenzwert wäre vorhanden und endlich. Nach den zum Beweis von 3, (2.) führenden Koeffizientenungleichungen gilt aber im Widerspruch hierzu für alle $s > \frac{1}{2}$ durchweg $Z(s) \geq \zeta(2s)$, also $\lim\limits_{s \to \frac{1}{2}+0} Z(s) = +\infty$.

Durch diese funktionentheoretische Wendung tritt nunmehr auch der Grundgedanke unseres elementar-analytischen Beweises aus 3 klar hervor. Direkt gewendet wird beidesmal die Konvergenz der Dirichletschen Reihe

$$Z(s) - L(1)\,\zeta(s) = \zeta(s)\left(L(s) - L(1)\right)$$

für $\sigma > \frac{1}{2}$ gezeigt, bei der der Pol $s = 1$ von $\zeta(s)$ durch die Nullstelle $s = 1$ von $L(s) - L(1)$ herausgehoben ist, die also jedenfalls für $\sigma > 0$ holomorph ist. Bei der funktionentheoretischen Wendung geschieht das unter Berufung auf die allgemeine Konvergenztheorie für Dirichletsche Reihen durch die einfach durchzuführende Bestimmung der Größenordnung der Koeffizientenpartialsummen, also der Partialsummen

$$Z_N(0) - L(1)\,\zeta_N(0) = Z_N(0) - L(1)\,N$$

für $s = 0$, bei der elementar-analytischen Wendung durch die wesentlich kompliziertere Bestimmung der Größenordnung der Partialsummen

$$Z_{N^2}\left(\frac{1}{2}\right) - L(1)\,\zeta_{N^2}\left(\frac{1}{2}\right) \sim Z_{N^2}\left(\frac{1}{2}\right) - 2L(1)\,N$$

an der zu untersuchenden Stelle $s = \frac{1}{2}$ selbst.

5. Die algebraisch-zahlentheoretische Beweismethode

1. DIRICHLET hat in seinem klassischen Beweis das Nichtverschwinden der L-Reihen $L(1\,|\,\chi)$ mit quadratischen Charakteren χ in folgender Weise in Evidenz gesetzt. Er leitet für den Grenzwert

$$\lim\limits_{s \to 1+0} (s-1)\,\zeta(s\,|\,\chi) = L(1\,|\,\chi)$$

(also, funktionentheoretisch ausgedrückt, das Residuum von $\zeta(s|\chi)$ bei $s = 1$) einen expliziten Ausdruck her. Dieser Ausdruck setzt sich multiplikativ aus Größen zusammen, die bei Dirichlet als arithmetische Invarianten der ganzzahligen binären quadratischen Formen von der Diskriminante $\chi(-1)\,f(\chi)$ erscheinen, und die vom heutigen Standpunkt aus das für die Arithmetik im quadratischen Zahlkörper $P\left(\sqrt{\chi(-1)\,f(\chi)}\right)$ charakteristische Invariantensystem sind. Da diese Invarianten, unter denen als wichtigste die sog. Klassenzahl $h(\chi)$ von $P\left(\sqrt{\chi(-1)\,f(\chi)}\right)$ auftritt, ihrer Natur nach von Null verschieden sind, ergibt sich das Nichtverschwinden von $L(1|\chi)$.

Dirichlet hat dann weiter auch noch die unendliche Reihe

$$L(1|\chi) = \sum_n \frac{\chi(n)}{n}$$

in geschlossener Form summiert. Das ist in Verallgemeinerung der bekannten Formel $1 - \frac{1}{3} + \frac{1}{5} - \frac{1}{7} \pm \cdots = \frac{\pi}{4}$, die dem Spezialfall des quadratischen Charakters χ vom Führer $f(\chi) = 4$ entspricht, mit elementar-analytischen Hilfsmitteln leicht durchführbar. Allerdings sieht man dem dabei gewonnenen endlichen Summenausdruck im allgemeinen nicht, wie in jenem Spezialfall, sein Nichtverschwinden an – sonst wären die ganzen weitausholenden Bemühungen um den Beweis des Nichtverschwindens von $L(1|\chi)$ unnötig. Durch Vergleich dieses Summenausdrucks mit dem zuvor genannten Ausdruck für das Residuum erhält dann Dirichlet, über den Beweis des Nichtverschwindens von $L(1|\chi)$ und damit seines Primzahlsatzes hinaus, eine explizite Darstellung der Klassenzahl $h(\chi)$ durch eine endliche Summe.

Der Dirichletsche Beweisgedanke läßt sich anstatt für eine einzelne L-Reihe $L(1|\chi)$ mit quadratischem Charakter χ auch gleich für das Produkt $\prod\limits_{\chi \neq \varepsilon} L(1|\chi)$ aller L-Reihen mod. m mit Nichthauptcharakteren χ durchführen, wodurch man die in 2 elementar-analytisch vollzogene Reduktion auf den Fall eines quadratischen Charakters χ erspart. Er liefert für den Grenzwert

$$\lim_{s \to 1+0} (s - 1)\,\zeta_m(s) = \prod_{\chi \neq \varepsilon} L(1|\chi)$$

einen expliziten Ausdruck, der multiplikativ aus den charakteristischen Invarianten für die Arithmetik im Körper P_m der m-ten Einheitswurzeln zusammengesetzt und seiner Natur nach von Null verschieden ist. Durch Summation der unendlichen Reihen

$$L(1|\chi) = \sum_n \frac{\chi(n)}{n}$$

in geschlossener Form ergibt sich dann wieder überdies für die unter jenen Invarianten als wichtigste vorkommende Klassenzahl h_m von P_m eine Darstellung als Produkt endlicher Summenausdrücke.

Wir wollen hier diese algebraisch-zahlentheoretische Beweismethode im Anschluß an die allgemeinen Ausführungen in **1** über L-Reihenprodukte nur in großem Rahmen schildern, da uns die erforderlichen Hilfsmittel aus der Arithmetik in den Zahlkörpern $\mathsf{P}\!\left(\sqrt{\chi(-1)\,f(\chi)}\right)$, P_m nicht zur Verfügung stehen. Die Ausfüllung dieses Rahmens werden wir dann für den klassischen Dirichletschen Beweis im vierten Abschnitt durch Entwicklung der Grundlagen der Arithmetik in quadratischen Zahlkörpern $\mathsf{P}\!\left(\sqrt{\chi(-1)\,f(\chi)}\right)$ geben und insbesondere in § 18,**1** diesen Beweis und die damit verbundene Bestimmung der Klassenzahl $h(\chi)$ zum Abschluß bringen.

2. Wie in **1** betrachten wir allgemeiner gleich das Produkt

$$\zeta(s\,|\,\Re) = \prod_{\chi\,\text{in}\,\Re} L(s\,|\,\chi) = \zeta(s)\prod_{\substack{\chi\,\text{in}\,\Re \\ \chi\,\neq\,\varepsilon}} L(s\,|\,\chi)$$

der eigentlichen L-Reihen zu den Charakteren irgendeiner Untergruppe $\Re$ von der Ordnung k der Gruppe $\mathfrak{X}$ aller Restklassencharaktere mod. m,

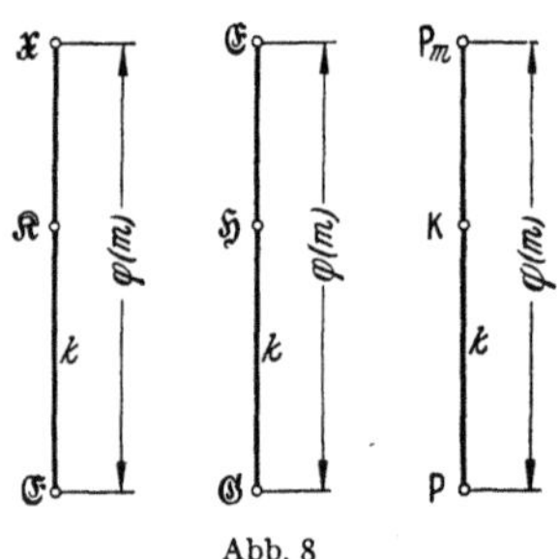

Abb. 8

wo m eine natürliche Zahl ist. Es sei wie dort $\mathfrak{H}$ die $\Re$ zugeordnete Untergruppe vom Index k in der Gruppe $\mathfrak{G}$ aller primen Restklassen a mod. m, charakterisiert durch

$$\chi(a) = 1 \quad \text{für alle } \chi \text{ aus } \Re.$$

Über die dortigen Ausführungen hinaus stellen wir zunächst fest, daß dieser Untergruppe $\mathfrak{H}$ von $\mathfrak{G}$ ein algebraischer Zahlkörper K vom Grade k zugeordnet ist, der im Körper P_m der m-ten Einheitswurzeln enthalten ist (Abb. 8; s. dazu auch die Abb. 6b in **1**), und zwar ist dieser Teilkörper K von P_m wie folgt definiert.

Es ist $\mathsf{P}_m = \mathsf{P}(\zeta)$, wo ζ eine primitive m-te Einheitswurzel ist. Die sämtlichen primitiven m-ten Einheitswurzeln ζ^a, wo a die primen Restklassen mod. m durchläuft, sind die Wurzeln des m-ten Kreisteilungspolynoms $f_m(x)$. Dieses hat nach §11,**2**,V und VI (ganze) rationale Koeffizienten und ist über P irreduzibel. Daher ist P_m galoissch vom Grade $\varphi(m)$, und zwar stellt sich die Galoissche Gruppe von P_m durch die $\varphi(m)$ Substitutionen $\zeta \to \zeta^a$ mit primen a mod. m dar. Da sich diese Substitutionen isomorph zur Multiplikation der primen Restklassen a mod. m zusammensetzen, kann deren Multiplikationsgruppe $\mathfrak{G}$ als isomorphe Darstellung der Galoisschen Gruppe von P_m angesehen werden. Der

Untergruppe $\mathfrak{H}$ von $\mathfrak{G}$ vom Index k ist dann nach dem Hauptsatz der Galoisschen Theorie als Invariantenkörper ein Teilkörper K von P_m vom Grade k zugeordnet; K wird erzeugt durch die symmetrischen Grundfunktionen der ζ^a mit a mod. m aus $\mathfrak{H}$. Umgekehrt läßt sich auch jeder Teilkörper K von P_m als auf diese Weise einer Untergruppe $\mathfrak{H}$ von $\mathfrak{G}$ und damit einer Untergruppe $\mathfrak{K}$ von $\mathfrak{X}$ zugeordnet ansehen.

Ist speziell $\mathfrak{K} = \mathfrak{X}$ die Gruppe aller $\varphi(m)$ Restklassencharaktere mod. m, so besteht $\mathfrak{H} = \mathfrak{E}$ nur aus der Einsklasse 1 mod. m, und es ist $K = P_m$ der volle m-te Kreisteilungskörper. Ist speziell $\mathfrak{K}$ die durch einen quadratischen Charakter χ erzeugte Untergruppe von der Ordnung 2 und dann ohne Einschränkung $m = f(\chi)$, so besteht die Untergruppe $\mathfrak{H}$ vom Index 2, wie wir in **1** bei (6b.) festgestellt haben, aus den a mod. $f(\chi)$ mit $\left(\dfrac{\chi(-1)\,f(\chi)}{a}\right) = 1$; ihr ist der quadratische Zahlkörper $K = P\left(\sqrt{\chi(-1)\,f(\chi)}\right)$ zugeordnet.

3. Letzteres ergibt sich aus dem für die Theorie der quadratischen Zahlkörper wichtigen Satz:

X. *Ist χ ein quadratischer Charakter vom (natürlichen) Führer f, so ist der quadratische Zahlkörper*

$$K = P\left(\sqrt{\chi(-1)\,f}\right)$$

durch die zu χ gehörige Gaußsche Summe $\tau(\chi) = \sum\limits_{x \bmod. f} \chi(x)\,\zeta^x$ (ζ primitive f-te Einheitswurzel) in den f-ten Kreisteilungskörper $P_f = P(\zeta)$ eingebettet, indem

$$(1.) \qquad \tau(\chi)^2 = \chi(-1)\,f$$

ist.

Bei den Automorphismen $\zeta \to \zeta^a$ (mit primen a mod. f) von P_f erfährt der Teilkörper K die Automorphismen

$$(2.) \qquad \tau(\chi) \to \chi(a)\,\tau(\chi),$$

ist also genau bei der durch die a mod. f mit $\chi(a) = 1$ bestimmten Untergruppe $\mathfrak{H}$ der Galoisgruppe $\mathfrak{G}$ von P_f elementweise invariant.

Beweis. Es sind die beiden Formeln (1.), (2.) für die Gaußsche Summe $\tau(\chi)$ zu beweisen, die zu den Formeln § 8,**2**, (2.), (1.) für den Spezialfall eines Primzahlführers $f = p$ analog sind. Wir beweisen für spätere Anwendung gleich die entsprechenden allgemeineren Formeln für einen beliebigen Restklassencharakter χ vom Führer f, nämlich

$$(1.^*) \qquad \tau(\chi)\,\overline{\tau(\chi)} = f,$$

$$(2.^*) \qquad \tau(\chi) \to \bar\chi(a)\,\tau(\chi) \quad \text{bei} \quad \zeta \to \zeta^a.$$

Für einen **quadratischen** Charakter χ ist $\bar\chi = \chi$, also (2.*) dasselbe wie (2.), und es entsteht $\overline{\tau(\chi)}$ aus $\tau(\chi)$ durch $\zeta \to \zeta^{-1}$; nach (2.*) ist dann also $\overline{\tau(\chi)} = \chi(-1)\,\tau(\chi)$, so daß (1.*) in (1.) übergeht.

Für den Beweis ist zu beachten, daß man in der Definition von $\tau(\chi)$ wegen $\chi(x) = 0$ für $(x, f) \neq 1$ nach Belieben die Summationsbeschränkung $(x, f) = 1$ einführen oder weglassen kann.

Was (2.*) betrifft, so hat man daher bei $\zeta \to \zeta^a$ zu § 8,**2** analog einfach

$$\tau(\chi) \to \sum_{\substack{x \bmod. f \\ (x, f) = 1}} \chi(x)\,\zeta^{ax} = \sum_{\substack{y \bmod. f \\ (y, f) = 1}} \chi(a^{-1} y)\,\zeta^{y} = \chi(a)^{-1} \sum_{\substack{y \bmod. f \\ (y, f) = 1}} \chi(y)\,\zeta^{y} = \bar\chi(a)\,\tau(\chi).$$

Was (1.*) betrifft, so hat man unter Beachtung der Vorbemerkung zunächst zu § 8,**2** analog

$$\overline{\tau(\chi)}\,\tau(\chi) = \sum_{\substack{x \bmod. f \\ (x, f) = 1}} \sum_{y \bmod. f} \bar\chi(x)\,\chi(y)\,\zeta^{-x}\zeta^{y} = \sum_{\substack{x \bmod. f \\ (x, f) = 1}} \sum_{y \bmod. f} \chi(x^{-1} y)\,\zeta^{y-x}$$

$$= \sum_{\substack{x \bmod. f \\ (x, f) = 1}} \sum_{t \bmod. f} \chi(t)\,\zeta^{x(t-1)} = \sum_{t \bmod. f} \chi(t) \sum_{\substack{x \bmod. f \\ (x, f) = 1}} \zeta^{x(t-1)}.$$

Für die innere Summe

$$S_f(t) = \sum_{\substack{x \bmod. f \\ (x, f) = 1}} \zeta^{x(t-1)} = \sum_{\substack{x \bmod. f \\ (x, f) = 1}} \zeta_f^{x(t-1)}$$

gilt nun als Funktion der natürlichen Zahl f nach dem Schlußschema aus § 4,**6** die Funktionalgleichung

$$\sum_{d \mid f} S_d(t) = \sum_{x \bmod. f} \zeta^{x(t-1)} = \sum_{x \bmod. f} \zeta_f^{x(t-1)} = \begin{cases} f & \text{für } t \equiv 1 \bmod. f \\ 0 & \text{für } t \not\equiv 1 \bmod. f \end{cases}.$$

Nach den Möbiusschen Umkehrformeln (§ 4,**7**) folgt daraus die explizite Bestimmung

$$S_f(t) = \sum_{\substack{d \mid f \\ d \mid t-1}} \mu\left(\frac{f}{d}\right) d.$$

Damit wird dann

$$\tau(\chi)\,\overline{\tau(\chi)} = \sum_{t \bmod. f} \chi(t) \sum_{\substack{d \mid f \\ d \mid t-1}} \mu\left(\frac{f}{d}\right) d = \sum_{d \mid f} \mu\left(\frac{f}{d}\right) d \sum_{\substack{t \bmod. f \\ t \equiv 1 \bmod. d}} \chi(t).$$

Hierin ist aber die innere Summe

$$X_d = \sum_{\substack{t \bmod. f \\ t \equiv 1 \bmod. d}} \chi(t) = \begin{cases} 1 & \text{für } d = f \\ 0 & \text{für } d \mid f,\ d < f \end{cases}.$$

Für $d = f$ ist das klar. Für $d \mid f,\ d < f$ gibt es wegen der Bedeutung von f als Führer von χ ein zu f primes $c \equiv 1 \bmod. d$ mit $\chi(c) \neq 1$, und damit hat man dann

$$\chi\,(c)\,X_d = \sum_{\substack{t\,\mathrm{mod.}\,f \\ t\,\equiv\,1\,\mathrm{mod.}\,d}} \chi\,(c\,t) = \sum_{\substack{u\,\mathrm{mod.}\,f \\ u\,\equiv\,1\,\mathrm{mod.}\,d}} \chi\,(u) = X_d\,,$$

weil $u \equiv c\,t$ mod. f dieselben Restklassen durchläuft wie t mod. f; es ist also in der Tat in diesem Falle $X_d = 0$. Damit ergibt sich die Behauptung

$$\tau\,(\chi)\,\overline{\tau\,(\chi)} = \sum_{d\mid f} \mu\left(\frac{f}{d}\right) d\,X_d = f\,.$$

4. Dies vorausgeschickt, setzen wir zunächst rein formal das der Charaktergruppe $\mathfrak{K}$ entsprechende L-Reihenprodukt $\zeta\,(s\,|\,\chi)$ in eine sich nach den Formeln aus 1 aufdrängende neue Gestalt, von der sich dann herausstellt, daß sie eine Deutung in der Arithmetik des zugeordneten Zahlkörpers K hat. Dazu gehen wir aus von der Darstellung 1,I als Dirichletsches Produkt

$$(\mathrm{I_0.}) \qquad \zeta\,(s\,|\,\mathfrak{K}) = \prod_p \left(\frac{1}{1 - \dfrac{1}{p^{f_p\,s}}}\right)^{g_p}$$

mit der dort erklärten Bedeutung der Exponenten f_p, g_p. Die neue Gestalt entsteht, indem wir durch Einführung geeigneter Begriffsbildungen die Exponenten f_p, g_p aus dieser Darstellung zum Fortfall bringen.

Wir ordnen dazu jeder Primzahl p formal g_p neue Symbole $\mathfrak{p}_i\,(i = 1\,,\,\ldots,\,g_p)$ zu, die wir ebenso wie bisher die Primzahlen p auch ohne den Index i schreiben; wir reden also kurz von den

$$p \text{ zugeordneten } g_p \text{ Symbolen } \mathfrak{p}\,.$$

Eine über diese rein formale Festsetzung hinausgehende inhaltliche Bedeutung sollen diese Symbole vorerst nicht haben; insbesondere sind sie keineswegs als Zahlen zu verstehen. Sie sollen jedoch eine gewisse Beziehung zu Zahlen haben. Wir ordnen ihnen nämlich Zahlwerte zu, indem wir für sie eine Funktion $\mathfrak{N}$ mit den Werten

$$\mathfrak{N}\,(\mathfrak{p}) = p^{f_p}$$

definieren, die also für alle ein und derselben Primzahl p zugeordneten Symbole $\mathfrak{p}$ ein und denselben Wert p^{f_p} hat. Auf Grund dieser beiden Festsetzungen bekommt das Dirichletsche Produkt $(\mathrm{I_0.})$ die neue Gestalt

$$(\mathrm{I.}) \qquad \zeta\,(s\,|\,\mathfrak{K}) = \prod_{\mathfrak{p}} \frac{1}{1 - \dfrac{1}{\mathfrak{N}\,(\mathfrak{p})^s}}\,,$$

wo die Multiplikation über die Gesamtheit der eingeführten Symbole $\mathfrak{p}$ (zu allen Primzahlen p) zu strecken ist. Damit sind dann die in $(\mathrm{I_0.})$ auftretenden Exponenten f_p, g_p formal zum Fortfall gebracht.

Wir sehen nun weiter die Symbole $\mathfrak{p}$ als die Erzeugenden einer relationsfreien multiplikativen abelschen Gruppe $\mathfrak{D}$ an, deren Elemente $\mathfrak{a}$ also in eindeutiger Basisdarstellung durch

$$\mathfrak{a} = \prod_{\mathfrak{p}} \mathfrak{p}^{\alpha_{\mathfrak{p}}} \left\{ \begin{array}{l} \alpha_{\mathfrak{p}} \text{ ganzrational} \\ \alpha_{\mathfrak{p}} \neq 0 \quad \text{für nur endlich viele } \mathfrak{p} \end{array} \right\}$$

gegeben sind. Und wir definieren schließlich auch für diese Elemente $\mathfrak{a}$ die Funktion $\mathfrak{N}$ durch die Festsetzung

$$\mathfrak{N}(\mathfrak{a}) = \prod_{\mathfrak{p}} \mathfrak{N}(\mathfrak{p})^{\alpha_{\mathfrak{p}}},$$

also derart, daß sie eine multiplikative Funktion in der Gruppe $\mathfrak{D}$ mit rationalen Zahlwerten wird. Die Elemente

$$\mathfrak{n} = \prod_{\mathfrak{p}} \mathfrak{p}^{\nu_{\mathfrak{p}}} \left\{ \begin{array}{l} \nu_{\mathfrak{p}} \geqq 0 \quad \text{ganzrational} \\ \nu_{\mathfrak{p}} > 0 \quad \text{für nur endlich viele } \mathfrak{p} \end{array} \right\}$$

nennen wir die ganzen Elemente aus $\mathfrak{D}$; für sie ist

$$\mathfrak{N}(\mathfrak{n}) = \prod_{\mathfrak{p}} \mathfrak{N}(\mathfrak{p})^{\nu_{\mathfrak{p}}}$$

ganzrational. Nach dem Schema der Eulerschen Identität, jetzt auf die Funktion $\mathfrak{N}$ der Symbole $\mathfrak{p}$ statt auf die Primzahlen p angewandt, erhält man dann die Darstellung von $\zeta(s|\mathfrak{K})$ als Dirichletsche Reihe in der Gestalt

$$(\text{II.}) \qquad \zeta(s|\mathfrak{K}) = \sum_{\mathfrak{n}} \frac{1}{\mathfrak{N}(\mathfrak{n})^s},$$

wo die Summation über alle ganzen Elemente $\mathfrak{n}$ aus $\mathfrak{D}$ zu erstrecken ist. Der Vergleich mit der Darstellung 1,II als Dirichletsche Reihe

$$(\text{II}_0.) \qquad \zeta(s|\mathfrak{K}) = \sum_{n} \frac{\sigma(n|\mathfrak{K})}{n^s}$$

lehrt, daß die dortigen Koeffizienten $\sigma(n|\mathfrak{K})$ sich in den hier eingeführten Bildungen als die Anzahlen der ganzen $\mathfrak{n}$ aus $\mathfrak{D}$ mit $\mathfrak{N}(\mathfrak{n}) = n$ beschreiben lassen:

$$\sigma(n|\mathfrak{K}) = \sum_{\mathfrak{N}(\mathfrak{n}) = n} 1.$$

Anders gesagt sind durch unsere neue Schreibweise auch die in $(\text{II}_0.)$ auftretenden Koeffizienten $\sigma(n|\mathfrak{K})$ zum Fortfall gebracht.

Die so gewonnenen Formeln (I.), (II.) für das L-Reihenprodukt $\zeta(s|\mathfrak{K})$ unterscheiden sich von den entsprechenden Formeln

$$\zeta(s) = \prod_{p} \frac{1}{1 - \dfrac{1}{p^s}},$$

$$\zeta(s) = \sum_{n} \frac{1}{n^s}$$

für die Riemannsche Zetafunktion $\zeta(s)$ formal nur dadurch, daß an Stelle der Primzahlen p die $\mathfrak{N}$-Werte der neu eingeführten Symbole $\mathfrak{p}$ und an Stelle der natürlichen Zahlen n die $\mathfrak{N}$-Werte der aus ihnen als Basiselemente gebildeten ganzen Elemente $\mathfrak{n}$ aus der Gruppe $\mathfrak{D}$ stehen. Inhaltlich gehen in die Definition dieser formalen Bildungen lediglich die Exponenten f_p, g_p ein, die gemäß 1,I durch die zugrunde gelegte Charaktergruppe $\mathfrak{K}$ bestimmt sind.

5. Nach dem eingangs Ausgeführten können wir nun an Stelle der Charaktergruppe $\mathfrak{K}$ auch den ihr – auf dem Wege über die zugeordnete Restklassengruppe $\mathfrak{H}$ – nach der Galoisschen Theorie zugeordneten Zahlkörper K als ursprünglich gegeben zugrunde legen und dementsprechend die Zahlen f_p, g_p sowie die Funktion $\zeta(s\,|\,\mathfrak{K})$ als durch K bestimmt auffassen. Den Übergang zu dieser Auffassung haben wir in 1 dadurch schon vorbereitet, daß wir von der ursprünglichen Beschreibung der Zahlen f_p, g_p durch $\mathfrak{K}$ zu einer Kennzeichnung durch $\mathfrak{H}$ übergingen und diese dann bei der Formulierung des Ergebnisses I hervorhoben; damit sind wir ja der Kennzeichnung durch K bereits einen Schritt nähergekommen. Auf den ersten Blick mag diese neue Auffassung, bei der K voransteht, gekünstelt erscheinen. Es zeigt sich jedoch, daß bei ihr der Gruppe $\mathfrak{D}$ mit den Basiselementen $\mathfrak{p}$, ganzen Elementen $\mathfrak{n}$ und der multiplikativen Zahlfunktion $\mathfrak{N}$ eine inhaltliche Bedeutung zukommt, durch die die formale Analogie von $\zeta(s\,|\,\mathfrak{K})$ zu $\zeta(s)$ voll verständlich wird. Diese formalen Bildungen erweisen sich nämlich als das Baumaterial für eine Arithmetik im algebraischen Zahlkörper K, die zur Arithmetik im rationalen Zahlkörper P, wie sie im ersten Abschnitt entwickelt wurde, weitgehend analog ist.

6. Wir wollen das nachstehend in großen Zügen darlegen, nämlich einen gedrängten Überblick über die Grundlagen der Arithmetik in algebraischen Zahlkörpern K geben. Einen ins einzelne gehenden systematischen Aufbau dieser Theorie müssen wir uns im Rahmen dieses Buches versagen. Es kommt uns vielmehr darauf an, die allgemeinen Gesichtspunkte und die neuartigen Begriffsbildungen zu entwickeln, die für den Aufbau der Arithmetik in algebraischen Zahlkörpern maßgeblich sind, und damit e r s t e n s für das L-Reihenprodukt $\zeta(s\,|\,\mathfrak{K})$ eine Deutung in der Arithmetik der oben definierten speziellen Zahlkörper K zu geben, sowie z w e i t e n s den Weg aufzuzeigen, wie man von dieser Deutung aus zum Beweis des Nichtverschwindens der $L(1\,|\,\chi)$ gelangt. Insbesondere werden wir für den letzteren Zweck die in die Residuenformel für $\zeta(s\,|\,\mathfrak{K})$ eingehenden charakteristischen arithmetischen Invarianten von K herauszuarbeiten haben.

Für die quadratischen Zahlkörper K werden wir, wie schon eingangs gesagt, den hier nur skizzierten Aufbau der Arithmetik im vierten Abschnitt (§§ 16, 17) in allen Einzelheiten durchführen. Dabei werden uns

die bereits hier zu gewinnenden Einsichten in ähnlicher Weise zugute
kommen, wie einem Reisenden, der ein fremdes Land kennenlernen will,
der vorherige Blick auf eine Karte dieses Landes dienlich ist.

A. Additive Arithmetik

Will man die im ersten Abschnitt für den rationalen Zahlkörper P
entwickelten Grundlagen der Arithmetik auf einen algebraischen Zahlkörper K vom Grade k verallgemeinern, so muß man zunächst in Analogie
zum Integritätsbereich Γ der ganzen Zahlen aus P den Integritätsbereich I der ganzen Zahlen aus K definieren. Man nennt eine Zahl α
aus K *ganz*, wenn das aus ihren Konjugierten $\alpha, \alpha', \ldots, \alpha^{(k-1)}$ gebildete
rationalzahlige *Hauptpolynom*

$$g(x) = (x - \alpha)(x - \alpha') \cdots (x - \alpha^{(k-1)})$$

mit höchstem Koeffizienten 1 ganzrationale Koeffizienten hat. Nach
dem Gaußschen Satz (§ 11,**2**) läuft es auf dasselbe hinaus, wenn man
diese Forderung für das zu α gehörige irreduzible rationalzahlige Polynom
mit höchstem Koeffizienten 1 stellt, von dem ja $g(x)$ eine Potenz ist.
Demnach ist der Begriff der *ganzen algebraischen Zahl* α unabhängig von
dem Körper K, in dem sie betrachtet wird. Man beweist dann:

Die ganzen Zahlen aus K *bilden einen Integritätsbereich* I.

Wegen der Unabhängigkeit des Ganzheitsbegriffs vom Körper gilt
ferner:

*Eine rationale Zahl ist dann und nur dann ganzalgebraisch, wenn sie
ganzrational ist; daher ist der Durchschnitt* $I \cap P = \Gamma$.

Ferner beweist man:

Es gibt eine Basis $\omega_1, \ldots, \omega_k$ *von* K *derart, daß die Zahlen* α *aus* I *in
eindeutiger Darstellung durch*

$$\alpha = a_1 \omega_1 + \cdots + a_k \omega_k \qquad (a_1, \ldots, a_k \; in \; \Gamma)$$

gegeben sind.

Eine solche Basis $\omega_1, \ldots, \omega_k$ nennt man eine *Ganzheitsbasis* von K.
Sie liegt nur bis auf lineare Substitutionen mit ganzrationalen Koeffizienten der Determinante ± 1 fest. Das dabei invariante Determinantenquadrat

$$d = d(\omega_1, \ldots, \omega_k) = \begin{vmatrix} \omega_1 \, \omega_1' \cdots \omega_1^{(k-1)} \\ \cdots\cdots\cdots\cdots \\ \omega_k \, \omega_k' \cdots \omega_k^{(k-1)} \end{vmatrix}^2$$

aus der Basisspalte und ihren Konjugierten ist eine ganzrationale Zahl
$\neq 0$. Diese dem Körper K zugeordnete arithmetische Invariante d heißt
die *Diskriminante* von K. Sie ist – neben dem *Grad* k von K als algebra-

ischer Invariante – sozusagen ein Maß dafür, wie stark die additive Arithmetik in K von der additiven Arithmetik in P abweicht.

B. Multiplikative Arithmetik

Durch den Integritätsbereich I ist im Körper K eine elementare Teilbarkeitslehre im Sinne von § 1,2 gegeben. Wegen I ⌒ P = Γ stimmen die Begriffe *teilbar, Einheit, assoziiert* dieser Teilbarkeitslehre für rationale Zahlen mit denen aus § 1,2 überein, d.h. es handelt sich um eine Erweiterung der durch Γ bestimmten Teilbarkeitslehre in P. Bei dem auf diese elementare Teilbarkeitslehre gestützten weiteren Aufbau der multiplikativen Arithmetik in K stellen sich zwei einschneidende Abweichungen gegenüber der multiplikativen Arithmetik in P aus § 1,3–5 heraus, deren eine die Einheiten, die andere die Primzerlegung betrifft.

a) Einheiten

In I treten außer den trivialen, schon in Γ vorhandenen Einheiten ± 1 – den reellen Einheitswurzeln – und evtl. weiteren komplexen Einheitswurzeln, die ebenfalls trivialerweise Einheiten sind, im allgemeinen auch *nicht-triviale Einheiten* ε auf. Sie bilden zusammen mit den trivialen Einheiten eine multiplikative Gruppe E. Man beweist zunächst:

Eine Zahl ε aus I ist dann und nur dann Einheit, wenn ihre Norm $N(\varepsilon) = \pm 1$ eine Einheit aus Γ ist.

Dabei ist allgemein die *Norm* $N(\alpha) = \alpha\alpha' \cdots \alpha^{(k-1)}$ einer Zahl α aus K als das Produkt der Konjugierten erklärt; sie ist eine multiplikative Funktion in K, die nur für $\alpha = 0$ verschwindet.

Der Hauptsatz über Einheiten lautet:

Dirichletscher Einheitensatz. *Sind unter den k zu K konjugierten Körpern r_1 reell und $2r_2$ paarweise konjugiert-komplex, so besitzt die Einheitengruppe E von K eine $r_1 + r_2 = r$-gliedrige eindeutige Basisdarstellung der Form*

$$\varepsilon = \zeta^{\nu}\varepsilon_1^{n_1} \cdots \varepsilon_{r-1}^{n_{r-1}} \left\{ \begin{array}{c} \nu \bmod. w \\ n_1, \ldots,\ n_{r-1}\ ganzrational \end{array} \right\}.$$

Dabei ist ζ eine Einheitswurzel höchstmöglicher Ordnung aus K, und $\varepsilon_1, \ldots, \varepsilon_{r-1}$ sind $r - 1$ untereinander und von Einheitswurzeln unabhängige nicht-triviale Einheiten aus K. Ist speziell, wie in unserer Anwendung, K galoissch, so sind die Konjugierten zu K entweder alle reell oder alle paarweise konjugiert-komplex, und dementsprechend ist die Anzahl $r = k$ oder $\frac{1}{2}k$.

Als von der Wahl der Basis $\varepsilon_1, \ldots, \varepsilon_{r-1}$ unabhängige Invarianten sind der Einheitengruppe E von K zwei Zahlen zugeordnet, nämlich erstens die Ordnung w von ζ, die auch als die *Einheitswurzelanzahl* in K gekennzeichnet ist, und zweitens der Determinantenbetrag

$$
R = \left\| \begin{array}{cccc}
e \log\left|\varepsilon_1\right| & e' \log\left|\varepsilon_1'\right| & \cdots & e^{(r-1)} \log\left|\varepsilon_1^{(r-1)}\right| \\
\cdots\cdots\cdots\cdots\cdots\cdots\cdots\cdots\cdots\cdots\cdots\cdots\cdots\cdots \\
e \log\left|\varepsilon_{r-1}\right| & e' \log\left|\varepsilon_{r-1}'\right| & \cdots & e^{(r-1)} \log\left|\varepsilon_{r-1}^{(r-1)}\right| \\
\dfrac{1}{r} & \dfrac{1}{r} & \cdots & \dfrac{1}{r}
\end{array} \right\|
$$

aus den Logarithmen der Beträge der nicht-trivialen Basiseinheiten $\varepsilon_1, \ldots, \varepsilon_{r-1}$ und ihrer Konjugierten; dabei ist von jedem Paar $\mathsf{K}^{(\varkappa)}$, $\overline{\mathsf{K}}^{(\varkappa)}$ konjugiert-komplexer Konjugierter (mit gleichen Beträgen!) nur ein Vertreter $\mathsf{K}^{(\varkappa)}$ zu berücksichtigen und der Zusatzfaktor $e^{(\varkappa)} = 2$ vorzusetzen (Betragsquadrate!), während für die reellen Konjugierten $\mathsf{K}^{(\varkappa)}$ der Zusatzfaktor $e^{(\varkappa)} = 1$ sein soll. Diese Zusatzfaktoren bewirken, daß die ersten $r-1$ Zeilen die Summe 0 haben, während die letzte die Summe 1 hat, so daß R auch als der gemeinsame Betrag der Unterdeterminanten aus den $r-1$ ersten Zeilen definiert werden kann. Es zeigt sich, daß der so gebildete Determinantenbetrag R in der Tat bei den zulässigen Basissubstitutionen invariant und außerdem $\neq 0$, also eine positive reelle Zahl ist. Man nennt diese Invariante R den *Regulator* von K. Die beiden arithmetischen Invarianten w und R sind sozusagen Maße dafür, wie stark die multiplikative Arithmetik in K hinsichtlich der Einheiten von der multiplikativen Arithmetik in P abweicht.

b) Primzerlegung

Es stellt sich heraus, daß in I im allgemeinen nicht mehr der Fundamentalsatz von der eindeutigen Zerlegbarkeit in Primzahlen gilt. Diese grundlegende Tatsache werden wir in § 16,6 durch Beispiele mehrfacher Zerlegungen vor Augen führen. Trotzdem kann man, wie zuerst Kummer für die Teilkörper K der Kreisteilungskörper P_m und dann auf verschiedene Weisen Dedekind und Kronecker-Hensel allgemein gezeigt haben, zu einer Beherrschung des multiplikativen Aufbaus der Zahlen $\neq 0$ aus K gelangen. Es mag hier genügen, dies für den von Kummer behandelten Fall der Teilkörper K von P_m zu schildern, der uns ja sowieso im gegenwärtigen Zusammenhang allein interessiert.

Kummer schuf zu diesem Zweck, gestützt auf die aus der elementaren Teilbarkeitslehre entwickelte elementare Kongruenzlehre in I (vgl. § 8,4) eine neuartige Begriffsbildung, die er die *idealen Zahlen* nannte; wir werden hier, wie es seit Kronecker-Hensel üblich ist, dafür *Divisoren* sagen. Es wäre zu schade, diesen originellen und weittragenden Kummerschen Gedanken in der knappen Form unserer gegenwärtigen Überschau unzulänglich anzudeuten. Wir verweisen dazu auf die ausführliche Darstellung in § 17,2. Formal haben wir die von Kummer eingeführten

Divisoren von K bereits in der Hand. Es sind nämlich die Elemente $\mathfrak{a}$ der Gruppe $\mathfrak{D}$, die wir oben bei der formalen Umgestaltung (I.), (II.) der Produkt- und Reihendarstellung $(\mathrm{I_0.})$, $(\mathrm{II_0.})$ von $\zeta\,(s\,|\,\mathfrak{K})$ einführten.

Wir wollen jetzt darlegen, wie sich mit Hilfe dieser formalen Bildungen der multiplikative Aufbau der Zahlen $\alpha \neq 0$ aus K beschreiben läßt. Dazu denken wir uns diese Zahlen in Klassen Assoziierter zusammengefaßt, d.h. wir betrachten statt der Multiplikationsgruppe $\mathsf{K}^\times$ die Faktorgruppe $\mathsf{K}^\times/\mathsf{E}$ nach der Einheitengruppe E von K. Als Grundlage für die Beschreibung des multiplikativen Aufbaus von K durch die Divisorengruppe $\mathfrak{D}$ gilt dann zunächst:

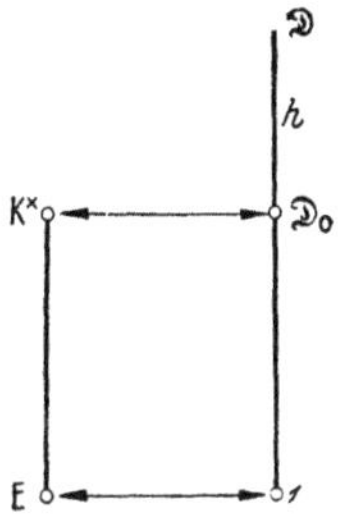

Zuordnungssatz. *Die Faktorgruppe $\mathsf{K}^\times/\mathsf{E}$ ist zu einer Untergruppe $\mathfrak{D}_0$ der Divisorengruppe $\mathfrak{D}$ isomorph* (Abb. 9).

Jeder Zahl $\alpha \neq 0$ aus K nebst ihren Assoziierten $\varepsilon\alpha$, wo ε die Einheiten von K durchläuft, ist also eineindeutig und multiplikativ-isomorph ein Divisor $\mathfrak{a}$ aus $\mathfrak{D}$ zugeordnet; in Zeichen:

$$\alpha \cong \mathfrak{a} = \prod_{\mathfrak{p}} \mathfrak{p}^{a_{\mathfrak{p}}} \left\{ \begin{array}{l} a_{\mathfrak{p}} \quad \text{ganzrational} \\ a_{\mathfrak{p}} \neq 0 \quad \text{für nur endlich viele } \mathfrak{p} \end{array} \right\}.$$

Abb. 9

Die Symbole $\mathfrak{p}$, die wir oben den rationalen Primzahlen p als Ausgangsmaterial (Basiselemente) für die Definition der Gruppe $\mathfrak{D}$ zuordneten, heißen die *Primdivisoren* von K. Für jede Zahl $\alpha \neq 0$ aus K besteht somit in formaler Analogie zu § 1,5,III$'$ eine eindeutige Darstellung als Potenzprodukt von Primdivisoren, die *Primzerlegung* von α in K, durch die umgekehrt α bis auf einen willkürlichen Einheitsfaktor ε aus K (also im Sinne $\cong$ des Assoziiertseins) eindeutig gekennzeichnet ist.

Bei dieser Zuordnung gelten weiter die folgenden Gesetze:

Normensatz. *Ist $\alpha \cong \mathfrak{a}$ in K, so ist $N\,(\alpha) \cong \mathfrak{N}\,(\mathfrak{a})$ in* P, *also* $|N\,(\alpha)| = \mathfrak{N}\,(\mathfrak{a})$.

Dabei ist $N\,(\alpha) = \alpha\alpha' \cdots \alpha^{(h-1)}$ die oben bereits erwähnte *Zahlnorm* in K und $\mathfrak{N}\,(\mathfrak{a})$ die bei der Einführung der Divisoren definierte Funktion in $\mathfrak{D}$, die im Hinblick auf diesen Satz die *Divisornorm* heißt.

Ganzheitssatz. *Bei der Zuordnung $\alpha \cong \mathfrak{a}$ entsprechen genau den ganzen Zahlen $\alpha \neq 0$ aus K, d.h. den $\alpha \neq 0$ aus* I, *ganze Divisoren $\mathfrak{a}$ aus $\mathfrak{D}$, d.h. solche, deren sämtliche Exponenten $a_{\mathfrak{p}} \geq 0$ sind.*

Dies ist die genaue Verallgemeinerung des Ganzheitssatzes im rationalen Zahlkörper P am Schluß von § 1,5. Insbesondere kann demnach über eine Teilbarkeitsrelation $\alpha\,|\,\beta$ in K mittels der α, β zugeordneten Divisoren nach derselben formalen Regel entschieden werden, wie über eine Teilbarkeitsrelation $a\,|\,b$ in P mittels der Primzerlegung (Teilbarkeitskriterium aus § 2,1).

Einbettungssatz. *Einer rationalen Primzahl p entspricht bei der Einbettung von* P *in* K *ein Divisor, der genau aus den p definitorisch zugeordneten g_p Primdivisoren $\mathfrak{p}$ mit ein- und demselben Exponenten e_p zusammengesetzt ist:*

$$p \cong \left(\prod_{\mathfrak{p} \text{ zu } p} \mathfrak{p} \right)^{e_p},$$

und zwar bestimmt sich der Exponent e_p aus der Beziehung

$$e_p f_p g_p = k,$$

in die auch noch die Zahlen f_p mit $\mathfrak{N}(\mathfrak{p}) = p^{f_p}$ eingehen.

Die letztere Bestimmungsregel für e_p – siehe dazu das gruppentheoretische Schema in 1, Abb. 6a – ergibt sich ohne weiteres durch Anwendung des Normensatzes auf die Primzerlegung von p (wenn schon feststeht, daß diese die angegebene Gestalt hat); denn einerseits ist $\mathfrak{N}(p) = p^k$, andrerseits definitionsgemäß $\mathfrak{N}\left(\left(\prod_{\mathfrak{p} \text{ zu } p} \mathfrak{p} \right)^{e_p} \right) = p^{e_p f_p g_p}$.

Der Einbettungssatz gibt eine Regel, wie man aus der Primzerlegung in P der rationalen Zahlen $a \neq 0$ ihre Primzerlegung in K gewinnt, und lehrt damit, wie die multiplikative Arithmetik in P in die multiplikative Arithmetik in K eingebettet ist.

Wie nach 1,I bemerkt, ist für alle nicht in m aufgehenden Primzahlen p schon $f_p g_p = k$, also $e_p = 1$, so daß $e_p \neq 1$ höchstens für die endlich vielen Primteiler p von m ist. Genauer gilt in dieser Hinsicht:

Diskriminantensatz. *Es ist $e_p \neq 1$ dann und nur dann, wenn p in der Diskriminante d von* K *aufgeht.*

Eine wesentliche Abweichung des in dieser Weise beschriebenen multiplikativen Aufbaus von K gegenüber dem formalen Analogon § 1,5,III′ für P besteht darin, daß die Gruppe $\mathfrak{D}_0$ der den Zahlen $\alpha \neq 0$ aus K zugeordneten Divisoren $\mathfrak{a}$, der sog. *Hauptdivisoren* von K, im allgemeinen eine echte Untergruppe der vollen Divisorengruppe $\mathfrak{D}$ von K ist. Dies äußert sich darin, daß im allgemeinen nicht sämtlichen Primdivisoren $\mathfrak{p}$ von K Zahlen π aus K zugeordnet sind. Es gibt Körper K, in denen dies doch der Fall ist, z.B. die beiden quadratischen Zahlkörper $P_4 = P\left(\sqrt{-1} \right)$, $P_3 = \left(\sqrt{-3} \right)$ (vgl. schon § 10,8,9 und später § 16,6); dann sind die Zahlen $\pi \cong \mathfrak{p}$ Primzahlen in I, und durch ihre Einführung wird die eindeutige Primdivisorzerlegung in K zur eindeutigen Primzahlzerlegung in K. Im allgemeinen ist das aber nicht so; gerade aus diesem Grunde redete KUMMER von *idealen Primzahlen* $\mathfrak{p}$, denen nicht notwendig *reale Primzahlen* π in I entsprechen. In jedem Falle gilt:

Endlichkeitssatz. *Die Untergruppe $\mathfrak{D}_0$ der Hauptdivisoren ist von endlichem Index h in der Gruppe $\mathfrak{D}$ aller Divisoren von* K.

Die Faktorgruppe $\mathfrak{D}/\mathfrak{D}_0$ besteht also aus einer endlichen Anzahl h von Klassen, den *Divisorenklassen* von K; eine solche Klasse ist eine Divisorengesamtheit der Form $\mathfrak{c}\alpha$, wo $\mathfrak{c}$ ein fester Divisor ist und α alle Zahlen $\neq 0$ aus K (als Hauptdivisoren aufgefaßt) durchläuft. Der Index

$$h = [\mathfrak{D} : \mathfrak{D}_0]$$

(vgl. die obige Abb. 9) heißt die *Klassenzahl* von K. Diese arithmetische Invariante von K ist sozusagen ein Maß dafür, wie stark die multiplikative Arithmetik in K hinsichtlich der Primzerlegung von der multiplikativen Arithmetik in P abweicht.

7. Damit haben wir alle die Begriffe aus der Arithmetik in K besprochen, die für unsere gegenwärtigen beiden Ziele, die arithmetische Deutung des L-Reihenprodukts $\zeta(s\,|\,\mathfrak{K})$ und den arithmetischen Beweis des Nichtverschwindens der $L(1\,|\,\chi)$ benötigt werden.

Was den ersten Punkt, die arithmetische Deutung des L-Reihenprodukts $\zeta(s\,|\,\mathfrak{K})$ betrifft, so können wir jetzt sagen, daß das Produkt (I.) über alle Primdivisoren $\mathfrak{p}$ von K und die Summe (II.) über alle ganzen Divisoren $\mathfrak{n}$ von K erstreckt ist. Damit hat die schon hervorgehobene formale Analogie zu Produkt- und Reihendarstellung der Riemannschen Zetafunktion $\zeta(s)$ eine inhaltliche Deutung in der Arithmetik von K bekommen. Man nennt im Hinblick auf diese Deutung $\zeta(s\,|\,\mathfrak{K})$ die *Dedekindsche Zetafunktion* des Körpers K, nach DEDEKIND, der diese Funktion zuerst eingeführt und untersucht hat, und bezeichnet sie als solche mit $\zeta_K(s)$. Es ist also

$$\zeta_K(s) = \prod_{\chi \text{ in } \mathfrak{K}} L(s|\chi),$$

wo $\mathfrak{K}$ die K zugeordnete Charaktergruppe ist (vgl. Abb. 8) und

$$\zeta_K(s) = \prod_{\mathfrak{p}} \frac{1}{1 - \dfrac{1}{\mathfrak{N}(\mathfrak{p})^s}} = \sum_{\mathfrak{n}} \frac{1}{\mathfrak{N}(\mathfrak{n})^s},$$

wo $\mathfrak{p}$ alle Primdivisoren, $\mathfrak{n}$ alle ganzen Divisoren von K durchläuft. Die Riemannsche Zetafunktion $\zeta(s)$ ist in diesem Sinne dem rationalen Zahlkörper P zugeordnet. Für die in den ursprünglichen Darstellungen $(\mathrm{I}_0.)$ und $(\mathrm{II}_0.)$ auftretenden Exponenten f_p, g_p und Koeffizienten $\sigma(n\,|\,\mathfrak{K})$ haben wir jetzt die folgenden arithmetischen Deutungen:

g_p ist die Anzahl der verschiedenen in p steckenden Primdivisoren $\mathfrak{p}$ von K, f_p ist der Exponent ihrer Normen $\mathfrak{N}(\mathfrak{p}) = p^{f_p}$,

$\sigma(n\,|\,\mathfrak{K}) = \sigma_K(n)$ ist die Anzahl der ganzen Divisoren $\mathfrak{n}$ von K mit der Norm $\mathfrak{N}(\mathfrak{n}) = n$.

Die in **1**,I,II gegebenen expliziten Bestimmungen dieser Zahlen sind von unserem jetzigen Standpunkt aus, bei dem nicht die Charaktergruppe $\mathfrak{K}$

sondern der Zahlkörper K an der Spitze steht, als Regeln anzusehen, nach denen man diese für die Arithmetik von K wichtigen Stücke, insbesondere also die im Einbettungssatz auftretende Primzerlegung in K der rationalen Primzahlen p, bestimmen kann.

Was den zweiten Punkt, den Beweis des Nichtverschwindens der $L(1|\chi)$ betrifft, so ist nach der Feststellung 4,VIII zu beweisen, daß die Zetafunktion $\zeta_m(s)$ des Kreisteilungskörpers P_m bei $s = 1$ einen Pol hat, oder – wenn man mit elementar-analytischen Hilfsmitteln auskommen will – auch nur, daß $\lim_{s \to 1 + 0} \zeta_m(s) = + \infty$ gilt. Schickt man die in **3** durchgeführte elementar-analytische Reduktion auf quadratische Charaktere χ voraus, wie es Dirichlet tut, so genügt bereits die entsprechende Feststellung für die Zetafunktion $\zeta_K(s)$ des quadratischen Zahlkörpers

$$K = P\left(\sqrt{\chi(-1) f(\chi)}\right).$$

8. Um diesen Beweis zu erbringen, zeigt man – gleich wieder für einen beliebigen Teilkörper K von P_m formuliert – auf Grund der Bedeutung der ganzen Divisoren $\mathfrak{n}$ für die Arithmetik in K folgendes:

Grenzwertsatz. *Für die Koeffizientenpartialsumme der Dirichletschen Reihe*

$$\zeta_K(s) = \sum_{\mathfrak{n}} \frac{1}{\mathfrak{N}(\mathfrak{n})^s}$$

besteht eine Grenzbeziehung der Form

$$\sum_{\mathfrak{N}(\mathfrak{n}) \leqq N} 1 = A_K N + O\left(N^{1 - \frac{1}{k}}\right) \quad \textit{für } N \to \infty,$$

mit einer nur vom Körper K abhängenden positiven Konstanten A_K, und zwar ist diese Konstante der multiplikative Ausdruck

$$A_K = \frac{(2\tilde{\omega})^{\frac{1}{2}k} R h}{w \sqrt{|d|}} \quad \textit{mit } \tilde{\omega} = \left\{ \begin{array}{l} 2, \textit{ wenn K reell} \\ \pi, \textit{ wenn K komplex} \end{array} \right\}$$

in den arithmetischen Invarianten

> *Grad k*
> *Diskriminante d*
> *Einheitswurzelanzahl w*
> *Regulator R*
> *Klassenzahl h*

von K.

Da hiernach die Koeffizientenpartialsumme von $\zeta_K(s) - A_K \zeta(s)$ von der Größenordnung $O\left(N^{1 - \frac{1}{k}}\right)$ ist, ergibt sich aus der in **4** vorangeschickten allgemeinen Konvergenztheorie für Dirichletsche Reihen, daß die Dirichletsche Reihe $\zeta_K(s) - A_K \zeta(s)$ für $\sigma > 1 - \dfrac{1}{k}$ (bzw. für reelle $s > 1 - \dfrac{1}{k}\Big)$ konvergiert. Daraus folgt dann im Hinblick auf das bekannte Verhalten von $\zeta(s)$ bei $s = 1$ (bzw. für reelles $s \to 1 + 0$) die zu beweisende Behauptung über $\zeta_K(s)$, und darüber hinaus die Grenzbeziehung

$$\lim_{s \to 1} (s - 1)\,\zeta_K(s) = A_K$$

(bzw. mit reellem $s \to 1 + 0$), nach der das Residuum von $\zeta_K(s)$ bei $s = 1$ gerade die Konstante A_K ist.

Aus der letzteren Residuenformel erhält man für den Wert bei $s = 1$ des dem Dirichletschen Beweis zugrunde liegenden L-Reihenprodukts die Darstellung

$$\prod_{\substack{\chi \,\mathrm{in}\, \mathfrak{K} \\ \chi \,\neq\, \varepsilon}} L(1\,\chi) = A_K = \frac{(2\,\tilde{\omega})^{\frac{1}{2}\,k} R\,h}{w\,\sqrt{|d|}}$$

durch die arithmetische Invarianten von K, die das Nichtverschwinden der $L(1\,|\,\chi)$ arithmetisch in Evidenz setzt.

Nach der Klassenzahl h von K aufgelöst lautet diese Formel:

$$h = \frac{w\,\sqrt{|d|}}{(2\,\tilde{\omega})^{\frac{1}{2}\,k} R} \prod_{\substack{\chi \,\mathrm{in}\, \mathfrak{K} \\ \chi \,\neq\, \varepsilon}} L(1\,|\,\chi)\,,$$

wobei $\mathfrak{K}$ als die Charaktergruppe der Galoisschen Gruppe $\mathfrak{G}/\mathfrak{H}$ von K gekennzeichnet ist (vgl. Abb. 8). Diese Formel kann, wie eingangs gesagt, zur arithmetischen Bestimmung der Klassenzahl h von K verwendet werden, indem man die unendlichen Reihen $L(1\,|\,\chi) = \sum\limits_{n} \dfrac{\chi(n)}{n}$ in geschlossener Form summiert. Das werden wir in § 18,2,3 durchführen.

Zu den letzteren beiden Formeln sei im Anschluß an die Schlußbemerkung von § 14,1 noch gesagt, daß sie nur dann die angegebene einfache Gestalt haben, wenn man die $L(1\,|\,\chi)$ als eigentliche L-Reihen versteht. Andernfalls treten zu dem Ausdruck A_K noch Zusatzfaktoren hinzu, die sich aus der Reduktionsformel § 14,1, (3.) für die uneigentlichen L-Reihen ergeben.

Wir haben den Grenzwertsatz, im Rahmen der vorangehenden allgemeinen Überschau, gleich für einen beliebigen Teilkörper K des m-ten Kreisteilungskörpers P_m formuliert. Für den Beweis des Dirichletschen Primzahlsatzes genügt, wie gesagt, der Spezialfall $K = P_m$ oder bei Voranschicken der Reduktion aus 2 der Spezialfall $K = P\big(\sqrt{\chi(-1)f(\chi)}\big)$. Für den letzteren Spezialfall werden wir alle vorstehend nur formulierten Sätze im vierten Abschnitt (§§ 16–18) beweisen.

Die durch die algebraisch-zahlentheoretische Beweismethode des Nichtverschwindens der L-Reihen für $s = 1$ gewonnene Einsicht geht tiefer als die durch die funktionentheoretischen Beweise in 4, indem hier das Nichtverschwinden durch die zuletzt erhaltene explizite Darstellung des L-Reihenprodukts für $s = 1$ in Evidenz gesetzt, nämlich auf Nichtverschwinden der arithmetischen Invarianten des algebraischen Zahlkörpers K zurückgeführt wird. Aber erst die Ergebnisse beider Beweismethoden zusammen liefern die volle Einsicht in einen Sachverhalt, der zu den interessantesten Kapiteln der neueren Mathematik gezählt werden muß, weil in ihm Zahlentheorie, Algebra und Funktionentheorie aufs engste miteinander verknüpft sind.

6. Elementar-arithmetische Beweise des Dirichletschen Primzahlsatzes

Neuerdings ist es gelungen, den Dirichletschen Primzahlsatz in dem Sinne elemantar-arithmetisch zu beweisen, daß aus der Analysis entweder gar keine Hilfsmittel herangezogen werden, oder außer rationalen Funktionen lediglich Exponentialfunktion und Logarithmus mit reellem Argument benutzt werden.

Von der ersteren Art ist ein Beweis von ZASSENHAUS[1]. Er geht aus dem klassischen Dirichletschen Beweis dadurch hervor, daß die dort auftretenden unendlichen Summen und Produkte durch endliche Näherungswerte ersetzt werden.

Von der letzteren Art sind ein Beweis von A. SELBERG[2] und ein durch ihn inspirierter Beweis von SHAPIRO[3]. Beide sind durch Ausbau der von TSCHEBYSCHEFF in der Primzahltheorie verwendeten elementaren Methoden entstanden[4]. Über die bloße Existenz unendlich vieler Primzahlen p in jeder primen Restklasse A mod. m hinaus liefern sie auch die Dichteaussage § 14,4,VI in der äquivalenten Gestalt

$$\sum_{\substack{p \leqq x \\ p \text{ in } A}} \frac{\log p}{p} = \frac{1}{\varphi(m)} \log x + O(1).$$

Mag es auch von großem Interesse sein, daß derartige Beweise existieren, so können sich diese doch an Eleganz der Schlußführung, gedanklicher Tiefe und organischem Beziehungsreichtum nicht mit dem klassischen Dirichletschen Beweis messen. Von der Aufnahme einer

---

[1] H. ZASSENHAUS: Über die Existenz von Primzahlen in arithmetischen Progressionen, Comment. Math. Helvetici **22** (1949), 232–259.

[2] A. SELBERG: An elementary proof of Dirichlet's theorem about primes in an arithmetic progression, Ann. of Math. **50** (1949), 297–304; An elementary proof of the prime-number theorem for arithmetic progressions, Canadian Journ. of Math. **2** (1950), 66–78.

[3] H. N. SHAPIRO: On primes in arithmetic progressions I, II, Ann. of Math. **52** (1950), 217–230; 231–243.

[4] Siehe dazu etwa E. LANDAU: Handbuch der Lehre von der Verteilung der Primzahlen, Leipzig-Berlin 1909, erstes Buch, erster Teil.

ausführlichen Wiedergabe, die so ganz aus dem methodischen Rahmen dieses Buches herausfallen würde, konnte um so mehr abgesehen werden, als der Beweis von Shapiro in zwei inzwischen erschienenen Monographien in lehrbuchartiger Form dargestellt ist[1].

Vierter Abschnitt

Quadratische Zahlkörper

§ 16. Elementare Teilbarkeitslehre

1. Algebraische Grundlagen

Im Laufe unserer Untersuchungen haben wir es schon mehrfach mit quadratischen Zahlkörpern zu tun gehabt. Dabei haben wir die einfachen algebraischen Grundlagen über sie als aus der Algebra bekannt vorausgesetzt. Wir wollen sie hier zum Eingang unserer systematischen Behandlung der Arithmetik in quadratischen Zahlkörpern kurz entwickeln.

Ein *quadratischer Zahlkörper* K ist definiert als ein algebraischer Erweiterungskörper zweiten Grades des rationalen Zahlkörpers P. Man erhält also K, indem man zu P eine Wurzel ϑ eines irreduziblen quadratischen Polynoms

$$f(x) = x^2 - u\,x - v$$

über P adjungiert, d.h. alle in ϑ rationalen Rechenausdrücke mit Koeffizienten aus P bildet; dafür schreibt man kurz

$$K = P(\vartheta) \quad \text{mit} \quad f(\vartheta) = 0.$$

Mittels der hierbei zulässigen Substitutionen $\vartheta^* = \vartheta - \frac{1}{2}u$ des erzeugenden Elements kann man erreichen, daß $u = 0$, also

$$f(x) = x^2 - v$$

ein reines quadratisches Polynom wird. Die Irreduzibilitätsforderung besagt dann, daß v kein Quadrat in P ist. Ist ferner

$$v = D\,w^2$$

die eindeutig bestimmte Zerlegung von v in seinen quadratfreien Kern D (vgl. § 7,4) und ein Quadrat w^2 aus P, so kann man mittels der ebenfalls

---

[1] E. Trost: Primzahlen, Slg. Elemente der Mathematik vom höheren Standpunkt aus, Band II, Basel/Stuttgart 1953; W. Specht: Elementare Beweise der Primzahlsätze, Slg. Hochschulbücher für Mathematik, Band 30, Berlin 1956. – Siehe außerdem das in § 15,1 zitierte Buch von K. Prachar.

zulässigen Substitution $\vartheta^* = \dfrac{\vartheta}{w}$ des erzeugenden Elements erreichen, daß $v = D$, also

$$f(x) = x^2 - D$$

mit ganzrationalem quadratfreiem D wird. Die Irreduzibilitätsforderung reduziert sich dabei auf $D \neq 1$. Es ist dann $\vartheta = \sqrt{D}$ (mit offen gelassenem Vorzeichen), und man schreibt dementsprechend

$$\mathsf{K} = \mathsf{P}\!\left(\sqrt{D}\right).$$

Durch die in den Zahlen aus K auszuführende Substitution

$$\sqrt{D} \to -\sqrt{D}$$

der einen in die andere Wurzel von $f(x)$ wird ein nicht-identischer *Automorphismus* des Körpers K geliefert. Da demnach K zwei verschiedene Automorphismen (diesen und den identischen) besitzt – also so viele, wie der Grad beträgt –, ist K ein *galoisscher Körper*. Die *Galoissche Gruppe* von K ist der durch den Automorphismus $\sqrt{D} \to -\sqrt{D}$ erzeugte Zyklus der Ordnung 2.

Die Zahlen α aus K, also die in $\vartheta = \sqrt{D}$ rationalen Rechenausdrücke mit Koeffizienten aus P, lassen sich vermöge der Grundgleichung $\vartheta^2 = D$ zunächst in der Gestalt

$$\alpha = \frac{s + t\sqrt{D}}{u + v\sqrt{D}}$$

mit Koeffizienten s, t, u, v aus P setzen, und dann weiter in geläufiger Weise – durch Erweiterung mit $u - v\sqrt{D}$ – auf die *Normalform*

$$(1.) \qquad\qquad \alpha = a + b\sqrt{D}$$

mit Koeffizienten a, b aus P bringen. In dieser Normalform sind a, b durch α eindeutig bestimmt, weil eine Beziehung der Form $u + v\sqrt{D} = 0$ mit u, v aus P wegen der Irreduzibilität von $f(x) = x^2 - D$ (Irrationalität von $\sqrt{D}$, vgl. § 1,6) nur trivialerweise, mit $u = 0$, $v = 0$, bestehen kann; letzteres ist auch schon bei der vorherigen Beseitigung des Nenners $u + v\sqrt{D}$ zu beachten.

Durch den Automorphismus $\sqrt{D} \to -\sqrt{D}$ von K entstehen aus den Zahlen α in der Normalform (1.) die zu ihnen *konjugierten* Zahlen

$$(1'.) \qquad\qquad \alpha' = a - b\sqrt{D}.$$

Der Übergang von einer Zahl α aus K zu ihrer Konjugierten α' wird im folgenden durchweg durch Anfügung eines Striches bezeichnet. Bei Zahlen a aus P, die ja mit ihren Konjugierten übereinstimmen, soll aber der Strich **nicht** diese Bedeutung haben. Wir bezeichnen Zahlen aus K immer mit griechischen, Zahlen aus P dagegen mit lateinischen Buchstaben, von ganz wenigen Ausnahmen wie $i = \sqrt{-1}$ und gelegentlich griechisch bezeichneten Exponenten oder Indizes abgesehen.

Jedes Paar konjugierter Zahlen α, α' aus K ist das Wurzelpaar des zugehörigen *Hauptpolynoms*

$$g(x\,|\,\alpha) = (x - \alpha)\,(x - \alpha') = x^2 - 2a\,x + (a^2 - D\,b^2)$$

mit Koeffizienten aus P. Dabei heißen

$$S(\alpha) = \alpha + \alpha' = 2a,$$
$$N(\alpha) = \alpha\alpha' = a^2 - D\,b^2$$

Spur und *Norm* von α. Sie haben als Funktionen von α folgende Eigenschaften:

$$(2.) \quad \left. \begin{cases} S(\alpha_1 + \alpha_2) = S(\alpha_1) + S(\alpha_2) \\ S(c\,\alpha) = c\,S(\alpha) \text{ für } c \text{ in P} \end{cases} \right\} \quad \text{(Linearität über P)},$$

$$(3.) \quad \left. \begin{cases} N(\alpha_1\,\alpha_2) = N(\alpha_1)\,N(\alpha_2) \text{ (Multiplikativität)} \\ N(\alpha) = 0 \text{ ist gleichbedeutend mit } \alpha = 0 \end{cases} \right\}.$$

Für das Hauptpolynom bestehen nur folgende beiden Möglichkeiten:

$$g(x\,|\,\alpha) \text{ reduzibel}, \quad \alpha \text{ rational} \quad \text{(Grad 1), wenn } b = 0.$$
$$g(x\,|\,\alpha) \text{ irreduzibel}, \quad \alpha \text{ irrational (Grad 2), wenn } b \neq 0.$$

Im ersteren Falle hat man $\alpha = a$, $g(x\,|\,\alpha) = (x - a)^2$ (rationale Doppelwurzel). Im letzteren Falle ist $\alpha \neq \alpha'$ (zwei verschiedene irrationale Wurzeln); dann kann α als erzeugendes Element von K (in der Rolle des obigen ϑ) gewählt werden. Hierbei ist $g(x\,|\,\alpha)$ dann und nur dann ein reines Polynom, wenn $a = 0$, also $\alpha = b\sqrt{D}$ ist, und dann ist $g(x\,|\,\alpha) = x^2 - D\,b^2$. Daraus folgt, daß die eingangs von einem willkürlichen erzeugenden Element ϑ ausgehend konstruierte ganzrationale quadratfreie Zahl $D \neq 1$ in Wahrheit nicht von der Auswahl von ϑ abhängt. Somit ist diese Zahl D eine arithmetische Invariante von K. Da auch umgekehrt jede solche Zahl D in der Form $K = P(\sqrt{D})$ einen quadratischen Zahlkörper liefert, können wir feststellen:

I. *Die quadratischen Zahlkörper* K *entsprechen auf Grund der Erzeugung*

$$K = P(\sqrt{D})$$

umkehrbar eindeutig den ganzrationalen quadratfreien Zahlen $D \neq 1$.

Im folgenden verstehen wir unter D stets die vorstehend eingeführte Invariante von K.

Es sind häufig die beiden Typen von quadratischen Zahlkörpern $K = P(\sqrt{D})$ mit $D > 0$ und $D < 0$ zu unterscheiden.

Für $D > 0$ ist $\sqrt{D}$ reell. Dann sind die Zahlen aus K reell, und K heißt ein *reell-quadratischer Zahlkörper*.

Für $D > 0$ ist $\sqrt{D}$ rein-imaginär. Dann sind alle Zahlen aus K, soweit sie nicht zu P gehören, imaginär (komplex), und K heißt ein *imaginär-quadratischer Zahlkörper*.

Das Zahlenpaar 1, $\sqrt{D}$ ist auf Grund von (1.) eine spezielle *Basis* von K. Da nach (1.) je drei Zahlen aus K linear-abhängig über P sind, ist allgemeiner jedes über P linear-unabhängige Zahlenpaar ϑ_1, ϑ_2 aus K im gleichen Sinne eine Basis von K, d.h. die Zahlen α aus K sind zu (1.) analog auch in der Form

$$\alpha = a_1 \vartheta_1 + a_2 \vartheta_2$$

mit eindeutig bestimmten Koeffizienten a_1, a_2 aus P darstellbar. Für die Konjugierten gilt dann zu (1'.) analog

$$\alpha' = a_1 \vartheta_1' + a_2 \vartheta_2'$$

mit denselben Koeffizienten. Wir schreiben diese beiden in a_1, a_2 linearen Gleichungen in der Matrizenform

$$(\alpha \ \alpha') = (a_1 \ a_2) \begin{pmatrix} \vartheta_1 & \vartheta_1' \\ \vartheta_2 & \vartheta_2' \end{pmatrix}.$$

Die Determinante der zweireihig-quadratischen Matrix rechts hat die Eigenschaft, daß ihr Quadrat

$$(4.) \qquad d(\vartheta_1, \vartheta_2) = \begin{vmatrix} \vartheta_1 & \vartheta_1' \\ \vartheta_2 & \vartheta_2' \end{vmatrix}^2$$

beim erzeugenden Automorphismus $\sqrt{D} \to -\sqrt{D}$ von K invariant, also rational ist. Man nennt dies Determinantenquadrat die *Diskriminante des Zahlenpaars* ϑ_1, ϑ_2 aus K. Sind in Matrizenschreibweise

$$(5.) \qquad \begin{pmatrix} \vartheta_1 \\ \vartheta_2 \end{pmatrix} = U \begin{pmatrix} 1 \\ \sqrt{D} \end{pmatrix}, \quad \begin{pmatrix} \vartheta_1' \\ \vartheta_2' \end{pmatrix} = U \begin{pmatrix} 1 \\ -\sqrt{D} \end{pmatrix}$$

mit einer rationalzahligen zweireihig-quadratischen Matrix U die Basisdarstellungen (1.), (1'.) für das betrachtete Zahlenpaar und seine Konjugierten, so hat man die Matrizengleichung

$$\begin{pmatrix} \vartheta_1 & \vartheta_1' \\ \vartheta_2 & \vartheta_2' \end{pmatrix} = U \begin{pmatrix} 1 & 1 \\ \sqrt{D} & -\sqrt{D} \end{pmatrix},$$

und daher nach dem Multiplikationssatz der Determinanten

$$(6.) \qquad d(\vartheta_1, \vartheta_2) = |U|^2 \cdot d(1, \sqrt{D}).$$

Hierin ist die spezielle Diskriminante

$$(7.) \qquad d\left(1, \sqrt{D}\right) = \begin{vmatrix} 1 & 1 \\ \sqrt{D} & -\sqrt{D} \end{vmatrix}^2 = 4D,$$

also sicher von Null verschieden. Ferner ist die Koeffizientendeterminante $|U|$ dann und nur dann von Null verschieden, wenn das Zahlenpaar ϑ_1, ϑ_2 linear-unabhängig über P ist. Zusammengenommen ergibt sich so:

II. *Die durch* (4.) *definierte Diskriminante* $d(\vartheta_1, \vartheta_2)$ *eines Zahlenpaars* ϑ_1, ϑ_2 *aus* K *ist eine rationale Zahl. Sie unterscheidet sich von der Invariante* D *von* K *nur um ein rationales Quadrat als Faktor, nämlich um das vierfache Quadrat der Determinante der Übergangssubstitution* (5.) *von der Basis* 1, $\sqrt{D}$ *zu dem Zahlenpaar* ϑ_1, ϑ_2.

Das Zahlenpaar ϑ_1, ϑ_2 *ist dann und nur dann linear-unabhängig über* P, *d. h. eine Basis von* K, *wenn seine Diskriminante* $d(\vartheta_1, \vartheta_2) \neq 0$ *ist.*

2. Geometrische Veranschaulichung

In Analogie zur Darstellung der Zahlen aus P auf der Zahlgeraden veranschaulichen wir die Zahlen

$$a + b\sqrt{D}$$

aus K geometrisch durch die Punkte einer Ebene mit den kartesischen Koordinaten

$$R(\alpha) = \frac{\alpha + \alpha'}{2} = a, \quad J(\alpha) = \begin{cases} \dfrac{\alpha - \alpha'}{2} = b\sqrt{D} & \text{für } D > 0 \\[2mm] \dfrac{\alpha - \alpha'}{2i} = \dfrac{b\sqrt{D}}{i} & \text{für } D < 0 \end{cases},$$

die wir auch *Rationalteil* und *Irrationalteil* von α nennen. Wir reden in diesem Sinne kurz von der *Darstellung in der* K-*Ebene*. Wir denken dabei, wie durchweg im folgenden, wenn es sich um die Zahlen aus K als reelle bzw. komplexe Zahlen handelt, die Quadratwurzel $\sqrt{D}$ positiv-reell bzw. positiv-imaginär normiert.

Beim Übergang zu der Konjugierten

$$\alpha' = a - b\sqrt{D}$$

bleibt $R(\alpha)$ ungeändert, während $J(\alpha)$ sein Vorzeichen wechselt. Diesem Übergang entspricht also die Spiegelung an der Rationalachse. Für die Norm hat man die Koordinatendarstellung

$$N(\alpha) = \alpha\alpha' = \begin{cases} R(\alpha)^2 + J(\alpha)^2 & \text{für } D < 0 \\ R(\alpha)^2 - J(\alpha)^2 & \text{für } D > 0 \end{cases}.$$

Denkt man den Variabilitätsbereich der Koeffizienten a, b von den rationalen auf die reellen Zahlen erweitert, so durchlaufen α, α' für $D < 0$ alle Paare konjugiert-komplexer, für $D > 0$ unabhängig voneinander alle Paare reeller Zahlen. Durch die Gleichungen

$$N(\alpha) = c$$

mit konstanten reellen c werden dann für $D < 0$ Kreise, für $D > 0$ gleichseitige Hyperbeln dargestellt, die beidemal den Nullpunkt als Mittelpunkt haben. Für $D < 0$ kommen nur Konstanten $c \geqq 0$ in Frage; die Kreise haben dann den Halbmesser $\sqrt{c}$ (Abb. 10a). Für $D > 0$ haben die gleichseitigen Hyperbeln ihre Hauptachse in Richtung der Rationalachse oder Irrationalachse, je nachdem $c > 0$ oder $c < 0$ ist, und ihr Halbmesser ist $\sqrt{|c|}$; für $c = 0$ liegt das ihnen allen gemeinsame Asymptotenpaar $R(\alpha) = \pm J(\alpha)$, die Winkelhalbierenden des Koordinatenachsenkreuzes, vor (Abb. 10b).

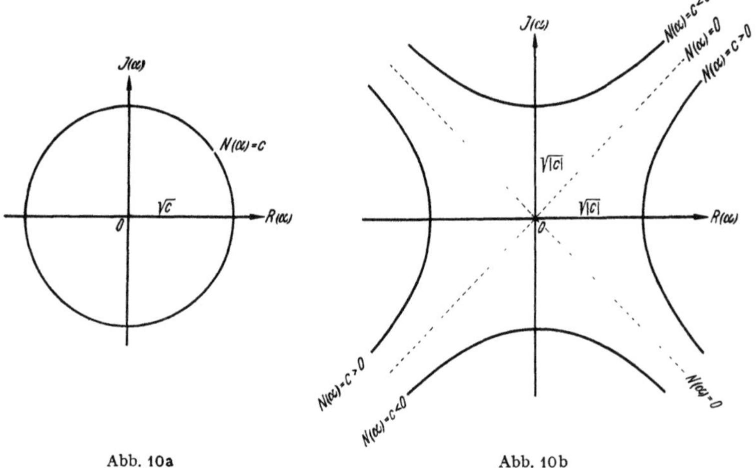

Abb. 10aAbb. 10b

Für manche Zwecke ist es angebracht, in der K-Ebene Polarkoordinaten einzuführen, die sich der eben hervorgetretenen Kreis- bzw. Hyperbelstruktur anpassen. Dazu nimmt man als Größenmaß der Zahlen α aus K die Quadratwurzel $\sqrt{|N(\alpha)|}$ aus dem absoluten Betrag der Norm und definiert einen Polarwinkel $\varphi(\alpha)$ durch den Ansatz

$$\alpha = \begin{cases} \sqrt{N(\alpha)}\, e^{i\varphi(\alpha)} & \text{für } D < 0 \\ \operatorname{sgn}\alpha\, \sqrt{|N(\alpha)|}\, e^{\varphi(\alpha)} & \text{für } D > 0 \end{cases}.$$

Wegen $N(\alpha') = N(\alpha)$ hat man dann für die Konjugierte

$$\alpha' = \begin{cases} \sqrt{N(\alpha)}\, e^{-i\varphi(\alpha)} & \text{für } D < 0 \\ \operatorname{sgn}\alpha'\, \sqrt{|N(\alpha)|}\, e^{-\varphi(\alpha)} & \text{für } D > 0 \end{cases}.$$

Wegen $N(\alpha') = N(\alpha)$ ist also einfach $\varphi(\alpha') = -\varphi(\alpha)$. Denkt man wieder den Variabilitätsbereich der a, b auf die reellen Zahlen erweitert, so werden durch die Gleichungen

$$\varphi(\alpha) = c$$

mit konstanten reellen c für $D < 0$ Strahlen vom Nullpunkt aus, für $D > 0$ zum Asymptotenpaar spiegelbildliche Geradenpaare durch den Nullpunkt dargestellt, die im letzteren Falle den beiden möglichen Vorzeichen

$$\operatorname{sgn} N(\alpha) = \operatorname{sgn} \alpha \operatorname{sgn} \alpha'$$

entsprechen. Für $D < 0$ handelt es sich um die gewöhnliche Polarkoordinatendarstellung in der komplexen Zahlenebene; dabei kann der Polarwinkel $\varphi(\alpha)$ nicht nur, wie man es gewöhnlich tut, als die gerichtete Länge des Bogens auf dem Einheitskreis zwischen der positiven Rationalachse und dem Strahl durch α gedeutet werden, sondern auch als der doppelte

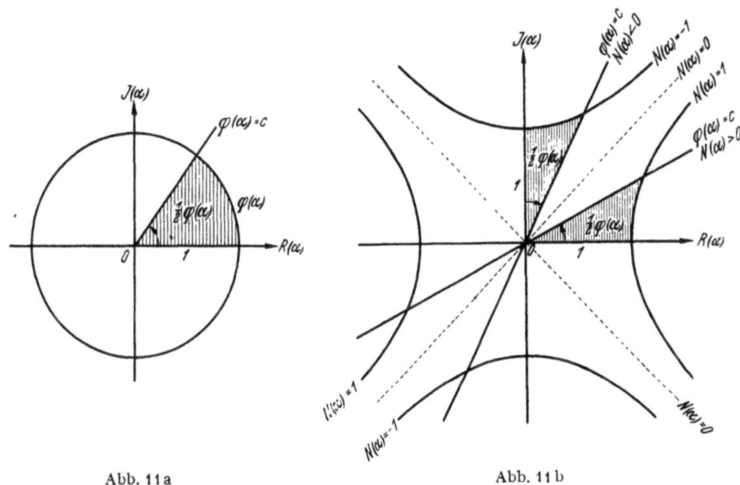

Abb. 11 a   Abb. 11 b

gerichtete Inhalt des zugehörigen Sektors (Abb. 11 a). Für $D > 0$ hat die erstere Deutung von $\varphi(\alpha)$ kein Analogon, jedoch überträgt sich die letztere: der Polarwinkel $\varphi(\alpha)$ ist hier der doppelte gerichtete Inhalt des Sektors, der aus dem Innengebiet des gleichseitigen Einheitshyperbelpaars durch die Rationalachse oder Irrationalachse und den Strahl durch α ausgeschnitten wird, je nachdem $N(\alpha) > 0$ oder $N(\alpha) < 0$ ist (Abb. 11 b).

Der Beweis für die letztere Behauptung ergibt sich so. Sei etwa $N(\alpha) > 0$ und dann ohne Einschränkung $\alpha > 0$, $\alpha' > 0$ (Spiegelung am Nullpunkt), sowie $\varphi(\alpha) \geqq 0$ (Spiegelung an der Rationalachse). Seien

$$x, y, r, \varphi$$

stetige reelle Variable, den obigen

$$R(\alpha),\ J(\alpha),\ \sqrt{|N(\alpha)|},\ \varphi(\alpha)$$

entsprechend, und sei den Beziehungen zwischen den letzteren entsprechend

$$\left\{\begin{aligned} x + y &= r\,e^{\varphi} \\ x - y &= r\,e^{-\varphi} \end{aligned}\right\},\quad \text{also} \quad \left\{\begin{aligned} x &= r\,\mathfrak{Cos}\,\varphi \\ y &= r\,\mathfrak{Sin}\,\varphi \end{aligned}\right\}.$$

Dann hat der in Rede stehende Hyperbelsektor den Inhalt

$$\iint\limits_{\substack{0 \le r \le 1 \\ 0 \le \varphi \le \varphi(\alpha)}} dx\,dy = \int\limits_{r=0}^{1} \int\limits_{\varphi=0}^{\varphi(\alpha)} \left| \frac{\partial(x,y)}{\partial(r,\varphi)} \right| dr\,d\varphi = \int\limits_{r=0}^{1} \int\limits_{\varphi=0}^{\varphi(\alpha)} r\,dr\,d\varphi = \frac{1}{2}\,\varphi(\alpha).$$

3. Ganze Zahlen, Diskriminante

Um in einem quadratischen Zahlkörper K Arithmetik treiben zu können, müssen wir eine Definition des Begriffs der *ganzen Zahl aus* K an die Spitze stellen. In unserer allgemeinen Überschau über die Arithmetik in algebraischen Zahlkörpern in § 15,5 haben wir bereits gesagt, wie man für einen beliebigen algebraischen Zahlkörper K diesen Begriff festlegt. Wir wollen hier im Falle der quadratischen Zahlkörper K entwickeln, wie man zwangsläufig auf die dort gegebene Definition geführt wird.

Es ist sinnvoll, von einer Definition des Begriffs der ganzen Zahl aus K zu verlangen, daß sie den folgenden Forderungen genügt:

A. *Die ganzen Zahlen aus* K *bilden einen Integritätsbereich* I.

Dieser enthält dann notwendig die Zahl 1 und damit den Integritätsbereich Γ der ganzrationalen Zahlen.

B. *Eine rationale Zahl ist dann und nur dann ganz in* K, *wenn sie ganzrational ist.*

Es ist dann Γ der genaue Durchschnitt von I mit P:

$$I \cap P = \Gamma.$$

C. *Mit einer Zahl α aus* K *ist auch ihre Konjugierte α′ ganz.*

Anders gesagt, der Integritätsbereich I ist beim erzeugenden Automorphismus von K invariant:

$$I' = I.$$

D. *Der Bereich der ganzen Zahlen aus* K *läßt sich nicht mehr so erweitern, daß dabei* A, B, C *gültig bleiben.*

Anders gesagt, I ist ein *maximaler* Integritätsbereich mit den Eigenschaften $I \cap P = \Gamma$ und $I' = I$.

Angenommen, wir haben einen Ganzheitsbegriff, der den Forderungen A, B, C genügt. Ist dann α ganz, so nach C auch α', damit nach A auch $\alpha + \alpha' = S(\alpha)$ und $\alpha\alpha' = N(\alpha)$, und nach B sind diese letzteren dann ganzrational. Demnach sind dann also die Koeffizienten des α zugeordneten Hauptpolynoms $g(x\,|\,\alpha)$ ganzrational, d.h. es ist die in § 15,5 gegebene Definitionseigenschaft erfüllt.

Nehmen wir umgekehrt diese Eigenschaft als Definition des Ganzheitsbegriffes, nennen also alle α ganz, deren Hauptpolynom $g(x\,|\,\alpha)$ ganzrationale Koeffizienten $S(\alpha)$, $N(\alpha)$ hat, so ist nach der soeben durchgeführten Überlegung jedenfalls die Forderung D erfüllt. Ferner ist dann ersichtlich auch C erfüllt, und wegen $S(a) = 2a$, $N(a) = a^2$ für rationale a auch B. Wir werden nun zeigen, daß bei dieser Definition auch A erfüllt ist. So ergibt sich, daß unseren Forderungen A, B, C, D nur auf eine Weise genügt werden kann, nämlich durch die allgemein bereits in § 15,5 gegebene Definition:

Eine Zahl aus K *heißt ganz, wenn die Koeffizienten ihres Hauptpolynoms, also ihre Spur und ihre Norm, ganzrational sind.*

Ehe wir beweisen, daß bei dieser Definition in der Tat auch A erfüllt ist, geben wir eine explizite Darstellung der ganzen Zahlen aus K. Dazu ist es zweckmäßig, die Basisdarstellung 1, (1.) in der abgeänderten Gestalt

$$(1.) \qquad \alpha = \frac{a + b\sqrt{D}}{2}$$

mit rationalen a, b anzusetzen, so daß also jetzt

$$(2.) \qquad S(\alpha) = a\,, \qquad N(\alpha) = \frac{a^2 - Db^2}{4}$$

wird. Wir zeigen dann:

III. *Eine in der Form* (1.) *angesetzte Zahl* α *aus* K *ist dann und nur dann ganz, wenn* a, b *ganzrational sind und den Kongruenzen*

$$a \equiv b \qquad mod.\,2 \quad f\ddot{u}r \quad D \equiv 1 \quad mod.\,4\,,$$
$$a \equiv b \equiv 0\; mod.\,2 \quad f\ddot{u}r \quad D \equiv 2,\,3\; mod.\,4$$

genügen.

Der Fall $D \equiv 0 \bmod. 4$ kommt für ganzrationales quadratfreies D natürlich nicht vor.

Beweis. a) Erfüllen a, b diese Bedingungen, so sind $S(\alpha)$ und $N(\alpha)$ nach (2.) ersichtlich ganzrational, d.h. α ist ganz.

b) Sei umgekehrt α ganz, d.h. seien $S(\alpha)$ und $N(\alpha)$ ganzrational. Dann ist nach (2.) jedenfalls a ganzrational und ferner neben $\dfrac{a^2 - Db^2}{4}$ auch $a^2 - 4 \cdot \dfrac{a^2 - Db^2}{4} = Db^2$ ganzrational. Da die ganzrationale quadratfreie Zahl D keinen Nennerprimteiler von b^2 herausheben kann, ist notwendig auch b ganzrational. Es besteht dann die Kongruenz

$$a^2 \equiv D\,b^2 \bmod. 4.$$

Diese ist für $D \equiv 1 \bmod. 4$ mit $a \equiv b \bmod. 2$ gleichbedeutend, während sie für $D \equiv 2, 3 \bmod. 4$ nur die Lösung $a \equiv b \equiv 0 \bmod. 2$ hat. Demnach erfüllen a, b die angegebenen Bedingungen.

Für manche Zwecke ist die vorstehende Form (1.) mit den Bedingungen aus III für die ganzen Zahlen α aus K am bequemsten. Für andere Zwecke braucht man die folgende elementare Umgestaltung. Es werde die spezielle ganze Zahl

$$(3.) \qquad \left\{ \begin{array}{ll} \omega = \dfrac{1 + \sqrt{D}}{2} & \text{für } D \equiv 1 \quad \bmod. 4 \\[2mm] \omega = \sqrt{D} & \text{für } D \equiv 2, 3 \bmod. 4 \end{array} \right\}$$

aus K eingeführt. Sie bildet mit 1 zusammen jedenfalls eine Basis von K, da sie von 1 linear-unabhängig über P ist. Formt man die Basisdarstellung (1.) auf diese neue Basis 1, ω um:

$$\alpha = \frac{a - b}{2} + b\,\omega \quad \text{für } D \equiv 1 \quad \bmod. 4,$$

$$\alpha = \frac{a}{2} + \frac{b}{2}\,\omega \quad \text{für } D \equiv 2, 3 \bmod. 4,$$

so durchlaufen die neuen Koeffizienten auf Grund der Bedingungen in III gerade alle Paare ganzrationaler Zahlen, wenn α alle ganzen Zahlen aus K durchläuft. Damit ist gezeigt:

IV. *Die Zahlen $1, \omega$ bilden eine Ganzheitsbasis von K, nämlich eine solche Basis, daß die ganzen Zahlen α aus K genau die Zahlen*

$$\alpha = a + b\omega$$

mit ganzrationalen Koeffizienten a, b sind.

Aus dieser letzteren Darstellung ist ohne weiteres ersichtlich, daß die ganzen Zahlen aus K eine additive Gruppe bilden. Zum Nachweis, daß sie sogar einen Integritätsbereich I bilden, genügt es dann, noch zu zeigen, daß das spezielle Produkt ω^2 der Basiszahl ω mit sich selbst ganz ist. Dies ist aber aus der quadratischen Gleichung $\omega^2 = S(\omega)\omega - N(\omega)$ klar. Damit ist der noch ausstehende Nachweis erbracht, daß bei unserer Ganzheitsdefinition auch die Forderung A erfüllt ist.

Analog wie in 1, (5.) sei hier

$$\binom{\omega_1}{\omega_2} = U \binom{1}{\omega},$$

mit einer ganzrationalzahligen zweireihig-quadratischen Matrix U, ein Paar ganzer Zahlen aus K. Damit ω_1, ω_2 eine Basis von K ist, ist wie dort notwendig und hinreichend, daß die Determinante $|U| \neq 0$ ist. Dann ist aber ω_1, ω_2 noch nicht notwendig eine Ganzheitsbasis von K. Hierzu ist vielmehr notwendig und hinreichend, daß die Determinante $|U| = \pm 1$ ist; denn genau unter dieser Bedingung hat die Auflösung

$$\begin{pmatrix} 1 \\ \omega \end{pmatrix} = U^{-1} \begin{pmatrix} \omega_1 \\ \omega_2 \end{pmatrix}$$

der angesetzten Basisdarstellung nach der ursprünglichen Basis $1, \omega$ eine ganzrationale Koeffizientenmatrix U^{-1}, so daß $1, \omega$ und damit alle ganzen Zahlen aus K durch die neue Basis ω_1, ω_2 mit ganzrationalen Koeffizienten darstellbar sind. Wie in **1**, (6.) hat man nun

$$d(\omega_1, \omega_2) = |U|^2\, d(1, \omega).$$

Analog zu II gilt daher:

V. *Die Diskriminante $d(\omega_1, \omega_2)$ eines Paars ganzer Zahlen ω_1, ω_2 aus K unterscheidet sich von der Diskriminante $d(1, \omega)$ der Ganzheitsbasis $1, \omega$ von K nur um ein ganzrationales Quadrat als Faktor, nämlich das Quadrat der Determinante der Übergangssubstitution von der Basis $1, \omega$ zu dem Zahlenpaar ω_1, ω_2.*

Das ganze Zahlenpaar ω_1, ω_2 ist dann und nur dann eine Ganzheitsbasis von K, wenn seine Diskriminante $d(\omega_1, \omega_2) = d(1, \omega)$ ist.

Hiernach ist die Diskriminante

$$d = d(1, \omega),$$

als der gemeinsame Wert $d = d(\omega_1, \omega_2)$ der Diskriminanten aller Ganzheitsbasen ω_1, ω_2 von K, eine arithmetische Invariante von K. Diese Invariante d heißt die *Diskriminante von* K. Da in **1**, (7.) schon $d\big(1, \sqrt{D}\big) = 4D$ gefunden war, und da die Übergangssubstitution von $1, \sqrt{D}$ zu $1, \omega$ nach (3.) die Determinante $\frac{1}{2}$ oder 1 hat, je nachdem $D \equiv 1$ mod. 4 oder $D \equiv 2, 3$ mod. 4 ist, ergibt sich zwischen der Diskriminante d und der Invariante D aus **1**,I folgender Zusammenhang:

$$(4.) \qquad d = \begin{cases} D & \text{für } D \equiv 1 \quad \text{mod. } 4 \\ 4D & \text{für } D \equiv 2, 3 \ \text{mod. } 4 \end{cases}.$$

Gemäß der allgemeinen Definition **1**, (4.) der Diskriminante $d(\vartheta_1, \vartheta_2)$ eines Zahlenpaars ϑ_1, ϑ_2 aus K ist übrigens die spezielle Diskriminante

$$d = d(1, \omega) = \begin{vmatrix} 1 & 1 \\ \omega & \omega' \end{vmatrix}^2 = (\omega - \omega')^2$$

gerade das, was man in der Algebra die Diskriminante des zu ω gehörigen Hauptpolynoms

$$g(x) = (x - \omega)(x - \omega') = x^2 - sx + t \quad \begin{pmatrix} s = S(\omega) \\ t = N(\omega) \end{pmatrix}$$

nennt, nämlich

$$d = s^2 - 4t.$$

Wie der Vergleich der Formeln (4.) mit § 9,5,IV lehrt, ist die Diskriminante d von K auch als der Führer des Jacobischen Symbols $\left(\dfrac{D}{x}\right)$ als Funktion seines Nenners x gekennzeichnet. Bei dieser Deutung von d wird das in § 9,5,IV zugrunde liegende quadratische Reziprozitätsgesetz vorausgesetzt. Umgekehrt wurzeln die auf die Theorie der quadratischen Zahlkörper gestützten Beweise des quadratischen Reziprozitätsgesetzes, wie wir in § 19,3,4 sehen werden, gerade in diesem Zusammenhang.

Es ist für die arithmetische Theorie aus Gründen der formalen Eleganz zweckmäßig, den quadratischen Zahlkörper $K = P\left(\sqrt{D}\right)$ statt durch die Invariante D aus 1,I durch die mit ihr nach (4.) zusammenhängende Diskriminante d als Fundamentalinvariante zu beschreiben, mit der ja ebenfalls

$$K = P\left(\sqrt{d}\right)$$

gilt. Das entspricht der in § 9,6 vollzogenen Erweiterung des Jacobischen Symbols $\left(\dfrac{D}{x}\right)$ zum Kroneckerschen Symbol, das – in der gleichwertigen Form $\left(\dfrac{d}{x}\right)$ geschrieben – genau im Bereich der zu seinem Zähler und Führer d primen x als eine der beiden Einheiten ± 1 definiert ist und dann für zu d nicht prime x nach § 13,6, (3.) gleich 0 gesetzt wird.

Da der quadratische Zahlkörper K durch die Diskriminante d als Fundamentalinvariante vollständig bestimmt ist, müssen sich alle weiteren arithmetischen Invarianten von K grundsätzlich durch d ausdrücken oder auf d zurückführen lassen. Für die in der allgemeinen Überschau von § 15,5 genannten arithmetischen Invarianten (Einheitswurzelanzahl w, Regulator R, Klassenzahl h) werden wir dieser Aufgabe im folgenden jeweils nachgehen.

Im folgenden verstehen wir unter d ohne jedesmalige besondere Erklärung immer die Diskriminante von K. Gelegentlich werden wir auch weiterhin den zugehörigen quadratfreien Kern D heranziehen, für den wir die entsprechende Verabredung bereits im Anschluß an 1,I getroffen haben.

Die Darstellung (1.) mit den Bedingungen aus III für die ganzen α aus K bekommt durch Einführung von d statt D die etwas glattere Gestalt:

$$(5.) \qquad \alpha = \frac{a + b\sqrt{d}}{2}; \quad a,\ b \text{ ganzrational},\ a \equiv db \bmod 2.$$

Eine von der Fallunterscheidung für D freie Zahl, die zusammen mit 1 eine Ganzheitsbasis von K bildet, erhält man durch Abänderung des Ansatzes (3.) für ω in der Gestalt

$$\omega^* = \frac{d + \sqrt{d}}{2}\,.$$

In der Tat ist nach (5.) ω^* ganz und außerdem

$$d(1,\,\omega^*) = \frac{1}{2^2}\, d\big(1,\,\sqrt{d}\big) = \frac{1}{4}\cdot 4\,d = d\,.$$

Die Ganzheitsbasis 1, ω^* wird jedoch nur selten gebraucht, während die Darstellung (5.) der ganzen Zahlen in vielen Fällen sehr zweckmäßig ist.

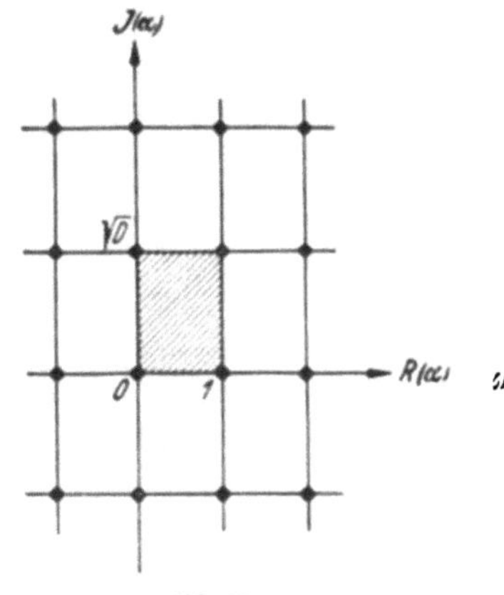

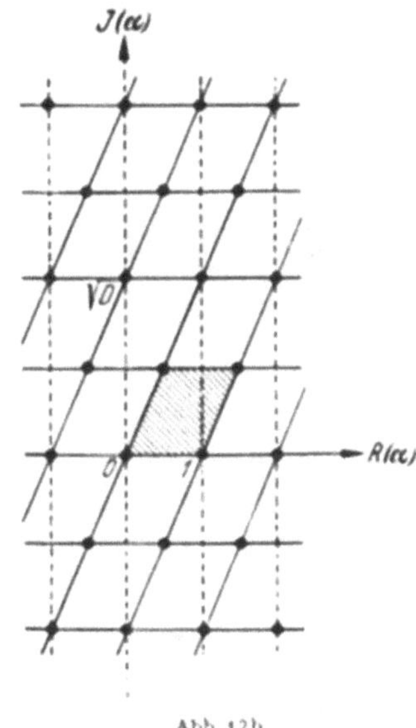

Bei der in **2** eingeführten geometrischen Darstellung in der K-Ebene werden die ganzen Zahlen von K, als aus zwei linear-unabhängigen Zahlen ω_1, ω_2 erzeugte additive abelsche Gruppe, durch die Punkte eines Parallelgitters dargestellt. Dabei sind allein die Gitterpunkte das Wesentliche. Die sie verbindenden Parallelen können in mannigfacher Weise gezogen werden, entsprechend den verschiedenen Wahlen einer Ganzheitsbasis ω_1, ω_2 von K, deren Bildpunktpaar die parallelogrammatische Grundmasche des Gitters aufspannt. Bei der speziellen Ganzheitsbasis 1, ω aus (3.) erhält man im Falle $D \equiv 2,\ 3$ mod. 4, wo $\omega = \sqrt{D}$ ist, als Grundmasche ein achsenparalleles Rechteck vom Inhalt $\sqrt{|D|}$ (Abb. 12a).

Im Falle $D \equiv 1$ mod. 4, wo $\omega = \dfrac{1 + \sqrt{D}}{2}$ ist, entsteht das Punktgitter der ganzen Zahlen durch Hinzunahme der Rechtecksmittelpunkte; die Grundmasche wird dann ein Parallelogramm vom Inhalt $\frac{1}{2}\sqrt{|D|}$ (Abb. 12b);

man kann auch den durch die Basis $\dfrac{\pm 1 + \sqrt{D}}{2}$ bestimmten Rhombus als Grundmasche ansehen. Allgemein ist der Grundmascheninhalt G der Determinantenbetrag

$$(6.) \quad G = \left\| \begin{array}{cc} R(\omega_1) & J(\omega_1) \\ R(\omega_2) & J(\omega_2) \end{array} \right\| = \left\| \begin{array}{cc} \dfrac{\omega_1 + \omega_1'}{2} & \dfrac{\omega_1 - \omega_1'}{2} \\ \dfrac{\omega_2 + \omega_2'}{2} & \dfrac{\omega_2 - \omega_2'}{2} \end{array} \right\| = \frac{1}{2} \left\| \begin{array}{cc} \omega_1 & \omega_1' \\ \omega_2 & \omega_2' \end{array} \right\| = \frac{1}{2} \sqrt{|d|} \,,$$

also von der Wahl der Grundmasche unabhängig. Der Diskriminantenbetrag $|d|$ von K besitzt demnach die geometrische Deutung als Quadrat des doppelten Inhalts der Grundmasche des Gitters der ganzen Zahlen in der K-Ebene.

Durch die Festlegung des Integritätsbereichs I der ganzen Zahlen wird im quadratischen Körper K eine elementare Teilbarkeitslehre im Sinne von § 1,2 gegeben, mit den dort erklärten Grundbegriffen *teilbar*, *Vielfaches, Einheit, assoziiert*, auf deren letztere beiden wir in 4,5 ausführlich zu sprechen kommen. Hier bemerken wir zunächst folgendes. Wegen der Eigenschaft B des Ganzheitsbegriffs ist dabei die Teilbarkeitslehre im rationalen Teilkörper P so eingebettet, daß die Grundbegriffe für Zahlen aus P erhalten bleiben, wenn man diese als Zahlen aus K ansieht. Daher braucht in der Bezeichnung nicht unterschieden zu werden, ob diese Grundbegriffe in P oder in K gemeint sind. Wo der Nachdruck es erfordert, tun wir das gelegentlich doch, wie wir ja auch im vorhergehenden bei Zahlen aus Γ immer schärfer „ganzrational" statt nur „ganz" geschrieben haben.

Unsere nächste Aufgabe soll sein, diese elementare Teilbarkeitslehre in K etwas näher zu beleuchten. Grundlegend dafür ist der folgende Zusammenhang zwischen der Teilbarkeitsbeziehung in K mit der in P, der sich ohne weiteres aus der Multiplikativität 1, (3.) der Norm und der Ganzheitsdefinition in K ergibt:

Normregel. *Aus $\alpha \mid \beta$ folgt $N(\alpha) \mid N(\beta)$.*
Da für die Ganzheit von $\dfrac{\beta}{\alpha}$ neben der Ganzheit von $N\left(\dfrac{\beta}{\alpha}\right)$ auch die Ganzheit von $S\left(\dfrac{\beta}{\alpha}\right)$ erforderlich ist, ist dieser Zusammenhang keineswegs umkehrbar. Er kann dahin gedeutet werden, daß die Teilbarkeitsbeziehungen in K durch die Normbildung homomorph auf Teilbarkeitsbeziehungen in P abgebildet werden.

Die Normregel ist ein Beispiel für das zuvor über die Bezeichnung Bemerkte; es ist in ihr nicht nötig, die zweite Teilbarkeitsbeziehung ausdrücklich als eine solche in P zu kennzeichnen, obwohl natürlich der Nachdruck gerade auf dieser Auffassung liegt, wie die angeführte begriffliche Deutung lehrt.

4. Einheiten

Die *Einheiten* ε von K werden in der elementaren Teilbarkeitslehre als diejenigen ganzen Zahlen ε aus K definiert, die Teiler von 1 sind:

ε Einheit dann und nur dann, wenn ε ganz und $\varepsilon \mid 1$.

Sie bilden eine multiplikative Gruppe E. Als Untergruppe ist darin der zweigliedrige Zyklus der beiden einzigen Einheiten ± 1 von P (zweiten Einheitswurzeln) enthalten.

Aus der Normregel in **3** ergibt sich das folgende einfache Kriterium:

VI. *Eine Zahl ε aus K ist dann und nur dann eine Einheit, wenn sie ganz ist und ihre Norm eine Einheit von P ist, d.h. wenn ε ganz und $N(\varepsilon) = \pm 1$ ist.*

Beweis. a) Ist ε ganz und $\varepsilon \mid 1$, so ist $N(\varepsilon)$ ganz und $N(\varepsilon) \mid 1$.

b) Ist ε ganz und $N(\varepsilon) = \pm 1$, also $\varepsilon \varepsilon' = \pm 1$, so ist, da auch ε' ganz ist, $\varepsilon \mid 1$.

Stellt man ε gemäß **3**, (5.) in der Form

$$(1.) \qquad \varepsilon = \frac{u + v \sqrt{d}}{2}; \qquad u,\ v \text{ ganzrational}, \quad u \equiv d\,v \bmod. 2$$

dar, so ergibt sich aus VI die folgende Kennzeichnung der Einheiten von K durch ganzrationale Zahlen:

VII. *Die Einheiten ε von K entsprechen auf Grund ihrer Darstellung* (1.) *umkehrbar eindeutig den ganzrationalen Lösungen u, v des Gleichungspaars*

$$\frac{u^2 - d\,v^2}{4} = \pm 1.$$

Auf die Mitführung der Kongruenzbedingung $u \equiv dv \bmod. 2$ kann man dabei verzichten. Diese Bedingung ist nämlich für eine ganzrationale Lösung u, v von selbst erfüllt, weil sie wegen $d \equiv 1$ oder $0 \bmod. 4$ gleichbedeutend mit $u^2 \equiv d v^2 \bmod. 4$ ist.

Das Gleichungspaar aus VII wird, obwohl es sich um ein Paar handelt, kurz die *Pellsche Gleichung* genannt. Die Auffindung aller Einheiten von K läuft auf die Bestimmung aller Lösungen dieser diophantischen Gleichung hinaus, wobei die Bezeichnung *diophantisch*, wie üblich, zum Ausdruck bringt, daß nur ganzrationale Lösungen in Frage gezogen werden sollen. Bei der geometrischen Darstellung in der K-Ebene handelt es sich um die Bestimmung aller auf dem Einheitskreis bzw. dem gleichseitigen Einheitshyperbelpaar gelegenen Punkte des Punktgitters der ganzen Zahlen von K.

Zur Lösung dieser Aufgabe haben wir, entsprechend der verschiedenen geometrischen Struktur, die beiden Fälle $d < 0$ und $d > 0$ zu unterscheiden:

Fall a: Imaginär-quadratische Körper $K = P(\sqrt{d})$, $d < 0$.
In diesem Falle hat die Pellsche Gleichung die Form

$$\frac{u^2 + |d|\, v^2}{4} = 1 \,,$$

mit rechts natürlich nur $+1$, da die beiden Glieder links nicht-negativ sind.

Für $|d| > 4$ sind die beiden einzigen Lösungen $u = \pm 2$, $v = 0$; ihnen entsprechen die beiden rationalen Einheiten $\varepsilon = \pm 1$. Andere Einheiten gibt es also in diesen Fällen nicht.

Die einzigen Diskriminanten $d < 0$ mit $|d| \leq 4$ sind $d = -3$ und $d = -4$. Ihnen entsprechen die beiden Kreisteilungskörper

$$K = P\left(\sqrt{-3}\right) = P(\varrho) = P_3 = P_6 \quad \text{mit} \quad \varrho = \frac{-1 + \sqrt{-3}}{2}$$

(primitive 3-te Einheitswurzel; es ist dann
$-\varrho$ primitive 6-te Einheitswurzel),

$$K = P\left(\sqrt{-1}\right) = P(i) = P_4 \quad \text{mit} \quad i = \sqrt{-1}$$

(primitive 4-te Einheitswurzel),

die wir bereits aus § 10,8,9 kennen. In diesen Fällen hat die Pellsche Gleichung außer den beiden angegebenen noch die Lösungen

$$\underline{d = -3} \quad u = \pm 1, \quad v = \pm 1 \quad \text{mit} \quad \varepsilon = \frac{\pm 1 \pm \sqrt{-3}}{2} = \pm \varrho, \; \pm \varrho^2,$$

$$\underline{d = -4} \quad u = 0, \quad v = \pm 1 \quad \text{mit} \quad \varepsilon = \pm \sqrt{-1} = \pm i,$$

und keine weiteren.

Zusammengefaßt ist damit bewiesen:

VIIIa. *In einem imaginär-quadratischen Zahlkörper* $K = P(\sqrt{d})$ *($d < 0$) ist die Einheitengruppe* E *ein endlicher Zyklus, bestehend aus den* w *verschiedenen* w-*ten Einheitswurzeln, und zwar hat* w *den Wert*

$$w = 6 \quad \text{für} \quad d = -3,$$
$$w = 4 \quad \text{für} \quad d = -4,$$
$$w = 2 \quad \text{sonst.}$$

Die Einheiten ε *von* K *sind in eindeutiger Basisdarstellung gegeben durch*

$$\varepsilon = \zeta^\nu \quad (\nu \bmod. w),$$

wo ζ *eine primitive* w-*te Einheitswurzel ist.*

Fall b: Reell-quadratische Körper $K = P(\sqrt{d})$, $d > 0$.
In diesem Falle hat die Pellsche Gleichung die Doppelform

$$\frac{u^2 - d\, v^2}{4} = \pm 1 \,,$$

und man kann nicht so einfach wie eben die Gesamtheit der Lösungen bestimmen, da jetzt links ein positives und ein negatives Glied steht, für deren Größe keine Beschränkung gegeben ist.

Um die Existenz nicht-trivialer, d.h. von den beiden reellen Einheitswurzeln ± 1 verschiedener Einheiten nachzuweisen, stützen wir uns auf den bekannten *Dirichletschen Schubfachschluß*, nach dem, wenn man $n + 1$ Dinge auf n Fächer verteilt hat, mindestens zwei dieser Dinge im selben Fach liegen. Damit beweisen wir zunächst zwei Hilfssätze, deren erster eine allgemeine Approximationsaussage für beliebige reelle Zahlen Θ ist, während der zweite sich durch Anwendung auf unsere Basiszahl ω aus K ergibt.

Hilfssatz 1. *Zu gegebenem reellem Θ und natürlichem n gibt es ein Paar ganzrationaler x, y mit*

$$\left|\Theta y - x\right| < \frac{1}{n}, \quad 1 \leqq y \leqq n.$$

Anstatt in dieser homogenen Gestalt wird die Behauptung auch oft in der inhomogenen Gestalt

$$\left|\Theta - \frac{x}{y}\right| < \frac{1}{n\,y}\left(\leqq \frac{1}{y^2}\right), \quad 1 \leqq y \leqq n$$

gebraucht, deren in Klammern angeführte abgeschwächte Form besagt, daß man jede reelle Zahl durch eine rationale Zahl mit vorgeschrieben kleinem Nenner so gut approximieren kann, daß der Fehler kleiner als das reziproke Nennerquadrat ist.

Beweis. Wir reduzieren die $n + 1$ Vielfachen $y\Theta$ mit $y = 0, 1, \ldots, n$ durch Abziehen der größten sie nicht übertreffenden ganzen Zahlen $x = x(y)$ auf ihre im Intervall $0 \leqq z < 1$ gelegenen Reste:

$$0 \leqq y\Theta - x < 1.$$

Teilen wir dieses Intervall in die n Teilintervalle

$$0 \leqq z < \frac{1}{n}, \quad \frac{1}{n} \leqq z < \frac{2}{n}, \quad \ldots, \quad \frac{n-1}{n} \leqq z < 1,$$

so liegen von den $n + 1$ erhaltenen Resten mindestens zwei im selben Teilintervall. Sind $y'\Theta - x'$, $y''\Theta - x''$ zwei solche Reste unserer Reihe, und ist etwa $y' > y''$, so hat ihre Differenz

$$(y'\Theta - x') - (y''\Theta - x'') = (y' - y'')\Theta - (x' - x'') = y\Theta - x$$

die Eigenschaften

$$\left|y\Theta - x\right| < \frac{1}{n}; \quad x, y \text{ ganzrational}; \quad 1 \leqq y \leqq n,$$

wie verlangt.

Hilfssatz 2. *Zu gegebenem natürlichem n gibt es ein ganzes $\alpha \neq 0$ in* K *mit*

$$|\alpha| < \frac{1}{n}\,, \quad |N(\alpha)| < 1 + \sqrt{d}\,.$$

Beweis. Wir wenden Hilfssatz 1 auf $\Theta = -\omega$ an, wo ω die Basiszahl von K aus **3**, (3.) ist. Wir erhalten dann eine ganze Zahl

$$\alpha = x + y\omega$$

aus K mit

$$|\alpha| < \frac{1}{n}\,, \quad 1 \leq y \leq n\,.$$

Wegen $y \neq 0$ ist $\alpha \neq 0$. Für die Konjugierte α' erhält man unter Beachtung von

$$\alpha' = x + y\omega' = (x + y\omega) + y(\omega' - \omega) = \alpha + y\sqrt{d}$$

die Abschätzung

$$|\alpha'| \leq |\alpha| + y\sqrt{d} < \frac{1}{n} + n\sqrt{d}\,.$$

Für die Norm $N(\alpha) = \alpha\alpha'$ folgt damit die Abschätzung

$$|N(\alpha)| < \frac{1}{n^2} + \sqrt{d} \leq 1 + \sqrt{d}\,,$$

wie verlangt.

Mittels Hilfssatz 2 beweisen wir nunmehr:

Existenzsatz. *In jedem reell-quadratischen Zahlkörper* K *gibt es nicht-triviale Einheiten ε.*

Beweis. Indem man die Willkürlichkeit von n in Hilfssatz 2 ausnutzt, erkennt man, daß es in K unendlich viele verschiedene ganze $\alpha \neq 0$ mit

$$|N(\alpha)| < 1 + \sqrt{d}$$

gibt. Man braucht ja nur, von einem ersten solchen, etwa mit $n_1 = 1$ konstruierten α_1 ausgehend, ein zweites solches α_2 mit einem $n_2 > \frac{1}{|\alpha_1|}$ zu konstruieren, so daß also $|\alpha_2| < \frac{1}{n_2} < |\alpha_1|$ wird, und so fort.

Indem man noch zweimal den Dirichletschen Schubfachschluß – jetzt mit unendlich vielen Dingen und endlich vielen Fächern – anwendet, erkennt man weiter folgendes:

1. Unter den unendlich vielen verschiedenen ganzen $\alpha \neq 0$ aus K mit $|N(\alpha)| < 1 + \sqrt{d}$ gibt es unendlich viele verschiedene mit demselben Normbetrag

$$|N(\alpha)| = m$$

aus der Reihe der natürlichen Zahlen $< 1 + \sqrt{d}$.

2. Unter diesen letzteren unendlich vielen verschiedenen α gibt es unendlich viele verschiedene mit demselben Kongruenzwert mod. m. Hierzu beachte man, daß bei der in **3** besprochenen elementaren Teilbarkeitslehre in K die ganzen Zahlen aus K sich auf endlich viele, nämlich m^2 Restklassen mod. m verteilen, repräsentiert durch die $r + s\omega$ mit ganzrationalen kleinsten Resten r, s mod. m.

Demnach gibt es sicher ein natürliches m und zwei verschiedene, auch nicht entgegengesetzt gleiche, ganze α, β aus K mit den beiden Eigenschaften

$$|N(\alpha)| = |N(\beta)| = m,$$
$$\alpha \equiv \beta \bmod. m.$$

Durch Multiplikation mit β' folgt

$$\alpha\beta' \equiv N(\beta) \equiv 0 \bmod. m,$$

also

$$\alpha\beta' = m\varepsilon$$

mit einem ganzen ε aus K, und daraus durch Division mit $N(\beta)$ weiter

$$\frac{\alpha}{\beta} = \pm\varepsilon.$$

Wegen $|N(\alpha)| = |N(\beta)|$ ist dabei $|N(\varepsilon)| = 1$. Daher ist ε eine Einheit, und zwar wegen $\alpha \neq \pm\beta$ eine nicht-triviale.

Damit ist der Existenzsatz bewiesen.

Die nicht-trivialen Einheiten von K lassen sich in Quadrupel

$$\varepsilon,\ \varepsilon',\ -\varepsilon,\ -\varepsilon'$$

zusammenfassen. Wegen

$$N(\varepsilon) = \varepsilon\varepsilon' = \pm 1$$

ist ein solches Quadrupel entweder von der Form

$$\varepsilon,\quad \varepsilon^{-1},\ -\varepsilon,\ -\varepsilon^{-1}\quad (\text{wenn } N(\varepsilon) = \quad 1),$$

oder von der Form

$$\varepsilon,\ -\varepsilon^{-1},\ -\varepsilon,\quad \varepsilon^{-1}\quad (\text{wenn } N(\varepsilon) = -1).$$

Man kann ε innerhalb seines Quadrupels eindeutig durch die Forderung $\varepsilon > 1$ *normieren*. Dann hat das Quadrupel die Polarwinkel

$$\varphi(\varepsilon),\ -\varphi(\varepsilon),\ \varphi(\varepsilon),\ -\varphi(\varepsilon)\quad \text{mit}\quad \varphi(\varepsilon) = \log\varepsilon > 0.$$

Hieraus übersieht man seine Lage auf dem gleichseitigen Einheitshyperbelpaar $N(\varepsilon) = \pm 1$ in der K-Ebene (s. umstehende Abb. 13).

Denkt man ε auf jeder der beiden Hyperbeln $N(\varepsilon) = \pm 1$, und zwar nur auf dem Halbzweig $\varepsilon > 1$, stetig veränderlich, so wachsen sowohl $\varphi(\varepsilon)$, als auch $R(\varepsilon)$, $J(\varepsilon)$ monoton mit ε. Wegen $R(\varepsilon) = \dfrac{u}{2}$, $J(\varepsilon) = \dfrac{v\sqrt{d}}{2}$ wachsen auch u, v monoton mit ε. Da nun aber u, v auf natürliche Zahlen beschränkt sind, gibt es also eine kleinste Einheit $\varepsilon_1 > 1$ in K. Diese ist

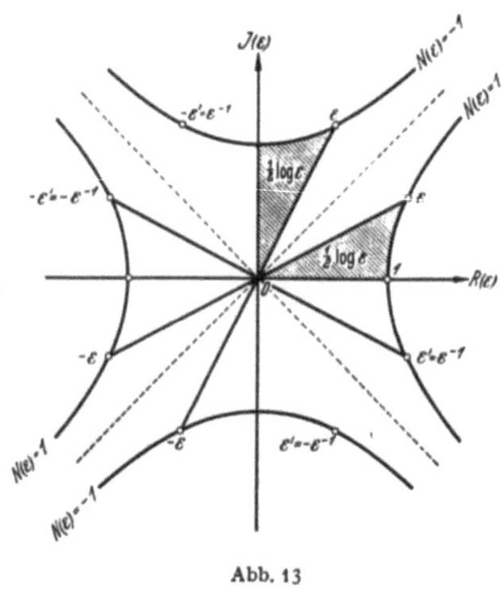

Abb. 13

in Polarkoordinaten dadurch gekennzeichnet, daß ihr Polarwinkel $\varphi(\varepsilon_1) = \log \varepsilon_1$ positiv und möglichst klein ist, und in kartesischen Koordinaten dadurch, daß ihre Darstellung

$$\varepsilon_1 = \frac{u_1 + v_1\sqrt{d}}{2}$$

die kleinste Lösung u_1, v_1 der Pellschen Gleichung in natürlichen Zahlen liefert. Die Richtigkeit der letzteren Behauptung auch hinsichtlich des Vergleichs zweier Einheiten auf verschiedenen Hyperbelhalbzweigen erkennt man leicht unter Heranziehung des nachstehenden Ergebnisses VIII b. Man nennt die so eindeutig festgelegte normierte Einheit ε_1 die *Grundeinheit* von K.

Ist ε irgendeine normierte Einheit von K, so gibt es ein eindeutig bestimmtes natürliches n mit

$$\varepsilon_1^n \leqq \varepsilon < \varepsilon_1^{n+1}.$$

Da dann

$$1 \leqq \frac{\varepsilon}{\varepsilon_1^n} < \varepsilon_1$$

gilt, muß wegen der Minimaleigenschaft von ε_1 die Einheit $\dfrac{\varepsilon}{\varepsilon_1^n} = 1$ sein, d.h. es ist

$$\varepsilon = \varepsilon_1^n$$

eine Potenz der Grundeinheit mit natürlichem Exponenten n. Ist ε irgendeine (nicht notwendig normierte) Einheit von K, so ergibt sich durch Übergang zur normierten Einheit $\pm \varepsilon^{\pm 1}$ eine eindeutige Darstellung der Form

$$\varepsilon = (-1)^v \varepsilon_1^n \quad \begin{pmatrix} v \bmod. 2 \\ n \text{ ganzrational} \end{pmatrix}.$$

Damit ist bewiesen:

VIIIb. *In einem reell-quadratischen Zahlkörper* $K = P(\sqrt{d})\,(d > 0)$ *ist die Einheitengruppe* E *das direkte Produkt eines zweigliedrigen Zyklus, bestehend aus den beiden zweiten Einheitswurzeln* ± 1, *und eines unendlichen Zyklus.*

Es gibt also eine eindeutig bestimmte Einheit $\varepsilon_1 > 1$ *von* K – *die Grundeinheit von* K – *derart, daß die Einheiten* ε *von* K *in eindeutiger Basisdarstellung durch*

$$\varepsilon = (-1)^{\nu}\,\varepsilon_1^{n} \qquad \begin{pmatrix} \nu \ \text{mod. } 2 \\ n \ \text{ganzrational} \end{pmatrix}$$

gegeben sind.

Es gibt zwei Sorten reell-quadratischer Zahlkörper K, je nachdem die Norm der Grundeinheit

$$N(\varepsilon_1) = 1 \quad \text{oder} \quad N(\varepsilon_1) = -1$$

ist. Im ersteren Falle sind alle Einheitennormen $N(\varepsilon) = 1$; im letzteren Falle bilden die Einheiten mit $N(\varepsilon) = 1$ nur eine Untergruppe vom Index 2 in der vollen Einheitengruppe E (charakterisiert durch $n \equiv 0$ mod. 2 in der Basisdarstellung). Die Entscheidung darüber, welcher der beiden Sorten K angehört, läuft auf die Frage hinaus, ob die Pellsche Minusgleichung

$$\frac{u^2 - d\,v^2}{4} = -1$$

eine ganzrationale Lösung u, v besitzt. Diese Entscheidung ist grundsätzlich durch die Diskriminante d bestimmt. Man kennt aber bisher kein zugleich notwendiges und hinreichendes Kriterium dafür. Ein einfaches notwendiges Kriterium lautet:

IX. *Damit* $N(\varepsilon_1) = -1$ *ist, ist notwendig, daß für jeden ungeraden Primteiler* p *von* d *gilt* $p \equiv 1$ *mod. 4.*

Beweis. Betrachtet man die Pellsche Minusgleichung als Kongruenz mod. p für einen ungeraden Primteiler p von d, so folgt $\frac{u^2}{4} \equiv -1$ mod. p, also $\left(\frac{-1}{p}\right) = 1$, und daher nach dem ersten Ergänzungssatz zum quadratischen Reziprozitätsgesetz $p \equiv 1$ mod. 4.

Wir werden in § 19,4,I ein hinreichendes Gegenstück zu diesem Kriterium kennenlernen. Hier stellen wir nur an zwei Beispielen fest, daß die Pellsche Minusgleichung wirklich lösbar sein kann:

$$D = 2,\ d = 8,\ \varepsilon_1 = 1 + \sqrt{2},\ N(\varepsilon_1) = 1^2 - 2 \cdot 1^2 = -1,$$

$$D = 5,\ d = 5,\ \varepsilon_1 = \frac{1 + \sqrt{5}}{2},\ N(\varepsilon_1) = \frac{1^2 - 5 \cdot 1^2}{4} = -1.$$

In beiden Fällen handelt es sich ersichtlich um die kleinste natürliche Lösung der Pellschen Gleichung, also um die Grundeinheit ε_1.

Die vorstehenden Ergebnisse ordnen sich den in § 15,5 ausgesprochenen allgemeinen Tatsachen über die Einheiten algebraischer Zahlkörper unter. Die dort definierten beiden arithmetischen Invarianten, die *Einheitswurzelanzahl* w und der *Regulator* R, haben für quadratische Zahlkörper folgende Werte:

		$d < 0$	$d > 0$
w		$\begin{cases} 6 & \text{für } d = -3 \\ 4 & \text{für } d = -4 \\ 2 & \text{sonst} \end{cases}$	2
R		1	$\log \varepsilon_1$

Hinsichtlich w ist das nach VIII a, b klar. Was R betrifft, so reduziert sich im imaginären Fall $d < 0$ die Determinante aus § 15,5 auf 1, während im reellen Fall $d > 0$ in der Tat

$$R = \begin{Vmatrix} \log |\varepsilon_1| & \log |\varepsilon_1'| \\ \dfrac{1}{2} & \dfrac{1}{2} \end{Vmatrix} = \begin{Vmatrix} \log \varepsilon_1 & -\log \varepsilon_1 \\ \dfrac{1}{2} & \dfrac{1}{2} \end{Vmatrix} = \log \varepsilon_1$$

wird.

5. Berechnung der Grundeinheit

Es steht grundsätzlich fest, daß die Pellsche Gleichung

$$\frac{u^2 - d v^2}{4} = \pm 1$$

im Falle $d > 0$ eine kleinste natürliche Lösung u_1, v_1 besitzt, die dann die Grundeinheit

$$\varepsilon_1 = \frac{u_1 + v_1 \sqrt{d}}{2}$$

des reell-quadratischen Zahlkörpers $\mathsf{K} = \mathsf{P}\left(\sqrt{d}\right)$ liefert. Die Lösung u_1, v_1 kann in jedem gegebenen Falle durch systematisches Probieren gefunden werden, etwa indem man nachprüft, wann der Ausdruck $dv^2 \pm 4$ zum erstenmal ein Quadrat u^2 wird. Das kann sehr schnell gehen, so z.B. für die in **4** bereits angeführten beiden kleinsten positiven quadratischen Körperdiskriminanten $d = 5, 8$, kann aber auch schon bei nicht sehr großem d so langwierig sein, daß man die Geduld verliert, so z.B. für $d = 124$ ($D = 31$), wo nach **4**,IX nur die Plusgleichung in Frage kommt und der Ausdruck

$$4 \, (31 \, v^2 + 1) \quad \text{erst für } v_1 = 273$$

zum erstenmal ein Quadrat u^2, nämlich von $u_1 = 2 \cdot 1520$ wird.

Zur Beruhigung der Ungeduld beim Rechnen wäre es zum mindesten erwünscht, von vornherein eine obere Schranke als Funktion von d zu kennen, unterhalb derer man die kleinste Lösung u_1, v_1 bestimmt antrifft. Eine solche Schranke läßt sich in der Tat angeben, wie wir am Schluß von § 18,4 sehen werden; allerdings ist ihre Berechnung selbst einigermaßen kompliziert. Um so willkommener ist es, daß sich ein sehr einfaches systematisches Verfahren zur Berechnung der Grundeinheit ε_1 angeben läßt, das von der Art des Euklidischen Algorithmus (§ 2,9) ist; ein solches ergibt sich aus der dort schon berührten Theorie der Kettenbruchentwicklung. Wir wollen hier diese Theorie so weit und von solchen Gesichtspunkten aus entwickeln, wie es zur Begründung jenes Verfahrens erforderlich ist.

A. Algebraische Grundlagen der Kettenbruchentwicklung

Für eine reelle Zahl Θ, von der wir ohne wesentliche Einschränkung voraussetzen wollen, daß $\Theta > 1$ ist, ist die *Kettenbruchentwicklung*

$$(1.) \qquad \Theta = a_1 + \cfrac{1}{a_2 + \cfrac{1}{a_3 + \cdots}} \qquad = \{a_1,\, a_2,\, a_3,\, \ldots\}$$

eindeutig durch die Rekursionsformeln

$$(2.) \qquad \Theta_n = a_n + \frac{1}{\Theta_{n+1}} \qquad \begin{pmatrix} a_n \text{ ganzrational} \\ \Theta_{n+1} > 1 \end{pmatrix}$$

für $n = 1, 2, 3, \ldots$ mit der Anfangsgleichung $\Theta_1 = \Theta$ definiert, solange noch Θ_n nicht ganzrational ist. Die Rekursionsformeln (2.) besagen, daß a_n jeweils als das *größte Ganze von* Θ_n, also

$$a_n \leqq \Theta_n < a_n + 1$$

gewählt und dann der Rest $\Theta_n - a_n$ als das Reziproke einer reellen Zahl Θ_{n+1} angesetzt wird. Die a_n heißen die *Teilnenner*, die Θ_n die *Restzahlen* der Entwicklung von Θ. Die Teilnenner sind sämtlich natürliche Zahlen, die Restzahlen sämtlich reelle Zahlen >1. Analog zu der Schreibweise (1.) schreibt man für das Entwicklungsstück bis zu einer Restzahl hin:

$$(3.) \quad \Theta = a_1 + \cfrac{1}{a_2 + \cdots + \cfrac{1}{a_n + \cfrac{1}{\Theta_{n+1}}}} = \{a_1,\, a_2,\, \ldots,\, a_n;\, \Theta_{n+1}\}.$$

Dann und nur dann, wenn einmal $\Theta_n = a_n$ ganzrational wird, ist Θ_{n+1} nicht mehr definiert, und die Entwicklung bricht ab:

$$(4.) \qquad \Theta = \{a_1,\, a_2,\, \ldots,\, a_n\}.$$

Nach § 3,9 ist das genau dann der Fall, wenn die zu entwickelnde Zahl Θ rational ist. Weil dabei $\Theta_n = a_n > 1$ ist, kann man, wenn nötig, die Entwicklung durch den Ansatz $a_n = (a_n - 1) + \dfrac{1}{1}$ formal um einen

Teilnenner verlängern, ohne die Bedingung zu durchbrechen, daß die Teilnenner sämtlich natürliche Zahlen sind. Demnach besitzt jede rationale Zahl $\Theta > 1$ genau zwei Kettenbruchentwicklungen (4.) mit natürlichen Teilnennern, eine mit gerader und eine mit ungerader Teilnennerzahl n; bei einer von ihnen ist der Schlußnenner $a_n > 1$, bei der anderen $a_n = 1$.

Die Rekursionsformeln (2.) können unter Einführung der ganzzahligen Matrizen

$$A_n = \begin{pmatrix} a_n & 1 \\ 1 & 0 \end{pmatrix} \quad \text{der Det. } |A_n| = -1$$

in der Gestalt

$$(2'.) \qquad \begin{pmatrix} \Theta_n \\ 1 \end{pmatrix} \sim A_n \begin{pmatrix} \Theta_{n+1} \\ 1 \end{pmatrix}$$

geschrieben werden, wobei das Proportionalitätszeichen $\sim$ zwischen den beiden einspaltigen Matrizen bedeuten soll, daß die aus ihnen gebildeten Verhältnisse der je zwei Glieder einander gleich sind. Läßt man die Rekursion ablaufen, so erhält man die Beziehungen (3.) zwischen Θ und den Restzahlen Θ_{n+1} in der Matrizengestalt

$$(3'.) \qquad \begin{pmatrix} \Theta \\ 1 \end{pmatrix} \sim P_n \begin{pmatrix} \Theta_{n+1} \\ 1 \end{pmatrix}$$

mit den ganzzahligen Matrizen

$$P_n = A_1 \cdots A_n \quad \text{der Det. } |P_n| = (-1)^n.$$

Durch vollständige Induktion bestätigt man ohne weiteres die folgenden beiden Tatsachen:

a) Die Matrizen P_n haben die Gestalt

$$P_n = \begin{pmatrix} p_n & p_{n-1} \\ q_n & q_{n-1} \end{pmatrix},$$

wobei die Folgen p_n, q_n durch die Rekursionsformeln

$$(5.) \qquad \begin{cases} p_n = a_n p_{n-1} + p_{n-2} \\ q_n = a_n q_{n-1} + q_{n-2} \end{cases}$$

mit den Anfangsgleichungen

$$(5_0.) \qquad \begin{cases} p_0 = 1, & p_{-1} = 0 \\ q_0 = 0, & q_{-1} = 1 \end{cases}, \quad \text{kurz} \quad P_0 = \begin{pmatrix} 1 & 0 \\ 0 & 1 \end{pmatrix} = E$$

gegeben sind.

b) Die p_n, q_n sind – von den Anfangswerten p_{-1}, $q_0 = 0$ abgesehen – natürliche Zahlfolgen, die monoton anwachsen, und zwar von p_1, q_2 an im engeren Sinne. Wegen $|P_\nu| = (-1)^n$ ist durchweg $(p_n, q_n) = 1$, also der Bruch $\dfrac{p_n}{q_n}$ reduziert.

Neben der Determinantengleichung $|P_\nu| = (-1)^n$ in der Form

$$\frac{p_n}{q_n} - \frac{p_{n-1}}{q_{n-1}} = \frac{(-1)^n}{q_n q_{n-1}} \quad (n > 1)$$

hat man nach (3'.) die Beziehung

$$\frac{p_n}{q_n} - \Theta = \frac{(-1)^n}{q_n(q_n \Theta_{n+1} + q_{n-1})} \quad (n \geq 1),$$

also die Abschätzung

$$(6.) \qquad \left| \frac{p_n}{q_n} - \Theta \right| < \frac{1}{q_n^2} \quad (n \geq 1).$$

Daher konvergiert die reduzierte Bruchfolge $\dfrac{p_n}{q_n}$ oszillierend gegen Θ; dies ist die inhaltliche Bedeutung der formalen Beziehung (1.). Die Abschätzung (6.) setzt übrigens die in **4**, Hilfssatz 1, erhaltene Approximationsaussage in Evidenz und lehrt darüber hinaus, daß es für irrationales Θ eine **unendliche** Folge von Approximationen der dort betrachteten Art mit monoton anwachsenden Nennern gibt.

Im Hinblick auf die Approximationsfolge (6.) heißen die $\dfrac{p_n}{q_n}$ die *Näherungsbrüche*, die p_n und q_n die *Näherungszähler* und *Näherungsnenner* der Entwicklung von Θ. Für ihre numerische Berechnung nach den Rekursionsformeln (5.) aus den durch die Kettenbruchentwicklung gewonnenen Teilnennern a_n legt man zweckmäßig ein von rechts nach links laufendes Schema der folgenden Form an:

...	a_n	...	a_2	a_1		
...	p_n	...	$a_2 a_1 + 1$	a_1	1	0
...	q_n	...	a_2	1	0	1

B. Kettenbruchentwicklung
reell-quadratischer Irrationalzahlen

Es sei jetzt speziell $\Theta = \vartheta$ eine dem reell-quadratischen Zahlkörper $\mathsf{K} = \mathsf{P}\left(\sqrt[]{d}\right)$ angehörige irrationale Zahl. Sie genügt einer eindeutig bestimmten irreduziblen quadratischen Gleichung

$$(7.) \qquad a\vartheta^2 - b\vartheta - c = 0$$

mit ganzrationalen teilerfremden Koeffizienten a, b, c und $a > 0$. Deren Diskriminante

$$b^2 + 4ac = m^2 d$$

20*

ist von der Diskriminante d von K nur um das Quadrat einer natürlichen Zahl m unterschieden; man hat nämlich (mit zunächst unbestimmtem Vorzeichen der Quadratwurzel)

$$(8.) \qquad \vartheta = \frac{b + m\sqrt{d}}{2a} = \frac{2c}{-b + m\sqrt{d}},$$

und $a\vartheta$ ist wegen der Gleichung $(a\vartheta)^2 - b(a\vartheta) - ac = 0$ ganz, also von der Form **3**, (5.). Man nennt ϑ eine *zur Diskriminante $m^2 d$ gehörige Zahl.*

Man nennt ϑ *reduziert,* wenn

$$\text{wie bisher } \vartheta > 1, \text{ sowie außerdem } -\frac{1}{\vartheta'} > 1$$

ist. Aus (8.) und

$$(8'.) \qquad -\vartheta' = \frac{-b + m\sqrt{d}}{2a} = \frac{2c}{b + m\sqrt{d}}$$

liest man wegen $a > 0$ ab, daß dies dann und nur dann der Fall ist, wenn $\sqrt{d}$ (unserer bisherigen Verabredung gemäß) positiv verstanden wird und die Koeffizienten der Gleichung (7.) den Ungleichungen

$$(9.) \qquad 0 < b < m\sqrt{d}, \quad \frac{-b + m\sqrt{d}}{2} < \begin{Bmatrix} a \\ c \end{Bmatrix} < \frac{b + m\sqrt{d}}{2}$$

genügen. Da dann a, b, c natürliche Zahlen zwischen 0 und $m\sqrt{d}$ sind, erkennt man:

X. *Es gibt nur endlich viele reduzierte Zahlen ϑ zu einer festen Diskriminante $m^2 d$.*

Ferner erkennt man leicht:

XI. *Mit einer reell-quadratischen Irrationalzahl ϑ sind auch alle ihre Restzahlen ϑ_n reduziert.*

Denn einerseits sind definitionsgemäß alle $\vartheta_n > 1$; andererseits hat $\vartheta_n = a_n + \frac{1}{\vartheta_{n+1}}$ zur Folge $-\frac{1}{\vartheta'_{n+1}} = a_n + (-\vartheta'_n)$, und hiernach überträgt sich die Bedingung für ϑ'_n auf ϑ'_{n+1}.

Wir beweisen nunmehr:

XII. *Für eine beliebige zur Diskriminante $m^2 d$ gehörige Irrationalzahl ϑ gehören auch alle Restzahlen ϑ_n der Kettenbruchentwicklung von ϑ zur Diskriminante $m^2 d$.*

Diese Restzahlen sind von einer Stelle an reduziert.

Beweis. a) Die erste Behauptung ergibt sich gemäß (2.), (2'.), indem man zeigt, daß mit ϑ auch die durch eine Substitution der Form $\begin{pmatrix} \vartheta \\ 1 \end{pmatrix} \sim \begin{pmatrix} g & 1 \\ 1 & 0 \end{pmatrix} \begin{pmatrix} \vartheta^* \\ 1 \end{pmatrix}$, also $\vartheta = g + \frac{1}{\vartheta^*}$, mit ganzrationalem g gelieferte

Zahl ϑ^* zur Diskriminante $m^2 d$ gehört. Nun transformiert sich bei dieser Substitution die Gleichung (7.) für ϑ in die Gleichung

$$(ag^2 - bg - c)\vartheta^{*2} - (b - 2ag)\,\vartheta^* + a = 0$$

für ϑ^*. Deren Koeffizienten sind wieder ganzrational teilerfremd, und ihre Diskriminante ist in der Tat

$$(b - 2ag)^2 - 4a(ag^2 - bg - c) = b^2 + 4ac = m^2 d.$$

b) Zum Beweis der zweiten Behauptung ist, da definitionsgemäß alle Restzahlen $\vartheta_{n+1} > 1$ sind, noch zu zeigen, daß von einer Stelle an $-\dfrac{1}{\vartheta'_{n+1}} > 1$ gilt. Aus (3'.) folgt nun durch Auflösung und Übergang zu den Konjugierten

$$\begin{pmatrix} \vartheta'_{n+1} \\ 1 \end{pmatrix} \sim P_n^{-1} \begin{pmatrix} \vartheta' \\ 1 \end{pmatrix}.$$

Dabei ist

$$(-1)^n P_n^{-1} = \begin{pmatrix} q_{n-1} & -p_{n-1} \\ -q_n & p_n \end{pmatrix}.$$

Demnach wird

$$-\frac{1}{\vartheta'_{n+1}} = \frac{q_n \vartheta' - p_n}{q_{n-1}\vartheta' - p_{n-1}} = \frac{q_n}{q_{n-1}} - \frac{(-1)^n}{q_{n-1}(q_{n-1}\vartheta' - p_{n-1})} \qquad (n > 1),$$

also

$$-\frac{1}{\vartheta'_{n+1}} - 1 = \frac{1}{q_{n-1}}\left[(q_n - q_{n-1}) - \frac{(-1)^n}{q_{n-1}\left(\vartheta' - \dfrac{p_{n-1}}{q_{n-1}}\right)}\right] \qquad (n > 1).$$

Wegen

$$\frac{p_{n-1}}{q_{n-1}} \to \vartheta \neq \vartheta' \quad \text{und} \quad q_{n-1} \to \infty$$

strebt der zweite Summand in den eckigen Klammern zu 0, während der erste (evtl. von $n = 2$ abgesehen) durchweg ≥ 1 ist. Somit ergibt sich, daß in der Tat von einer Stelle an $-\dfrac{1}{\vartheta'_{n+1}} - 1 > 0$ ist.

Aus XII folgern wir:

XIII. *Die Kettenbruchentwicklung einer reell-quadratischen Irrationalzahl $\vartheta > 1$ ist von einer Stelle an periodisch.*

Ist ϑ reduziert, so ist sie rein-periodisch.

Beweis. Da die Restzahlen ϑ_{n+1} von einer Stelle an reduzierte Zahlen zur gleichen Diskriminante $m^2 d$ wie ϑ sind, und da es nach (X) nur endlich viele solche reduzierten Zahlen gibt, muß in der Folge der Restzahlen einmal eine Gleichheit $\vartheta_{l+k+1} = \vartheta_{l+1}$ mit einem $l \geq 0$ und einem $k \geq 1$ bestehen. Nach (3.) hat man dann

$$\vartheta = \{a_1, \ldots, a_l;\, \vartheta_{l+1}\} = \{a_1, \ldots, a_l;\, a_{l+1}, \ldots, a_{l+k};\, \vartheta_{l+1}\} = \ldots,$$

also in einer den periodischen Dezimalbrüchen (§ 4,**13**) nachgebildeten Bezeichnungsweise eine periodische Entwicklung

$$\vartheta = \left\{ a_1, \ldots, a_l; \overline{a_{l+1}, \ldots, a_{l+k}} \right\}.$$

Ist ϑ reduziert, und ϑ_{l+1} die erste Restzahl, die mit einer späteren ϑ_{l+k+1} übereinstimmt, so muß notwendig $l = 0$ sein. Wäre nämlich $l \geq 1$, also die vorhergehende Restzahl ϑ_l vorhanden, so könnte man folgendermaßen auf $\vartheta_l = \vartheta_{l+k}$, also auf einen Widerspruch zur Minimalauswahl von l schließen. Aus

$$(10.) \qquad \vartheta_l = a_l + \frac{1}{\vartheta_{l+1}}, \qquad \vartheta_{l+k} = a_{l+k} + \frac{1}{\vartheta_{l+k+1}}$$

folgt

$$(10'.) \qquad -\frac{1}{\vartheta'_{l+1}} = a_l + (-\vartheta'_l), \quad -\frac{1}{\vartheta'_{l+k+1}} = a_{l+k} + (-\vartheta'_{l+k}).$$

Wegen der Reduziertheit von ϑ und damit nach XI auch der ϑ_l, ϑ_{l+k} sind in den letzteren Gleichungen a_l, a_{l+k} die größten Ganzen und $-\vartheta'_l$, $-\vartheta'_{l+k}$ die Reste der Zahlen $-\frac{1}{\vartheta'_{l+1}}$, $-\frac{1}{\vartheta'_{l+k+1}}$. Da diese Zahlen übereinstimmen, gilt dasselbe für ihre größten Ganzen und Reste; es folgte somit in der Tat $\vartheta'_l = \vartheta'_{l+k}$, also $\vartheta_l = \vartheta_{l+k}$. Für eine reduzierte Zahl ϑ hat man demnach eine reinperiodische Entwicklung

$$\vartheta = \left\{ \overline{a_1, \ldots, a_k} \right\}.$$

Von XIII gilt auch die Umkehrung:

XIV. *Jeder periodische Kettenbruch*

$$\vartheta = \left\{ a_1, \ldots, a_l; \overline{a_{l+1}, \ldots, a_{l+k}} \right\}$$

stellt eine reell-quadratische Irrationalzahl $\vartheta > 1$ dar.

Ist der Kettenbruch rein-periodisch ($l = 0$), so ist ϑ reduziert.

Die beiden Aussagen XII und XIV zusammen nennt man auch den Euler-Lagrange*schen Satz.*

Beweis. Wegen $\vartheta = \left\{ a_1, \ldots, a_l; \vartheta_{l+1} \right\}$ mit $\vartheta_{l+1} = \left\{ \overline{a_{l+1}, \ldots, a_{l+k}} \right\}$ genügt es zu zeigen, daß jeder rein-periodische Kettenbruch

$$\vartheta = \left\{ \overline{a_1, \ldots, a_k} \right\}$$

eine reduzierte reell-quadratische Irrationalzahl darstellt. Aus

$$\vartheta = \{ a_1, \ldots, a_k; \vartheta \}$$

folgt nun nach (3'.) jedenfalls

$$(11.) \qquad \binom{\vartheta}{1} \sim P_k \binom{\vartheta}{1},$$

also das Bestehen einer quadratischen Gleichung

$$(12.) \qquad q_k \vartheta^2 - (p_k - q_{k-1})\, \vartheta - p_{k-1} = 0, \qquad \vartheta = \frac{p_k \vartheta + p_{k-1}}{q_k \vartheta + q_{k-1}}$$

mit ganzrationalen Koeffizienten und der Diskriminante

$$(p_k - q_{k-1})^2 + 4 q_k p_{k-1} > 0.$$

Demnach ist ϑ eine reell-quadratische Irrationalzahl. Daß ϑ reduziert ist, erkennt man daraus, daß nach XII die ϑ_ν von einer Stelle an reduziert sind und daß voraussetzungsgemäß $\vartheta = \vartheta_1 = \vartheta_{k+1} = \vartheta_{2k+1} = \cdots$ ist.

Schließlich beweisen wir noch:

XV. *Für einen rein-periodischen Kettenbruch*

$$\vartheta = \{\overline{a_1, \ldots, a_k}\}$$

ist die negative reziproke Konjugierte der rein-periodische Kettenbruch mit der umgekehrten Teilnennerfolge

$$-\frac{1}{\vartheta'} = \{\overline{a_k, \ldots, a_1}\}.$$

Beweis. Da ϑ nach XIV reduziert ist, folgt aus dem oben bei (10.), (10'.) Gesagten, daß die Kettenbruchentwicklung von $-\dfrac{1}{\vartheta'_{k+1}}$ mit

$$-\frac{1}{\vartheta'_{k+1}} = \left\{a_k, \ldots, a_1; \; -\frac{1}{\vartheta'_1}\right\}$$

beginnt. Wegen $\vartheta_{k+1} = \vartheta_1 = \vartheta$ ergibt das die Behauptung.

C. Anwendung auf die Berechnung der Grundeinheit

Die für eine reduzierte Zahl ϑ aus $\mathsf{K} = \mathsf{P}\big(\,|\,\vec{d}\big)$ aus der rein-periodischen Kettenbruchentwicklung fließende Proportionalität (11.) bedeutet ein Gleichungspaar

$$(13.) \qquad \varepsilon \binom{\vartheta}{1} = P_k \binom{\vartheta}{1}$$

mit einem Proportionalitätsfaktor ε aus K. In aus der Algebra geläufiger Weise besteht dann die charakteristische Gleichung

$$|\,\varepsilon E - P_k\,| = 0,$$

also ausführlich

$$\varepsilon^2 - (p_k + q_{k-1})\, \varepsilon + (-1)^k = 0.$$

Demnach ist ε eine Einheit aus K mit $N(\varepsilon) = (-1)^k$. Nach (13.) ist explizit

$$(14.) \qquad \varepsilon = q_k \vartheta + q_{k-1}.$$

Daraus liest man ab, daß ε der Normierungsbedingung $\varepsilon > 1$ genügt.

Um ε in seiner Darstellung **3**, (5.) durch 1, $\sqrt{d}$ anzugeben, vergleichen wir die aus der Kettenbruchentwicklung fließende quadratische Gleichung (12.) für ϑ mit der zum Ausgang genommenen teilerfrei normierten Gleichung (7.). Sei dazu

$$(15_1.) \qquad (q_k, p_k - q_{k-1}, p_{k-1}) = v,$$

sowie außerdem

$$(15_2.) \qquad p_k + q_{k-1} = u$$

gesetzt. Dann ergibt der Vergleich

$$(16.) \qquad q_k = av, \quad p_k - q_{k-1} = bv, \quad p_{k-1} = cv,$$

und die Darstellung (14.) von ε wird durch Einführung der Darstellung (8.) von ϑ zu

$$(17.) \qquad \varepsilon = \frac{u + v m \sqrt{d}}{2}.$$

Die gewonnene Einheit ε hat die Eigenschaft, daß der Koeffizient von $\sqrt{d}$ durch die natürliche Zahl m teilbar ist. Allgemein sind die ganzen Zahlen aus K von der besonderen Form

$$(18.) \qquad \alpha = \frac{a + b m \sqrt{d}}{2} \qquad \begin{pmatrix} a, b \text{ ganzrational} \\ a \equiv b m d \bmod. 2 \end{pmatrix}$$

auch dadurch charakterisiert, daß sie einer ganzrationalen Zahl r mod. m kongruent sind:

$$(19.) \qquad \alpha \equiv r \bmod. m.$$

Man erkennt das daraus, daß der Koeffizient von $\sqrt{d}$ bei der hier zugrunde gelegten Darstellung durch 1, $\sqrt{d}$ gleichzeitig auch der Koeffizient von ω bei der Darstellung durch die Ganzheitsbasis 1, ω von K aus **3**, (3.) ist. Bei dieser letzteren Darstellung $\alpha = r + s\omega$ ist ersichtlich $s \equiv 0$ mod. m gleichbedeutend mit $\alpha \equiv r$ mod. m. Aus der Charakterisierung (19.) der Zahlen α aus (18.) folgt, daß diese Zahlen einen Teilintegritätsbereich I_m des Integritätsbereichs I der ganzen Zahlen von K bilden. Man nennt I_m kurz den *Zahlring mod. m von* K oder auch den *Ring zur Diskriminante* $m^2 d$. Die Zahlen 1, $m\omega$ bilden eine Basis von I_m; statt durch sie stellt man aber die Zahlen aus I_m meist bequemer in der zu **3**, (5.) analogen Form (18.) dar.

Da mit der Einheit ε auch ihre Reziproke $\varepsilon^{-1} = (-1)^k \varepsilon'$ zu I_m gehört, ist ε kein Nullteiler im Restklassenring mod. m von I, gehört also zur multiplikativen Gruppe derjenigen Zahlen α aus K, die einer zu m primen ganzrationalen Zahl r mod. m kongruent sind. Die aus diesen Zahlen α gebildeten Restklassen mod. m heißen die *rationalen primen Restklassen mod. m von* I. Sie bilden eine zur primen Restklassengruppe mod. m von Γ isomorphe Untergruppe $\mathfrak{g}_m$ in der Gruppe $\mathfrak{G}_m$ aller *primen Restklassen mod. m von* I, die entsprechend aus allen Nichtnullteilern α im Restklassenring mod. m von I gebildet sind. Die prime Restklassengruppe $\mathfrak{G}_m$ hat endliche Ordnung $\Phi(m)$; wir werden sie in § 17,4,XIII′ bestimmen. Die Untergruppe $\mathfrak{g}_m$ hat die in § 4,8 bestimmte Ordnung $\varphi(m)$. Die Faktorgruppe $\mathfrak{G}_m/\mathfrak{g}_m$ hat dann die Ordnung $\Phi(m)/\varphi(m)$.

Da die Grundeinheit ε_1 von K Nichtnullteiler im Restklassenring mod. m von I ist, also in einer Restklasse aus $\mathfrak{G}_m$ liegt, liegt ihre Potenz $\varepsilon_1^{\Phi(m)/\varphi(m)}$ in einer Restklasse aus $\mathfrak{g}_m$. Somit gibt es einen eindeutig bestimmten kleinsten natürlichen Exponenten g_m, der in $\Phi(m)/\varphi(m)$ aufgeht, derart, daß $\varepsilon_1^{g_m}$ in einer Restklasse aus $\mathfrak{g}_m$ liegt, d.h. zu I_m gehört. Die so bestimmte Potenz

$$\varepsilon_1^{g_m} = \frac{u_1 + v_1 m \sqrt{d}}{2} \ .$$

heißt die *Grundeinheit des Zahlrings mod. m von* K oder auch die *Grundeinheit zur Diskriminante $m^2 d$*. Durch sie stellen sich alle Einheiten aus I_m entsprechend dar, wie durch ε_1 selbst nach VIIIb alle Einheiten aus I. Die Koeffizienten u_1, v_1 sind die kleinste natürliche Lösung der zur Diskriminante $m^2 d$ gehörigen Pellschen Gleichung

$$\frac{u^2 - v^2 m^2 d}{4} = \pm 1 \ .$$

Das in (15.), (17.) gewonnene Ergebnis läßt sich so zusammenfassen:

XVI. *Ist ϑ eine zur Diskriminante $m^2 d$ gehörige reduzierte Zahl aus* K $= \mathsf{P}\left(\sqrt{d}\right)$, *so liefert die rein-periodische Kettenbruchentwicklung*

$$\vartheta = \{\overline{a_1, \ldots, a_k}\}$$

durch die beiden Näherungsbrüche $\dfrac{p_{k-1}}{q_{k-1}}$, $\dfrac{p_k}{q_k}$ *vor Wiederkehr der Periode vermöge der Formeln*

$$v = (q_k,\ p_k - q_{k-1},\ p_{k-1}),$$

$$u = p_k + q_{k-1}$$

eine Einheit

$$\varepsilon = \frac{u + v m \sqrt{d}}{2}$$

des Zahlrings mod. m von K *mit* $\varepsilon > 1$ *und* $N(\varepsilon) = (-1)^k$.

Die Bestimmung von ε kann auch in der Form

$$\varepsilon \begin{pmatrix} \vartheta \\ 1 \end{pmatrix} = P_k \begin{pmatrix} \vartheta \\ 1 \end{pmatrix} \quad mit \quad P_k = \begin{pmatrix} p_k & p_{k-1} \\ q_k & q_{k-1} \end{pmatrix}$$

oder

$$\varepsilon = q_k \vartheta + q_{k-1}$$

ausgedrückt werden.

Wir wollen jetzt zeigen:

XVI'. *Handelt es sich in* XVI *um die primitive Periode, so ist* $\varepsilon = \varepsilon_1^{gm}$ *die Grundeinheit des Zahlrings mod. m von* K.

Dabei ist die *primitive Periode*, entsprechend wie in § 4,**13** bei den m-adischen Bruchentwicklungen, durch kleinstmögliche Wahl der Periodenlänge k definiert.

Beweis. Wendet man das zur Herleitung von XVI benutzte Verfahren auf einen Abschnitt aus h Perioden $a_1, \ldots, a_k$ an, so ist die Matrix $P_k = A_1 \cdots A_k$ durch die Potenz P_k^h zu ersetzen. Man erhält dann statt des Proportionalitätsfaktors ε in (13.) die Potenz ε^h. Hiernach wird die Behauptung bewiesen sein, wenn gezeigt ist, daß jede Einheit $\varepsilon > 1$ des Zahlrings mod. m von K (nämlich jede Potenz ε_1^{gmh} mit natürlichem h) bei einem geeigneten Periodenabschnitt der Kettenbruchentwicklung von ϑ als Proportionalitätsfaktor in der zugehörigen Beziehung (13.) vorkommt.

Sei demgemäß

$$\varepsilon = \frac{u + v m \sqrt{d}}{2}$$

jetzt eine beliebige Einheit des Zahlrings mod. m von K mit $\varepsilon > 1$, also $u, v \geq 1$. Wir bilden dann aus ihren Koeffizienten u, v und den Koeffizienten a, b, c der Gleichung (7.) für ϑ zu den Formeln (15₂.), (16.) analog die Zahlen

$$(20.) \qquad \begin{cases} p = \dfrac{u + bv}{2}, & p' = cv \\[2ex] q = av, & q' = \dfrac{u - bv}{2} \end{cases},$$

die wegen der Ganzheitsbedingungen $u \equiv vmd$, $b \equiv md$ mod. 2 für ε und $a\vartheta$ ganzrational sind. Da dann q, $p - q'$, p' zu a, b, c proportional sind, besteht analog zu (12.) die quadratische Gleichung

$$q \vartheta^2 - (p - q') \vartheta - p' = 0, \qquad \vartheta = \frac{p \vartheta + p'}{q \vartheta + q'},$$

oder also in zu (11.) analoger Schreibweise

$$(21.) \qquad \begin{pmatrix} \vartheta \\ 1 \end{pmatrix} \sim P \begin{pmatrix} \vartheta \\ 1 \end{pmatrix} \quad mit \quad P = \begin{pmatrix} p & p' \\ q & q' \end{pmatrix}.$$

Dabei ist

$$|P| = \frac{u^2 - (b^2 + 4\,a\,c)\,v^2}{4} = \frac{u^2 - v^2\,m^2\,d}{4} = N\,(\varepsilon).$$

Aus den Reduziertheitsbedingungen (9.) für ϑ in der Form

$$b < m\,\sqrt{d}\,, \quad 2\,a - b < m\,\sqrt{d} < 2\,a + b$$

und aus der Voraussetzung $\varepsilon > 1$ folgen ferner die Ungleichungen

$$q' = \frac{u - b\,v}{2} > \frac{u - v\,m\,\sqrt{d}}{2} = \varepsilon' = \frac{N\,(\varepsilon)}{\varepsilon} > \begin{cases} 0 & \text{für } N\,(\varepsilon) = 1 \\ -1 & \text{für } N\,(\varepsilon) = -1 \end{cases},$$

$$q - q' =$$
$$\frac{-u + (2\,a + b)\,v}{2} > \frac{-u + v\,m\,\sqrt{d}}{2} = -\varepsilon' = -\frac{N\,(\varepsilon)}{\varepsilon} > \begin{cases} -1 & \text{für } N\,(\varepsilon) = 1 \\ 0 & \text{für } N\,(\varepsilon) = -1 \end{cases},$$

$$p - q =$$
$$\frac{u - (2\,a - b)\,v}{2} > \frac{u - v\,m\,\sqrt{d}}{2} = \varepsilon' = \frac{N\,(\varepsilon)}{\varepsilon} > \begin{cases} 0 & \text{für } N\,(\varepsilon) = 1 \\ -1 & \text{für } N\,(\varepsilon) = -1 \end{cases},$$

und daraus weiter:

$$0 < q' \leqq q\,, \quad \frac{p}{q} > 1 \quad \text{für } N\,(\varepsilon) = 1\,,$$

$$0 \leqq q' < q\,, \quad \frac{p}{q} \geqq 1 \quad \text{für } N\,(\varepsilon) = -1.$$

Sei jetzt unserer eingangs gemachten Feststellung gemäß

$$\frac{p}{q} = \{a_1, \ldots, a_k\}$$

diejenige eindeutig bestimmte Kettenbruchentwicklung des reduzierten Bruches $\dfrac{p}{q} \geqq 1$, deren Teilnenneranzahl k der Paritätsbedingung

$$N\,(\varepsilon) = |P| = (-1)^k$$

genügt. Für ihre letzten beiden Näherungsbrüche $\dfrac{p_k}{q_k}$, $\dfrac{p_{k-1}}{q_{k-1}}$ gilt dann

$$(22.) \qquad \begin{cases} p_k = p\,, & p_{k-1} = p' \\ q_k = q\,, & q_{k-1} = q' \end{cases}, \text{ also } P_k = P.$$

Hinsichtlich des letzten Näherungsbruches ist das klar. Hinsichtlich des vorletzten beachte man, daß dieser aus dem letzten durch die Determinantenbedingung

$$|P_k| = p_k\,q_{k-1} - q_k\,p_{k-1} = (-1)^k$$

und die Ungleichungen

$$0 \leqq q_{k-1} \leqq q_k,$$

mit Gleichheit nach unten nur für $k = 1$ und Gleichheit nach oben höchstens für $k = 2$, eindeutig bestimmt ist, da ja hierdurch einerseits die Restklasse q_{k-1} mod. q_k und andererseits der Vertreter q_{k-1} aus ihr eindeutig festgelegt wird, und daß der Wahl von k zufolge p', q', wie gezeigt, diese beiden Bedingungen an Stelle von p_{k-1}, q_{k-1} erfüllen.

Die Beziehung (21.) kann nach (22.) als

$$(23.) \qquad \binom{\vartheta}{1} \sim P_k \binom{\vartheta}{1}$$

oder also

$$\vartheta = \{a_1, \ldots, a_k; \ \vartheta\}$$

geschrieben werden; sie besagt dann, daß $a_1, \ldots, a_k$ auch die Teilnenner einer (nicht notwendig primitiven) Periode der Kettenbruchentwicklung von ϑ sind. Und die Beziehungen (20.) gehen auf Grund von (22.) in den Formalismus (15.), (16.) der Herleitung von ε aus der Kettenbruchentwicklung von ϑ über. Daher ist in der Tat ε der Proportionalitätsfaktor in (23.), wie zu zeigen war.

Will man nach der Regel aus XVI die Grundeinheit ε_1 von K berechnen, so muß man von einer zur Diskriminante d von K selbst gehörigen reduzierten Zahl ϑ ausgehen, für die also der im vorstehenden auftretende Faktor $m = 1$ ist. Nun gehört die Basiszahl

$$\omega = \begin{cases} \dfrac{1 + \sqrt{D}}{2} = \dfrac{1 + \sqrt{d}}{2} & \text{für } D \equiv 1 \mod. 4, \quad d = D \\[2ex] \sqrt{D} = \dfrac{0 + \sqrt{d}}{2} & \text{für } D \equiv 2,3 \mod. 4, \quad d = 4D \end{cases}$$

zur Diskriminante d. Nach X gilt dann dasselbe für alle Restzahlen $\omega_1 = \omega, \omega_2, \omega_3, \ldots$ ihrer Kettenbruchentwicklung, und unter ihnen kommt schließlich einmal eine reduzierte vor. Diese letztere Aussage läßt sich nun wie folgt präzisieren:

XVII. *Die Basiszahl $\omega = \omega_1$ selbst ist nur für die kleinste positive Diskriminante $d = 5$ reduziert. In jedem Falle ist aber bereits die auf sie folgende Restzahl*

$$\omega^* = \omega_2 = \frac{1}{\omega - w}$$

reduziert, wo w das größte Ganze von ω ist. Diese Restzahl ω^* liefert also nach der Regel aus XVI die Grundeinheit von K.

Beweis. Jedenfalls sind $\omega, \omega^* > 1$. Es bleiben also die negativen reziproken Konjugierten $-\dfrac{1}{\omega'}, -\dfrac{1}{\omega^{*'}}$ zu betrachten. Man hat

$$
-\frac{1}{\omega'} = \begin{cases} \dfrac{2}{-1+\sqrt{D}} < 1 \text{ genau für } D > 9 \\[2mm] \dfrac{1}{\sqrt{D}} \quad\ < 1 \text{ für alle } D > 1 \end{cases},
$$

so daß in der Tat ω nur im Spezialfall $D = d = 5$ reduziert ist. Dagegen ist stets

$$
-\frac{1}{\omega^{*'}} = w - \omega' = w + \omega - \begin{Bmatrix} 1 \\ 0 \end{Bmatrix} > 2w - 1 \geqq 1,
$$

also in jedem Falle ω^* reduziert, wie behauptet.

Der Spezialfall $\underline{d = 5}$ liefert übrigens die einfachste Kettenbruchentwicklung

$$
\frac{1+\sqrt{5}}{2} = \{\overline{1}\}
$$

mit der eingliedrigen Periode 1. Die Näherungszähler und -nenner genügen hier den Rekursionsformeln

$$
p_n = p_{n-1} + p_{n-2},
$$
$$
q_n = q_{n-1} + q_{n-2}.
$$

In unserer schematischen Anordnung lauten sie:

...	1	1	1	1	1	1		
...	13	8	5	3	2	1	1	0
...	8	5	3	2	1	1	0	1

Die dabei in beiden Zeilen, mit der Verschiebung $p_{k-1} = q_k$, auftretende Zahlfolge heißt die *Fibonaccische Folge.* Unsere Bildungsregel aus XVI für die Potenzenfolge

$$
\varepsilon_1^k = \frac{u_k + v_k\sqrt{5}}{2}
$$

der Grundeinheit $\varepsilon_1 = \dfrac{1+\sqrt{5}}{2}$ ergibt das Bildungsgesetz

$$
u_k = p_k + q_{k-1} = q_{k+1} + q_{k-1},
$$
$$
v_k = (q_k, p_k - q_{k-1}, p_{k-1}) = (q_k, q_k, q_k) = q_k,
$$

wo q_k die Fibonaccische Folge mit den Anfangswerten $q_1 = 1, q_0 = 0$ ist.

Als Beispiel wollen wir noch in dem bereits oben erwähnten Fall $\underline{D = 31}$ $(d = 124)$ die Grundeinheit ε_1 berechnen. Allgemein braucht man für die Herstellung der Kettenbruchentwicklung von $\omega = \sqrt{D}$ keineswegs die Dezimalbruchentwicklung von D zu kennen; man kommt vielmehr mit der Kenntnis des größten Ganzen w von $\sqrt{D}$ aus. Wegen $5^2 < 31 < 6^2$ ist hier $w = 5$. Die Entwicklung ergibt sich dann einfach folgendermaßen:

$$\sqrt{31} = 5 + \left(\sqrt{31} - 5\right) = 5 + \frac{6}{\sqrt{31} + 5}$$

$$\frac{\sqrt{31} + 5}{6} = 1 + \frac{\sqrt{31} - 1}{6} = 1 + \frac{5}{\sqrt{31} + 1}$$

$$\frac{\sqrt{31} + 1}{5} = 1 + \frac{\sqrt{31} - 4}{5} = 1 + \frac{3}{\sqrt{31} + 4}$$

$$\frac{\sqrt{31} + 4}{3} = 3 + \frac{\sqrt{31} - 5}{3} = 3 + \frac{2}{\sqrt{31} + 5}$$

$$\frac{\sqrt{31} + 5}{2} = 5 + \frac{\sqrt{31} - 5}{2} = 5 + \frac{3}{\sqrt{31} + 5}$$

$$\frac{\sqrt{31} + 5}{3} = 3 + \frac{\sqrt{31} - 4}{3} = 3 + \frac{5}{\sqrt{31} + 4}$$

$$\frac{\sqrt{31} + 4}{5} = 1 + \frac{\sqrt{31} - 1}{5} = 1 + \frac{6}{\sqrt{31} + 1}$$

$$\frac{\sqrt{31} + 1}{6} = 1 + \frac{\sqrt{31} - 5}{6} = 1 + \frac{1}{\sqrt{31} + 5}$$

$$\sqrt{31} + 5 = 10 + \left(\sqrt{31} - 5\right) = 10 + \frac{6}{\sqrt{31} + 5}$$

Demnach hat man

$$\omega = \sqrt{31} = \left\{5; \ \overline{1, \ 1, \ 3, \ 5, \ 3, \ 1, \ 1, \ 10}\right\},$$

$$\omega^* = \frac{\sqrt{31} + 5}{6} = \left\{\overline{1, \ 1, \ 3, \ 5, \ 3, \ 1, \ 1, \ 10}\right\}.$$

Das Schema der Näherungszähler und -nenner von ω^* lautet dann

10	1	1	3	5	3	1	1		
2885	273	155	118	37	7	2	1	1	0
1638	155	88	67	21	4	1	1	0	1

und die Regel aus XVI ergibt

$$u_1 = 2885 + 155 = 3040 = 2 \cdot 1520,$$

$$v_1 = (1638, 2730, 273) = 273,$$

also

$$\varepsilon_1 = 1520 + 273\,\sqrt{31}\,.$$

Der Leser wird nach dieser Probe von der Überlegenheit des Kettenbruchverfahrens gegenüber dem eingangs geschilderten Probierverfahren überzeugt sein.

Als Folge aus der allgemeinen, im Beweis von XVI, XVI′ auftretenden Determinantenformel $N(\varepsilon) = |P_h| = (-1)^k$ vermerken wir im Anschluß an das Kriterium 4,IX noch die Regel:

XVIII. *Die Alternative $N(\varepsilon_1) = \pm 1$ für die Norm der Grundeinheit ε_1 von $\mathsf{K} = \mathsf{P}\left(\sqrt{d}\right)$ ist gleichbedeutend mit der Alternative, ob die Kettenbruchentwicklung der Basiszahl ω (oder allgemeiner irgendeiner zur Diskriminante d gehörigen Zahl) eine gerade oder ungerade primitive Periodenlänge k hat.*

Wir bemerken schließlich noch, daß für die vorstehend entwickelte Konstruktion aller Einheiten $\varepsilon > 1$ des Zahlrings mod. m von K, also im Spezialfall $m = 1$ aller Einheiten $\varepsilon > 1$ von K (und damit aller Einheiten $\pm \varepsilon^{\pm 1}$ von K überhaupt), wie der Beweis von XVI, XVI′ lehrt, der in 4 auf andere (kürzere) Weise bewiesene Existenzsatz und der anschließende Satz VIIIb über die Basisdarstellung nicht vorausgesetzt zu werden braucht. Die Kettenbruchtheorie ergibt vielmehr einen neuen, zwar längeren, aber dafür auch weitertragenden Beweis dieser Hauptsätze über die Einheiten in reell-quadratischen Zahlkörpern.

D. Kettenbruchentwicklung reiner Quadratwurzeln

In dem oben durchgeführten Beispiel $\omega = \sqrt{31}$ bilden die ersten $k - 1$ Periodenglieder 1, 1, 3, 5, 3, 1, 1 eine in sich spiegelbildliche Folge, und das letzte Glied 10 ist das Doppelte der Vorperiode 5. Diese beiden Besonderheiten erweisen sich als für alle Kettenbruchentwicklungen reiner Quadratwurzeln > 1 gültig und sogar charakteristisch:

XIX. *Ist $\alpha = \sqrt{a}$ mit einer rationalen Nichtquadratzahl $a > 1$, so hat die Kettenbruchentwicklung von α die Gestalt und die Symmetrieeigenschaft*

$$\alpha = \{g;\ \overline{a_1, \ldots, a_{k-1}, 2g}\} = \{g;\ \overline{a_{k-1}, \ldots, a_1, 2g}\},$$

und umgekehrt.

Beweis. a) Sei $\alpha = \sqrt{a}$ mit rationalem nicht-quadratischem $a > 1$, und sei g das größte Ganze von α. Dann ist die Restzahl

$$\vartheta = \frac{1}{\alpha - g} > 1$$

und wegen $\alpha' = -\alpha$ auch ihre negative reziproke Konjugierte

$$-\frac{1}{\vartheta'} = \alpha + g > 2g > 1.$$

Daher ist ϑ reduziert. Nach XIII und XV hat man dann

$$\vartheta = \overline{\{a_1, \ldots, a_k\}}, \quad -\frac{1}{\vartheta'} = \overline{\{a_k, \ldots, a_1\}}.$$

Da genauer $-\frac{1}{\vartheta'}$ das größte Ganze $2g$ hat, folgt zunächst $a_k = 2g$. Stellt man ferner aus jeder dieser beiden Entwicklungen die Entwicklung von α selbst her, indem man bei der ersteren den Teilnenner g vorsetzt, bei der letzteren den Anfangsteilnenner $a_k = 2g$ um g vermindert – man muß dann die Periode durch Anfügen von $a_k = 2g$ wieder auffüllen –, so erhält man die behauptete Gleichheit

$$\alpha = \{g; \ \overline{a_1, \ldots, a_{k-1}, 2g}\} = \{g; \ \overline{a_{k-1}, \ldots, a_1, 2g}\}.$$

b) Sei umgekehrt α ein Kettenbruch von dieser Gestalt und mit dieser Symmetrieeigenschaft. Dann ist die Restzahl

$$\frac{1}{\alpha - g} = \overline{\{a_1, \ldots, a_{k-1}, 2g\}},$$

also nach XV ihre negative reziproke Konjugierte

$$-\alpha' + g = \overline{\{2g, a_{k-1}, \ldots, a_1\}}$$

und somit die negative Konjugierte

$$-\alpha' = \{g; \ \overline{a_{k-1}, \ldots, a_1, 2g}\} = \alpha.$$

Daraus folgt, daß $\alpha'^2 = \alpha^2 = a$ rational ist, und wenn wir uns, wie bisher durchweg, auf Kettenbrüche mit erstem Teilnenner $g \geqq 1$ beschränken, außerdem $a > 1$.

Wir betrachten jetzt speziell die Kettenbruchentwicklung

$$\sqrt{D} = \{g; \ \overline{a_1, \ldots, a_{k-1}, 2g}\}.$$

Der zugehörige rein-periodische Kettenbruch

$$\vartheta = \frac{1}{\sqrt{D} - g} = \overline{\{a_1, a_2, \ldots, a_{k-1}, 2g\}}$$

liefert vermöge des Gleichungspaars

$$\varepsilon \binom{\vartheta}{1} = P_k \binom{\vartheta}{1} = P_{k-1} \begin{pmatrix} 2g & 1 \\ 1 & 0 \end{pmatrix} \binom{\vartheta}{1}$$

eine Einheit ε von K, nämlich nach XVI, XVI' die zur Diskriminante $4D$ gehörige Grundeinheit; auf deren Zusammenhang mit der Grundeinheit ε_1 von K gehen wir nachher ein.

Zunächst bemerken wir, daß man an Stelle der Näherungsbrüche $\frac{p_n}{q_n}$ von ϑ auch die Näherungsbrüche $\frac{p_n^*}{q_n^*}$ von $\sqrt{D}$ selbst zur Konstruktion der Basisdarstellung von ε benutzen kann. Seien die Matrizen P_n^* zu den $\frac{p_n^*}{q_n^*}$ ebenso definiert, wie die Matrizen P_n zu den $\frac{p_n}{q_n}$. Wegen $P_1^* = \begin{pmatrix} g & 1 \\ 1 & 0 \end{pmatrix}$ hat man $P_n^* = \begin{pmatrix} g & 1 \\ 1 & 0 \end{pmatrix} P_{n-1}$.

Unter Beachtung von

$$\begin{pmatrix} \sqrt{D} \\ 1 \end{pmatrix} = \begin{pmatrix} g & 1 \\ 1 & 0 \end{pmatrix} \begin{pmatrix} 1 \\ \vartheta^{-1} \end{pmatrix} = \frac{1}{\vartheta} \begin{pmatrix} g & 1 \\ 1 & 0 \end{pmatrix} \begin{pmatrix} \vartheta \\ 1 \end{pmatrix}$$

und umgekehrt

$$\begin{pmatrix} 1 \\ \vartheta^{-1} \end{pmatrix} = \begin{pmatrix} 0 & 1 \\ 1 & -g \end{pmatrix} \begin{pmatrix} \sqrt{D} \\ 1 \end{pmatrix}$$

hat man dann die Umrechnung

$$\varepsilon \begin{pmatrix} \sqrt{D} \\ 1 \end{pmatrix} = \frac{\varepsilon}{\vartheta} \begin{pmatrix} g & 1 \\ 1 & 0 \end{pmatrix} \begin{pmatrix} \vartheta \\ 1 \end{pmatrix} = \frac{1}{\vartheta} \begin{pmatrix} g & 1 \\ 1 & 0 \end{pmatrix} P_{k-1} \begin{pmatrix} 2g & 1 \\ 1 & 0 \end{pmatrix} \begin{pmatrix} \vartheta \\ 1 \end{pmatrix} = P_k^* \begin{pmatrix} 2g & 1 \\ 1 & 0 \end{pmatrix} \begin{pmatrix} 1 \\ \vartheta^{-1} \end{pmatrix}$$

$$= P_k^* \begin{pmatrix} 2g & 1 \\ 1 & 0 \end{pmatrix} \begin{pmatrix} 0 & 1 \\ 1 & -g \end{pmatrix} \begin{pmatrix} \sqrt{D} \\ 1 \end{pmatrix} = P_k^* \begin{pmatrix} 1 & g \\ 0 & 1 \end{pmatrix} \begin{pmatrix} \sqrt{D} \\ 1 \end{pmatrix} = \begin{pmatrix} p_k^* & g\,p_k^* + p_{k-1}^* \\ q_k^* & g\,q_k^* + q_{k-1}^* \end{pmatrix} \begin{pmatrix} \sqrt{D} \\ 1 \end{pmatrix}.$$

Danach besteht das Gleichungspaar

$$\varepsilon \sqrt{D} = p_k^* \sqrt{D} + (g\,p_k^* + p_{k-1}^*),$$

$$\varepsilon = q_k^* \sqrt{D} + (g\,q_k^* + q_{k-1}^*).$$

Multiplikation der zweiten Gleichung mit $\sqrt{D}$ und Vergleich mit der ersten ergibt

$$g\,q_k^* + q_{k-1}^* = p_k^*.$$

Damit wird einfach

$$\varepsilon = p_k^* + q_k^* \sqrt{D}.$$

Die Koeffizienten p_k^* und q_k^* sind Zähler und Nenner des **vorletzten** Näherungsbruches der Entwicklung von $\sqrt{D}$ vor Wiederkehr der primitiven Periode.

Die so definierte Einheit ε ist, wie gesagt, die Grundeinheit zur Diskriminante $4D$.

Im Falle $D \equiv 2, 3 \bmod. 4$, wo $d = 4D$ ist, ist also $\varepsilon = \varepsilon_1$ die Grundeinheit von K selbst.

Im Falle $D \equiv 1 \bmod. 4$, wo $d = D$ ist, ist dagegen $\varepsilon = \varepsilon_2$ nur die Grundeinheit des Zahlrings mod. 2 von K. Wie oben gezeigt, ist $\varepsilon_2 = \varepsilon_1^{g_2}$ mit einem gewissen natürlichen Teiler g_2 von $\dfrac{\Phi(2)}{\varphi(2)} = \Phi(2)$, wo $\Phi(2)$ die Anzahl der primen Restklassen mod. 2 von I, also die Anzahl der Nichtnullteiler unter den 4 Restklassen 0, 1, ω, $1 + \omega \bmod. 2$ von I ist. Wie wir in § 17,1,Ia, c sehen werden, ist nun für $D \equiv 1 \bmod. 8$ die rationale

Restklasse 1 mod. 2 der einzige Nichtnullteiler mod. 2 von l, während für $D \equiv 5$ mod. 8 auch die beiden nichtrationalen Restklassen ω, $1 + \omega$ mod. 2 Nichtnullteiler sind. Es ist also $\Phi(2) = 1$ oder 3, je nachdem $D \equiv 1$ oder 5 mod. 8 ist, und demgemäß

$$\varepsilon = \varepsilon_2 = \varepsilon_1, \qquad \text{für} \quad D \equiv 1 \text{ mod. } 8,$$

$$\varepsilon = \varepsilon_2 = \varepsilon_1 \text{ oder } \varepsilon_1^3 \quad \text{für} \quad D \equiv 5 \text{ mod. } 8.$$

Nach alledem können wir als Ergebnis feststellen:

XX. *Der vorletzte Näherungsbruch* $\dfrac{p_k^*}{q_k^*}$ *der Kettenbruchentwicklung von* $\sqrt{D}$ *vor Wiederkehr der primitiven Periode liefert eine Einheit*

$$\varepsilon = p_k^* + q_k^* \sqrt{D}$$

von $\mathsf{K} = \mathsf{P}\left(\sqrt{D}\right)$. *Diese ist*

für $D \equiv 2, 3$ mod. 4 und für $D \equiv 1$ mod. 8 die Grundeinheit ε_1 von K,

für $D \equiv 5$ mod. 8 die Grundeinheit $\varepsilon_2 = \varepsilon_1$ oder ε_1^3 des Zahlrings mod. 2

von K.

Für $D = 31$ hatten wir

$$\sqrt{31} = \left\{ 5;\ \overline{1,\ 1,\ 3,\ 5,\ 3,\ 1,\ 1,\ 10} \right\}$$

gefunden. Das Schema der Näherungsbrüche von $\sqrt{31}$ selbst lautet

1	1	3	5	3	1	1	5		
1520	863	657	206	39	11	6	5	1	0
273	155	118	37	7	2	1	1	0	1

Es wird also

$$\varepsilon_1 = 1520 + 273 \sqrt{31},$$

wie wir etwas anders schon oben gefunden hatten.

Für den Fall $D \equiv 5$ mod. 8 liefert schon $D = 5$ ein Beispiel mit $\varepsilon_2 = \varepsilon_1^3$; der Exponent 3 drückt sich hier auch in der Tatsache aus, daß in der Fibonaccischen Folge nur genau jedes dritte Glied gerade ist. Daß auch $\varepsilon_2 = \varepsilon_1$ vorkommt, lehrt das Beispiel $D = 37$, wie der Leser durch Kettenbruchentwicklung von $\sqrt{37}$ und $\dfrac{1 + \sqrt{37}}{2}$ zur Übung nachrechnen möge; im letzteren Falle ist daher die Pellsche Gleichung

$$\frac{u^2 - D v^2}{4} = \pm 1$$

nur mit $u \equiv v \equiv 0$ mod. 2 lösbar.

6. Quadratische Zahlkörper mit eindeutiger Primzahlzerlegung

Mit der elementaren Teilbarkeitslehre, wie sie in einem quadratischen Zahlkörper K nach den Ausführungen am Schluß von 3 durch den Integritätsbereich I der ganzen Zahlen von K gegeben ist, ist neben den dort genannten Begriffen „teilbar, Einheit, assoziiert" auch der Begriff *Primzahl von* K festgelegt:

Eine Zahl π aus I heißt Primzahl von K, wenn sie keine Einheit ist und nur die trivialen Teiler, nämlich die Einheiten und die zu ihr Assoziierten, besitzt.

Im Gegensatz zu den Ausführungen am Schluß von 3 ist zwar eine Primzahl p von K, die zu P gehört, notwendig auch eine (positive oder negative) Primzahl von P aber nicht umgekehrt eine Primzahl p von P, als Zahl aus K betrachtet, notwendig auch eine Primzahl von K. Es kann nämlich sehr wohl sein, daß p zwar in Γ nur triviale Teiler, aber in I nicht-triviale Teiler besitzt. Wir müssen daher fortan bei dem Begriff Primzahl – anders als bei dem Begriff ganz – hinzusagen, ob er in P oder in K gemeint ist.

Daß für die Primzahlen p von P jede der beiden genannten Möglichkeiten wirklich vorkommt, zeigen die folgenden beiden Beispiele. Im Körper $K = P\left(\sqrt{-1}\right) = P(i)$ gilt:

2 ist keine Primzahl; denn $2 = (1 - i)(1 + i)$ und $1 \mp i \neq \pm 1, \pm i$.

3 ist Primzahl; denn aus $\alpha \mid 3$, $\alpha = a + bi$ ganz, $\alpha \not\approx 1, 3$ folgt $N(\alpha) \mid 3^2$, $N(\alpha) \neq 1, 3^2$, also $N(\alpha) = a^2 + b^2 = 3$, was in ganzrationalen a, b unmöglich ist.

Bei dem letzteren Beispiel haben wir die Normregel aus 3 und auch das aus ihr gefolgerte Einheitenkriterium 4,VI angewandt (letzteres sowohl auf α als auch auf den Komplementärteiler!).

Es erhebt sich die Frage, ob der Fundamentalsatz der elementaren Zahlentheorie (§ 1,4) von der eindeutigen Zerlegbarkeit in Primzahlen sich vom rationalen Zahlkörper P auf die quadratischen Zahlkörper K überträgt, ob also für jede ganze Zahl $\alpha \neq 0$ aus K, die keine Einheit ist, eine Zerlegung

$$\alpha = \pi_1 \cdots \pi_r$$

in ein Produkt endlich vieler Primzahlen $\pi_1, \ldots, \pi_r$ von K besteht, die wesentlich, d.h. bis auf ihre Reihenfolge und ihre Auswahl unter Assoziierten, eindeutig bestimmt sind.

Daß mindestens eine solche Zerlegung existiert, ist eine einfache Folge aus der Normregel aus 3. Denn nach ihr übertragen sich die in § 1,3 (Hilfssatz) und § 1,4 (Existenzbeweis) ausgeführten Schlüsse sinngemäß, wenn man statt des gewöhnlichen Betrages der rationalen Zahlen den Betrag der Norm als Größenmaß der Zahlen aus K verwendet. Ein für $\alpha \neq 0$, $\alpha \not\approx 1$, also $N(\alpha) \neq 0$, $|N(\alpha)| \neq 1$, sicher vorhandener ganzer Teiler π von α mit kleinstmöglichem Normbetrag $|N(\pi)| > 1$ ist eine Primzahl von K, und die sukzessive Abspaltung von Primzahlen aus α muß nach endlich vielen Schritten dadurch zu Ende kommen, daß der Restfaktor den Normbetrag 1 hat, also eine Einheit ist (die dann zum letzten Primfaktor gezogen werden kann, da wir hier kein Analogon der positiven Normierung der rationalen Primzahlen haben).

Es gehört zu den grundlegenden mathematischen Erkenntnissen des 19. Jahrhunderts, daß die Primzahlzerlegung in quadratischen Zahlkörpern – und allgemeiner überhaupt in endlich-algebraischen Zahlkörpern – nicht notwendig wesentlich eindeutig ist. Wir wollen das an vier Beispielen bestätigen.

Im Körper

$$P\left(\sqrt{-6}\right) \quad \text{sind} \quad 6 = 2 \cdot 3 = \sqrt{-6} \cdot -\sqrt{-6}$$
$$P\left(\sqrt{-5}\right) \quad \text{sind} \quad 21 = 3 \cdot 7 = \left(4 + \sqrt{-5}\right)\left(4 - \sqrt{-5}\right)$$
$$P\left(\sqrt{10}\right) \quad \text{sind} \quad 10 = 2 \cdot 5 = \sqrt{10} \cdot \sqrt{10}$$
$$P\left(\sqrt{82}\right) \quad \text{sind} \quad -713 = -23 \cdot 31 = \left(5 + 3\sqrt{82}\right)\left(5 - 3\sqrt{82}\right)$$

zwei wesentlich verschiedene Primzahlzerlegungen. Daß die Faktoren der einen mit denen der anderen Zerlegung nicht assoziiert sind, ist wegen der Verschiedenheit der Normbeträge (oder auch schon wegen der Nichtganzheit der Quotienten) klar. Daß die Faktoren Primzahlen in den betrachteten Körpern sind, ergibt sich – wie oben für 3 in $P\left(\sqrt{-1}\right)$ – daraus, daß die Gleichungen

$$a^2 + 6\,b^2 = 2, 3$$
$$a^2 + 5\,b^2 = 3, 7$$
$$a^2 - 10\,b^2 = \pm 2, \quad \pm 5$$
$$a^2 - 82\,b^2 = \pm 23, \pm 31$$

in ganzrationalen Zahlen a, b unlösbar sind. Im ersten und zweiten Falle ist das schon der Größe nach klar. Im dritten Falle folgt es durch Betrachtung der Gleichung als Kongruenz mod. 5 bzw. mod. 8. Im vierten Falle führt weder die Größenbetrachtung, noch wegen $\left(\dfrac{\pm 23}{41}\right) = 1$, $\left(\dfrac{\pm 31}{41}\right) = 1$, $23 \equiv -1$ mod. 8, $31 \equiv -1$ mod. 8 die Betrachtung als Kongruenz mod. 41 oder mod. 8, noch wegen $\left(\dfrac{82}{23}\right) = 1$, $\left(\dfrac{82}{31}\right) = 1$ die Betrachtung als Kongruenz mod. 23 bzw. mod. 31 zum Ziel. Man kann aber hier durch folgendes ganz allgemein für $d > 0$ brauchbare Verfahren die an sich unendliche Menge der zu betrachtenden a, b auf eine endliche Menge reduzieren und dann die Unmöglichkeit für diese endlich vielen a, b durch Einsetzen dartun.

Es sei in einem reell-quadratischen Zahlkörper $K = P\left(\sqrt{d}\right)$ $(d > 0)$ die diophantische Gleichung

$$|N(\xi)| = m, \quad \text{also} \quad \frac{x^2 - dy^2}{4} = \pm m, \quad \text{wo} \quad \xi = \frac{x + y\sqrt{d}}{2},$$

mit einer natürlichen Zahl $m > 1$ zu untersuchen. Mit ξ ist auch $\varepsilon\xi$ für jede Einheit ε von K eine Lösung. Man kann ξ unter seinen Assoziierten $\varepsilon\xi$ ohne Einschränkung, bis aufs Vorzeichen eindeutig, so normieren, daß

$$1 < |\xi| < \varepsilon_1$$

ist, wo ε_1 die Grundeinheit von K ist. Dann hat man

$$|\xi'| = \frac{|N(\xi)|}{|\xi|} < |N(\xi)| = m,$$

also

$$|\xi \pm \xi'| \leq |\xi| + |\xi'| < m + \varepsilon_1.$$

Legt man das Vorzeichen von ξ und die Unterscheidung zwischen ξ, ξ' noch eindeutig durch die Forderungen $x > 0$, $y > 0$ fest, so hat man demnach für $x = \xi + \xi'$, $y = \dfrac{\xi - \xi'}{\sqrt{d}}$ die Einschränkungen

$$1 \leq x < m + \varepsilon_1, \quad 1 \leq y < \frac{m + \varepsilon_1}{\sqrt{d}}.$$

Nur in diesem Bereich für x, y braucht man also die Lösbarkeit der vorgelegten Gleichung zu untersuchen.

Im obigen Falle $d = 4 \cdot 82$, wo ersichtlich $\varepsilon_1 = 9 + \sqrt{82} < 19$ ist, ergeben sich für $a = \dfrac{x}{2}$, $b = y$ die Einschränkungen

$$1 \leq a < \frac{m + 19}{2}, \quad 1 \leq b < \frac{m + 19}{2 \cdot 9},$$

also

$$1 \leq a \leq 20, \quad 1 \leq b \leq 2 \quad \text{für} \quad m = 23,$$
$$1 \leq a \leq 24, \quad 1 \leq b \leq 2 \quad \text{für} \quad m = 31.$$

Danach ist die Unlösbarkeit sofort ersichtlich.

Die Erkenntnis, daß die Primzahlzerlegung in quadratischen Zahlkörpern nicht notwendig wesentlich eindeutig ist, scheint auf den ersten Blick alle Hoffnungen auf einen durchsichtigen Aufbau der multiplikativen Arithmetik in quadratischen Zahlkörpern zunichte zu machen. Es gehörte kein geringerer Geist als der KUMMERs dazu, einen Ausweg zu ersinnen, der das dennoch ermöglicht. Wir werden diesen Kummerschen Gedankengang, den wir in § 15,5 schon ganz allgemein in großen Zügen umrissen haben, in § 17 ausführlich darlegen und dabei dann auch die eben gebrachten Beispiele von höherer Warte aus völlig durchsichtig machen können.

KUMMER ist übrigens selbst in seiner Jugend dem damals verzeihlichen Irrtum erlegen, daß die Primzahlzerlegung in algebraischen Zahlkörpern wesentlich eindeutig sei. Diese Voraussetzung lag, wenn auch nicht explizit ausgesprochen, seinem ersten Versuch zugrunde, die große Fermatsche Vermutung (§ 3,8) über die Unlösbarkeit der Gleichung

$$x^n + y^n + z^n = 0$$

in ganzrationalen x, y, $z \neq 0$ für jedes natürliche $n > 1$ zu beweisen, und zwar handelte es sich dabei um die Körper P_n der n-ten Einheitswurzeln für Primzahlen n. Als er seinen vermeintlichen Beweis DIRICHLET zur Kenntnis brachte, wies ihn dieser sofort auf den Irrtum hin. Dirichlet wußte also bereits, daß die Primzahlzerlegung in algebraischen Zahlkörpern nicht notwendig wesentlich eindeutig sei. Gerade die Dirichletsche Kritik hat dann Kummer veranlaßt, nach einem Ausweg zu suchen, der seinen gescheiterten Beweisversuch rettete. So ist die Beschäftigung mit der großen Fermatschen Vermutung der unmittelbare Anlaß für die Geburt einer der großen mathematischen Neuschöpfungen des 19. Jahrhunderts, der arithmetischen Theorie der algebraischen Zahlen gewesen. Sein eigentliches Ziel, den Beweis der großen Fermatschen Vermutung, hat zwar Kummer auch auf diesem Wege nicht voll erreichen können, und die Fermatsche Vermutung zählt auch heute noch zu den großen ungelösten mathematischen Problemen. Immerhin konnte er aber mittels seiner neuen Theorie den Beweis für eine gewisse allgemeine Klasse von Exponenten n erbringen. Ein weiteres Eingehen auf diesen Gegenstand müssen wir uns hier versagen[1].

Wenn auch, wie wir gesehen haben, nicht in jedem quadratischen Zahlkörper die Primzahlzerlegung wesentlich eindeutig ist, so gibt es doch spezielle quadratische Zahlkörper, in denen dies der Fall ist. Mit derartigen Körpern wollen wir uns jetzt etwas näher beschäftigen. Wir orientieren uns zunächst formal an den beiden Beweisen, die wir in § 1,4 und § 2,10 für die Eindeutigkeit der Primzahlzerlegung im rationalen Zahlkörper P gegeben haben. Will man diese Beweise unter Verwendung des Normbetrags in K statt des gewöhnlichen Betrags in P sinngemäß auf quadratische Zahlkörper K übertragen, so braucht man eine Aussage von der Art des Satzes über die Division mit Rest. In dem zweiten Beweis wird ja der Hauptschluß (§ 2,10, VIII) mittels des Eukli-

---

[1] Wir verweisen dazu auf die ausführliche Darstellung: P. BACHMANN. Das Fermatproblem in seiner bisherigen Entwicklung. Berlin-Leipzig 1919.

dischen Algorithmus geführt, der nur eine wiederholte Anwendung der Division mit Rest ist, und im ersten Beweis wird wesentlich die in derselben Richtung liegende, allerdings formal schwächere Tatsache benutzt, daß aus einer Primzahl q durch Abziehen einer Primzahl $p < q$ eine natürliche Zahl $q - p < q$ entsteht.

Was diesen ersten, Zermeloschen Beweis aus § 1,4 betrifft, so zeigt etwa das Beispiel $\pi = \sqrt{-2}$, $\varkappa = 5$, daß für zwei Primzahlen π, $\varkappa$ aus $K = P\left(\sqrt{-2}\right)$ mit $|N(\pi)| < |N(\varkappa)|$ nicht notwendig $|N(\varkappa - \pi)| < |N(\varkappa)|$ gilt, auch dann nicht, wenn man $\varkappa$ unter seinen Assoziierten geeignet normiert. Nun läßt sich aber der Zermelosche Induktionsschluß auch durchführen, wenn man in dem grundlegenden Gleichungspaar

$$a' = a - pc = \begin{cases} p\,(b - c) \\ (q - p)\,c \end{cases} \quad (\text{wo } a = pb = qc)$$

statt pc ein Vielfaches gpc abzieht:

$$a' = a - gpc = \begin{cases} p\,(b - gc) \\ (q - gp)\,c \end{cases},$$

das nur so bestimmt ist, daß $|q - gp| < |q|$ ist; auf die in § 1,4 zugrunde gelegte positive Normierung der Primzahlen und durchgängige Beschränkung auf positive ganze Zahlen kommt es nicht wesentlich an. Diese etwas allgemeinere Wendung des Zermeloschen Beweisgedankens wird bereits in der elementaren Algebra erforderlich, wenn man mit ihm die wesentliche Eindeutigkeit der Zerlegung der Polynome $a(x)$ einer Unbestimmten x über einem Körper Ω in Primpolynome $p(x)$ beweisen will (wobei an Stelle des Betrages der Grad als Größenmaß zu nehmen ist). Die Anwendung desselben Gedankens auf die Primzahlzerlegung in einem quadratischen Zahlkörper K (mit dem Normbetrag statt des gewöhnlichen Betrages als Größenmaß) ergibt, wie wir wohl nicht im einzelnen auszuführen brauchen, die Richtigkeit der folgenden Aussage:

XXI. *Wenn in einem quadratischen Zahlkörper* K *zu jedem Paar ganzer Zahlen* $\alpha \neq 0$, β *mit* $|N(\beta)| \geq |N(\alpha)|$ *eine ganze Zahl* γ_0 *derart existiert, daß*

$$|N(\beta - \gamma_0\,\alpha)| < |N(\beta)|$$

ist, so ist **die Primzahlzerlegung in** K *wesentlich eindeutig.*

Wenn wir die Aussage hier hervorheben, so sagen wir damit implizit schon, daß es wirklich quadratische Zahlkörper K gibt, für welche die gemachte Voraussetzung zutrifft. Ehe wir das bestätigen, wollen wir die Voraussetzung formal näher beleuchten. Sie ist von der Art der Division mit Rest von β durch α, aber insofern abgeändert, als hier der Rest $\beta - \gamma_0\,\alpha$ (dem Normbetrage nach) kleiner als der Dividend β

(statt des Divisors α) sein soll. Dafür ist noch die Zusatzbedingung gestellt, daß von vornherein der Dividend β (dem Normbetrage nach) größer oder gleich als der Divisor α sein soll, so daß dann gegenüber der gewöhnlichen Division mit Rest eine Abschwächung vorliegt. Bei dieser Abänderung befriedigt $\gamma_0 = 0$ die gestellte Forderung nie.

Ist die Voraussetzung aus XXI erfüllt, so kann man durch wiederholte Anwendung auf die Dividenden β, $\beta - \gamma_0 \alpha$, $\beta - \gamma_0 \alpha - \gamma_1 \alpha$, ... und den festen Divisor α, also durch sukzessives Abziehen von Vielfachen $\gamma_0 \alpha$, $\gamma_1 \alpha$, ... den Rest so lange verkleinern, wie er noch (dem Normbetrage nach) größer oder gleich als der Divisor α ist. Dies Verfahren muß nach endlich vielen Schritten dadurch abbrechen, daß einmal der Rest (dem Normbetrage nach) kleiner als der Divisor wird. Dann liegt aber das formale Analogon der gewöhnlichen Division mit Rest von β durch α (mit dem Quotienten $\gamma = \gamma_0 + \gamma_1 + \cdots$) vor:

$$|N(\beta - \gamma\alpha)| < |N(\alpha)|.$$

Bei ihr ist die Zusatzbedingung $|N(\beta)| \geq |N(\alpha)|$ entbehrlich, da im Falle $|N(\beta)| < N(\alpha)|$ schon $\gamma = 0$ die Forderung befriedigt. In Ergänzung zu XXI gilt demnach:

XXI′. *Wenn in einem quadratischen Zahlkörper* K *die Voraussetzung aus* XXI *erfüllt ist, so besteht in* K *eine Division mit Rest, d. h. zu jedem Paar ganzer Zahlen* $\alpha \neq 0$, β *existiert eine ganze Zahl* γ *derart, daß*

$$|N(\beta - \gamma\alpha)| < |N(\alpha)|$$

ist. Umgekehrt folgt aus dem Bestehen einer Division mit Rest in K *das Erfülltsein der Voraussetzung von* XXI.

Es läßt sich dann also in K das Analogon des Euklidischen Algorithmus (§ 2,9) bilden und die nach XXI bestehende wesentliche Eindeutigkeit der Primzahlzerlegung auch analog zu dem klassischen Beweis aus § 2,10 nachweisen.

Wenn alles dies der Fall ist, redet man kurz von einem *quadratischen Zahlkörper mit Euklidischem Algorithmus*, obwohl eigentlich die Angabe der formal schwächeren Voraussetzung des Bestehens einer Division mit Rest oder der formal noch schwächeren Voraussetzung aus XXI genügen würde. Übrigens ist die Gültigkeit der vorstehenden Tatsachen ersichtlich nicht auf die quadratischen Zahlkörper beschränkt; denn es wurde ja außer in den Zahlenbeispielen nirgends davon Gebrauch gemacht, daß K den Grad 2 hat.

Wir wollen nunmehr erstens genauer untersuchen, welche quadratischen Zahlkörper einen Euklidischen Algorithmus besitzen, und zweitens die in solchen Körpern wesentlich eindeutige Primzahlzerlegung näher beleuchten und Folgerungen aus ihr entwickeln.

1. Die Division mit Rest, wie sie in XXI′ formuliert ist, läßt sich, indem man die gebrochene Zahl $\xi = \dfrac{\beta}{\alpha}$ aus K einführt, auch als die folgende Forderung aussprechen:

Existenz eines genügend nahen Ganzen. *In* K *existiert zu jeder Zahl* ξ *eine ganze Zahl* γ *mit*

$$|N(\xi - \gamma)| < 1.$$

Diese Forderung läßt sich geometrisch in der K-Ebene deuten. Man denke sich das Punktgitter der ganzen Zahlen (s. 3, Abb. 12a, b) so parallelverschoben, daß sein Nullpunkt (oder irgendein Gitterpunkt) in den gegebenen Punkt ξ fällt. Dann soll im Innern des in Abb. 11a, b dargestellten Kreises bzw. gleichseitigen Hyperbelpaares um den Nullpunkt vom Halbmesser 1 ein Gitterpunkt liegen. Es kommt natürlich auf dasselbe hinaus, wenn man das Punktgitter fest läßt und den Kreis bzw. das gleichseitige Hyperbelpaar so parallelverschiebt, daß sein Mittelpunkt in ξ fällt. Diese Vorstellung sei im folgenden zugrunde gelegt.

A. Imaginärer Fall: $d < 0$

In diesem Falle ist es leicht, eine notwendige und hinreichende Bedingung für das Erfülltsein der gestellten Forderung zu gewinnen. Man übersieht nämlich hier geometrisch leicht, welcher Gitterpunkt γ einem gegebenen Punkte ξ der K-Ebene in dem Sinne am nächsten liegt, daß das Abstandsquadrat

(A.) $|N(\xi - \gamma)|$ minimal

ist.

a) Im Falle $D \equiv 2,3$ mod. 4 denken wir uns, der Ganzheitsbasis 1, $\sqrt{D}$ von K entsprechend, das Punktgitter aus rechteckigen Maschen aufgebaut. Durch die Mittelsenkrechten auf den einzelnen Maschenseiten wird dann um jeden Gitterpunkt γ als Mittelpunkt ein (zur Grundmasche kongruentes) Rechteck $\mathfrak{R}_\gamma$ abgegrenzt (Abb. 14Aa). Für die

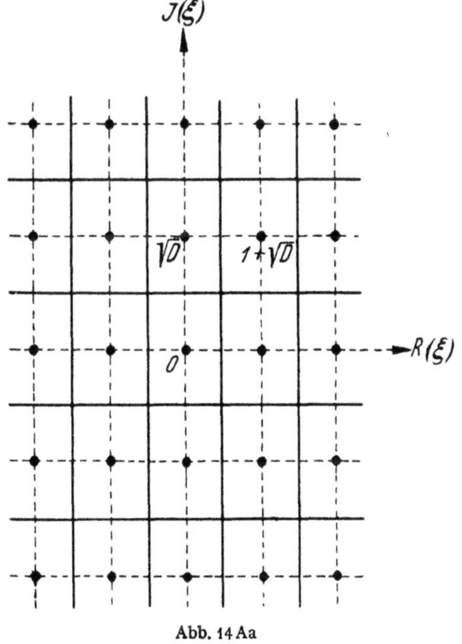

Abb. 14 Aa

Punkte in $\mathfrak{R}_\gamma$ ist ersichtlich γ der im Sinne (A.) nächste Gitterpunkt; liegt ξ auf einem Randstück von $\mathfrak{R}_\gamma$, so ist noch ein weiteres mit γ

gleichberechtigtes nächstes Ganzes zu ξ vorhanden, und für einen Eckpunkt von $\mathfrak{R}_\gamma$, außerdem noch ein weiteres Paar.

Die gestellte Forderung ist offenbar genau dann erfüllt, wenn das maximale Abstandsquadrat eines Punktes ξ aus $\mathfrak{R}_0$ vom Nullpunkt kleiner als 1 ist. Dieses liegt ersichtlich etwa für den Eckpunkt $\xi = \dfrac{1 + \sqrt{D}}{2}$ vor. Die notwendige und hinreichende Bedingung lautet demnach

$$N\left(\frac{1 + \sqrt{D}}{2}\right) = \frac{1 + |D|}{4} < 1, \quad \text{oder also} \quad |D| < 3.$$

Sie wird genau durch

$$D = -1, -2, \quad \text{also} \quad d = -4, -8$$

erfüllt.

b) Im Falle $D \equiv 1$ mod. 4 kommen zu den eben betrachteten Gitterpunkten noch die Maschenmittelpunkte hinzu. Wir denken uns dann das Punktgitter, der Ganzheitsbasis $\dfrac{-1 + \sqrt{D}}{2}$, $\dfrac{1 + \sqrt{D}}{2}$ entsprechend, aus rhombischen Maschen aufgebaut. Durch die Mittelsenkrechten auf den Maschenseiten und die (größeren) vertikalen Diagonalen wird dann um jeden Gitterpunkt γ als Mittelpunkt ein Sechseck $\mathfrak{S}_\gamma$ abgegrenzt (Abb. 14 Ab). Für die Punkte ξ in $\mathfrak{S}_\gamma$ ist ersichtlich wieder γ der im Sinne (A.) nächste Gitterpunkt; liegt ξ auf einem Randstück von $\mathfrak{S}_\gamma$, so ist noch ein weiteres mit γ gleich berechtigtes nächstes Ganzes zu ξ vorhanden, und für einen Eckpunkt von $\mathfrak{S}_\gamma$ außerdem noch ein weiteres.

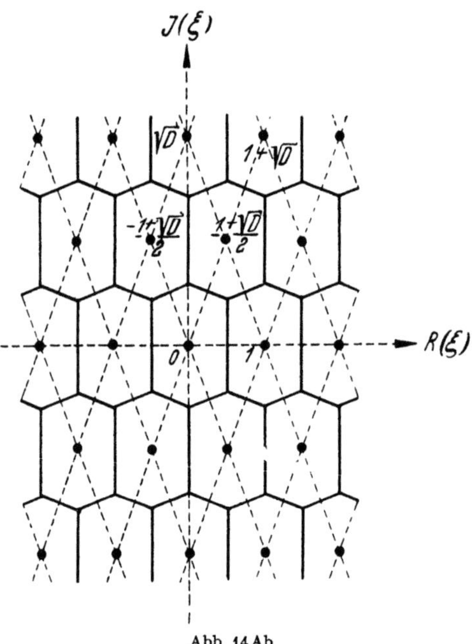

Abb. 14 Ab

Die gestellte Forderung ist offenbar wieder genau dann erfüllt, wenn das maximale Abstandsquadrat eines Punktes ξ aus $\mathfrak{S}_0$ vom Nullpunkt kleiner als 1 ist. Dieses liegt ersichtlich etwa für den Eckpunkt auf der positiv-imaginären Achse vor, der sich elementargeometrisch leicht zu $\xi = \dfrac{1}{4}\left(\sqrt{D} - \dfrac{1}{\sqrt{D}}\right)$ bestimmt. Die notwendige und hinreichende Bedingung lautet demnach

$$\left| N\left(\tfrac{1}{4}\left(\sqrt{D} - \tfrac{1}{\sqrt{D}}\right)\right)\right| = \tfrac{1}{16}\left(|D| + 2 + \tfrac{1}{|D|}\right) < 1 , \quad \text{oder also} \quad |D| < 14 .$$

Sie wird genau durch

$$D = -3, -7, -11, \quad \text{also} \quad d = -3, -7, -11$$

erfüllt.

Zusammengenommen ist damit bewiesen:

XXII A. *Die imaginär-quadratischen Zahlkörper* $K = P\left(\sqrt{D}\right)$ *mit den fünf absolut-kleinsten Diskriminanten*

$$d = -3, -4, -7, -8, -11,$$

und nur sie, besitzen einen Euklidischen Algorithmus.
In ihnen ist also die Primzahlzerlegung wesentlich eindeutig.

B. Reeller Fall: $d > 0$

In diesem Falle ist die Aufstellung einer zugleich notwendigen und hinreichenden Bedingung für das Erfülltsein der gestellten Forderung schwieriger, weil das zu betrachtende Innengebiet des gleichseitigen Hyperbelpaares nicht konvex ist und sich ins Unendliche erstreckt. Man erhält aber ganz einfach eine wenigstens hinreichende Bedingung, indem man in jenes Innengebiet ein endliches konvexes Teilgebiet hineinlegt und die Forderung dadurch verschärft,

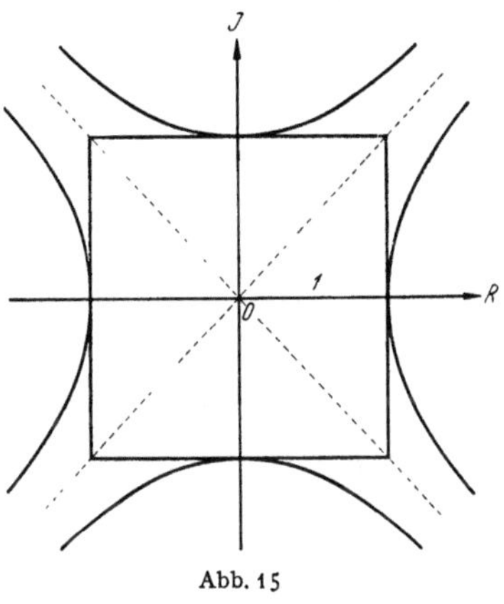

Abb. 15

daß bereits dieses Teilgebiet bei jeder Lage von ξ einen Gitterpunkt γ im Inneren enthalten soll. Als möglichst gute Ausfüllung des Hyperbelinnengebiets kommt das achsenparallele Quadrat mit der Halbseite 1 in Frage (Abb. 15). Die Forderung

$$|N(\xi - \gamma)| = |R(\xi - \gamma)^2 - J(\xi - \gamma)^2| > 1$$

für den Normbetrag verschärft sich dabei zu den beiden entsprechenden Ungleichungen

$$|R(\xi - \gamma)| < 1, \quad |J(\xi - \gamma)| < 1$$

für die Koordinatenbeträge, die auch in die eine

$$\text{Max}\left(|R(\xi - \gamma)|, |J(\xi - \gamma)|\right) < 1$$

zusammengefaßt werden können. Wir suchen demgemäß hier, welcher Gitterpunkt γ einem gegebenen Punkt ξ der K-Ebene in dem Sinne am nächsten liegt, daß das Maximum der Koordinatendifferenzenbeträge

$$\text{(B.)} \qquad \text{Max}\,(|\,R(\xi-\gamma)\,|,\ |\,J(\xi-\gamma)\,|)\quad \text{minimal}$$

ist.

a) Im Falle $D \equiv 2,3$ mod. 4 gilt Entsprechendes wie vorher, nur daß hier das nächste Ganze γ zu ξ im Sinne (B.) nicht nur für die Randpunkte ξ von $\mathfrak{R}_\gamma$, sondern auch für gewisse innere Punkte ξ von $\mathfrak{R}_\gamma$ endlich vieldeutig wird (letztere in Abb. 14Ba schraffiert). Das macht aber für den auszuführenden Schluß nichts aus. Die verschärfte Forderung ist hier genau dann erfüllt, wenn das maximale Maximum der Koordinatenbeträge eines Punktes ξ aus $\mathfrak{R}_0$ kleiner als 1 ist. Dieses liegt ersichtlich wieder etwa für den Eckpunkt $\xi = \dfrac{1+\sqrt{D}}{2}$ vor und wird durch die vertikale Koordinate $J(\xi)$ geliefert. Die notwendige und hinreichende Bedingung lautet demnach

$$\frac{1}{2}\sqrt{D} < 1\,, \quad \text{oder also}\ D < 4\,.$$

Sie wird genau durch

$$D = 2,3\,,\quad \text{also}\quad \boldsymbol{d} = 8,12$$

erfüllt.

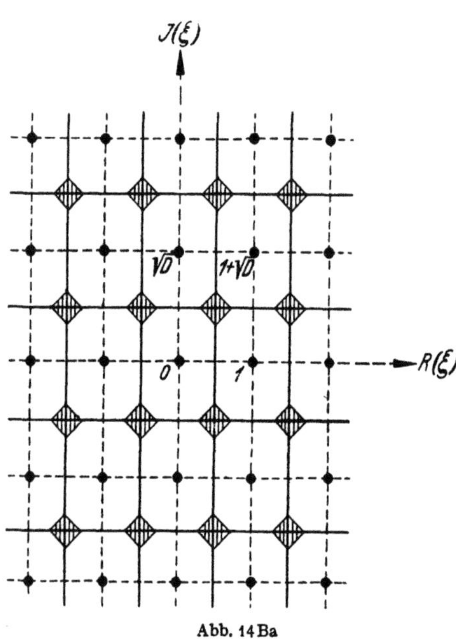

Abb. 14Ba

b) Im Falle $D \equiv 1$ mod. 4 wird das nächste Ganze γ zu ξ im Sinne (B.), wie leicht zu sehen, ebenfalls durch achsenparallele rechteckige Maschen $\mathfrak{R}_\gamma$ um die Gitterpunkte γ als Mittelpunkte bestimmt, wieder mit endlich vieldeutiger Zuordnung auch für gewisse innere Punkte (Abb. 14Bb). Die verschärfte Forderung ist wie oben genau dann erfüllt, wenn das maximale Maximum der Koordinatenbeträge eines Punktes ξ aus $\mathfrak{R}_0$ kleiner als 1 ist. Dieses liegt etwa für den Eckpunkt $\xi = \dfrac{1}{2} + \dfrac{\sqrt{D}}{4}$ vor und wird durch die vertikale Koordinate $J(\xi)$ geliefert. Die notwendige und hinreichende Bedingung lautet demnach

$$\frac{1}{4}\sqrt{D} < 1\,, \quad \text{oder also}\quad D < 16\,.$$

Sie wird genau durch

$$D = 5, 13, \quad \text{also} \quad d = 5, 13$$

erfüllt.

Zusammengenommen ist damit bewiesen:

XXII B. *Die reell-quadratischen Zahlkörper* $K = P\left(\sqrt{d}\right)$ *mit den vier kleinsten Diskriminanten*

$$d = 5, 8, 12, 13$$

besitzen einen Euklidischen Algorithmus.

In ihnen ist also die Primzahlzerlegung wesentlich eindeutig.

Anders als vorher im imaginären Falle kommen hier im reellen Falle weitere Diskriminanten mit Euklidischem Algorithmus hinzu, indem man an Stelle der verschärften Forderung mit dem Maximum der Koordinatendifferenzenbeträge die ursprüngliche Forderung mit dem Normbetrag zugrunde legt. Das erfordert mühsame Einzeluntersuchungen, auf die wir hier nicht eingehen wollen, weil ja die ganze Fragestellung, vom Standpunkt des organischen Aufbaus der Arithmetik in quadratischen Zahlkörpern aus gesehen, als ein nicht besonders interessanter Seitenweg anzusehen ist. Wir begnügen uns damit, das Ergebnis dieser Untersuchungen mitzuteilen. Es hat sich gezeigt, daß es

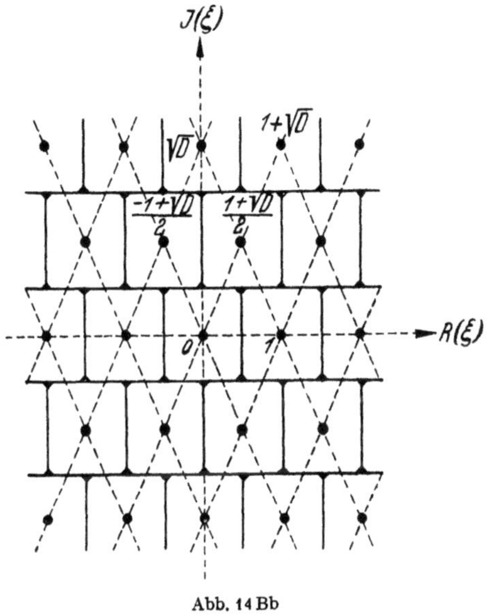

Abb. 14 Bb

auch nur endlich viele reell-quadratische Zahlkörper mit Euklidischem Algorithmus gibt. Zu den vier zuvor gefundenen kommen noch genau die folgenden dreizehn weiteren hinzu[1]:

$$d = 17, 21, 24, 28, 29, 33, 37, 41, 44, 57, 73, 76, 97.$$

Zu den damit abgerundeten Ergebnissen XXII A, B ist ferner zu sagen, daß es sehr wohl weitere quadratische Zahlkörper $K = P\left(\sqrt{d}\right)$ gibt, in denen zwar kein Euklidischer Algorithmus mehr besteht, aber

---

[1] Siehe dazu die frühere Teilergebnisse anderer vervollständigende, abschließende Arbeit von H. CHATLAND und H. DAVENPORT in Canadian Journ. of Math. 2 (1950), 289–296.

dennoch die Primzahlzerlegung wesentlich eindeutig ist. Wir kommen darauf am Schluß von § 17,5 zurück.

Wir vermerken beiläufig noch, daß die Formulierungen in XXII A, B zeigen, wieviel vernünftiger es ist, die quadratischen Zahlkörper nach ihren Diskriminanten d anstatt der quadratfreien Kerne D anzuordnen.

2. Es sei nunmehr $K = P\left(\sqrt{\bar{d}}\right)$ ein quadratischer Zahlkörper mit eindeutiger Primzahlzerlegung. Wir wollen uns einen Überblick über die sämtlichen Primzahlen π von K verschaffen, wobei wir naturgemäß assoziierte Primzahlen als nicht wesentlich verschieden rechnen, also die π nur im Sinne der Relation $\cong$ betrachten.

Jede Primzahl π von K ist Teiler einer ganzrationalen Zahl, nämlich von $N(\pi)$, und daher auch Teiler mindestens einer rationalen Primzahl p. Da man aus zwei verschiedenen rationalen Primzahlen die 1 ganzzahlig linear kombinieren kann, kann π nicht auch Teiler einer anderen rationalen Primzahl sein. Jede Primzahl π von K bestimmt also eindeutig eine rationale Primzahl p derart, daß $\pi \mid p$ ist. Man nennt p die *zu π gehörige rationale Primzahl* und π einen *Primteiler von p in* K.

Aus $\pi \mid p$ folgt nun $N(\pi) \mid p^2$, und folglich, da definitionsgemäß $N(\pi) \not\cong 1$ (π keine Einheit) ist, notwendig

$$N(\pi) \cong p \quad \text{oder} \quad p^2.$$

Im ersteren Falle ist

$$p \cong \pi\,\pi'$$

die eindeutige Primzahlzerlegung von p in K, wobei dann noch zu unterscheiden ist, ob $\pi \not\cong \pi'$ oder $\pi \cong \pi'$ ist. Im letzteren Falle ist $p^2 \cong \pi\,\pi'$ die eindeutige Primzahlzerlegung von p^2 in K und daher notwendig

$$p \cong \pi \cong \pi'$$

die eindeutige Primzahlzerlegung von p selbst in K.

| Läßt man hierbei p alle rationalen Primzahlen durchlaufen, so erhält man nach dem zuvor Gesagten in Gestalt der resultierenden Primteiler π, π' (nach Ausscheidung der $\pi \cong \pi'$) ein volles System nicht-assoziierter Primzahlen von K.

Es erhebt sich dann die Frage, nach welchem Gesetz die rationalen Primzahlen sich auf die drei möglichen Zerlegungstypen

$$p \cong \pi\,\pi' \quad \text{mit} \quad \pi \not\cong \pi', \quad N(\pi) = N(\pi') \cong p,$$
$$p \cong \pi^2 \quad \text{mit} \quad \pi' \cong \pi, \quad N(\pi) = N(\pi') \cong p,$$
$$p \cong \pi \quad \text{mit} \quad \pi' \cong \pi, \quad N(\pi) = N(\pi') \cong p^2$$

verteilen. Ein solches Gesetz nennt man kurz *Zerlegungsgesetz für* K.

Es ist grundsätzlich durch die Diskriminante d von K bestimmt. Seine explizite Aufstellung, die unter Umständen auch auf mehrere formal verschiedene Arten geschehen kann, gehört zu den interessantesten und wichtigsten Aufgaben in der Theorie der quadratischen Zahlkörper, und zwar nicht nur für die hier betrachteten speziellen Körper, sondern im Sinne der Begriffsbildungen aus § 15,5, auf die wir in § 17 zurückkommen werden, ganz allgemein.

Für die hier betrachteten quadratischen Zahlkörper wird diese Frage durch das folgende Gesetz beantwortet:

Zerlegungsgesetz in $K = P\left(\sqrt{d}\right)$ *(bei eindeutiger Primzahlzerlegung). Die drei möglichen Zerlegungstypen*

$$p \cong \pi\,\pi', \qquad\qquad p \cong \pi^2, \qquad\qquad p \cong \pi$$

werden durch die Werte des Kroneckerschen Symbols

$$\left(\frac{d}{p}\right) = 1\,, \qquad \left(\frac{d}{p}\right) = 0\,, \text{ d. h. } p\,|\,d\,, \qquad \left(\frac{d}{p}\right) = -1$$

unterschieden.

Beweis. a) Wir zeigen zunächst, daß

$$p \cong \pi^2 \text{ gleichbedeutend mit } p\,|\,d$$

ist.

Sei e r s t e n s $p\,|\,d$ vorausgesetzt.

Angenommen, es wäre $p \cong \pi$, also p auch in K Primzahl. Vom Falle $p = 2$, $D \equiv 3$ mod. 4 abgesehen folgte dann $p\,\big|\,\sqrt{D}$, also $p^2\,|\,D$, im Widerspruch zur Quadratfreiheit von D. Im Falle $p = 2$, $D \equiv 3$ mod. 4 folgte, da $2\,|\,1 - D = \left(1 - \sqrt{D}\right)\left(1 + \sqrt{D}\right)$ ist, etwa $2\,|\,1 - \sqrt{D}$, also nach der Normregel $2^2\,|\,1 - D$, im Widerspruch zu $D \equiv 3$ mod. 4.

Somit ist notwendig $p \cong \pi\,\pi'$ und es bleibt $\pi' \simeq \pi$ zu beweisen. Sei dazu in Basisdarstellung

$$(1.) \qquad \pi = \frac{a + b\sqrt{d}}{2}\,, \quad \pi' = \frac{a - b\sqrt{d}}{2}\,, \quad \text{also} \quad \pi - \pi' = b\,\sqrt{d}\,.$$

Aus der Voraussetzung $p\,|\,d$ folgt etwa $\pi\,\big|\,\sqrt{d}$, und daraus weiter $\pi\,|\,\pi - \pi'$, $\pi\,|\,\pi'$, $\pi' \simeq \pi$, $p \cong \pi^2$, wie behauptet.

Sei z w e i t e n s $p \cong \pi^2$ vorausgesetzt.

Dann folgt nach dem letzten Schlußschema rückwärts jedenfalls $\pi\,|\,b\,\sqrt{d}$, also $p\,|\,b^2 d$. Wäre nun $p\,|\,b$, so folgte vermöge

$$(2.) \qquad p \cong \frac{a^2 - d\,b^2}{4}$$

auch $p\,|\,a$ und damit für $p \neq 2$ der Widerspruch $p^2\,|\,p$, für $p = 2$ der

Widerspruch $2 \equiv \left(\frac{1}{2} a\right)^2$ oder $2 \equiv \left(\frac{1}{2} a\right)^2 - \left(\frac{1}{2} b\right)^2$ mod. 4. Somit ist $p \nmid b$, und daher $p \mid d$, wie behauptet.

b) Wir zeigen ferner, daß

$$p \cong \pi \pi', \quad \pi' \ncong \pi \quad \text{gleichbedeutend mit} \quad \left(\frac{d}{p}\right) = 1$$

ist, womit dann der Beweis vollständig erbracht sein wird.

Sei erstens $\left(\dfrac{d}{p}\right) = 1$ vorausgesetzt.

Für $p \neq 2$ ist dann die Kongruenz $x^2 \equiv D$ mod. p ganzrational lösbar. Für einen Primteiler π von p in K gilt dabei wegen

$$\left(x - \sqrt{D}\right)\left(x + \sqrt{D}\right) \equiv 0 \text{ mod. } \pi \text{ etwa } x - \sqrt{D} \equiv 0 \text{ mod. } \pi.$$

Die letztere Kongruenz besteht aber sicher nicht auch mod. p, weil $\dfrac{x - \sqrt{D}}{p}$ gebrochen ist. Somit ist $p \ncong \pi$, also $p \cong \pi \pi'$ und dabei nach dem bereits Bewiesenen $\pi \ncong \pi'$, wie behauptet.

Für $p = 2$ ist $d = D \equiv 1$ mod. 8 und daher

$$\left(1 - \frac{1 + \sqrt{D}}{2}\right)\left(1 - \frac{1 - \sqrt{D}}{2}\right) = \frac{1 - D}{4} \equiv 0 \text{ mod. } 2.$$

Für einen Primteiler π von 2 in K gilt dann wie eben etwa

$$1 - \frac{1 + \sqrt{D}}{2} \equiv 0 \text{ mod. } \pi,$$

aber nicht auch mod. 2, woraus wieder die Behauptung folgt.

Sei zweitens $p \cong \pi \pi'; \pi' \ncong \pi$ vorausgesetzt.

In der obigen Basisdarstellung (1.) von π, π' ist, wie oben bereits gezeigt, notwendig $p \nmid b$. Aus (2.), als Kongruenz mod. p betrachtet, folgt daher für $p \neq 2$, daß $\left(\dfrac{d}{p}\right) = 1$ ist, und für $p = 2$, daß $d \equiv 1$ mod. 8, also ebenfalls $\left(\dfrac{d}{p}\right) = 1$ ist, wie behauptet.

Als Folge aus dem damit bewiesenen Zerlegungssatz führen wir die folgende Tatsache an:

XXIII. *Für die in XXII A, B angegebenen Diskriminanten d ist eine rationale Primzahl p dann und nur dann in einer der beiden Formen*

$$\pm p = \frac{a^2 - d b^2}{4}$$

mit ganzrationalen a, b (und $a \equiv d b$ mod. 2) darstellbar, wenn $\left(\dfrac{d}{p}\right) = 1$ oder $p \mid d$ gilt.

Diese Aussage betrifft nur noch den rationalen Zahlkörper P. Sie ist ein typisches Beispiel dafür, wie die Theorie der quadratischen Zahlkörper K – und allgemeiner die Theorie der algebraischen Zahlkörper – nutzbar gemacht werden kann, um unsere Kenntnisse über die rationalen Zahlen und damit letzten Endes über die natürlichen Zahlen zu bereichern, welch letztere ja trotz aller hohen und höchsten Theorien den eigentlichen Gegenstand der Zahlentheorie bilden.

Für die beiden kleinsten negativen Diskriminanten $d = -3, -4$ haben wir durch XXIII unsere in § 10,9,VI und § 10,8,IV aus der Verteilungstheorie der quadratischen Reste gewonnenen Ergebnisse erneut und auf mehr systematische Art bewiesen. Der Leser tut gut daran, sich mit den jetzigen Kenntnissen ausgerüstet nochmals die dortigen Normierungen der Zerlegung von p zu vergegenwärtigen, auf die wir übrigens in § 18,5 und § 20,4 noch zurückkommen werden.

§ 17. Divisorentheorie

1. Struktur des Restklassenrings nach einer Primzahl

In der elementaren Teilbarkeitslehre in einem quadratischen Zahlkörper $K = P\left(\sqrt{d}\right)$, wie sie durch den Integritätsbereich I der ganzen Zahlen von K gegeben ist, bilden die Restklassen mod. m in I für eine natürliche Zahl m einen Ring von m^2 Elementen, repräsentiert in Basisdarstellung durch

$$a + b\,\omega \text{ mod. } m \quad \begin{pmatrix} a, b \text{ ganzrational} \\ a, b \text{ mod. } m \end{pmatrix}.$$

Dieser Ring enthält in Gestalt der $\alpha \equiv a$ mod. m den Restklassenring mod. m in Γ.

Als Vorbereitung für den Aufbau der multiplikativen Arithmetik in K untersuchen wir die Struktur des Restklassenrings mod. p in I für eine rationale Primzahl p. Es bezeichne

$\mathfrak{R}$ den Restklassenring mod. p in I,

R den Restklassenkörper mod. p in Γ.

Im Falle $\left(\dfrac{d}{p}\right) = 1$ werden wir auch die entsprechenden Restklassenringe mod. p^k mit beliebigem natürlichem k zu betrachten haben; sie seien mit $\mathfrak{R}_k, R_k$ bezeichnet.

Es sei wie bisher

$$\omega = \begin{cases} \dfrac{1 + \sqrt{D}}{2} & \text{für} \quad D \equiv 1 \text{ mod. } 4 \\ \sqrt{D} & \text{für} \quad D \equiv 2, 3 \text{ mod. } 4 \end{cases}$$

die in § 16,3, (3.) eingeführte Basiszahl von K und

$$g(x) = x^2 - sx + t = (x - \omega)(x - \omega') \qquad \begin{pmatrix} s = S(\omega) \\ t = N(\omega) \end{pmatrix}$$

das in § 16,3 nach (4.) eingeführte zugehörige Hauptpolynom, mit der Diskriminante

$$d = s^2 - 4t.$$

Wir greifen nun zurück auf die in § 10,1, (11.) bewiesene Anzahlformel

$$N[g(x) \equiv 0 \bmod. p] = 1 + \left(\frac{d}{p}\right).$$

Bei dem dortigen Beweis wurde $p \neq 2$ vorausgesetzt. Die Formel gilt aber auch für $p = 2$, wie aus der folgenden Zusammenstellung der vier Möglichkeiten ersichtlich ist:

s mod. 2	t mod. 2	d mod. 4 bzw. 8	$g(x)$ mod. 2	N
0	0	0 mod. 4	x^2	1
0	1	0 mod. 4	$x^2 + 1$	1
1	0	1 mod. 8	$x^2 + x$	2
1	1	5 mod. 8	$x^2 + x + 1$	0

Im einzelnen gilt danach:

a) Im Falle $\left(\frac{d}{p}\right) = 1$ hat $g(x) \equiv 0$ mod. p zwei verschiedene rationale Wurzeln w, w' mod. p:

$$g(x) \equiv (x - w)(x - w') \bmod. p, \qquad w \not\equiv w' \bmod. p.$$

b) Im Falle $\left(\frac{d}{p}\right) = 0$, d.h. $p \mid d$, hat $g(x) \equiv 0$ mod. p eine rationale Doppelwurzel w mod. p:

$$g(x) \equiv (x - w)^2 \bmod. p.$$

c) Im Falle $\left(\frac{d}{p}\right) = -1$ hat $g(x) \equiv 0$ mod. p keine rationale Wurzel mod. p, ist also $g(x)$ über dem Restklassenkörper mod. p irreduzibel.

Die formale Analogie dieser Aussagen mit dem in § 16,6 für quadratische Zahlkörper mit eindeutiger Primzahlzerlegung bewiesenen Zerlegungsgesetz springt in die Augen. Gerade diese formale Analogie wird es ermöglichen, jenes Zerlegungsgesetz durch Einführung geeigneter Begriffsbildungen auf beliebige quadratische Zahlkörper zu verallgemeinern. Als Vorbereitung dazu bauen wir die Aussagen über das Verhalten von $g(x)$ zu Aussagen über das Verhalten des Restklassenrings mod. p bei der Erweiterung von P auf K aus.

$$\text{a) Fall } \left(\frac{d}{p}\right) = 1$$

Ia. *Der Restklassenring $\Re$ ist isomorph zur direkten Summe zweier Exemplare des Restklassenkörpers R, also*

$$\Re \cong R \oplus R.$$

Entsprechend gilt auch

$$\Re_k \cong R_k \oplus R_k$$

für jedes natürliche k.

Beweis. Wir ordnen jeder Restklasse α mod. p aus $\Re$ durch die Vorschrift

$$(1.) \qquad \alpha \equiv a + b\,\omega \bmod. p \rightarrow \begin{cases} \alpha(w) \equiv a + b\,w \bmod. p \\ \alpha(w') \equiv a + b\,w' \bmod. p \end{cases}$$

(mit den eingangs definierten Kongruenzwurzeln w, w' mod. p) eindeutig ein Restklassenpaar $\alpha(w)$, $\alpha(w')$ aus R zu.

Die beiden Zuordnungen (1.) sind zunächst Homomorphismen von $\Re$ auf R. Hinsichtlich der Addition und Subtraktion ist das klar. Hinsichtlich der Multiplikation beachte man, daß die Zurückführung eines Produkts auf die Basisdarstellung völlig durch die Rechenvorschrift $g(\omega) = 0$ (oder hier auch nur $g(\omega) \equiv 0$ mod. p) bestimmt ist und daß nach Definition der w, w' mod. p die entsprechenden Rechenvorschriften $g(w)$, $g(w') \equiv 0$ mod. p gelten.

Durch die Zuordnungen (1.) wird ferner die Restklasse α mod. p aus $\Re$ umkehrbar eindeutig auf das Restklassenpaar $\alpha(w)$, $\alpha(w')$ aus R bezogen. Denn die Vorschrift in (1.) stellt sich als eine lineare Transformation zwischen den *Koordinaten* a, b mod. p und den *Komponenten* $\alpha(w)$, $\alpha(w')$ mod. p mit der Determinante

$$\begin{vmatrix} 1 & w \\ 1 & w' \end{vmatrix} = w' - w \not\equiv 0 \bmod. p$$

dar. Daher wird das Rechnen mit den Restklassen α mod. p aus $\Re$ sogar isomorph durch das Rechnen mit den Komponentenpaaren $\alpha(w)$, $\alpha(w')$ mod. p aus R beschrieben, und diese Paare sind voneinander unabhängig in R vorschreibbar. Das ergibt die erste Behauptung.

Die zweite Behauptung ergibt sich in gleicher Weise, wenn wir nur zeigen können, daß sich die rationalen Wurzeln w, w' von $g(x) \equiv 0$ mod. p durch geeignete Normierung innerhalb ihrer Restklassen mod. p zu rationalen Wurzeln w_k, w_k' von $g(x) \equiv 0$ mod. p^k verschärfen lassen. Wir zeigen, daß dies in der Tat geht, und zwar sogar so, daß durchweg

$$w_{k+1} \equiv w_k + g_k\,p^k, \quad w_{k+1}' \equiv w_k' + g_k'\,p^k \bmod. p^{k+1} \qquad (k \geq 1)$$

mit ganzrationalen g_k, g_k', also

$$(2.) \qquad w_{k+1} \equiv w_k \,\mathrm{mod}.\, p^k, \qquad w_{k+1}' \equiv w_k' \,\mathrm{mod}.\, p^k$$

gilt.

Das folgt, etwa für die erste Kongruenzwurzel, durch vollständige Induktion so. Für die Bestimmung des Normierungsgliedes $g_k \, p^k \,\mathrm{mod}.\, p^{k+1}$, also des Faktors $g_k \,\mathrm{mod}.\, p$, ergibt sich die Forderung

$$\begin{aligned}
g(w_{k+1}) &= w_{k+1}^2 - s\, w_{k+1} + t \\
&\equiv g(w_k) + 2\, w_k\, g_k\, p^k + g_k^2\, p^{2k} - s\, g_k\, p^k \equiv 0 \,\mathrm{mod}.\, p^{k+1},
\end{aligned}$$

also

$$\frac{g(w_k)}{p^k} + (2\, w_k - s)\, g_k \equiv 0 \,\mathrm{mod}.\, p \,,$$

wobei nach Induktionsannahme $\dfrac{g(w_k)}{p^k}$ ganz und $w_k \equiv w \,\mathrm{mod}.\, p$ ist, oder demnach auch

$$\frac{g(w_k)}{p^k} + (2\, w - s)\, g_k \equiv 0 \,\mathrm{mod}.\, p \,.$$

Da $s \equiv w + w' \,\mathrm{mod}.\, p$, also $2w - s \equiv w - w' \not\equiv 0 \,\mathrm{mod}.\, p$ ist, ist die letztere lineare Kongruenz eindeutig durch eine rationale Restklasse $g_k \,\mathrm{mod}.\, p$ lösbar, was die Behauptung ergibt.

Wir heben zwei im folgenden wichtige Regeln für die Komponenten

$$(1_k.) \qquad \left. \begin{array}{l} \alpha(w_k) \equiv a + b\, w_k \\ \alpha(w_k') \equiv a + b\, w_k' \end{array} \right\} \mathrm{mod}.\, p^k \quad \text{von} \quad \alpha = a + b\, \omega$$

hervor:

Einbettungsregel. *Für ganzrationale $\alpha = a$ sind die Komponenten*

$$\alpha(w_k) \equiv a \,, \quad \alpha(w_k') \equiv a \,\mathrm{mod}.\, p^k.$$

Konjugiertenregel. *Für die Konjugierte α' von α sind die Komponenten*

$$\alpha'(w_k) \equiv \alpha(w_k') \,, \quad \alpha'(w_k') \equiv \alpha(w_k) \,\mathrm{mod}.\, p^k.$$

Die Einbettungsregel ist ohne weiteres klar. Sie besagt, daß die rationalen Restklassen $\alpha \equiv a \,\mathrm{mod}.\, p^k$ durch das Übereinstimmen ihrer beiden Komponenten (untereinander und mit der Ausgangsrestklasse) gekennzeichnet sind.

Zum Beweis der Konjugiertenregel beachte man, daß wegen $w_k \not\equiv w_k' \,\mathrm{mod}.\, p$ aus $g(w_k) \equiv 0$, $g(w_k') \equiv 0 \,\mathrm{mod}.\, p^k$ in geläufiger Weise auf die Identität

$$g(x) = x^2 - s\, x + t \equiv (x - w_k)\,(x - w_k') \,\mathrm{mod}.\, p^k$$

geschlossen werden kann (obwohl der Koeffizientenbereich kein Körper sondern nur ein Ring ist). Daher gilt

$$\text{neben}\quad \omega + \omega' = s \quad \text{auch}\quad w_k + w'_k \equiv s \bmod. p^k.$$

Wegen

$$\alpha' = a + b\omega' = a + (s - \omega)$$

ist somit

$$\alpha'(w_k) \equiv a + b(s - w_k) \equiv a + b w'_k \equiv \alpha(w'_k) \bmod. p^k,$$

wie behauptet. Die Regel besagt, daß sich die beiden Komponenten von $\alpha \bmod. p^k$ bei Übergang zur Konjugierten untereinander vertauschen (im Einklang mit dem Verhalten der rationalen Restklassen).

Die direkte Zerlegung $\mathfrak{R}_k \cong R_k \oplus R_k$ wird realisiert durch zwei zueinander orthogonale Idempotente aus $\mathfrak{R}_k$, die eindeutig als die Restklassen mod. p^k mit den Komponenten 1,0 bzw. 0,1 mod. p^k bestimmt sind und die nach der Konjugiertenregel durch zwei zueinander konjugierte Zahlen ε_k, ε'_k aus I repräsentiert werden können:

$$(3.) \qquad \begin{cases} \varepsilon_k(w_k) \equiv 1, & \varepsilon_k(w'_k) \equiv 0 \\ \varepsilon'_k(w_k) \equiv 0, & \varepsilon'_k(w'_k) \equiv 1 \end{cases} \bmod. p^k.$$

Durch sie stellen sich die Restklassen $\alpha \bmod. p^k$ aus $\mathfrak{R}_k$ nach dem allgemeinen Schema der direkten Summenzerlegung eindeutig in der Gestalt

$$(4.) \qquad \alpha \equiv \alpha(w_k)\,\varepsilon_k + \alpha(w'_k)\,\varepsilon'_k \bmod. p^k,$$

also mit den Komponenten $\alpha(w_k)$, $\alpha(w'_k)$ als Koeffizienten dar. Sind

$$\begin{cases} \varepsilon_k = u_k + v_k\,\omega \\ \varepsilon'_k = u'_k + v'_k\,\omega \end{cases}$$

die Basisdarstellungen dieser Idempotente, so hat man

$$\begin{cases} u_k + v_k w_k \equiv 1, & u_k + v_k w'_k \equiv 0 \\ u'_k + v'_k w_k \equiv 0, & u'_k + v'_k w'_k \equiv 1 \end{cases} \bmod. p^k,$$

also

$$\begin{vmatrix} u_k & v_k \\ u'_k & v'_k \end{vmatrix} \begin{vmatrix} 1 & 1 \\ w_k & w'_k \end{vmatrix} \equiv 1 \bmod. p^k,$$

d.h. die Übergangssubstitution von der Basis 1, ω zu dem Idempotentpaar ε_k, ε'_k hat eine zu p prime Determinante. Demnach bilden neben 1, ω auch die Idempotente ε_k, ε'_k (für jedes feste natürliche k) eine Basis des Integritätsbereichs I_p der *für p ganzen* Zahlen

$$\alpha = a + b\omega \qquad \begin{pmatrix} a,\,b \text{ rational} \\ \text{und für } p \text{ ganz} \end{pmatrix}.$$

Für die vorstehend entwickelte Kongruenztheorie kommt es nach § 4,10,XII allein auf diesen erweiterten Integritätsbereich I_p aller für p ganzen Zahlen an. Vom Falle $p = 2$ abgesehen, kann man dann statt mit der gewöhnlichen Ganzheitsbasis 1, ω auch für $D \equiv 1$ mod. 4 mit der einfacheren p-Ganzheitsbasis 1, $\sqrt{D}$ arbeiten, also die w_k, w_k' mod. p^k durch das Wurzelpaar $\pm w_k$ mod. p^k des reinen Polynoms

$$x^2 - D \equiv (x - w_k)\,(x + w_k) \text{ mod. } p^k$$

ersetzen, was für numerische Beispiele bequemer ist.

Im Falle $p = 2$, wo unter der hier betrachteten Voraussetzung $\left(\dfrac{d}{2}\right) = 1$ gilt $d = D \equiv 1$ mod. 4, geht das nicht; hier ist man an die Verwendung der Basiszahl $\omega = \dfrac{1 + \sqrt{D}}{2}$ mit dem nicht-reinen Hauptpolynom $g(x) = x^2 - x + \dfrac{1 - D}{4}$ gebunden.

$$\text{b) } \mathbf{Fall} \left(\frac{d}{p}\right) = 0 \qquad (p\,|\,d).$$

I b. *Der Restklassenring $\Re$ ist die (nicht-direkte) Summe aus einem Exemplar des Restklassenkörpers R und dem Vielfachen $R\pi$ mit einer nilpotenten Restklasse π mod. p vom Exponenten 2, also*

$$\Re \cong R + R\pi \quad mit \quad \pi^2 \equiv 0 \text{ mod. } p.$$

Beweis. Setzt man

$$(5.) \qquad\qquad \pi = \omega - w$$

mit der eingangs definierten Kongruenzdoppelwurzel w mod. p, so hat man

$$\pi^2 = (\omega - w)^2 \equiv g(\omega) \equiv 0 \text{ mod. } p.$$

Der Übergang von der Ganzheitsbasis 1, ω zur Ganzheitsbasis 1, π läßt dann die Richtigkeit der Behauptung erkennen.

Für Kenner der Algebrentheorie sei hinzugefügt, daß die endliche kommutative Algebra $\Re$ vom Rang 2 über dem Körper R als Radikal die nilpotente Algebra $R\pi$ vom Rang 1 und Exponenten 2 hat und daß der Radikalrestklassenring $\Re/R\pi \cong R$ ist. Für unsere Zwecke kommt es jedoch auf diese begriffliche Deutung weniger an.

Das zu π gehörige Hauptpolynom ist

$$f(x) = (x - \pi)\,(x - \pi') = g(x + w) = x^2 + g'(w)\,x + g(w).$$

Wegen der Doppelwurzeleigenschaft von w mod. p folgt daraus

$$(6.) \qquad S(\pi) \equiv 0 \text{ mod. } p, \qquad N(\pi) \equiv 0 \text{ mod. } p.$$

Überdies gilt

$$(7.) \qquad N(\pi) \not\equiv 0 \text{ mod. } p^2.$$

Da nämlich auch $f(x)$ die Diskriminante d hat, ist

$$S(\pi)^2 - 4N(\pi) = d.$$

Für $p \neq 2$ liest man daraus, aus (6.) und aus der Quadratfreiheit von d bis auf den evtl. Faktor 4 die Richtigkeit von (7.) ab. Für $p = 2$ ist im betrachteten Falle $d = 4D$ mit $D \equiv 2, 3$ mod. 4, also

$$\left(\frac{S(\pi)}{2}\right)^2 - N(\pi) \equiv 2, 3 \text{ mod. } 4,$$

$$N(\pi) \equiv \left(\frac{S(\pi)}{2}\right)^2 + 2, 1 \text{ mod. } 4,$$

was wegen $\left(\frac{S(\pi)}{2}\right)^2 \equiv 0, 1$ mod. 4 und der schon feststehenden zweiten Kongruenz (6.) wieder die Richtigkeit von (7.) ergibt.

Legt man wieder statt I den erweiterten Integritätsbereich I_p der für p ganzen Zahlen zugrunde, so kann man, vom Falle $p = 2$, $D \equiv 3$ mod. 4 abgesehen, $w = \frac{1}{2} s$ wählen, so daß $\pi = \frac{1}{2} \sqrt{d}$ Wurzel eines reinen Polynoms wird. Im Falle $p = 2$, $D \equiv 3$ mod. 4 geht das nicht; hier ist nämlich $w \equiv 1$ mod. 2, also $\pi \equiv 1 + \sqrt{D}$ mod. 2 nicht Wurzel eines reinen Polynoms.

$$\text{c) Fall } \left(\frac{d}{p}\right) = -1$$

I c. *Der Restklassenring $\mathfrak{R}$ ist ein quadratischer Erweiterungskörper des Restklassenkörpers R.*

Beweis. Da $\mathfrak{R}$ ein endlicher kommutativer Ring mit Einselement über dem Körper R ist, genügt es, die Nullteilerfreiheit (Eindeutigkeit der Division) festzustellen; dann folgt ja die Körpereigenschaft (Unbeschränktheit der Division) nach dem aus der Gruppentheorie geläufigen Schlußschema.

Angenommen nun, es wäre

$$\alpha\beta \equiv 0 \text{ mod. } p \quad \text{mit ganzen} \quad \alpha, \beta \not\equiv 0 \text{ mod. } p.$$

Dann hätte man

$$N(\alpha)\, N(\beta) \equiv 0 \text{ mod. } p,$$

also etwa

$$N(\alpha) \equiv 0 \text{ mod. } p, \quad \text{aber} \quad \alpha \not\equiv 0 \text{ mod. } p.$$

Für die Koordinaten a, b aus der Basisdarstellung $\alpha = a + b\omega$ besagen diese Kongruenzen

$$(a + b\omega)(a + b\omega') = a^2 + sab + tb^2 \equiv 0 \text{ mod. } p, \quad \text{aber} \quad (a, b) \not\equiv 0 \text{ mod. } p.$$

Aus der ersten Kongruenz folgt $b \equiv 0$ mod. p, und dann auch $a \equiv 0$ mod. p, im Widerspruch zur zweiten; denn wäre $b \not\equiv 0$ mod. p, so folgte $g\left(-\dfrac{a}{b}\right) \equiv 0$ mod. p, während doch im hier betrachteten Falle die Kongruenz $g(x) \equiv 0$ mod. p keine rationale Wurzel hat. Damit ist das Nichtvorhandensein echter Nullteiler in $\Re$ dargetan.

Daß $\Re$ dann ein quadratischer Erweiterungskörper von R, nämlich

$$\Re = R(\omega) \quad \text{mit} \quad g(\omega) \equiv 0 \text{ mod. } p$$

ist, ist klar.

Während in den beiden vorhergehenden Fällen die Struktur von $\Re$ erst durch Übergang zu den besonderen Basen ε_k, ε_k' aus (3.) bzw. 1, π aus (5.) hervortrat, reicht im vorliegenden Falle die ursprüngliche Basis 1, ω zur Beschreibung der Struktur von $\Re$ aus.

Wir vermerken noch die in diesem Falle gültige, für manche Zwecke wichtige Konjugiertenregel:

$$(8.) \qquad\qquad \alpha' \equiv \alpha^p \text{ mod. } p.$$

Der erzeugende Automorphismus $\alpha \to \alpha'$ von K/P liefert nämlich notwendig einen Automorphismus von $\Re/R$, und zwar nicht den identischen, weil ja die beiden Wurzeln ω, ω' von $g(x)$ wegen $d \not\equiv 0$ mod. p auch mod. p verschieden sind. Nun liefert auch $\alpha \to \alpha^p$ einen Automorphismus von $\Re/R$, und zwar nicht den identischen, weil die Kongruenz $x^p - x \equiv 0$ mod. p nur die p Wurzeln aus R hat. Da $\Re/R$ den Grad 2 hat, kommen weitere Automorphismen nicht in Frage. Somit stimmen die beiden durch $\alpha \to \alpha'$ und $\alpha \to \alpha^p$ gelieferten Automorphismen von $\Re/R$ überein. Statt mit dieser begrifflichen Schlußweise kann man (8.) auch mehr rechnerisch folgendermaßen beweisen. Es genügt, $\alpha = \omega$ zu betrachten. Aus

$$(\omega^p - \omega)(\omega^p - \omega') = g(\omega^p) \equiv g(\omega)^p \equiv 0 \text{ mod. } p$$

und

$$\omega^p - \omega \not\equiv 0 \text{ mod. } p \quad (\text{da } \omega \text{ mod. } p \text{ nicht rational})$$

folgt wegen der Körpereigenschaft

$$\omega^p - \omega' \equiv 0 \text{ mod. } p.$$

Wir bemerken schließlich noch, daß die vorstehend entwickelte Strukturtheorie die im Beweis des Zerlegungsgesetzes unter der speziellen Voraussetzung aus § 16,6 ausgeführten Schlüsse in neues Licht setzt. Dieser Beweis läßt sich jetzt ganz kurz so führen.

Für $\left(\dfrac{d}{p}\right) = 1$ und $\left(\dfrac{d}{p}\right) = 0$ besitzt $\Re$ echte Nullteiler, nämlich die (für $k = 1$ gebildeten) orthogonalen Idempotente ε, ε' mod. p bzw. das nilpotente Element π mod. p vom Exponenten 2; daher kann in diesen

Fällen nicht $p \cong \pi$ Primzahl in K sein, also $p \cong \pi \pi'$ mit $\pi \not\cong \pi'$ oder $\pi \cong \pi'$. Für $\left(\dfrac{d}{p}\right) = 1$ besitzt $\mathfrak{R}$ kein echtes nilpotentes Element; daher kann nicht $p \cong \pi^2$ sein, ist also $p \cong \pi \pi'$ mit $\pi \not\cong \pi'$. Für $\left(\dfrac{d}{p}\right) = 0$ besitzt $\mathfrak{R}$ ein echtes nilpotentes Element vom Exponenten 2; daher kann der letztgenannte Zerlegungstypus nicht vorliegen, ist also $p \cong \pi^2$. Für $\left(\dfrac{d}{p}\right) = -1$ besitzt $\mathfrak{R}$ keine echten Nullteiler; daher kann keiner der beiden letztgenannten Zerlegungstypen vorliegen, ist also $p \cong \pi$.

2. Teilbarkeit und Kongruenz für Primdivisorpotenzen

Nach diesen Vorbereitungen knüpfen wir an die Ausführungen in § 15,5 an, und zwar soweit sie sich auf den jetzt zu betrachtenden Spezialfall der quadratischen Zahlkörper K beziehen.

Dort waren wir von einem quadratischen Charakter χ mit natürlichem Führer f ausgegangen und hatten in und vor X festgestellt, daß der ihm zugeordnete quadratische Teilkörper K des Körpers P_f der f-ten Einheitswurzeln durch

$$\mathsf{K} = \mathsf{P}\left(\sqrt{\chi(-1)f}\right)$$

gegeben ist, und daß dabei nach dem quadratischen Reziprozitätsgesetz

$$\chi(x) = \left(\frac{\chi(-1)f}{x}\right) \quad \text{für } x > 0$$

ist. Denkt man χ und damit f von vornherein gemäß § 13,7, (4.) so normiert, daß χ als Zahlfunktion gerade ist, wobei dann $\chi(-1)f$ durch f zu ersetzen ist, so hat man, wie in § 15,1 nach I schon gesagt, formal einfacher

$$\mathsf{K} = \mathsf{P}\left(\sqrt{f}\right), \quad \chi(x) = \left(\frac{f}{x}\right).$$

Die Führer f der so normierten quadratischen Charaktere χ sind nun nach § 13,XVI,XIX und § 16,3, (4.) gerade die sämtlichen quadratischen Körperdiskriminanten d. Somit sind die in § 15,5 betrachteten quadratischen Zahlkörper $\mathsf{K} = \mathsf{P}\left(\sqrt{f}\right)$ die sämtlichen quadratischen Zahlkörper $\mathsf{K} = \mathsf{P}\left(\sqrt{d}\right)$, und die ihnen zugeordneten Charaktere $\chi(x)$ die zugehörigen Kroneckerschen Symbole $\left(\dfrac{d}{x}\right)$, deren Bedeutung für die Theorie der quadratischen Zahlkörper ja im vorhergehenden schon deutlich hervortrat. Wenn man, wie wir es im folgenden tun wollen, das quadratische Reziprozitätsgesetz nicht voraussetzt, weiß man natürlich nicht, daß das Kroneckersche Symbol $\left(\dfrac{d}{x}\right)$ ein quadratischer Restcharakter $\chi(x)$ ist und daß $\mathsf{K} = \mathsf{P}\left(\sqrt{d}\right)$ in der angegebenen Weise als Teilkörper des Einheitswurzelkörpers $\mathsf{P}_{|d|}$ entspringt.

Für den Augenblick wollen wir aber noch an diesem Zusammenhang festhalten, um nämlich die Ergebnisse aus § 15,5, $(I_0.)$, (I.) über die Produktdarstellung

$$\zeta_K(s) = \zeta(s)\,L(s|\chi) = \prod_p \left(\frac{1}{1 - \dfrac{1}{p^{f_p\,s}}}\right)^{g_p} = \prod_{\mathfrak{p}} \frac{1}{1 - \dfrac{1}{\mathfrak{N}(\mathfrak{p})^s}}$$

der Zetafunktion des quadratischen Zahlkörpers K den soeben in 1 hergeleiteten Ergebnissen I a, b, c über die Struktur des Restklassenrings mod. p in K gegenüberzustellen. Wir tun das in dem nachfolgenden Schema, in dem wir einerseits die nach § 15,1,I bestimmten Exponenten e_p, f_p, g_p mit

$$e_p\, f_p\, g_p = 2$$

und die in § 15,5 formal eingeführte Primdivisorzerlegung

$$p \cong \left(\prod_{\mathfrak{p}\,\mathrm{zu}\,p} \mathfrak{p}\right)^{e_p}, \quad \mathfrak{N}(\mathfrak{p}) = p^{f_p}$$

nebst zugehöriger Normfunktion, andererseits die Typen des Restklassenrings $\mathfrak{R}$ und auch die Zerlegungstypen von p für den Spezialfall eindeutiger Primzahlzerlegung (§ 16,6), geordnet nach den drei Fällen $\left(\dfrac{d}{p}\right) = 1, 0, -1$, zusammenstellen:

$\left(\dfrac{d}{p}\right)$	e_p	f_p	g_p	Primdivisoren zu p	$p \cong$	$\mathfrak{N}(\mathfrak{p})$	$\mathfrak{R} \cong$	$p \cong$	$N(\pi) \cong$
1	1	1	2	$\mathfrak{p}, \mathfrak{p}'$	$\mathfrak{p}\mathfrak{p}'$	p	$R \oplus R$	$\pi\pi'$	p
0	2	1	1	$\mathfrak{p}$	$\mathfrak{p}^2$	p	$R + R\pi$	π^2	p
-1	1	2	1	$\mathfrak{p}$	$\mathfrak{p}$	p^2	Körper	π	p^2

Aus dieser Zusammenstellung geht hervor, daß die in § 15,5 formal eingeführten Primdivisoren $\mathfrak{p}$ von K, sowohl was die Zerlegung von p als auch was die Normen angeht, genau das in § 16,6 für den Spezialfall eindeutiger Primzahlzerlegung festgestellte Verhalten der Primzahlen π von K widerspiegeln und daß auch die Struktur des Restklassenrings $\mathfrak{R}$ mit diesem Verhalten in Einklang steht.

Um nun den Primdivisoren eine über das bloß Formale hinausgehende, inhaltliche Bedeutung zu geben, halten wir uns, da ja die eindeutige Primzahlzerlegung nur in speziellen Körpern K besteht, an die einschränkungslos gültige Struktur des Restklassenrings $\mathfrak{R}$. Wir heben hervor, daß bei der in 1 gegebenen Herleitung dieser Struktur die dafür maßgebliche Unterscheidung der drei Fälle $\left(\dfrac{d}{p}\right) = 1, 0, -1$ nur an die ursprüngliche, definitorische Bedeutung des Symbols $\left(\dfrac{d}{p}\right)$ als Legendresches Symbol anknüpft (mit der elementaren Erweiterung auf $p = 2$ durch die Festsetzungen $\left(\dfrac{d}{2}\right) = (-1)^{\frac{d-1}{4}}$ für $d \equiv 1$ mod. 4, $\left(\dfrac{d}{2}\right) = 0$ für $d \equiv 0$ mod. 4). Von der aus dem quadratischen Reziprozitätsgesetz folgenden Bedeutung als quadratischer Restklassencharakter $\left(\dfrac{d}{x}\right) = \chi(x)$ vom Führer d können wir demgemäß fortan absehen, nachdem uns die auf sie gestützte Produktdarstellung von $\zeta_K(s)$ den Gedanken der Einführung der Primdivisoren $\mathfrak{p}$ vermittelt hat. Wir behalten lediglich den Gedanken bei, den rationalen Primzahlen p, entsprechend den drei Fällen $\left(\dfrac{d}{p}\right) = 1, 0, -1$ des Legendreschen Symbols, formal Primdivisoren

$$\mathfrak{p}, \mathfrak{p}' \quad \text{bzw.} \quad \mathfrak{p} \quad \text{bzw.} \quad \mathfrak{p}$$

mit den Normen

$$\mathfrak{N}(\mathfrak{p}) = \mathfrak{N}(\mathfrak{p}') = p \quad \text{bzw.} \quad \mathfrak{N}(\mathfrak{p}) = p \quad \text{bzw.} \quad \mathfrak{N}(\mathfrak{p}) = p^2$$

zuzuordnen. Diesen Primdivisoren geben wir dadurch eine inhaltliche Bedeutung, daß wir, mittels der Ergebnisse aus **1** über die Struktur von $\mathfrak{R}$, getrennt nach den drei Fällen, zunächst definieren, was die Teilbarkeitsbeziehung

$$\mathfrak{p}^n \,|\, \alpha$$

für ganze α aus K und natürliche n bedeuten soll. Wir definieren weiter die Bedeutung der uns für die Primdivisorzerlegung vornehmlich interessierenden Beziehung

$$\mathfrak{p}^m \text{ ist die genaue in } \alpha \text{ steckende Potenz von } \mathfrak{p}$$

für ganze $\alpha \neq 0$ aus K und leiten eine Reihe von Sätzen und Regeln über diese Beziehung her, wobei sich u. a. auch eine inhaltliche Bedeutung der Normfunktion $\mathfrak{N}(\mathfrak{p})$ ergeben wird. Damit haben wir dann alles in der Hand, um die in § 15,5 vorausschauend angeführte Primdivisorzerlegung

$$\alpha \simeq \prod_{\mathfrak{p}} \mathfrak{p}^{m_{\mathfrak{p}}}$$

zunächst der ganzen und dann auch beliebiger $\alpha \neq 0$ aus K zu definieren und die dort ausgesprochenen Hauptsätze der Arithmetik zu beweisen.

Unter I verstehen wir im folgenden, wie bisher, den Integritätsbereich der ganzen Zahlen aus K.

a) Fall $\left(\dfrac{d}{p}\right) = 1$; zwei Primdivisoren $\mathfrak{p}, \mathfrak{p}'$, Normen p

Wir definieren die Teilbarkeitsbeziehungen

$$\mathfrak{p}^n \,|\, \alpha \quad \text{durch} \quad p^n \,|\, \alpha\,(w_n),$$
$$\mathfrak{p}'^n \,|\, \alpha \quad \text{durch} \quad p^n \,|\, \alpha\,(w_n'),$$

wo $\alpha(w_n)$, $\alpha(w_n')$ mod. p^n die in 1, (1_k.) eingeführten rationalen Komponenten der Restklasse α mod. p^n sind. Wegen der Kongruenzeigenschaften 1, (2.) der Komponentenfolgen $\alpha(w_k)$, $\alpha(w_k')$ mod. p^k genügt es, auch nur zu definieren:

$$\mathfrak{p}^n \,|\, \alpha \quad \text{durch} \quad p^n | \alpha(w_k) \quad \text{für ein } k \geq n\,,$$
$$\mathfrak{p}'^n | \alpha \quad \text{durch} \quad p^n | \alpha(w_k') \quad \text{für ein } k \geq n;$$

denn dann gelten diese Teilbarkeitsbeziehungen von selbst für alle $k \geq n$, insbesondere also für $k = n$.

Wir werden die Definition meist in der letzteren, allgemeinen Form anzuwenden haben. Aus ihr ist ersichtlich, daß die folgende, an eine vernünftige Teilbarkeitsdefinition zu stellende Forderung erfüllt ist:

$$\text{aus } \mathfrak{p}^n | \alpha \text{ folgt } \mathfrak{p}^{n'} | \alpha \text{ für alle natürlichen } n' \leq n$$

und entsprechend mit $\mathfrak{p}'$ statt $\mathfrak{p}$, was wir im folgenden nicht immer ausdrücklich hervorheben.

Aus Einbettungsregel und Konjugiertenregel in 1 ergeben sich zunächst:

Einbettungsregel. *Für ganzrationale a ist*

$$\mathfrak{p}^n | a \quad \textit{gleichbedeutend mit } p^n | a.$$

Konjugiertenregel. *$\mathfrak{p}^n | \alpha$ ist gleichbedeutend mit $\mathfrak{p}'^n | \alpha'$.*

Da hiernach die $\mathfrak{p}$ und $\mathfrak{p}'$ inhaltlich festlegenden Teilbarkeitsbeziehungen durch den erzeugenden Automorphismus von K miteinander zusammenhängen, nennt man $\mathfrak{p}$ und $\mathfrak{p}'$ zueinander *konjugierte Primdivisoren*.

Aus der Homomorphie des Komponentenrechnens zum Rechnen mit den ganzen Zahlen aus K ergibt sich ferner die Richtigkeit der elementaren Teilbarkeitsregeln:

$$\text{aus } \mathfrak{p}^n | \alpha,\ \mathfrak{p}^n | \beta \quad \text{folgt} \quad \mathfrak{p}^n | \alpha \pm \beta\,,$$
$$\text{aus } \mathfrak{p}^n | \alpha \qquad\qquad \text{folgt} \quad \mathfrak{p}^n | \gamma\,\alpha$$

für ganze α, β, γ aus K. Hiernach gilt:

II a. *Die Vielfachen α von $\mathfrak{p}^n$ in I bilden ein Ideal in I.*

Zum Idealbegriff, den wir hier und im folgenden im Integritätsbereich I anwenden, sei an die in § 2,8 gegebene Definition erinnert, die wir dort gleich so gefaßt haben, wie es der Verallgemeinerung auf beliebige Integritätsbereiche entspricht.

Wir definieren weiter demgemäß die Kongruenz

$$\alpha \equiv \beta \text{ mod. } \mathfrak{p}^n \quad \text{durch} \quad \mathfrak{p}^n | \alpha - \beta.$$

Dann gelten die formalen Regeln für das additiv-subtraktive und multiplikative Rechnen mit Kongruenzen:

III a. *Die Restklassen mod. $\mathfrak{p}^n$ von I bilden einen Ring.*

Im Sinne dieser Verallgemeinerung des Kongruenzbegriffs besteht zwischen einer Zahl α aus I und ihren Komponenten $\alpha(w_k)$ mod. p^k das Kongruenzensystem

$$\alpha \equiv \alpha(w_k) \text{ mod. } \mathfrak{p}^n \quad \text{für alle} \quad k \geqq n.$$

Denn $\alpha - \alpha(w_k)$ hat mod. p^n die Komponente $\alpha(w_n) - \alpha(w_k) \equiv 0$ mod. p^n. Hiernach sind die Restklassen α mod. $\mathfrak{p}^n$ von I schon durch Zahlen aus Γ repräsentierbar. Nach der Einbettungsregel liegen diese Vertreter aus Γ durch α eindeutig mod. p^n fest, nämlich als die Komponentenrestklassen $\alpha(w_n)$ mod. p^n. Es gilt somit:

IV a. *Der Restklassenring mod. $\mathfrak{p}^n$ von I ist isomorph zum Restklassenring mod. p^n von Γ.*

Die Restklassenanzahl mod. $\mathfrak{p}^n$ ist also $p^n = \mathfrak{N}(\mathfrak{p}^n)$.

Durch die letztere Feststellung ist eine inhaltliche Deutung der bisher nur formal definierten Normfunktion gewonnen.

Speziell für $n = 1$ ergibt sich, daß der Restklassenring mod. $\mathfrak{p}$ von I ein Körper ist, der zum Restklassenkörper mod. p von Γ isomorph ist.

Wir beweisen schließlich:

V a. *Zu jedem $\alpha \neq 0$ aus I existiert eine höchste Potenz $\mathfrak{p}^m$ mit $\mathfrak{p}^m | \alpha$.*

Wir sagen dafür auch kurz (vgl. § 4,**12** bei XVI): *genau $\mathfrak{p}^m$ steckt in α.*

Beweis. Aus $\mathfrak{p}^n | \alpha$ folgt $\mathfrak{r}^n | \alpha\alpha' = N(\alpha)$, also nach der Einbettungsregel $p^n | N(\alpha)$. Da für $\alpha \neq 0$ auch $N(\alpha) \neq 0$ ist, ist somit n nach oben beschränkt.

Explizit ist der Exponent m charakterisiert durch

$$p^m | \alpha(w_k), \quad p^{m+1} \nmid \alpha(w_k) \quad \text{für ein } k > m$$

und dann auch für alle $k > m$, also als der Exponent, zu dem p von einer Stelle an in allen Gliedern der Komponentenfolge $\alpha(w_k)$ steckt.

Die vorstehenden Tatsachen gelten, wie gesagt, natürlich auch für den konjugierten Primdivisor $\mathfrak{p}'$. Wir betrachten nunmehr die beiden konjugierten Primdivisoren $\mathfrak{p}$, $\mathfrak{p}'$ simultan. Im Sinne des allgemeinen Ansatzes der formalen Divisorentheorie aus § 15,**5**, bei dem die Primdivisoren als Erzeugende einer relationsfreien multiplikativen abelschen Gruppe, der Gruppe aller Divisoren, genommen werden, definieren wir hier die Teilbarkeit

$$\mathfrak{p}^n\,\mathfrak{p}'^{n'} | \alpha \quad \text{durch} \quad \mathfrak{p}^n | \alpha, \ \mathfrak{p}'^{n'} | \alpha,$$

also explizit

$$\mathfrak{p}^n \mathfrak{p}'^{n'} | \alpha \quad \text{durch} \quad p^n | \alpha(w_k), \qquad p^{n'} | \alpha(w_k') \quad \text{für ein } k \geqq n, n$$

und dann auch für alle $k \geqq n, n'$, sowie die Kongruenz

$$\alpha \equiv \beta \bmod. \mathfrak{p}^n \mathfrak{p}'^{n'} \quad \text{durch} \quad \alpha \equiv \beta \bmod. \mathfrak{p}^n, \ \alpha \equiv \beta \bmod. \mathfrak{p}'^{n'}.$$

Es gilt dann zunächst wieder:

II a*. *Die Vielfachen α von $\mathfrak{p}^n \mathfrak{p}'^{n'}$ in $\mathfrak{l}$ bilden ein Ideal in $\mathfrak{l}$.*

III a*. *Die Restklassen mod. $\mathfrak{p}^n \mathfrak{p}'^{n'}$ von $\mathfrak{l}$ bilden einen Ring.*

Definitionsgemäß haben diese Restklassen α mod. $\mathfrak{p}^n \mathfrak{p}'^{n'}$ eine eindeutige Komponentenzerlegung in die Restklassenpaare α mod. $\mathfrak{p}^n$, α mod. $\mathfrak{p}'^{n'}$, bei der das additiv-subtraktive und multiplikative Rechnen komponentenweise verläuft. Wir zeigen, daß dabei die Komponenten voneinander unabhängig sind, daß also die Zerlegung eine direkte ist:

IV a*. *Zu vorgegebenen a, a' aus Γ gibt es ein α aus $\mathfrak{l}$ mit*

$$\alpha \equiv a \bmod. \mathfrak{p}^n, \quad \alpha \equiv a' \bmod. \mathfrak{p}'^{n'}.$$

Der Restklassenring mod. $\mathfrak{p}^n \mathfrak{p}'^{n'}$ von $\mathfrak{l}$ ist somit isomorph zur direkten Summe der Restklassenringe mod. $\mathfrak{p}^n$, mod. $\mathfrak{p}'^{n'}$ von $\mathfrak{l}$, oder also zur direkten Summe der Restklassenringe mod. p^n, mod. $p^{n'}$ von Γ.

Die Restklassenanzahl mod. $\mathfrak{p}^n \mathfrak{p}'^{n'}$ ist demnach $p^{n+n'} = \mathfrak{N}(\mathfrak{p}^n \mathfrak{p}'^{n'})$.

Beweis. Die durch das simultane Kongruenzenpaar an α gestellten Forderungen bedeuten

$$\alpha(w_k) \equiv a \bmod. p^n, \quad \alpha(w_k') \equiv a' \bmod. p^{n'} \text{ für ein } k \geqq n, n'.$$

Sie werden, etwa mit $k = \mathrm{Max}\,(n, n')$, erfüllt durch

$$\alpha = a\,\varepsilon_k + a'\,\varepsilon_k',$$

wo $\varepsilon_k, \varepsilon_k'$ die in $\mathbf{1}$, (3.) eingeführten zueinander orthogonalen Idempotente sind.

Speziell für $n = n'$ ist

$$(\mathfrak{p}\,\mathfrak{p}')^n | \alpha \quad \text{gleichbedeutend mit } p^n | \alpha,$$

also

$$\alpha \equiv \beta \bmod. (\mathfrak{p}\,\mathfrak{p}')^n \quad \text{gleichbedeutend mit } \alpha \equiv \beta \bmod. p^n,$$

die Beziehungen rechts im Sinne der elementaren Teilbarkeitslehre in $\mathfrak{l}$ verstanden. Denn $(\mathfrak{p}\,\mathfrak{p}')^n | \alpha$ bedeutet definitionsgemäß

$$p^n | \alpha(w_n), \quad p' | \alpha(w_n'),$$

und nach $\mathbf{1}$, (4.) ist in Basisdarstellung

$$\alpha \equiv \alpha(w_n)\,\varepsilon_n + \alpha(w_n')\,\varepsilon_n' \bmod. p^n.$$

Hiernach gilt:

Ersetzungsregel. *In Teilbarkeitsbeziehungen und Kongruenzen kann der Teiler bzw. Modul p^n durch $(\mathfrak{p}\,\mathfrak{p}')^n$ ersetzt werden und umgekehrt.*

Demgemäß ordnet sich das in 1,I a gewonnene Ergebnis über die Struktur der Restklassenringe mod. p^n von I dem in IV a* erhaltenen allgemeineren über die Struktur der Restklassenringe mod. $\mathfrak{p}^n\,\mathfrak{p}'^{n'}$ von I unter.

Wir definieren schließlich für $\alpha \neq 0$ aus I die Schreibweise:
$\alpha \to \mathfrak{p}^m\,\mathfrak{p}'^{m'}$ für p gleichbedeutend mit genau $\mathfrak{p}^m$ und $\mathfrak{p}'^{m'}$ stecken in α. Explizit bedeutet das

$$\left. \begin{array}{ll} p^m \mid \alpha(w_k), & p^{m'} \mid \alpha(w'_k) \\ p^{m+1} \nmid \alpha(w_k), & p^{m'+1} \nmid \alpha(w'_k) \end{array} \right\} \quad \text{für ein } k > m,\, m'$$

und dann auch für alle $k > m,\, m'$.

Bei dieser Zuordnung von Potenzprodukten aus den beiden Primdivisoren $\mathfrak{p}$, $\mathfrak{p}'$ von p zu den Zahlen $\alpha \neq 0$ aus I gilt zunächst wegen der Homomorphie des Komponentenrechnens zum Rechnen mit den Zahlen aus I:

Homomorphieregel. *Aus*

$$\alpha \to \mathfrak{p}^m\,\mathfrak{p}'^{m'}, \quad \beta \to \mathfrak{p}^n\,\mathfrak{p}'^{n'} \text{ für } p$$

folgt

$$\alpha\beta \to \mathfrak{p}^{m+n}\,\mathfrak{p}'^{m'+n'} \quad \text{für } p.$$

Aus Einbettungsregel und Konjugiertenregel für die Teilbarkeit ergeben sich ferner die entsprechenden Regeln für die Divisorzuordnung:

Einbettungsregel. *Für ganzrationale $a \neq 0$ ist*

$$a \to (\mathfrak{p}\,\mathfrak{p}')^m \text{ für } p \text{ gleichbedeutend mit } a \to p^m \text{ für } p,$$

d. h. damit, daß in a genau die Potenz p^m steckt.

Insbesondere gilt also

$$p \to \mathfrak{p}\,\mathfrak{p}' \quad \text{für } p,$$

und allgemeiner

$$\mathfrak{p}^m \to (\mathfrak{p}\,\mathfrak{p}')^m \quad \text{für } p.$$

Auf Grund der letzteren Zuordnungsbeziehung paßt sich die eingeführte Schreibweise für die Divisorzuordnung der obigen Ersetzungsregel an.

Konjugiertenregel. *Aus* $\alpha \to \mathfrak{p}^m\,\mathfrak{p}'^{m'}$ *für p folgt* $\alpha' \to \mathfrak{p}^{m'}\,\mathfrak{p}'^{m}$ *für p.*

Aus den drei Regeln zusammen ergibt sich schließlich:

Normregel. *Aus* $\alpha \to \mathfrak{p}^m\,\mathfrak{p}'^{m'}$ *für p folgt* $N(\alpha) \to p^{m+m'} = \mathfrak{N}(\mathfrak{p}^m\,\mathfrak{p}'^{m'})$ *für p, d. h. in $N(\alpha)$ steckt genau die Potenz $\mathfrak{N}(\mathfrak{p}^m\,\mathfrak{p}'^{m'})$.*

Ehe wir uns den beiden anderen Fällen $\left(\dfrac{d}{p}\right) = 0$ und $\left(\dfrac{d}{p}\right) = -1$ zuwenden, in denen die Verhältnisse wesentlich einfacher liegen, weil in ihnen zu p nur ein Primdivisor $\mathfrak{p}$ zugeordnet ist, wollen wir noch eine Bemerkung über die rechnerische Bestimmung der Exponenten m, m' in der Divisorzuordnung

$$\alpha \to \mathfrak{p}^m \mathfrak{p}'^{m'} \quad \text{für } p$$

anfügen. Grundsätzlich ist nach den vorstehenden Definitionen klar, wie diese geschehen kann. Man braucht ja nur die Komponentenfolgen $\alpha(w_k)$, $\alpha(w'_k)$, aus 1, (1_k.) so weit zu berechnen, bis die darin steckenden genauen Potenzen von p nicht mehr ansteigen. Dazu müßte man die Kongruenzwurzeln w_k, w'_k mod. p^k des ω zugeordneten Hauptpolynoms $g(x)$ nach der in 1 angegebenen induktiven Konstruktionsvorschrift hinreichend weit berechnen. Dies kann man sich nun aber ersparen. Man kommt nämlich, wie wir zeigen wollen, mit der Kenntnis der Kongruenzwurzeln w, w' mod. p und der mit ihnen gebildeten Komponenten $\alpha(w)$, $\alpha(w')$ aus 1, (1.) aus, allerdings nicht für die Zahl α selbst, sondern für die aus ihr in folgender Weise gebildete Zahl α_0.

Jede ganze Zahl $\alpha \neq 0$ aus K besitzt auf Grund ihrer Basisdarstellung

$$\alpha = a + b\omega \quad (a, b \text{ ganzrational})$$

eine eindeutige Zerlegung

$$\alpha = g\alpha_0$$

in ihren größten natürlichen Teiler $g = (a, b)$ und eine *primitive Zahl*

$$\alpha_0 = a_0 + b_0\,\omega, \quad \text{wo} \quad (a_0, b_0) = 1.$$

Nach Homomorphie-, Ersetzungs- und Einbettungsregel entspricht dem für den α zugeordneten Divisor die Zerlegung

$$\mathfrak{p}^m \mathfrak{p}'^{m'} = (\mathfrak{p}\,\mathfrak{p}')^l \mathfrak{p}^{m_0} \quad \text{oder} \quad (\mathfrak{p}\,\mathfrak{p}')^l \mathfrak{p}'^{m'_0}$$

mit

$$l = \operatorname{Min}(m, m') = m' \quad \text{oder} \quad m$$

und

$$m_0 = m - l \quad \text{bzw.} \quad m'_0 = m' - l.$$

Hierbei ist l einfach als der Exponent der in g steckenden genauen Potenz von p bestimmt, und es ist

$$\alpha_0 \to \mathfrak{p}^{m_0} \quad \text{bzw.} \quad \mathfrak{p}'^{m'_0} \quad \text{für } p.$$

Es bleibt dann noch für die primitive Zahl α_0 zu entscheiden, welcher dieser beiden Fälle vorliegt, und der Exponent m_0 bzw. m'_0 zu bestimmen.

Die Entscheidung, welcher der beiden Fälle vorliegt, läuft auf die Alternative $\mathfrak{p}\,|\,\alpha_0$ oder $\mathfrak{p}'\,|\,\alpha_0$ hinaus, wird also definitionsgemäß einfach durch Nachprüfung geliefert, ob

$$\alpha_0(w) \equiv a_0 + b_0\, w \quad \text{oder} \quad \alpha_0(w') \equiv a_0 + b_0\, w' \equiv 0 \bmod. p$$

ist. Sei etwa das erstere der Fall. Dann ist der Exponent m_0 nach der Normregel als der Exponent der in $N(\alpha_0)$ steckenden genauen Potenz von p bestimmt.

Beispiel. In $\mathsf{K} = \mathsf{P}\left(\sqrt{-5}\right)$ erfüllt $p = 3$ die Voraussetzung $\left(\dfrac{d}{p}\right) = 1$. Die beiden Primdivisoren $\mathfrak{p}$, $\mathfrak{p}'$ sind definitionsgemäß den beiden rationalen Wurzeln des Polynoms

$$g(x) = x^2 + 5 \equiv (x - 1)\,(x + 1) \bmod. 3$$

zugeordnet, derart, daß für $\alpha = a + b\sqrt{-5}$ die Beziehung

$$\mathfrak{p}\,|\,\alpha \text{ mit } a + b \equiv 0 \bmod. 3, \quad \mathfrak{p}'\,|\,\alpha \text{ mit } a - b \equiv 0 \bmod. 3$$

gleichbedeutend ist. Sei für $\alpha = 6 + 3\sqrt{-5}$ die Divisorzuordnung für 3 zu bestimmen. Es ist $g = 3$, $\alpha_0 = 2 + \sqrt{-5}$ und

$$\alpha_0(1) \equiv 2 + 1 \equiv 0 \bmod. 3, \quad \alpha_0(-1) \equiv 2 - 1 \equiv 1 \bmod. 3.$$

Somit ist $\mathfrak{p}\,|\,\alpha_0$. Da $N(\alpha_0) = 9 = 3^2$ ist, folgt also

$$\alpha_0 \to \mathfrak{p}^2, \quad \alpha \to \mathfrak{p}^3\,\mathfrak{p}' \quad \text{für } 3.$$

b) Fall $\left(\dfrac{d}{p}\right) = 0$ $(p\,|\,d)$; ein Primdivisor $\mathfrak{p}$, Norm p.

Wir legen die Basisdarstellung

$$\alpha = a + b\,\pi \quad (a,\, b \text{ ganzrational})$$

für die ganzen α aus K zugrunde, wo π die in 1 (5.) eingeführte Basiszahl ist, und definieren dann die Teilbarkeitsbeziehung $\mathfrak{p}^n\,|\,\alpha$, je nachdem $n = 1$ oder $n = 2n_0$ oder $n = 2n_0 + 1$ mit natürlichem n_0 ist, durch die Festsetzungen:

$$\mathfrak{p}\,|\,\alpha \text{ sei gleichbedeutend mit } p\,|\,a,$$

$$\mathfrak{p}^{2n_0}\,|\,\alpha \text{ sei gleichbedeutend mit } p^{n_0}\,|\,\alpha, \text{ d.h. mit } p^{n_0}\,|\,(a,\,b),$$

$$\text{sogar } \mathfrak{p}^{2n_0+1}\,|\,\alpha \text{ sei gleichbedeutend mit zudem } p^{n_0+1}\,|\,a.$$

Ersichtlich ist diese Teilbarkeitsdefinition wieder vernünftig in dem Sinne, daß die Forderung erfüllt ist:

$$\text{aus } \mathfrak{p}^n\,|\,\alpha \text{ folgt } \mathfrak{p}^{n'}\,|\,\alpha \text{ für alle natürlichen } n' \leq n.$$

Ersichtlich gilt ferner:

Einbettungsregel. *Für ganzrationales a ist*

$$\mathfrak{p}^{2n_0} \mid a \text{ gleichbedeutend mit } p^{n_0} \mid a.$$

Wegen

$$\alpha' = a + b\pi' = \left(a + bS(\pi)\right) - b\pi$$

hat man unter Beachtung der in 1, (6.) festgestellten Kongruenz $S(\pi) \equiv 0$ mod. p weiter:

Konjugiertenregel. $\mathfrak{p}^n \mid \alpha$ *ist gleichbedeutend mit* $\mathfrak{p}^n \mid \alpha'$.

Diesem Verhalten entsprechend definiert man hier formal:

$$\mathfrak{p}' = \mathfrak{p},$$

setzt also fest, daß der Primdivisor $\mathfrak{p}$ beim erzeugenden Automorphismus von K invariant sein soll.

Für ganze α, β, γ aus K gelten wieder die elementaren Teilbarkeitsregeln:

$$\text{aus } \mathfrak{p}^n \mid \alpha, \ \mathfrak{p}^n \mid \beta \qquad \text{folgt } \mathfrak{p}^n \mid \alpha \pm \beta,$$
$$\text{aus } \mathfrak{p}^n \mid \alpha \qquad \text{folgt } \mathfrak{p}^n \mid \gamma\alpha.$$

Erstere liest man ohne weiteres aus der Teilbarkeitsdefinition ab, letztere unter Beachtung der Multiplikationsformel

$$\gamma\alpha = (g + h\pi)(a + b\pi) = ga + (ha + gb)\pi + hb\pi^2$$
$$= \left(ga - hbN(\pi)\right) + \left(ha + gb + hbS(\pi)\right)\pi$$

und der in 1, (6.) festgestellten Kongruenz $N(\pi) \equiv 0$ mod. p.

Nach diesen Regeln gilt wieder:

IIb. *Die Vielfachen α von $\mathfrak{p}^n$ in* I *bilden ein Ideal in* I.

Wir definieren demgemäß die Kongruenz

$$\alpha \equiv \beta \text{ mod. } \mathfrak{p}^n \quad \text{durch} \quad \mathfrak{p}^n \mid \alpha - \beta.$$

Dann gelten wieder die formalen Regeln für das additiv-subtraktive und multiplikative Rechnen mit Kongruenzen:

IIIb. *Die Restklassen mod. $\mathfrak{p}^n$ von* I *bilden einen Ring.*

Wie man aus der Teilbarkeitsdefinition ohne weiteres abliest, gilt ferner:

IVb. *Die Restklassen mod. $\mathfrak{p}^n$ von* I *werden in eindeutiger Basisdarstellung repräsentiert durch*

$$\alpha \equiv a + b\pi \text{ mod. } \mathfrak{p}^n \text{ mit} \begin{cases} a \, mod. \, p & (b = 0) & \text{für } n = 1 \\ a \, mod. \, p^{n_0}, & b \, mod. \, p^{n_0} & \text{für } n = 2n_0 \\ a \, mod. \, p^{n_0+1}, & b \, mod. \, p^{n_0} & \text{für } n = 2n_0 + 1 \end{cases}.$$

Die Restklassenanzahl mod. $\mathfrak{p}^n$ ist also $p^n = \mathfrak{N}(\mathfrak{p}^n)$.

Durch die letztere Feststellung ist auch im vorliegenden Falle eine inhaltliche Deutung der bisher nur formal definierten Normfunktion gewonnen.

Speziell für $n = 1$ ergibt sich, daß der Restklassenring mod. $\mathfrak{p}$ von I auch hier ein Körper ist, der zum Restklassenkörper mod. p von Γ isomorph ist.

Für $n = 2n_0$ ist definitionsgemäß

$$\mathfrak{p}^{2n_0}\,|\,\alpha \quad \text{gleichbedeutend mit} \quad p^{n_0}\,|\,\alpha,$$

also

$$\alpha \equiv \beta \ \text{mod.} \ \mathfrak{p}^{2n_0} \quad \text{gleichbedeutend mit} \quad \alpha \equiv \beta \ \text{mod.} \ p^{n_0},$$

die Beziehungen rechts im Sinne der elementaren Teilbarkeitslehre in I verstanden. Hiernach gilt:

Ersetzungsregel. *In Teilbarkeitsbeziehungen und Kongruenzen kann der Teiler bzw. Modul p^{n_0} durch $\mathfrak{p}^{2n_0}$ ersetzt werden und umgekehrt.*

Demgemäß ($n_0 = 1$) ordnet sich das in 1,Ib gewonnene Ergebnis über die Struktur des Restklassenrings mod. p von I dem in IVb erhaltenen allgemeineren über die Restklassenringe mod. $\mathfrak{p}^n$ von I unter.

Schließlich ist hier aus der Teilbarkeitsdefinition unmittelbar klar:

Vb. *Zu jedem $\alpha \neq 0$ aus I existiert eine höchste Potenz $\mathfrak{p}^m$ mit $\mathfrak{p}^m\,|\,\alpha$.*
Wir sagen dafür wieder auch kurz: *genau $\mathfrak{p}^m$ steckt in α.*
Der Exponent m bestimmt sich am einfachsten aus der Zerlegung

$$\alpha = g\,\alpha_0 \quad \begin{pmatrix} g \ \text{natürliche Zahl} \\ \alpha_0 \ \text{primitiv} \end{pmatrix}.$$

Ist m_0 der genaue Exponent, zu dem p in g steckt, und

$$\alpha_0 = a_0 + b_0\,\pi, \quad \text{wo} \quad (a_0, b_0) = 1,$$

so ist ersichtlich

$$m = \begin{cases} 2m_0 & \text{für } p \nmid a_0 \\ 2m_0 + 1 & \text{für } p \mid a_0 \text{ und dann } p \nmid b_0 \end{cases}.$$

Wir definieren schließlich für $\alpha \neq 0$ aus I die Schreibweise:

$$\alpha \to \mathfrak{p}^m \ \text{für } p \quad \text{gleichbedeutend mit genau } \mathfrak{p}^m \text{ steckt in } \alpha.$$

Dann gilt zunächst wieder:
Homomorphieregel. *Aus*

$$\alpha \to \mathfrak{p}^m, \ \beta \to \mathfrak{p}^n \quad \text{für } p$$

folgt

$$\alpha\beta \to \mathfrak{p}^{m+n} \quad \text{für } p.$$

Beweis. Sei

$$\alpha = g\,\alpha_0, \ \beta = h\,\beta_0 \quad \begin{pmatrix} g, \ h \ \text{natürliche Zahlen} \\ \alpha_0, \ \beta_0 \ \text{primitiv} \end{pmatrix}$$

und

$$\alpha_0 = a_0 + b_0\,\pi, \quad \beta_0 = c_0 + d_0\,\pi, \quad \text{wo} \quad (a_0, b_0) = 1, \quad (c_0, d_0) = 1.$$

Dann ist

$$\alpha\beta = g\,h \cdot \alpha_0\,\beta_0,$$

und nach der schon oben benutzten Multiplikationsformel

$$\alpha_0\,\beta_0 = A_0 + B_0\,\pi$$

mit

$$A_0 = a_0\,c_0 - b_0\,d_0\,N(\pi), \quad B_0 = a_0\,d_0 + b_0\,c_0 + b_0\,d_0\,S(\pi).$$

Da für die in g, h steckenden genauen Potenzen von p das Analogon zu der behaupteten Homomorphieregel gilt, bleiben nach dem zuvor Gesagten die folgenden Feststellungen zu erbringen:

Ist $p \nmid a_0$, $p \nmid c_0$, so ist $p \nmid A_0$.

Ist $p \nmid a_0$, aber $p \mid c_0$ und dann $p \nmid d_0$, so ist $p \mid A_0$, $p \nmid B_0$.

Ist $p \mid a_0$, $p \mid c_0$ und dann $p \nmid b_0$, $p \nmid d_0$, so ist $p \mid A_0$, $p \mid B_0$, $p^2 \nmid A_0$.

Die Richtigkeit dieser Aussagen ergibt sich aus den in **1**, (6.), (7.) festgestellten Teilbarkeitsbeziehungen

$$p \mid S(\pi), \quad p \mid N(\pi), \quad p^2 \nmid N(\pi).$$

Aus Einbettungsregel und Konjugiertenregel für die Teilbarkeit ergeben sich ferner die entsprechenden Regeln für die Divisorzuordnung:

Einbettungsregel. *Für ganzrationale $a \neq 0$ ist*

$$a \to \mathfrak{p}^{2\,m_0} \ \textit{für } p \ \textit{gleichbedeutend mit } a \to p^{m_0} \ \textit{für } p,$$

d.h. damit, daß in a genau die Potenz p^{m_0} steckt.

Insbesondere gilt also

$$p \to \mathfrak{p}^2 \ \textit{für } p,$$

und allgemeiner

$$p^{m_0} \to \mathfrak{p}^{2\,m_0} \ \textit{für } p.$$

Auf Grund der letzteren Zuordnungsbeziehung paßt sich die eingeführte Schreibweise für die Divisorzuordnung wieder der obigen Ersetzungsregel an.

Konjugiertenregel. *Aus $\alpha \to \mathfrak{p}^m$ für p folgt $\alpha' \to \mathfrak{p}^m$ für p.*

Aus den drei Regeln zusammen ergibt sich schließlich:

Normregel. *Aus $\alpha \to \mathfrak{p}^m$ für p folgt $N(\alpha) \to p^m = \mathfrak{N}(\mathfrak{p}^m)$ für p, d.h. in $N(\alpha)$ steckt genau die Potenz $\mathfrak{N}(\mathfrak{p}^m)$.*

c) Fall $\left(\dfrac{d}{p}\right) = -1$; ein Primdivisor $\mathfrak{p}$, Norm p^2.

In diesem Falle definieren wir die Teilbarkeitsbeziehung

$$\mathfrak{p}^n \mid \alpha \quad \text{durch} \quad p^n \mid \alpha$$

im Sinne der elementaren Teilbarkeitslehre in I, d.h. durch $p^n|(a, b)$, wenn $\alpha = a + b\omega$ die Darstellung von α durch die Ganzheitsbasis $1, \omega$ von K ist, und demgemäß die Kongruenz

$$\alpha \equiv \beta \bmod. \mathfrak{p}^n \quad \text{durch} \quad \alpha \equiv \beta \bmod. p^n$$

im Sinne der elementaren Teilbarkeitslehre in I.

Da es sich bei diesen Definitionen lediglich um die Einführung einer neuen Schreibweise handelt, können wir uns mit einer kurzen Aufzählung der Analoga zu den Regeln und Sätzen der beiden vorhergehenden Fälle begnügen.

Aus $\mathfrak{p}^n|\alpha$ folgt $\mathfrak{p}^{n'}|\alpha$ für alle natürlichen $n' \leq n$.

Einbettungsregel. *Für ganzrationale a ist*

$$\mathfrak{p}^n|a \text{ gleichbedeutend mit } p^n|a.$$

Konjugiertenregel. *$\mathfrak{p}^n|\alpha$ ist gleichbedeutend mit $\mathfrak{p}^n|\alpha'$.*
Dementsprechend definiert man hier wieder

$$\mathfrak{p}' = \mathfrak{p}.$$

IIc. *Die Vielfachen α von $\mathfrak{p}^n$ in I bilden ein Ideal in I.*

IIIc. *Die Restklassen mod. $\mathfrak{p}^n$ von I bilden einen Ring.*

IVc. *Die Restklassen mod. $\mathfrak{p}^n$ von I werden in eindeutiger Basisdarstellung repräsentiert durch*

$$\alpha \equiv a + b\omega \bmod. \mathfrak{p}^n \quad \text{mit} \quad a, b \bmod. p^n.$$

Die Restklassenanzahl mod. $\mathfrak{p}^n$ ist also $p^{2n} = \mathfrak{N}(\mathfrak{p}^n)$.

Letzteres liefert wieder eine inhaltliche Deutung der formal definierten Normfunktion.

Ersetzungsregel. *In Teilbarkeitsbeziehungen und Kongruenzen kann der Teiler bzw. Modul p^n durch $\mathfrak{p}^n$ ersetzt werden und umgekehrt.*
Dies ist hier einfach der Definition nach richtig.

Vc. *Zu jedem $\alpha \neq 0$ aus I existiert eine höchste Potenz $\mathfrak{p}^m$ mit $\mathfrak{p}^m|\alpha$.*
Wir sagen dafür wieder auch kurz: *genau $\mathfrak{p}^m$ steckt in α.*
Der Exponent m bestimmt sich aus der Zerlegung

$$\alpha = g\alpha_0 \quad \begin{pmatrix} g \text{ natürliche Zahl} \\ \alpha_0 \text{ primitiv} \end{pmatrix}$$

hier einfach als der genaue Exponent, zu dem p in g steckt.
Wir definieren wieder für $\alpha \neq 0$ aus I die Schreibweise:

$$\alpha \to \mathfrak{p}^m \text{ für } p \text{ gleichbedeutend mit genau } \mathfrak{p}^m \text{ steckt in } \alpha.$$

Homomorphieregel. *Aus*

$$\alpha \to \mathfrak{p}^m, \quad \beta \to \mathfrak{p}^n \quad \textit{für } \mathfrak{p}$$

folgt

$$\alpha\beta \to \mathfrak{p}^{m+n} \quad \textit{für } \mathfrak{p}.$$

Beweis. Analog wie im vorhergehenden Fall ist hier einfacher zu zeigen, daß $\mathfrak{p}$ nicht im Produkt $\alpha_0\,\beta_0$ zweier primitiver $\alpha_0,\,\beta_0$ steckt. Wenn nun $\alpha_0,\,\beta_0$ primitiv sind, so gilt sicher

$$\alpha_0 \not\equiv 0 \bmod. p, \qquad \beta_0 \not\equiv 0 \bmod. p.$$

Da im vorliegenden Falle nach 1,Ic der Restklassenring mod. p von I ein Körper ist, folgt hieraus in der Tat auch

$$\alpha_0\,\beta_0 \not\equiv 0 \bmod. p.$$

Einbettungsregel. *Für ganzrationale $a \neq 0$ ist*

$$a \to \mathfrak{p}^m \textit{ für } \mathfrak{p} \textit{ gleichbedeutend mit } a \to p^m \textit{ für } p,$$

d.h. damit, daß in a genau die Potenz p^m steckt.
Insbesondere gilt also

$$p \to \mathfrak{p} \quad \textit{für } \mathfrak{p}$$

und allgemeiner

$$p^m \to \mathfrak{p}^m \quad \textit{für } \mathfrak{p}.$$

Konjugiertenregel. *Aus $\alpha \to \mathfrak{p}^m$ für $\mathfrak{p}$ folgt $\alpha' \to \mathfrak{p}^m$ für $\mathfrak{p}$.*

Normregel. *Aus $\alpha \to \mathfrak{p}^m$ für $\mathfrak{p}$ folgt $N(\alpha) \to p^{2m} = \mathfrak{N}(\mathfrak{p}^m)$ für p, d.h. in $N(\alpha)$ steckt genau die Potenz $\mathfrak{N}(\mathfrak{p}^m)$.*

Der Gesamtübersicht halber stellen wir die vorstehend für die drei Fälle $\left(\dfrac{d}{p}\right) = 1,\ 0,\ -1$ erhaltenen Ergebnisse in dem folgenden Schema zusammen.

Fall	$\left(\dfrac{d}{p}\right) = 1$	$\left(\dfrac{d}{p}\right) = 0\,(p\mid d)$	$\left(\dfrac{d}{p}\right) = -1$
Primdivisoren $\mathfrak{p}$ zu p	$\mathfrak{p},\ \mathfrak{p}'$	$\mathfrak{p}$	$\mathfrak{p}$
Konjugierte $\mathfrak{p}'$ zu $\mathfrak{p}$	$\mathfrak{p}',\ \mathfrak{p}$	$\mathfrak{p}$	$\mathfrak{p}$
Norm $\mathfrak{N}(\mathfrak{p})$	p	p	p^2
Restklassenanzahl mod. $\mathfrak{p}^n$	$\mathfrak{N}(\mathfrak{p}^n) = p^n$	$\mathfrak{N}(\mathfrak{p}^n) = p^n$	$\mathfrak{N}(\mathfrak{p}^n) = p^{2n}$
Homomorphe Divisorzu- ordnung für $\alpha \neq 0$ aus I	$\mathfrak{p}^m\,\mathfrak{p}'^{m'}$	$\mathfrak{p}^m$	$\mathfrak{p}^m$
Einbettung der $a \neq 0$ aus Γ ($a \to p^m$ für p)	$(\mathfrak{p}\,\mathfrak{p}')^m$	$\mathfrak{p}^{2m}$	$\mathfrak{p}^m$
Primzahl $p \to$	$\mathfrak{p}\,\mathfrak{p}'$	$\mathfrak{p}^2$	$\mathfrak{p}$
Konjugierte $\alpha' \to$	$\mathfrak{p}^{m'}\,\mathfrak{p}'^{m}$	$\mathfrak{p}^m$	$\mathfrak{p}^m$
Norm $N(\alpha) \to$	$p^{m+m'} = \mathfrak{N}(\mathfrak{p}^m\,\mathfrak{p}'^{m'})$	$p^m = \mathfrak{N}(\mathfrak{p}^m)$	$p^{2m} = \mathfrak{N}(\mathfrak{p}^m)$

In den zu Beginn von **2** wiederholten Beziehungen aus § 15,**5** hat man alle drei Fälle zusammenfassend

$$p \to \left(\prod_{\mathfrak{p} \, \text{zu} \, p} \mathfrak{p} \right)^{e_p} \quad \text{für} \; p, \quad \mathfrak{N}(\mathfrak{p}) = p^{f_p}, \quad \text{Primdivisorenanzahl} \; g_p,$$

$$e_p f_p g_p = 2.$$

Man nennt

$$e_p \; \text{die} \; \textit{Verzweigungsordnung von} \; \mathfrak{p},$$

$$f_p \; \text{den} \; \textit{Restklassengrad} \quad \textit{von} \; \mathfrak{p},$$

ersteres im Hinblick auf das Verhalten der Primzahl p bei der Divisorzuordnung, letzteres als den Grad des Restklassenkörpers mod. $\mathfrak{p}$ von I über dem Primkörper (Restklassenkörper mod. p von Γ). Für das Verhalten von p bei der Divisorzuordnung in den drei Fällen sagt man auch:

$$p \; \text{ist} \; \textit{zerlegt}, \quad \text{wenn} \; g_p = 2; \quad \text{Fall} \left(\frac{d}{p} \right) = 1.$$

$$p \; \text{ist} \; \textit{träge}, \quad \text{wenn} \; f_p = 2; \quad \text{Fall} \left(\frac{d}{p} \right) = -1.$$

$$p \; \text{ist} \; \textit{verzweigt}, \; \text{wenn} \; e_p = 2; \quad \text{Fall} \left(\frac{d}{p} \right) = 0 \; (p|d).$$

Wir werden die drei verschiedenen Sorten von Primzahlen p fortan immer in dieser theoretisch besseren Reihenfolge aufführen. Wir haben das deshalb nicht auch schon bisher getan, weil sich in der vorstehend durchgeführten Untersuchung der verzweigte Fall methodisch näher an den zerlegten Fall anlehnt als der träge Fall.

3. Die Hauptsätze der Arithmetik

Wir nehmen jetzt, wie schon in § 15,**5** geschildert, die sämtlichen, den einzelnen rationalen Primzahlen p zugeordneten Primdivisoren $\mathfrak{p}$ von K als die Erzeugenden einer relationsfreien multiplikativen abelschen Gruppe $\mathfrak{D}$, deren Elemente

$$\mathfrak{a} = \prod_{\mathfrak{p}} \mathfrak{p}^{a_{\mathfrak{p}}} \quad \begin{cases} a_{\mathfrak{p}} \; \text{ganzrational} \\ a_{\mathfrak{p}} \neq 0 \quad \text{für nur endlich viele} \; \mathfrak{p} \end{cases}$$

wir die *Divisoren* von K nennen. In dieser *Divisorengruppe* $\mathfrak{D}$ von K definieren wir den Begriff des *ganzen Divisors* durch die Festsetzung:

$$\mathfrak{a} \, \text{ganz} \quad \text{sei gleichbedeutend mit} \quad \begin{cases} a_{\mathfrak{p}} \; \text{ganzrational} \geq 0 \\ a_{\mathfrak{p}} > 0 \quad \text{für nur endlich viele} \; \mathfrak{p} \end{cases},$$

also formal analog zur Primzerlegung der ganzen rationalen Zahlen (§ 1,**5**, Ganzheitssatz). Auf diesen Ganzheitsbegriff gestützt definieren wir den Begriff der *Teilbarkeit für Divisoren* durch

$$\mathfrak{a}|\mathfrak{b} \quad \text{sei gleichbedeutend mit} \quad \frac{\mathfrak{b}}{\mathfrak{a}} \text{ ist ganz,}$$

also formal analog zur Teilbarkeitsdefinition für rationale Zahlen. Es gilt dann das formale Analogon des Teilbarkeitskriteriums aus § 2,**1**:

$$\text{für} \quad \mathfrak{a} = \Pi_{\mathfrak{p}} \mathfrak{p}^{a_{\mathfrak{p}}}, \quad \mathfrak{b} = \Pi_{\mathfrak{p}} \mathfrak{p}^{b_{\mathfrak{p}}} \quad \text{ist} \quad \left\{ \begin{array}{l} \mathfrak{a}|\mathfrak{b} \text{ gleichbedeutend mit} \\ a_{\mathfrak{p}} \leq b_{\mathfrak{p}} \quad \text{für alle } \mathfrak{p} \end{array} \right\}.$$

Auch die weiteren in § 2,**2–6** eingeführten Begriffe *größter gemeinsamer Teiler, kleinstes gemeinsames Vielfaches, teilerfremd, Zähler, Nenner* der Teilbarkeitslehre für rationale Zahlen übertragen wir sinngemäß auf Divisoren. Ferner definieren wir, wie schon in § 15,**5**, die Divisornorm durch die Festsetzung

$$\mathfrak{N}(\mathfrak{a}) = \Pi_{\mathfrak{p}} \mathfrak{N}(\mathfrak{p})^{a_{\mathfrak{p}}}$$

als eine multiplikative Funktion in der Gruppe $\mathfrak{D}$ mit positiven rationalen Zahlwerten. Für die speziellen ganzen Divisoren $\mathfrak{p}^{n_{\mathfrak{p}}}$, $\mathfrak{p}^{n_{\mathfrak{p}}} \mathfrak{p}'^{n_{\mathfrak{p}'}}$ haben wir von dieser letzteren Definition bereits vorstehend in **2** stillschweigend Gebrauch gemacht. Schließlich definieren wir den zu $\mathfrak{a}$ *konjugierten Divisor* $\mathfrak{a}'$ durch die Festsetzung

$$\mathfrak{a}' = \Pi_{\mathfrak{p}} \mathfrak{p}'^{a_{\mathfrak{p}}},$$

also dadurch, daß jeder Primdivisor $\mathfrak{p}$ unter Beibehaltung seines Exponenten $a_{\mathfrak{p}}$ durch den konjugierten Primdivisor $\mathfrak{p}'$ ersetzt wird.

Sei nun eine zunächst g a n z e Zahl $\alpha \neq 0$ aus K gegeben, und sei den drei Fällen aus **2** entsprechend

$$(1.) \qquad \alpha \to \mathfrak{p}^{m_{\mathfrak{p}}} \mathfrak{p}'^{m_{\mathfrak{p}'}} \quad \text{bzw.} \quad \mathfrak{p}^{m_{\mathfrak{p}}} \quad \text{bzw.} \quad \mathfrak{p}^{m_{\mathfrak{p}}} \quad \text{für } p$$

mit durch α für jede rationale Primzahl p eindeutig bestimmten ganzrationalen $m_{\mathfrak{p}}$, $m_{\mathfrak{p}'} \geq 0$. Da nach den Normregeln aus **2** hierbei

$$N(\alpha) \to p^{m_{\mathfrak{p}}+m_{\mathfrak{p}'}} \quad \text{bzw.} \quad p^{m_{\mathfrak{p}}} \quad \text{bzw.} \quad p^{2m_{\mathfrak{p}}} \quad \text{für } p$$

gilt, und da in der ganzrationalen Zahl $N(\alpha) \neq 0$ nur endlich viele Primzahlen p zu Exponenten > 0 stecken, sind von den Exponenten $m_{\mathfrak{p}}$, $m_{\mathfrak{p}'}$ nur endlich viele > 0. Somit liefert die Festsetzung

$$(2.) \qquad\qquad \alpha \to \mathfrak{a} = \Pi_{\mathfrak{p}} \mathfrak{p}^{m_{\mathfrak{p}}},$$

wo jetzt $\mathfrak{p}$ in etwas anderer Bezeichnungsweise als in (1.) alle Primdivisoren von K durchlaufen soll, einen durch α eindeutig bestimmten ganzen Divisor $\mathfrak{a}$ von K in obigem Sinne. Nach den Homomorphieregeln,

Einbettungsregeln, Konjugiertenregeln und Normregeln aus **2** gilt bei dieser Divisorenzuordnung:

Homomorphieregel. *Aus* $\alpha \to \mathfrak{a}$, $\beta \to \mathfrak{b}$ *folgt* $\alpha\beta \to \mathfrak{a}\mathfrak{b}$.

Einbettungsregel. *Für ganzrationale*

$$a \cong \prod_{\mathfrak{p}} \mathfrak{p}^{m_{\mathfrak{p}}}$$

ist

$$a \to \prod_{p\ \text{zerlegt}} (\mathfrak{p}\,\mathfrak{p}')^{m_{\mathfrak{p}}} \cdot \prod_{p\ \text{trage}} \mathfrak{p}^{m_{\mathfrak{p}}} \cdot \prod_{p\ \text{verzweigt}} \mathfrak{p}^{2\,m_{\mathfrak{p}}}.$$

Dabei haben wir die drei Fälle aus **2** durch die am Schluß von **2** eingeführten Benennungen unterschieden.

Konjugiertenregel. *Aus* $\alpha \to \mathfrak{a}$ *folgt* $\alpha' \to \mathfrak{a}'$.

Normregel. *Aus* $\alpha \to \mathfrak{a}$ *folgt* $N(\alpha) \cong \mathfrak{N}(\mathfrak{a})$.

Während wir in der Normregel rechts nach dem Fundamentalsatz der elementaren Zahlentheorie (§ 1,5,II′) das Zeichen $\cong$ der Assoziiertheit setzen können, sind wir vorläufig nicht berechtigt, dies Zeichen auch in der Definition (2.) an Stelle des Zuordnungszeichens $\to$ zu setzen. Denn wir wissen ja noch nicht, ob umgekehrt α durch den zugeordneten Divisor $\mathfrak{a}$ bis auf Assoziierte festgelegt ist; das wird sich erst als letztes (durch den Beweis von VI) als richtig herausstellen. Man beachte aber, daß wir natürlich in (2.) nicht mehr ein Analogon des Zusatzes „für p“ aus **2** hinzufügen brauchen, da wir ja jetzt α nicht mehr nur zu einer einzelnen rationalen Primzahl p, sondern gleichzeitig zu allen rationalen Primzahlen in Beziehung setzen. Insbesondere können daher die in den Einbettungsregeln aus **2** hervorgehobenen Folgerungen jetzt einfacher so geschrieben werden:

$$(3.) \qquad \begin{cases} p \to \mathfrak{p}\,\mathfrak{p}' & \text{für} \quad \left(\dfrac{d}{p}\right) = 1 \\[2ex] p \to \mathfrak{p} & \text{für} \quad \left(\dfrac{d}{p}\right) = -1 \\[2ex] p \to \mathfrak{p}^2 & \text{für} \quad \left(\dfrac{d}{p}\right) = 0 \end{cases}.$$

Die vorstehenden Tatsachen übertragen sich auch auf beliebige (nicht notwendig ganze) Zahlen $\alpha \neq 0$ aus K. Jede solche läßt sich auf mannigfache Art als Quotient

$$\alpha = \frac{\mu_1}{\nu_1} = \frac{\mu_2}{\nu_2} = \cdots$$

ganzer Zahlen $\mu_1, \mu_2, \ldots, \nu_1, \nu_2, \ldots$ aus K darstellen. Eine solche Darstellung, mit natürlichem Nenner, erhält man, indem man aus der Darstellung $\alpha = a + b\omega$ durch die Ganzheitsbasis 1, ω von K den Hauptnenner der Koeffizienten a, b herauszieht; jedoch kommt es hier auf diese sogar **eindeutig** bestimmte Quotientendarstellung nicht an. Ist

$$\mu_1 \to \mathfrak{m}_1, \quad \mu_2 \to \mathfrak{m}_2, \quad \ldots$$

$$\nu_1 \to \mathfrak{n}_1, \quad \nu_2 \to \mathfrak{n}_2, \quad \ldots$$

im Sinne unserer Festsetzung (2.), so folgen wegen der Zahlengleichungen

$$\mu_1 \nu_2 = \mu_2 \nu_1, \quad \ldots$$

nach der Homomorphieregel die Divisorengleichungen

$$\mathfrak{m}_1 \mathfrak{n}_2 = \mathfrak{m}_2 \mathfrak{n}_1, \quad \ldots .$$

Daraus ergibt sich die eindeutige Bestimmtheit des Quotientendivisors

$$\mathfrak{a} = \frac{\mathfrak{m}_1}{\mathfrak{n}_1} = \frac{\mathfrak{m}_2}{\mathfrak{n}_2} = \cdots$$

durch die Zahl α, so daß wir in Verallgemeinerung von (2.) wieder

$$\alpha \to \mathfrak{a}$$

schreiben können. Damit ist dann also jeder beliebigen Zahl $\alpha \neq 0$ aus K eindeutig ein Divisor $\mathfrak{a}$ von K zugeordnet. Wie man ohne weiteres bestätigt, übertragen sich dabei die obigen Regeln.

Nachdem wir so die Divisorzuordnung $\alpha \to \mathfrak{a}$ explizit definiert haben, geben wir nachstehend eine Zusammenstellung der Hauptsätze der Arithmetik im quadratischen Zahlkörper K, so wie sie sich aus den allgemeinen Formulierungen in § 15,5 durch Spezialisierung ergeben, und überzeugen uns dabei jedesmal, inwieweit diese Sätze durch die vorstehenden Regeln bereits bewiesen sind und was zur Vollendung der Beweise noch zu zeigen bleibt.

Zuordnungssatz. *Durch die Zuordnung $\alpha \to \mathfrak{a}$ wird die Faktorgruppe $K^\times/E$ der Multiplikationsgruppe von K nach der Einheitengruppe von K isomorph auf eine Untergruppe $\mathfrak{D}_0$ der Divisorengruppe $\mathfrak{D}$ von K abgebildet* (s. § 15,5, Abb. 9).

Nach der Homomorphieregel steht bereits fest, daß $K^\times$ homomorph auf eine gewisse Untergruppe $\mathfrak{D}_0$ von $\mathfrak{D}$ abgebildet wird. Es bleibt zu zeigen, daß die Abbildung **isomorph** für $K^\times/E$ ist, d.h. daß genau die Untergruppe E von $K^\times$ auf den Einsdivisor 1 abgebildet wird. Ausführlich gesagt bleibt demnach zu beweisen:

VI. *Ist ε eine Einheit von K, so ist $\varepsilon \to 1$, und umgekehrt.*

Ganzheitssatz. *Bei der Zuordnung $\alpha \to \mathfrak{a}$ entsprechen genau den ganzen Zahlen $\alpha \neq 0$ aus K ganze Divisoren $\mathfrak{a}$ aus $\mathfrak{D}$.*

Nach der Definition der Zuordnung steht bereits fest, daß allen ganzen $\alpha \neq 0$ ganze $\mathfrak{a}$ entsprechen. Es bleibt zu zeigen, daß auch nur den ganzen $\alpha \neq 0$ ganze $\mathfrak{a}$ entsprechen. Ausführlich gesagt bleibt demnach zu beweisen:

VII. *Ist $\alpha \to \mathfrak{a}$ und $\mathfrak{a}$ ganz, so ist auch α ganz.*

Einbettungssatz. *Für eine rationale Primzahl p gilt*

$$p \to \Big(\prod_{\mathfrak{p} \text{ zu } p} \mathfrak{p} \Big)^{e_p},$$

wo der Exponent e_p aus der Anzahl g_p der Primdivisoren $\mathfrak{p}$ von p und dem Exponenten f_p von $\mathfrak{N}(\mathfrak{p}) = p^{f_p}$ durch $e_p f_p g_p = 2$ bestimmt ist.

Das ist oben in (3.) bereits festgestellt. Nach der Homomorphieregel ergibt sich daraus, wie die Zuordnungsvorschrift für beliebige rationale Zahlen $a \neq 0$ lautet; das braucht also nicht ausdrücklich angegeben zu werden, wie wir es in den Einbettungsregeln aus **2** der Deutlichkeit halber taten.

Konjugiertensatz. *Aus $\alpha \to \mathfrak{a}$ folgt $\alpha' \to \mathfrak{a}'$.*

Dieser Satz, der einfach die obige Konjugiertenregel ist, wurde in § 15,5 nicht aufgeführt, weil er in dem dort betrachteten allgemeineren Falle zur präzisen Formulierung weiterer, dort entbehrlicher Ausführungen bedurft hätte.

Normensatz. *Aus $\alpha \to \mathfrak{a}$ folgt $N(\alpha) \cong \mathfrak{N}(\mathfrak{a})$, also $|N(\alpha)| = \mathfrak{N}(\mathfrak{a})$.*
Das ist einfach die obige Normregel.

Diskriminantensatz. *Es ist $e_p = 2$ dann und nur dann, wenn p in der Diskriminante d von K aufgeht.*
Das ist durch (3.) als richtig festgestellt.

Endlichkeitssatz. *Die Untergruppe $\mathfrak{D}_0$ der durch die Zuordnung $\alpha \to \mathfrak{a}$ erfaßten Divisoren $\mathfrak{a}$ von K ist von endlichem Index h in der Gruppe $\mathfrak{D}$ aller Divisoren von K.*
Wie schon in § 15,5 allgemein gesagt, nennt man

die Divisoren aus $\mathfrak{D}_0$	die *Hauptdivisoren* von K,
die Klassen von $\mathfrak{D}/\mathfrak{D}_0$	die *Divisorenklassen* von K,
die Faktorgruppe $\mathfrak{D}/\mathfrak{D}_0$	die *Divisorenklassengruppe* von K,
den Index $[\mathfrak{D} : \mathfrak{D}_0] = h$	die *Klassenzahl* von K.

Es ist demnach zu beweisen:

VIII. *Die Klassenzahl h von K ist endlich.*

Wir wenden uns jetzt den noch zu erbringenden Beweisen zu, und zwar werden wir erst VII, dann darauf gestützt VI beweisen, während wir den Beweis von VIII, der noch einige Vorbereitungen erfordert, bis an den Schluß dieses Paragraphen zurückstellen.

Beweis von VII (nicht-trivialer Teil des Ganzheitssatzes). Wir führen den Beweis indirekt, indem wir zeigen:

Ist $\alpha \to \mathfrak{a}$ und α gebrochen, so ist auch $\mathfrak{a}$ gebrochen.
Sei dazu

$$\alpha = g\,\alpha_0 \quad \begin{pmatrix} g \text{ rational} > 0 \\ \alpha_0 \text{ primitiv} \end{pmatrix}$$

die in **2** für g a n z e $\alpha \neq 0$ aus K wiederholt benutzte eindeutige Zerlegung, die für b e l i e b i g e (nicht notwendig ganze) $\alpha \neq 0$ aus K ganz entsprechend auf Grund der Basisdarstellung $\alpha = a + b\omega$ definiert ist:

$$g = (a, b); \quad a = g a_0, \quad b = g b_0; \quad \alpha_0 = a_0 + b_0\,\omega \quad \text{mit} \quad (a_0, b_0) = 1.$$

Für gebrochene α ist dabei der rationale Bestandteil g gebrochen, während der primitive Bestandteil α_0 nach wie vor ganz ist. Sei ferner $\alpha_0 \to \mathfrak{a}_0$. Dann ist nach der Homomorphieregel

$$\mathfrak{a} = g\,\mathfrak{a}_0,$$

wobei man sich den rationalen Bestandteil g in Primzerlegung angesetzt und darin nach dem Einbettungssatz die Ersetzungen (3.) ausgeführt zu denken hat.

Da α_0 ganz ist, ist nach dem definitionsgemäß richtigen, trivialen Teil des Ganzheitssatzes auch $\mathfrak{a}_0$ ganz. Da α_0 überdies primitiv ist, sind nach den Zuordnungsdefinitionen aus **2** die Beiträge der

zerlegten,   trägen,   verzweigten

Primzahlen p zu $\mathfrak{a}_0$ von der Form

$$\mathfrak{p}^{m_\mathfrak{p}} \text{ oder } \mathfrak{p}'^{m_{\mathfrak{p}'}}, \quad\quad \mathfrak{p}^0, \quad\quad \mathfrak{p}^0 \text{ oder } \mathfrak{p}^1.$$

Da α voraussetzungsgemäß gebrochen ist, hat der rationale Bestandteil g einen Nenner $n > 1$ (den Hauptnenner von a, b). Denkt man sich diesen Nenner n wieder in Primzerlegung und darin die Ersetzungen

$$p \to \mathfrak{p}\,\mathfrak{p}', \quad\quad \mathfrak{p}, \quad\quad \mathfrak{p}^2$$

gemäß (3.) ausgeführt, so erkennt man, daß bei der Produktbildung $g\,\mathfrak{a}_0$ von jedem Primteiler p von n mindestens ein Primdivisor $\mathfrak{p}$ (bzw. $\mathfrak{p}'$) im Nenner stehenbleibt. Somit ist auch $\mathfrak{a}$ gebrochen, wie behauptet.

Beweis von VI (Isomorphie im Zuordnungssatz).

a) Sei ε Einheit, und sei $\varepsilon \to \mathfrak{e}$. Wegen der Homomorphie im Zuordnungssatz ist dann $\varepsilon^{-1} \to \mathfrak{e}^{-1}$. Da $\varepsilon, \varepsilon^{-1}$ ganz sind, sind deswegen nach dem trivialen Teil des Ganzheitssatzes auch $\mathfrak{e}, \mathfrak{e}^{-1}$ ganz. Dies ist nur für $\mathfrak{e} = 1$ möglich.

b) Sei $\varepsilon \to 1$. Wie eben ist dann auch $\varepsilon^{-1} \to 1$. Nach dem nichttrivialen Teil des Ganzheitssatzes sind daher $\varepsilon, \varepsilon^{-1}$ ganz. Dies besagt definitionsgemäß, daß ε Einheit ist.

Nachdem so der grundlegende Zuordnungssatz voll bewiesen ist, können wir in der Divisorzuordnung $\alpha \to \mathfrak{a}$ das Zuordnungszeichen $\to$ durch das Assoziiertheitszeichen $\cong$ ersetzen. Wir schreiben also jetzt:

$$\alpha \cong \mathfrak{a} = \prod_{\mathfrak{p}} \mathfrak{p}^{a_{\mathfrak{p}}} \quad \begin{pmatrix} a_{\mathfrak{p}} \text{ ganzrational} \\ a_{\mathfrak{p}} \neq 0 \text{ für nur endlich viele } \mathfrak{p} \end{pmatrix}$$

und sagen, α sei *divisorgleich* mit $\mathfrak{a}$. Bei Angabe der Zusammensetzung von $\mathfrak{a}$ aus Primdivisorpotenzen reden wir von der *Primdivisorzerlegung* oder auch wieder kurz *Primzerlegung* von α in K. Sie ist als die Verallgemeinerung der Primzahlzerlegung in P und der Zuordnungssatz als die Verallgemeinerung des Fundamentalsatzes der elementaren Zahlentheorie (§ 1,**4,5**) anzusehen.

Der **Ganzheitssatz** verallgemeinert den Ganzheitssatz der elementaren Zahlentheorie (§ 1,**5**) und ist wie dieser als eine neue, rein-arithmetische Kennzeichnung des Integritätsbereichs I der ganzen Zahlen von K anzusehen. Die ganzen $\alpha \neq 0$ aus K sind ja nach ihm dadurch charakterisiert, daß das Verfahren zur Bestimmung der genauen Exponenten $a_{\mathfrak{p}}$, zu denen die einzelnen Primdivisoren $\mathfrak{p}$ von K in α stecken, lauter Exponenten $a_{\mathfrak{p}} \geqq 0$ liefert. Im Gegensatz zu der in § 16,**3** gegebenen algebraischen Definition des Ganzheitsbegriffs ist dabei von der algebraischen Hauptgleichung, der α genügt, nicht mehr die Rede.

Die den **Einbettungssatz** ausdrückenden Zuordnungen (3.) schreiben sich nunmehr als

$$(4.) \quad \begin{cases} p \cong \mathfrak{p}\mathfrak{p}' \ (\text{mit } \mathfrak{p} \neq \mathfrak{p}' \text{ und } \mathfrak{N}(\mathfrak{p}) = \mathfrak{N}(\mathfrak{p}') = p) & \text{für } \left(\frac{d}{p}\right) = 1 \\[2mm] p \cong \mathfrak{p} \ (\text{mit } \mathfrak{N}(\mathfrak{p}) = p^2) & \text{für } \left(\frac{d}{p}\right) = -1 \\[2mm] p \cong \mathfrak{p}^2 \ (\text{mit } \mathfrak{N}(\mathfrak{p}) = p) & \text{für } \left(\frac{d}{p}\right) = 0 \end{cases},$$

also in voller Analogie zum Zerlegungsgesetz für die speziellen Körper K aus § 16,**6**. Sie stellen zusammen mit den beigefügten Angaben über die Normen das **Zerlegungsgesetz** für K dar.

Der **Normensatz** gibt eine inhaltliche Deutung der formal eingeführten Divisornorm $\mathfrak{N}(\mathfrak{a})$ für Hauptdivisoren $\mathfrak{a} \cong \alpha$, indem er sie als divisorgleich mit der Zahlnorm $N(\alpha)$ erweist. Für beliebige ganze Divisoren $\mathfrak{a}$ werden wir in **4** auf anderer Grundlage eine inhaltliche Deutung von $\mathfrak{N}(\mathfrak{a})$ erhalten.

Der **Konjugiertensatz** ergibt zusammen mit dem Normensatz für Hauptdivisoren $\mathfrak{a} \cong \alpha$ die Regel

$$\mathfrak{N}(\mathfrak{a}) \cong \mathfrak{a}\mathfrak{a}'$$

in Analogie zur Definition der Zahlnorm $N(\alpha) = \alpha\alpha'$. Diese Regel gilt auch für beliebige Divisoren $\mathfrak{a}$; denn für Primdivisoren $\mathfrak{p}$ ist definitionsgemäß und nach dem Zerlegungsgesetz in jedem der drei Fälle

$$\mathfrak{N}(\mathfrak{p}) \cong \mathfrak{p}\,\mathfrak{p}'.$$

Wir verabreden noch, daß wir Gleichungen der Form

$$\mathfrak{a} = \gamma\,\mathfrak{b}$$

zwischen Divisoren $\mathfrak{a}$, $\mathfrak{b}$ von K, in denen außerdem ein Zahlfaktor $\gamma \neq 0$ aus K vorkommt, immer so verstehen, daß für γ der zugeordnete Hauptdivisor $c \cong \gamma$ eingesetzt ist, wie wir das bereits speziell für rationales $\gamma = g$ im Beweis von VII taten. Allgemeiner als in jenem Beweis, nämlich für beliebige Divisoren von K, gilt:

IX. *Jeder Divisor $\mathfrak{a}$ von K besitzt eine eindeutige Zerlegung*

$$\mathfrak{a} = g\,\mathfrak{a}_0$$

in einen rationalen Bestandteil $g > 0$ und einen primitiven Bestandteil $\mathfrak{a}_0$.

Dabei heißt ein Divisor $\mathfrak{a}_0$ von K *primitiv*, wenn er ganz ist und außer 1 keinen ganzrationalen Teiler besitzt. Die Zerlegung ergibt sich, indem man aus den Beiträgen

$$\mathfrak{p}^{a_{\mathfrak{p}}}\,\mathfrak{p}'^{a_{\mathfrak{p}'}}, \qquad\qquad \mathfrak{p}^{a_{\mathfrak{p}}}, \qquad\qquad \mathfrak{p}^{a_{\mathfrak{p}}}$$

der
$$\text{zerlegten,} \qquad\qquad \text{trägen,} \qquad \text{verzweigten}$$

Primzahlen p zu $\mathfrak{a}$ die höchstmöglichen rationalen Teiler

$$p^{\mathrm{Min}(a_{\mathfrak{p}},\,a_{\mathfrak{p}'})}, \qquad\qquad p^{a_{\mathfrak{p}}}, \qquad\qquad p^{q_{\mathfrak{p}}}$$

herauszieht, wo im letzten Falle $a_{\mathfrak{p}} = 2q_{\mathfrak{p}} + 0$ oder 1 gesetzt ist. Der primitive Divisor $\mathfrak{a}_0$ setzt sich demgemäß aus Beiträgen der Form

$$\mathfrak{p}^{m_{\mathfrak{p}}}\,\mathfrak{p}'^{0} \quad \text{oder} \quad \mathfrak{p}^{0}\,\mathfrak{p}'^{m_{\mathfrak{p}'}}, \qquad \mathfrak{p}^{0}, \qquad \mathfrak{p}^{0} \text{ oder } \mathfrak{p}^{1}$$

zusammen, wo im ersten Falle $m_{\mathfrak{p}'}$ bzw. $m_{\mathfrak{p}} = 0$ ist. Speziell für einen Hauptdivisor $\mathfrak{a} \cong \alpha$ ist auch $\mathfrak{a}_0 \cong \alpha_0$ Hauptdivisor und dabei α_0 eine primitive Zahl, wie wir von den Zahlen ausgehend bereits im Beweis von VII festgestellt hatten.

Da $\mathfrak{a}_0$ sich von $\mathfrak{a}$ nur um einen Hauptdivisor als Faktor unterscheidet, also zur selben Divisorenklasse gehört, ergibt sich als Folgerung:

X. *Jede Divisorenklasse von K läßt sich durch einen ganzen und sogar durch einen primitiven Divisor repräsentieren.*

Hat K die Klassenzahl $h = 1$, ist also jeder Divisor von K Hauptdivisor, so gilt das insbesondere für alle Primdivisoren $\mathfrak{p}$ von K. Die ihnen zugeordneten Zahlen $\pi \cong \mathfrak{p}$ sind Primzahlen von K, weil eine nicht-triviale Zahlzerlegung von π eine nicht-triviale Divisorzerlegung von $\mathfrak{p}$

zur Folge hätte. Aus der eindeutigen Primdivisorzerlegung in K wird dann eine wesentlich eindeutige Primzahlzerlegung.

Besteht umgekehrt in K eine wesentlich eindeutige Primzahlzerlegung, so gilt für diese, wie wir in § 16,6 gezeigt haben, das dortige Zerlegungsgesetz. Der Vergleich mit dem obigen allgemeinen Zerlegungsgesetz (4.) lehrt, daß dann durchweg $\mathfrak{p} \cong \pi$ gilt, daß also alle Primdivisoren von K und damit auch alle zusammengesetzten Divisoren von K Hauptdivisoren sind. Somit hat dann K die Klassenzahl $h = 1$.

Hiermit ist bewiesen:

XI. *Dann und nur dann besteht in* K *eine wesentlich eindeutige Primzahlzerlegung, wenn* K *die Klassenzahl* $h = 1$ *hat.*

Wie in § 16,6,XXI′ gezeigt, ist dies sicher dann der Fall, wenn in K ein Euklidischer Algorithmus besteht. Es gibt aber auch quadratische Zahlkörper K ohne Euklidischen Algorithmus mit der Klassenzahl $h = 1$. Beispiele dafür werden wir am Schluß von 5 angeben.

4. Kongruenz, Restklassen, Ideale

Es sei

$$\mathfrak{m} = \prod_{\mathfrak{p}} \mathfrak{p}^{m_{\mathfrak{p}}} \quad \left(\begin{array}{l} m_{\mathfrak{p}} \geqq 0 \text{ ganzrational} \\ m_{\mathfrak{p}} > 0 \text{ für nur endlich viele } \mathfrak{p} \end{array} \right)$$

ein ganzer Divisor von K. Wir definieren für Zahlen α aus I die Teilbarkeitsbeziehung

$$\mathfrak{m}|\alpha \quad \text{durch} \quad \mathfrak{p}^{m_{\mathfrak{p}}}|\alpha \text{ für alle } \mathfrak{p},$$

und dementsprechend für Zahlen α, β aus I die Kongruenz

$$\alpha \equiv \beta \bmod. \mathfrak{m} \quad \text{durch} \quad \alpha \equiv \beta \bmod. \mathfrak{p}^{m_{\mathfrak{p}}} \quad \text{für alle } \mathfrak{p},$$

also durch das simultane Bestehen der entsprechenden, bereits in 2 definierten Teilbarkeitsbeziehungen bzw. Kongruenzen für alle $\mathfrak{m}$ zusammensetzenden Primdivisorpotenzen $\mathfrak{p}^{m_{\mathfrak{p}}}$. Dabei kommt es natürlich nur auf die endlich vielen Primdivisoren $\mathfrak{p}$ mit $m_{\mathfrak{p}} > 0$, die *Primteiler* $\mathfrak{p}$ *von* $\mathfrak{m}$, wirklich an. Nach 3 können die Definitionen auch in der Form

$$\mathfrak{m}|\alpha \quad \text{gleichbedeutend mit} \quad \frac{\alpha}{\mathfrak{m}} \text{ ganz,}$$

$$\alpha \equiv \beta \bmod. \mathfrak{m} \quad \text{gleichbedeutend mit} \quad \frac{\alpha - \beta}{\mathfrak{m}} \text{ ganz,}$$

also analog zu den entsprechenden Definitionen für Zahlen aus Γ in § 1,2 und § 4,1 ausgesprochen werden.

Ist speziell $\mathfrak{m} \cong \mu$ ein Hauptdivisor, so gehen demnach diese Beziehungen auf Grund des Ganzheitssatzes in die entsprechend bezeichneten aus der elementaren Teilbarkeitslehre in I über.

Auf Grund der Sätze II a, b, c und III a, b, c aus **2** gilt:

XII. *Die Vielfachen α von $\mathfrak{m}$ in $\mathfrak{l}$ bilden ein Ideal in $\mathfrak{l}$. Die Restklassen mod. $\mathfrak{m}$ von $\mathfrak{l}$ bilden einen Ring.*

Für den Spezialfall, daß $\mathfrak{m} = \mathfrak{p}^{m_\mathfrak{p}}\, \mathfrak{p}'^{m_{\mathfrak{p}'}}$ ein Potenzprodukt aus den beiden konjugierten Primdivisoren $\mathfrak{p}$, $\mathfrak{p}'$ einer in K zerlegten Primzahl p ist, haben wir die vorstehenden Definitionen bereits in **2** gegeben und dort in II a*, III a* die entsprechenden Sätze ausgesprochen. Wir beweisen jetzt in Analogie zu dem dortigen Satz IV a* allgemein:

XIII. *Ist für die endlich vielen Primteiler $\mathfrak{p}$ von $\mathfrak{m}$ ein System von Zahlen $\alpha_\mathfrak{p}$ aus $\mathfrak{l}$ vorgegeben, so gibt es eine Zahl α aus $\mathfrak{l}$ mit*

$$\alpha \equiv \alpha_\mathfrak{p}\, mod.\, \mathfrak{p}^{m_\mathfrak{p}}\ \textit{für alle}\ \mathfrak{p}\,|\,\mathfrak{m}.$$

Der Restklassenring mod. $\mathfrak{m}$ von $\mathfrak{l}$ ist somit isomorph zur direkten Summe der Restklassenringe mod. $\mathfrak{p}^{m_\mathfrak{p}}$ von $\mathfrak{l}$ für die Primteiler $\mathfrak{p}$ von $\mathfrak{m}$. Die Restklassenanzahl mod. $\mathfrak{m}$ ist also $\prod\limits_{\mathfrak{p}} \mathfrak{N}\, (\mathfrak{p}^{m_\mathfrak{p}}) = \mathfrak{N}\, (\mathfrak{m})$.

Für die letzte Feststellung beachte man die in den Sätzen IV a, b, c aus **2** bereits erhaltenen entsprechenden Feststellungen.

Beweis. Das zu erfüllende simultane Kongruenzensystem sei ohne Einschränkung von vornherein durch Hinzunahme neuer willkürlicher Forderungen und Erhöhung der Exponenten so verschärft, daß für zerlegte Primzahlen p immer b e i d e konjugierten Primdivisoren $\mathfrak{p}$, $\mathfrak{p}'$ mit g l e i c h e n Exponenten $m_\mathfrak{p} = m_{\mathfrak{p}'} = m_p$ vorkommen, und für verzweigte Primzahlen p die Exponenten $m_\mathfrak{p} = 2m_p$ g e r a d e sind. Dies läuft auf die Erhöhung des Moduls $\mathfrak{m}$ zu seinem kleinsten ganzrationalen Vielfachen m hinaus (das sich übrigens, wenn $\mathfrak{m} = g\,\mathfrak{m}_0$ mit ganzrationalem $g > 0$ und primitivem $\mathfrak{m}_0$ ist, in der einfachen Form $m = g\,\mathfrak{N}\,(\mathfrak{m}_0)$ darstellt).

Sei nun für die zerlegten p jeweils das Kongruenzensystem

$$\alpha_p \equiv \alpha_\mathfrak{p}\, \mathrm{mod.}\, \mathfrak{p}^{m_p}, \quad \alpha_p \equiv \alpha_{\mathfrak{p}'}\, \mathrm{mod.}\, \mathfrak{p}'^{m_p}$$

nach **2**,IV a, a* durch ein $\alpha_p\, \mathrm{mod.}\, p^{m_p}$ gelöst und im übrigen $\alpha_p = \alpha_\mathfrak{p}$ verstanden. Dann bleibt das Kongruenzensystem

$$\alpha \equiv \alpha_p\, \mathrm{mod.}\, p^{m_p}$$

zu lösen.

Sei dazu in Basisdarstellung

$$\alpha_p \equiv a_p + b_p\, \omega \quad (a_p,\, b_p\ \text{in}\ \Gamma)$$

und sei entsprechend angesetzt

$$\alpha = a + b\omega \quad (a,\, b\ \text{in}\ \Gamma).$$

Dann bedeuten die zu erfüllenden Kongruenzen in $\mathfrak{l}$ das simultane Kongruenzensystem

$$a \equiv a_p,\quad b \equiv b_p,\quad \mathrm{mod.}\, p^{m_p}$$

in Γ. Dieses ist nach dem Hauptsatz aus § 4,9 durch ein Restklassenpaar a, b mod. $\mathfrak{m}$ lösbar.

Durch XIII wird die Struktur des Restklassenrings mod. $\mathfrak{m}$ von $\mathfrak{l}$ auf die Struktur der Restklassenringe von $\mathfrak{l}$ nach Primdivisorpotenzen zurückgeführt. Für den zerlegten Fall haben wir diese Struktur in 2,IVa angegeben. Für die beiden anderen Fälle enthalten die Angaben in 2,IVb, c noch keine vollständige Bestimmung der Struktur. Das ließe sich leicht nachholen; wir wollen jedoch auf diese Fragestellung nicht weiter eingehen.

Durch XIII wird ferner, wie in 3 angekündigt, für beliebige ganze Divisoren $\mathfrak{m}$ eine inhaltliche Deutung der Divisornorm $\mathfrak{N}(\mathfrak{m})$ als die durch $\mathfrak{m}$ bestimmte Restklassenanzahl mod. $\mathfrak{m}$ gegeben. Für den Spezialfall eines ganzrationalen Moduls $\mathfrak{m} \cong m$ steht dies Ergebnis in Einklang mit der aus der elementaren Teilbarkeitslehre in $\mathfrak{l}$ schon früher gewonnenen Einsicht, daß die Restklassenanzahl mod. m von $\mathfrak{l}$ gleich m^2 ist.

Auf Grund von XIII beherrscht man ganz analog wie in § 4,9,X,XI auch die Struktur der primen Restklassengruppe mod. $\mathfrak{m}$, auf die wir im Spezialfall $\mathfrak{m} \cong m$ bereits in § 16,5 bei (18.), (19.) zu sprechen kamen. Wie in § 4,3,III haben alle Zahlen α einer Restklasse mod. $\mathfrak{m}$ von $\mathfrak{l}$ mit $\mathfrak{m}$ ein und denselben größten gemeinsamen Teiler $(\alpha, \mathfrak{m})$. Die Restklassen vom Teiler $(\alpha, \mathfrak{m}) = 1$ heißen die *primen Restklassen* mod. $\mathfrak{m}$ von $\mathfrak{l}$. Sie bilden eine multiplikative Gruppe, die *prime Restklassengruppe* mod. $\mathfrak{m}$ von $\mathfrak{l}$. Eine Restklasse α mod. $\mathfrak{m}$ ist dann und nur dann prim, wenn ihre Komponentenrestklassen α mod. $\mathfrak{p}^{m_\mathfrak{p}}$ für alle Primteiler $\mathfrak{p}$ von $\mathfrak{m}$ prim sind. Daher ist die prime Restklassengruppe mod. $\mathfrak{m}$ das direkte Produkt der primen Restklassengruppen mod. $\mathfrak{p}^{m_\mathfrak{p}}$. Für die Anzahl $\Phi(\mathfrak{m})$ der primen Restklassen mod. $\mathfrak{m}$ gilt demnach

$$\Phi(\mathfrak{m}) = \prod_{\mathfrak{p} | \mathfrak{m}} \Phi(\mathfrak{p}^{m_\mathfrak{p}}).$$

Eine Restklasse α mod. $\mathfrak{p}^{m_\mathfrak{p}}$ ist dann und nur dann prim, wenn $\alpha \not\equiv 0$ mod. $\mathfrak{p}$ ist. Die Restklassen α mod. $\mathfrak{p}^{m_\mathfrak{p}}$ mit $\alpha \equiv 0$ mod. $\mathfrak{p}$ bilden eine additive Untergruppe aller $\mathfrak{N}(\mathfrak{p}^{m_\mathfrak{p}})$ Restklassen mod. $\mathfrak{p}^{m_\mathfrak{p}}$; die zugehörige Faktorgruppe wird durch die $\mathfrak{N}(\mathfrak{p})$ verschiedenen Reste α mod. $\mathfrak{p}$ repräsentiert, so daß jene Untergruppe den Index $\mathfrak{N}(\mathfrak{p})$, also die Ordnung $\dfrac{\mathfrak{N}(\mathfrak{p}^{m_\mathfrak{p}})}{\mathfrak{N}(\mathfrak{p})}$ hat. Demnach ist

$$\Phi(\mathfrak{p}^{m_\mathfrak{p}}) = \mathfrak{N}(\mathfrak{p}^{m_\mathfrak{p}}) - \frac{\mathfrak{N}(\mathfrak{p}^{m_\mathfrak{p}})}{\mathfrak{N}(\mathfrak{p})} = \mathfrak{N}(\mathfrak{p}^{m_\mathfrak{p}}) \left(1 - \frac{1}{\mathfrak{N}(\mathfrak{p})}\right).$$

Somit ergibt sich:

XIII'. *Die prime Restklassengruppe mod.* $\mathfrak{m}$ *von* $\mathfrak{l}$ *ist das direkte Produkt der primen Restklassengruppen mod.* $\mathfrak{p}^{m_\mathfrak{p}}$ *von* $\mathfrak{l}$ *für die Primteiler* $\mathfrak{p}$ *von* $\mathfrak{m}$.

Die Anzahl der primen Restklassen mod. m *von* I *ist*

$$\Phi\,(\mathfrak{m}) = \mathfrak{N}\,(\mathfrak{m})\, \prod_{\mathfrak{p}\mid\mathfrak{m}} \left(1 - \frac{1}{\mathfrak{N}\,(\mathfrak{p})}\right).$$

Die letztere Formel ist formal analog zu der Formel § 4,**8**, (1.) für die Anzahl $\varphi\,(m)$ der primen Restklassen mod. m von Γ. Für den Spezialfall $\mathfrak{m} \cong m$, mit dem wir es in § 16,**5** zu tun hatten, berechnet sich der Quotient $\dfrac{\Phi\,(m)}{\varphi\,(m)}$ folgendermaßen. Der Quotient $\dfrac{\varphi\,(m)}{m}$ ist aus den Reziproken der Beiträge der Primteiler p von m zur Zetafunktion $\zeta\,(s)$ für $s = 1$ zusammengesetzt. Entsprechend ist $\dfrac{\Phi\,(m)}{\mathfrak{N}\,(m)} = \dfrac{\Phi\,(m)}{m^2}$ aus den Reziproken der Beiträge der Primteiler $\mathfrak{p}$ von m zur Zetafunktion $\zeta_K\,(s)$ für $s = 1$ zusammengesetzt. Daher ist der Quotient $\dfrac{\Phi\,(m)}{\varphi\,(m)}\,\dfrac{1}{m}$ aus den Reziproken der Beiträge der Primteiler p von m zu der K zugeordneten L-Funktion $\dfrac{\zeta_K\,(s)}{\zeta\,(s)} = L\,(s\,|\,\chi)$ für $s = 1$ zusammengesetzt. Somit ist

$$\frac{\Phi\,(m)}{\varphi\,(m)} = m\, \prod_{p\mid m} \left(1 - \left(\frac{d}{p}\right)\frac{1}{p}\right).$$

Speziell für $m = 2$ hatten wir von dieser Tatsache (im Falle $2 \nmid d$) in § 16,**5** bei XX Gebrauch gemacht.

Ganz entsprechend wie in § 4,**3**,IV,V gilt auch hier wieder, daß die Division im Restklassenring mod. m von I genau durch die primen Restklassen unbeschränkt und eindeutig ist, daß also genau diese Restklassen Nichtnullteiler sind, während die nicht-primen Restklassen echte Nullteiler sind.

Analog zu § 5,**2**,II gilt schließlich auch hier, daß die prime Restklassengruppe mod. $\mathfrak{p}$ für einen Primdivisor $\mathfrak{p}$ von K zyklisch ist, da sie ja nach den Ergebnissen **2**,IVa, b, c die Multiplikationsgruppe eines endlichen Körpers (von $\mathfrak{N}\,(\mathfrak{p}) = p$ bzw. p^2 Elementen) ist. Eine Erzeugende der primen Restklassengruppe mod. $\mathfrak{p}$ nennt man wieder auch eine *primitive Wurzel* mod. $\mathfrak{p}$. Im zerlegten und verzweigten Falle, wo $\mathfrak{N}\,(\mathfrak{p}) = p$ ist, ist eine primitive Wurzel w mod. $\mathfrak{p}$ auch eine solche mod. $\mathfrak{p}$. Im trägen Falle, wo $\mathfrak{N}\,(\mathfrak{p}) = p^2$ ist, gilt dies sicher nicht, da w mod. $\mathfrak{p}$ nur die Ordnung $p - 1$, also nicht die erforderliche Ordnung $\mathfrak{N}\,(\mathfrak{p}) - 1 = p^2 - 1$ hat; eine primitive Wurzel mod. $\mathfrak{p}$ ist hier notwendig irrational.

Das aus den Vielfachen α von m in I nach XII gebildete Ideal in I bezeichnen wir fortan kurz mit $(\mathfrak{m})$. Insbesondere bedeutet demnach (1) das aus allen Zahlen von I bestehende Einsideal von I.

Über das Ideal $(\mathfrak{m})$ beweisen wir zum Abschluß den nachstehenden, im folgenden wichtigen Sachverhalt:

Basissatz. *Für jeden ganzen Divisor* $\mathfrak{m}$ *von* K *besitzt das Ideal* $(\mathfrak{m})$ *der Vielfachen* α *von* $\mathfrak{m}$ *in* $\mathfrak{l}$ *eine zweigliedrige Basis* μ_1, μ_2 *derart, daß diese Vielfachen in eindeutiger Darstellung durch*

$$\alpha = a_1 \mu_1 + a_2 \mu_2 \qquad (a_1, a_2 \text{ ganzrational})$$

gegeben sind.

Ist

$$\begin{pmatrix} \mu_1 \\ \mu_2 \end{pmatrix} = M \begin{pmatrix} \omega_1 \\ \omega_2 \end{pmatrix}$$

mit ganzrationaler Matrix M *die Übergangssubstitution von einer Ganzheitsbasis* ω_1, ω_2 *von* K (*Basis des Einsideals* (1) *von* $\mathfrak{l}$) *zu einer Basis* μ_1, μ_2 *von* $(\mathfrak{m})$, *so ist der Determinantenbetrag*

$$\|M\| = \mathfrak{N}(\mathfrak{m}),$$

also die Basisdiskriminante

$$d(\mu_1, \mu_2) = \mathfrak{N}(\mathfrak{m})^2 \, d.$$

Die letztgenannte Folgerung ergibt sich, wenn die beiden erstgenannten Tatsachen bewiesen sind, wie in § 16,**1**, (5.), (6.) und § 16,**3**,V.

Beweis. a) Wir denken uns die Zahlen α aus $(\mathfrak{m})$ in der Form

$$\alpha = a + b\omega \qquad (a, b \text{ ganzrational})$$

durch die spezielle Ganzheitsbasis 1, ω von K dargestellt. Wegen der Idealeigenschaft von $(\mathfrak{m})$ bildet sowohl die Menge $(\mathfrak{m})_1$ aller in $(\mathfrak{m})$ vorkommenden ganzrationalen Zahlen $\alpha = a$, als auch die Menge $(\mathfrak{m})_2$ der bei den Zahlen α aus $(\mathfrak{m})$ vorkommenden ganzrationalen Koeffizienten b je ein Ideal in Γ. Man beachte dazu auch, daß die Mengen $(\mathfrak{m})_1$, $(\mathfrak{m})_2$ nicht nur aus 0 bestehen, da ja sicher $\mathfrak{N}(\mathfrak{m})$, $\mathfrak{N}(\mathfrak{m})\,\omega$ in $(\mathfrak{m})$ vorkommen. Nach dem Hauptsatz über Ideale in Γ (§ 2,8) bestehen also die Mengen $(\mathfrak{m})_1$, $(\mathfrak{m})_2$ je aus den sämtlichen ganzrationalen Vielfachen der kleinsten in ihnen enthaltenen natürlichen Zahlen m_1, m_2. Seien demgemäß

$$(1.) \qquad \begin{cases} \mu_1 = m_1 \\ \mu_2 = m_2' + m_2\,\omega \end{cases}$$

die kleinste natürliche Zahl in $(\mathfrak{m})$ und eine Zahl aus $(\mathfrak{m})$ mit kleinstem natürlichen Koeffizienten von ω. Für ein beliebiges $\alpha = a + b\omega$ aus $(\mathfrak{m})$ ist dann zunächst notwendig $b = a_2 m_2$ mit ganzrationalem a_2, also

$$\alpha - a_2 \mu_2 = a - a_2 m_2'$$

eine ganzrationale Zahl aus $(\mathfrak{m})$, und dann notwendig $a - a_2 m_2' = a_1 m_1$ mit ganzrationalem a_1, also weiter

$$\alpha - a_2 \mu_2 - a_1 \mu_1 = 0,$$

was die behauptete Basisdarstellung ergibt; denn umgekehrt ist ja mit μ_1, μ_2 auch jedes $\alpha = a_1\mu_1 + a_2\mu_2$ mit ganzrationalen a_1, a_2 eine Zahl aus $(\mathfrak{m})$.

b) Für die so gewonnene spezielle Basis μ_1, μ_2 von $(\mathfrak{m})$ und die spezielle Ganzheitsbasis 1, ω von K hat die Übergangssubstitution die Matrix

$$M = \begin{pmatrix} m_1 & 0 \\ m_2' & m_2 \end{pmatrix}$$

mit dem Determinantenbetrag

$$\| M \| = m_1 m_2.$$

Um zu beweisen, daß auch die Restklassenanzahl mod. $\mathfrak{m}$ den Wert $\mathfrak{N}(\mathfrak{m}) = m_1 m_2$ hat, zeigen wir, daß die $m_1 m_2$ ganzen Zahlen

$$\varrho = r + s\omega \quad \text{mit} \quad \left\{\begin{matrix} r = 0, \ldots, m_1 - 1 \\ s = 0, \ldots, m_2 - 1 \end{matrix}\right\}$$

ein volles Restsystem mod. $\mathfrak{m}$ bilden. Ist nämlich

$$\alpha = a + b\omega \quad (a, b \text{ ganzrational})$$

eine beliebige Zahl aus I, so gibt es ein und nur ein Paar ganzrationaler Zahlen a_1, a_2 derart, daß in

$$\alpha - (a_1\mu_1 + a_2\mu_2) = (a + b\omega) - (a_1 m_1 + a_2 m_2' + a_2 m_2 \omega)$$
$$= (a - a_1 m_1 - a_2 m_2') + (b - a_2 m_2)\,\omega$$

die Koeffizienten von 1, ω den kleinsten Restsystemen r mod. m_1, s mod. m_2 angehören, d.h. es ist α zu einer und nur einer der angegebenen Zahlen ϱ mod. $\mathfrak{m}$ kongruent.

Die sämtlichen Basen von $(\mathfrak{m})$ bzw. (1) entstehen aus einer μ_1, μ_2 bzw. ω_1, ω_2 durch Ausübung aller ganzzahligen linearen Substitutionen S, T mit Determinantenbeträgen $\|S\|$, $\|T\| = 1$. Da hierbei die Matrix M in SMT^{-1} übergeht, also der Determinantenbetrag $\|M\|$ invariant ist, konnte die Behauptung gleich für beliebige Basen an Stelle der im Beweis verwendeten speziellen Basen formuliert werden.

Über die im Beweis konstruierte spezielle Basis μ_1, μ_2 von $(\mathfrak{m})$ bemerken wir noch folgendes. Die Zahlen m_1, m_2 haben eine invariante Bedeutung für $\mathfrak{m}$; es ist nämlich

m_1 das kleinste natürliche Vielfache von $\mathfrak{m}$,

m_2 der größte natürliche Teiler von $\mathfrak{m}$.

Erstens ist eine unmittelbare Folge der Definition von m_1 als kleinste natürliche Zahl aus $(\mathfrak{m})$. Letzteres liegt nicht so ohne weiteres auf der Hand; wir beweisen es folgendermaßen.

Es sei

$$\mathfrak{m} = g\,\mathfrak{m}_0$$

die Zerlegung von 3,IX des ganzen Divisors $\mathfrak{m}$ in seinen größten natürlichen Teiler g und primitiven Bestandteil $\mathfrak{m}_0$. Wie bereits im Beweis von XIII bemerkt wurde, ist dann das kleinste natürliche Vielfache m_1 von $\mathfrak{m}$ gegeben durch

$$m_1 = g\,\mathfrak{N}(\mathfrak{m}_0)\,.$$

Es gilt somit

$$g\,m_1 = g^2\,\mathfrak{N}(\mathfrak{m}_0) = \mathfrak{N}(g\,\mathfrak{m}_0) = \mathfrak{N}(\mathfrak{m})\,.$$

Da, wie bewiesen, auch

$$m_2\,m_1 = \mathfrak{N}(\mathfrak{m})$$

ist, folgt in der Tat $g = m_2$, wie behauptet.

Daß m_2 gemeinsamer Teiler aller Zahlen aus $(\mathfrak{m})$ ist, kann man auch so beweisen. Mit μ_1, μ_2 gehören auch die Vielfachen $\omega\mu_1$, $\omega\mu_2$ zu $(\mathfrak{m})$. Ihre Darstellungen durch die Ganzheitsbasis 1, ω lauten

$$\omega\mu_1 = \qquad\qquad m_1\,\omega\,,$$
$$\omega\mu_2 = -t\,m_2 + (s\,m_2 + m_2')\,\omega\,,$$

wo s, t wie früher die ganzrationalen Koeffizienten der Hauptgleichung $\omega^2 = s\omega - t$ sind. Der Definition von m_2 gemäß sind hiernach die Koeffizienten m_1, $s\,m_2 + m_2'$ von ω, und damit auch m_2', durch m_2 teilbar. Schreibt man dementsprechend die Basis (1.) von $(\mathfrak{m})$ in der Form

$$(2.)\qquad\qquad \begin{cases} \mu_1 = m_2\,m_0 \\ \mu_2 = m_2\,(-w + \omega) \end{cases}$$

mit hierdurch definiertem natürlichem m_0 und ganzrationalem w, so erkennt man, daß m_2 der größte natürliche Teiler aller Zahlen aus $(\mathfrak{m})$ ist. Hieraus folgt aber nicht ohne weiteres die oben bewiesene schärfere Aussage über m_2, weil nicht gesagt ist, daß m_2 ein Teiler von $\mathfrak{m}$ ist.

Man nennt (2.) gelegentlich *kanonische Form* einer Basis von $(\mathfrak{m})$. Dividiert man den größten natürlichen Teiler $g = m_2$ von $\mathfrak{m}$ fort, so entsteht eine Basis

$$\mu_{10} = \qquad m_0\,,$$
$$\mu_{20} = -w + \omega$$

des primitiven Bestandteils $\mathfrak{m}_0$ in kanonischer Form. Nach dem Basissatz hat hier m_0 die Bedeutung

$$m_0 = \mathfrak{N}(\mathfrak{m}_0)\,,$$

und w ist eine ganzrationale Zahl mit der Kongruenzeigenschaft

$$\omega \equiv w \ \text{mod.}\ \mathfrak{m}_0\,,$$

also eine Verallgemeinerung der in **1, 2** zugrunde gelegten Kongruenzwurzeln w, w' mod. p. Daß für einen primitiven Divisor $\mathfrak{m}_0$ die Restklasse von ω und damit jede Restklasse mod. $\mathfrak{m}_0$ ganzrational repräsentierbar ist, ist uns unter Beachtung von XIII bereits aus den entsprechenden Tatsachen **2**,IV a, b geläufig.

Bei der geometrischen Veranschaulichung in der K-Ebene aus § 16,**2** stellte sich das Ideal (1) der ganzen Zahlen von K nach § 16,**3**, (6.) als ein Punktgitter mit dem Grundmascheninhalt

$$G = \frac{1}{2}\sqrt{|d|}$$

dar. Ganz entsprechend stellt sich das Ideal ($\mathfrak{m}$) der Vielfachen in I eines ganzen Divisors $\mathfrak{m}$ von K auf Grund des Basissatzes als ein diesem Punktgitter eingelagertes Teilgitter mit dem Grundmascheninhalt

$$(3.) \qquad\qquad G_{\mathfrak{m}} = \frac{1}{2}\,\mathfrak{N}\,(\mathfrak{m})\,\sqrt{|d|}$$

dar. Die Restklassen mod. $\mathfrak{m}$ ergeben sich, indem man das Teilgitter ($\mathfrak{m}$) so parallelverschiebt, daß sein Nullpunkt in die Punkte des Grundgitters (1) fällt. Jede Restklasse besteht also aus einem vollen System

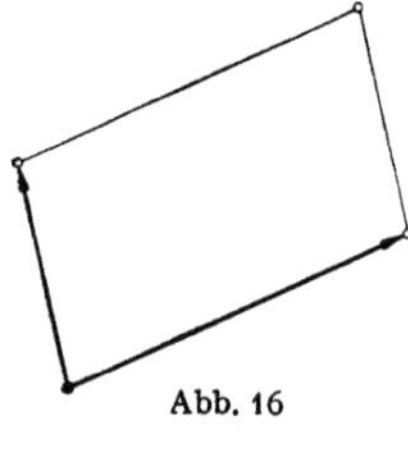
Abb. 16

von in bezug auf das Teilgitter homolog gelegenen Punkten des Grundgitters. Ein vollständiges Restsystem ϱ mod. $\mathfrak{m}$ erhält man demnach in Gestalt der sämtlichen Punkte ϱ des Grundgitters in einer Grundmasche des Teilgitters. Von den je zwei parallelen Seiten der Grundmasche ist dabei immer nur eine und von den vier Eckpunkten nur einer als zur Grundmasche gehörig zu rechnen (Abb. 16).

Um die Art der Einlagerung des Teilgitters ($\mathfrak{m}$) in das Grundgitter (1) zu veranschaulichen, schaltet man zweckmäßig noch das dem primitiven Bestandteil $\mathfrak{m}_0$ von $\mathfrak{m}$ entsprechende Teilgitter ($\mathfrak{m}_0$) dazwischen und legt die Grundmaschen folgendermaßen fest:

für das Teilgitter ($\mathfrak{m}$) durch eine kanonische Basis $m_2\,(m_0, -w + \omega)$,

für das Zwischengitter ($\mathfrak{m}_0$) durch die kanonische Basis $(m_0, -w + \omega)$,

für das Grundgitter (1) durch die Basis $(1, -w + \omega)$.

Für das Grundgitter (1) bedeutet das eine Scherung um $-w$ der durch die gewöhnliche Basis $(1, \omega)$ festgelegten Grundmasche in der ersten Parallelrichtung (Abb. 17a). Das Zwischengitter ($\mathfrak{m}_0$) entsteht dann durch Multiplikation mit m_0 in der ersten Parallelrichtung (Abb. 17b) und das Teilgitter ($\mathfrak{m}$) durch Multiplikation mit m_2 in beiden Parallelrichtungen (Abb. 17c).

Es sei ausdrücklich bemerkt, daß nicht jedes Teilgitter des Grundgitters (1) von der Form ($\mathfrak{m}$) ist, also einem ganzen Divisor $\mathfrak{m}$ von K entspringt, wie man durch eine einfache Abzählung erkennt. So gibt es z.B. genau drei verschiedene Teilgitter vom zweifachen Grundmascheninhalt, mit den Grundmaschen

$$(2, \omega), \quad (2, -1 + \omega), \quad (1, 2\omega),$$

während es, je nachdem 2 in K zerlegt, träge, verzweigt ist, nur 2, 0, 1 ganze Divisoren $\mathfrak{m}$ von K mit $\mathfrak{N}(\mathfrak{m}) = 2$ gibt.

Während bei unserer dem Kummerschen Gedankengang folgenden Begründung der Arithmetik in K die Theorie der Ideale am Schluß erscheint, nimmt die Dedekindsche Begründung diese Theorie zum Ausgangspunkt. Wir wollen darauf hier nicht weiter eingehen, sondern nur noch bemerken, daß die bei unserer Begründung den ganzen Divisoren $\mathfrak{m}$ als Vielfachenmengen zugeordneten Ideale ($\mathfrak{m}$) von I deshalb grundsätzlich zur Begründung der Arithmetik in K verwendet werden können, weil sich herausstellt, daß auch umgekehrt die ganzen Divisoren $\mathfrak{m}$ von K den Idealen ($\mathfrak{m}$) von I als ihre größten gemeinsamen Teiler eindeutig zugeordnet sind.

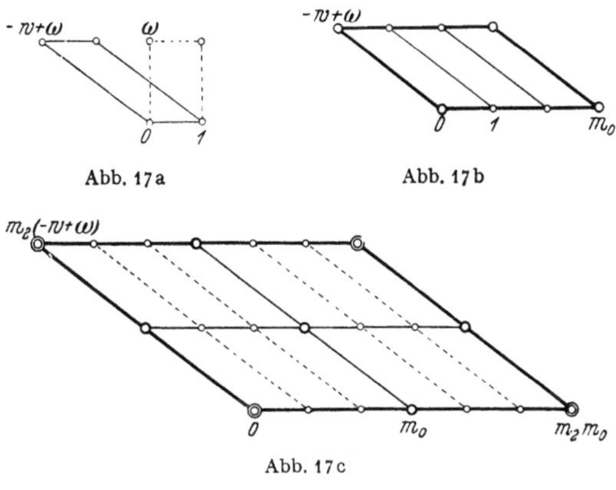

5. Endlichkeit der Klassenzahl

Wir kommen nunmehr zum Beweis des Endlichkeitssatzes aus 3, also der dortigen Aussage VIII, daß die Klassenzahl h von K endlich ist.

Wir geben zunächst einen kurzen rein-arithmetischen Beweis, der sich methodisch an den Beweis des Existenzsatzes nicht-trivialer reellquadratischer Einheiten in § 16,4 anlehnt, nämlich auf dem *Dirichletschen Schubfachschluß* beruht. Anschließend geben wir dann noch einen weiteren, zahlengeometrischen Beweis, der sich auf einen grundlegenden Satz aus der von MINKOWSKI begründeten Geometrie der Zahlen stützt, nämlich auf den berühmten *Minkowskischen Gitterpunktsatz*. Den Beweis dieses Satzes werden wir für den hier allein benötigten ebenen Fall einschalten.

Wie wir in **3**,X schon feststellten, läßt sich jede Divisorenklasse von K durch einen ganzen Divisor (sogar primitiven Divisor) repräsentieren. Bei gegebener Divisorenklasse C von K gibt es also in der reziproken Klasse C^{-1} einen ganzen Divisor $\mathfrak{m}$ von K. Wir denken uns $\mathfrak{m}$ **fest** gewählt und lassen $\mathfrak{a}$ alle ganzen Divisoren aus C durchlaufen. Dann ist jedesmal

$$(1.) \qquad \mathfrak{a}\,\mathfrak{m} \cong \alpha$$

ein Hauptdivisor, und zwar durchläuft α genau alle Vielfachen $\neq 0$ von $\mathfrak{m}$ aus I, also alle Zahlen $\neq 0$ des $\mathfrak{m}$ zugeordneten Ideals $(\mathfrak{m})$, wenn man mit α jeweils auch alle Assoziierten in Betracht zieht. Greift man aus jeder Klasse Assoziierter einen Repräsentanten α heraus, so hat man nach dem Zuordnungssatz aus **3** eine umkehrbar eindeutige Zuordnung dieses vollständigen Systems nicht-assoziierter Zahlen $\alpha \neq 0$ aus $(\mathfrak{m})$ zu den ganzen Divisoren $\mathfrak{a}$ aus C. Nach dem Normensatz aus **3** gilt dabei überdies

$$(2.) \qquad \mathfrak{N}(\mathfrak{a})\,\mathfrak{N}(\mathfrak{m}) = |N(\alpha)|.$$

Damit ergibt sich:

XIV. *Die ganzen Divisoren* $\mathfrak{a}$ *aus einer Divisorenklasse* C *von* K *mit*

$$\mathfrak{N}(\mathfrak{a}) \leq N$$

entsprechen auf Grund von (1.) *umkehrbar eindeutig einem vollen System nicht-assoziierter Zahlen* $\alpha \neq 0$ *aus* $(\mathfrak{m})$ *mit*

$$|N(\alpha)| \leq N\,\mathfrak{N}(\mathfrak{m}),$$

wo $\mathfrak{m}$ *ein fester ganzer Divisor aus* C^{-1} *und* N *eine beliebige natürliche Zahl ist.*

Diese Tatsache wird die Grundlage unserer beiden Endlichkeitsbeweise für die Klassenzahl h sein und überdies auch die Grundlage für die in § 18 durchzuführende genaue Bestimmung von h. Für die Endlichkeitsbeweise benutzen wir die aus der Definition der Divisornorm ohne weiteres ersichtliche Tatsache, daß es zu fester – und somit auch zu beschränkter – Norm nur endlich viele ganze Divisoren von K gibt, und arbeiten demgemäß mit einer festen Schranke N in XIV. Für die genaue Bestimmung von h werden wir den Grenzprozeß $N \to \infty$ auszuführen haben.

Erster Endlichkeitsbeweis

Wir zeigen:

XV. *Zu jedem ganzen Divisor* $\mathfrak{m}$ *von* $K = P\!\left(\sqrt{d}\right)$ *gibt es eine Zahl* $\alpha \neq 0$ *aus* $(\mathfrak{m})$ *mit*

$$|N(\alpha)| \leq \left(\frac{3 + \sqrt{|d|}}{2}\right)^{2} \mathfrak{N}(\mathfrak{m}).$$

Nach XIV folgt daraus:

XVI. *In jeder Divisorenklasse C von $\mathsf{K} = \mathsf{P}\left(\sqrt{\bar{d}}\right)$ gibt es einen ganzen Divisor* $\mathfrak{a}$ *mit*

$$\mathfrak{N}(\mathfrak{a}) \leqq \left(\frac{3 + \sqrt{|d|}}{2}\right)^2.$$

Da es nur endlich viele ganze Divisoren $\mathfrak{a}$ von K mit dieser Eigenschaft gibt, folgt daraus weiter, daß es nur endlich viele Divisorenklassen C von K gibt.

Beweis. Es sei m das größte Ganze von $\sqrt{\mathfrak{N}(\mathfrak{m})}$, also

$$m^2 \leqq \mathfrak{N}(\mathfrak{m}) < (m+1)^2.$$

Da die ganzen Zahlen von K sich nach 4,XIII auf die $\mathfrak{N}(\mathfrak{m})$ Restklassen mod. $\mathfrak{m}$ verteilen, gibt es nach dem Dirichletschen Schubfachschluß unter den $(m+1)^2$ ganzen Zahlen

$$\varrho = r + s\omega \quad \text{mit} \quad r, s = 0, 1, \ldots, m$$

sicher zwei verschiedene ϱ_1, ϱ_2 mit $\varrho_1 \equiv \varrho_2$ mod. $\mathfrak{m}$. Ihre Differenz $\alpha = \varrho_1 - \varrho_2$ ist dann eine von Null verschiedene Zahl aus $(\mathfrak{m})$ derart, daß in Basisdarstellung

$$\alpha = a + b\omega \quad \text{mit} \quad |a|, |b| \leqq m$$

ist. Daraus folgt

$$|N(\alpha)| \leqq (1 + |\omega|)\,(1 + |\omega'|)\, m^2 \leqq (1 + |\omega|)\,(1 + |\omega'|)\, \mathfrak{N}(\mathfrak{m}).$$

Da in jedem Falle

$$|\omega|, |\omega'| \leqq \frac{1 + \sqrt{|d|}}{2}$$

gilt, ergibt sich die Behauptung.

Die letzte Abschätzung, und damit die Schranke in XV, XVI, läßt sich im imaginären Falle und im Falle $D \equiv 2, 3$ mod. 4 noch etwas verbessern. Jedoch kommt es uns darauf nicht an, weil unser zweiter Beweis sowieso eine bessere Schranke liefern wird, aus der wir dann noch weitere Folgerungen ziehen werden. Für den Endlichkeitsbeweis selbst kommt es ja nur darauf an, daß überhaupt eine Schranke dieser Art vorhanden ist.

Der Minkowskische Gitterpunktsatz

In einer Ebene $\mathfrak{E}$ sei ein Punktgitter gegeben, dessen Punkte P wir kurz die Gitterpunkte nennen. Wir nehmen einen Gitterpunkt O zum Nullpunkt und rechnen mit den Punkten X aus $\mathfrak{E}$ in geläufiger Weise als den Vektoren $\overrightarrow{OX}$.

Unter einem *konvexen Bereich* $\mathfrak{B}$ in $\mathfrak{E}$ *mit Mittelpunkt* O verstehen wir eine beschränkte abgeschlossene Punktmenge in $\mathfrak{E}$ mit folgenden beiden Eigenschaften:

1. *Konvexität.* Mit je zwei Punkten X_1, X_2 aus $\mathfrak{B}$ gehört auch jeder Punkt

$$X = \lambda_1 X_1 + \lambda_2 X_2 \quad \left(\begin{matrix} \lambda_1, \lambda_2 \text{ reell} \geq 0 \\ \lambda_1 + \lambda_2 = 1 \end{matrix} \right)$$

ihrer Verbindungsstrecke zu $\mathfrak{B}$. Sind X_1, X_2 sogar innere Punkte von $\mathfrak{B}$, so sind auch die Punkte X innere Punkte von $\mathfrak{B}$.

2. *Mittelpunktseigenschaft.* Mit einem Punkt X aus $\mathfrak{B}$ gehört auch sein Spiegelpunkt $-X$ an O zu $\mathfrak{B}$. Ist X sogar innerer Punkt von $\mathfrak{B}$, so ist auch $-X$ innerer Punkt von $\mathfrak{B}$.

Man kann zeigen, daß aus der Konvexität folgt, daß $\mathfrak{B}$ einen Inhalt $|\mathfrak{B}|$ besitzt. In unserer Anwendung wird $\mathfrak{B}$ so einfach beschaffen sein, daß dies elementar-geometrisch klar ist. Daher wollen wir hier auf den allgemeinen Beweis nicht eingehen.

Anschaulich ist nun klar, daß der Bereich $\mathfrak{B}$ sicher dann außer seinem Mittelpunkt O noch einen weiteren Gitterpunkt P enthält, wenn er nur in dem Sinne hinreichend groß ist, daß er etwa einen genügend großen Kreis um O enthält. Nicht ohne weiteres klar ist jedoch, ob es auch schon genügt zu fordern, daß $\mathfrak{B}$ seinem Inhalte $|\mathfrak{B}|$ nach hinreichend groß ist. Wenn dies allgemein, d.h. für alle Gestalten von $\mathfrak{B}$, richtig sein soll, so muß die Forderung zum mindesten $|\mathfrak{B}| \geq 4G$ lauten, wo G der Grundmascheninhalt des gegebenen Punktgitters ist; denn der aus den vier parallelogrammatischen Grundmaschen um O bestehende Bereich $\mathfrak{B}$ erfüllt die Voraussetzungen, enthält aber außer O keinen Gitterpunkt P im Inneren, so daß jedes dazu parallele echte Teilparallelogramm um O überhaupt keinen Gitterpunkt $P \neq 0$ enthält.

Minkowskischer Gitterpunktsatz. *Ist in einer Ebene $\mathfrak{E}$ ein Punktgitter vom Grundmascheninhalt G und ein konvexer Bereich $\mathfrak{B}$ mit Mittelpunkt in einem Gitterpunkt O gegeben, dessen Inhalt*

$$|\mathfrak{B}| \geq 4G$$

ist, so enthält $\mathfrak{B}$ noch einen weiteren Gitterpunkt P.

Beweis (nach BIRKHOFF, BLICHFELDT und HLAWKA). Wir denken eine parallelogrammatische Grundmasche $\mathfrak{G}_0$ des gegebenen Punktgitters $\mathfrak{G}$ gewählt und die Ebene $\mathfrak{E}$ in zu $\mathfrak{G}_0$ parallele, kongruente Maschen $\mathfrak{G}_i$ ohne gemeinsame innere Punkte zerlegt:

$$\mathfrak{E} = \bigcup_i \mathfrak{G}_i.$$

Für das im Verhältnis $1:2$ vergrößerte Punktgitter hat man dann entsprechend

$$\mathfrak{E} = \bigcup_i 2\mathfrak{G}_i .$$

Wir bilden nun den Durchschnitt des gegebenen Bereichs $\mathfrak{B} = \mathfrak{B} \cap \mathfrak{E}$ mit dieser Maschenzerlegung:

$$\mathfrak{B} = \bigcup_i \mathfrak{B}_i \quad \text{mit} \quad \mathfrak{B}_i = \mathfrak{B} \cap 2\mathfrak{G}_i .$$

Dem entspricht die Inhaltszerlegung

$$|\mathfrak{B}| = \sum_i |\mathfrak{B}_i| .$$

Die dabei auftretenden endlich vielen nicht leeren Durchschnitte $\mathfrak{B}_i$ – ihre Anzahl ist ersichtlich mindestens 4 – denken wir dann jeweils durch Parallelverschiebung der Gittermasche $2\mathfrak{G}_i$ sämtlich in die feste verdoppelte Grundmasche $2\mathfrak{G}_0$ gebracht (siehe Abb.18; darin ist $2\mathfrak{G}_0$ fett umrandet). Die so entstehenden Bereichstücke $\mathfrak{B}_i^0$ sind mit den Durchschnitten $\mathfrak{B}_i$ inhaltgleich. Auf Grund der Voraussetzung des Satzes ist mithin

$$\sum_i |\mathfrak{B}_i^0| = \sum_i |\mathfrak{B}_i| = |\mathfrak{B}| \geq 4G = |2\mathfrak{G}_0| ,$$

d.h. die Inhalte der Teilstücke $\mathfrak{B}_i^0$ ergeben zusammen mindestens den Inhalt der sie enthaltenden Masche $2\mathfrak{G}_0$. Dann müssen aber mindestens zwei verschiedene dieser Stücke, etwa $\mathfrak{B}_1^0$, $\mathfrak{B}_2^0$, einen gemeinsamen Punkt P_0 haben; denn sonst hätten die $\mathfrak{B}_i^0$ im Hinblick auf ihre Abgeschlossenheit voneinander einen positiven Minimalabstand, und dann wäre ersichtlich $\sum_i |\mathfrak{B}_i^0| < |2\mathfrak{G}_0|$.

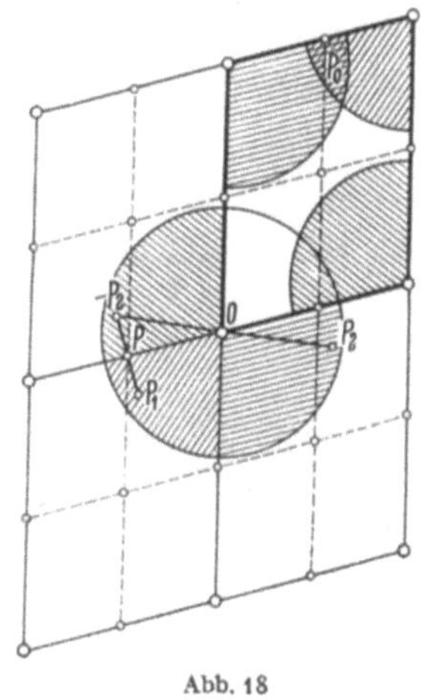

Abb. 18

Den verschiedenen Stücken $\mathfrak{B}_1^0$, $\mathfrak{B}_2^0$ mit gemeinsamem Punkt P_0 entsprechen durch Rückgängigmachen der Parallelverschiebungen Teilstücke $\mathfrak{B}_1$, $\mathfrak{B}_2$ von $\mathfrak{B}$ in zwei verschiedenen Gittermaschen $2\mathfrak{G}_1$, $2\mathfrak{G}_2$ und darin Punkte P_1, P_2, die voneinander verschieden sind, weil sie durch zwei verschiedene Parallelverschiebungen in ein und denselben Punkt P_0 übergehen (siehe Abb. 18). In arithmetischer Schreibweise hat man auf Grund der Parallelverschiebungen um Vektoren des verdoppelten Punktgitters $2\mathfrak{G}$:

$$P_1 \equiv P_0, \qquad P_2 \equiv P_0 \quad \text{mod. } 2\mathfrak{G}$$

und daher auch

$$P_1 \equiv P_2 \text{ mod. } 2\mathfrak{G}, \quad \text{aber} \quad P_1 \neq P_2 .$$

Wegen der Mittelpunktseigenschaft von $\mathfrak{B}$ ist nun auch $-P_2$ ein Punkt von $\mathfrak{B}$, und wegen der Konvexität von $\mathfrak{B}$ dann weiter auch der Mittelpunkt der Verbindungsstrecke von P_1 und $-P_2$, nämlich

$$P = \frac{1}{2} P_1 - \frac{1}{2} P_2$$

ein Punkt von $\mathfrak{B}$. Für diesen gilt aber

$$P \equiv O \bmod \mathfrak{G} \quad \text{und} \quad P \neq O,$$

d.h. P ist ein von O verschiedener Punkt des ursprünglichen Gitters $\mathfrak{G}$ wie im Satz verlangt.

Bemerkung. Wie ohne weiteres ersichtlich, überträgt sich der Beweis auf Punktgitter in einem k-dimensionalen Raum, mit dem Faktor 2^k statt $4 = 2^2$ in der Abschätzung des Inhalts.

Wir werden davon hier keinen Gebrauch zu machen haben. Dagegen ist für die nachstehende Anwendung nützlich:

Zusatz. *Wird sogar $|\mathfrak{B}| > 4\,G$ vorausgesetzt, so enthält $\mathfrak{B}$ einen Gitterpunkt $P \neq O$ im Inneren.*

Denn bei hinreichend kleinem $\varepsilon > 0$ hat der im Verhältnis $1 : 1 - \varepsilon$ verkleinerte Bereich $(1 - \varepsilon)\,\mathfrak{B}$ noch einen Inhalt $|(1 - \varepsilon)\,\mathfrak{B}| = (1 - \varepsilon)^2\,|\mathfrak{B}| \geq 4\,G$, enthält also einen Gitterpunkt $P \neq O$, und dieser liegt im Inneren des Bereichs $\mathfrak{B}$.

Zweiter Endlichkeitsbeweis

Mittels des Minkowskischen Gitterpunktsatzes beweisen wir in Verschärfung von XV, XVI die folgenden Aussagen, aus denen wie dort die Endlichkeit der Klassenzahl folgt:

XV*. *Zu jedem ganzen Divisor $\mathfrak{m}$ von $\mathsf{K} = \mathsf{P}\left(\sqrt{d}\right)$ gibt es eine Zahl $\alpha \neq 0$ aus $(\mathfrak{m})$ mit*

$$|N(\alpha)| \leq \begin{cases} \dfrac{2}{\pi}\,\sqrt{|d|}\,\,\mathfrak{N}(\mathfrak{m}) & \text{für } d < 0 \\[2ex] \dfrac{1}{2}\,\sqrt{|d|}\,\,\mathfrak{N}(\mathfrak{m}) & \text{für } d > 0 \end{cases} .$$

XVI*. *In jeder Divisorenklasse C von $\mathsf{K} = \mathsf{P}\left(\sqrt{\bar{d}}\right)$ gibt es einen ganzen Divisor $\mathfrak{a}$ von K mit*

$$\mathfrak{N}(\mathfrak{a}) \leq \begin{cases} \dfrac{2}{\pi}\,\sqrt{|d|} & \text{für } d < 0 \\[2ex] \dfrac{1}{2}\,\sqrt{|d|} & \text{für } d > 0 \end{cases} .$$

Beweis. Bei der Darstellung der Zahlen α aus K in der K-Ebene liegen die α mit

$$|\,N(\alpha)\,| \leq N\,\mathfrak{N}(\mathfrak{m})$$

im Innengebiet des Kreises bzw. gleichseitigen Hyperbelpaares um den Nullpunkt vom Halbmesser $\sqrt{N\,\mathfrak{N}(\mathfrak{m})}$ (s. dazu § 16,2, Abb. 10a, b), und die Zahlen α aus $(\mathfrak{m})$ bilden ein Punktgitter, das nach 4, (3.) den vierfachen Grundmascheninhalt

$$4G_{\mathfrak{m}} = 2\sqrt{|d|}\,\mathfrak{N}(\mathfrak{m})$$

hat.

Im Falle $d < 0$ ist das Innengebiet des Kreises ein konvexer Bereich $\mathfrak{K}_{\mathfrak{m}}(N)$ mit dem Mittelpunkt O, vom Inhalt

$$|\mathfrak{K}_{\mathfrak{m}}(N)| = \pi N\,\mathfrak{N}(\mathfrak{m}).$$

Wählt man also (Zusatz)

$$N > \frac{2}{\pi}\sqrt{|d|},$$

so wird $|\mathfrak{K}_{\mathfrak{m}}(N)| > 4G_{\mathfrak{m}}$. Nach dem Minkowskischen Gitterpunktsatz enthält dann der Kreis $\mathfrak{K}_{\mathfrak{m}}(N)$ einen Punkt $\alpha \neq 0$ des Gitters $(\mathfrak{m})$ in seinem Inneren:

$$|N(\alpha)| < N\,\mathfrak{N}(\mathfrak{m}).$$

Denkt man zudem N als die kleinste natürliche Zahl gewählt, die jener Ungleichung genügt, und beachtet, daß $N(\alpha)$ nach (2.) ein Vielfaches von $\mathfrak{N}(\mathfrak{m})$ ist, so folgt

$$|N(\alpha)| \leq (N - 1)\,\mathfrak{N}(\mathfrak{m}) \leq \frac{2}{\pi}\sqrt{|d|}\,\mathfrak{N}(\mathfrak{m}),$$

wie behauptet.

Im Falle $d > 0$ enthält das Innengebiet des gleichseitigen Hyperbelpaares als konvexes Teilgebiet das achsenparallele Quadrat $\mathfrak{Q}_{\mathfrak{m}}(N)$ mit dem Mittelpunkt O und der Halbseite $\sqrt{N\,\mathfrak{N}(\mathfrak{m})}$ (s. dazu § 16,6, Abb. 15), vom Inhalt

$$|\mathfrak{Q}_{\mathfrak{m}}(N)| = 4N\,\mathfrak{N}(\mathfrak{m}).$$

Wählt man also hier

$$N > \frac{1}{2}\sqrt{|d|},$$

so wird $|\mathfrak{Q}_{\mathfrak{m}}(N)| > 4G_{\mathfrak{m}}$. Wie eben enthält dann das Quadrat $\mathfrak{Q}_{\mathfrak{m}}(N)$ einen Punkt $\alpha \neq 0$ des Gitters $(\mathfrak{m})$ in seinem Inneren, der natürlich erst recht im Inneren des gleichseitigen Hyperbelpaares liegt:

$$|N(\alpha)| < N\,\mathfrak{N}(\mathfrak{m}).$$

Denkt man wieder N als die kleinste jener Ungleichung genügende natürliche Zahl gewählt, so folgt wie vorher

$$|N(\alpha)| \leq (N - 1)\,\mathfrak{N}(\mathfrak{m}) \leq \frac{1}{2}\sqrt{|d|}\,\mathfrak{N}(\mathfrak{m}),$$

wie behauptet.

Bemerkung. Wegen der Transzendenz von π und Nichttranszendenz $(d < 0)$ bzw. Irrationalität $(d > 0)$ von $\sqrt{|d|}$ kann in den Ungleichungen aus XV*, XVI* das Gleichheitszeichen nicht stehen.

Die in XVI* gegenüber XVI gewonnene Verschärfung ist von praktischer Bedeutung, wenn man über den Endlichkeitsbeweis hinaus die Klassenzahlen h für gegebene Diskriminanten d bestimmen will. Nach XVI* erhält man ein volles Vertretersystem für die h Divisorenklassen von K, indem man alle ganzen Divisoren $\mathfrak{a}$ mit $\mathfrak{N}(\mathfrak{a}) \leq \frac{2}{\pi} \sqrt{|d|}$ bzw. $\frac{1}{2} \sqrt{|d|}$ aufstellt und nachprüft, welche unter ihnen jeweils in derselben Klasse liegen.

Man nennt zwei Divisoren $\mathfrak{a}$, $\mathfrak{b}$ von K, die derselben Divisorenklasse von K angehören, zueinander *äquivalent*; Bezeichnung: $\mathfrak{a} \sim \mathfrak{b}$. Diese Äquivalenz bedeutet das Bestehen einer Beziehung $\mathfrak{a} = \gamma \mathfrak{b}$ mit einer Zahl $\gamma \neq 0$ aus K. Wegen $\mathfrak{a}\mathfrak{a}' \cong \mathfrak{N}(\mathfrak{a})$ ist stets $\mathfrak{a}\mathfrak{a}' \sim 1$, d.h. der zu $\mathfrak{a}$ konjugierte Divisor $\mathfrak{a}'$ liegt in der reziproken Klasse C^{-1} zu der durch $\mathfrak{a}$ bestimmten Klasse C. Daher kann man die Äquivalenz $\mathfrak{a} \sim \mathfrak{b}$ auch in der Form $\mathfrak{a}\mathfrak{b}' \sim 1$ zum Ausdruck bringen; es hat den Vorteil, daß man, wenn es sich um ganze Divisoren $\mathfrak{a}$, $\mathfrak{b}$ handelt, im Bereich der ganzen Divisoren bleibt. Aus $\mathfrak{a}\mathfrak{b}'$ kann man dabei nach **3**,IX noch den größten natürlichen Teiler weglassen, also sich auf den primitiven Bestandteil beschränken.

Hiernach läuft die Aufstellung eines vollen Vertretersystems für die h Divisorenklassen von K auf folgendes Verfahren hinaus. Man stelle zunächst das System $\mathfrak{S}$ aller primitiven Divisoren $\mathfrak{a}$ von K mit $\mathfrak{N}(\mathfrak{a}) \leq \frac{2}{\pi} \sqrt{|d|}$ bzw. $\frac{1}{2} \sqrt{|d|}$ auf, bilde daraus das erweiterte System $\mathfrak{S}^*$ aller primitiven Bestandteile $\mathfrak{a}^*$ der Produkte $\mathfrak{a}_1 \mathfrak{a}_2$ je zweier Divisoren $\mathfrak{a}_1$, $\mathfrak{a}_2$ aus $\mathfrak{S}$ (man beachte, daß $\mathfrak{a} = 1$ und mit $\mathfrak{a}$ auch $\mathfrak{a}'$ in $\mathfrak{S}$ vorkommt) und prüfe für jeden Divisor $\mathfrak{a}^*$ aus $\mathfrak{S}^*$, ob $\mathfrak{a}^* \sim 1$, d.h. ob $\mathfrak{a}^* \cong \alpha$ mit einem (dann ebenfalls primitiven) $\alpha \neq 0$ aus K ist.

Notwendig für letzteres ist die Lösbarkeit des diophantischen Gleichungspaars

$$(3.) \qquad \pm N = N(\alpha) = \frac{a^2 - db^2}{4}$$

mit $N = \mathfrak{N}(\mathfrak{a}^*)$ in ganzrationalen a, b (mit $a \equiv db$ mod. 2 und so, daß sich aus a, b kein natürlicher Teiler $g > 1$ unter Erhaltung dieser Kongruenzbedingung wegdividieren läßt – *primitive Lösung*!). Umgekehrt entspricht jeder primitiven Lösung $\alpha = \frac{a + b\sqrt{d}}{2}$ von (3.) ein primitiver Divisor $\mathfrak{a}^*$ mit $\mathfrak{a}^* \sim 1$ und $\mathfrak{N}(\mathfrak{a}^*) = N$, wobei assoziierten Lösungen α derselbe Divisor $\mathfrak{a}^*$ entspricht. Die Entscheidung über die Lösbarkeit von (3.) und die Bestimmung eines vollen Systems nicht-assoziierter primitiver Lösungen kann im imaginären Falle $d < 0$ durch einfache Größenbetrachtungen geschehen; im reellen Falle $d > 0$ steht dafür das in § 16,6 bereits geschilderte Verfahren zur Reduktion auf einen endlichen Vorrat nachzuprüfender a, b zur Verfügung. In beiden Fällen hilft die Betrachtung von (3.) als Kongruenz nach den Primteilern von d und N zum leichten Erkennen der Unlösbarkeit, und vielfach kommt man damit allein vollständig zum Ziel. Die Entscheidung darüber, welchem Divisor $\mathfrak{a}^*$ aus $\mathfrak{S}^*$ der festen Norm $\mathfrak{N}(\mathfrak{a}^*) = N$ eine gefundene Lösung α von (3.) entspricht, kann getroffen werden, indem man nach der Methode aus 2 nachprüft, welche Primdivisoren aus $\mathfrak{S}$ in α stecken.

Nachdem so die $\mathfrak{a}^* \sim 1$ aus $\mathfrak{S}^*$ bestimmt sind, stehen alle Äquivalenzen zwischen den $\mathfrak{a}$ aus $\mathfrak{S}$ fest. Durch Ausscheiden der äquivalenten Divisoren aus $\mathfrak{S}$ erhält man dann das gesuchte Vertretersystem.

Wir wollen jetzt das eben umrissene Verfahren zur Bestimmung eines vollen Vertretersystems der h Divisorenklassen von K an einigen Beispielen erläutern.

Wir betrachten zunächst diejenigen Fälle, in denen die Schranke

$$\frac{2}{\pi}\sqrt{|d|} < 2 \quad \text{bzw.} \quad \frac{1}{2}\sqrt{|d|} < 2 ,$$

d.h.

$$|d| < \pi^2 \quad \text{bzw.} \quad |d| < 16$$

ist, also die Fälle

$$d = -3, -4, -7, -8 \quad \text{bzw.} \quad d = 5, 8, 12, 13 .$$

Weil aus $\mathfrak{N}(\mathfrak{a}) < 2$ (für ganze Divisoren $\mathfrak{a}$) folgt $\mathfrak{N}(\mathfrak{a}) = 1$, besteht in diesen Fällen unser Vertretersystem nur aus $\mathfrak{a} = 1$, d.h. es ist $h = 1$. Nach 3,XI haben wir damit das in § 16,6,XXII,A,B auf andere Weise erhaltene Ergebnis erneut bestätigt, abgesehen von dem hier nicht resultierenden Fall $d = -11$.

In diesem letzteren Falle $d = -11$ ist die Schranke $\frac{2}{\pi}\sqrt{11} < 3$, so daß man neben $\mathfrak{N}(\mathfrak{a}) = 1$ nur noch $\mathfrak{N}(\mathfrak{a}) = 2$ in Betracht zu ziehen hat. Wegen $\left(\dfrac{-11}{2}\right) = -1$ ist aber 2 in $\mathrm{P}\left(\sqrt{-11}\right)$ träge, so daß $\mathfrak{N}(\mathfrak{a}) = 2$ nicht vorkommt. Damit ist auch im Falle $d = -11$ erneut $h = 1$ bestätigt.

Wir betrachten weiter die Fälle, an denen wir in § 16,6 erläutert hatten, daß die Primzahlzerlegung in $\mathrm{K} = \mathrm{P}\left(\sqrt{d}\right)$ nicht notwendig wesentlich eindeutig ist, nämlich die vier Fälle

$$D = -5, \quad -6 \quad \text{bzw.} \quad D = 10, 82 ,$$

also

$$d = -20, -24 \quad \text{bzw.} \quad d = 40, 328 ,$$

mit den Schrankenwerten

$$\frac{2}{\pi}\sqrt{|d|} < 3,4 \quad \text{bzw.} \quad \frac{1}{2}\sqrt{|d|} < 4,10.$$

In diesen Fällen ist nach **3**,XI notwendig $h > 1$.

Für $\underline{d = -20}$ sind die primitiven $\mathfrak{a}$ mit $\mathfrak{N}(\mathfrak{a}) = 1, 2$ zu untersuchen. Wegen $2 \mid d$ ist 2 verzweigt, also

$$2 \cong \mathfrak{p}^2 \quad \text{mit} \quad \mathfrak{N}(\mathfrak{p}) = 2.$$

Da $2 = a^2 + 5b^2$ ganzrational unlösbar ist, ist der Primdivisor $\mathfrak{p} \nsim 1$. Demnach besteht unser Vertretersystem aus den beiden Divisoren $\mathfrak{a} = 1, \mathfrak{p}$, und es ist somit $\underline{h = 2}$.

Unser früheres Beispiel

$$21 = 3 \cdot 7 = \left(4 + \sqrt{-5}\right)\left(4 - \sqrt{-5}\right)$$

einer Doppelzerlegung können wir jetzt mittels der inzwischen gewonnenen Ergebnisse über die arithmetische Struktur von K folgendermaßen durchleuchten. Wegen $\left(\frac{-5}{3}\right) = 1, \left(\frac{-5}{7}\right) = 1$ sind 3, 7 zerlegt, also

$$3 \cong \mathfrak{q}\mathfrak{q}' \ \text{mit} \ \mathfrak{N}(\mathfrak{q}) = \mathfrak{N}(\mathfrak{q}') = 3, \qquad 7 \cong \mathfrak{r}\mathfrak{r}' \ \text{mit} \ \mathfrak{N}(\mathfrak{r}) = \mathfrak{N}(\mathfrak{r}') = 7.$$

Da die Gleichungen $3, 7 = a^2 + 5b^2$ ganzrational unlösbar sind, sind die Primdivisoren $\mathfrak{q}, \mathfrak{q}', \mathfrak{r}, \mathfrak{r}' \nsim 1$. Wegen $h = 2$ sind daher notwendig

$$\mathfrak{q}, \mathfrak{q}', \mathfrak{r}, \mathfrak{r}' \sim \mathfrak{p}$$

und wegen $\mathfrak{p}^2 \cong 2 \sim 1$ sind alle Produkte zu je zweien aus ihnen ~ 1. Neben den bereits bekannten Produkten $\mathfrak{q}\mathfrak{q}' \cong 3, \mathfrak{r}\mathfrak{r}' \cong 7$ hat man also noch zwei weitere

$$\mathfrak{q}\mathfrak{r} \cong \alpha, \qquad \mathfrak{q}\mathfrak{r}' \cong \beta$$

und deren beide Konjugierte

$$\mathfrak{q}'\mathfrak{r}' \cong \alpha', \qquad \mathfrak{q}'\mathfrak{r} \cong \beta'$$

mit primitiven α, β. Durch verschiedene Gruppierung der vier Primdivisoren in

$$21 \cong \mathfrak{q}\mathfrak{q}' \cdot \mathfrak{r}\mathfrak{r}' = \mathfrak{q}\mathfrak{r} \cdot \mathfrak{q}'\mathfrak{r}' = \mathfrak{q}\mathfrak{r}' \cdot \mathfrak{q}'\mathfrak{r}$$

erhält man demgemäß drei wesentlich verschiedene Zerlegungen

$$21 = 3 \cdot 7 = \alpha\alpha' = \beta\beta',$$

in denen $=$ statt $\cong$ geschrieben werden kann, weil nur die Einheiten ± 1 vorhanden sind und die Produkte positiv sind. Eine der beiden letzten Zerlegungen muß dann die angegebene $21 = 4^2 + 5 \cdot 1^2 = N\left(4 + \sqrt{-5}\right)$ sein; die andere ist $21 = 1^2 + 5 \cdot 2^2 = N\left(1 + 2\sqrt{-5}\right)$. Legt man die

Unterscheidung zwischen den Konjugiertenpaaren $\mathfrak{q}, \mathfrak{q}'$ und $\mathfrak{r}, \mathfrak{r}'$ gemäß **2** durch die Kongruenzen

$$\sqrt{-5} \equiv \left\{ \begin{array}{l} 1 \bmod. \mathfrak{q} \\ -1 \bmod. \mathfrak{q}' \end{array} \right\}, \qquad \sqrt{-5} \equiv \left\{ \begin{array}{l} 3 \bmod. \mathfrak{r} \\ -3 \bmod. \mathfrak{r}' \end{array} \right\}$$

fest, so hat man

$$4 - \sqrt{-5} \equiv 0 \bmod. \mathfrak{q}, \qquad 4 - \sqrt{-5} \equiv 0 \bmod. \mathfrak{r}',$$
$$1 + 2\sqrt{-5} \equiv 0 \bmod. \mathfrak{q}, \qquad 1 + 2\sqrt{-5} \equiv 0 \bmod. \mathfrak{r},$$

also

$$\alpha \cong 1 + 2\sqrt{-5}, \qquad \beta \cong 4 - \sqrt{-5}.$$

Für $\underline{d = -24}$ sind die primitiven $\mathfrak{a}$ mit $\mathfrak{N}(\mathfrak{a}) = 1, 2, 3$ zu untersuchen. Wegen $2 \,|\, d, 3 \,|\, d$ ist

$$2 \cong \mathfrak{p}^2 \text{ mit } \mathfrak{N}(\mathfrak{p}) = 2, \qquad 3 \cong \mathfrak{q}^2 \text{ mit } \mathfrak{N}(\mathfrak{q}) = 3.$$

Unser Vertretersystem entsteht also aus 1, $\mathfrak{p}$, $\mathfrak{q}$ durch Ausscheidung Äquivalenter. Da die Gleichungen $2, 3 = a^2 + 6b^2$ ganzrational unlösbar sind, sind $\mathfrak{p}, \mathfrak{q} \nsim 1$. Wegen $\mathfrak{N}(\mathfrak{p}\mathfrak{q}) = 6 = N\left(\sqrt{-6}\right)$ ist aber $\mathfrak{p}\mathfrak{q} \cong \sqrt{-6} \sim 1$, und daher $\mathfrak{p} \sim \mathfrak{q}' = \mathfrak{q}$. Somit besteht das Vertretersystem etwa aus 1, $\mathfrak{p}$, und es ist wieder $h = 2$.

Unsere frühere Doppelzerlegung

$$6 = 2 \cdot 3 = \sqrt{-6} \cdot -\sqrt{-6}$$

ist hier noch durchsichtiger als im vorigen Fall. Sie entsteht durch die beiden verschiedenen Gruppierungen der Primdivisoren in

$$6 \cong \mathfrak{p}\mathfrak{p} \cdot \mathfrak{q}\mathfrak{q} = \mathfrak{p}\mathfrak{q} \cdot \mathfrak{p}\mathfrak{q}.$$

Für $\underline{d = 40}$ sind wieder die primitiven $\mathfrak{a}$ mit $\mathfrak{N}(\mathfrak{a}) = 1, 2, 3$ zu untersuchen. Wegen $2 \,|\, d$ und $\left(\frac{10}{3}\right) = 1$ ist

$$2 \cong \mathfrak{p}^2 \text{ mit } \mathfrak{N}(\mathfrak{p}) = 2, \qquad 3 \cong \mathfrak{q}\mathfrak{q}' \text{ mit } \mathfrak{N}(\mathfrak{q}) = \mathfrak{N}(\mathfrak{q}') = 3.$$

Unser Vertretersystem entsteht also aus 1, $\mathfrak{p}$, $\mathfrak{q}$, $\mathfrak{q}'$ durch Ausscheidung Äquivalenter. Da die Gleichungen $\pm 2 = a^2 - 10b^2$ wegen $\left(\frac{\pm 2}{5}\right) = -1$ ganzrational unlösbar sind, ist $\mathfrak{p} \nsim 1$. Wegen $\mathfrak{N}(\mathfrak{p}\mathfrak{q}) = \mathfrak{N}(\mathfrak{p}\mathfrak{q}') = 6 \cong N\left(2 + \sqrt{10}\right)$ ist ferner – bei geeigneter Festlegung der Unterscheidung des Konjugiertenpaares $\mathfrak{q}, \mathfrak{q}'$ – etwa

$$2 + \sqrt{10} \cong \mathfrak{p}\mathfrak{q}, \qquad 2 - \sqrt{10} \cong \mathfrak{p}\mathfrak{q}',$$

und daher $\mathfrak{q} \sim \mathfrak{q}' \sim \mathfrak{p}$. Somit besteht das Vertretersystem wieder etwa aus 1, $\mathfrak{p}$, und es ist $h = 2$.

Unsere frühere Doppelzerlegung

$$10 = 2 \cdot 5 = \sqrt{10}\,\sqrt{10}$$

ist wegen $5 \cong \mathfrak{r}^2$ mit $\mathfrak{N}(\mathfrak{r}) = 5$ von derselben Struktur wie im vorigen Falle.

Für $\underline{d = 328}$ sind die primitiven $\mathfrak{a}$ mit $\mathfrak{N}(\mathfrak{a}) = 1, 2, \ldots, 9$ zu prüfen. Wegen $2 \mid d$ und $\left(\dfrac{82}{3}\right) = 1$, $\left(\dfrac{82}{5}\right) = -1$, $\left(\dfrac{82}{7}\right) = -1$ kommen an Primdivisoren mit Norm $\leqq 9$ nur die Primteiler von

$$2 \cong \mathfrak{p}^2 \text{ mit } \mathfrak{N}(\mathfrak{p}) = 2, \quad 3 \cong \mathfrak{q}\,\mathfrak{q}' \text{ mit } \mathfrak{N}(\mathfrak{q}) = \mathfrak{N}(\mathfrak{q}') = 3$$

in Frage. Das System $\mathfrak{S}$ der primitiven Divisoren mit Norm $\leqq 9$ ist dann

$$\mathfrak{S} = \{1,\ \mathfrak{p},\ \mathfrak{q},\ \mathfrak{q}',\ \mathfrak{q}^2,\ \mathfrak{q}'^2,\ \mathfrak{p}\,\mathfrak{q},\ \mathfrak{p}\,\mathfrak{q}'\}.$$

Zur Ausscheidung der Äquivalenten hat man die primitiven Bestandteile der Produkte zu je zweien zu bilden und zu prüfen, welche unter ihnen ~ 1 sind. Das so erweiterte System $\mathfrak{S}^*$ entsteht durch Hinzunahme von

$$\mathfrak{S}^* - \mathfrak{S} = \{\mathfrak{p}\,\mathfrak{q}^2,\ \mathfrak{p}\,\mathfrak{q}'^2,\ \mathfrak{q}^3,\ \mathfrak{q}'^3,\ \mathfrak{p}\,\mathfrak{q}^3,\ \mathfrak{p}\,\mathfrak{q}'^3\}.$$

Man hätte demgemäß die diophantischen Gleichungen $\pm N = a^2 - 82 b^2$ für $N = 2, 3, 6, 9, 18, 27, 54$ auf ihre Lösbarkeit zu prüfen und gegebenenfalls jeweils ein volles System nicht-assoziierter primitiver Lösungen zu bestimmen. Man kommt hier aber bereits mit folgenden wenigen Feststellungen zum Ziel. Für $N = 2$ ergibt sich nach der Methode aus § 16,6 die Unlösbarkeit; es ist also

$$\mathfrak{p} \nsim 1.$$

Für $N = 18$ findet sich die Lösung $\mathfrak{N}(\mathfrak{p}\,\mathfrak{q}^2) = \mathfrak{N}(\mathfrak{p}\,\mathfrak{q}'^2) = 18 = N\left(10 + \sqrt{82}\right)$ und damit

$$\mathfrak{q}^2 \sim \mathfrak{q}'^2 \sim \mathfrak{p}.$$

Da hiernach als früheste Potenz $\mathfrak{q}^4 \sim \mathfrak{p}^2 \sim 1$ ist, ist gruppentheoretisch klar, daß die Klasse C von $\mathfrak{q}$ die Ordnung 4 hat. Die Divisoren

$$1,\ \mathfrak{q},\ \mathfrak{p},\ \mathfrak{q}'$$

repräsentieren dann den Zyklus

$$1,\ C,\ C^2,\ C^3.$$

Alle weiteren Divisoren aus $\mathfrak{S}$ gehören ihrer Zusammensetzung aus $\mathfrak{p}, \mathfrak{q}, \mathfrak{q}'$ entsprechend ebenfalls zu Klassen dieses Zyklus. Somit bilden $1, \mathfrak{q}, \mathfrak{p}, \mathfrak{q}'$ ein volles Vertretersystem für die Divisorenklassen. Daher ist $\underline{h = 4}$; überdies ist festgestellt, daß die *Divisorenklassengruppe zyklisch* ist.

Unsere frühere Doppelzerlegung

$$-713 = -23 \cdot 31 = \left(5 + 3\,\sqrt{82}\right)\left(5 - 3\,\sqrt{82}\right)$$

ist wegen $\left(\dfrac{82}{23}\right) = 1$, $\left(\dfrac{82}{31}\right) = 1$, also

$$23 \cong \mathfrak{r}\,\mathfrak{r}' \text{ mit } \mathfrak{N}(\mathfrak{r}) = \mathfrak{N}(\mathfrak{r}') = 23,$$

$$31 \cong \mathfrak{s}\,\mathfrak{s}' \text{ mit } \mathfrak{N}(\mathfrak{s}) = \mathfrak{N}(\mathfrak{s}') = 31,$$

von gleicher Struktur wie im Falle $d = -20$. Sie besagt ja, daß etwa

$$5 + 3\,\sqrt{82} \cong \mathfrak{r}\,\mathfrak{s}', \quad 5 - 3\,\sqrt{82} \cong \mathfrak{r}'\,\mathfrak{s}$$

ist, und entspricht dann den beiden Gruppierungen

$$713 \cong \mathfrak{r}\,\mathfrak{r}' \cdot \mathfrak{s}\,\mathfrak{s}' = \mathfrak{r}\,\mathfrak{s}' \cdot \mathfrak{r}'\,\mathfrak{s}.$$

Der dritten Gruppierung

$$713 \cong \mathfrak{r}\,\mathfrak{s} \cdot \mathfrak{r}'\,\mathfrak{s}'$$

entspricht die weitere Zerlegung.

$$-713 = -23 \cdot 31 = \left(77 + 9\,\sqrt{82}\right)\left(77 - 9\,\sqrt{82}\right),$$

wie man leicht aus

$$\mathfrak{p}\,\mathfrak{r}' \cong 6 + \sqrt{82}, \quad \mathfrak{p}\,\mathfrak{s}' \cong 12 + \sqrt{82}$$

erkennt. Aus den letzteren Beziehungen folgt übrigens, daß $\mathfrak{r}, \mathfrak{s} \sim \mathfrak{p}$ sind, also in der Klasse C^2 liegen.

Der Leser beweise zur Übung nach dieser Methode, daß $d = -23$ die absolut-kleinste imaginär-quadratische Körperdiskriminante mit $h = 3$ ist. Bei dieser Rechnung wird er finden, daß für $d = -19$ noch $h = 1$ ist. Letzteres liefert ein Beispiel für einen imaginär-quadratischen Zahlkörper mit eindeutiger Primzahlzerlegung, aber ohne Euklidischen Algorithmus, wie es am Schluß von **3** und in § 16,6 nach XIX A, B in Aussicht gestellt wurde. Weitere solche Beispiele sind

$$d = -43, \; -67, \; -163.$$

HEILBRONN-LINFOOT haben auf analytischem Wege bewiesen, daß es höchstens noch eine weitere quadratische Diskriminante $d < 0$ mit $h = 1$ geben kann[1], und LEHMER hat numerisch festgestellt, daß diese jedenfalls absolut größer als $5 \cdot 10^9$ sein müßte[2].

---

[1] H. HEILBRONN u. E. H. LINFOOT: On the imaginary quadratic corpora of class-number one. Quarterly Journ. of Math., Oxford ser. **5** (1934), 293–301.

[2] D. H. LEHMER: On imaginary quadratic fields whose class-number is unity. Bull. Amer. Math. Soc. **39** (1933), 360.

Im Gegensatz hierzu scheint es unendlich viele quadratische Diskriminanten $d > 0$ mit $h = 1$ zu geben. Der Leser bestätige im Anschluß an das in § 16,6 nach XXII A, B Gesagte, daß $\underline{d = 53}$ das erste Beispiel mit $\underline{h = 1}$ ohne Euklidischen Algorithmus ist.

Es wurden ausgedehnte Tabellen von Klassenzahlen h quadratischer Zahlkörper berechnet, und zwar für negative Diskriminanten d bereits von GAUSS[1] im Bereich $-D > 12000$ (mit D in der Bedeutung aus §16), für positive Primzahldiskriminanten $d = p$ von K. SCHAFFSTEIN[2] in den Bereichen $p < 12000$, sowie $100\,000 < p < 101\,000$ und $1\,000\,000 < p < 1\,0001\,000$. Im engeren Bereich $|D| < 100$ ist aus den Tabellen am Schluß des Lehrbuchs von SOMMER[3] genauer die Struktur der Divisorenklassengruppe zu entnehmen.

§ 18. Bestimmung der Klassenzahl

1. Die Grenzformel

Wir wollen jetzt den am Schluß von §15,5 allgemein formulierten Grenzwertsatz für den Fall eines quadratischen Zahlkörpers $K = P\left(\sqrt{d}\right)$ beweisen.

Dieser Grenzwertsatz betrifft die Dedekindsche Zetafunktion von K, definiert durch

$$\zeta_K(s) = \sum_{\mathfrak{n}} \frac{1}{\mathfrak{N}(\mathfrak{n})^s} = \prod_{\mathfrak{p}} \frac{1}{1 - \dfrac{1}{\mathfrak{N}(\mathfrak{p})^s}} \, ,$$

wo $\mathfrak{n}$ alle ganzen Divisoren, $\mathfrak{p}$ alle Primdivisoren von K durchläuft, mit der Aufspaltung

$$\zeta_K(s) = \zeta(s)\, L(s\,|\,\chi)$$

in die Riemannsche Zetafunktion und die dem Charakter $\chi(x) = \left(\dfrac{d}{x}\right)$ zugeordnete L-Funktion. Es handelt sich um den Nachweis, daß

$$\lim_{s \to 1+0} \zeta_K(s) = +\infty$$

gilt, und genauer, daß

$$(1.) \qquad \lim_{s \to 1+0} (s-1)\, \zeta_K(s) = L(1\,|\,\chi) = A_K$$

der dort für den allgemeinen Fall angegebene, durch die arithmetischen Invarianten von K bestimmte Ausdruck $A_K \neq 0$ ist. Für einen quadra-

---

[1] C. F. GAUSS: Werke II, 450–476.

[2] K. SCHAFFSTEIN: Tafel der Klassenzahlen der reellen quadratischen Zahlkörper mit Primzahldiskriminanten unter 12000 und zwischen 100000–101000 und 1000000–1001000, Math. Ann. **98** (1928), 745–748.

[3] J. SOMMER: Vorlesungen über Zahlentheorie, Leipzig-Berlin 1907.

tischen Zahlkörper $K = P\left(\sqrt{d}\right)$ lautet dieser Ausdruck unter Berücksichtigung der Ergebnisse aus § 16,4 folgendermaßen:

$$(2.) \qquad A_K = \begin{cases} \dfrac{2\pi}{w\sqrt{|d|}}\, h & \text{für } d < 0 \\[2ex] \dfrac{2\log \varepsilon_1}{\sqrt{|d|}}\, h & \text{für } d > 0 \end{cases},$$

wo w die Einheitswurzelanzahl, ε_1 die Grundeinheit und h die Klassenzahl von K ist.

Zum Beweis genügt es, wie in § 15,5 im Anschluß an die Formulierung des Grenzwertsatzes gezeigt wurde, die Grenzformel

$$(3.) \qquad \sum_{\mathfrak{N}\,(\mathfrak{n})\,\leqq\,N} 1 = A_K N + O\left(\sqrt{N}\right) \quad \text{für } N \to \infty$$

zu beweisen, in der das Restglied für die hier zu betrachtenden quadratischen Zahlkörper K den Exponenten $1 - \dfrac{1}{k} = 1 - \dfrac{1}{2} = \dfrac{1}{2}$ hat. Diesen Nachweis wollen wir jetzt erbringen.

Wir denken uns die ganzen Divisoren $\mathfrak{n}$ von K auf die h Divisorenklassen C von K verteilt und wenden für die einer festen Klasse C angehörigen ganzen Divisoren $\mathfrak{a}$ das in § 17,5,XIV erhaltene Ergebnis an. Danach entsprechen die zu zählenden ganzen Divisoren $\mathfrak{a}$ aus C mit $\mathfrak{N}\,(\mathfrak{a}) \leqq N$ umkehrbar eindeutig den nicht-assoziierten Zahlen $\alpha \neq 0$ aus $(\mathfrak{m})$ mit $|N\,(\alpha)| \leqq N\,\mathfrak{N}\,(\mathfrak{m})$, wo $\mathfrak{m}$ ein fester ganzer Divisor aus C^{-1} ist. Wir betrachten demgemäß an Stelle der Summe links in (3.) die Summen

$$(4.) \qquad \sigma_{\mathfrak{m}}\,(N) = \sum_{\substack{\alpha \,\text{in}\,(\mathfrak{m}) \\ |N\,(\alpha)|\,\leqq\,N\,\mathfrak{N}\,(\mathfrak{m})}}^{*} 1,$$

wo der Stern andeuten soll, daß über ein volles System nicht-assoziierter $\alpha \neq 0$ mit den angegebenen beiden Eigenschaften zu summieren ist. Nach dem angeführten Ergebnis hat man

$$\sum_{\mathfrak{N}\,(\mathfrak{n})\,\leqq\,N} 1 = \sum_{\mathfrak{m}} \sigma_{\mathfrak{m}}\,(N)\,,$$

wo $\mathfrak{m}$ ein volles Vertretersystem der h Divisorenklassen von K durchläuft. Demnach wird die Grenzformel (3.) mit dem Wert A_K aus (2.) bewiesen sein, wenn für die Summen $\sigma_{\mathfrak{m}}\,(N)$ die folgende Grenzformel bewiesen ist:

$$(5.) \qquad \sigma_{\mathfrak{m}}\,(N) = B_K N + O\left(\sqrt{N}\right) \quad \text{für } N \to \infty$$

mit

$$B_K = \begin{cases} \dfrac{2\pi}{w\sqrt{|d|}} & \text{für } d < 0 \\[2ex] \dfrac{2\log \varepsilon_1}{\sqrt{|d|}} & \text{für } d > 0 \end{cases}.$$

Für diesen Nachweis legen wir die geometrische Darstellung der Zahlen aus K in der K-Ebene zugrunde, wie sie in §16,2 eingeführt wurde. Dabei stellt sich $\sigma_{\mathfrak{m}}(N)$ als eine Anzahl von Gitterpunkten dar, und zwar handelt es sich wie in § 17,5 um Punkte α des Gitters $(\mathfrak{m})$, die im Innengebiet des Kreises bzw. gleichseitigen Hyperbelpaares um 0 vom Halbmesser $\sqrt{N\,\mathfrak{N}\,(\mathfrak{m})}$ liegen (s. dazu wieder § 16,2, Abb. 10a, b). Jetzt ist aber nicht mehr nur für festes, genügend großes N die Existenz eines solchen Gitterpunktes $\alpha \neq 0$ nachzuweisen, sondern es ist für $N \to \infty$ die Anzahl aller solcher Gitterpunkte asymptotisch zu bestimmen, die einem vollen System nicht-assoziierter $\alpha \neq 0$ mit den angegebenen beiden Eigenschaften entsprechen.

Um auch diese letztere Einschränkung geometrisch darzustellen, bemerken wir, im Anschluß an die Ausführungen in § 16,2 über Polarkoordinaten in der K-Ebene und in § 16,4 über die Polarkoordinatendarstellung der Einheiten von K, folgendes. Je nachdem $d < 0$ oder $d > 0$ ist, kann man jeder Zahl $\alpha \neq 0$ aus K durch Multiplikation mit einer eindeutig bestimmten Einheit

$$\varepsilon = \zeta^{\nu} (\nu \bmod. w) \quad \text{bzw.} \quad \varepsilon = (-1)^{\nu} \varepsilon_1^{n} \quad \left(\begin{array}{c} \nu \bmod. 2 \\ n \text{ ganzrational} \end{array} \right)$$

von K eine Assoziierte $\alpha^* = \varepsilon\alpha$ mit den Eigenschaften

$$(6.) \qquad 0 \leqq \varphi(\alpha^*) < \frac{2\pi}{w} \quad \text{bzw.} \quad \left\{ \begin{array}{l} \alpha^* > 0 \\ 0 \leqq \varphi(\alpha^*) < \log \varepsilon_1 \end{array} \right\}$$

zuordnen, wo $\varphi(\alpha^*)$ den Polarwinkel von α^* bezeichnet. Geometrisch bedeuten die Ungleichungen (6.) einen Sektor bzw. ein Sektorenpaar der K-Ebene mit 0 als Scheitelpunkt vom gewöhnlichen Öffnungswinkel $\frac{2\pi}{w}$ bzw. hyperbolischen Öffnungswinkel $\log \varepsilon_1$ (s. dazu §16,2, Abb. 11a,b und § 16,4, Abb. 13). Jede Zahl $\alpha \neq 0$ aus K ist zu einer und nur einer Zahl $\alpha^* \neq 0$ in diesem Sektor bzw. Sektorenpaar assoziiert. Man sagt dafür auch, daß der Sektor bzw. das Sektorenpaar (6.) einen *Fundamentalbereich* $\mathfrak{F}$ für die Gruppe der Multiplikationen mit Einheiten von K bildet.

Der durch diesen Fundamentalbereich $\mathfrak{F}$ gelieferte Ausschnitt aus dem Kreis- bzw. Hyperbelgebiet

$$(7.) \qquad |N(\alpha)| \leqq N\,\mathfrak{N}\,(\mathfrak{m})$$

sei mit $\mathfrak{F}_{\mathfrak{m}}(N)$ bezeichnet. Die Summationsbeschränkung in (4.) wird dann durch die Vorschrift

$$\sigma_{\mathfrak{m}}(N) \sum_{\substack{\alpha \,\neq\, 0 \,\text{in}\, (\mathfrak{m}) \\ \alpha \,\text{in}\, \mathfrak{F}_{\mathfrak{m}}(N)}} 1$$

realisiert, wo $\mathfrak{F}_\mathfrak{m}(N)$ durch die Ungleichungen (6.), (7.) definiert ist. Geometrisch bedeutet demnach $\sigma_\mathfrak{m}(N)$ einfach die Anzahl der Punkte $\alpha \neq 0$ des Gitters $(\mathfrak{m})$ im Fundamentalbereichausschnitt $\mathfrak{F}_\mathfrak{m}(N)$.

Denkt man nun den Bereich $\mathfrak{F}_\mathfrak{m}(N)$ und das Gitter $(\mathfrak{m})$ ähnlich im linearen Verhältnis $\sqrt{N}:1$ verkleinert, so daß also $\mathfrak{F}_\mathfrak{m}(N)$ in den festen Bereich $\mathfrak{F}_\mathfrak{m}(1)$ übergeht und das Gitter $(\mathfrak{m})$ mit wachsendem N beliebig feinmaschig wird, so ist nach der Definition des Inhaltsbegriffs klar, daß die zu bestimmende Gitterpunktanzahl $\sigma_\mathfrak{m}(N)$ multipliziert mit dem Inhalt $\frac{1}{N} G_\mathfrak{m}$ der Grundmasche für $N \to \infty$ gegen den Inhalt $|\mathfrak{F}_\mathfrak{m}(1)|$ strebt:

$$\lim_{N \to \infty} \sigma_\mathfrak{m}(N) \frac{G_\mathfrak{m}}{N} = |\mathfrak{F}_\mathfrak{m}(1)|,$$

so daß also

$$\lim_{N \to \infty} \frac{\sigma_\mathfrak{m}(N)}{N} = \frac{|\mathfrak{F}_\mathfrak{m}(1)|}{G_\mathfrak{m}}$$

ist. Wie in § 17,5 ist dabei

$$(8.) \qquad G_\mathfrak{m} = \frac{1}{2} \sqrt{|d|}\, \mathfrak{N}(\mathfrak{m}),$$

und nach § 16,2 (Abb. 11 a, b) hat man

$$(9.) \qquad |\mathfrak{F}_\mathfrak{m}(1)| = \frac{\pi}{w}\, \mathfrak{N}(\mathfrak{m}) \quad \text{bzw.} \quad 2 \cdot \frac{1}{2} \log \varepsilon_1 \cdot \mathfrak{N}(\mathfrak{m}).$$

Demnach gilt

$$\lim_{N \to \infty} \frac{\sigma_\mathfrak{m}(N)}{N} = \frac{2\pi}{w\sqrt{|d|}} \quad \text{bzw.} \quad \frac{2 \log \varepsilon_1}{\sqrt{|d|}}.$$

Das ist die Grenzformel (5.) mit dem behaupteten Wert der Konstanten B_K, zunächst ohne die Restabschätzung.

Um weiter zu zeigen, daß das Restglied in (5.) von der Größenordnung $O(\sqrt{N})$ ist, müssen wir den Prozeß der Ausschöpfung des Bereichs $\mathfrak{F}_\mathfrak{m}(N)$ – jetzt zweckmäßig wieder in der ursprünglichen Größe – durch die Maschen des Gitters $(\mathfrak{m})$ genauer verfolgen. Wir denken uns dazu an jeden Gitterpunkt aus $\mathfrak{F}_\mathfrak{m}(N)$ eine Grundmasche angelegt, durchweg nach denselben beiden Richtungen hin. Die Gesamtheit dieser Gittermaschen überdeckt ein Gebiet vom Inhalt $\sigma_\mathfrak{m}(N)\, G_\mathfrak{m}$, das einerseits den Bereich $\mathfrak{F}_\mathfrak{m}(N)$ nicht voll ausfüllt, andererseits über ihn hinausragt. Bezeichnen R' und R'' die Inhalte des nicht ausgefüllten Teils von $\mathfrak{F}_\mathfrak{m}(N)$ und des über $\mathfrak{F}_\mathfrak{m}(N)$ hinausragenden Stückes der Gittermaschengesamtheit, so gilt demnach

$$\sigma_\mathfrak{m}(N)\, G_\mathfrak{m} = |\mathfrak{F}_\mathfrak{m}(N)| - R' + R''.$$

Denkt man sich nun auf dem Rande von $\mathfrak{F}_\mathfrak{m}(N)$ den Mittelpunkt eines Kreises gleiten, dessen Radius r der Maximalabstand zweier Grund-

maschenpunkte ist, so wird jeder von diesem Kreis nicht überstrichene
Punkt der Ebene, wenn er im Innengebiet von $\mathfrak{F}_\mathfrak{m}(N)$ liegt, von einer
unserer Grundmaschen überdeckt, wenn er aber im Außengebiet von
$\mathfrak{F}_\mathfrak{m}(N)$ liegt, von keiner unserer Grundmaschen überdeckt, weil in beiden
Fällen die diesen Punkt enthaltende Gittermasche nach der Bedeutung
von r nicht über den Rand von $\mathfrak{F}_\mathfrak{m}(N)$ hinausragen kann. Bezeichnet also
$\mathfrak{F}_\mathfrak{m}^{(r)}(N)$ das von jenem Kreis überstrichene Ringgebiet, so hat man

$$R' + R'' \leqq \left|\mathfrak{F}_\mathfrak{m}^{(r)}(N)\right|$$

und daher

$$\left|\sigma_\mathfrak{m}(N)\,G_\mathfrak{m} - \left|\mathfrak{F}_\mathfrak{m}(N)\right|\right| \leqq \left|\mathfrak{F}_\mathfrak{m}^{(r)}(N)\right|.$$

Nun ist anschaulich plausibel, daß der Inhalt des Ringgebiets $\mathfrak{F}_\mathfrak{m}^{(r)}(N)$
für $N \to \infty$ nur von der Größenordnung der Länge des Randes von

Abb. 19   Abb. 20   Abb. 21

$\mathfrak{F}_\mathfrak{m}(N)$ ist, weil ja seine Breite $2r$ festbleibt (Abb. 19, 20). Wegen $\mathfrak{F}_\mathfrak{m}(N)$
$= N\,\mathfrak{F}_\mathfrak{m}(1)$ ist die Randlänge von $\mathfrak{F}_\mathfrak{m}(N)$ von der Größenordnung $O\left(\sqrt{N}\right)$.
So kommt man zu der Restabschätzung

$$\sigma_\mathfrak{m}(N)\,G_\mathfrak{m} - \left|\mathfrak{F}_\mathfrak{m}(N)\right| = O\left(\sqrt{N}\right),$$

oder also

$$\sigma_\mathfrak{m}(N) = \frac{\left|\mathfrak{F}_\mathfrak{m}(1)\right|}{G_\mathfrak{m}}\,N + O\left(\sqrt{N}\right),$$

aus der dann nach den obigen Inhaltsformeln (8.), (9.) die Behauptung (5.)
folgt.

Es bleibt uns noch übrig, den Nachweis für die Tatsache

$$(10.) \qquad \left|\mathfrak{F}_\mathfrak{m}^{(r)}(N)\right| = O\left(\sqrt{N}\right),$$

die wir eben nur anschaulich plausibel machten, in strenger Form zu
erbringen. Dazu beweisen wir ganz allgemein (Abb. 21):

Hilfssatz. *Sei $\mathfrak{C}$ ein stetig gekrümmtes ebenes Kurvenstück von der
Länge $|\mathfrak{C}|$, dessen Krümmungsradius durchweg $\geqq r > 0$ sei, und sei $\mathfrak{C}^{(r)}$ das
von einem Kreise vom Radius r, der mit seinem Mittelpunkt auf $\mathfrak{C}$ gleitet,
überstrichene Gebiet der Ebene. Dann ist der Inhalt*

$$\left|\mathfrak{C}^{(r)}\right| \leqq 2r\,|\mathfrak{C}| + \pi r^2.$$

Beweis. Ist in kartesischen Koordinaten x, y ein Punkt auf $\mathfrak{C}$, so sind die Punkte ξ, η des Kreises vom Radius r um ihn durch

$$(x - \xi)^2 + (y - \eta)^2 = r^2$$

gekennzeichnet. Für die Einhüllende des von diesem Kreise überstrichenen Streifengebiets $\mathfrak{C}^{(r)}$ gilt dann bekanntlich

$$(x - \xi)\, dx + (y - \eta)\, dy = 0,$$

d.h. der Radiusvektor $x - \xi$, $y - \eta$ von x, y zu dem Schnittpunkt ξ, η zweier konsekutiver Kreise steht senkrecht auf dem Bogenelement dx, dy, ist also die Normale von $\mathfrak{C}$ in x, y. Nun schneiden sich zwei konsekutive Normalen von $\mathfrak{C}$ im Krümmungsmittelpunkt. Somit haben wir die in nebenstehender Abb. 22 dargestellte Sachlage.

Das Flächenelement des Streifengebiets $\mathfrak{C}^{(r)}$ stellt sich demnach als die Differenz der Flächen der beiden Kreissektoren vom Öffnungswinkel $d\varphi$, mit Mittelpunkt im Krümmungsmittelpunkt von $\mathfrak{C}$, und mit den Radien $R \pm r > 0$ dar. Dies Flächenelement ist also

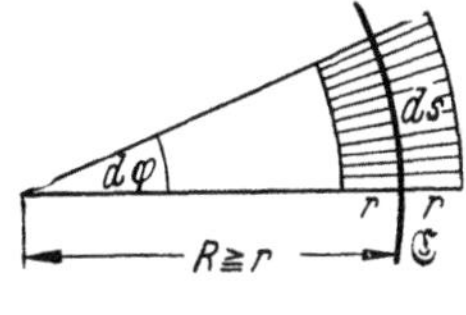

Abb. 22

$$ds = \sqrt{dx^2 + dy^2} = R\, d\varphi,$$

R der Krümmungsradius.

$$\frac{1}{2}(R + r)^2\, d\varphi - \frac{1}{2}(R - r)^2\, d\varphi = 2\,R\,r\,d\varphi = 2\,r\,ds.$$

Durch Integration über $\mathfrak{C}$ und Abrundung der Enden durch Kreisbögen gemäß Abb. 21 folgt somit die behauptete Ungleichung (sogar als Gleichung, falls keine Überlappungen auftreten).

Zusatz. *Ist allgemeiner $\mathfrak{C}$ aus n stetig gekrümmten Stücken zusammengesetzt, so gilt jedenfalls*

$$|\mathfrak{C}^{(r)}| \leqq 2\,r\,|\mathfrak{C}| + n\,\pi\,r^2.$$

Hierzu beachte man, daß die Abrundungen an den Enden der glatten Stücke sich bei der Zusammensetzung überlappen können.

Bei den Randkurven unserer obigen Fundamentalbereichausschnitte $\mathfrak{F}_\mathfrak{m}(N)$ (s. Abb. 19, 20) ist nun die Krümmungsvoraussetzung des Hilfssatzes für jedes der drei bzw. sechs stetig gekrümmten Stücke ersichtlich erfüllt, wenn nur N hinreichend groß gewählt ist. Bezeichnet also l die Randlänge von $\mathfrak{F}_\mathfrak{m}(1)$, so gilt nach dem Zusatz

$$|\mathfrak{F}_\mathfrak{m}^{(r)}(N)| \leqq 2\,r\,l\,\sqrt{N} + 6\,\pi\,r^2$$

für hinreichend großes N, und damit die noch zu beweisende Beziehung (10.).

Wir bemerken noch, daß die das Restglied betreffenden Schlüsse sich im Falle $d < 0$ erheblich einfacher gestalten lassen. Hier braucht man nämlich den Fundamentalbereich $\mathfrak{F}$ gar nicht einzuführen. Da hier jedes $\alpha \neq 0$ aus K genau w verschiedene Assoziierte besitzt, kann man vielmehr die Summationsbeschränkung in (4.) durch Multiplikation mit w aufheben:

$$w\, \sigma_{\mathfrak{m}}(N) = \sum_{\substack{\alpha \,\neq\, 0 \text{ in } (\mathfrak{m}) \\ N(\alpha)\,\leqq\, N\,\mathfrak{N}\,(\mathfrak{m})}} 1.$$

Damit kommt man auf die Gitterpunktanzahl im Vollkreis. Das Ringgebiet wird dann zum Kreisring, dessen Inhalt elementar angegeben werden kann.

Durch den damit erbrachten Beweis der Grenzformel (5.) ist der in § 15,5 formulierte Grenzwertsatz für den Fall der quadratischen Zahlkörper K bewiesen.

Als Folgerung ergibt sich, wie in § 15,5 gezeigt, die eingangs schon angegebene Formel (1.), durch die, funktionentheoretisch ausgedrückt, festgestellt wird, daß die Zetafunktion von K bei $s = 1$ einen Pol erster Ordnung mit dem in der Grenzformel auftretenden Ausdruck A_{K} als Residuum hat:

I. *Für die Zetafunktion*

$$\zeta_{\mathsf{K}}(s) = \zeta(s)\, L(s\,|\,\chi)$$

eines quadratischen Zahlkörpers $\mathsf{K} = \mathsf{P}\left(\sqrt{d}\right)$, *wo also der Charakter* χ *durch* $\chi(x) = \left(\dfrac{d}{x}\right)$ *gegeben ist, gilt die Grenzbeziehung*

$$\lim_{s \to 1+0} (s-1)\, \zeta_{\mathsf{K}}(s) = L(1|\chi) = \left\{ \begin{array}{ll} \dfrac{2\pi}{w\sqrt{|d|}}\, h & \textit{für } d < 0 \\[2.5ex] \dfrac{2\log \varepsilon_1}{\sqrt{|d|}}\, h & \textit{für } d > 0 \end{array} \right\},$$

wo w *die Einheitswurzelanzahl,* ε_1 *die Grundeinheit,* h *die Klassenzahl von* K *ist.*

Hiermit ist dann die in § 15,3 bzw. 4 elementar-analytisch bzw. funktionentheoretisch bewiesene grundlegende Tatsache, daß die L-Reihe

$$(11.) \qquad L(1|\chi) = \sum_{n} \frac{\chi(n)}{n} = \sum_{n} \frac{1}{n}\left(\frac{d}{n}\right) \neq 0$$

ist, auf algebraisch-zahlentheoretische Weise erneut bewiesen und damit der klassische Dirichletsche Beweis des Dirichletschen Primzahlsatzes, wie er zu Beginn von § 15,5 skizziert wurde, zum Abschluß gebracht. Man beachte, daß für diesen Beweis beide Bedeutungen des Charakters

$\chi(x) = \left(\dfrac{d}{x}\right)$ gebraucht werden, nämlich im algebraisch-zahlentheoretischen Teil die Tatsache, daß für Primzahlen

$$\chi(p) = \left(\frac{d}{p}\right) \quad \text{das Legendresche Symbol in seiner Eigenschaft} \atop \text{als quadratischer Charakter von } d \bmod. \ p$$

ist, und im analytischen Teil die Tatsache, daß für natürliche Zahlen n

$$\chi(n) = \left(\frac{d}{n}\right) \quad \text{das Kroneckersche Symbol in seiner Eigenschaft} \atop \text{als quadratischer Charakter von } n \bmod. \ |d|$$

ist. Somit setzt dieser algebraisch-zahlentheoretische Beweis des Dirichletschen Primzahlsatzes das quadratische Reziprozitätsgesetz voraus, dessen begrifflicher Inhalt ja gerade das Übereinstimmen dieser beiden Bedeutungen ist.

Als weitere Folgerung aus dem Grenzwertsatz ergibt sich, wie ebenfalls bereits am Schluß von § 15,5 hervorgehoben, eine explizite Darstellung der Klassenzahl h von K in analytischer Gestalt:

II. *Für die Klassenzahl h des quadratischen Zahlkörpers* $\mathsf{K} = \mathsf{P}\left(\sqrt{d}\right)$ *gilt die Formel*

$$h = \begin{cases} \dfrac{w\sqrt{|d|}}{2\pi}\, L(1|\chi) & \text{für } d < 0 \\[3mm] \dfrac{\sqrt{|d|}}{2\log\varepsilon_1}\, L(1|\chi) & \text{für } d > 0 \end{cases},$$

wo w, ε_1 die Bedeutung aus I haben und $L(1\,|\chi)$ die unendliche Reihe (11.) (in natürlicher Gliederfolge) ist.

Diese Formel läßt sich dadurch zur wirklichen Bestimmung der Klassenzahl h ausgestalten, daß man die unendliche Reihe $L(1|\chi)$ in geschlossener Gestalt summiert. Das werden wir anschließend in **2** durchführen.

Speziell für $\mathsf{K} = \mathsf{P}\left(\sqrt{-1}\right)$ mit $d = -4$ ist eine solche Summenformel aus der Analysis bekannt, nämlich als die Leibnizsche Reihe

$$1 - \frac{1}{3} + \frac{1}{5} - \frac{1}{7} + \cdots = \frac{\pi}{4}.$$

Da hier $w = 4$ ist, ergibt die Formel aus II für die Klassenzahl

$$h = \frac{4 \cdot 2}{2\pi}\,\frac{\pi}{4} = 1,$$

was wir bereits aus § 16,6,XXII A und aus § 17,5 wissen. Umgekehrt ergibt etwa die Tatsache, daß auch $\mathsf{K} = \mathsf{P}\left(\sqrt{-3}\right)$ mit $d = -3$ und $w = 6$

die Klassenzahl 1 hat, als weitere Summenformel vom Typus der Leibniz-
schen Reihe:

$$1 - \frac{1}{2} + \frac{1}{4} - \frac{1}{5} + \cdots = \frac{\pi}{3\sqrt{3}} \,.$$

2. Summation der L-Reihen

Wir stellen uns gleich die allgemeinere Aufgabe, die eigentliche
L-Reihe

$$L(1|\chi) = \sum_n \frac{\chi(n)}{n}$$

für einen beliebigen Restklassencharakter $\chi \neq \varepsilon$ vom natürlichen
Führer f in geschlossener Form zu summieren.

Dazu gehen wir aus von der Potenzreihe

$$G(u|\chi) = \sum_n \chi(n)\,\frac{u^n}{n}\,.$$

Diese ist für $u = 1$ bedingt konvergent mit dem Summenwert

$$G(1|\chi) = L(1|\chi),$$

also für $|u| < 1$ absolut konvergent. Nach dem Abelschen Stetigkeitssatz
gilt

$$\lim_{u \to 1-0} G(u|\chi) = G(1|\chi).$$

Ferner ist

$$G(0|\chi) = 0$$

sowie

$$G'(u|\chi) = \sum_n \chi(n)\,u^{n-1}$$

für $|u| < 1$.

Die letztere Potenzreihe kann, da ihre Koeffizienten $\chi(n)$ die Periode f
haben, nach der Summenformel für die geometrische Reihe summiert
werden. Man hat

$$G'(u|\chi) = \sum_{k=0}^{\infty} \sum_{r=1}^{f} \chi(r)\,u^{kf+r-1}$$

$$= \sum_{r=1}^{f} \chi(r)\,u^{r-1} \sum_{k=0}^{\infty} u^{kf}$$

$$= -\frac{g(u|\chi)}{(u^f - 1)\,u}$$

für $|u| < 1$, wo zur Abkürzung

$$g(u|\chi) = \sum_{r=1}^{f} \chi(r)\,u^r$$

gesetzt ist.

Nach dem Hauptsatz der Integralrechnung ist nun

$$G\,(u|\chi) = \int\limits_0^u G'\,(v|\chi)\,d\,v = -\int\limits_0^u \frac{g\,(v|\chi)}{v^f - 1}\,\frac{d\,v}{v}\,,$$

und zwar zunächst für $|u| < 1$. Für $u \to 1 - 0$ strebt die linke Seite, wie schon gesagt, gegen $G(1|\chi) = L(1|\chi)$. Auf der rechten Seite ist der Integrand bei $v = 1$ stetig; denn wegen $\chi \neq \varepsilon$ ist

$$g\,(1|\chi) = \sum_{r\,\mathrm{mod.}\,f} \chi\,(r) = 0\,,$$

also das Polynom $g(v|\chi)$ durch den Linearfaktor $v - 1$ des Nenners teilbar (außerdem auch durch den aus formalen Gründen eingeführten Nennerfaktor v). Demnach strebt für $u \to 1 - 0$ das Integral $\int\limits_1^u$ gegen das Integral $\int\limits_0^u$. Die angegebene Integralformel gilt somit auch für $u = 1$ und ergibt die Integraldarstellung

$$(1.) \qquad\qquad L\,(1|\chi) = -\int\limits_0^1 \frac{g\,(u|\chi)}{u^f - 1}\,\frac{d\,u}{u}$$

der zu berechnenden L-Reihe.

Da der Integrand eine gebrochene rationale Funktion ist, kann das Integral in geläufiger Weise durch Partialbruchzerlegung des Integranden ausgerechnet werden. Der Nenner hat, von dem nur formal auftretenden Faktor u abgesehen, die Zerlegung

$$u^f - 1 = \prod_{x\,\mathrm{mod.}\,f} (u - \zeta^x)$$

in verschiedene Linearfaktoren, wo ζ eine primitive f-te Einheitswurzel bedeutet, und zwar sei für das Folgende die analytische Normierung

$$\zeta = e^{\frac{2\pi i}{f}}$$

zugrunde gelegt. Der Zähler ist ein Polynom von um 1 niederem Grade. Folglich hat die Partialbruchzerlegung die einfache Form

$$\frac{g\,(u|\chi)}{(u^f - 1)\,u} = \sum_{x\,\mathrm{mod.}\,f} \frac{c_x}{u - \zeta^x}\,,$$

mit Konstanten c_x, die sich durch Multiplikation mit $u - \zeta^x$ und Einsetzen von $u = \zeta^x$ so bestimmen:

$$c_x = \frac{g\,(\zeta^x|\chi)}{\left.\dfrac{u^f - 1}{u - \zeta^x}\right|_{u\,=\,\zeta^x} \cdot \zeta^x} = \frac{g\,(\zeta^x|\chi)}{f\,\zeta^{x\,(f-1)} \cdot \zeta^x} = \frac{1}{f}\,g\,(\zeta^x|\chi)\,.$$

Demnach ist

$$(2.)\qquad \frac{g(u|\chi)}{(u^f - 1)u} = \frac{1}{f}\sum_{x\,\mathrm{mod.}\,f}\frac{g(\zeta^x|\chi)}{u - \zeta^x}.$$

Für zu f prime x ist nun

$$g(\zeta^x|\chi) = \sum_{r\,\mathrm{mod.}\,f}\chi(r)\zeta^{xr}$$

die in § 15,5,X eingeführte Gaußsche Summe zum Charakter χ mit ζ^x an Stelle von ζ. Nach der dortigen Formel (2*.) hat man also

$$(3.)\qquad g(\zeta^x|\chi) = \bar{\chi}(x)\,\tau(\chi),$$

wo

$$\tau(\chi) = g(\zeta|\chi) = \sum_{r\,\mathrm{mod.}\,f}\chi(r)\zeta^r$$

die mit der analytisch normierten primitiven f-ten Einheitswurzel $\zeta = e^{\frac{2\pi i}{f}}$ gebildete Gaußsche Summe zu χ bedeutet. Die Formel (3.) gilt aber auch für zu f nicht prime x, indem für solche $g(\zeta^x|\chi) = 0$ ist. Dies sieht man folgendermaßen ein.

Für beliebige x mod. f und zu f prime c ist einerseits

$$g(\zeta^{xc}|\chi) = \sum_{r\,\mathrm{mod.}\,f}\chi(r)\zeta^{xcr} = \sum_{r\,\mathrm{mod.}\,f}\chi(rc^{-1})\zeta^{xr} = \bar{\chi}(c)\,g(\zeta^x|\chi),$$

genau wie in § 15,5 beim Beweis von (2*.). Ist nun $(x, f) = t > 1$, so gibt es wegen der Führereigenschaft von f ein zu f primes $c \equiv 1$ mod. $\dfrac{f}{t}$ mit $\chi(c) \neq 1$; damit wird wegen $xc \equiv x$ mod. f andererseits

$$g(\zeta^{xc}|\chi) = g(\zeta^x|\chi).$$

Der Vergleich ergibt wegen $\chi(c) \neq 1$ notwendig $g(\zeta^x|\chi) = 0$.

Trägt man nun die Reduktion (3.) der Summen $g(\zeta^x|\chi)$ auf die normierte Gaußsche Summe $\tau(\chi)$ in die Formel (2.) für unseren Integranden ein, so ergibt sich für diesen die Darstellung

$$\frac{g(u|\chi)}{(u^f - 1)u} = \frac{\tau(x)}{f}\sum_{x\,\mathrm{mod.}\,f}\frac{\bar{\chi}(x)}{u - \zeta^x}.$$

Dabei kann die Summation auf ein primes Restsystem x mod. f beschränkt werden, was im folgenden bei Summen, deren allgemeines Glied den Faktor $\bar{\chi}(x)$ oder $\chi(x)$ enthält, durchweg stillschweigend impliziert sei. Nach der Integralformel (1.) wird damit

$$L(1|\chi) = -\frac{\tau(x)}{f}\sum_{x\,\mathrm{mod.}\,f}\bar{\chi}(x)\int_0^1\frac{du}{u - \zeta^x},$$

wobei die Integrale mit komplexen Integranden ihrer Entstehung nach geradlinig zu erstrecken sind. Um auf die Normalform des Logarithmusintegrals zu kommen, substituieren wir $u - \zeta^x = -\zeta^x v$. Dann ergibt sich

$$L(1|\chi) = -\frac{\tau(\chi)}{f} \sum_{x \bmod. f} \bar{\chi}(x) \int\limits_{1}^{1-\zeta^{-x}} \frac{dv}{v},$$

wieder mit geradlinig erstreckten Integralen.

Allgemein ist nun bekanntlich für nicht auf der negativ-reellen Achse (einschließlich 0) gelegenes komplexes z das geradlinig erstreckte Logarithmusintegral

$$\int\limits_{1}^{z} \frac{dv}{v} = \log|z| + i \arc z \quad \text{mit} \quad -\pi < \arc z < \pi.$$

Um diese Formel auf $z = 1 - \zeta^{-x}$ anzuwenden, legen wir für $x \bmod. f$ das kleinste positive prime Restsystem zugrunde, also mit

$$0 < x < f.$$

Die Summation über dieses Restsystem deuten wir fortan durch die Bezeichnung $\sum\limits_{x \bmod. f}^{+}$ an. Die Normierungsvorschrift für den Arcus wird dann, der Darstellung

$$1 - \zeta^{-x} = \zeta^{-x/2} (\zeta^{x/2} - \zeta^{-x/2}) = 2 i e^{-\frac{\pi i x}{f}} \sin \frac{\pi x}{f}$$

entsprechend, durch

$$\arc(1 - \zeta^{-x}) = \frac{\pi}{2} - \frac{\pi x}{f}$$

erfüllt (s. auch Abb. 23), während

$$|1 - \zeta^{-x}| = \left| 2 \sin \frac{\pi x}{f} \right| = 2 \sin \frac{\pi x}{f}$$

ist. Somit ergibt sich:

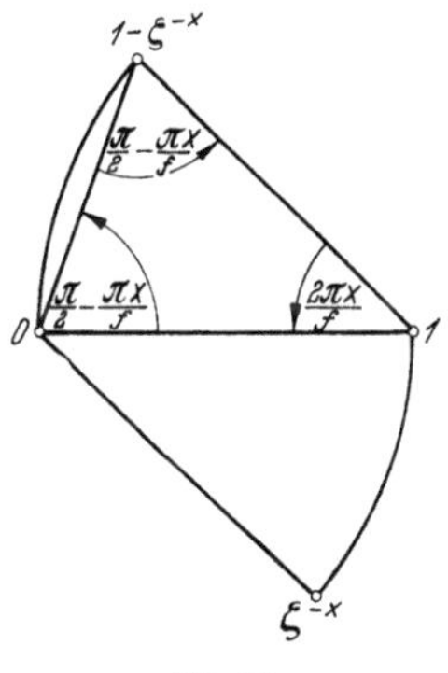

Abb. 23

$$L(1|\chi) = -\frac{\tau(\chi)}{f} \sum_{x \bmod. f}^{+} \bar{\chi}(x) \left[\log\left(2 \sin \frac{\pi x}{f} \right) + \pi i \left(\frac{1}{2} - \frac{x}{f} \right) \right].$$

Von den Gliedern in den eckigen Klammern dieser Formel geht bei der Spiegelung $x \to f - x$ des kleinsten positiven primen Restsystems $x \bmod. f$ an seinem Mittelpunkt $\frac{1}{2} f$ das erste in sich, das zweite in sein Entgegengesetztes über; der Wert $x = \frac{1}{2} f$ kommt nicht vor, da er, wenn überhaupt ganz, wegen $f > 2$ nicht prim zu f ist. Dementsprechend unterscheiden wir die beiden Fälle eines geraden oder ungeraden Restklassencharakters χ, die ja nach § 13,7 definitionsgemäß durch das entsprechende Spiegelungsverhalten der Charakterwerte $\chi(x)$ gekennzeichnet sind.

a) χ gerade

Dann ist die Summe über die zweiten Glieder gleich 0, und die Summation über die ersten Glieder läßt sich auf das kleinste positive prime Halbsystem mod. f, also mit

$$0 < x < \frac{1}{2} f$$

reduzieren, was fortan (wie schon in § 10,8) durch die Bezeichnung $\sum\limits_{\pm\, x\,\mathrm{mod.}\, f}^{+}$ angedeutet sei; diese Bezeichnung soll zum Ausdruck bringen, daß erst die Zahlenpaare $\pm x$ ein volles primes Restsystem mod. f bilden. So ergibt sich die Endformel:

$$(4\,\mathrm{a.}) \quad L(1|\chi) = -\frac{2\,\tau(\chi)}{f(\chi)} \cdot \sum_{\pm\, x\,\mathrm{mod.}\, f(\chi)}^{+} \bar{\chi}(x) \log\left(2 \sin \frac{\pi x}{f(\chi)}\right).$$

Dabei haben wir den Führer f von χ wieder, wie früher meist, ausführlicher mit $f(\chi)$ bezeichnet, weil wir die Formel im folgenden für mehrere Charaktere χ gleichzeitig zu betrachten haben werden.

b) χ ungerade

Dann ist die Summe über die ersten Glieder gleich 0, und in der Summe über die zweiten Glieder können wegen $\sum\limits_{x\,\mathrm{mod.}\,f} \bar{\chi}(x) = 0$ die Bestandteile $\pi i \frac{1}{2}$ weggelassen werden. So ergibt sich die Endformel

$$(4\,\mathrm{b.}) \qquad L(1|\chi) = -\frac{\pi\,\tau(\chi)}{i\,f(\chi)} \cdot \frac{\sum\limits_{x\,\mathrm{mod.}\,f(\chi)}^{+} \bar{\chi}(x)\, x}{f(\chi)}.$$

Durch die Formeln (4.) ist unsere Aufgabe, die Reihen $L(1|\chi)$ in geschlossener Form zu summieren, gelöst.

3. Die allgemeine Klassenzahlformel

Wir wollen die eben erhaltenen Ergebnisse (4.) benutzen, um allgemein das Produkt der L-Reihen $L(1|\chi)$ zu den Charakteren $\chi \neq \varepsilon$ irgendeiner Gruppe $\mathfrak{K}$ von k Restklassencharakteren mod. m in geschlossener Form anzugeben und damit die in § 15,5 zum Schluß angeführte allgemeine Klassenzahlformel für Teilkörper K des m-ten Einheitswurzelkörpers P_m in geschlossene Gestalt zu setzen.

Dazu müssen wir auf die in den Formeln (4.) voranstehenden Faktoren $\tau(\chi)$ eingehen. Nach den bei § 15,5,X bewiesenen Formeln (1*.), (2*.) ist allgemein

$$\overline{\tau(\chi)} = \sum_{r\,\mathrm{mod.}\,f} \bar{\chi}(r)\,\zeta^{-r} = \chi(-1)\,\tau(\bar{\chi}),$$

also

$$(1.) \qquad \tau(\chi)\,\tau(\bar\chi) = \chi(-1)\,\tau(\chi)\,\overline{\tau(\chi)} = \chi(-1)\,f(\chi)\,.$$

Für unsere Produktbildung brauchen wir demnach die genauen Werte der komplexen Zahlen $\tau(\chi)$ vom Betrag $\sqrt{f(\chi)}$ nur im Spezialfall quadratischer Charaktere χ zu kennen. Tatsächlich sind diese genauen Werte auch nur in diesem Spezialfall bekannt. Wie schon in § 15,5,X festgestellt, ist für quadratische Charaktere χ das Quadrat

$$\tau(\chi)^2 = \chi(-1)\,f(\chi)\,,$$

so daß „nur" noch die Frage zu entscheiden bleibt, welches Vorzeichen die Quadratwurzel

$$\tau(\chi) = \sqrt{\chi(-1)\,f(\chi)}$$

hat. Das in Anführungszeichen gesetzte Wörtchen „nur" ist hier wieder gar nicht am Platz; denn diese Frage ist durchaus nicht elementar, erfordert vielmehr zu ihrer Behandlung tieferliegende Hilfsmittel aus der Analysis oder Arithmetik. Sie wurde erstmalig von GAUSS beantwortet, und zwar dahingehend, daß das fragliche Vorzeichen positiv, also die normierte quadratische Gaußsche Summe

$$(2.) \qquad \tau(\chi) = \sqrt{\chi(-1)\,f(\chi)} \begin{cases} \text{positiv-reell} & \text{für } \chi(-1) = 1 \\ \text{positiv-imaginär für } \chi(-1) = -1 \end{cases}$$

ist. Wir werden dafür in § 20,5 einen möglichst weitgehend arithmetischen Beweis bringen, wie wir dort überhaupt die an einer Reihe von Stellen dieses Buches verstreut entwickelten Tatsachen über Gaußsche Summen noch einmal systematisch zusammenfassen und abrunden werden.

Für die auszuführende Multiplikation der Formeln **2**, (4.) sind zwei Fälle zu unterscheiden.

Entweder sind alle k Charaktere χ aus der gegebenen Gruppe $\mathfrak{K}$ gerade, erfüllen also nach § 13,7,XVIII durchweg $\chi(-1) = 1$. Dann liegt die Restklasse -1 mod. m in der $\mathfrak{K}$ zugeordneten Untergruppe $\mathfrak{H}$ der primen Restklassengruppe mod. m (s. § 15,5, Abb. 8), d.h. der Automorphismus $\zeta \to \zeta^{-1}$ läßt den $\mathfrak{H}$ zugeordneten Teilkörper K des m-ten Einheitswurzelkörpers P_m elementweise invariant, dieser Teilkörper ist also reell. Ist umgekehrt K reell, so folgt rückwärts ebenso, daß $\mathfrak{K}$ nur aus geraden Charakteren besteht.

Oder aber $\mathfrak{K}$ enthält auch ungerade Charaktere. Dann bilden die geraden Charaktere χ_0 aus $\mathfrak{K}$ $\big($die mit $\chi_0(-1) = 1\big)$ eine Untergruppe $\mathfrak{K}_0$, die ungeraden Charaktere χ_1 aus $\mathfrak{K}$ $\big($die mit $\chi_1(-1) = -1\big)$ ihre einzige Nebenklasse; $\mathfrak{K}$ ist demnach von gerader Ordnung $k = 2k_0$ und $\mathfrak{K}_0$ von der Ordnung k_0. In diesem Falle ist der $\mathfrak{K}$ zugeordnete Zahlkörper K vom Grade $k = 2k_0$ komplex und der $\mathfrak{K}_0$ zugeordnete Körper K_0 vom Grade k_0 sein größter reeller Teilkörper.

Nach diesen Vorbereitungen führen wir nunmehr die Multiplikation der Formeln **3**, (4.) durch. Wir achten dabei nur auf die voranstehenden Faktoren

$$\frac{2\,\tau(\chi)}{f(\chi)} \quad \text{für } \chi(-1) = 1,$$

$$\frac{\pi\,\tau(\chi)}{i\,f(\chi)} \quad \text{für } \chi(-1) = -1,$$

ohne die Minuszeichen, die wir zu den Summenausdrücken ziehen. Da alle $\tau(\chi)$ mit $\chi \neq \varepsilon$ den absoluten Betrag $\sqrt{f(\chi)}$ haben und $\tau(\varepsilon) = 1$, $f(\varepsilon) = 1$ ist, tritt in dem Produkt zunächst der positive Faktor

$$\frac{1}{\sqrt{F}} \quad \text{mit} \quad F = \prod_{\chi \text{ in } \mathfrak{K}} f(\chi)$$

voran. Im übrigen gilt in den beiden eben unterschiedenen Fällen auf Grund der Formeln (1.), (2.) für die $\tau(\chi)$ folgendes.

a) K reell

Jedes nicht-quadratische Paar χ, $\bar{\chi}$ liefert nach (1.) den Vorzeichenfaktor $\chi(-1) = 1$.

Jedes quadratische χ liefert nach (2.) den Vorzeichenfaktor 1.

Es bleiben dann nur noch die $k - 1$ Faktoren 2 zu berücksichtigen.

Insgesamt ergibt sich somit die Endformel:

$$(5\,\text{a.}) \quad \prod_{\substack{\chi \text{ in } \mathfrak{K} \\ \chi \neq \varepsilon}} L(1|\chi) = \frac{2^{k-1}}{\sqrt{F}} \prod_{\substack{\chi \text{ in } \mathfrak{K} \\ \chi \neq \varepsilon}} \left(- \sum_{\pm\,x \bmod. f(\chi)}^{+} \chi(x) \log\left(2\sin\frac{\pi x}{f(\chi)} \right) \right).$$

b) K komplex

Die k_0 geraden χ_0 liefern entsprechend wie eben hier den Faktor 2^{k_0-1}.

Jedes ungerade nicht-quadratische Paar χ_1, $\bar{\chi}_1$ liefert nach (1.) den Vorzeichenfaktor $\chi_1(-1) = -1 = i^2$.

Jedes ungerade quadratische χ_1 liefert nach (2.) den vierten Einheitswurzelfaktor i.

Die k_0 ungeraden χ_1 liefern demnach zusammen den vierten Einheitswurzelfaktor i^{k_0}. Dieser wird durch die k_0 Nennerfaktoren i gerade herausgehoben.

Es bleiben dann nur noch die k_0 Zählerfaktoren π.

Insgesamt ergibt sich somit die Endformel:

$$(5\,\text{b.}) \quad \prod_{\substack{\chi \text{ in } \mathfrak{K} \\ \chi \neq \varepsilon}} L(1|\chi) = \frac{2^{k_0-1}(2\pi)^{k_0}}{\sqrt{F}} \cdot$$

$$\cdot \prod_{\substack{\chi_0 \neq \varepsilon \text{ in } \mathfrak{K} \\ \chi_0(-1)=1}} \left(- \sum_{\pm\, \bmod. f(\chi_0)}^{+} \chi_0(x) \log\left(2\sin\frac{\pi x}{f(\chi_0)} \right) \right) \cdot$$

$$\cdot \prod_{\substack{\chi_1 \text{ in } \mathfrak{K} \\ \chi_1(-1)=-1}} \left(- \frac{\displaystyle\sum_{x \bmod. f(\chi_1)}^{+} \chi_1(x)\, x}{2 f(\chi_1)} \right).$$

Dabei haben wir in den k_0 Faktoren des zweiten Produkts noch jeweils den Nennerfaktor 2 hinzugesetzt und dies durch den Faktor 2 an π kompensiert; das erweist sich nämlich als arithmetisch sinnvoll.

Trägt man nun die Ergebnisse (5.) in die am Schluß von § 15,5 angeführte Klassenzahlformel

$$(6.) \qquad h = \frac{w\sqrt{|d|}}{(2\,\tilde\omega)^{\frac{1}{2}k}\,R} \prod_{\substack{\chi \text{ in } \mathfrak{K}\\ \chi \,\neq\, \varepsilon}} L\,(1|\chi) = \left\{ \begin{array}{c} \dfrac{\sqrt{|d|}}{2^{k-1}\,R} \\[2ex] \dfrac{w\sqrt{|d|}}{(2\,\pi)^{k_0}\,R} \end{array} \right\} \prod_{\substack{\chi \text{ in } \mathfrak{K}\\ \chi \,\neq\, \varepsilon}} L\,(1|\chi)$$

ein, so bekommt diese zunächst die Gestalt

$$h = \left\{ \begin{array}{l} \dfrac{1}{R}\sqrt{\dfrac{|d|}{F}} \cdot \displaystyle\prod_{\chi \,\neq\, \varepsilon}, \quad \text{wenn K reell} \\[3ex] \dfrac{w}{2^{-k_0+1}\,R}\sqrt{\dfrac{|d|}{F}} \cdot \displaystyle\prod_{\chi_0 \,\neq\, \varepsilon} \cdot \prod_{\chi_1}, \quad \text{wenn K komplex} \end{array} \right\},$$

wo die Produktzeichen zur Abkürzung für die Produktausdrücke aus den Formeln (5.) stehen.

Zu der so gewonnenen geschlossenen Klassenzahlformel ist noch zweierlei zu bemerken.

Erstens kann man zeigen, daß das zuvor eingeführte Führerprodukt gerade den Wert

$$F = \prod_{\chi \text{ in } \mathfrak{K}} f\,(\chi) = |d|$$

hat, so daß der voranstehende Zusatzfaktor $\sqrt{\dfrac{|d|}{F}} = 1$ wird. Diese Tatsache ergibt sich, indem man in Verschärfung des Diskriminantensatzes aus § 15,5 für die Körper K vom betrachteten Typus die Exponenten, zu denen die einzelnen in K verzweigten Primzahlen in der Diskriminante d von K stecken, genau bestimmt. Für die quadratischen Körper K kennen wir diesen Zusammenhang bereits aus den Ausführungen zu Beginn von § 17,2.

Zweitens stellt sich heraus, daß im Falle eines komplexen Körpers K die Bildung $2^{-k_0+1}R$ im wesentlichen der Regulator R_0 des größten reellen Teilkörpers K_0 ist. Ein Blick auf die Definitionsformel für R in § 15,5 zeigt ja, daß im komplexen Falle aus der k_0-reihigen Determinante R gerade der Faktor 2^{k_0-1} herausgezogen werden kann und dann eine entsprechende Determinante aus reinen Logarithmen von Einheitenbeträgen stehenbleibt. Man kann dann zeigen, daß zwischen dieser Determinante $2^{-k_0+1}\,R$ und R_0 der Zusammenhang

$$R_0 = Q \cdot \frac{R}{2^{k_0-1}}$$

besteht, wo der Zusatzfaktor

$$Q = 1 \text{ oder } 2 \text{ ist,}$$

je nachdem ein Grundeinheitensystem von K_0 auch ein solches von K ist oder nicht. Dieser Zusatzfaktor Q ist eine weitere arithmetische Invariante von K, die man den *Einheitenindex* von K/K_0 nennt, weil er angibt, welchen Index die Gruppe der Einheitenbeträge von K_0 in der von K hat. Für die imaginär-quadratischen Körper K ist trivialerweise $Q = 1$.

Beachtet man nun, daß das in der Formel für den komplexen Fall auftretende Teilprodukt $\dfrac{1}{R_0} \prod\limits_{\chi_0 \neq \varepsilon}$ nach der Formel für den reellen Fall gerade die Klassenzahl h_0 von K_0 ist, so bekommt demnach die Formel für die Klassenzahl h der Teilkörper K von Einheitswurzelkörpern P_m die endgültige Gestalt:

$$(7\,\text{a.}) \quad h = \frac{1}{R} \prod_{\substack{\chi \text{ in } \Re \\ \chi \neq \varepsilon}} \left(- \sum\limits_{\pm\ x \bmod. f(\chi)}^{+} \chi(x) \log\left(2 \sin \frac{\pi x}{f(\chi)}\right)\right), \text{ wenn } K \text{ reell,}$$

$$(7\,\text{b.}) \quad h = Q\,w\,h_0 \prod_{\substack{\chi \text{ in } \Re \\ \chi(-1) = -1}} \left(- \frac{\sum\limits_{x \bmod. f(\chi)}^{+} \chi(x)\,x}{2 f(\chi)} \right), \text{ wenn } K \text{ komplex.}$$

Dabei ist

R der Regulator von K,
w die Einheitswurzelanzahl von K,
Q der Einheitenindex von K/K_0,
h_0 die Klassenzahl von K_0,

wo K_0 der größte reelle Teilkörper von K ist, und χ durchläuft die Charaktere (mit den angegebenen Eigenschaften) aus der K zugeordneten Charaktergruppe $\Re$, die sich aus den Charakteren der Galoisschen Gruppe von K ergeben, indem man diese als Faktorgruppe $\mathfrak{G}/\mathfrak{H}$ der primen Restklassengruppe mod. m darstellt.

Zum vollständigen Beweis der Klassenzahlformel (7.) muß natürlich die hier nur angeführte analytische Klassenzahlformel (6.) bewiesen werden, die ihrerseits eine unmittelbare Folge aus dem Grenzwertsatz in § 15,5 ist. Um das durchzuführen, hat man die in §§ 16,17 nach der Methode von Kummer entwickelte Arithmetik der quadratischen Zahlkörper auf die Teilkörper K von Einheitswurzelkörpern zu verallgemeinern und dann den Grenzwertsatz durch entsprechende Verallgemeinerung der geometrischen Schlußweise aus 1 für diese Körper K zu beweisen. KUMMER selbst hat seine Methode nicht für die quadratischen Körper, sondern für die vollen Einheitswurzelkörper P_m entwickelt, und zwar zunächst für den Spezialfall einer Primzahl $m = p$, dann später auch allgemein; von ihm stammt auch die Klassenzahlformel (7.). Mit diesen Hinweisen müssen wir uns hier begnügen.

Es ist sehr reizvoll, der arithmetischen Struktur der Kummerschen Klassenzahlformel (7.) weiter nachzugehen. Gemäß der Bedeutung von h als einer Klassenzahl stellen ja die einigermaßen komplizierten Ausdrücke rechts natürliche Zahlen dar. Das sieht man ihnen aber nicht unmittelbar an, und es scheint auch zunächst so, als ob man zur tatsächlichen Berechnung der Klassenzahl Tafeln für die trigonometrischen Funktionen und Logarithmen heranzuziehen hat, Hilfsmittel, die vom arithmetischen Standpunkt aus fremdartig und unerwünscht sind. In einer Monographie[1] über die Kummersche Klassenzahlformel bin ich auf diese Fragen – und auch auf die keineswegs leichte Bestimmung des Einheitenindex Q – ausführlich eingegangen und habe Methoden entwickelt, nach denen man die Formel zu einer rein arithmetischen Berechnung der Klassenzahl (also ohne Benutzung von Tafeln) verwenden kann.

Für den Fall der quadratischen Zahlkörper sollen diese letzteren Fragestellungen anschließend behandelt werden.

4. Die quadratische Klassenzahlformel

Nach dieser Einschaltung 3 über den allgemeinen Fall, die uns als Schlußstein zu der allgemeinen Überschau in § 15,5 geboten schien, nehmen wir nunmehr den Faden unserer Untersuchung des quadratischen Falles aus 1 und 2 wieder auf.

Aus den geschlossenen Summenformeln 2, (4.) für die L-Reihen ergibt sich durch Eintragen in die analytische Klassenzahlformel 1,II unter Vorwegnahme der in § 20,5 durchzuführenden Vorzeichenbestimmung 3, (2.) der normierten quadratischen Gaußschen Summe $\tau(\chi)$ und Beachtung von $f(\chi) = |d|$, sowie $\chi(x) = \left(\dfrac{d}{x}\right)$ ohne weiteres:

III. *Für die Klassenzahl h des quadratischen Zahlkörpers* $\mathsf{K} = \mathsf{P}\left(\sqrt{d}\right)$ *gelten die Formeln*

$$h = w \,\frac{- \sum\limits_{x \bmod. |d|}^{+} \left(\dfrac{d}{x}\right) x}{2\,|d|} \qquad \text{für } d < 0,$$

$$h = \frac{- \sum\limits_{\pm\, x \bmod. d}^{+} \left(\dfrac{d}{x}\right) \log\left(2 \sin \dfrac{\pi x}{d}\right)}{\log \varepsilon_1} \qquad \text{für } d > 0,$$

---

[1] H. Hasse: Über die Klassenzahl abelscher Zahlkörper, Akad.-Verlag, Berlin 1952. – Siehe außerdem die dadurch angeregten Arbeiten von H. W. Leopoldt in Abh. Deutsche Akad. d. Wiss., Math.-Naturw. Kl., Jahrg. 1953, Nr. 2; Sitz. Ber. Bayer. Akad. d. Wiss., Math.-Naturwiss. Kl., Jahrg. 1956, 41–48; Rendic. Circ. Mat. Palermo (2) 11 (1960), 1–12; Journ. reine angew. Math. 209 (1962), 54–71. 214/15 (1964), 328–339 (letztere gemeinsam mit T. Kubota).

oder also

$$\varepsilon_1^h = \underset{\pm\, x \,\mathrm{mod.}\, d}{\prod{}^+} \left(2 \sin \frac{\pi x}{d}\right)^{-\left(\frac{d}{x}\right)} \qquad \textit{für } d > 0,$$

wo w die Einheitswurzelanzahl bzw. ε_1 die Grundeinheit von K *bedeutet.*

Dabei sind wir für $d > 0$ (K reell) von der additiven logarithmischen zur multiplikativen Schreibweise übergegangen, was hier – anders als im allgemeinen Falle 3, (7a.) – möglich ist, weil sich der Regulator auf die einreihige Determinante $R = \log \varepsilon_1$ reduziert und nur die beiden ganzrationalen Charakterwerte $\chi(x) = \left(\frac{d}{x}\right) = \pm 1$ vorkommen.

Oft findet man diese Formeln auch in der folgenden abgekürzten Form geschrieben:

$$(1\,\mathrm{a.}) \qquad h = \frac{w}{2} \frac{\sum\limits_b{}^+ b - \sum\limits_a{}^+ a}{|d|} \qquad \text{für } d < 0,$$

$$(1\,\mathrm{b.}) \qquad \varepsilon_1^h = \frac{\underset{\pm\, b}{\prod{}^+}\, 2 \sin \dfrac{\pi b}{d}}{\underset{\pm\, a}{\prod{}^+}\, 2 \sin \dfrac{\pi a}{d}} \qquad \text{für } d > 0,$$

wo a, b die Zahlen des kleinsten positiven Restsystems bzw. Halbsystems mod. $|d|$ – also in jedem Falle (§ 9,**5**) des kleinsten positiven Halbsystems mod. d – mit $\left(\frac{d}{a}\right) = 1$, $\left(\frac{d}{b}\right) = -1$ durchlaufen sollen. Diese sind nach dem Reziprozitätsgesetz auch durch die gruppentheoretische Einteilung der primen Restklassen mod. d aus § 9,**6**,VI charakterisiert, nämlich als die Zahlen a aus der dortigen Gruppe $\mathfrak{H}$ und die Zahlen b aus ihrer Nebenklasse $\mathfrak{G}$–$\mathfrak{H}$. Sie mögen im folgenden kurz die „Reste" und „Nichtreste" genannt werden, obwohl es sich nur im Falle einer Primzahldiskriminante $d = p^*$ um die quadratischen Reste und Nichtreste mod. p im gewöhnlichen Sinne handelt (vgl. die Bemerkung zu § 9,**2**,III).

Für $d > 0$ könnte man die Faktoren 2 im Zähler und Nenner weglassen; da nämlich das Kroneckersche Symbol $\left(\frac{d}{x}\right)$ für $d > 0$ nicht nur als Zahlfunktion, sondern nach § 13,**7**,XVIII auch als Restklassencharakter gerade ist, gilt dann $\underset{\pm\, x \,\mathrm{mod.}\, d}{\sum{}^+} \left(\frac{d}{x}\right) = 0$, so daß die „Reste" a und „Nichtreste" b in der gleichen Anzahl $\frac{1}{4}\varphi(d)$ vorhanden sind. Aus arithmetischem Grunde, der nachher hervortreten wird, ist es jedoch vernünftiger, diese Faktoren 2 stehenzulassen und ihnen sogar noch die Faktoren i beizugeben.

Gemäß der Bedeutung von h als der Klassenzahl von K stellen die Ausdrücke auf der rechten Seite der ursprünglichen Formeln aus III natürliche, also ganzrationale positive Zahlen dar. Dies sieht man ihnen aber nicht ohne weiteres an. Im Falle $d < 0$ liegt wenigstens ihre Rationalität auf der Hand, im Falle $d > 0$ nicht einmal diese. Wir stellen uns die Aufgabe, den arithmetischen Charakter jener Ausdrücke unmittelbar in Evidenz zu setzen. Diese Aufgabe zerfällt in zwei Teile; es ist erstens die Positivität und zweitens die Ganzrationalität in Evidenz zu setzen.

A. Positivität

Die Positivität von h in den Formeln (1.) ist gleichbedeutend mit einer Aussage über die Verteilung der „Reste" a und „Nichtreste" b im kleinsten positiven Halbsystem mod. d. Die Formel (1 a.) besagt in dieser Hinsicht, daß das arithmetische Mittel der Nichtreste größer ist als das der Reste. Die Formel (1 b.) besagt entsprechend, daß die mittels der Funktion $2 \sin \frac{\pi x}{d}$ vollzogene multiplikative Mittelbildung für die Nichtreste einen größeren Wert ergibt als für die Reste.

Diese Verteilungsaussagen sind gegenüber den in § 10 für den Spezialfall eines Primzahlmoduls $p \neq 2$ behandelten von neuartigem Typus. Sie liegen recht tief. Die Quelle, aus der sie sich hier ergeben haben, ist die auf analytischem Wege bewiesene Klassenzahlformel. In neuerer Zeit ist es WENKOFF gelungen, für negative Diskriminanten $d \not\equiv 1$ mod. 8 einen rein arithmetischen Beweis für die Dirichletsche Klassenzahlformel und damit dann auch für die erste dieser Verteilungsaussagen zu geben, der sich auf die Theorie der ternären quadratischen Form $x^2 + y^2 + z^2$ und die Kettenbruchentwicklung stützt[1]. Mit diesem Hinweis müssen wir uns hier begnügen.

Wir wollen aber noch zwei Bemerkungen zu dieser Frage anfügen.

Erstens bemerken wir, daß ohne Benutzung der genauen Vorzeichenbestimmung 3, (2.) der normierten quadratischen Gaußschen Summe die Formeln aus III nur mit einem offen bleibenden Vorzeichenfaktor herauskommen, eben gerade dem Vorzeichen jener Gaußschen Summe. Ein direkter Beweis der Positivität der in Rede stehenden Ausdrücke ergibt mithin eine, wenn auch recht umwegige, Vorzeichenbestimmung der normierten quadratischen Gaußschen Summe.

Zweitens bemerken wir, daß ein solcher direkter Positivitätsbeweis für den quadratischen Fall sofort auch die entsprechende Positivitätsaussage für die Ausdrücke in der allgemeinen Klassenzahlformel 3, (7.) liefert; denn in den dortigen Produkten treten ja die nicht-quadratischen

---

[1] A. W. WENKOFF: Über die Klassenzahl positiver binärer quadratischer Formen. Math. Ztschr. **33** (1931), 350–374.

Charakteren entsprechenden Glieder zu Paaren konjugiert-komplexer zusammen, deren Produkt jeweils positiv ist. Die allgemeine Klassenzahlformel 3, (7.) liefert demnach keine wesentlich neuen Verteilungsaussagen über Charakterwerte in primen Restsystemen mod. m.

B. Ganzrationalität

Den Nachweis der Ganzrationalität der Ausdrücke für h in III knüpfen wir in jedem der beiden Fälle $d \lessgtr 0$ an eine Umformung dieser Ausdrücke in eine neue Gestalt an, die im Falle $d < 0$ für die numerische Berechnung von h bequemer ist, und im Falle $d > 0$ eine solche überhaupt erst auf rein arithmetische Art möglich macht.

a) Imaginär-quadratische Zahlkörper ($d < 0$)

Nach § 16,4,VIIIa ist im allgemeinen $w = 2$; nur für die beiden absolut-kleinsten negativen Diskriminanten $d = -3$, -4 hat man $w = 6, 4$.

Wir nehmen diese beiden letzteren Ausnahmefälle $d = -3$, -4 vorweg, um sie der Gleichförmigkeit halber nachher ausschließen zu können. Die Formel (1a.) liefert für sie

$$h = 3 \cdot \frac{2-1}{3} = 1 \quad \text{bzw.} \quad h = 2 \cdot \frac{3-1}{4} = 1,$$

wie wir bereits aus § 16,6,XXII A oder § 17,5 wissen.

Für alle übrigen negativen Diskriminanten d lautet die Klassenzahlformel aus III einfacher:

$$(2\,\text{a.}) \qquad h = \frac{-\sum\limits_{x \bmod. |d|}^{+} \left(\dfrac{d}{x}\right) x}{|d|} \qquad (d \neq -3, -4).$$

Wir reduzieren hierin die Summation auf das kleinste positive prime Halbsystem mod. $|d|$. Da $\left(\dfrac{d}{x}\right)$ als Restklassencharakter ungerade ist (§ 13,7,XVIII), ergibt diese Reduktion

$$(3\,\text{a.}) \qquad h = \sum\limits_{\pm x \bmod. |d|}^{+} \left(\frac{d}{x}\right) - \frac{2 \sum\limits_{\pm x \bmod. |d|}^{+} \left(\dfrac{d}{x}\right) x}{|d|} \qquad (d \neq -3, -4).$$

Diese Formel ist für die numerische Rechnung bequemer, weil man in ihr (genau wie im Falle $d > 0$) nur noch die primen Reste x mod. $|d|$ mit $0 < x < \frac{1}{2} |d|$ in Betracht zu ziehen hat.

Die Ganzrationalität von h in der Formel (3a.) läuft auf die folgende Tatsache hinaus, die sich leicht rein-arithmetisch beweisen läßt:

IVa. *Die Summe*

$$S = \sum\limits_{\pm x \bmod. |d|}^{+} \left(\frac{d}{x}\right) x$$

hat für $d \neq -3,\ -4$ *die Kongruenzeigenschaft*

$$S \equiv 0 \left\{ \begin{array}{ll} \text{mod. } |d|, & \text{für } \quad 2 \nmid d \\[2mm] \text{mod. } \dfrac{1}{2}\,|d| & \text{für} \quad 2 \mid d \end{array} \right\}.$$

Beweis. Um diese Aussage unabhängig von der Auswahl des Halbsystems x mod. $|d|$ zu machen, gehen wir von dem zwar als Restklassencharakter ungeraden, aber als Zahlfunktion geraden Kroneckerschen Symbol $\left(\dfrac{d}{x}\right)$ vom Führer d gemäß § 13,7 zu dem in beiderlei Sinne ungeraden Charakter

$$\chi(x) = \operatorname{sgn} x \left(\frac{d}{x}\right)$$

vom Führer $|d|$ über. Da $\chi(x) = \left(\dfrac{d}{x}\right)$ für $x > 0$ ist, kann $\left(\dfrac{d}{a}\right)$ in der Definition von S durch $\chi(x)$ ersetzt werden, und da auch die Restklasse x mod. $|d|$ in beiderlei Sinne ungerade und somit die Restklasse $\chi(x)\,x$ mod. $|d|$ in beiderlei Sinne gerade ist, ist nach dieser Ersetzung der Kongruenzwert

$$S \equiv \sum_{\pm\,x \bmod. |d|} \chi(x)\,x \text{ mod. } |d|$$

unabhängig von der Auswahl des primen Halbsystems mod. $|d|$.

Nun durchläuft ax mit x für zu d primes a ein primes Halbsystem mod. $|d|$. Daher hat der Kongruenzwert S mod. $|d|$ die Eigenschaft

$$\chi(a)\,aS \equiv S \text{ mod. } |d| \quad \text{für} \quad (a, d) = 1.$$

Hiernach wird die Behauptung bewiesen sein, wenn es gelingt, zu jedem Primteiler $p \neq 2$ von d ein zu d primes positives a_p mit

$$\chi(a_p)\,a_p \not\equiv 1 \text{ mod. } p, \quad \text{oder also} \quad a_p \not\equiv \left(\frac{d}{a_p}\right) \text{ mod. } p,$$

und, falls $2 \mid d$, auch noch ein zu d primes positives a_2 mit

$$\chi(a_2)\,a_2 \not\equiv 1 \text{ mod. } 4, \quad \text{oder also} \quad a_2 \not\equiv \left(\frac{d}{a_2}\right) \text{ mod. } 4,$$

zu finden. Dies gelingt nun in der Tat, wenn $d \neq -3,\ -4$ ist.

Ist zunächst $p \neq 2,\ 3$, so gibt es ein zu p primes $a_p \not\equiv \pm 1$ mod. p, und dieses kann auch prim zu d und positiv gewählt werden. Dann erfüllt es die gestellte Forderung.

Ist ferner $p = 3$ und $d = -3d_0$, wo dann d_0 wegen $d \neq -3$ eine positive Nichtquadratzahl ist, und bestände für alle zu d primen positiven a die Kongruenz

$$a \equiv \left(\frac{d}{a}\right) \text{ mod. } 3,$$

so folgte wegen

$$a \equiv \left(\frac{-3}{a}\right) \bmod. 3,$$

daß für alle zu d primen positiven a die Kongruenz

$$1 \equiv \left(\frac{d_0}{a}\right) \bmod. 3$$

bestände, daß also für alle diese a – und damit dann auch für alle nur zu d_0 primen a beliebigen Vorzeichens – das Symbol $\left(\frac{d_0}{a}\right) = 1$ wäre. Dies ist aber, weil d_0 Nichtquadrat ist, nach § 9,6,VI nicht der Fall.

Ist schließlich $2\,|\,d$ und $d = -4d_0$, wo dann d_0 wegen $d \neq -4$ eine positive Nichtquadratzahl ist, und bestände für alle zu d primen positiven a die Kongruenz

$$a \equiv \left(\frac{d}{a}\right) \bmod. 4,$$

so folgte wieder wegen

$$a \equiv \left(\frac{-4}{a}\right) \bmod. 4,$$

daß für alle zu d primen positiven a die Kongruenz

$$1 \equiv \left(\frac{d_0}{a}\right) \bmod. 4$$

bestände, also für alle diese a – und damit dann auch für alle nur zu d_0 primen a beliebigen Vorzeichens – das Symbol $\left(\frac{d_0}{a}\right) = 1$ wäre. Dies ist aber wieder, weil d_0 Nichtquadrat ist, nach § 9,6,VI nicht der Fall.

Hiermit ist die Aussage IVa bewiesen und damit nach dem schon Gesagten unser rein arithmetischer Ganzrationalitätsbeweis erbracht.

Über diesen Ganzrationalitätsbeweis hinaus, der ja nur die rein arithmetische Bestätigung einer auf analytischem Wege bereits festgestellten Tatsache ist, kann man aus der Klassenzahlformel auch neue arithmetische Tatsachen ablesen. Wir begnügen uns hier mit der folgenden Feststellung, für die wir dann in § 19,4 einen rein-arithmetischen Beweis geben werden:

Va. *Die imaginär-quadratischen Zahlkörper* $K = P\left(\sqrt{d}\right)$, *deren Diskriminante d nur eine Primzahl p enthält, also die Körper*

$$K = P\left(\sqrt{-1}\right), \quad P\left(\sqrt{-2}\right), \quad P\left(\sqrt{-p}\right)(p \equiv -1 \bmod. 4),$$

haben ungerade Klassenzahl h.

Beweis. Für $P\left(\sqrt{-1}\right)(d = -4)$ und $P\left(\sqrt{-3}\right)(d = -3)$ ist $h = 1$. Für $P\left(\sqrt{-2}\right)(d = -8)$ ist nach (2a.) ebenso

$$h = \frac{(5 + 7) - (1 + 3)}{8} = 1.$$

Für $P\left(\sqrt{-p}\right)$ mit $p \neq 2, 3$ und $p \equiv -1 \bmod. 4$ $(d = -p)$ ergibt sich der Kongruenzwert von $h \bmod. 2$ nach (2a.) und wegen $\left(\dfrac{-p}{x}\right) \equiv 1 \bmod. 2$ zu

$$h \equiv \sum_{x \bmod. p}^{+} x = \frac{p\,(p-1)}{2} \equiv \frac{p-1}{2} \equiv 1 \bmod. 2 \, .$$

Wie wir hier nur anführen wollen, kann man durch Verallgemeinerung dieser Schlußweise beweisen, daß für eine beliebige negative Diskriminante d, die genau r verschiedene Primzahlen enthält, die Klassenzahl h durch die Potenz 2^{r-1} teilbar ist; wir verweisen dazu auf die vorher zitierte Monographie. Rein arithmetisch ergibt sich diese Tatsache aus der sog. Geschlechtertheorie der quadratischen Zahlkörper, auf die wir in diesem Buch nicht eingehen können.

Die numerische Berechnung von h bei gegebenem d nach der Formel (3a.) sei am Beispiel $\underline{d = -23}$ erläutert, auf das wir den Leser bereits in § 17,5 hinwiesen:

x	1	2	3	4	5	6	7	8	9	10	11
$\left(\dfrac{d}{x}\right)$	$-$	$-$	$+$	$+$	$-$	$+$	$-$	$+$	$+$	$-$	$-$

$$\pm\sum_{x \bmod. |d|}^{+} \left(\frac{d}{x}\right) = 3, \qquad \pm\sum_{x \bmod. |d|}^{+} \left(\frac{d}{x}\right) x = 0,$$

$$h = 3 - \frac{2 \cdot 0}{23} = 3 \, .$$

Dies Beispiel zeigt, daß für $d < 0$ im kleinsten positiven Halbsystem mod. $|d|$ anders als für $d > 0$ die „Reste" a und „Nichtreste" b nicht notwendig in gleicher Anzahl vorhanden sind; im kleinsten positiven Restsystem mod. $|d|$, das in der ursprünglichen Formel (2a.) zugrunde liegt, sind beide natürlich in der gleichen Anzahl $\frac{1}{2}\,\varphi\,(|d|)$ vorhanden.

b) Reell-quadratische Zahlkörper $(d > 0)$

In der Klassenzahlformel aus III treten die Funktionswerte $2\sin\dfrac{\pi x}{d}$ auf, zu denen man, wie dort schon gesagt, auch noch jeweils den Faktor i hinzusetzen kann. Wir schreiben für diese Werte, ihrer Entstehung in **2** gemäß, wieder

$$2\,i \sin\frac{\pi x}{d} = \zeta^{\frac{x}{2}} - \zeta^{-\frac{x}{2}} = Z^{x} - Z^{-x} \, ,$$

wo

$$\zeta = e^{\frac{2\pi i}{d}}, \qquad Z = \zeta^{\frac{1}{2}} = e^{\frac{\pi i}{d}}$$

die analytisch normierten primitiven Einheitswurzeln der Ordnungen d, $2d$ bedeuten. Dann lautet die Klassenzahlformel

$$(2\,\text{b.}) \qquad \varepsilon_1^h = \mathop{\Pi^{+}}_{\pm\, x \bmod d} \left(\mathsf{Z}^x - \mathsf{Z}^{-x}\right)^{-\left(\frac{d}{x}\right)}.$$

Die Ganzrationalität von h in dieser Formel ist gleichbedeutend mit der Tatsache, daß die Zahl

$$\varepsilon = \mathop{\Pi^{+}}_{\pm\, x \bmod d} \left(\mathsf{Z}^x - \mathsf{Z}^{-x}\right)^{-\left(\frac{d}{x}\right)}$$

aus dem Körper $\mathsf{P}_{2d} = \mathsf{P}\,(\mathsf{Z})$ der $2d$-ten Einheitswurzeln in Wahrheit schon dem darin [und auch schon in $\mathsf{P}_d = \mathsf{P}\,(\zeta)$] nach § 15,5,X enthaltenen Teilkörper $\mathsf{K} = \mathsf{P}\left(\sqrt{d}\right)$ angehört, und daß sie eine Einheit ist. Die Klassenzahl h gibt dann an, welche Potenz der Grundeinheit ε_1 von K diese sog. *Kreiseinheit* ε ist, und die so resultierende Deutung kann als Ausgangspunkt für die numerische Berechnung von h bei gegebenem d genommen werden.

Wir beweisen demgemäß jetzt rein arithmetisch:

IVb. *Die Zahl*

$$\varepsilon = \mathop{\Pi^{+}}_{\pm\, x \bmod d} \left(\mathsf{Z}^x - \mathsf{Z}^{-x}\right)^{-\left(\frac{d}{x}\right)}$$

aus dem Einheitswurzelkörper $\mathsf{P}_{2d} = \mathsf{P}\,(\mathsf{Z})$ *gehört dem quadratischen Teilkörper* $\mathsf{K} = \mathsf{P}\left(\sqrt{d}\right)$ *an und ist eine Einheit.*

Beweis. a) Wie in § 15,5 ausgeführt, wird die Galoissche Gruppe von $\mathsf{P}_{2d} = \mathsf{P}\,(\mathsf{Z})$ durch die Substitutionen $\mathsf{Z} \to \mathsf{Z}^c$ mit primen $c \bmod 2\,d$ gegeben und stellt sich demgemäß isomorph durch die Multiplikationsgruppe $\mathfrak{G}$ der primen Restklassen $c \bmod 2\,d$ dar.

Der Teilkörper $\mathsf{P}_d = \mathsf{P}\,(\zeta)$ zeigt verschiedenes Verhalten, je nachdem d ungerade oder gerade ist.

Für ungerades d ist $\mathsf{Z} = -\zeta^{\frac{d+1}{2}}$ und demnach $\mathsf{P}_{2d} = \mathsf{P}_d$, wie auch aus der Gradgleichheit $\varphi\,(2d) = \varphi\,(d)$ klar ist.

Für gerades d ist $\varphi\,(2d) = 2\varphi\,(d)$, also $\mathsf{P}_{2d} = \mathsf{P}\left(\sqrt{\zeta}\right)$ vom Relativgrad 2 über P_d. In diesem Falle sind die Zahlen aus P_d innerhalb P_{2d} dadurch charakterisiert, daß sie bei dem Automorphismus

$$\left(\sqrt{\zeta} \to -\sqrt{\zeta}\right) = (\mathsf{Z} \to -\mathsf{Z}) = (\mathsf{Z} \to \mathsf{Z}^{1+d})$$

invariant sind.

Die Zahlen des Teilkörpers $\mathsf{K} = \mathsf{P}\left(\sqrt{d}\right)$ sind nach § 15,5,X innerhalb $\mathsf{P}_d = \mathsf{P}\,(\zeta)$ dadurch charakterisiert, daß sie bei den Automorphismen $\zeta \to \zeta^a$ mit $\left(\frac{d}{a}\right) = 1$ invariant sind. Wir denken die primen Restklassen $a \bmod d$ mit dieser Eigenschaft durch ungerade, also sogar zu $2d$

prime Zahlen repräsentiert (was für ungerades d durch evtl. Übergang von a zu $a + d$ erreicht werden kann, für gerades d von selbst der Fall ist). Dann lassen sich die Automorphismen $\zeta \to \zeta^a$ von P_d in jedem Falle als durch die Automorphismen $\mathsf{Z} \to \mathsf{Z}^a$ von P_{2d} geliefert ansehen (wobei die letzteren durch a mod. d für ungerades d eindeutig bestimmt sind, für gerades d nur bis auf einen willkürlichen zusätzlichen Automorphismus $\mathsf{Z} \to \pm\mathsf{Z}$ festliegen).

Um die Zugehörigkeit von ε zum Teilkörper K zu zeigen, sind nach alledem die folgenden beiden Feststellungen zu machen:

1. (*Zugehörigkeit zu* P_d). *Für gerades d ist ε bei $\mathsf{Z} \to -\mathsf{Z}$ invariant.*

2. (*Zugehörigkeit sogar zu* K). *In jedem Falle ist ε bei $\mathsf{Z} \to \mathsf{Z}^a$ mit ungeradem a der Eigenschaft $\left(\dfrac{d}{a}\right) = 1$ invariant.*

<u>Ad 1.)</u> Für gerades d besteht das prime Halbsystem x mod. d aus lauter ungeraden Zahlen x. Bei $\mathsf{Z} \to -\mathsf{Z}$ gilt daher für jeden Faktor unseres Produkts $(\mathsf{Z}^x - \mathsf{Z}^{-x}) \to -(\mathsf{Z}^x - \mathsf{Z}^{-x})$, und daher wegen $\displaystyle\sum_{\pm\, x\,\mathrm{mod.}\, d}^{+} \left(\dfrac{d}{x}\right) = 0$ für das Produkt selbst $\varepsilon \to \varepsilon$.

<u>Ad 2.)</u> Dieser Nachweis ist nicht ganz so einfach. Wir bemerken zunächst folgendes. Die einzelnen Faktoren $\mathsf{Z}^x - \mathsf{Z}^{-x}$ unseres Produkts sind bei den Substitutionen $x \to d - x$ invariant. Für ungerades d kann man daher durch solche Substitutionen von dem kleinsten positiven primen Halbsystem x mod. d zu einem aus lauter ungeraden x bestehenden Halbsystem x mod. d mit $0 < x < d$, also dem kleinsten positiven primen Halbsystem mod. $2d$ übergehen. Für gerades d besteht schon das ursprüngliche kleinste positive prime Halbsystem mod. d aus lauter ungeraden x. Wir schreiben demgemäß unser Produkt in der Form

$$\varepsilon = \prod_{\pm\, x\,\mathrm{mod.}\, \hat{d}}^{+} \left(\mathsf{Z}^x - \mathsf{Z}^{-x}\right)^{-\left(\frac{d}{x}\right)} \quad \text{mit} \quad \hat{d} = \begin{cases} 2d & \text{für } 2 \nmid d \\ d & \text{für } 2 \mid d \end{cases}$$

mit nunmehr durchweg **ungeraden** x. Wir haben dann zu zeigen, daß für ungerades a mit $\left(\dfrac{d}{a}\right) = 1$ das Produkt

$$\varepsilon^{(a)} = \prod_{\pm\, x\,\mathrm{mod.}\, \hat{d}}^{+} \left(\mathsf{Z}^{ax} - \mathsf{Z}^{-ax}\right)^{-\left(\frac{d}{x}\right)} = \varepsilon$$

ist.

Dazu setzen wir, nach dem Muster des Beweises für das Gaußsche Lemma in § 6,6, aber hier allgemeiner, die Reduktion des primen Halbsystems ax mod. $\hat{d}$ auf das kleinste positive prime Halbsystem x mod. $\hat{d}$ an. Sie hat die Form

$$ax \equiv \begin{cases} (-1)^{\alpha_x}\, x' \ \mathrm{mod.}\, 2d & \text{für } 2 \nmid d \\ (-1)^{\alpha_x}\, x' + \beta_x d \equiv (-1)^{\alpha_x}\, x'\, (1 + d)^{\beta_x}\, \mathrm{mod.}\, 2d & \text{für } 2 \mid d \end{cases}$$

mit einer Permutation x' der x und Exponenten α_x, β_x mod. 2. Da $Z^{x'} - Z^{-x'}$ sowohl bei $x' \to -x'$ als auch bei $x' \to x'(1+d)$ nur sein Vorzeichen ändert, wird demnach

$$Z^{ax} - Z^{-ax} = \begin{cases} (-1)^{\alpha_x}(Z^{x'} - Z^{-x'}) & \text{für } 2 \nmid d \\ (-1)^{\alpha_x + \beta_x}(Z^{x'} - Z^{-x'}) & \text{für } 2 \mid d \end{cases},$$

und wegen $\left(\dfrac{d}{x}\right) = \left(\dfrac{d}{ax}\right) = \left(\dfrac{d}{(-1)^{\alpha_x} x'}\right) = \left(\dfrac{d}{x'}\right)$ somit

$$\varepsilon^{(a)} = \begin{cases} (-1)^{\alpha}\varepsilon & \text{für } 2 \nmid d \\ (-1)^{\alpha+\beta}\varepsilon & \text{für } 2 \mid d \end{cases}$$

mit

$$\alpha \equiv \sum_{\pm x \bmod. \hat{d}}^{+} \alpha_x, \quad \beta \equiv \sum_{\pm x \bmod. \hat{d}}^{+} \beta_x \bmod. 2.$$

Unsere Behauptung reduziert sich mithin auf die Feststellung, daß die hier auftretenden Exponentensummen α bzw. $\alpha + \beta \equiv 0$ mod. 2 sind.

Entsprechend wie im Beweis des Gaußschen Lemmas ergibt sich nun durch Multiplikation der $\frac{1}{2}\varphi(d)$ Reduktionskongruenzen die Kongruenz

$$a^{\frac{1}{2}\varphi(d)} \equiv \begin{cases} (-1)^{\alpha} & \bmod. 2d \quad \text{für } 2 \nmid d \\ (-1)^{\alpha}(1+d)^{\beta} \equiv (-1)^{\alpha} + \beta d \bmod. 2d & \text{für } 2 \mid d \end{cases}.$$

Aus ihr lassen sich die Kongruenzwerte der Exponentensummen mod. 2 wie folgt ermitteln.

Ist $2 \nmid d$ und $d = p\ (\equiv 1$ mod. 4$)$ Primzahl, so ist nach Voraussetzung $\left(\dfrac{p}{a}\right) = \left(\dfrac{a}{p}\right) = 1$, und daher nach dem Eulerschen Kriterium

$$(4_1.) \qquad a^{\frac{1}{2}\varphi(d)} = a^{\frac{p-1}{2}} \equiv 1 \bmod. p, \text{ also mod. } 2d,$$

letzteres, weil a ungerade sein sollte. Daraus folgt $\alpha \equiv 0$ mod. 2.

Ist $2 \nmid d$ und $d = pp' \cdots$ ein Produkt mehrerer (verschiedener) ungerader Primzahlen, so hat man

$$\frac{1}{2}\varphi(d) = \frac{1}{2}\varphi(p)\varphi(p') \cdots \equiv 0 \bmod. \varphi(p), \varphi(p'), \ldots,$$

und daher nach dem kleinen Fermatschen Satz für die einzelnen Primfaktoren

$$(5_1.) \qquad a^{\frac{1}{2}\varphi(d)} \equiv 1 \bmod. p, p', \ldots, \text{ also mod. } 2d,$$

letzteres wieder, weil a ungerade sein sollte. Daraus folgt wieder $\alpha \equiv 0$ mod. 2.

Ist $2\,|\,d$ und $d = 8$, so ist nach Voraussetzung $\left(\dfrac{2}{a}\right) = 1$, also $a \equiv \pm 1$ mod. 8, und daher

$$(4_2.)\qquad a^{\frac{1}{2}\varphi(d)} = a^2 \equiv 1 \bmod. 16, \quad \text{also mod. } 2\,d.$$

Daraus folgt $\alpha \equiv 0$, $\beta \equiv 0$ mod. 2.

Ist $2\,|\,d$ und $d = 4p \cdots$ oder $8p \cdots$ mit mindestens einer ungeraden Primzahl, so hat man wie vorher

$$\frac{1}{2}\varphi(d) \equiv 0 \quad \text{mod. 2 bzw. 4, } \varphi(p),\ \ldots,$$

und daher

$$(5_2.)\qquad a^{\frac{1}{2}\varphi(d)} \equiv 1 \bmod. 8 \text{ bzw. } 16,\ p,\ \ldots, \text{ also mod. } 2\,d.$$

Daraus folgt wieder $\alpha \equiv 0$, $\beta \equiv 0$ mod. 2.

Damit ist nach dem schon Gesagten die Zugehörigkeit von ε zu K bewiesen.

b) Es bleibt zu zeigen, daß ε eine Einheit ist. Dazu stützen wir uns (wie schon in § 8,4,5) auf die elementare Teilbarkeitslehre in $\mathsf{P}_d = \mathsf{P}(\zeta)$, wie sie durch den Integritätsbereich $\mathsf{I}_d = \Gamma[\zeta]$ gegeben ist. Dieser Integritätsbereich erfüllt jedenfalls die sinngemäß verallgemeinerten Forderungen A, B, C aus § 16,3; daß er, wie sich zeigen läßt, auch die dortige Maximalforderung D erfüllt, brauchen wir hier nicht zu wissen. Der Durchschnitt $\mathsf{I}_d \cap \mathsf{K}$ ist im Integritätsbereich I der ganzen Zahlen aus K enthalten; denn für seine Zahlen haben die in bezug auf P_d gebildeten Hauptpolynome ganzrationale Koeffizienten, nach dem Gaußschen Satz (§ 11,2) also auch die zugehörigen normierten irreduziblen Polynome und damit die in bezug auf K gebildeten Hauptpolynome (vgl. dazu auch die allgemeine Feststellung in § 15,5 A). Hiernach genügt es, um ε als Einheit von K zu erweisen, zu zeigen, daß ε und ε^{-1} in I_d liegen.

Wir setzen unser Produkt ε durch Herausziehen der Faktoren Z^{-x} unter Beachtung von $\displaystyle\sum_{\pm x \bmod. d}^{+} \left(\frac{d}{x}\right) = 0$ in die Gestalt

$$\varepsilon = Z^S \prod_{\pm x \bmod. d}^{+} (1 - \zeta^x)^{-\left(\frac{d}{x}\right)},$$

wo der Exponent

$$S = \sum_{\pm x \bmod. d}^{+} \left(\frac{d}{x}\right) x$$

analog zu der in IVa auftretenden Summe gebildet ist, nur daß die Summation jetzt nur über das kleinste positive prime Halbsystem mod. d erstreckt ist. Nach dem schon Bewiesenen gehört Z^S zu P_d. Man kann das auch leicht direkt einsehen. Für ungerades d ist $\mathsf{P}_{2d} = \mathsf{P}_d$, $Z = -\zeta^{\frac{d+1}{2}}$.

Für gerades d ist $S \equiv 0$ mod. 2, weil dann sogar $d \equiv 0$ mod. 4 ist und demnach die einzelnen Restklassen $\left(\dfrac{d}{x}\right) x \equiv x$ mod. 2 bei der Spiegelung $x \to \dfrac{1}{2} d - x$ invariant sind.

Der Faktor $Z^S = \left(-\zeta^{\frac{d+1}{2}}\right)^S$ bzw. $\zeta^{\frac{1}{2}S}$ gehört ersichtlich zu l_d, ebenso auch sein Reziprokes.

Die Faktoren $(1 - \zeta^x)^{-\left(\frac{d}{x}\right)}$ lassen sich entsprechend den je $\dfrac{1}{4}\varphi(d)$ „Resten" a und „Nichtresten" b willkürlich zu Paaren $\dfrac{1 - \zeta^b}{1 - \zeta^a}$ gruppieren.

Bestimmt man dann eine natürliche Zahl $g \equiv \dfrac{b}{a}$ mod. d, so ist der Quotient

$$(6.) \qquad \frac{1 - \zeta^b}{1 - \zeta^a} = \frac{1 - \zeta^{g a}}{1 - \zeta^a} = 1 + \zeta^a + \cdots + \zeta^{(g-1)a},$$

also zu l_d gehörig, und ebenso auch sein Reziprokes.

Damit ist ε als Einheit erwiesen.

Nachdem so die Aussage IVb als Seitenstück zu IVa bewiesen und damit die Ganzrationalität des Ausdrucks für h aus der Klassenzahlformel auch im reellen Fall rein arithmetisch bestätigt ist, beweisen wir analog zu Va hier folgendes:

Vb. *Die reell-quadratischen Körper* $K = P\left(\sqrt{d}\right)$, *deren Diskriminante d nur eine Primzahl p enthält, also die Körper*

$$K = P\left(\sqrt{2}\right), \quad P\left(\sqrt{p}\right) \qquad (p \equiv 1 \; mod. \; 4),$$

haben als Norm der Grundeinheit $N(\varepsilon_1) = -1$ *und ungerade Klassenzahl.*

Beweis. Die beiden Behauptungen ergeben sich gleichzeitig aus der Klassenzahlformel

$$\varepsilon_1^h = \varepsilon,$$

indem man nachweist, daß in den angegebenen Fällen die Norm der Kreiseinheit

$$N(\varepsilon) = -1$$

ist. Das ergibt sich in der Form

$$\varepsilon' = -\varepsilon^{-1}$$

leicht aus dem Beweis von IVb. Man erhält nämlich ε' aus ε durch Anwendung irgendeines Automorphismus $Z \to Z^b$ mit ungeradem b der Eigenschaft $\left(\dfrac{d}{b}\right) = -1$; denn diese Automorphismen bilden gerade die einzige Nebengruppe der dem Teilkörper K von P_{2d} nach der Galoisschen Theorie zugeordneten Untergruppe der Automorphismen $Z \to Z^a$ mit ungeradem a der Eigenschaft $\left(\dfrac{d}{a}\right) = 1$. Ersetzt man demgemäß im ersten Teil des Beweises von IVb den ungeraden „Rest" a durch einen ungeraden „Nichtrest" b, so wird zunächst bei den dortigen Reduktionskongruenzen jetzt $\left(\dfrac{d}{\varkappa}\right) = -\left(\dfrac{d}{b\varkappa}\right) = -\left(\dfrac{d}{\varkappa'}\right)$ und somit

$$\varepsilon^{(b)} = \begin{cases} (-1)^\alpha \varepsilon^{-1} & \text{für} \quad 2 \nmid d \\ (-1)^{\alpha+\beta} \varepsilon^{-1} & \text{für} \quad 2 \mid d \end{cases},$$

und im übrigen ändert sich ersichtlich nur folgendes. In den beiden Formeln (4.), die gerade den hier zu betrachtenden Fällen entsprechen, ist jetzt

$$\left(\frac{p}{b}\right) = \left(\frac{b}{p}\right) = -1 \quad \text{bzw.} \quad \left(\frac{2}{b}\right) = -1, \quad \text{also} \quad b \equiv \pm 5 \bmod. 8,$$

und daher

$$b^{\frac{1}{2}\varphi(d)} = b^{\frac{p-1}{2}} \equiv -1 \bmod. p, \quad \text{also} \bmod. 2d,$$

bzw.

$$b^{\frac{1}{2}\varphi(d)} = b^2 \equiv 1 + 8 \bmod. 16, \quad \text{also} \bmod. 2d$$

Daraus folgt dann hier $\alpha \equiv 1 \bmod. 2$ bzw. $\alpha \equiv 0$, $\beta \equiv 1 \bmod. 2$, und das ergibt in der Tat $\varepsilon' = \varepsilon^{(b)} = -\varepsilon^{-1}$.

Da sich in den beiden Formeln (5.), die den zusammengesetzten positiven Diskriminanten d entsprechen, nichts ändert, ergibt sich überdies, daß für diese die Norm der Kreiseinheit

$$N(\varepsilon) = 1$$

ist. Daraus und durch noch genaueres Eingehen auf den arithmetischen Charakter der Kreiseinheit ε kann man auch hier wieder die in die Geschlechtertheorie gehörige Tatsache folgern, daß für eine beliebige positive Diskriminante d, die genau r verschiedene Primzahlen enthält, die Klassenzahl durch 2^{r-2} bzw. 2^{r-1} teilbar ist, je nachdem die Norm der Grundeinheit $N(\varepsilon_1) = 1$ oder -1 ist; wir verweisen dazu wieder auf die oben zitierte Monographie.

Wir gehen schließlich noch etwas näher auf die numerische Berechnung von h bei gegebenem d ein, die für $d > 0$ komplizierter als für $d < 0$ ist. Man legt dafür zweckmäßig die im zweiten Teil des Beweises von IVb benutzte Gestalt von ε zugrunde, in der ε durch ζ anstatt nur Z dargestellt erscheint, setzt also die Klassenzahlformel in die zu (3a.) analoge Gestalt:

$$(3\,\mathrm{b}) \quad \varepsilon_1^h = \varepsilon = \begin{cases} \left(-\zeta^{\frac{d+1}{2}}\right)^S \prod_{\pm \varkappa \bmod. d}^{+} (1 - \zeta^\varkappa)^{-\left(\frac{d}{\varkappa}\right)} & \text{für} \quad 2 \nmid d \\ \zeta^{\frac{1}{2}S} \prod_{\pm \varkappa \bmod. d}^{+} (1 - \zeta^\varkappa)^{-\left(\frac{d}{\varkappa}\right)} & \text{für} \quad 2 \mid d \end{cases}$$

mit

$$S = \sum_{\pm\, x \bmod. d}^{+} \left(\frac{d}{x}\right) x\,.$$

Es handelt sich dann wesentlich darum, den Ausdruck rechts, der ja eine Einheit $\varepsilon > 1$ von $\mathsf{K} = \mathsf{P}\left(\sqrt{d}\right)$ darstellt, in die Normalform

$$\varepsilon = \frac{u + v\sqrt{d}}{2}$$

umzurechnen, d.h. die natürlichen Zahlen u, v zu bestimmen. Da $\sqrt{d}$ nach § 15,**5**,X in $\mathsf{P}_d = \mathsf{P}(\zeta)$ durch die Darstellung als Gaußsche Summe

$$\sqrt{d} = \tau(\chi) = \sum_{x \bmod. d} \chi(x)\,\zeta^x \quad \text{mit} \quad \chi(x) = \left(\frac{d}{x}\right)$$

eingebettet ist, kann diese Aufgabe in jedem numerisch gegebenen Falle grundsätzlich dadurch gelöst werden, daß man das Produkt in (3 b.) unter Beseitigung der Nenner – letzteres etwa nach der obigen Formel (6.) – ausmultipliziert; das so erhaltene Polynom in ζ mit ganzrationalen Koeffizienten muß sich dann auf Grund der irreduziblen Kreisteilungsgleichung für ζ (§ 11,**2**) als von der Form $\dfrac{u + v\,\tau(\chi)}{2}$ mit natürlichen u, v erweisen.

Die Koeffizienten u, v der Kreiseinheit ε stellen übrigens obere Schranken für die Koeffizienten u_1, v_1 der Grundeinheit ε_1 dar, wie sie zu Beginn von § 16,**5** als erwünscht für das dortige Probierverfahren bezeichnet wurden.

Hat man so u, v gefunden, so bleibt nur noch der Exponent h aus der Gleichung

$$\varepsilon_1^h = \left(\frac{u_1 + v_1\sqrt{d}}{2}\right)^h = \frac{u + v\sqrt{d}}{2} = \varepsilon$$

zu ermitteln. Das geschieht am bequemsten folgendermaßen. Setzt man allgemein

$$\varepsilon_1^n = \frac{u_n + v_n\sqrt{d}}{2}\,,$$

so bestimmen sich die Folgen u_n, v_n aus u_1, v_1 und $u_0 = 2$, $v_0 = 0$ auf Grund der Gleichung

$$\varepsilon_1^2 = u_1\varepsilon_1 \mp 1 \quad \left(\text{je nachdem } N(\varepsilon_1) = \pm 1\right)$$

vermöge der Rekursionsformeln

$$u_{n+2} = u_1 u_{n+1} \mp u_n\,,$$
$$v_{n+2} = u_1 v_{n+1} \mp v_n\,.$$

Man braucht dann also nur zu prüfen, für welches $n = h$ das gefundene Koeffizientenpaar u, v mit u_n, v_n übereinstimmt.

Beispiel. $K = P(\sqrt{2})$, $d = 8$; $\zeta^4 = -1$.

$$2\sqrt{2} = \tau(\chi) = \zeta - \zeta^3 - \zeta^5 + \zeta^7 = 2(\zeta + \zeta^{-1}).$$

$$S = 1 - 3 = -2.$$

$$\varepsilon_1^h = \left(1 + \sqrt{2}\right)^h = \varepsilon = \zeta^{-1}\frac{1 - \zeta^3}{1 - \zeta} = \zeta^{-1}(1 + \zeta + \zeta^2)$$

$$= 1 + (\zeta + \zeta^{-1}) = 1 + \sqrt{2}.$$

$$h = 1.$$

Das geschilderte, auf der Divisionsformel (6.) beruhende Verfahren zur Ausmultiplikation des Produkts in (3b.) ist nur in gegebenen numerischen Fällen durchführbar. Es ist mir gelungen, für Primzahldiskriminanten $d = p$ ($\equiv 1$ mod. 4) ein allgemein durchführbares Verfahren zur Lösung dieser Aufgabe zu entwickeln, das dann von BERGSTRÖM auf zusammengesetzte Diskriminanten d verallgemeinert wurde. Wir wollen nachstehend dies Verfahren für den Fall der Primzahldiskriminanten auseinandersetzen; für den Fall zusammengesetzter Diskriminanten müssen wir uns hier mit dem Hinweis auf die Bergströmsche Arbeit begnügen[1].

5. Rationale Gestalt der Klassenzahlformel für positive Primzahldiskriminanten

Wir betrachten eine positive Primzahldiskriminante $d = p \equiv 1$ mod. 4; es sei $p = 1 + 4n$ gesetzt.

Wir gehen von der Klassenzahlformel in der Gestalt 4, (2b.) aus und schreiben diese ausführlich so wie in 4, (1b.) (vgl. auch die dort angeschlossene Bemerkung über die a, b), nämlich

$$\varepsilon_1^h = \prod_{\pm\, x\, \text{mod.}\, p}^{+} (Z^x - Z^{-x})^{-\left(\frac{x}{p}\right)} = \frac{\prod_{\pm\, b}^{+}(Z^b - Z^{-b})}{\prod_{\pm\, a}^{+}(Z^a - Z^{-a})},$$

wo a, b die je $\dfrac{p-1}{4} = n$ quadratischen Reste und Nichtreste mod. p (hier im gewöhnlichen Sinne!) aus dem kleinsten positiven Halbsystem $1, \ldots, \dfrac{p-1}{2}$ durchlaufen. Wir bezeichnen diese beiden n-gliedrigen Viertelsysteme auch ausführlicher mit

$$\mathfrak{a} = (a_1, \ldots, a_n), \qquad \mathfrak{b} = (b_1, \ldots, b_n).$$

---

[1] H. BERGSTRÖM: Die Klassenzahlformel für reelle quadratische Zahlkörper mit zusammengesetzter Diskriminante als Produkt verallgemeinerter Gaußscher Summen. – J. f. Math. **186** (1945), 91–115.

Wir werden nun jetzt nicht, wie in **4**, (6.), nach willkürlicher Paarung der Faktoren in Zähler und Nenner, zuerst die Quotienten der einzelnen Paare und dann deren Produkt berechnen, sondern umgekehrt zuerst die beiden Produkte in Zähler und Nenner und dann deren Quotienten.

Die Zurückführung der primitiven $2p$-ten Einheitswurzel Z auf die primitive p-te Einheitswurzel ζ gemäß

$$Z = -\zeta^{\frac{p+1}{2}} = -\zeta_2$$

liefert

$$(1.) \quad \varepsilon_1^h = \left(\frac{2}{p}\right) \prod_{\pm\, x\,\mathrm{mod.}\,p}^{+} (\zeta_2^x - \zeta_2^{-x})^{-\left(\frac{x}{p}\right)} = (-1)^n \frac{\prod\limits_{\nu=1}^{n}(\zeta_2^{b_\nu} - \zeta_2^{-b_\nu})}{\prod\limits_{\nu=1}^{n}(\zeta_2^{a_\nu} - \zeta_2^{-a_\nu})}.$$

Dabei wurde benutzt, daß die schon in **4**, IV a betrachtete Summe

$$S = \sum_{\pm\, x\,\mathrm{mod.}\,p}^{+} \left(\frac{x}{p}\right) x \equiv \sum_{\pm\, x\,\mathrm{mod.}\,p}^{+} x = \frac{p^2 - 1}{8} \equiv \frac{p-1}{4} = n \,\mathrm{mod.}\,2$$

ist, so daß in der Tat bei der Zurückführung der Vorzeichenfaktor $(-1)^S = (-1)^n = \left(\frac{2}{p}\right)$ heraustritt.

Die Ausführung der Multiplikation in Nenner und Zähler ergibt zwei Formeln von der Gestalt

$$(2.) \quad \left\{ \begin{aligned} \prod_{\nu=1}^{n} \left(\zeta_2^{a_\nu} - \zeta_2^{-a_\nu}\right) &= \sum_{r\,\mathrm{mod.}\,p} A_r \zeta_2^r \\ \prod_{\nu=1}^{n} \left(\zeta_2^{b_\nu} - \zeta_2^{-b_\nu}\right) &= \sum_{r\,\mathrm{mod.}\,p} B_r \zeta_2^r \end{aligned} \right\},$$

mit Koeffizienten A_r, B_r, die sich ersichtlich folgendermaßen ausdrücken lassen. Die Systeme $\mathfrak{a}$, $\mathfrak{b}$ seien als einspaltige Matrizen verstanden, und es durchlaufe

$$\mathfrak{e} = (e_1, \ldots, e_n)$$

alle einzeiligen Matrizen mit lauter Gliedern $e_\nu = \pm 1$. Dabei werde

$$|\mathfrak{e}| = e_1 \cdots e_n$$

gesetzt; später wird entsprechend auch

$$|\mathfrak{a}| = a_1 \cdots a_n, \quad |\mathfrak{b}| = b_1 \cdots b_n$$

verstanden. Dann ist

$$(3.) \quad A_r = \sum_{\mathfrak{e}\mathfrak{a}\,\equiv\, r\,\mathrm{mod.}\,p} |\mathfrak{e}|, \quad B_r = \sum_{\mathfrak{e}\mathfrak{b}\,\equiv\, r\,\mathrm{mod.}\,p} |\mathfrak{e}|,$$

wo die Summationsbedingungen ausführlich geschrieben die Kongruenzen

$$\mathfrak{e}\,\mathfrak{a} = e_1\,a_1 + \cdots + e_n\,a_n \equiv r \bmod. p,$$

bzw.

$$\mathfrak{e}\,\mathfrak{b} = e_1\,b_1 + \cdots + e_n\,b_n \equiv r \bmod. p$$

bedeuten.

Wir haben nunmehr die so definierten Summen A_r, B_r zu untersuchen. Sie hängen nur von der Restklasse r mod. p ab.

Bei Multiplikation der Viertelsysteme $\mathfrak{a}$, $\mathfrak{b}$ mit einem quadratischen Rest a mod. p hat man Reduktionskongruenzen der Form

$$(4.) \qquad a\,a_\nu \equiv (-1)^{\alpha_\nu} a_{\nu'}, \quad a\,b_\nu \equiv (-1)^{\alpha_\nu^*} b_{\nu''} \bmod. p$$

mit Permutationen ν', ν'' der Indizes ν und Exponenten α_ν, α_ν^* mod. 2. Produktbildung liefert

$$(5.) \qquad a^n \equiv (-1)^\alpha \bmod. p \quad \text{mit} \quad \alpha \equiv \sum_{\nu=1}^{n} \alpha_\nu \equiv \sum_{\nu=1}^{n} \alpha_\nu^* \bmod. 2.$$

Wegen $\left(\dfrac{a}{p}\right) = 1$ ist nun $a^{2n} \equiv 1$ mod. p, also jedenfalls $a^n \equiv \pm 1$ mod. p. Analog zum Eulerschen Kriterium für quadratische Reste ist das eine oder das andere der Fall, je nachdem a biquadratischer Rest oder Nichtrest mod. p ist, wie man leicht durch Darstellung von a mittels einer primitiven Wurzel w mod. p bestätigt; siehe dazu auch die nachher in (28.) zu gebende Verallgemeinerung des Eulerschen Kriteriums auf biquadratische Reste. Ist also χ einer der beiden konjugiert-komplexen biquadratischen Restcharaktere mod. p , wie sie schon in § 10,6 eingeführt wurden, so gilt

$$(6.) \qquad a^n \equiv \chi(a) \bmod. p,$$

und somit

$$(7.) \qquad (-1)^\alpha = \chi(a).$$

Auf die Normierung von χ gegenüber dem konjugierten $\bar\chi$ kommt es hierfür nicht an.

Führt man nun in der Definitionsformel (3.) für die Summen A_r die Summationstransformation

$$e'_{\nu'} = (-1)^{\alpha_\nu} e_\nu \quad \text{mit} \quad |\mathfrak{e}'| = (-1)^\alpha |\mathfrak{e}|$$

aus, so ergibt sich auf Grund der Reduktionsbedingungen (4.) die Transformationsregel

$$A_{a^{-1}r} = \sum_{\mathfrak{e}\,\mathfrak{a}\,\equiv\,a^{-1}r\,\bmod.\,p} |\mathfrak{e}| = \sum_{\mathfrak{e}\,\cdot\,a\,\mathfrak{a}\,\equiv\,r\,\bmod.\,p} |\mathfrak{e}|$$

$$= (-1)^\alpha \sum_{\mathfrak{e}'\,\mathfrak{a}\,\equiv\,r\,\bmod\,p} |\mathfrak{e}'| = (-1)^\alpha A_r,$$

die nach (7.) auch in der Form

$$A_{a-1\,r} = \chi(a)\,A_r$$

geschrieben werden kann. Ebenso folgt

$$B_{a-1\,r} = \chi(a)\,B_r.$$

Diese Regeln gelten für jeden quadratischen Rest a mod. p. Da es einen solchen mit $\chi(a) = -1$ gibt (etwa $a \equiv w^2$ mod. p), folgt aus ihnen zunächst

$$(8_0.) \qquad A_0 = 0, \qquad B_0 = 0.$$

Ferner ergibt sich aus ihnen für $a = r$ unter Beachtung von $\chi(a)^{-1} = \chi(a)$ die Reduktion

$$(8.) \qquad A_a = \chi(a)\,A_1, \qquad B_a = \chi(a)\,B_1$$

aller Summen A_a, B_a mit $\left(\dfrac{a}{p}\right) = 1$ auf die beiden speziellen A_1, B_1. In (8.) sind auch die speziellen Formeln $(8_0.)$ enthalten, wenn man $\chi(0) = 0$ rechnet.

Um Entsprechendes auch für die Multiplikation mit einem quadratischen Nichtrest durchzuführen und so auch zu einer Reduktion der Summen A_b, B_b mit $\left(\dfrac{b}{p}\right) = -1$ auf A_1, B_1 zu gelangen, setzen wir diesen in der Form

$$(9.) \qquad b \equiv aw \text{ mod. } p$$

mit einer festen primitiven Wurzel w mod. p an, die wir gleich nachher noch in bestimmter Weise normieren werden, und legen die beiden konjugiert-komplexen biquadratischen Restcharaktere χ, $\bar{\chi}$ gemäß §10,6 durch die Basiswerte

$$(10.) \qquad \chi(w) = i, \qquad \bar{\chi}(w) = -i$$

fest.

Der Multiplikation zunächst mit w entsprechen für unsere beiden Viertelsysteme $\mathfrak{a}$, $\mathfrak{b}$ analog zu (4.) Reduktionskongruenzen der Form

$$(11.) \qquad w\,a_\nu \equiv (-1)^{\omega_\nu}\,b_{\bar{\nu}}, \qquad w\,b_\nu \equiv (-1)^{\omega_\nu^*}\,a_{\bar{\bar{\nu}}} \text{ mod. } p$$

mit neuen Permutationen $\bar{\nu}$, $\bar{\bar{\nu}}$ der Indizes ν und neuen Exponenten ω_ν, ω_ν^* mod. 2. Durch Produktbildung aus ihnen folgt analog zu (5.), hier etwas anders

$$(12.) \qquad w^n\,|\mathfrak{a}| \equiv (-1)^\omega\,|\mathfrak{b}|, \qquad w^n\,|\mathfrak{b}| \equiv -(-1)^\omega\,|\mathfrak{a}| \text{ mod. } p$$

mit

$$(13.) \qquad \omega \equiv \sum_{\nu=1}^{n} \omega_\nu \equiv 1 + \sum_{\nu=1}^{n} \omega_\nu^* \text{ mod. } 2;$$

die letztere Beziehung zwischen den beiden Exponentensummen ergibt sich dabei durch Vergleich der beiden durch die Produktbildung entstehenden Kongruenzen unter Beachtung von $w^{2n} \equiv -1$ mod. p. Durch geeignete Festlegung der primitiven Wurzel w mod. p kann man nun erreichen, daß in diesen Formeln

$$(14.) \qquad\qquad \omega \equiv 0 \text{ mod. } 2$$

ist, so daß der Vorzeichenfaktor $(-1)^\omega = 1$ wird. Ist nämlich $\omega \equiv 1$ mod. 2, so braucht man ersichtlich nur die Substitution $w \to w^{-1}$ auszuführen. Wir denken fortan w in dieser Weise normiert; nach (10.) wird dadurch die Unterscheidung zwischen den beiden konjugierten biquadratischen Restklassencharakteren χ, $\bar\chi$ in bestimmter, auf die Viertelsysteme $\mathfrak{a}$, $\mathfrak{b}$ zurückgehender Weise festgelegt.

Durch weitere Multiplikation mit a ergeben sich dann nach (9.) und (4.), (11.) die Reduktionskongruenzen

$$b\, a_\nu \equiv (-1)^{\omega_\nu + \alpha^{*}_{\bar\nu}}\, b_{\bar{\nu}''}, \quad b\, b_\nu \equiv (-1)^{\omega^{*}_\nu + \alpha_{\bar{\bar\nu}}}\, a_{\bar{\bar\nu}'} \text{ mod. } p.$$

Führt man demgemäß wieder in der Definitionsformel (3.) der Summen A_r die Summationstransformation

$$e'_{\bar{\nu}''} = (-1)^{\omega_\nu + \alpha^{*}_{\bar\nu}}\, e_\nu \quad \text{mit} \quad |e'| = (-1)^{\omega + \alpha}\, |e| = (-1)^\alpha\, |e|$$

aus, so ergibt sich wie vorher die Transformationsregel

$$A_{b^{-1}r} = \sum_{e\,\mathfrak{a}\,\equiv\,b^{-1}r \text{ mod. } p} |e| = \sum_{e\,\cdot\,b\,\mathfrak{a}\,\equiv\,r \text{ mod. } p} |e|$$
$$= (-1)^\alpha \sum_{e'\mathfrak{b}\,\equiv\,r \text{ mod. } p} |e'| = (-1)^\alpha B_r,$$

die nach (7.) und (9.), (10.) auch in der Form

$$A_{b^{-1}r} = \chi(a)\, B_r = \chi(b)\, \chi(w)^{-1} B_r = -\chi(b)\, i\, B_r$$

geschrieben werden kann. Unter Beachtung von (13.) folgt ebenso

$$B_{b^{-1}r} = -\chi(a)\, A_r = -\chi(b)\, \chi(w)^{-1} A_r = \chi(b)\, i\, A_r.$$

Für $b = r$ erhält man aus diesen Formeln unter Beachtung von $\chi(b)^{-1} = -\chi(b)$ die zu (8.) analoge Reduktion

$$(15.) \qquad\qquad A_b = \chi(b)\, i B_1, \quad B_b = -\chi(b)\, i A_1$$

auch der Summen A_b, B_b mit $\left(\dfrac{b}{p}\right) = -1$ auf die beiden speziellen A_1, B_1.

Die vier Reduktionsformeln (8.), (15.) für die Summen A_r, B_r lassen sich durch Einführung der ganzen Zahlen

$$\mathsf{A}_r = A_r + i B_r$$

aus dem quadratischen Zahlkörper $\mathsf{P}(i)$ in die eine Formel

$$A_r = \chi(r)\,\mathsf{A}_1,$$

gültig für beliebige r mod. p, zusammenfassen. Will man sie auf die eigentlich interessierenden Summen A_r, B_r anwenden, so schreibe man diese in der Form

$$A_r = \frac{1}{2}(\mathsf{A}_r + \overline{\mathsf{A}}_r),\quad B_r = \frac{1}{2i}(\mathsf{A}_r - \overline{\mathsf{A}}_r).$$

Auf diese Weise ergibt sich für das erste der zu berechnenden Produkte aus (2.) die weitere Umformung

$$\prod_{\nu=1}^{n}\left(\zeta_2^{a_\nu} - \zeta_2^{-a_\nu}\right) = \frac{1}{2}\left[\sum_{r\,\mathrm{mod.}\,p} A_r\,\zeta_2^r + \sum_{r\,\mathrm{mod.}\,p}\overline{A}_r\,\zeta_2^r\right]$$

$$= \frac{1}{2}\left[\left(\sum_{r\,\mathrm{mod.}\,p}\chi(r)\,\zeta_2^r\right)\mathsf{A}_1 + \left(\sum_{r\,\mathrm{mod.}\,p}\bar\chi(r)\,\zeta_2^r\right)\overline{\mathsf{A}}_1\right].$$

Dabei treten die zu den biquadratischen Charakteren χ, $\bar\chi$ gehörigen Gaußschen Summen auf, und zwar mit der p-ten Einheitswurzel $\zeta_2 = \zeta^{\frac{p+1}{2}}$ gebildet. Bei der Reduktion auf die normierte p-te Einheitswurzel $= e^{\frac{2\pi i}{p}}$ treten nach § 15,5, (2*.) die Faktoren

$$\bar\chi\left(\frac{p+1}{2}\right) = \bar\chi\left(\frac{1}{2}\right) = \chi(2),\quad \chi\left(\frac{p+1}{2}\right) = \chi\left(\frac{1}{2}\right) = \bar\chi(2)$$

vor. Demnach ergibt sich:

$$(16\,\mathrm{a.})\qquad \prod_{\nu=1}^{n}\left(\zeta_2^{a_\nu} - \zeta_2^{-a_\nu}\right) = \frac{\chi(2)\,\tau(\chi)\,\mathsf{A}_1 + \bar\chi(2)\,\tau(\bar\chi)\,\overline{\mathsf{A}}_1}{2},$$

wo $\tau(\chi)$, $\tau(\bar\chi)$ die normierten Gaußschen Summen zu χ, $\bar\chi$ bedeuten. Für das zweite Produkt aus (2.) folgt ganz entsprechend:

$$(16\,\mathrm{b.})\qquad \prod_{\nu=1}^{n}\left(\zeta_2^{b_\nu} - \zeta_2^{-b_\nu}\right) = \frac{\chi(2)\,\tau(\chi)\,\mathsf{A}_1 + \bar\chi(2)\,\tau(\bar\chi)\,\overline{\mathsf{A}}_1}{2i}.$$

Damit ist unsere erste Aufgabe, die Ausmultiplikation der Produkte im Zähler und Nenner von (1.) soweit gelöst, daß wir nunmehr die zweite Aufgabe, die Bildung des Quotienten, in Angriff nehmen können. Diese Aufgabe wird dadurch vereinfacht, daß man das **Produkt** von Zähler und Nenner aus (1.) elementar bestimmen kann.

Es ist nämlich

$$\prod_{x=1}^{2n}\left(\zeta_2^{x} - \zeta_2^{-x}\right) = \begin{cases} \zeta_2^{1+\cdots+2n}\displaystyle\prod_{x=1}^{2n}(1 - \zeta^{-x}) \\[2ex] \zeta_2^{-(1+\cdots+2n)}\displaystyle\prod_{x=1}^{2n}(1 - \zeta^{x}) \end{cases},$$

also

$$\left[\prod_{x=1}^{2n}(\zeta_2^x - \zeta_2^{-x})\right]^2 = \prod_{x \,\not\equiv\, 0 \,\mathrm{mod.}\,p}(1 - \zeta^x) = \left.\frac{x^p - 1}{x - 1}\right|_{x=1} = p.$$

Wegen

$$\zeta_2^x - \zeta_2^{-x} = 2i\sin\frac{2\pi x}{p}\frac{p+1}{2} = 2i\sin\left(\frac{\pi x}{p} + \pi x\right)$$

sind die $2n$ Faktoren abwechselnd negativ- und positiv-imaginär. Daher hat das betrachtete Produkt den Wert

$$(17.)\qquad \prod_{x=1}^{2n}(\zeta_2^x - \zeta_2^{-x}) = (-1)^n i^{2n}\sqrt{p} = \sqrt{p}$$

mit positiver Quadratwurzel. Diese Tatsache wird uns übrigens in § 20,5 bei der Bestimmung des Vorzeichens der normierten quadratischen Gaußschen Summe dienlich sein.

Demnach berechnet sich der Quotient der beiden Ausdrücke (16.) – und zwar gemäß (1.) in umgekehrter Reihenfolge – indem man den zweiten quadriert und durch $\sqrt{p}$ dividiert. Nach (1.) ist dann noch der Faktor $(-1)^n$ vorzufügen. Es wird somit

$$\varepsilon_1^h = \frac{(-1)^n}{\sqrt{p}}\left(\frac{\chi(2)\,\tau(\chi)\,\mathsf{A}_1 - \overline{\chi}(2)\,\tau(\overline{\chi})\,\overline{\mathsf{A}}_1}{2i}\right)^2.$$

Wegen $\chi(2)^2 = \overline{\chi}(2)^2 = \left(\dfrac{2}{p}\right) = (-1)^n$ ergibt die Ausführung der Quadrierung:

$$(18.)\quad \varepsilon_1^h = \frac{1}{\sqrt{p}}\ \frac{-\dfrac{1}{2}\left(\tau(\chi)^2\mathsf{A}_1^2 + \tau(\overline{\chi})^2\overline{\mathsf{A}}_1^2\right) + (-1)^n\tau(\chi)\,\tau(\overline{\chi})\,\mathsf{A}_1\overline{\mathsf{A}}_1}{2}.$$

Weil nach (6.) auch $\chi(-1) = (-1)^n$ ist, ist nach § 15,5, (1*.), (2*.) hierin

$$(19.)\quad (-1)^n\tau(\chi)\,\tau(\overline{\chi}) = \chi(-1)\,\tau(\chi)\,\tau(\overline{\chi}) = \tau(\chi)\,\overline{\tau(\chi)} = p.$$

Es bleiben dann noch die Quadrate der normierten biquadratischen Gaußschen Summen $\tau(\chi)$, $\tau(\overline{\chi})$ zu berechnen. Das werden wir in § 20,4,(8.) durchführen. Es ergibt sich, daß zwischen ihnen und den in § 10,8 betrachteten (hier mit y statt $-y$ angesetzten) Charaktersummen

$$(20.)\qquad \begin{cases} \pi(\chi, \psi) = \displaystyle\sum_{x+y\,\equiv\,1\,\mathrm{mod.}\,p}\chi(x)\,\psi(y) \\[2ex] \pi(\overline{\chi}, \psi) = \displaystyle\sum_{x+y\,\equiv\,1\,\mathrm{mod.}\,p}\overline{\chi}(x)\,\psi(y) \end{cases}$$

aus dem Körper $\mathsf{P}(i)$ die Relationen

$$(21.)\qquad \frac{\tau(\chi)^2}{\tau(\psi)} = \psi(2)\,\pi(\chi, \psi),\qquad \frac{\tau(\overline{\chi})^2}{\tau(\psi)} = \psi(2)\,\pi(\overline{\chi}, \psi)$$

bestehen. Dabei bedeutet $\psi = \chi^2 = \bar{\chi}^2$ wie dort den quadratischen Restcharakter mod. p. Für ihn ist $\psi(2) = \left(\dfrac{2}{p}\right) = (-1)^n$ und nach **3**, (2.) die normierte Gaußsche Summe $\tau(\psi) = \sqrt{p}$ mit positiver Quadratwurzel. Somit hat man

$$(22.) \qquad \tau(\chi)^2 = \left(\frac{2}{p}\right)\sqrt{p}\,\pi(\chi,\psi), \qquad \tau(\bar{\chi})^2 = \left(\frac{2}{p}\right)\sqrt{p}\,\pi(\bar{\chi},\psi).$$

Trägt man die Ergebnisse (19.) und (22.) in (18.) ein, so erhält man weiter:

$$\varepsilon_1^h = \frac{-\left(\dfrac{2}{p}\right)\dfrac{1}{2}\left(\pi(\chi,\psi)\,A_1^2 + \pi(\bar{\chi},\psi)\,\bar{A}_1^2\right) + A_1\bar{A}_1\sqrt{p}}{2},$$

oder auch, mit Spur und Norm im Körper $P(i)$ geschrieben:

$$(23.) \qquad \varepsilon_1^h = \frac{-\left(\dfrac{2}{p}\right)\dfrac{1}{2}S\left(\pi(\chi,\psi)\,A_1^2\right) + N(A_1)\sqrt{p}}{2}.$$

Damit sind die gesuchten Koeffizienten u, v der Kreiseinheit

$$\varepsilon = \frac{u + v\sqrt{p}}{2}$$

zunächst in der auf den Körper $P(i)$ bezogenen Gestalt

$$u = -\left(\frac{2}{p}\right)\frac{1}{2}S\left(\pi(\chi,\psi)\,A_1^2\right), \qquad v = N(A_1)$$

angegeben.

Um zu einer vollständig rationalen Gestalt unserer Endformel (23.) zu gelangen, erinnern wir an die Ergebnisse aus § 10,8 über die beiden Charaktersummen $\pi(\chi,\psi)$, $\pi(\bar{\chi},\psi)$, die wir in (20.) etwas anders als dort mit y statt $-y$ geschrieben haben – was wegen $\psi(-1) = 1$ nichts ausmacht –, so wie es der in § 20,4 zu betrachtenden Verallgemeinerung entspricht. Indem wir den in § 10,8 bestimmten Normierungsfaktor $-\left(\dfrac{2}{p}\right)$ hier gleich abspalten, können wir die dortigen Ergebnisse so aussprechen. Die Zahlen

$$(24.) \qquad \pi = -\left(\frac{2}{p}\right)\pi(\chi,\psi) = A + Bi, \qquad \bar{\pi} = -\left(\frac{2}{p}\right)\pi(\bar{\chi},\psi) = A - Bi$$

liefern die wesentlich eindeutige Primzahlzerlegung

$$(25.) \qquad p = \pi\bar{\pi} = A^2 + B^2$$

der rationalen Primzahl p im quadratischen Körper $P(i)$, und zwar in solcher Normierung unter Assoziierten, daß die Quadratbasen

$$(26.) \qquad A \equiv 1 \bmod. 4, \qquad B \equiv 0 \bmod. 2$$

sind. Durch diese Normierungsvorschrift liegt die Zerlegung eindeutig bis auf das Vorzeichen von B, d.h. bis auf die Unterscheidung der beiden konjugierten Primfaktoren π, $\bar{\pi}$ aus $\mathsf{P}(i)$ fest.

Wenn es auch für unser Ergebnis nicht sehr darauf ankommt, wollen wir doch der Vollständigkeit halber diese Normierung hier noch angeben und damit das in § 10,8,V erhaltene Ergebnis abrunden. Das kann nämlich gerade mit den vorstehend entwickelten Hilfsmitteln leicht geschehen. Die Fragestellung ist die folgende. Durch die Normierungsvorschrift (14.) für die in (12.) auftretende primitive Wurzel w mod. p wird nach (10.) die Unterscheidung der beiden konjugierten biquadratischen Charaktere χ, $\bar{\chi}$ festgelegt. Dadurch ist dann nach (20.), (24.) auch die Unterscheidung der beiden konjugierten Primzahlen π, $\bar{\pi}$ aus $\mathsf{P}(i)$ festgelegt. Durch welche Zusatzvorschrift zu den bereits bekannten Normierungsvorschriften (26.) drückt sich die so gelieferte Festlegung des Vorzeichens von B aus?

Zur Beantwortung dieser Frage haben wir das Eulersche Kriterium auf die biquadratischen Restcharaktere χ, $\bar{\chi}$ zu verallgemeinern. Es ist

$$0 \equiv w^{2n} + 1 \equiv (w^n - i)(w^n + i) \text{ mod. } p.$$

Hiernach sind $\pm w^n$ die beiden p zugeordneten Kongruenzwurzeln zur Basiszahl $\omega = \sqrt{-1} = i$ im Sinne von § 17,1. Wir haben zu entscheiden, welches ihre Zuordnung zu den beiden konjugierten Primhauptdivisoren $\mathfrak{p} \cong \pi$, $\bar{\mathfrak{p}} \cong \bar{\pi}$ im Sinne von § 17,2 ist. Dazu setzen wir mit zunächst unbestimmtem Vorzeichen von i, das wir zweckmäßigerweise in den Exponenten werfen, die der dortigen Theorie entsprechenden Kongruenzen

$$w^n \equiv i^{\pm 1} \text{ mod. } \pi, \qquad w^n \equiv i^{\mp 1} \text{ mod. } \bar{\pi}$$

an. Nach (10.) gilt dann

$$\chi(w) \equiv w^{\pm n} \text{ mod. } \pi, \quad \chi(w) \equiv w^{\mp n} \text{ mod. } \bar{\pi},$$

$$\bar{\chi}(w) \equiv w^{\mp n} \text{ mod. } \pi, \quad \bar{\chi}(w) \equiv w^{\pm n} \text{ mod. } \bar{\pi},$$

und damit allgemein

$$(27.) \qquad \begin{cases} \chi(x) \equiv x^{\pm n} \text{ mod. } \pi, \quad \chi(x) \equiv x^{\mp n} \text{ mod. } \bar{\pi} \\ \bar{\chi}(x) \equiv x^{\mp n} \text{ mod. } \pi, \quad \bar{\chi}(x) \equiv x^{\pm n} \text{ mod. } \bar{\pi} \end{cases}$$

für alle $x \not\equiv 0$ mod. p, wobei entweder durchweg die oberen oder durchweg die unteren Vorzeichen gelten. Die Einschränkung $x \not\equiv 0$ mod. p fällt fort, wenn man die negativen Exponenten $-n$ durch die ihnen mod. $p - 1$ kongruenten positiven $3n$ ersetzt, was wir für das Folgende tun wollen. Geht man dann mit den Kongruenzen (27.) und der entsprechenden, nach dem Eulerschen Kriterium bestehenden

$$\psi(y) \equiv y^{2n} \bmod. p$$

in die Charaktersumme (20.) ein, so erhält man

$$\pi(\chi, \psi) \equiv \sum_{x \bmod. p} x^{(1+2g)n}(1-x)^{2n} \bmod. \pi,$$

$$\pi(\bar\chi, \psi) \equiv \sum_{x \bmod. p} x^{(1+2g)n}(1-x)^{2n} \bmod. \bar\pi,$$

mit $g = 0$ oder 1, je nachdem in (27.) die oberen oder unteren Vorzeichen gelten. Daraus folgt nun, ganz entsprechend wie in § 10,4 bei der Bestimmung des Kongruenzwertes mod. p der dortigen quadratischen Charaktersumme, daß notwendig $g = 0$ sein muß; denn sonst ergäbe sich durch Binomialentwicklung und Ausführung der Summation über x der Widerspruch

$$\pi(\chi, \psi) \equiv -(-1)^n \binom{2n}{n} \not\equiv 0 \bmod. \pi$$

(und entsprechend auch für $\pi(\bar\chi, \psi)$). Somit gelten in (27.) die oberen Vorzeichen. Demnach ist die Zuordnung zwischen den konjugierten biquadratischen Charakteren χ, $\bar\chi$ und den konjugierten Primzahlen π, $\bar\pi$ aus P(i) so beschaffen, daß bei ihr in *Verallgemeinerung des Eulerschen Kriteriums* gilt:

$$(28.) \qquad \chi(x) \equiv x^n \bmod. \pi, \qquad \bar\chi(x) \equiv x^n \bmod. \bar\pi.$$

Für den Spezialfall, daß $x \equiv a \bmod. p$ ein quadratischer Rest ist, so daß $\chi(a) = \bar\chi(a) = \pm 1$ ist, hatten wir das schon oben in (6.) festgestellt, ohne auf die Aufspaltung $p = \pi\bar\pi$ eingehen zu müssen. Die Verallgemeinerung gegenüber dem Eulerschen Kriterium für den quadratischen Restcharakter mod. p besteht gerade in dieser Aufspaltung, die deshalb geboten ist, weil für quadratische Nichtreste $x \equiv b \bmod. p$ die Charakterwerte $\chi(b) = \pm i$, $\bar\chi(b) = \mp i$ nicht in P sondern erst in P(i) liegen. Um sie durch eine Kongruenz zu kennzeichnen, muß man daher gemäß § 17,**2**,IV a die Restklassen mod. p aus P als Restklassen mod. π bzw. mod. $\bar\pi$ aus P(i) auffassen.

Aus (28.) folgt nun, daß die Normierungsvorschriften (10.) und (12.), (14.) für χ und w auch in der Form

$$\chi(w) = i \equiv \frac{|\mathfrak{b}|}{|\mathfrak{a}|} \bmod. \pi,$$

also als Kongruenzbeziehungen in P(i) geschrieben werden können. Vergleich mit der nach der Definition (24.) bestehenden Kongruenz

$$i \equiv -\frac{A}{B} \bmod. \pi$$

in $P(i)$ ergibt dann das Bestehen der rationalen Kongruenz

$$(29.) \qquad A\,|\mathfrak{a}| + B\,|\mathfrak{b}| \equiv 0 \bmod. p.$$

Da diese Kongruenz bei $B \to -B$ falsch wird, wird durch sie die gesuchte Festlegung des Vorzeichens von B geleistet.

Vermöge der Formeln (24.), (25.) mit den durch (26.), (29.) eindeutig normierten ganzrationalen Zahlen A, B bekommt unsere Endformel (23.) nach leichter Rechnung die vollständig rationale Gestalt:

$$(30.) \qquad \varepsilon_1^h = \frac{\left(A\,(A_1^2 - B_1^2) - 2\,B \cdot A_1 B_1\right) + (A_1^2 + B_1^2)\sqrt{p}}{2}.$$

Die Koeffizienten u, v der Kreiseinheit

$$\varepsilon = \frac{u + v\sqrt{p}}{2}$$

lauten also in rationaler Gestalt

$$u = A\,(A_1^2 - B_1^2) - 2\,B \cdot A_1 B_1, \quad v = A_1^2 + B_1^2.$$

Dabei sind A_1, B_1 die beiden speziellen Summen (3.). Man sieht diesen Ausdrücken unmittelbar an, daß sie die Ganzheitsbedingung $u \equiv v \bmod. 2$ erfüllen (weil A ungerade ist), und auch, daß $v > 0$ ist. Die mit der Positivität von h gleichbedeutende Tatsache, daß auch $u > 0$ ist, ist jedoch aus dieser Formel nicht zu ersehen. Die in 4,Vb bewiesene Tatsache $N(\varepsilon) = -1$ gibt übrigens noch eine nicht-triviale Relation zwischen den vier Zahlen A, B, A_1, B_1.

Wir fassen das in der Endformel (30.) erhaltene Ergebnis noch einmal unter Beifügung aller zu seinem Verständnis notwendigen Erklärungen zusammen:

VI. *Für eine Primzahl $p \equiv 1 \bmod. 4$ seien*

$$\mathfrak{a} = (a_1, \ldots, a_n), \qquad \mathfrak{b} = (b_1, \ldots, b_n)$$

die beiden Viertelsysteme aus den je $n = \dfrac{p-1}{4}$ quadratischen Resten a_ν und Nichtresten b_ν im kleinsten positiven primen Halbsystem $1, \ldots, \dfrac{p-1}{2}$.

Ferner seien

$$A_1 = \sum_{\mathfrak{e}\,\mathfrak{a}\,\equiv\,1\,\mathrm{mod.}\,p} |\mathfrak{e}|, \qquad B_1 = \sum_{\mathfrak{e}\,\mathfrak{b}\,\equiv\,1\,\mathrm{mod.}\,p} |\mathfrak{e}|$$

die Summen über die Produkte

$$|\mathfrak{e}| = e_1 \cdots e_n$$

aller Lösungen der Kongruenzen

$$\mathfrak{e}\,\mathfrak{a} = e_1 a_1 + \cdots + e_n a_n \equiv 1 \bmod. p,$$

bzw.

$$\mathfrak{e}\,\mathfrak{b} = e_1\,b_1 + \cdots + e_n\,b_n \equiv 1 \ mod. \ p,$$

in Einheiten $e_\nu = \pm 1$.

Schließlich sei

$$p = A^2 + B^2$$

diejenige eindeutig bestimmte Zerlegung von p *in zwei Quadrate, bei der die Quadratbasen* A, B *den Bedingungen*

$$A \equiv 1 \ mod. \ 4, \qquad B \equiv 0 \ mod. \ 2$$

und

$$A\,|\mathfrak{a}| + B\,|\mathfrak{b}| \equiv 0 \ mod. \ p$$

genügen, wo

$$|\mathfrak{a}| = a_1 \cdots a_n, \qquad |\mathfrak{b}| = b_1 \cdots b_n$$

gesetzt ist.

Dann bestimmt sich die Klassenzahl h *des reell-quadratischen Zahlkörpers* $\mathsf{K} = \mathsf{P}\left(\sqrt{p}\right)$ *als der Exponent derjenigen Potenz der Grundeinheit*

$$\varepsilon_1 = \frac{u_1 + v_1\sqrt{p}}{2},$$

die gleich der Kreiseinheit

$$\varepsilon = \frac{u + v\sqrt{p}}{2}$$

mit den Koeffizienten

$$u = A\,(A_1^2 - B_1^2) - 2\,B \cdot A_1 B_1, \quad v = A_1^2 + B_1^2$$

ist.

Dies Ergebnis hat, wie in **4** schon gesagt, BERGSTRÖM auf beliebige reell-quadratische Zahlkörper $\mathsf{K} = \mathsf{P}\left(\sqrt{d}\right)$ verallgemeinert.

Hervorgehoben zu werden verdient die Tatsache, daß der Koeffizient des Irrationalteils der Kreiseinheit ε eine Zerlegung $v = A_1^2 + B_1^2$ in zwei Quadrate besitzt, die in dem Ergebnis VI mit der Zerlegung der Primzahl $p = A^2 + B^2$ gekoppelt erscheint. Die vorher bei (23.) angegebene Formulierung durch die beiden zugehörigen ganzen Zahlen $\mathsf{A}_1 = A_1 + i B_1$ und $\pi = A + i B$ aus $\mathsf{P}(i)$ läßt diese Kopplung noch klarer hervortreten als die rationale Endgestalt in VI.

Für die numerische Berechnung von h bei gegebener Primzahl $p \equiv 1$ mod. 4 braucht man übrigens die etwas kompliziertere Formel für u nicht heranzuziehen, da man ja bei dem am Schluß von **4** beschriebenen Rekursionsverfahren allein mit dem anderen Koeffizienten v zu arbeiten braucht. Aus diesem Grunde ist, wie vorher gesagt wurde, die Normierung des Vorzeichens von B für das Ergebnis VI nicht sehr wichtig.

Im übrigen ist für die numerische Rechnung die direkte Ausmultiplikation von Zähler- und Nennerprodukt in (1.) nach einem leicht zu entwickelnden rekursiven Verfahren vorzuziehen, weil die Bestimmung der den Summen A_1, B_1 zugrunde liegenden Kongruenzlösungen e einigermaßen umständlich ist. Ein von BERGSTRÖM für den letzteren Zweck entwickeltes rekursives Verfahren läuft denn auch im Grunde auf die rekursive Durchführung jener Ausmultiplikation hinaus.

Beispiele. $p = 5$. Die Viertelsysteme sind

$$\mathfrak{a} = (1), \qquad \mathfrak{b} = (2).$$

Die Zerlegung

$$5 = 1^2 + 2^2$$

erfüllt bei der Vorzeichenfestlegung

$$A = 1, \qquad B = 2$$

die Normierungsvorschriften. Die Kongruenzen

$$\mathfrak{a}e = e_1 \equiv 1 \quad \text{bzw.} \quad \mathfrak{b}e = 2e_1 \equiv 1 \bmod. 5$$

haben als Lösungen mit $e_1 = \pm 1$ nur

$$e_1 \equiv 1 \bmod. 5 \quad \text{bzw.} \quad \text{keine.}$$

Demnach sind die Summen

$$A_1 = 1, \qquad B_1 = 0.$$

Damit wird

$$u = 1 \cdot 1 - 4 \cdot 0 = 1, \qquad v = 1,$$

also

$$\varepsilon_1^h = \varepsilon = \frac{1 + \sqrt{5}}{2} = \varepsilon_1,$$

und somit $h = 1$.

$p = 13$. $\mathfrak{a} = (1, 3, 4)$, $\mathfrak{b} = (2, 5, 6)$,

$$|\mathfrak{a}| \equiv -1, \qquad |\mathfrak{b}| \equiv -5 \bmod. 13.$$
$$13 = 3^2 + 2^2,$$
$$A = -3, \qquad B = -2.$$

$$\mathfrak{a}e = e_1 + 3e_2 + 4e_3 \equiv 1, \qquad \mathfrak{b}e = 2e_1 + 5e_2 + 6e_3 \equiv 1 \bmod. 13,$$
$$- - - - - - -, \qquad\qquad 1 \quad\;\; 1 \quad -1,$$
$$A_1 = 0, \qquad\qquad\qquad B_1 = -1.$$
$$u = -3 \cdot -1 + 4 \cdot 0 = 3, \qquad\qquad v = 1,$$
$$\varepsilon_1^h = \varepsilon = \frac{3 + \sqrt{13}}{2} = \varepsilon_1, \quad h = 1.$$

Der Leser rechne zur Übung ebenso den Fall $p = 17$, in dem sich die Kongruenzlösungen noch leicht angeben lassen.

§ 19. Quadratische Zahlkörper und quadratisches Reziprozitätsgesetz

1. Quadratische Zahlkörper als Klassenkörper

Das Zerlegungsgesetz für die rationalen Primzahlen p in einem quadratischen Zahlkörper $\mathsf{K} = \mathsf{P}\left(\sqrt{d}\right)$ wird nach § 17,3, (4.) durch das Kroneckersche Symbol $\left(\dfrac{d}{p}\right)$ bestimmt, indem die in K zerlegten, trägen, verzweigten Primzahlen p durch die drei möglichen Werte $\left(\dfrac{d}{p}\right) = 1, -1, 0$ dieses Symbols unterschieden werden. Der Zerlegungstypus von p in K ist hiernach durch das Restklassenverhalten der Diskriminante d mod. p (bzw. mod. 2^3 für $p = 2$) bestimmt.

Nach dem Reziprozitätsgesetz für das Kroneckersche Symbol aus § 9,**6** gilt nun für zu d prime rationale x allgemein

$$\left(\frac{d}{x}\right) = (\operatorname{sgn} x)^{\frac{\operatorname{sgn} d - 1}{2}} \left(\frac{x^*}{d}\right),$$

wo x^* etwas allgemeiner als in § 5,**7** dadurch definiert ist, daß die in x steckenden ungeraden Primzahlen p zu p^* normiert werden (es kommt darauf nur im Falle $2\,|\,d$ an). Für rationale Primzahlen $p \nmid d$ gilt demnach

$$\left(\frac{d}{p}\right) = \left(\frac{p^*}{d}\right),$$

wo p^* für $p \neq 2$ wie in § 5,**7** und für $p = 2$ als $p^* = 2$ definiert ist. Diese letztere Formel gilt auch für $p\,|\,d$, weil dann auf Grund der Zusatzdefinitionen in § 10,**1**, (1.) und § 13,**6**, (3.) sowohl das Kroneckersche Symbol $\left(\dfrac{d}{p}\right) = 0$ ist, als auch der quadratische Restklassencharakter

$$\chi_d(x) = (\operatorname{sgn} x)^{\frac{\operatorname{sgn} d - 1}{2}} \left(\frac{x^*}{d}\right)$$

vom Führer d, der für $x > 0$ mit dem Symbol $\left(\dfrac{x^*}{d}\right)$ übereinstimmt, die Eigenschaft $\chi_d(p) = \left(\dfrac{p^*}{d}\right) = 0$ hat.

Durch diese Umdeutung der Werte $\left(\dfrac{d}{p}\right)$ des Kroneckerschen Symbols für Primzahlen p als Werte $\chi_d(p)$ eines quadratischen Restklassencharakters vom Führer d erhält das Zerlegungsgesetz für K eine neue Form. Bei ihr ist der Zerlegungstypus von p in K gerade umgekehrt durch das Restklassenverhalten von p mod. d bestimmt. Diese neue Form ist schon rein äußerlich deshalb mehr befriedigend, weil bei ihr der Zerlegungstypus direkt durch eine Eigenschaft der zu untersuchenden Primzahl p in bezug auf die Grundinvariante d von K charakterisiert wird, und nicht, wie in der ursprünglichen Form, indirekt durch eine Eigenschaft der Grundinvariante d in bezug auf die zu untersuchende Primzahl p.

Wir haben diese neue Form des Zerlegungsgesetzes durch unsere Ausführungen in § 7,4,5 im Anschluß an den Beweis des quadratischen Reziprozitätsgesetzes und dann später durch die grundlegende gruppentheoretische Aussage in § 9,6,VI und die zugehörige Eindeutigkeitsaussage in § 9,5,V hinlänglich vorbereitet und können sie demnach wie folgt formulieren:

Zerlegungsgesetz für quadratische Zahlkörper. *Es sei* $\mathsf{K} = \mathsf{P}\left(\sqrt{d}\right)$ *der quadratische Zahlkörper von der Diskriminante d.*

Es sei ferner

$$\chi_d(x) = (\operatorname{sgn} x)^{\frac{\operatorname{sgn} d - 1}{2}}\left(\frac{x^*}{d}\right)$$

der eindeutig bestimmte, als Zahlfunktion gerade quadratische Restklassencharakter vom Führer d, und es sei $\mathfrak{H}$ die durch $\chi_d(x) = 1$ charakterisierte Untergruppe vom Index 2 der primen Restklassengruppe mod. d.

Dann ist in K eine rationale Primzahl

$$p \text{ zerlegt, wenn } p \nmid d \text{ und } p \text{ in } \mathfrak{H},$$
$$p \text{ träge, wenn } p \nmid d \text{ und } p \text{ nicht in } \mathfrak{H},$$
$$p \text{ verzweigt, wenn } p \mid d.$$

Man sagt auf Grund dieses Zerlegungsgesetzes, der Körper K sei *Klassenkörper* zur Gruppe $\mathfrak{H}$. Richtiger sollte man K Klassenkörper zu der Faktorgruppe (Klassengruppe) $\mathfrak{G}/\mathfrak{H}$ von $\mathfrak{H}$ in der Gruppe $\mathfrak{G}$ aller primen Restklassen mod. d nennen, weil es ja für den Zerlegungstypus von p in K, von den endlich vielen im Führer d der Klasseneinteilung aufgehenden p abgesehen, nur darauf ankommt, welcher der beiden Klassen $\mathfrak{H}$ oder $\mathfrak{G}-\mathfrak{H}$ von $\mathfrak{G}/\mathfrak{H}$ die Primzahl p angehört.

Das hier ausgesprochene Zerlegungsgesetz nennt man demgemäß das *Klassenkörperzerlegungsgesetz*, im Gegensatz zu dem in § 17,3, (4.) aus der Kummerschen Theorie gewonnenen, das man gelegentlich auch das *Kummersche Zerlegungsgesetz* nennt.

Die Einteilung in die beiden Klassen $\mathfrak{H}$ und $\mathfrak{G}-\mathfrak{H}$ spielte bereits bei den Formeln für die Klassenzahl h von K in § 18,4,5 eine beherrschende Rolle. Was wir dort „Reste" und „Nichtreste" nannten, sind ja gerade die Zahlen a aus $\mathfrak{H}$ und b aus $\mathfrak{G}-\mathfrak{H}$.

2. Ausblick auf die allgemeine Klassenkörpertheorie

Der vorstehend am Spezialfall der quadratischen Zahlkörper erläuterte Begriff des Klassenkörpers hat sich als ein beherrschender Begriff für eine große Klasse von algebraischen Zahlkörpern erwiesen.

Zunächst ist aus unserer Überschau in § 15,5 ersichtlich, daß die dort betrachteten Zahlkörper K vom Grade k, nämlich die Teilkörper des Einheitswurzelkörpers P_m mit beliebigem natürlichem m, in ganz entsprechendem Sinne Klassenkörper zu den ihnen nach dem Schema aus § 15,1 (Abb. 5, 6) zugeordneten Untergruppen $\mathfrak{H}$ vom Index k der primen Restklassengruppe $\mathfrak{G}$ mod. m sind. Wenn man nämlich die dort aufgezählten Hauptsätze der Arithmetik für diese Körper durch Verallgemeinerung der in §§ 16, 17 entwickelten Kummerschen Theorie herleitet, so ergibt sich das Zerlegungsgesetz für die nicht in m aufgehenden rationalen Primzahlen in der Form

$$p \cong \mathfrak{p}_1 \cdots \mathfrak{p}_{g_p} \quad \text{mit} \quad \mathfrak{N}(\mathfrak{p}_i) = p^{f_p}, \quad f_p g_p = k,$$

wo f_p als der kleinste natürliche Exponent mit p^{f_p} in $\mathfrak{H}$, also als die Ordnung von p in der Faktorgruppe $\mathfrak{G}/\mathfrak{H}$ gekennzeichnet ist (s. bei § 15,1,I). Der Zerlegungstypus von p in K hängt also auch hier nur von der Klasse ab, der die Primzahl p (oder genauer gesagt, die Restklasse p mod. m) in der Faktorgruppe $\mathfrak{G}/\mathfrak{H}$ angehört.

Geht man von dem Körper K als gegeben aus, so ist die kleinstmögliche Einheitswurzelordnung m derart, daß K in P_m enthalten ist, und damit gleichzeitig der kleinstmögliche Modul m, nach dem die Klasseneinteilung der Faktorgruppe $\mathfrak{G}/\mathfrak{H}$ erklärbar ist, wie man aus § 15,1 entnehmen kann, das kleinste gemeinsame Multiplum

$$m = \underset{\chi}{\mathsf{M}}\, f(\chi)$$

der Führer $f(\chi)$ aller Charaktere χ aus $\mathfrak{K}$. Dabei ist $\mathfrak{K}$, wie schon mehrfach gesagt, als die Charaktergruppe der Galoisschen Gruppe $\mathfrak{G}/\mathfrak{H}$ von K gekennzeichnet, wenn diese, der Einbettung von K in P_m entsprechend, isomorph als Faktorgruppe der primen Restklassengruppe dargestellt wird. Man nennt den so bestimmten Modul m den *Führer* von $\mathfrak{H}$ oder auch den Führer der Klasseneinteilung von $\mathfrak{G}/\mathfrak{H}$.

Für beliebige Primzahlen p ergibt sich als Zerlegungsgesetz

$$p = \left(\mathfrak{p}_1 \cdots \mathfrak{p}_{g_p}\right)^{e_p} \quad \text{mit} \quad \mathfrak{N}(\mathfrak{p}_i) = p^{f_p}, \quad e_p f_p g_p = k,$$

wo e_p, f_p wie folgt erklärt sind. Sei $\mathfrak{H}_p/\mathfrak{H}$ die engstmögliche Untergruppe von $\mathfrak{G}/\mathfrak{H}$ derart, daß der Führer m_p von $\mathfrak{H}_p$ nicht durch p teilbar ist, und $\mathfrak{G}_p$ die prime Restklassengruppe mod. m_p; dann ist

e_p die Ordnung von $\mathfrak{H}_p/\mathfrak{H}$,

f_p die Ordnung von p mod. m_p in $\mathfrak{G}_p/\mathfrak{H}_p$.

Der obigen Formel für den Führer m von $\mathfrak{H}$ tritt noch die bereits in § 18,3 angeführte Formel

$$|d| = \underset{\chi}{\prod} f(\chi)$$

für den Betrag der Diskriminante d von K zur Seite, durch die dann nach dem Zerlegungsgesetz der Diskriminantensatz aus § 15,5 in Evidenz gesetzt wird.

Alle diese Tatsachen (mit Ausnahme der letztgenannten, die noch eine besondere gruppentheoretische Überlegung erfordert) ergeben sich, wie schon gesagt, fast unmittelbar aus den Ausführungen in § 15,1,5, wenn man die in §§ 16, 17 für die quadratischen Zahlkörper entwickelte Kummersche Theorie auf die Teilkörper K von Einheitswurzelkörpern P_m verallgemeinert (wozu allerdings bei der Durchführung im einzelnen noch mancherlei Ausbau der Methodik notwendig ist). Diese Tatsachen stellen die Hauptsätze der sog. *Klassenkörpertheorie* dar. Kronecker hat sie noch durch den Nachweis abgerundet, daß diese Körper K, die ja sämtlich *abelsch*, d.h. galoissch mit kommutativer Galoisscher Gruppe sind, bereits die Gesamtheit aller abelschen Zahlkörper überhaupt darstellen:

Kroneckerscher Satz. *Jeder abelsche Zahlkörper* K *ist Teilkörper eines Einheitswurzelkörpers* P_m.

Für die quadratischen Zahlkörper $K = P\left(\sqrt{d}\right)$ haben wir diesen Satz in § 15,5,X durch explizite Angabe der Einbettung in $P_{|d|}$ vermöge der zum quadratischen Charakter $\chi_{|d|}(x) = \left(\dfrac{x^*}{d}\right)$ gehörigen Gaußschen Summe $\tau(\chi_{|d|})$ bewiesen. Wir werden darauf nachher in 3 zurückkommen.

Die Klassenkörpertheorie ist nun aber nicht auf die vorstehend betrachteten *absolut-abelschen*, d.h. über dem rationalen Zahlkörper P als Grundkörper abelschen Zahlkörper beschränkt. Es gelten vielmehr ganz entsprechende Tatsachen auch für die *relativ-abelschen*, d.h. über einem beliebigen endlich-algebraischen Zahlkörper $\varkappa$ als Grundkörper abelschen Zahlkörper K.

Jedem solchen Körper K vom Relativgrade k über $\varkappa$ entspricht eine eindeutig bestimmte Einteilung in k Klassen, und zwar jetzt in der Gruppe $\mathfrak{D}_{\mathfrak{m}}$ aller zu einem bestimmten ganzen Divisor $\mathfrak{m}$ primen Divisoren $\mathfrak{a}$ von $\varkappa$, bei der an Stelle der Einsklasse $a \equiv 1$ mod. m jetzt die Einsklasse $\mathfrak{a} \sim 1$ mod. $\mathfrak{m}$ in folgendem Sinne tritt:

$$\mathfrak{a} \cong \alpha \quad \text{mit} \quad \alpha \equiv 1 \text{ mod. } \mathfrak{m} \text{ aus } \varkappa$$

bei geeigneter Normierung von α unter Assoziierten.

An Stelle der primen Restklassengruppe mod. m tritt demgemäß die Faktorgruppe $\mathfrak{G}$ der Divisorengruppe $\mathfrak{D}_{\mathfrak{m}}$ nach dieser Einsklasse als Untergruppe. In dieser Gruppe $\mathfrak{G}$ von *Divisorenkongruenzklassen* mod. $\mathfrak{m}$ treten sozusagen die gewöhnlichen Divisorenklassen von $\varkappa$ mit den Zahlrestklassen mod. $\mathfrak{m}$ in $\varkappa$ kombiniert auf; wegen der Endlichkeit der Divisorenklassenanzahl von $\varkappa$ und der Restklassenanzahl mod. $\mathfrak{m}$ in $\varkappa$ ist auch die Anzahl der Divisorenkongruenzklassen mod. $\mathfrak{m}$ von $\varkappa$

endlich, also $\mathfrak{G}$ eine endliche Gruppe. Die K zugeordnete Klasseneinteilung in $\varkappa$ wird dann durch eine Faktorgruppe $\mathfrak{G}/\mathfrak{H}$ nach einer Untergruppe $\mathfrak{H}$ von $\mathfrak{G}$ geliefert, die selbst – ebenso wie auch der kleinstmögliche Modul $\mathfrak{m}$, nach dem sie erklärbar ist, der wieder ihr Führer genannt wird – durch K eindeutig bestimmt ist.

Bei dieser Zuordnung erweist sich die Galoissche Gruppe von K$/\varkappa$ als zur Klassengruppe $\mathfrak{G}/\mathfrak{H}$ isomorph, und es zeigt sich, daß der Zerlegungstypus in K, jetzt der Primdivisoren $\mathfrak{p}$ von $\varkappa$ an Stelle der Primzahlen p, für die nicht in $\mathfrak{m}$ aufgehenden $\mathfrak{p}$ ganz analog wie oben durch die Ordnung der Kongruenzdivisorenklasse $\mathfrak{p}$ mod. $\mathfrak{m}$ in der Klassengruppe $\mathfrak{G}/\mathfrak{H}$ beschrieben wird, mit einer entsprechenden Verallgemeinerung auf beliebige Primdivisoren $\mathfrak{p}$ von $\varkappa$ wie vorher. Dies Zerlegungsgesetz kann, wie in § 15,5, formal in die analytische Identität

$$\zeta_{\mathsf{K}}(s) = \prod_{\chi} L_{\varkappa}(s|\chi)$$

zusammengefaßt werden, wo

$$\zeta_{\mathsf{K}}(s) = \prod_{\mathfrak{P}} \frac{1}{1 - \dfrac{1}{\mathfrak{N}(\mathfrak{P})^s}} \qquad (\mathfrak{P} \text{ die Primdivisoren von K})$$

die Dedekindsche Zetafunktion von K ist, und

$$L_{\varkappa}(s|\chi) = \prod_{\mathfrak{p}} \frac{1}{1 - \dfrac{\chi(\mathfrak{p})}{\mathfrak{N}(\mathfrak{p})^s}} \qquad (\mathfrak{p} \text{ die Primdivisoren von } \varkappa)$$

die den Charakteren χ von $\mathfrak{G}/\mathfrak{H}$ zugeordneten L-Funktionen von $\varkappa$ sind. Für den Führer $\mathfrak{m}$ und hier die Relativdiskriminante $\mathfrak{d}$ von K$/\varkappa$ bestehen auch wieder die formalen Analoga zu den obigen Darstellungen durch die Führer $\mathfrak{f}(\chi)$ dieser Charaktere. Schließlich existiert auch umgekehrt zu jeder Kongruenzdivisorenklassengruppe $\mathfrak{G}/\mathfrak{H}$ in $\varkappa$ ein eindeutig bestimmter relativ-abelscher Klassenkörper K, für den alle diese Tatsachen gelten.

Mit diesem kurzen Überblick über die Hauptsätze der allgemeinen Klassenkörpertheorie müssen wir uns hier begnügen. Der Leser, der sich darüber genauer unterrichten will, sei auf meinen ausführlichen Bericht über diese Theorie verwiesen[1].

Das große offene Problem der heutigen algebraisch-zahlentheoretischen Forschung ist die Verallgemeinerung dieser Kennzeichnung der

---

[1] H. HASSE: Bericht über neuere Untersuchungen und Probleme aus der Theorie der algebraischen Zahlkörper. Teil I: Klassenkörpertheorie. Teil I a: Beweise zu Teil I; Teil II: Reziprozitätsgesetz. – Jahresbericht Deutsche Math.-Ver. **35** (1926); **36** (1927); Erg.-Bd. 6 (1930).

relativ-abelschen Zahlkörper K nebst ihrem Zerlegungsgesetz durch Kongruenzdivisorenklassengruppen im Grundkörper $\varkappa$ auf beliebige relativ-galoissche Zahlkörper $\mathsf{K}/\varkappa$. Seine Lösung würde eine Fülle neuer zahlentheoretischer Gesetzlichkeiten ergeben.

3. Beweis des Reziprozitätsgesetzes durch Einbettung in Einheitswurzelkörper

Wie wir in 1 gesehen haben, ergibt das quadratische Reziprozitätsgesetz

$$\left(\frac{d}{p}\right) = \left(\frac{p^*}{d}\right)$$

für das Kroneckersche Symbol unmittelbar das Klassenkörperzerlegungsgesetz für $\mathsf{K} = \mathsf{P}\left(\sqrt{d}\right)$ als Folge aus dem nach der Definition der Primdivisoren bestehenden Kummerschen Zerlegungsgesetz. Es erhebt sich die Frage, ob dieser Zusammenhang umgekehrt dazu benutzt werden kann, das quadratische Reziprozitätsgesetz zu beweisen.

Der in § 7,2,3 gegebene elementare Beweis ist zwar überaus einfach. Er vermittelt aber gar keine Einsicht in den tieferen Grund für den überraschenden Zusammenhang zwischen dem Restklassenverhalten von d mod. p und p mod. d, wie er durch das Reziprozitätsgesetz festgestellt wird. Die Ausschau nach weiteren Beweisen, die geeignet sind, diesen tieferen Grund zu enthüllen, erscheint daher hier auch dann nicht überflüssig, wenn man geneigt ist, sich mit einem Beweis für jedes mathematische Theorem zu begnügen.

Die Beantwortung unserer Frage läuft darauf hinaus, sich auf irgendeine direkte Weise in den Besitz des Klassenkörperzerlegungsgesetzes für $\mathsf{K} = \mathsf{P}\left(\sqrt{d}\right)$ oder doch wenigstens einer hinreichend starken Teilaussage dieses Gesetzes zu versetzen. Der tiefere Grund für das Bestehen des Reziprozitätsgesetzes wird dann in dem Vergleich der beiden Zerlegungsgesetze gefunden. Das tritt am klarsten hervor, wenn man das Klassenkörperzerlegungsgesetz als vollständig auf direktem Wege bewiesen annimmt. Denn dann resultiert ja aus dem Vergleich unmittelbar die Richtigkeit der Reziprozitätsformel $\left(\frac{d}{p}\right) = \left(\frac{p^*}{d}\right)$ für jede quadratische Körperdiskriminante d und jede nicht in ihr aufgehende Primzahl p, und das ist schon, wenn man die ungeraden Primzahldiskriminanten $d = (-1)^{\frac{q-1}{2}} q = q^*$, sowie die beiden Diskriminanten $d = -4, 8$ nimmt, die volle Aussage des quadratischen Reziprozitätsgesetzes nebst seinen beiden Ergänzungssätzen in der ursprünglichen Form aus § 7,2,3.

Zu einer direkten Herleitung des Klassenkörperzerlegungsgesetzes erscheint nun die in § 15,5,X bewiesene Einbettung des quadratischen

Zahlkörpers $\mathsf{K} = \mathsf{P}\left(\sqrt[]{\bar{d}}\right)$ in den Einheitswurzelkörper $\mathsf{P}_{|d|}$, die wir eben in **2** schon als Spezialfall des Kroneckerschen Satzes erwähnten, als der vorgezeichnete Weg. Denn da das Zerlegungsgesetz in $\mathsf{P}_{|d|}$ nach den Ausführungen in **2** (s. auch schon in § 15,**1** nach I) für die nicht in d aufgehenden Primzahlen p die einfache Form hat:

$$p \cong \mathfrak{p}_1 \cdots \mathfrak{p}_{g_p} \quad \text{mit} \quad \mathfrak{N}\left(\mathfrak{p}_i\right) = p^{f_p}, \ f_p g_p = \varphi\left(|d|\right),$$

wo f_p die Ordnung der Restklasse p mod. $|d|$ ist, so ist zu erwarten, daß man daraus für den Teilkörper K ein Zerlegungsgesetz herleiten kann, das ebenfalls nur von der Restklasse p mod. $|d|$ abhängt, und das muß dann das Klassenkörperzerlegungsgesetz für $\mathsf{K} = \mathsf{P}\left(\sqrt[]{\bar{d}}\right)$ sein.

Dieser Gedankengang ist, wenn man im Besitz der Hauptsätze der Arithmetik für den Einheitswurzelkörper $\mathsf{P}_{|d|}$ ist, leicht durchführbar. Man braucht dazu nur folgende beiden Bemerkungen zu machen:

A) *Zerfällt p bereits in K in zwei verschiedene Primdivisoren, so ist die Anzahl g_p der verschiedenen Primdivisoren von p in $\mathsf{P}_{|d|}$ notwendig durch 2 teilbar.*

B) *Stellt p bereits in K einen Primdivisor vom Restklassengrad 2 dar, so ist der Restklassengrad f_p der Primdivisoren von p in $\mathsf{P}_{|d|}$ notwendig durch 2 teilbar.*

Wendet man diese beiden Bemerkungen auf die speziellen Körper $\mathsf{K} = \mathsf{P}\left(\sqrt[]{q^*}\right)$ mit ungerader Primzahldiskriminante $d = q^*$ (also $\mathsf{P}_{|d|} = \mathsf{P}_q$) an, so ergibt sich:

a) Ist $\left(\dfrac{q^*}{p}\right) = 1$, so ist $g_p = \dfrac{q-1}{f_p}$ durch 2 teilbar, also $\dfrac{q-1}{2}$ durch die Ordnung f_p von p mod. q teilbar, und somit sicher $p^{\frac{q-1}{2}} \equiv 1$ mod. q, also $\left(\dfrac{p}{q}\right) = 1$.

b) Ist $\left(\dfrac{q^*}{p}\right) = -1$, so ist die Ordnung f_p von p mod. q durch 2 teilbar, und somit für $q \equiv -1$ mod. 4 sicher $p^{\frac{q-1}{2}} \equiv -1$ mod. q, also $\left(\dfrac{p}{q}\right) = -1$.

Um die in b) auftretende Einschränkung $q \equiv -1$ mod. 4 zu beseitigen, wende man die vorangeschickten Bemerkungen A), B) auf die beiden speziellen Körper $\mathsf{K} = \mathsf{P}\left(\sqrt[]{-1}\right)$, $\mathsf{P}\left(\sqrt[]{2}\right)$ mit $d = -4, 8$ an.

Der Körper $\mathsf{K} = \mathsf{P}\left(\sqrt[]{-1}\right)$ fällt mit dem ihn enthaltenden Einheitswurzelkörper P_4 zusammen. Der Vergleich der beiden Zerlegungsgesetze ergibt hier unmittelbar, daß $\left(\dfrac{-1}{p}\right) = 1$ mit $p \equiv 1$ mod. 4 und $\left(\dfrac{-1}{p}\right) = -1$ mit $p \equiv -1$ mod. 4 gleichbedeutend ist, also den ersten Ergänzungssatz.

Der $K = P(\sqrt{2})$ enthaltende Einheitswurzelkörper P_8 enthält außerdem auch $K' = P(\sqrt{-1})$ und stellt sich als das Kompositum

$$P_8 = K K' = P(\sqrt{-1}, \sqrt{2})$$

dar. Hieraus folgt nach den Hauptsätzen der Arithmetik leicht folgende Ergänzung zu A), B):

C) *Zerfällt p sowohl in K als auch in K' in je zwei verschiedene Primdivisoren vom Restklassengrad 1, so zerfällt p in P_8 in $g_p = 4$ verschiedene Primdivisoren vom Restklassengrad $f_p = 1$.*

Für $p \neq 2$ kann nun die oben in b) auftretende Einschränkung $q \equiv -1$ mod. 4 wie folgt beseitigt werden. Ist $q \equiv 1$ mod. 4, so erschließt man unter Vertauschung der Rollen von p und q indirekt aus a), daß aus $\left(\dfrac{q^*}{p}\right) = -1$, also $\left(\dfrac{q}{p}\right) = -1$, folgt $\left(\dfrac{p^*}{q}\right) = -1$, also nach dem (eben methodengerecht bewiesenen) ersten Ergänzungssatz $\left(\dfrac{p}{q}\right) = -1$.

Für $p = 2$ bleibt auf Grund der Einschränkung $q \equiv -1$ mod. 4 in b) noch zu beweisen, daß für $q \equiv 1$ mod. 4 aus $\left(\dfrac{q^*}{2}\right) = -1$, also $q \equiv 5$ mod. 8, folgt $\left(\dfrac{2}{q}\right) = -1$, oder also – wieder indirekt gewendet –, daß für $q \equiv 1$ mod. 4 aus $\left(\dfrac{2}{q}\right) = 1$ folgt $q \equiv 1$ mod. 8, also $\left(\dfrac{q}{2}\right) = 1$. Dies ergibt sich aber aus der eben angeführten Ergänzung C), wieder mit q statt p. Denn die Voraussetzungen $q \equiv 1$ mod. 4 und $\left(\dfrac{2}{q}\right) = 1$ besagen ja gerade, daß q in $K' = P(\sqrt{-1}) = P_4$ und $K = P(\sqrt{2})$ zerlegt ist. Für die Zerlegung von q in $P_8 = K K'$ ist daher $f_q = 1$, und dies bedeutet, daß die Restklasse q mod. 8 die Ordnung 1 hat, also $q \equiv 1$ mod. 8.

Damit ist das allgemeine Reziprozitätsgesetz nebst seinen beiden Ergänzungssätzen in der ursprünglichen Form aus § 7,2,3 als eine unmittelbare Folge aus dem Vergleich des Zerlegungsgesetzes in den benutzten quadratischen Körpern $K = P(\sqrt{d})$ mit dem im einbettenden Einheitswurzelkörper $P_{|d|}$ erkannt. Die angewandten Schlüsse sind rein begrifflicher Art, frei von jeder Rechnung, und sie lassen den tieferen Grund für das Bestehen des Gesetzes klar hervortreten, wie das am Schluß von § 9,5 und § 9,6 angekündigt wurde.

Für diese Beweise ist es, wie gesagt, erforderlich, im Besitz der in diesem Buche nicht entwickelten Hauptsätze der Arithmetik für den Einheitswurzelkörper $P_{|d|}$ zu sein, insbesondere das Zerlegungsgesetz für $P_{|d|}$ zu kennen. Beweise, die ebenfalls auf der Einbettung der speziellen quadratischen Zahlkörper $K = P(\sqrt{p^*})$, $P(\sqrt{2})$ in die Einheitswurzelkörper P_p, P_8 beruhen, die aber an Stelle des Zerlegungsgesetzes mit der elementaren Teilbarkeitslehre in P_p, P_8 auskommen, haben wir in

§ 8,**3,5** kennengelernt. Der Leser wird gut daran tun, sich diese Beweise von dem jetzt gewonnenen Standpunkt aus noch einmal vor Augen zu führen.

4. Rein-quadratischer Beweis des Reziprozitätsgesetzes

Wir wollen zum Abschluß einen heute bereits klassisch gewordenen Beweis des quadratischen Reziprozitätsgesetzes bringen, der ebenfalls auf der begrifflichen Bedeutung des Kroneckerschen Symbols $\left(\dfrac{d}{p}\right)$ für das Zerlegungsgesetz in $\mathsf{K} = \mathsf{P}\left(\sqrt{\bar{d}}\right)$ beruht, der aber dieses Gesetz nicht mehr, wie oben, mit dem Zerlegungsgesetz des einbettenden Einheitswurzelkörpers $\mathsf{P}_{|d|}$ vergleicht, sondern durch arithmetische Betrachtungen im Körper $\mathsf{K} = \mathsf{P}\left(\sqrt{\bar{d}}\right)$ selbst eine hinreichend starke Teilaussage des Klassenkörperzerlegungsgesetzes herleitet.

Dieser Beweis beruht auf den in § 18,**4**,Va, b aus der Klassenzahlformel gefolgerten beiden Aussagen:

I. *Für die quadratischen Zahlkörper* $\mathsf{K} = \mathsf{P}\left(\sqrt{\bar{d}}\right)$, *deren Diskriminante* d *nur eine Primzahl* p *enthält, nämlich die Körper*

$$\mathsf{K} = \mathsf{P}\left(\sqrt{-1}\right), \quad \mathsf{P}\left(\sqrt{\pm 2}\right), \quad \mathsf{P}\left(\sqrt{p^*}\right)$$

ist, soweit $d > 0$, *die Norm der Grundeinheit* $N(\varepsilon_1) = -1$, *und in jedem Falle die Klassenzahl* h *ungerade.*

Da der Beweis der Klassenzahlformel auf analytischer Grundlage beruhte und überdies das hier zu beweisende quadratische Reziprozitätsgesetz voraussetzte (indem für ihn die Bedeutung von $\left(\dfrac{d}{x}\right)$ als Restklassencharakter vom Führer d wesentlich war), müssen wir zunächst einen neuen, in der Arithmetik der in Rede stehenden Körper K wurzelnden Beweis für I erbringen.

Beweis. Wir erinnern vorweg an die in § 17,**3**,IX behandelte Abspaltung des primitiven Bestandteils $\mathfrak{a}_0$ eines beliebigen Divisors $\mathfrak{a}$ von K und an die dort angegebene Form von $\mathfrak{a}_0$. Ist $\mathfrak{a}$ beim erzeugenden Automorphismus von K invariant, also $\mathfrak{a}' = \mathfrak{a}$ und dann auch $\mathfrak{a}'_0 = \mathfrak{a}_0$, so ist $\mathfrak{a}_0$ nur aus Primdivisoren $\mathfrak{p}$ in K verzweigter Primzahlen p zusammengesetzt. Unter unserer speziellen Voraussetzung über K ist demnach dann notwendig

$$\mathfrak{a}_0 = 1 \text{ oder } \mathfrak{p},$$

wo $\mathfrak{p}$ der Primdivisor der einzigen in K verzweigten Primzahl p ist. Dieser Primdivisor $\mathfrak{p}$ ist aber in jenem Körper K ein Hauptdivisor, nämlich

$$\mathfrak{p} \cong \pi \quad \text{mit} \quad \pi = 1 + \sqrt{-1}, \ \sqrt{\pm 2}, \ \sqrt{p^*}.$$

Daher ist $\mathfrak{a}_0 \sim 1$, und somit auch $\mathfrak{a} \sim 1$ für jeden Divisor $\mathfrak{a}$ von K mit $\mathfrak{a}' = \mathfrak{a}$.

Wir bemerken ferner vorweg, daß eine Zahl $\gamma \neq 0$ aus K mit der Eigenschaft $N(\gamma) = \gamma\gamma' = 1$ sich in der Form

$$\gamma = \frac{\alpha}{\alpha'}$$

als Quotient einer Zahl $\alpha \neq 0$ aus K und ihrer Konjugierten darstellen läßt, nämlich ersichtlich mit

$$\alpha = \begin{cases} 1 + \gamma & \text{für } \gamma \neq -1 \\ \sqrt{d} & \text{für } \gamma = -1 \end{cases}.$$

Wir beweisen nun nacheinander die beiden Aussagen über $N(\varepsilon_1)$ und h.

1. Sei $d > 0$. Angenommen, es wäre $N(\varepsilon_1) = 1$. Dann hat man nach der zweiten Vorbemerkung

$$\varepsilon_1 = \frac{\alpha}{\alpha'} \quad (\text{mit } \alpha = 1 + \varepsilon_1).$$

Demnach hat die Zahl $\alpha \neq 0$ aus K die Eigenschaft

$$\alpha = \varepsilon_1 \alpha', \quad \text{also} \quad \alpha \cong \alpha'.$$

Für ihren primitiven Bestandteil α_0 gilt dann ebenfalls

$$\alpha_0 = \varepsilon_1 \alpha_0', \quad \text{also} \quad \alpha_0 \cong \alpha_0'.$$

Nach der ersten Vorbemerkung ist mithin

$$\alpha_0 \cong 1 \quad \text{oder} \quad \pi, \quad \text{also} \quad \alpha_0 = \varepsilon \quad \text{oder} \quad \varepsilon\pi$$

mit einer Einheit ε aus K. Wegen $\pi' = -\pi$ folgt daraus

$$\varepsilon_1 = \frac{\alpha_0}{\alpha_0'} = \pm \frac{\varepsilon}{\varepsilon'} = \pm \varepsilon^2,$$

im Widerspruch dazu, daß ε_1 die Grundeinheit von K sein sollte. Somit ist notwendig $N(\varepsilon_1) = -1$.

2. Um zu beweisen, daß die Divisorenklassengruppe von K ungerade Ordnung h hat, genügt es zu zeigen, daß für jede Divisorenklasse C von K mit der Eigenschaft $C^2 = 1$ notwendig $C = 1$ ist, oder also, daß für jeden Divisor $\mathfrak{a}$ von K mit der Eigenschaft $\mathfrak{a}^2 \sim 1$ notwendig $\mathfrak{a} \sim 1$ ist.

Sei demgemäß $\mathfrak{a}$ ein Divisor von K mit der Eigenschaft $\mathfrak{a}^2 \sim 1$. Wie wir in § 17,5 schon bemerkten, kann diese Eigenschaft auch in der Form $\mathfrak{a} \sim \mathfrak{a}'$ zum Ausdruck gebracht werden. Demnach ist

$$\frac{\mathfrak{a}}{\mathfrak{a}'} \cong \gamma$$

ein Hauptdivisor, und dabei ist $N(\gamma) \cong 1$, also $N(\gamma) = \pm 1$. Im Falle $d < 0$ ist dann von selbst $N(\gamma) = 1$; im Falle $d > 0$ kann das wegen $N(\varepsilon_1) = -1$ durch Normierung von γ unter Assoziierten ($\gamma \to \gamma$ oder $\varepsilon_1 \gamma$) erreicht werden. Nach der zweiten Vorbemerkung hat man dann

$$\gamma = \frac{\alpha}{\alpha'}, \quad \text{also} \quad \frac{\mathfrak{a}}{\alpha} = \frac{\mathfrak{a}'}{\alpha'}.$$

Nach der ersten Vorbemerkung ist daher $\dfrac{\mathfrak{a}}{\alpha} \sim 1$, und somit auch $\mathfrak{a} \sim 1$.

Damit sind die beiden Aussagen aus I rein-arithmetisch bewiesen. Wir bemerken, daß die erstere, $N(\varepsilon_1)$ betreffende eine teilweise Umkehrung des in § 16,4,IX erhaltenen notwendigen Kriteriums ist, nach dem für $N(\varepsilon_1) = -1$ nur Diskriminanten $d > 0$ in Frage kommen, die aus 2 und Primzahlen $p \equiv 1$ mod. 4 zusammengesetzt sind. Hier wird in Ergänzung dazu festgestellt, daß dies Kriterium auch hinreichend ist, soweit d nur eine Primzahl enthält. Offen bleiben demnach die aus mehreren der Primzahlen 2 und $p \equiv 1$ mod. 4 zusammengesetzten Diskriminanten $d > 0$.

Ehe wir uns dem Beweis des quadratischen Reziprozitätsgesetzes zuwenden, beweisen wir im Anschluß an die erste Vorbemerkung im Beweis von I noch die folgende dabei benötigte Tatsache:

II. *In den reell-quadratischen Zahlkörpern* $\mathsf{K} = \mathsf{P}\left(\sqrt{pq}\right)$ *mit zwei Primzahlen* $p, q \equiv -1$ *mod. 4 sind die zugehörigen Verzweigungsprimdivisoren* $\mathfrak{p}, \mathfrak{q} \sim 1$.

Beweis. Nach dem eben Gesagten ist hier $N(\varepsilon_1) = 1$. Wie im Beweis von I folgt daraus die Existenz eines primitiven α_0 in K mit

$$\alpha_0 = \varepsilon_1 \alpha_0', \quad \text{also} \quad \alpha_0 \cong \alpha_0'.$$

An beim erzeugenden Automorphismus von K invarianten primitiven Divisoren von K kommen hier nur $1, \mathfrak{p}, \mathfrak{q}, \mathfrak{p}\mathfrak{q}$ in Frage. Die Möglichkeiten $\alpha_0 \cong 1$ oder $\mathfrak{p}\mathfrak{q}$ scheiden wegen $\mathfrak{p}\mathfrak{q} \cong \sqrt{pq}$ wie im Beweis von I aus. Es ist somit etwa $\alpha_0 \cong \mathfrak{p}$. Dann ist aber $\mathfrak{p} \sim 1$, und wegen $\mathfrak{p}\mathfrak{q} \sim 1$ auch $\mathfrak{q} \sim 1$.

Beweis des Reziprozitätsgesetzes

a) Wir betrachten den quadratischen Zahlkörper $\mathsf{K} = \mathsf{P}\left(\sqrt{p^*}\right)$ mit einer Primzahl p, wobei wir im Falle $p = 2$, wie oben in 1, auch $p^* = 2$ verstehen. Nach I ist für ihn im reellen Falle ($p \equiv 1$ mod. 4 oder $p = 2$) die Norm der Grundeinheit $N(\varepsilon_1) = -1$ und in jedem Falle die Klassenzahl h ungerade.

Sei nun q eine von p verschiedene Primzahl mit $\left(\dfrac{p^*}{q}\right) = 1$. Nach dem Kummerschen Zerlegungsgesetz ist dann q in K zerlegt, also

$$q \cong \mathfrak{q}\mathfrak{q}' \quad \text{mit} \quad \mathfrak{N}(\mathfrak{q}) = q.$$

Nach der Bedeutung von h gilt dann jedenfalls

$$\mathfrak{q}^h \sim 1, \quad \text{also} \quad \mathfrak{q}^h \cong \alpha, \ q^h \cong N(\alpha)$$

mit einer primitiven Zahl α aus K. Im imaginären Falle ist dabei von selbst

$$q^h = N(\alpha),$$

im reellen Falle kann dies wegen $N(\varepsilon_1) = -1$ durch Normierung von α unter den Assoziierten erreicht werden.

Es ist dann also

$$q^h = \frac{a^2 - p^* b^2}{4} \ (\text{für } p \neq 2) \quad \text{bzw.} \quad q^h = a^2 - 2 b^2 \ (\text{für } p = 2)$$

mit ganzrationalen a, b. Daraus folgt

$$q^h \equiv \frac{a^2}{2^2} \bmod p \quad \text{bzw.} \quad q^h \equiv \pm 1 \bmod 8,$$

also in jedem Falle $\left(\dfrac{q^h}{p}\right) = 1$. Weil h ungerade ist, ergibt das $\left(\dfrac{q}{p}\right) = 1$.

Damit ist für eine beliebige Primzahl p und eine von ihr verschiedene Primzahl q (deren eine oder andere auch 2 sein kann) bewiesen:

$$\text{aus} \left(\frac{p^*}{q}\right) = 1 \text{ folgt } \left(\frac{q}{p}\right) = 1.$$

Setzen wir der Einfachheit halber den nach der Definition des Legendreschen Symbols oder nach dem Eulerschen Kriterium klaren ersten Ergänzungssatz zunächst voraus, so ergibt diese Aussage wieder formal durch Vertauschung der Rollen von p und q das allgemeine Reziprozitätsgesetz nebst dem zweiten Ergänzungssatz, abgesehen von dem Falle, daß beide Primzahlen p, $q \equiv -1 \bmod 4$ sind.

b) Um auch diesen letzteren Fall zu erledigen, betrachten wir den reell-quadratischen Körper $\mathsf{K} = \mathsf{P}\left(\sqrt{pq}\right)$ mit p, $q \equiv -1 \bmod 4$. Nach II sind in ihm die in p, q steckenden Verzweigungsprimdivisoren $\mathfrak{p}$, $\mathfrak{q} \sim 1$. Als Ausdruck von etwa $\mathfrak{p} \sim 1$ ergibt sich wie vorher eine Gleichung

$$\pm p = \frac{\bar{a}^2 - p q b^2}{4}$$

mit ganzrationalen $\bar{a}$, b, jetzt mit offen bleibendem Vorzeichen, da hier $N(\varepsilon_1) = 1$ ist. Darin ist notwendig $\bar{a} \equiv 0 \bmod p$. Die Gleichung kann also auch in der symmetrischen Form

$$\pm 1 = \frac{p a^2 - q b^2}{4}$$

mit ganzrationalen a, b geschrieben werden.

Sei jetzt $\left(\dfrac{p}{q}\right) = 1$ vorausgesetzt. Da nach dem ersten Ergänzungssatz $\left(\dfrac{-1}{q}\right) = -1$ ist, ergibt jene Gleichung, als Kongruenz mod. q betrachtet, daß notwendig das Pluszeichen steht, also

$$1 = \frac{p\,a^2 - q\,b^2}{4},$$

und dann weiter, als Kongruenz mod. p betrachtet, daß $\left(\dfrac{-q}{p}\right) = 1$ ist. Da nach dem ersten Ergänzungssatz auch $\left(\dfrac{-1}{p}\right) = -1$ ist, folgt $\left(\dfrac{q}{p}\right) = -1$.

Von der Voraussetzung $\left(\dfrac{p}{q}\right) = -1$ ausgehend folgt ebenso, jetzt mit dem Minuszeichen in jener Gleichung, daß $\left(\dfrac{q}{p}\right) = 1$ ist.

Damit ist das allgemeine Reziprozitätsgesetz auch im vorher noch auszunehmenden Falle $p, q \equiv -1$ mod. 4 bewiesen.

c) Um ganz methodengerecht zu sein, wollen wir auch noch den ersten Ergänzungssatz auf diese Art beweisen.

Die Schlußweise im ersten Teil des Beweises ergibt, auf den Körper $K = P\left(\sqrt{-1}\right)$ angewandt, daß aus $\left(\dfrac{-1}{q}\right) = 1$ folgt $q \equiv 1$ mod. 4.

Um umgekehrt aus $q \equiv 1$ mod. 4 auf $\left(\dfrac{-1}{q}\right) = 1$ zu schließen, betrachten wir den reell-quadratischen Körper $K = P\left(\sqrt{q}\right)$. In ihm ist $N(\varepsilon_1) = -1$. Dies bedeutet die Lösbarkeit der Gleichung

$$-1 = \frac{u_1^2 - q\,v_1^2}{4}$$

in ganzrationalen u_1, v_1. Als Kongruenz mod. q betrachtet, ergibt diese Gleichung $\left(\dfrac{-1}{q}\right) = 1$.

Der vorstehend gegebene Beweis des quadratischen Reziprozitätsgesetzes und seiner beiden Ergänzungssätze zeigt, daß dieses Gesetz auch eine begriffliche Bedeutung innerhalb der Theorie der quadratischen Zahlkörper selbst hat. Es ist aufs engste mit dem Zerlegungsgesetz, sowie mit der Norm der Grundeinheit ε_1 und der Parität der Klassenzahl h verknüpft. So durchsichtig, wie bei dem Beweis in **3** durch Einbettung in Einheitswurzelkörper, tritt allerdings die begriffliche Bedeutung hier nicht hervor.

§ 20. Systematische Theorie der Gaußschen Summen

1. Allgemeine Definition, Reduktionen

An einer Reihe von Stellen dieses Buches haben wir es mit Gaußschen Summen zu tun gehabt, nämlich zunächst in § 8 bei dem auf solche Summen gestützten Beweis des quadratischen Reziprozitätsgesetzes, dann in § 15,5,X bei der Einbettung der quadratischen Zahlkörper in Einheitswurzelkörper, weiter in § 18,2,3 bei der Summation der L-Reihen und Herleitung der allgemeinen Klassenzahlformel, und schließlich in § 18,5 bei der Überführung der quadratischen Klassenzahlformel für positive Primzahldiskriminanten in rationale Gestalt.

Wir wollen jetzt zum Abschluß die bei diesen Gelegenheiten erhaltenen oder schon vorgreifend benutzten Einzelergebnisse über Gaußsche Summen in einem mehr systematischen Rahmen zusammenfassen und dabei auch die noch fehlenden Beweise erbringen.

Der Begriff der Gaußschen Summe, wie wir ihn bisher verstanden haben, hat in neuerer Zeit verschiedene Verallgemeinerungen erfahren, nämlich einerseits auf beliebige endlich-algebraische Zahlkörper K statt des rationalen P als Summationsbereich, und andererseits, vom Spezialfall eines Primzahlmoduls p ausgehend, auf beliebige endliche Körper der Charakteristik p statt des Primkörpers (rationalen Restklassenkörpers) mod. p als Summationsbereich. Wir wollen uns hier, dem Charakter des Buches entsprechend, mit dem ursprünglichen Begriff der Gaußschen Summe begnügen, diesen jedoch wie folgt systematisch abrunden.

Es sei χ ein Restklassencharakter mit natürlichem Führer f. Man kann χ auch als Restklassencharakter mod. m für jedes natürliche Vielfache m von f auffassen, indem man nur die Werte $\chi(x)$ mit zu m primen x beibehält. Es ist für den zu entwickelnden Zusammenhang zweckmäßig, diese Auffassung durch die Bezeichnung χ_m zum Ausdruck zu bringen. Unter χ ohne Index sei immer der eigentliche Charakter $\chi = \chi_f$ verstanden.

Es bezeichne ferner $\zeta_m = e^{\frac{2\pi i}{m}}$ die analytisch normierte primitive m-te Einheitswurzel. Für jeden natürlichen Teiler d von m mit $m = d m_0$ gilt dann $\zeta_m^d = \zeta_{m_0}$. Unter ζ ohne Index sei immer die normierte primitive f-te Einheitswurzel $\zeta = \zeta_f = e^{\frac{2\pi i}{f}}$ verstanden. Darauf, daß gerade die analytische Normierung gewählt wird, wird es erst später in 5–7 ankommen. Zunächst handelt es sich nur darum, irgendeine feste primitive Einheitswurzel von der Ordnung des jeweiligen Erklärungsmoduls als Basis zugrunde zu legen, um alle übrigen auf sie beziehen zu können.

Unter den *zum Charakter χ bei der Erklärung mod. m gehörigen Gaußschen Summen* verstehen wir dann die den m Restklassen a mod. m und damit den m Einheitswurzeln ζ_m eindeutig zugeordneten Summen

$$(1.) \qquad \tau(\chi_m | \zeta_m^a) = \sum_{\substack{x \bmod m \\ (x,m)=1}} \chi(x)\, \zeta_m^{ax},$$

wo die Summation über ein (beliebig wählbares) primes Restsystem x mod. m erstreckt ist.

Zu dieser allgemeinen Definition der Gaußschen Summen beachte man folgendes. Die als zweites Argument aufgeführte Einheitswurzel ζ_m^a

kann bei gegebenem Charakter χ, durch geeignete Wahl des Erklärungsmoduls m (als Multiplum des Führers f) und der Restklasse a mod. m, als ganz beliebige Einheitswurzel $\zeta^* = e^{2\pi i r}$ (r rational, $0 \leqq r < 1$) vorgeschrieben werden, und dies sogar auf unendlich viele Weisen, entsprechend den verschiedenen Bruchdarstellungen $r = \dfrac{a}{m} = \dfrac{a'}{m'} = \cdots$ mit Vielfachen von f als Nenner. Die zugehörigen Gaußschen Summen $(\tau(\chi_m|\zeta^*), \tau(\chi_{m'}|\zeta^*), \ldots$ sind aber – jedenfalls formal – voneinander verschieden, weil die Summation jeweils über ein anderes primes Restsystem mod. m, mod. m', ... erstreckt ist. Gerade aus diesem Grunde ist es notwendig, die Abhängigkeit der Summation rechts in (1.) vom Erklärungsmodul m auch links im ersten Argument zum Ausdruck zu bringen, wie wir es durch Anfügung von m als Index an χ getan haben.

Durch die Summationstransformation $cx \to x$ mod. m mit primen c mod. m erkennt man das Bestehen der Funktionalgleichung

$$(2.) \qquad \tau(\chi_m|\zeta_m^{ac}) = \bar\chi(c)\,\tau(\chi_m|\zeta_m^{a}) \quad \text{für } (c, m) = 1,$$

die wir in den früher betrachteten Spezialfällen § 8,**2**, (1.) und § 15,**5**, (2*.) bereits kennengelernt und ausgenutzt haben.

Hiernach hängt $\tau(\chi_m|\zeta_m^a)$ wesentlich nicht von der Restklasse a mod. m selbst sondern nur von ihrem Teiler $d = (a, m)$ ab, der ja für die Gesamtheit der ac mod. m mit $(c, m) = 1$ charakteristisch ist. Statt dieses Teilers legen wir besser die Ordnung m_0 der Einheitswurzel ζ_m^a als Invariante unserer Beschreibung zugrunde. Sie ergibt sich durch Abspaltung des Teilers $d = (a, m)$ nach dem Schema

$$\left.\begin{aligned} a &= d\,a_0 \\ m &= d\,m_0 \end{aligned}\right\}, \quad (a_0, m_0) = 1,$$

also als der zu d komplementäre Teiler m_0 von m. Die zugrunde gelegte Einheitswurzel hat dabei die reduzierte Darstellung

$$\zeta_m^a = \zeta_{m_0}^{a_0}$$

als primitive m_0-te Einheitswurzel.

Wir zeigen nun:

I. *Es ist*

$$\tau(\chi_m|\zeta_m^a) = 0, \quad \textit{wenn } f \nmid m_0,$$

d. h. wenn die Ordnung m_0 von ζ_m^a kein Erklärungsmodul von χ ist.

Beweis. Aus $\tau(\chi_m|\zeta_m^a) \neq 0$ würde nach (2.) folgen, daß $\chi(c) = 1$ wäre für alle zu m primen c mit der Eigenschaft $ac \equiv a$ mod. m, die auch als $a_0 c \equiv a_0$ mod. m_0 geschrieben werden kann und daher mit $c \equiv 1$ mod. m_0 gleichbedeutend ist. Dann wäre aber m_0 ein Erklärungsmodul für χ, entgegen der Voraussetzung.

Auch diese Schlußweise – in direkter statt der indirekten Form – kennen wir bereits, nämlich aus der Summation der L-Reihen in § 18,2; die dortigen Summen $g(\zeta^a|\chi)$ sind ja in der jetzigen Bezeichnung die $\tau(\chi_f|\zeta_f^a) = \tau(\chi|\zeta^a)$ mit beliebigem a mod. f. Wie dort bei (3.) schon hervorgehoben, können wir als spezielle Folgerung aus (2.) und I feststellen, daß die Reduktionsregel

$$(3.) \qquad\qquad \tau(\chi|\zeta^a) = \bar{\chi}(a)\,\tau(\chi|\zeta)$$

für beliebige (prime oder nicht prime) a mod. f gilt.

Nachdem durch I der Fall $f \nmid m_0$ als trivial erkannt ist, setzen wir fortan $f\,|\,m_0$ voraus. Ausführlich gesagt, soll also die Ordnung m_0 der Einheitswurzel $\zeta_m^a = \zeta_{m_0}^{a_0}$ ein Vielfaches des Führers f von χ sein.

Solche Gaußschen Summen $\tau(\chi_m|\zeta_m^a)$ wollen wir *echt* nennen.

Wir geben dann nacheinander zwei Reduktionen der echten Gaußschen Summen. Bei der **ersten** Reduktion reduzieren wir die Summation vom primen Restsystem mod. m auf das prime Restsystem mod. m_0. Wir kommen dabei auf die Gaußschen Summen $\tau\big(\chi_{m_0}|\zeta_{m_0}^{a_0}\big)$, die wir *primitiv* nennen wollen, weil bei ihnen die Einheitswurzel $\zeta_{m_0}^{a_0}$ primitiv von der Ordnung des Erklärungsmoduls m_0 ist. Bei der **zweiten** Reduktion reduzieren wir die Summation vom primen Restsystem mod. m_0 auf das prime Restsystem mod. f. Wir kommen dabei auf die Gaußschen Summen $\tau(\chi_f|\zeta_f^{a_0}) = \tau(\chi|\zeta^{a_0})$, die wir *eigentlich* nennen wollen, weil bei ihnen der Charakter χ eigentlich ist. Nimmt man dann noch die Reduktionsregel (3.) hinzu, so kommt man auf die eine Gaußsche Summe $\tau(\chi|\zeta) = \tau(\chi)$, die in unseren früheren Betrachtungen immer auftrat; wir nennen sie wie bisher die *normierte eigentliche Gaußsche Summe zum Charakter χ* und bezeichnen sie auch einfach mit $\tau(\chi)$.

II. *Für die echten Gaußschen Summen besteht die Reduktion*

$$\tau(\chi_m|\zeta_m^a) = \frac{\varphi(m)}{\varphi(m_0)}\,\tau\big(\chi_{m_0}|\zeta_{m_0}^{a_0}\big)$$

auf die zugehörigen primitiven Gaußschen Summen.

Beweis. Wir reduzieren die Summation in

$$\tau\big(\chi_m|\zeta_m^a\big) = \sum_{\substack{x \bmod. m \\ (x,m)=1}} \chi(x)\,\zeta_m^{a\,x}$$

vom primen Restsystem mod. m schrittweise auf das prime Restsystem mod. m_0 indem wir, der Aufspaltung $m = d\,m_0$ entsprechend, nacheinander die einzelnen Primfaktoren p von d herauswerfen. Es genügt, den ersten Schritt durchzuführen.

Sei demgemäß p ein Primteiler von $d = (a, m)$, und

$$a = p\,a', \qquad m = p\,m'$$

gesetzt. Wegen der Voraussetzung $f\,|\,m_0$ ist sicher $f\,|\,m'$, also auch m' noch ein Erklärungsmodul für χ. Wir setzen dann das prime Restsystem x mod. m, in der Form

$$x \equiv x' + ym' \ \text{mod.}\ m \quad \text{mit} \quad (x', m') = 1 \quad \text{und} \quad ym' \not\equiv -x' \ \text{mod.}\ p$$

an, wo x' ein primes Restsystem mod. m' und y ein Restsystem mod. p mit der angegebenen Einschränkung durchläuft. Dann wird

$$\tau\left(\chi_m | \zeta_m^a\right) = \sum_{\substack{x'\ \text{mod.}\ m' \\ (x',m')\,=\,1}} \chi(x')\, \zeta_{m'}^{a'x'} \sum_{\substack{y\ \text{mod.}\ p \\ ym'\,\not\equiv\,-x'\ \text{mod.}\ p}} 1.$$

Ist nun auch noch $p\,|\,m'$, so ist die Einschränkung für y auf Grund der für x' von selbst erfüllt, also die innere Summe gleich p. Ist aber $p \nmid m'$, so scheidet auf Grund dieser Einschränkung für jedes x' genau eine Restklasse y mod. p aus; demnach ist dann die innere Summe gleich $p - 1$. Da entsprechend diesen beiden Fällen auch $\varphi(m) = p\varphi(m')$ bzw. $\varphi(m) = (p - 1)\,\varphi(m')$ gilt, ist mithin die innere Summe in jedem Falle gleich $\dfrac{\varphi(m)}{\varphi(m')}$. Somit wird

$$\tau\left(\chi_m | \zeta_m^a\right) = \frac{\varphi(m)}{\varphi(m')}\, \tau\left(\chi_{m'} | \zeta_{m'}^{a'}\right).$$

Wiederholte Anwendung dieser Elementarreduktion liefert die Behauptung.

III. *Für die primitiven Gaußschen Summen besteht die weitere Reduktion*

$$\tau\left(\chi_{m_0} | \zeta_{m_0}^{a_0}\right) = \mu\left(\frac{m_0}{f}\right) \chi\left(\frac{m_0}{f}\right) \tau\left(\chi | \zeta^{a_0}\right)$$

auf die zugehörigen eigentlichen Gaußschen Summen.

Hierbei bedeutet μ die Möbiussche Funktion.

Beweis. Wir gehen nach dem gleichen Schema vor wie im vorstehenden Beweis, das sich hier allerdings etwas komplizierter gestaltet.

Sei hier p ein Primteiler von $m_0 = pm_0'$ derart, daß auch noch $f\,|\,m_0'$ gilt. Mit dem entsprechenden Ansatz wie vorher, hier für das prime Restsystem x mod. m_0, wird dann

$$\tau\left(\chi_{m_0} | \zeta_{m_0}^{a_0}\right) = \sum_{\substack{x'\ \text{mod.}\ m_0' \\ (x',m_0')\,=\,1}} \chi(x')\, \zeta_{m_0}^{a_0 x'} \sum_{\substack{y\ \text{mod.}\ p \\ ym_0'\,\not\equiv\,-x'\ \text{mod.}\ p}} \zeta_p^{a_0 y}.$$

a) Ist nun auch noch $p\,|\,m_0'$, so ist wieder die Einschränkung für y von selbst erfüllt. Da wegen $(a_0, m_0) = 1$ erst recht $(a_0, p) = 1$ ist, ist dann die innere Summe gleich 0. In diesem Falle ist also

$$\text{(a)} \qquad\qquad \tau\left(\chi_{m_0} | \zeta_{m_0}^{a_0}\right) = 0.$$

b) Ist aber $p \nmid m_0'$, so scheidet auf Grund jener Einschränkung für jedes x' die durch $y_0\, m_0' \equiv -x'$ mod. p eindeutig festgelegte Restklasse y_0 mod. p aus, und die innere Summe hat den von x' abhängigen Wert $-\zeta_p^{a_0\, y_0} = -\zeta_{m_0}^{a_0\, y_0\, m_0'}$. Dieser fügt sich mit der Einheitswurzel $\zeta_{m_0}^{a_0\, x'}$ der äußeren Summe zu $-\zeta_{m_0}^{a_0\,(x' + y_0\, m_0')}$ zusammen. Führt man demgemäß in der äußeren Summe die Transformation

$$x' + y_0\, m_0' \equiv x''\, p \text{ mod. } m_0$$

durch, die ja in der Tat nach der Definition von y_0 mod. p jedem primen x' mod. m_0' (aus einem festen Restsystem gewählt zu denken) eineindeutig ein primes x'' mod. m_0' zuordnet, so ergibt sich in diesem Falle

$$\text{(b)} \qquad \tau\left(\chi_{m_0} \big| \zeta_{m_0}^{a_0}\right) = - \sum_{\substack{x' \text{ mod.}\, m_0' \\ (x',\, m_0') = 1}} \chi(x')\, \zeta_{m_0}^{a_0\,(x' + y_0\, m_0')}$$

$$= - \sum_{\substack{x'' \text{ mod.}\, m_0' \\ (x'',\, m_0') = 1}} \chi(x''\, p)\, \zeta_{m_0'}^{a_0\, x''} = - \chi(p)\, \tau\left(\chi_{m_0'} \big| \zeta_{m_0'}^{a_0}\right).$$

Denkt man jetzt diese Elementarreduktion der Reihe nach für die einzelnen Primfaktoren p von $\dfrac{m_0}{f}$ durchgeführt, so ergibt sich nach (a) sicher dann der Wert 0, wenn $\dfrac{m_0}{f}$ eine Primzahl p mindestens zum Exponenten 2 enthält, d.h. wenn $\dfrac{m_0}{f}$ nicht quadratfrei ist, und auch sicher dann, wenn zwar $\dfrac{m_0}{f}$ quadratfrei ist, aber mindestens einen Primteiler p von f enthält, d.h. wenn $\dfrac{m_0}{f}$ nicht prim zu f ist. Andernfalls ergibt sich nach (b) für jeden der verschiedenen Primteiler p von $\dfrac{m_0}{f}$ der Zusatzfaktor $-\chi(p)$. Der Definition der Möbiusschen Funktion $\mu\left(\dfrac{m_0}{f}\right)$ und der Festsetzung $\chi\left(\dfrac{m_0}{f}\right) = 0$ für $\left(\dfrac{m_0}{f},\, f\right) \neq 1$ entsprechend, tritt also in jedem Falle insgesamt gerade der Zusatzfaktor $\mu\left(\dfrac{m_0}{f}\right) \chi\left(\dfrac{m_0}{f}\right)$ vor, wie behauptet.

Nach den Ergebnissen I, II, III und (3.) können wir zusammenfassend feststellen:

IV. *Eine zum Charakter χ vom Führer f bei der Erklärung mod. m gehörige Gaußsche Summe*

$$\tau\left(\chi_m \big| \zeta_m^a\right) = \sum_{\substack{x \text{ mod.}\, m \\ (x,\, m) = 1}} \chi(x)\, \zeta_m^{a\, x}$$

ist höchstens dann von Null verschieden, wenn sie echt ist, d.h. wenn die Ordnung m_0 der Einheitswurzel $\zeta_m^a = \zeta_{m_0}^{a_0}$ ein Vielfaches von f ist.

29 Hasse, Zahlentheorie, 2. Aufl.

Ist das der Fall, so besteht die Reduktion

$$\tau\left(\chi_m\middle|\zeta_m^a\right) = \frac{\varphi(m)}{\varphi(m_0)}\,\mu\left(\frac{m_0}{f}\right)\chi\left(\frac{m_0}{f}\right)\bar\chi(a_0)\,\tau(\chi)$$

auf die zu χ gehörige normierte eigentliche Gaußsche Summe

$$\tau(\chi) = \sum_{x\bmod f}\chi(x)\,\zeta^x.$$

Da $\tau(\chi)\neq 0$ ist, wie wir aus § 15,5, (1*.) bereits wissen und in 2 auch noch auf einfachere Art zeigen werden, ist hiernach $\tau(\chi_m\mid\zeta_m^a)$ genau dann von Null verschieden, wenn neben der notwendigen Bedingung $f\mid m_0$ auch noch $\frac{m_0}{f}$ quadratfrei und prim zu f ist.

Die hier gegebene Reduktionstheorie der allgemeinen Gaußschen Summen findet bei mancherlei zahlentheoretischen Untersuchungen Anwendung, so z.B. bei der am Schluß von § 18,4 erwähnten Überführung der Klassenzahlformel in rein-arithmetische Gestalt für zusammengesetzte Diskriminanten, und zwar nicht nur in dem von Bergström behandelten quadratischen Spezialfall, sondern auch bei der entsprechenden Aufgabe für beliebige abelsche Zahlkörper, die bisher noch nicht in vollem Umfang bearbeitet ist.

2. Komponentenzerlegung, Betragformel

Wir betrachten zunächst noch einmal die in 1, (1.) definierte allgemeine Gaußsche Summe

$$(1.)\qquad \tau\left(\chi_m\middle|\zeta_m^a\right) = \sum_{\substack{x\bmod m\\(x,m)=1}}\chi(x)\,\zeta_m^{a\,x}.$$

Es sei

$$m = m_1\cdots m_r$$

eine Zerlegung des Erklärungsmoduls m in paarweise teilerfremde natürliche Zahlen $m_1,\dots,m_r$. Wir setzen nach dem Schema aus § 4,9 die direkte Zerlegung des Restklassenrings mod. m in die Restklassenringe mod. $m_1,\dots,m_r$ (§ 4,9,IX) und damit auch der zugehörigen primen Restklassengruppen (§ 4,9,XI) an, indem wir wie dort von einer Darstellung

$$\frac{1}{m} = \frac{g_1}{m_1} + \cdots + \frac{g_r}{m_r}$$

mit ganzrationalen $g_1,\dots,g_r$ ausgehen. Es ist dann

$$\zeta_m = \zeta_{m_1}^{g_1}\cdots\zeta_{m_r}^{g_r}$$

und allgemeiner

$$\zeta_m^{a\,x} = \zeta_{m_1}^{g_1 a_1 x_1}\cdots\zeta_{m_r}^{g_r a_r x_r},$$

wo a_i, x_i mod. m_i die durch

$$a \equiv a_i, \qquad . \quad x \equiv x_i \bmod. m_i \quad (i = 1, \ldots, r)$$

definierten Komponenten von a, x mod. m sind.

Es sei ferner

$$\chi_m = \chi_{m_1} \cdots \chi_{m_r}$$

die dieser Zerlegung des Erklärungsmoduls m gemäß § 13,6,XII entsprechende Komponentenzerlegung des Charakters χ_m, bei der die Komponenten χ_{m_i} durch

$$\chi_{m_i}(x) = \chi_m(x_i) \quad (i = 1, \ldots, r)$$

gegeben sind, wenn man die x_i mod. m_i noch durch die Zusatzvorschrift

$$x_i \equiv 1 \bmod. \frac{m}{m_i} \quad (i = 1, \ldots, r)$$

normiert. Es ist dann

$$\chi_m(x) = \chi_{m_1}(x_1) \cdots \chi_{m_r}(x_r).$$

Indem man in (1.) die Summation über das prime Restsystem x mod. m entsprechend dieser Komponentenzerlegung auf die Summationen über die primen Restsysteme x_i mod. m_i zurückführt, erhält man eine zugeordnete Komponentenzerlegung der Gaußschen Summe zunächst in der Form

$$\tau\left(\chi_m \big| \zeta_m^a\right) = \tau\left(\chi_{m_1} \big| \zeta_{m_1}^{g_1 a_1}\right) \cdots \tau\left(\chi_{m_r} \big| \zeta_{m_r}^{g_r a_r}\right).$$

Wegen $(g_i, m) = 1$ und genauer $g_i \dfrac{m}{m_i} \equiv 1 \bmod. m_i$ gilt hierbei für die Komponenten nach der Reduktionsregel **1**, (2.) noch

$$\tau\left(\chi_{m_i} \big| \zeta_{m_i}^{g_i a_i}\right) = \bar{\chi}_{m_i}(g_i)\, \tau\left(\chi_{m_i} \big| \zeta_{m_i}^{a_i}\right) = \chi_{m_i}\left(\frac{m}{m_i}\right) \tau\left(\chi_{m_i} \big| \zeta_{m_i}^{a_i}\right) \quad (i = 1, \ldots, r).$$

V. *Bei einer Zerlegung* $m = \prod\limits_{i=1}^{r} m_i$ *des Erklärungsmoduls* m *in paarweise teilerfremde Faktoren* m_i *besteht für die der Restklasse* a *mod.* m *zugeordnete Gaußsche Summe zum Charakter* χ *die Komponentenzerlegung*

$$\tau\left(\chi_m \big| \zeta_m^a\right) = \prod_{i=1}^{r} \chi_{m_i}\left(\frac{m}{m_i}\right) \cdot \prod_{i=1}^{r} \tau\left(\chi_{m_i} \big| \zeta_{m_i}^{a_i}\right),$$

wo $\chi_m = \prod\limits_{i=1}^{r} \chi_{m_i}$ *die entsprechende Komponentenzerlegung des mod.* m *erklärten Charakters* χ *ist und die* $a_i \equiv a \bmod. m_i$ *die Komponenten der Restklasse* a *mod.* m *sind.*

29*

Indem man die Primzerlegung $m = \prod\limits_{i=1}^{r} p_i^{\mu_i}$ zugrunde legt, hätten sich die beiden Reduktionen II, III in 1 durch Vorwegnahme der Komponentenzerlegung V formal etwas vereinfachen lassen. Wir haben davon abgesehen, weil die Vereinfachung sich nur auf die ohnehin völlig durchsichtige Zusammenfassung der Ergebnisse bei den Einzelschritten bezieht, während die in diesen Einzelschritten auszuführende Reduktion des Restsystems nicht wesentlich einfacher wird.

Wir beschränken uns weiterhin auf die Betrachtung der eigentlichen Gaußschen Summen

$$(2.) \qquad \tau(\chi|\zeta^a) = \sum_{x \bmod. f} \chi(x)\, \zeta^{ax} = \bar{\chi}(a)\, \tau(\chi),$$

wo also χ ein eigentlicher Restklassencharakter vom Führer f, ferner $\zeta = e^{\frac{2\pi i}{f}}$ die normierte primitive f-te Einheitswurzel und a mod. f eine prime Restklasse (ζ^a eine beliebige primitive f-te Einheitswurzel) ist. Die Summationsbeschränkung $(x, f) = 1$ kann bei ihnen wegen $\chi(x) = 0$ für $(x, f) \neq 1$ weglassen oder auch nach Belieben hinzugefügt werden, wie wir das schon in § 15,5 beim Beweis der dortigen Formeln (1*.), (2*.) hervorhoben und ausnutzten.

Die Komponentenzerlegung V stellt sich für die eigentlichen Gaußschen Summen unter Beachtung von § 13,6,XIII so dar:

VI. *Bei einer Zerlegung $f = \prod\limits_{i=1}^{r} f_i$ des Führers f in paarweise teilerfremde Faktoren f_i besteht für die der primen Restklasse a mod. f zugeordnete eigentliche Gaußsche Summe zum Charakter χ die Komponentenzerlegung*

$$\tau(\chi|\zeta^a) = \prod_{i=1}^{r} \chi_i\left(\frac{f}{f_i}\right) \cdot \prod_{i=1}^{r} \tau\left(\chi_i|\zeta_i^{a_i}\right),$$

wo $\chi = \prod\limits_{i=1}^{r} \chi_i$ die entsprechende Komponentenzerlegung des Charakters χ vom Führer f in Charaktere χ_i von den Führern f_i ist, ferner $\zeta_i = \zeta^{\frac{f}{f_i}}$ die normierten primitiven f_i-ten Einheitswurzeln und $a_i \equiv a$ mod. f_i die Komponenten der primen Restklasse a mod. f sind.

Insbesondere besteht demnach für die normierte eigentliche Gaußsche Summe zum Charakter χ die Komponentenzerlegung

$$\tau(\chi) = \prod_{i=1}^{r} \chi_i\left(\frac{f}{f_i}\right) \cdot \prod_{i=1}^{r} \tau(\chi_i).$$

Indem man die Primzerlegung $f = \prod\limits_{i=1}^{r} p_i^{\nu_i}$ zugrunde legt, reduziert sich nach VI (und 1,IV) die Betrachtung der allgemeinen Gaußschen Summen auf die Betrachtung der normierten eigentlichen Gaußschen Summen mit Primzahlpotenzführern $f = p^\nu$. Für solche Führer haben wir die möglichen Charaktere χ in § 13,6 explizit aufgestellt.

Für das Quadrat des Betrages der normierten eigentlichen Gaußschen Summe haben wir in § 15,5, (1*.) die Formel

$$(3.) \qquad \tau(\chi)\,\overline{\tau(\chi)} = f$$

bewiesen, die im übrigen nach der Reduktionsregel 1, (3.) von der Normierung unabhängig ist, also entsprechend für alle eigentlichen Gaußschen Summen $\tau(\chi\,|\,\zeta^a)$ gilt.

Der Beweis von (3.) war damals einigermaßen kompliziert. Durch die Komponentenzerlegung VI reduziert er sich jedoch auf den Spezialfall eines Primzahlpotenzführers $f = p^\nu$ und kann dann fast ebenso einfach wie im Spezialfall $f = p$ aus § 8,2, (2.) folgendermaßen erbracht werden:

$$
\begin{aligned}
\overline{\tau(\chi)}\,\tau(\chi) &= \sum_{\substack{x \bmod p^\nu \\ x \not\equiv 0 \bmod p}} \chi(x^{-1})\,\zeta^{-x} \sum_{y \bmod p^\nu} \chi(y)\,\zeta^{y} \\
&= \sum_{\substack{x \bmod p^\nu \\ x \not\equiv 0 \bmod p}} \sum_{y \bmod p^\nu} \chi(x^{-1}y)\,\zeta^{y-x} \\
&= \sum_{\substack{x \bmod p^\nu \\ x \not\equiv 0 \bmod p}} \sum_{t \bmod p^\nu} \chi(t)\,\zeta^{x(t-1)} \\
&= \sum_{t \bmod p^\nu} \chi(t) \sum_{\substack{x \bmod p^\nu \\ x \not\equiv 0 \bmod p}} \zeta^{x(t-1)} \\
&= \sum_{t \bmod p^\nu} \chi(t) \sum_{x \bmod p^\nu} \zeta^{x(t-1)} - \sum_{t \bmod p^\nu} \chi(t) \sum_{x' \bmod p^{\nu-1}} \zeta^{p x'(t-1)} \\
&= p^\nu - p^{\nu-1} \sum_{\substack{t \bmod p^\nu \\ t \equiv 1 \bmod p^{\nu-1}}} \chi(t) = p^\nu,
\end{aligned}
$$

letzteres nach § 13,2, (1.), weil χ auch für die Untergruppe $t \equiv 1 \bmod p^{\nu-1}$ ein Charakter ist, der wegen der Führereigenschaft von p^ν für χ nicht der Hauptcharakter ε ist.

3. Begriffliche Bedeutung der eigentlichen Gaußschen Summen

Hat der Charakter χ vom Führer f die Ordnung k, so daß seine Werte (soweit von Null verschieden) die k-ten Einheitswurzeln sind, so sind die zugehörigen eigentlichen Gaußschen Summen

$$(1.) \qquad \tau(\chi\,|\,\zeta^a) = \sum_{x \bmod f} \chi(x)\,\zeta^{ax}, \qquad (a, f) = 1,$$

Zahlen aus dem Kompositum $\mathsf{P}_k\,\mathsf{P}_f$ der beiden Einheitswurzelkörper P_k und P_f.

Hilfssatz. *Kompositum und Durchschnitt von* P_k, P_f *sind gegeben durch*

$$P_k P_f = P_m, \qquad P_k \cap P_f = P_d,$$

wo

$$[k, f] = m, \qquad (k, f) = d$$

kleinstes gemeinsames Vielfaches und größter gemeinsamer Teiler von k, f
sind, so daß also

$$k f = m d$$

gilt.

Beweis. Hinsichtlich des Kompositums ist das klar. Denn einerseits
hat man $\zeta_k = \zeta_m^{m/k}$, $\zeta_f = \zeta_m^{m/f}$, also $P_k P_f \subseteq P_m$, und andererseits hat man
$\zeta_m = \zeta_k^u \zeta_f^v$, wo u, v aus $d = uf + vk$, also $\dfrac{1}{m} = \dfrac{u}{k} + \dfrac{v}{f}$, bestimmt sind,
und daher $P_m \subseteq P_k P_f$.

Hinsichtlich des Durchschnitts ist zunächst nur klar, daß $P_d \subseteq P_k \cap P_f$
ist, weil $\zeta_d = \zeta_k^{k/d} = \zeta_f^{f/d}$ gilt. Zum Beweis von $P_d = P_k \cap P_f$ genügt es
dann, die Gradgleichung

$$[P_k : P_d]\, [P_f : P_d] = [P_m : P_d]$$

festzustellen (Abb. 24). Wie in § 15,5 bewiesen, hat allgemein P_n den
Grad $\varphi(n)$. Die Behauptung läuft daher auf den Nachweis von

$$\frac{\varphi(k)}{\varphi(d)}\,\frac{\varphi(f)}{\varphi(d)} = \frac{\varphi(m)}{\varphi(d)}, \quad \text{oder also} \quad \varphi(k)\,\varphi(f) = \varphi(d)\,\varphi(m)$$

hinaus. Ist nun p eine Primzahl, so ist der Beitrag von p zu d etwa als
der Beitrag von p zu k und dann der Beitrag von p zu m als der Beitrag

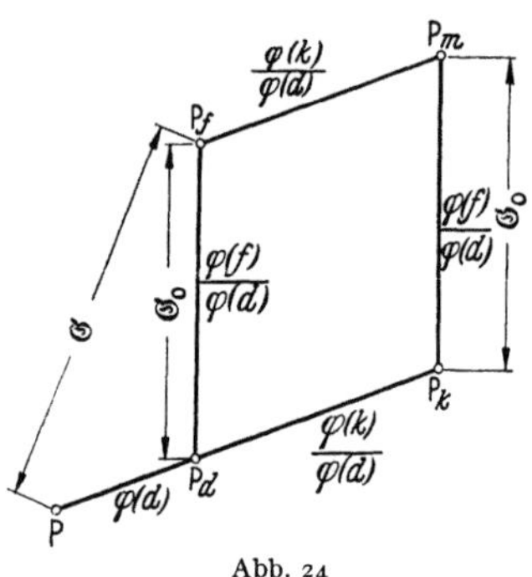

Abb. 24

von p zu f bestimmt. Daher stehen die p
entsprechenden Beiträge zu den Eulerschen Funktionen in der behaupteten
Beziehung; diese gilt also sogar beitrags-
weise. Damit ist der Hilfssatz bewiesen.

Die Galoissche Gruppe $\mathfrak{G}$ von P_f/P
wird, wie in § 15,5 gezeigt, durch die Substitutionen $\zeta \to \zeta^a$ mit primen a mod. f gegeben und isomorph auf die prime Restklassengruppe mod. f bezogen. Dem Teilkörper P_d ist nach dem Hauptsatz der
Galoisschen Theorie, auf Grund der Dar-
stellung $\zeta_d = \zeta^{f/d}$ seines primitiven Elements, die Untergruppe $\mathfrak{G}_0$ der
Substitutionen $\zeta \to \zeta^{a_0}$ mit primen a_0 mod. f der Eigenschaft $a_0 \equiv 1$ mod. d
zugeordnet. Diese Untergruppe $\mathfrak{G}_0$ ist dann die Galoissche Gruppe von
P_f/P_d und, nach dem Verschiebungssatz der Galoisschen Theorie, auch
von P_m/P_k.

Hiernach kann die Reduktionsregel 1, (3.) (im Falle primer a mod. f), die wir schon in § 15,5, (2*.) allgemein in der Form

(2.) $$\tau(\chi) \to \bar{\chi}(a)\,\tau(\chi) \quad \text{bei} \quad \zeta \to \zeta^a$$

geschrieben hatten, für die speziellen primen a_0 mod. f mit $a_0 \equiv 1$ mod. d auch als die Angabe gedeutet werden, wie sich die Zahl $\tau(\chi)$ aus $P_m = P_k P_f$ bei den Automorphismen aus der Galoisschen Gruppe $\mathfrak{G}_0$ von $P_k P_f/P_k$ verhält. Für die primen a mod. f mit $a \not\equiv 1$ mod. d kann die Reduktionsregel zwar formal auch noch in der Gestalt (2.) mitgeteilt werden. Sie hat dann aber nicht mehr die eben angegebene Bedeutung; denn dann wird die Substitution $\zeta \to \zeta^a$ erst durch Angabe einer (mit ihr verträglichen) Ersetzungsvorschrift für ζ_k, also für die Werte von χ, zu einem Automorphismus von $P_k P_f$, während doch in (2.) gemeint ist, daß die Werte von χ von der Substitution nicht betroffen werden sollen.

Wir setzen einfachheitshalber zunächst voraus, daß der Durchschnitt $P_k \cap P_f = P_d = P$ ist, d.h. daß $(k, f) = d = 1$ oder 2 ist. Es soll also der Führer f von χ mit der Ordnung k von χ höchstens den Teiler 2 gemeinsam haben. Aus der in § 13,6 gegebenen Übersicht über alle Restklassencharaktere χ mit gegebenem Führer f durch Zerlegung in Komponenten von Primzahlpotenzführern, wobei hinsichtlich der Ordnung k der dortige Satz XIV zu berücksichtigen ist, ist leicht zu entnehmen, für welche Charaktere χ bei gegebener Ordnung k der Führer diese Voraussetzung erfüllt. Als Komponenten $\neq \varepsilon$ kommen in der dortigen Bezeichnung nur folgende in Betracht:

(a) für jede ungerade Primzahl $p \nmid k$ und $(k, p-1) \neq 1$ die $k_p - 1$ $= (k, p-1) - 1$ Charaktere

$$\chi_p^{\varkappa_p \frac{p-1}{k_p}} \quad (\varkappa_p \not\equiv 0 \text{ mod. } k_p) \text{ von den Ordnungen } \frac{k_p}{(\varkappa_p,\, k_p)},$$

(b) für die Primzahl 2 (sofern k genau durch 2^1 teilbar ist), die drei Charaktere $\chi_4,\, \chi_8,\, \chi_4\chi_8$, von der Ordnung 2,

und ein Charakter χ mit lauter solchen Komponenten erfüllt die gemachte Voraussetzung dann und nur dann, wenn das kleinste gemeinsame Vielfache der Ordnungen der Komponenten gleich k ist.

Die Körper P_k, P_f sind dann fremd zueinander, d.h. haben den Durchschnitt P. Die Untergruppe $\mathfrak{G}_0$ fällt mit der vollen Galoisschen Gruppe $\mathfrak{G}$ von P_f zusammen. Daher kann die Ersetzungsregel (2.) für alle primen a mod. f als Anwendungsregel für die Automorphismen $\zeta \to \zeta^a$ aus $\mathfrak{G}$ auf $\tau(\chi)$ gedeutet werden. Sie sagt aus, daß $\tau(\chi)$ genau bei der durch $\chi(a) = 1$ charakterisierten Untergruppe $\mathfrak{H}$ von $\mathfrak{G}$, vom Index k mit zyklischer Faktorgruppe, invariant ist. Wie in § 15,5 sei K der dieser Untergruppe nach dem Hauptsatz der Galoisschen Theorie zugeordnete Teilkörper von P_f vom Grade k, der hier zyklisch ist. Nach dem Verschiebungssatz der Galoisschen Theorie ist dann $\tau(\chi)$ erzeugendes Element des zugeordneten Erweiterungskörpers $P_k\,K/P_k$, der durch Adjunktion der k-ten Einheitswurzeln (Werte von χ) zum Grundkörper P

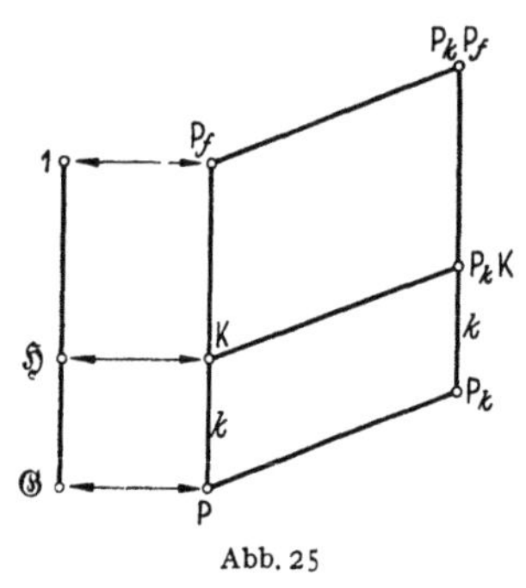

Abb. 25

und zu K entsteht (Abb. 25). Da $\tau(\chi)^k$ nach (2.) bei allen Automorphismen $\zeta \to \zeta^a$ von $P_k\,P_f/P_k$ invariant ist, liegt diese Potenz im Grundkörper P_k. Die demnach bestehende reine Gleichung $\tau(\chi)^k = \omega(\chi)$ mit $\omega(\chi)$ aus P_k ist irreduzibel über P_k, weil $\tau(\chi)$ als erzeugendes Element von $P_k\,K/P_k$ denselben Grad k hat wie dieser Erweiterungskörper selbst.

Nach alledem können wir in Verallgemeinerung des in § 15,5,X betrachteten Spezialfalles $k = 2$ feststellen:

VII. *Es sei χ ein Restklassencharakter der Ordnung k vom natürlichen Führer f, und es habe f mit k höchstens den Teiler 2 gemeinsam, d.h. die Komponenten von χ seien vom Typus* (a), (b).

Es sei ferner K der bei den Automorphismen $\zeta \to \zeta^a$ von P_f mit $\chi(a) = 1$ elementweise invariante zyklische Teilkörper von P_f vom Grade k.

Dann wird K nach Adjunktion der k-ten Einheitswurzeln zum Grundkörper P und zu K durch die zu χ gehörige normierte eigentliche Gaußsche

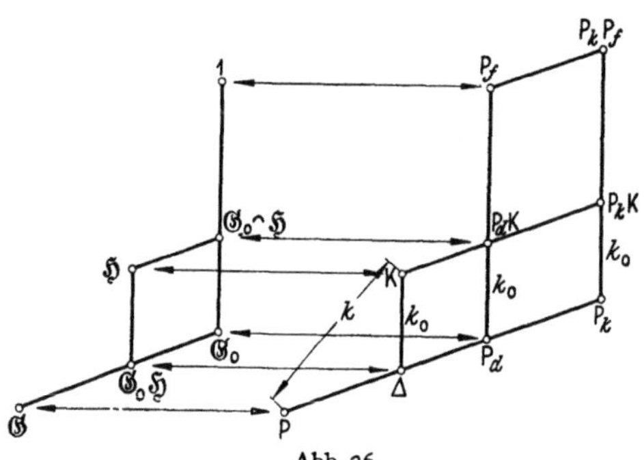

Abb. 26

Summe $\tau(\chi)$ erzeugt, d.h. es gilt

$$P_k\,K = P_k(\tau(\chi)).$$

Dabei genügt $\tau(\chi)$ einer über P_k irreduziblen reinen Gleichung k-ten Grades

$$\tau(\chi)^k = \omega(\chi)$$

mit einer Zahl $\omega(\chi)$ aus P_k.

Wird die einschränkende Voraussetzung über $(k, f) = d$ fortgelassen, so liegen die Verhältnisse etwas komplizierter (Abb. 26). Der wie vorher definierte Körper K ist dann nicht notwendig fremd zu dem zu adjun gierenden Einheitswurzelkörper P_k. Dem Durchschnitt $\Delta = P_k \cap K = P_d \cap K$ entspricht das Kompositum $\mathfrak{G}_0\,\mathfrak{H}$ der durch $a_0 \equiv 1$ mod. d und $\chi(a) = 1$ charakterisierten Untergruppen von $\mathfrak{G}$; es ergibt sich, indem man die primen Restklassen a mod. f mit $\chi(a) = 1$ zu primen Restklassen a mod. d erweitert, ist also (als Restklassengruppe statt als Automorphismengruppe aufgefaßt) die engste $\mathfrak{H}$ enthaltende Restklassengruppe, die schon mod. d erklärbar ist. Der Grad k_0 von K/Δ und dann auch von

$\mathsf{P}_k \mathsf{K}/\mathsf{P}_k$ ist demgemäß der kleinste Teiler von k derart, daß χ^{k_0} bereits mod. d erklärbar ist. Es ist wieder

$$\mathsf{P}_k \mathsf{K} = \mathsf{P}_h (\tau(\chi)),$$

aber $\tau(\chi)$ genügt jetzt einer über P_k irreduziblen reinen Gleichung nur k_0-ten Grades mit einer Zahl $\omega(\chi)$ aus P_h.

Wir wollen das Ergebnis VII zunächst vom algebraischen Standpunkt beleuchten. Dazu schreiben wir die Automorphismen aus $\mathfrak{G}$ in der Form

$$A = (\zeta \rightarrow \zeta^a)$$

als Operatoren und geben ihre Anwendung auf Zahlen dadurch an, daß wir A als Exponent anfügen (also etwa $\zeta^A = \zeta^a$). Es sei R ein volles Repräsentantensystem für die Klassen von $\mathfrak{G}/\mathfrak{H}$ (der zyklischen Struktur entsprechend in der Form $R = R_0^\varkappa$ mit $\varkappa$ mod. k ansetzbar), also

$$\mathfrak{G} = \sum_{R \text{ nach } \mathfrak{H}} R \mathfrak{H}.$$

Indem wir diese Zerlegung von $\mathfrak{G}$ nach $\mathfrak{H}$ in der Definitionsformel (1.) für $\tau(\chi)$ vornehmen, erhalten wir die gruppentheoretische Schreibweise

$$(3.) \qquad \tau(\chi) = \sum_{R \text{ nach } \mathfrak{H}} \chi(R) \vartheta^R \quad \text{mit} \quad \vartheta = \sum_{X \text{ in } \mathfrak{H}} \zeta^X$$

der normierten eigentlichen Gaußschen Summe zu χ. Die darin zugrunde liegende Zahl ϑ gehört zu P_f und ist bei allen Automorphismen aus $\mathfrak{H}$ invariant, liegt also in dem Teilkörper K. Die ϑ^R entstehen aus ihr durch Anwendung der Automorphismen $R\mathfrak{H}$ aus der Galoisschen Gruppe $\mathfrak{G}/\mathfrak{H}$ von K, sind also gerade ihre k Konjugierten in K. Man nennt sie nach Gauß auch die zur Untergruppe $\mathfrak{H}$ gehörigen f-ten *Kreisteilungsperioden*.

Wir betrachten nun zusammen mit χ gleich den ganzen Zyklus $\chi^\varkappa$ ($\varkappa$ mod. k), also die $\mathfrak{H}$ im Sinne von § 15,1 zugeordnete Charaktergruppe $\mathfrak{K}$, die hier als die Charaktergruppe von $\mathfrak{G}/\mathfrak{H}$ erscheint. Die zugehörigen Gaußschen Summen haben bei Erklärung mod. f die zu (3.) analoge Gestalt

$$(4.) \qquad \tau\left(\chi_f^\varkappa \mid \zeta_f\right) = \sum_{R \text{ nach } \mathfrak{H}} \chi^\varkappa(R) \vartheta^R \qquad (\varkappa \text{ mod. } k).$$

Wir haben dabei links in den Argumenten den Index f angefügt, da es sich um allgemeine Gaußsche Summen im Sinne von 1 handelt, die zwar echt sind (weil $f(\chi^\varkappa)$ Teiler von $f = f(\chi)$ ist), und auch primitiv, aber nicht notwendig eigentlich (weil es sich um einen echten Teiler handeln kann). Bei Anwendung der Automorphismen A aus $\mathfrak{G}$ haben sie nach der allgemeinen Regel **1**, (2.) die Eigenschaft

$$(5.) \qquad \tau\big(\chi_f^{\varkappa}\big|\zeta_f\big)^A = \bar{\chi}^{\varkappa}(A)\,\tau\big(\chi_f^{\varkappa}\big|\zeta_f\big),$$

wie man auch direkt aus (4.) abliest.

Wir setzen hier einfachheitshalber schärfer als vorher voraus, daß sogar $(k, f) = 1$ ist, daß also der Charakter χ einen zu seiner Ordnung k teilerfremden Führer f hat. Das bedeutet, daß χ nur Komponenten vom obigen Typus (a), keine vom Typus (b) haben soll. Dann sind nach **1**,III alle

$$(6.) \qquad \tau\big(\chi_f^{\varkappa}\big|\,\zeta_f\big) \neq 0.$$

Denn f ist ein Produkt verschiedener ungerader Primzahlen $p \nmid k$, so daß durchweg $\mu\left(\dfrac{f}{f(\chi^{\varkappa})}\right) \neq 0$ ist, und es ist auch durchweg $\dfrac{f}{f(\chi^{\varkappa})}$ prim zu $f(\chi^{\varkappa})$, also $\chi^{\varkappa}\left(\dfrac{f}{f(\chi^{\varkappa})}\right) \neq 0$.

Aus (5.), (6.) folgern wir, daß die k Zahlen $\tau(\chi_f^{\varkappa}|\zeta_f)$ aus $\mathsf{P}_k\mathsf{K}$ eine Basis von $\mathsf{P}_k\mathsf{K}/\mathsf{P}_k$ bilden. Aus einer linearen Relation

$$\sum_{\varkappa \bmod. k} c_{\varkappa}\,\tau\big(\chi_f^{\varkappa}\big|\zeta_f\big) = 0$$

mit Koeffizienten $c_{\varkappa}$ aus P_k folgt nämlich nach (5.) das lineare Gleichungssystem

$$\sum_{\varkappa \bmod. k} \bar{\chi}^{\varkappa}(R)\,c_{\varkappa}\,\tau\big(\chi_f^{\varkappa}\big|\zeta_f\big) = 0 \qquad (R \text{ nach } \mathfrak{H}).$$

Nach § 13,**2**,II hat dieses die eindeutige Auflösung $c_{\varkappa}\,\tau(\chi_f^{\varkappa}|\zeta_f) = 0$, und nach (6.) bedeutet das, daß notwendig alle $c_{\varkappa} = 0$ sind.

Durch entsprechende Auflösung des linearen Gleichungssystems (4.) selbst ergibt sich

$$(7.) \qquad \vartheta^R = \frac{1}{k}\sum_{\varkappa \bmod. k} \bar{\chi}^{\varkappa}(R)\,\tau\big(\chi_f^{\varkappa}\big|\zeta_f\big).$$

Demnach bilden auch die Konjugierten ϑ^R eine Basis von $\mathsf{P}_k\mathsf{K}/\mathsf{P}_k$ und somit, als Zahlen aus K, eine Basis von K/P. Insbesondere gilt hiernach

$$\mathsf{K} = \mathsf{P}(\vartheta),$$

d.h. der $\mathfrak{H}$ zugeordnete Teilkörper K von P_f wird durch die in (3.) definierte erste symmetrische Grundfunktion der ζ^X mit X in $\mathfrak{H}$ erzeugt.

Die algebraische Bedeutung der Gaußschen Summe $\tau(\chi)$ besteht hiernach darin, daß die zyklische Gleichung k-ten Grades über P, der ϑ als Erzeugende von K genügt, durch den Übergang (3.) zu $\tau(\chi)$ in eine reine Gleichung k-ten Grades für $\tau(\chi)$ über P_k transformiert wird. Man sagt dafür in der klassischen Algebra auch, $\tau(\chi)$ sei die *Lagrangesche Resol-*

vente zu ϑ. Allgemeiner wird die aus den Konjugierten ϑ^R bestehende sog. *Normalbasis* von K durch die lineare Substitution (4.) mit der Umkehrung (7.) in eine Basis $\tau(\chi_f^{\varkappa}|\zeta_f)$ von $\mathsf{P}_k\mathsf{K}/\mathsf{P}_k$ transformiert, die man im Hinblick auf ihr Verhalten (5.) bei den Automorphismen eine *Faktorbasis* von $\mathsf{P}_k\mathsf{K}/\mathsf{P}_k$ nennt.

Für die bei dieser algebraischen Betrachtung beiseite gelassenen Fälle, wo f mit k Primteiler gemeinsam hat, gestaltet sich der entsprechende Zusammenhang etwas komplizierter. Wir wollen darauf nicht weiter eingehen.

Wir kommen nunmehr auf die **arithmetische** Bedeutung des Ergebnisses VII zu sprechen. Im Spezialfall $k = 2$ eines quadratischen Charakters χ (wo die gemachte Voraussetzung $(k, f) = 1$ oder 2 keinerlei Einschränkung bedeutet), haben wir die Zahl $\tau(\chi)^2 = \omega(\chi)$ aus $\mathsf{P}_k = \mathsf{P}_2 = \mathsf{P}$ in § 15,5,X zu $\tau(\chi)^2 = \chi(-1)\,f$ bestimmt. Die damit gewonnene Einbettung der quadratischen Zahlkörper $\mathsf{K} = \mathsf{P}\left(\sqrt{\chi(-1)\,f}\right)$ in Einheitswurzelkörper P_f bildete die Grundlage für den durchsichtigen begrifflichen Beweis des quadratischen Reziprozitätsgesetzes in § 19,3 und auch schon für den in § 8 gegebenen Beweis, der direkt mit den Gaußschen Summen arbeitete. Im Hinblick hierauf ist es von großem Interesse, die Zahl $\tau(\chi)^k = \omega(\chi)$ aus P_k auch unter den allgemeinen Voraussetzungen aus VII explizit zu bestimmen, d.h. sie allein durch k-te Einheitswurzeln, etwa in Gestalt von Werten des Charakters χ, auszudrücken.

Diese Aufgabe reduziert sich durch Komponentenzerlegung gemäß **2**,VI auf den Spezialfall, daß $f = p^\nu$ Potenz einer Primzahl p ist, so daß also χ von einem der oben genannten Typen (a), (b) ist. Da wir den quadratischen Fall $k = 2$ bereits abgetan haben, bleibt somit als *Kern unserer Aufgabe die explizite Bestimmung von* $\tau(\chi)^k = \omega(\chi)$ *als Zahl aus* P_k *für Charaktere χ einer Ordnung $k \geq 3$ der primen Restklassengruppe nach einer ungeraden Primzahl $p \equiv 1 \bmod. k$.*

Wir werden diese Aufgabe anschließend in **4** lösen. In den Fällen, wo wir den Einheitswurzelkörper P_k auch arithmetisch beherrschen, werden wir darüber hinaus auch eine arithmetische Kennzeichnung der Zahl $\omega(\chi)$ aus P_k geben. Es sind das, da wir die Grundlagen der Arithmetik in diesem Buche in extenso nur für quadratische Zahlkörper entwickelt haben, die Fälle, wo P_k quadratisch ist, also $k = 3, 4, 6$ mit $\mathsf{P}_3 = \mathsf{P}_6 = \mathsf{P}\left(\sqrt{-3}\right)$, $\mathsf{P}_4 = \mathsf{P}\left(\sqrt{-1}\right)$.

Läßt man die in VII gemachte einschränkende Voraussetzung über $(k, f) = d$ fallen, so kommen bei gegebener Ordnung k nach Reduktion auf die Komponenten mit Primzahlpotenzführern $f = p^\nu$ jeweils nur noch endlich viele, den Primteilern p von k entsprechende Fälle hinzu, die man leicht durch explizite Angabe des Wertes von $\tau(\chi)$ selbst und damit dann auch von $\tau(\chi)^{k_0}$ (mit dem oben definierten Grad $k_0 \mid k$) abtun kann.

Speziell für $k = 3, 6$ und $k = 4$ sind das die folgenden Fälle:

a) für $k = 3$ die beiden konjugiert-komplexen kubischen Charaktere χ_9, $\bar{\chi}_9$ vom Führer 9; dazu für $k = 6$ noch $\chi_3 \chi_9$, $\chi_3 \bar{\chi}_9$;

b) für $k = 4$ die beiden konjugiert-komplexen geraden biquadratischen Charaktere χ_{16}, $\bar{\chi}_{16}$ nebst den ungeraden $\chi_4 \chi_{16}$, $\chi_4 \bar{\chi}_{16}$.

Dabei ist durchweg $k_0 = k$, und durch direkte Ausrechnung ergeben sich ohne weiteres die Werte:

$$\begin{cases} \tau(\chi_9) = 3\,\zeta, & \tau(\chi_9)^3 = 3^3\,\varrho \\ \tau(\chi_3 \chi_9) = 3\,\zeta, & \tau(\chi_3 \chi_9)^3 = 3^3\,\varrho \end{cases}, \text{ wenn } \chi_9(2) = \varrho,$$

$$\begin{cases} \tau(\chi_{16}) = 4\,\zeta, & \tau(\chi_{16})^4 = 16^2\,i \\ \tau(\chi_4 \chi_{16}) = 4\,\zeta, & \tau(\chi_4 \chi_{16})^4 = 16^2\,i \end{cases}, \text{ wenn } \chi_{16}(3) = i.$$

Die Werte für die zu χ konjugiert-komplexen Charaktere erhält man nach der allgemeinen Regel (1.) in § 18,3.

4. Gaußsche Summen und Charaktersummen für einen ungeraden Primzahlmodul

Die Lösung der am Schluß von 3 gestellten Aufgabe hängt mit einer Verallgemeinerung der in § 10,6,8,9 betrachteten Charaktersummen $\pi(\chi, \psi)$ zusammen und wird auch die in § 18,5, (21.) vorweggenommene Behauptung über diese Summen zu folgern gestatten.

Es sei p eine ungerade Primzahl, und es seien χ, ψ zwei Restklassencharaktere mod. p von den Ordnungen k, l; diese Ordnungen sind Teiler von $p - 1$.

Wir definieren allgemein

$$(1.) \qquad \pi(\chi, \psi) = \sum_{x+y=1} \chi(x)\, \psi(y),$$

wo zur Vereinfachung der Schreibweise anders als bisher x, y als Elemente des Primkörpers Π der Charakteristik p, also als Restklassen mod. p verstanden seien.

Nicht-trivial sind diese Charaktersummen nur unter den Bedingungen

$$(2.) \qquad \chi \neq \varepsilon, \quad \psi \neq \varepsilon, \quad \chi\psi \neq \varepsilon,$$

wo ε wie früher den Hauptcharakter mod. p bedeutet. Denn es ist ersichtlich

$$\pi(\varepsilon, \varepsilon) = p,$$

wegen $\sum_x \chi(x) = 0$ für $\chi \neq \varepsilon$, ferner

$$\pi(\chi, \varepsilon) = 0 \quad \text{für} \quad \chi \neq \varepsilon,$$

ebenso
$$\pi(\varepsilon, \psi) = 0 \quad \text{für} \quad \psi \neq \varepsilon,$$
und schließlich

$$\pi(\chi, \psi) = \pi(\chi, \bar{\chi}) = -\chi(-1) \quad \text{für} \quad \begin{cases} \chi \neq \varepsilon, \ \psi \neq \varepsilon, \ \chi\psi = \varepsilon \\ \text{d. h.} \quad \text{für} \quad \psi = \bar{\chi} \neq \varepsilon \end{cases}.$$

Letzteres ergibt sich aus der Schreibweise

$$\pi(\chi, \chi^{-1}) = \sum_{x \neq 1} \chi\left(\frac{x}{1-x}\right),$$

wenn man beachtet, daß die linear-gebrochene Funktion $\dfrac{x}{1-x}$ alle Elemente $\neq -1$ aus Π, jedes genau einmal, durchläuft, wenn x alle Elemente $\neq 1$ aus Π durchläuft.

Analog wie in den Spezialfällen $k = 4, 3$ und $l = 2$ aus § 10,8,9 hängen die Summen $\pi(\chi, \psi)$ mit der Lösungsanzahl der Gleichung

$$x^k + y^l = 1$$

im Primkörper Π zusammen. Man hat nämlich nach § 13,4,VII analog wie in jenen Spezialfällen allgemein

$$N[x^k + y^l = 1] = \sum_{x^k + y^l = 1} 1 = \sum_{u + v = 1} \sum_{\chi^k = \varepsilon} \chi(u) \sum_{\psi^l = \varepsilon} \psi(v) = \sum_{\chi^k = \varepsilon} \sum_{\psi^l = \varepsilon} \pi(\chi, \psi),$$

wo χ, ψ die je k, l Charaktere mod. p vom Exponenten k, l durchlaufen. Trägt man hier für die nicht den Bedingungen (2.) genügenden trivialen Paare χ, ψ die angegebenen Werte von $\pi(\chi, \psi)$ ein, so ergibt sich die Formel

$$(3.) \qquad N[x^k + y^l = 1] = p + 1 - N_\infty + \sum_{\substack{\chi^k = \varepsilon, \ \psi^l = \varepsilon \\ \chi, \ \psi, \ \chi\psi \neq \varepsilon}} \pi(\chi, \psi),$$

wo das Zusatzglied N_∞ rechts sich wie folgt bestimmt. Es sei $(k, l) = d$, so daß genau d Paare χ, ψ mit $\chi\psi = \varepsilon$ vorhanden sind, nämlich die Lösungen χ von $\chi^d = \varepsilon$ in der (zyklischen) Charaktergruppe mod. p nebst ihren Konjugierten $\psi = \bar{\chi}$. Dann ist

$$N_\infty = \sum_{\chi^d = \varepsilon} \chi(-1) = \sum_{\delta \bmod. d} (-1)^{\frac{p-1}{d}\delta} = \begin{cases} d, \text{ wenn } \dfrac{p-1}{d} \text{ gerade,} \\ 0, \text{ wenn } \dfrac{p-1}{d} \text{ ungerade, } d \text{ gerade,} \\ 1, \text{ wenn } \dfrac{p-1}{d} \text{ ungerade,} \\ \qquad\qquad\qquad d \text{ ungerade} \end{cases}.$$

Ähnlich wie in § 10,3 ist dies Zusatzglied als die Anzahl der un end-lichen Lösungen der betrachteten Gleichung zu deuten. Die Formel (3.)

sagt dann aus, daß die volle Lösungsanzahl $N + N_\infty$ sich von der Anzahl $p + 1$ (der durch ∞ ergänzten Elemente von Π) als Mittelwert genau um die Summe der nicht-trivialen Charaktersummen $\pi(\chi, \psi)$ als Fehlerglied unterscheidet, in Verallgemeinerung der in § 10,6,8,9 betrachteten Spezialfälle.

Wir beweisen nunmehr folgenden Zusammenhang der nicht-trivialen Charaktersummen $\pi(\chi, \psi)$ mit den zu χ, ψ und $\chi\psi$ gehörigen (eigentlichen normierten) Gaußschen Summen:

VIII. *Für* $\chi \neq \varepsilon$, $\psi \neq \varepsilon$, $\chi\psi \neq \varepsilon$ *gilt*

$$\pi(\chi, \psi) = \frac{\tau(\chi)\, \tau(\psi)}{\tau(\chi\psi)}.$$

Beweis. Wir stellen die Charakterwerte in der Definitionsformel (1.) für $\pi(\chi, \psi)$ auf Grund der Reduktionsregel **1**, (3.) als die Quotienten

$$\chi(x) = \frac{\tau(\bar\chi \mid \zeta^x)}{\tau(\bar\chi)}, \quad \psi(y) = \frac{\tau(\bar\psi \mid \zeta^y)}{\tau(\bar\psi)}$$

dar, wo ζ die der Normierung zugrunde gelegte primitive p-te Einheitswurzel bedeutet. Dann wird

$$\begin{aligned}
\pi(\chi, \psi) &= \frac{1}{\tau(\bar\chi)\, \tau(\bar\psi)} \sum_{x+y=1} \tau(\bar\chi \mid \zeta^x)\, \tau(\bar\psi \mid \zeta^y) \\
&= \frac{1}{\tau(\bar\chi)\, \tau(\bar\psi)} \sum_{x+y=1} \sum_{u,v} \bar\chi(u)\, \bar\psi(v)\, \zeta^{ux+vy} \\
&= \frac{1}{\tau(\bar\chi)\, \tau(\bar\psi)} \sum_{u,v} \bar\chi(u)\, \bar\psi(v) \sum_{x+y=1} \zeta^{ux+vy} \\
&= \frac{1}{\tau(\bar\chi)\, \tau(\bar\psi)} \sum_{u,v} \bar\chi(u)\, \bar\psi(v)\, \zeta^v \sum_x \zeta^{(u-v)x} \\
&= \frac{p}{\tau(\bar\chi)\, \tau(\bar\psi)} \sum_u \bar\chi(u)\, \bar\psi(u)\, \zeta^u = \frac{p\, \tau(\bar\chi\, \bar\psi)}{\tau(\bar\chi)\, \tau(\bar\psi)}.
\end{aligned}$$

Nach § 18,**3**, (1.) hat man

$$\tau(\bar\chi) = \frac{\chi(-1)\, p}{\tau(\chi)}, \quad \tau(\bar\psi) = \frac{\psi(-1)\, p}{\tau(\psi)}, \quad \tau(\bar\chi\, \bar\psi) = \frac{\chi(-1)\, \psi(-1)\, p}{\tau(\chi\psi)}.$$

Daraus folgt die Behauptung. Die Voraussetzungen $\chi \neq \varepsilon$, $\psi \neq \varepsilon$, $\chi\psi \neq \varepsilon$ wurden bei dieser Rechnung wesentlich benutzt, weil sonst (bei der zugrunde gelegten Auffassung der $\tau(\bar\chi \mid \zeta^x)$, $\tau(\bar\psi \mid \zeta^y)$ als mod. p erklärte Gaußsche Summen) die hier erfolgte Einbeziehung der 0 in das Summationssystem Abweichungen mit sich bringt (die bei gehöriger Berücksichtigung wieder die oben bestimmten trivialen Werte ergeben würden).

Zu dem Ergebnis VIII ist grundsätzlich folgendes zu bemerken. Aus dem Verhalten der Gaußschen Summen bei den Automorphismen $\zeta \to \zeta^a$ von P_p ist klar, daß der Ausdruck rechts in VIII bei diesen Automorphismen invariant ist, also im Körper $P_k\, P_l$ der Charakterwerte liegt. Die durchgeführte Rechnung gibt, umgekehrt gelesen, diesen Ausdruck explizit durch Charakterwerte an, nämlich gerade als die zu den Charakteren χ,ψ gehörige Charaktersumme $\pi(\chi,\psi)$.

Man kann das Ergebnis VIII auch so deuten. Es sei $\mathfrak{X}$ die Gruppe aller Restklassencharaktere mod. p. Sie ist nach § 13,3,IV zur primen Restklassengruppe mod. p isomorph, also zyklisch von der Ordnung $p-1$. Durch die normierten eigentlichen Gaußschen Summen $\tau(\chi)$ werden den Charakteren χ aus $\mathfrak{X}$ Zahlen aus dem Einheitswurzelkörper $P_{p-1}\, P_p$ zugeordnet. Diese Zuordnung ist zwar kein Homomorphismus, aber doch so beschaffen, daß das Produkt $\tau(\chi)\,\tau(\psi)$ von $\tau(\chi\psi)$ nur um einen Faktor aus dem niederen Einheitswurzelkörper P_{p-1} unterschieden ist. Dieser Faktor wird in den nicht-trivialen Fällen durch VIII explizit als die Charaktersumme $\pi(\chi,\psi)$ bestimmt. In den trivialen Fällen kann er wegen $\tau(\varepsilon)=1$ unmittelbar angegeben werden (stimmt aber aus dem vorher schon genannten Grunde – Unterscheidung der eigentlichen und uneigentlichen Gaußschen Summe zum mod. p erklärten Hauptcharakter ε – nicht etwa mit den oben bestimmten Werten von $\pi(\chi,\psi)$ in diesen trivialen Fällen überein). Man nennt im Hinblick auf die eben gegebene Deutung die (nicht-trivialen) Charaktersummen $\pi(\chi,\psi)$ auch das *Faktorensystem der Gaußschen Summen* zu den Charakteren mod. p.

Aus der Betragsformel **2**, (3.) für die Gaußschen Summen folgt nach VIII die Betragsformel

$$(4.) \qquad\qquad |\pi(\chi,\psi)| = \sqrt{p}$$

für die nicht-trivialen Charaktersummen. Für die Lösungsanzahl N aus (3.) besteht daher die Restabschätzung

$$\left| (N + N_\infty) - (p+1) \right| \leq \big((k-1)(l-1) - (d-1) \big)\, \sqrt{p}$$

von dem allgemeinen in § 10,3 betrachteten Typus. Der Faktor bei $\sqrt{p}$ erweist sich in der Tat als das doppelte Geschlecht $2g$ der betrachteten algebraischen Gleichung $x^k + y^l = 1$.

Nach diesen grundsätzlichen Bemerkungen über das Ergebnis VIII kommen wir nunmehr zur Lösung der am Schluß von **3** gestellten Aufgabe, nämlich der expliziten Bestimmung der Zahlen $\tau(\chi)^k = \omega(\chi)$ aus P_l für Charaktere χ der Ordnung k nach einem Primzahlmodul $p \equiv 1$ mod. k.

Es ist klar, daß man bei Kenntnis des Faktorensystems der Gaußschen Summen auch die speziellen, der k-maligen Multiplikation mit sich selbst entsprechenden Faktoren $\omega(\chi)$ aus

$$\tau(\chi)^k = \omega(\chi)\,\tau(\chi^k) = \omega(\chi)\,\tau(\varepsilon) = \omega(\chi)$$

angeben kann. Man braucht dazu nur das Produkt der folgenden k Einzelgleichungen zu bilden:

$$
\begin{aligned}
\tau(\chi) \cdot \tau(\varepsilon) &= 1 \cdot \tau(\chi) \\
\tau(\chi) \cdot \tau(\chi) &= \pi(\chi, \chi) \cdot \tau(\chi^2) \\
\tau(\chi) \cdot \tau(\chi^2) &= \pi(\chi, \chi^2) \cdot \tau(\chi^3) \\
&\cdots\cdots\cdots\cdots\cdots\cdots \\
\tau(\chi) \cdot \tau(\chi^{k-2}) &= \pi(\chi, \chi^{k-2}) \cdot \tau(\chi^{k-1}) \\
\tau(\chi) \cdot \tau(\chi^{k-1}) &= \chi(-1)\, p \cdot \tau(\varepsilon).
\end{aligned}
$$

So erhält man die Formel

$$
(5.) \qquad \tau(\chi)^k = \chi(-1)\, p\, \pi(\chi, \chi)\, \pi(\chi, \chi^2) \cdots \pi(\chi, \chi^{k-2}),
$$

wobei nur $\chi \neq \varepsilon$ vorausgesetzt ist. Sie liefert die Lösung unserer Aufgabe. Für $k = 2$, wo das Produkt der auf p folgenden $k - 2$ Glieder nicht auftritt, ist das unser schon in § 8,2, (2.) erhaltenes Ergebnis, das übrigens in der letzten Zeile des Beweisschemas herangezogen wurde. Für $k \geqq 3$ stellt sich die gesuchte Zahl $\omega(\chi)$ aus P_k nach (5.), von dem trivialen Faktor $\chi(-1)\, p$ abgesehen, als das Produkt der nicht-trivialen Charaktersummen dar, die zu χ selbst einerseits und den Potenzen $\chi^\varkappa$ andererseits gehören.

Die Formel (5.) wurde als eine einfache formale Folge aus der Grundbeziehung VIII zwischen Gaußschen Summen und Charaktersummen mod. p gewonnen, die ihrerseits durch einfache Umformungen aus den Definitionsformeln für diese beiden Arten von Summen hergeleitet wurde. Es ist nun bemerkenswert, daß der Formel (5.) ein allgemeineres System von Relationen zwischen Gaußschen Summen und Charaktersummen mod. p zur Seite tritt, das man bisher nur in Spezialfällen auf dieselbe einfache formale Art beweisen kann. Es gilt nämlich:

IX. *Ist l ein beliebiger Teiler von $p - 1$ und χ ein Restklassencharakter mod. p mit $\chi^l \neq \varepsilon$, so ist*

$$
(6.) \qquad \frac{\tau(\chi)^l}{\tau_l(\chi^l)} = \prod_{\substack{\psi^l = \varepsilon \\ \psi \neq \varepsilon}} \pi(\chi, \psi),
$$

wo

$$
\tau_l(\chi^l) = \tau(\chi^l \mid \zeta^l) = \bar{\chi}^l(l)\, \tau(\chi^l)
$$

gesetzt ist und ψ die $l - 1$ vom Hauptcharakter verschiedenen Charaktere mod. p vom Exponenten l durchläuft.

Diese Relationen können auch in der Form

$$
(7.) \qquad \prod_{\psi^l = \varepsilon} \tau(\chi\psi) = \tau_l(\chi^l) \prod_{\psi^l = \varepsilon} \tau(\psi)
$$

geschrieben werden.

Letzteres erkennt man ohne weiteres, indem man für die $\pi(\chi, \psi)$ in (6.) ihre Darstellungen gemäß VIII einträgt und $\tau(\varepsilon) = 1$, $\tau(\chi\varepsilon) = \tau(\chi)$ als Faktoren hinzufügt. Man beachte, daß auf Grund der Voraussetzung

$\chi^l \neq \varepsilon$ in (6.) durchweg $\chi \neq \varepsilon$, $\psi \neq \varepsilon$ und auch $\chi\psi \neq \varepsilon$ ist, so daß VIII in der Tat anwendbar ist. Die Form (7.) dieser Relationen enthält nur Gaußsche Summen mod. p. Sie lehrt, daß es zwischen den $p - 1$ verschiedenen normierten Gaußschen Summen nicht-triviale multiplikative Abhängigkeiten gibt. Es ist zu vermuten, daß dieses wesentlich die einzigen solchen Abhängigkeiten sind.

Was den Beweis von IX betrifft, so werden wir ihn hier nur für den Spezialfall $l = 2$ erbringen, wo man noch durch eine einfache formale Umformung der Definitionsformeln zum Ziel kommt. Für den allgemeinen Fall sind zwei Beweise bekannt. Der erste beruht auf einer arithmetischen Charakterisierung der Charaktersummen $\pi(\chi, \psi)$ als Zahlen aus $P_k\,P_l$, von der Art, wie wir sie in den Spezialfällen $k = 3, 4$ und $l = 2$ in § 10,8,9 gegeben haben. Er erfordert zu seiner allgemeinen Durchführung die Grundlagen der Arithmetik in Einheitswurzelkörpern. Der zweite beruht auf der Bedeutung der Charaktersummen $\pi(\chi, \psi)$ als Restglieder in der Formel (3.) für die Lösungsanzahl der Gleichung $x^k + y^l = 1$ über dem Primkörper Π. Er zieht analytische Hilfsmittel heran, nämlich die zu dem algebraischen Funktionenkörper $\Pi(x, y)$ mit dieser Grundgleichung gehörigen L-Funktionen. Wir müssen für diese Beweise auf die Originalarbeit[1] verweisen.

Beweis von IX *für* $l = 2$. Die zu beweisende Relation (6.) lautet in diesem Spezialfall

$$(8.) \qquad \frac{\tau(\chi)^2}{\tau_2(\chi^2)} = \pi(\chi, \psi) \quad \text{für} \quad \chi^2 \neq \varepsilon,\ \psi^2 = \varepsilon,\ \psi \neq \varepsilon,$$

d.h. für jeden nicht-quadratischen Charakter $\chi \neq \varepsilon$ und den quadratischen Charakter ψ (das Legendresche Symbol) mod. p.

Es ist

$$\tau(\chi)^2 = \sum_{x,\,y} \chi(x\,y)\, \zeta^{x+y} = \sum_t \zeta^t \sum_{x+y=t} \chi(x\,y).$$

Für $t = 0$ ist nun

$$\sum_{x+y=0} \chi(x\,y) = \sum_x \chi(-x^2) = \chi(-1) \sum_x \chi^2(x) = 0$$

wegen $\chi^2 \neq \varepsilon$. Für $t \neq 0$ führt die Substitution $x \to \dfrac{x\,t}{2},\ y \to \dfrac{y\,t}{2}$ zu

$$\sum_{x+y=t} \chi(x\,y) = \chi^2\left(\frac{t}{2}\right) \sum_{x+y=2} \chi(x\,y).$$

Damit wird weiter

$$\begin{aligned}
\tau(\chi)^2 &= \sum_t \chi^2\left(\frac{t}{2}\right) \zeta^t \cdot \sum_{x+y=2} \chi(x\,y) \\
&= \sum_t \chi^2(t)\, \zeta^{2t} \cdot \sum_{x+y=2} \chi(x\,y) \\
&= \tau_2(\chi^2) \sum_{x+y=2} \chi(x\,y).
\end{aligned}$$

---

[1] H. Davenport u. H. Hasse: Die Nullstellen der Kongruenzzetafunktionen in gewissen zyklischen Fällen. – J. f. Math. **172** (1934), 151–182.

Demnach bleibt die Formel

$$(9.) \qquad \sum_{x+y=2} \chi(xy) = \pi(\chi, \psi) \quad \text{für} \quad \chi^2 \neq \varepsilon, \; \psi^2 = \varepsilon, \; \psi \neq \varepsilon$$

zu beweisen. Das geschieht mittels des folgenden reizvollen Gedankens. In der Summe links in (9.) treten die beiden symmetrischen Grundfunktionen $x + y$ und xy der Summationsvariablen x, y auf. Demgemäß handelt es sich um die Summe der Charakterwerte $\chi(z)$ über diejenigen z, für die das quadratische Polynom

$$t^2 - 2t + z = (t - x)(t - y)$$

wird, d.h. in zwei Linearfaktoren über Π zerfällt. Nach § 10,1, (11.) hat dieses Polynom, weil seine Diskriminante $4(1 - z)$ ist, bei gegebenem z aus Π genau $1 + \psi(1 - z)$ geordnete Wurzelpaare x, y in Π. Somit ist

$$\sum_{x+y=2} \chi(xy) = \sum_{z}(1 + \psi(1 - z))\chi(z) = \sum_{z}{}'\chi(z)\,\psi(1 - z) = \pi(\chi, \psi),$$

wie in (9.) behauptet.

Wir wenden jetzt die damit bewiesene Formel (8.) an, um in den Fällen $k = 4$ und $k = 3, 6$ an Stelle der durch (5.) gegebenen allgemeinen Lösung unserer Aufgabe am Schluß von **3** eine solche von einfacherer Gestalt zu geben, die mit den arithmetischen Kennzeichnungen der speziellen Charaktersummen $\pi(\chi, \psi)$ aus § 10,**8,9** und § 18,**5** in Zusammenhang steht.

a. Biquadratische Charaktere ($k = 4$)

Sei $p \equiv 1 \bmod 4$, und seien χ, $\bar{\chi}$ die beiden dann vorhandenen konjugiert-komplexen biquadratischen Charaktere mod. p. Dann ist $\chi^2 = \bar{\chi}^2 = \psi$ der quadratische Charakter mod. p. Die Formel (8.) ergibt daher hier

$$\tau(\chi)^2 = \psi(2)\,\tau(\psi)\,\pi(\chi, \psi), \qquad \tau(\bar{\chi})^2 = \psi(2)\,\tau(\psi)\,\pi(\bar{\chi}, \psi).$$

Das sind die in § 18,**5**, (21.) vorweggenommenen Formeln, die hiermit bewiesen sind. Nach § 18,**5**, (22.), (24.) hat man dann

$$\tau(\chi)^2 = -\tau(\psi)\pi = -\sqrt{p}\,\pi, \quad \tau(\bar{\chi})^2 = -\tau(\psi)\bar{\pi} = -\sqrt{p}\,\bar{\pi},$$

und somit

$$(10a.) \qquad \tau(\chi)^4 = p\pi^2, \qquad \tau(\bar{\chi})^4 = p\,\bar{\pi}^2,$$

wo

$$\pi = -\psi(2)\,\pi(\chi, \psi), \qquad \bar{\pi} = -\psi(2)\,\pi(\bar{\chi}, \psi)$$

die beiden konjugierten Primfaktoren von p in $P_4 = P(i)$ in der Normierung aus § 18,5, (26.) sind, also in etwas anderer Bezeichnung als dort:

$$(11\,\text{a.}) \qquad \left.\begin{array}{c} \pi, \bar{\pi} = A \pm 2Bi \\ p = A^2 + 4B^2 \end{array}\right\} \text{ mit } A \equiv 1 \bmod. 4.$$

Der Vergleich von (10a.) mit der allgemeinen Formel (5.) liefert übrigens die nicht-trivialen Relationen

$$(12\,\text{a.}) \qquad \pi(\chi, \psi) = \chi(-1)\,\pi(\chi, \chi), \qquad \pi(\bar{\chi}, \psi) = \chi(-1)\,\pi(\bar{\chi}, \bar{\chi})$$

zwischen den hier vorkommenden Charaktersummen.

b. Kubische Charaktere $(k = 3)$

Sei $p \equiv 1 \bmod. 3$, und seien χ, $\bar{\chi}$ die beiden dann vorhandenen konjugiert-komplexen kubischen Charaktere mod. p, sowie wie oben ψ der quadratische Charakter mod. p. Dann ist $\chi^2 = \bar{\chi}$, $\bar{\chi}^2 = \chi$ und wegen $\chi(-1) = 1$ nach der Betragsformel $\tau(\chi)\,\tau(\bar{\chi}) = p$. Die Formel (8.) ergibt daher hier

$$\tau(\chi)^3 = \chi(2)\,p\,\pi(\chi, \psi), \qquad \tau(\bar{\chi})^3 = \bar{\chi}(2)\,p\,\pi(\bar{\chi}, \psi).$$

Somit hat man

$$(10\,\text{b.}) \qquad \tau(\chi)^3 = p\pi, \qquad \tau(\bar{\chi})^3 = p\,\bar{\pi},$$

wo

$$\pi = \chi(2)\,\pi(\chi, \psi), \qquad \bar{\pi} = \bar{\chi}(2)\,\pi(\bar{\chi}, \psi)$$

die beiden konjugierten Primfaktoren von p in $\mathsf{P}_3 = \mathsf{P}(\varrho)$ sind, hier allerdings in anderer Normierung als in § 10,9.

Wir wollen auf diese Normierung genauer eingehen. Die in § 10,9 betrachteten Charaktersummen – sie seien hier zum Unterschied mit π^*, $\bar{\pi}^*$ bezeichnet – ergeben sich aus den in (1.) definierten $\pi(\chi, \psi)$, $\pi(\bar{\chi}, \psi)$ durch die Substitution $y \to -y$ der Summationsvariablen, sind also

$$\pi^* = \psi(-1)\,\pi(\chi, \psi), \qquad \bar{\pi}^* = \psi(-1)\,\pi(\bar{\chi}, \psi).$$

Durch Abspaltung des Vorzeichenfaktors $\psi(-1)$ verwandelt sich die in § 10,9 gegebene Normierungsvorschrift in

$$\pi(\chi, \psi) \equiv -1, \qquad \pi(\bar{\chi}, \psi) \equiv -1 \bmod. 2\mathfrak{z},$$

wo $\mathfrak{z} \cong 1 - \varrho \cong \sqrt{-3}$ den Verzweigungsprimdivisor von $3 \cong \mathfrak{z}^2$ in P_3 bedeutet, und wo die Aufnahme des Faktors 2 in den Kongruenzmodul gerade die dort festgestellte Tatsache zum Ausdruck bringt, daß es sich um Zahlen des Zahlrings mod. 2 in P_3 (mit durch 2 teilbaren Koeffizienten von ϱ) handelt. Diese Vorschrift entspricht der Tatsache, daß die sechs zu unterscheidenden Einheiten ± 1, $\pm \varrho$, $\pm \varrho^2$ mod. $2\mathfrak{z}$ inkongruent sind (und wegen $\Phi(2\mathfrak{z}) = \Phi(2)\Phi(\mathfrak{z}) = 3 \cdot 2 = 6$ sogar ein volles primes Restsystem mod. $2\mathfrak{z}$ bilden). In rationaler Form lautet diese Normierung:

$$(11\,b_1.) \qquad \left\{ \begin{array}{c} \pi(\chi, \psi),\ \pi(\bar{\chi}, \psi) = A \pm B\sqrt{-3} \\ p = A^2 + 3\,B^2 \end{array} \right\} \quad \text{mit} \quad A \equiv -1 \bmod. 3.$$

Nun sind aber ± 1, $\pm\varrho$, $\pm\varrho^2$ auch mod. 3 inkongruent (und wegen $\Phi(3) = \Phi(\mathfrak{z}^2) = 3 \cdot 2 = 6$ wieder ein volles primes Restsystem mod. 3). Die für π, $\bar{\pi}$ in (10b.) vorliegende Normierung kann unter Ausnutzung dieser Tatsache am einfachsten wie folgt bestimmt werden. Man hat

$$\tau(\chi) = \sum_x \chi(x)\,\zeta^x \equiv \sum_{x \neq 0} \zeta^x \equiv -1 \bmod. \mathfrak{z}.$$

Analog zu § 5,5, Hilfssatz 3 folgt daraus

$$\tau(\chi)^3 \equiv -1 \bmod. \mathfrak{z}^3, \quad \text{d.h.} \quad \bmod. 3\,\mathfrak{z}.$$

Nach (10b.) ergibt das wegen $p \equiv 1 \bmod. 3$ die Normierungsvorschrift

$$\pi \equiv -1, \qquad \bar{\pi} \equiv -1 \bmod. 3.$$

Sie besagt, daß π, $\bar{\pi}$ dem Zahlring mod. 3 aus P_3 angehören und zwar mit dem rationalen Kongruenzwert $-1 \bmod. 3$. In rationaler Form lautet sie:

$$(11\,b_2.) \qquad \left\{ \begin{array}{c} \pi, \bar{\pi} = \dfrac{a \pm 3\,b\sqrt{-3}}{2} \\[2mm] p = \dfrac{a^2 + 27\,b^2}{4} \end{array} \right\} \quad \text{mit} \quad a \equiv 1 \bmod. 3.$$

Der Vergleich der beiden Normierungen $(11\,b_{1,2}.)$ auf Grund der Beziehung $\pi = \chi(2)\,\pi(\chi, \psi)$ ergibt folgende Tatsache, die einen Sonderfall des kubischen Reziprozitätsgesetzes darstellt:

X. *Es ist* $\chi(2) = 1$, *d.h. es ist* 2 *kubischer Rest mod.* p, *genau dann, wenn in den Zerlegungen* $(11\,b_{1,2}.)$ *gilt* $B \equiv 0 \bmod. 3$ *bzw.* $b \equiv 0 \bmod. 2$.

Der Vergleich von (10b.) mit der allgemeinen Formel (5.) liefert wieder die nicht-trivialen Relationen

$$(12b.) \qquad \pi(\chi, \psi) = \bar{\chi}(2)\,\pi(\chi, \chi), \qquad \pi(\bar{\chi}, \psi) = \chi(2)\,\pi(\bar{\chi}, \bar{\chi})$$

zwischen den hier vorkommenden Charaktersummen.

c. Bikubische Charaktere ($k = 6$)

Dieser Fall läßt sich auf den vorigen zurückführen. Mit $p \equiv 1 \bmod. 3$ ist (da p ungerade sein sollte) auch $p \equiv 1 \bmod. 6$, und in den Bezeichnungen des vorigen Falles sind $\chi\psi$, $\bar{\chi}\psi$ die beiden konjugiert-komplexen bikubischen Charaktere mod. p. Die Formel (7.) aus IX mit $l = 2$ liefert die Relationen

$$\tau(\chi)\,\tau(\chi\psi) = \tau_2(\bar{\chi})\,\tau(\psi), \qquad \tau(\bar{\chi})\,\tau(\bar{\chi}\psi) = \tau_2(\chi)\,\tau(\psi),$$

also die Reduktion

$$\tau(\chi\psi) = \chi(2)\,\tau(\psi)\,\frac{\tau(\bar\chi^2)}{p}\,, \qquad \tau(\bar\chi\psi) = \bar\chi(2)\,\tau(\psi)\,\frac{\tau(\chi)^2}{p}\,.$$

Nach (10b.) und wegen $\tau(\psi)^2 = p^*$ ergibt sich daraus

$$(10\,\mathrm{c.}) \qquad \tau(\chi\psi)^6 = p^*\bar\pi^4, \qquad \tau(\bar\chi\psi)^6 = p^*\pi^4$$

mit der dortigen Bedeutung von $\pi,\ \bar\pi$.

Der Vergleich mit der allgemeinen Formel (5.) liefert die nicht-trivialen Relationen

$$(12\,\mathrm{c.}) \begin{cases} \pi(\bar\chi,\psi)^4 = \psi(-1)\,\chi(2)\,\pi(\chi\psi,\chi)\,\pi(\chi\psi,\bar\chi)\,\pi(\chi\psi,\psi)\,\pi(\chi\psi,\chi\psi) \\[4pt] \pi(\chi,\psi)^4 = \psi(-1)\,\bar\chi(2)\,\pi(\bar\chi\psi,\bar\chi)\,\pi(\bar\chi\psi,\chi)\,\pi(\bar\chi\psi,\psi)\,\pi(\bar\chi\psi,\bar\chi\psi) \end{cases}.$$

Durch die Formeln (10a, b, c.) sind für die Fälle $k = 4, 3, 6$ arithmetische Kennzeichnungen der Zahlen $\tau(\chi)^k = \omega(\chi)$ aus **3**,VII gegeben. Um die dortige Allgemeinheit zu haben, muß man natürlich die hier bestimmten Komponenten für die einzelnen Primteiler p des dortigen Führers f noch zum Produkt zusammensetzen und erhält so die Zahl $\omega(\chi)$ in ihrer eindeutigen Primzahlzerlegung im Körper P_k.

5. Vorzeichenbestimmung für quadratische Charaktere

Wir wenden uns jetzt zu der in § 18,**3**, (2.) vorweggenommenen Vorzeichenbestimmung der normierten eigentlichen Gaußschen Summen zu quadratischen Charakteren.

Wenn wir in den vorangehenden Teilen dieses Paragraphen von normierten Gaußschen Summen gesprochen haben, so spielte dabei die analytische Normierung $\zeta = e^{\frac{2\pi i}{f}}$ der primitiven f-ten Einheitswurzel keine Rolle. Es handelte sich vielmehr nur darum, unter den $\varphi(f)$ algebraisch-konjugierten primitiven f-ten Einheitswurzeln irgendeine fest auszuwählen und damit die algebraisch-konjugierten eigentlichen Gaußschen Summen $\tau(\chi\,|\,\zeta^x)$ zu einem gegebenen Restklassencharakter χ vom Führer f auf eine feste $\tau(\chi) = \tau(\chi\,|\,\zeta)$ unter ihnen zu beziehen. Es kam also dabei nur auf die Bedeutung von ζ als algebraische Zahl an, und es hätte genügt, den formalen Begriff der algebraischen Zahl zugrunde zu legen, also unter ζ ein Rechenelement zu verstehen, das der irreduziblen Kreisteilungsgleichung $g_f(\zeta) = 0$ (vgl. § 11,**2**) genügt, oder – präziser gesagt – unter ζ die Restklasse $x \bmod. g_f(x)$ und unter P_f den Restklassenkörper $\bmod. g_f(x)$ des rationalen Funktionenkörpers $\mathsf{P}(x)$ einer Unbestimmten x zu verstehen.

Für die jetzt zu behandelnde Aufgabe kommt man mit dieser formalalgebraischen Auffassung nicht aus. Schon die präzise Formulierung der

Fragestellung ist wesentlich analytischer Natur, und es darf daher nicht wundernehmen, daß auch zur Lösung analytische Hilfsmittel heranzuziehen sind.

Zur präzisen Formulierung der Fragestellung ist folgendes zu bemerken. Formal-algebraisch besteht für die eigentliche Gaußsche Summe

$$\tau\,(\chi) = \sum_{x\,\mathrm{mod.}\,f} \chi\,(x)\,\zeta^x$$

zu einem quadratischen Restcharakter χ vom natürlichen Führer f die von der Normierung von ζ unabhängige Beziehung

$$\tau\,(\chi)^2 = \chi\,(-1)\,f.$$

Es ist demnach

$$(1.) \qquad\qquad \tau\,(\chi) = \sqrt{\chi\,(-1)\,f}\,,$$

wenn auch die algebraische Zahl $\vartheta = \sqrt{\chi\,(-1)\,f}$ formal-algebraisch, also als ein Rechenelement mit $\vartheta^2 = \chi\,(-1)\,f$ verstanden wird. Formal-algebraisch steht ferner fest, daß bei Anwendung eines Automorphismus $\zeta \to \zeta^a$ in der Gleichung (1.) der Vorzeichenfaktor $\chi\,(a)$ hinzutritt. Durch (1.) wird demnach eine gruppentheoretisch bestimmte Hälfte der Wurzeln ζ^a von $g_f(x)$ auf eine Wurzel ϑ des Polynoms $x^2 - \chi\,(-1)\,f$ umkehrbar eindeutig bezogen, und die andere Hälfte der ζ^a dann auf die andere Wurzel $-\vartheta$. Es hat aber formal-algebraisch keinerlei Sinn zu fragen, welche Hälfte der Wurzeln ζ^a auf welche der beiden Wurzeln $\pm\,\vartheta$ bezogen ist; denn weder die konjugierten Wurzeln ζ^a noch die konjugierten Wurzeln $\pm\,\vartheta$ lassen sich formal-algebraisch, d.h. durch für sie verschieden ausfallende algebraische Gleichungen mit rationalen Koeffizienten unterscheiden. Auch algebraische Gleichungen mit Koeffizienten aus einem zu P_f fremden algebraischen Zahlkörper führen nach dem Verschiebungssatz der Galoisschen Theorie nicht zu einer solchen Unterscheidung, und die Zulassung von Koeffizienten aus einem zu ζ nicht fremden algebraischen Zahlkörper würde eine petitio principii darstellen. Erst die Zulassung von Aussagen, die nicht-algebraische Begriffsbildungen, wie etwa den Grenzbegriff, enthalten, kann eine solche Unterscheidung ermöglichen. So ist im Falle $\chi\,(-1) = 1$ die eine Wurzel ϑ vor der anderen dadurch ausgezeichnet, daß sie sich als Grenzwert einer Folge von Quotienten natürlicher Zahlen darstellen läßt, eine Aussage, die neben den natürlichen Zahlen auch noch den Grenzbegriff enthält. Sie kann nach Konstruktion des Körpers der reellen Zahlen durch Grenzwertbildung aus den rationalen Zahlen dahin ausgesprochen werden, daß $\vartheta = \sqrt{f}$ die positive unter den beiden Wurzeln von $x^2 - f$ im reellen Zahlkörper ist. Um auch den Fall $\chi\,(-1) = -1$ zu erfassen, muß man zum reellen Zahlkörper noch die eine, feste algebraische Zahl

$i = \sqrt{-1}$ adjungieren. In dem so entstehenden Körper aller komplexen Zahlen zerfällt dann nach dem Fundamentalsatz der Algebra jedes rationalzahlige Polynom vollständig in Linearfaktoren, und man kann seine Wurzeln durch nur rationale Zahlen enthaltende Grenzwertaussagen und Beziehung auf die eine, feste Unterscheidung der Zahl i von ihrer Konjugierten $-i$ unterscheiden. Die analytische Normierung

$$\zeta = e^{\frac{2\pi i}{f}} = \cos \frac{2\pi}{f} + i \sin \frac{2\pi}{f}$$

der primitiven f-ten Einheitswurzel ζ läuft durch Einsetzen der Reihendarstellungen für $\cos \frac{2\pi}{f}$ und $\sin \frac{2\pi}{f}$ auf eine derartige Festlegung von ζ unter den Konjugierten ζ^a hinaus. Entsprechend läßt sich die algebraische Zahl $\vartheta = \sqrt{\chi(-1)f}$ als komplexe Zahl gegenüber ihrer Konjugierten $-\vartheta$ durch

$$\vartheta = \left\{ \begin{array}{ll} \sqrt{f} & \text{für } \chi(-1) = 1 \\ i\sqrt{f} & \text{für } \chi(-1) = -1 \end{array} \right\}$$

normieren, wo $\sqrt{f}$ wie vorher als die positive Wurzel verstanden sei. Präzise formuliert lautet dann unsere Fragestellung, welches Vorzeichen in der Gleichung $\tau(\chi) = \pm \vartheta$ *bei dieser analytischen Festlegung der beiden algebraischen Zahlen* ζ *und* $\vartheta = \sqrt{\chi(-1)f}$ steht; der Nachdruck liegt dabei auf den durch Kursivdruck hervorgehobenen Worten.

Grundsätzlich sei noch bemerkt, daß es neben dem gewöhnlichen, auf den absoluten Betrag gestützten Grenzwertbegriff unendlich viele weitere Grenzwertbegriffe im rationalen Zahlkörper gibt. Sie werden durch die Bewertungstheorie geliefert, die aus der Kummerschen Theorie der Primdivisoren erwachsen ist und zur Begründung der Arithmetik in allgemeinen algebraischen Zahlkörpern führt. Bei jedem dieser weiteren Grenzwertbegriffe erhebt sich dann auf Grund der vorhergehenden Ausführungen eine ganz entsprechende Fragestellung über das Vorzeichen der eigentlichen quadratischen Gaußschen Summen.

Nach diesen allgemeinen Vorbemerkungen wenden wir uns zum Beweis der bereits in § 18,3, (2.) ausgesprochenen Behauptung:

XI. *Bei der analytischen Normierung* $\zeta = e^{\frac{2\pi i}{f}}$ *und* $\sqrt{f} > 0$ *gilt für die einem quadratischen Charakter* χ *von natürlichem Führer* f *zugeordnete normierte eigentliche Gaußsche Summe die Vorzeichenbestimmung*

$$\tau(\chi) = \sum_{x \bmod. f} \chi(x)\zeta^x = \left\{ \begin{array}{ll} \sqrt{f} & \text{für } \chi(-1) = 1 \\ i\sqrt{f} & \text{für } \chi(-1) = -1 \end{array} \right\}.$$

Man beachte, daß diese Behauptung unabhängig von der auch analytisch nicht zu gebenden Grundunterscheidung zwischen i und $-i$ ist, indem diese Unterscheidung sowohl in der Normierung von ζ, also von $\tau(\chi)$, als auch in die Normierung von $\sqrt{\chi(-1)f}$ eingeht. Der Automorphismus $i \to -i$ des komplexen Zahlkörpers hat in der Tat links $\zeta \to \zeta^{-1}$, also $\tau(\chi) = \chi(-1)\,\tau(\chi)$ zur Folge, und ganz entsprechend verhält sich bei ihm der Ausdruck rechts.

Beweis. 1.) Wir zeigen, daß sich die Behauptung durch Komponentenzerlegung gemäß **2**,VI auf die Fälle reduziert, wo der Führer f eine Primzahlpotenz, also 2^2, 2^3 oder eine ungerade Primzahl p ist. Dazu genügt es zu zeigen, daß sich die Richtigkeit der Behauptung von einem ungeraden Führer f auf jeden Führer F eines der drei Typen

$$F = 2^2 f, \qquad 2^3 f, \qquad p f$$

überträgt, wo im letzteren Falle p eine nicht in f aufgehende ungerade Primzahl bedeutet. Diesen drei Typen von Erweiterungen des Führers f entsprechen die drei Typen von Erweiterungen des quadratischen Charakters χ vom Führer f zu einem quadratischen Charakter

$$\mathsf{X} = \chi_4 \chi, \qquad \chi_4^\nu \chi_8 \chi, \qquad \chi_p \chi$$

vom Führer F, wo im zweiten Falle der Exponent ν mod. 2 willkürlich ist. Dabei hat man

$$\mathsf{X}(-1) = -\chi(-1), \qquad (-1)^\nu \chi(-1), \qquad \chi_p(-1)\,\chi(-1)$$

und, da $\chi(-1)\,f = f^*$ und $\chi_p(-1)\,p = p^*$ ist, somit

$$\mathsf{X}(-1)F = -4 f^*, \qquad (-1)^\nu 8 f^*, \qquad p^* f^*.$$

Einerseits unterscheidet sich nun nach **2**,VI die Gaußsche Summe $\tau(\mathsf{X})$ von dem Komponentenprodukt

$$\tau(\chi_4)\,\tau(\chi), \qquad \tau(\chi_4^\nu \chi_8)\,\tau(\chi), \qquad \tau(\chi_p)\,\tau(\chi)$$

nur um den nach dem quadratischen Reziprozitätsgesetz wie folgt auswertbaren Vorzeichenfaktor:

$$\chi_4(f)\,\chi(4) = (-1)^{\frac{f-1}{2}},$$

$$\chi_4^\nu(f)\,\chi_8(f) \cdot \chi(8) = (-1)^{\nu\frac{f-1}{2}},$$

$$\chi_p(f)\,\chi(p) = (-1)^{\frac{p-1}{2}\frac{f-1}{2}}.$$

Andererseits erhält man die positiv bzw. positiv-imaginär normierte Quadratwurzel

$$\sqrt{\mathsf{X}(-1)F} = \sqrt{-4 f^*}, \qquad \sqrt{(-1)^\nu 8 f^*}, \qquad \sqrt{p^* f^*}$$

aus dem Produkt der entsprechend normierten Quadratwurzeln

$$\sqrt{-4}\,\sqrt{f^*}, \quad \sqrt{(-1)^\nu 8}\,\sqrt{f^*}, \quad \sqrt{p^*}\,\sqrt{f^*}$$

ersichtlich gerade durch Vorsetzen desselben Vorzeichenfaktors. Dazu beachte man, daß f^*, p^* genau dann positiv sind, wenn $\dfrac{f-1}{2}, \dfrac{p-1}{2} \equiv 0$ mod. 2 sind.

Damit ist, wie verlangt, die Richtigkeit der Behauptung von f auf F übertragen. Es genügt daher, noch ihre Richtigkeit für die speziellen Charaktere $\chi_4, \chi_4^\nu \chi_8, \chi_p$ zu beweisen.

2.) Für die drei Charaktere $\chi_4, \chi_4^\nu \chi_8$ hat man explizit:

$$\tau(\chi_4) = i - i^3 = 2i,$$

$$\begin{aligned}
\tau(\chi_4^\nu \chi_8) &= \zeta - (-1)^\nu \zeta^3 - \zeta^5 + (-1)^\nu \zeta^7 \\
&= 2(\zeta + (-1)^\nu \zeta^7) = 2(\zeta + (-1)^\nu \zeta^{-1}) \quad (\text{wegen } \zeta^4 = -1) \\
&= 2\left(\frac{\sqrt{2} + i\sqrt{2}}{2} + (-1)^\nu \frac{\sqrt{2} - i\sqrt{2}}{2}\right) \\
&\qquad\qquad\qquad \left(\text{wegen } \zeta = \cos\frac{2\pi}{8} + i\sin\frac{2\pi}{8}\right) \\
&= \begin{cases} 2\sqrt{2} & \text{für } \nu \equiv 0 \bmod. 2 \\ 2i\sqrt{2} & \text{für } \nu \equiv 1 \bmod. 2 \end{cases},
\end{aligned}$$

was in jedem Falle die Behauptung ist.

3.) Als Kernstück der Behauptung bleibt jetzt noch zu beweisen, daß für den quadratischen Charakter χ nach einer ungeraden Primzahl p die Formel

$$\tau(\chi) = \sqrt{p^*}$$

mit positiver bzw. positiv-imaginärer Quadratwurzel gilt.

In § 18,5, (17.) hat sich für das Differenzenprodukt

$$\delta = \prod_{\mathfrak{r}=1}^{m} (\zeta_2^x - \zeta_2^{-x}) \quad \text{mit} \quad m = \frac{p-1}{2}, \quad \zeta_2 = \zeta^{\frac{p+1}{2}}$$

im Falle $p \equiv 1$ mod. 4, also $m = 2n$, die Formel

$$\delta = \sqrt{p}$$

mit positiver Quadratwurzel ergeben. Im Falle $p \equiv -1$ mod. 4, also $m = 2n-1$, ergibt die dortige Schlußweise ebenso einerseits

$$\delta^2 = -p,$$

während andererseits die $2n-1$ Faktoren wieder abwechselnd negativ- und positiv-imaginär sind, so daß hier

$$\delta = (-1)^n i^{2n-1} \sqrt{p} = -\sqrt{-p}$$

die negativ-imaginäre Quadratwurzel ist. In jedem Falle erfüllt somit
die Zahl

$$(-1)^m \delta = \sqrt{p^*}$$

gerade die Behauptung, die wir für $\tau(\chi)$ beweisen wollen. Demnach
genügt es, die Gleichung

$$(2.) \qquad \tau(\chi) = (-1)^m \delta \quad \text{mit} \quad m = \frac{p-1}{2}$$

zu beweisen.

In dieser ganz elementaren Reduktion auf eine rein algebraische
Aufgabe besteht der analytische Teil unseres Beweises. Die Lösung
dieser Aufgabe durch den Nachweis, daß die Gleichung (2.) in der Tat
besteht, führen wir arithmetisch.

Wir stützen uns dazu auf die elementare Teilbarkeitslehre im Körper
$P_p = P(\zeta)$. Wie schon in § 18,4 im Beweis von IVb brauchen wir dabei
nicht zu wissen, daß der Integritätsbereich $I_p = \Gamma[\zeta]$ maximal ist. Nach
der dort gemachten Feststellung (6.) sind die $p - 1$ Faktoren des Produkts

$$\prod_{x \,\not\equiv\, 0 \bmod. p} (1 - \zeta^x) = p$$

sämtlich zueinander assoziiert. In P_p gilt daher

$$p \cong \pi^{p-1} \quad \text{mit} \quad \pi = 1 - \zeta.$$

Daß nach dem in § 19,2 angegebenen allgemeinen Zerlegungsgesetz für
Teilkörper von Einheitswurzelkörpern $\pi \cong \mathfrak{p}$ eine Hauptdivisordarstel-
lung des einzigen Verzweigungsprimdivisors $\mathfrak{p}$ von $p \cong \mathfrak{p}^{p-1}$ in P_p ist,
brauchen wir ebenfalls nicht zu wissen; wir merken es hier zum tieferen
Verständnis des folgenden Beweises nur an. Wir brauchen nur zu wissen,
daß für ganzrationale a die Teilbarkeitsrelation $\pi \,|\, a$ in I_p mit der Teilbar-
keitsrelation $p \,|\, a$ in Γ gleichbedeutend ist, und das ist aus $\pi^{p-1} \cong p$ oder
auch wie schon in § 8,4,IV klar.

Da wir wissen, daß

$$\tau(\chi)^2 = p^* = \delta^2,$$

also jedenfalls $\tau(\chi) = \pm \delta$ ist, genügt es zum Beweise der Gleichung (2.),
die Kongruenz

$$(3.) \qquad \tau(\chi) \equiv (-1)^m \delta \bmod. \tilde{\omega}$$

nach einem derartigen Modul $\tilde{\omega}$ aus I_p zu beweisen, daß

$$(4.) \qquad \delta \not\equiv -\delta \bmod. \tilde{\omega}$$

ist. Wir werden zeigen, daß sowohl die Kongruenz (3.) als auch die
Bedingung (4.) für die Potenz

$$\tilde{\omega} = \pi^{m+1}$$

erfüllt ist.

Um den Kongruenzwert von δ mod. π^{m+1} zu ermitteln, bestimmen wir zunächst die Kongruenzwerte der einzelnen Faktoren $\zeta_2^x - \zeta_2^{-x}$ $(x = 1, \ldots, m)$. Man hat

$$\zeta_2^x - \zeta_2^{-x} = - \zeta_2^{-x}(1 - \zeta^x) = - \zeta_2^{-x}[1 - (1 - \pi)^x],$$

also

$$\zeta_2^x - \zeta_2^{-x} \equiv - \zeta_2^{-x} x \pi \equiv - x \pi \bmod. \pi^2,$$

letzteres weil (wie jede Potenz von ζ) hier $\zeta_2^{-x} \equiv 1 \bmod. \pi$ ist. Indem man diese Kongruenzen für $x = 1, \ldots, m$ als Gleichungen

$$\zeta_2^x - \zeta_2^{-x} = - (x + \gamma_x \pi) \pi \quad \text{mit} \quad \gamma_x \text{ aus } l_p$$

geschrieben denkt und miteinander multipliziert, ergibt sich der gesuchte Kongruenzwert zu

$$(5.) \qquad \delta \equiv (-1)^m m! \, \pi^m \bmod. \pi^{m+1}.$$

Da $m! \not\equiv 0 \bmod. p$, also nach dem zuvor Bemerkten auch $m! \not\equiv 0$ mod. π ist, ist nach diesem Ergebnis δ zwar durch π^m, aber nicht mehr durch π^{m+1} teilbar. Dadurch wird unsere Wahl gerade der Potenz π^{m+1} als Kongruenzmodul $\tilde{\omega}$ verständlich.

Um auch den Kongruenzwert von $\tau(\chi)$ mod. π^{m+1} zu ermitteln, bemerken wir zunächst, daß jedenfalls

$$p \equiv 0 \bmod. \pi^{2m}, \qquad \text{also sicher mod. } \pi^{m+1}$$

ist. Daher dürfen wir, wenn wir mod. π^{m+1} rechnen wollen, zunächst mod. p rechnen. In

$$\tau(\chi) = \sum_{x \bmod. p} \chi(x) \zeta^x$$

ist nun nach dem Eulerschen Kriterium $\chi(x) \equiv x^m \bmod. p$. Daher ist sicher

$$\tau(\chi) \equiv \sum_{x \bmod. p} x^m (1 - \pi)^x \bmod. \pi^{m+1}.$$

Indem man das kleinste Restsystem $x = 0, 1, \ldots, p - 1$ zugrunde legt, erhält man hieraus durch Binomialentwicklung und Umordnung

$$\tau(\chi) \equiv \sum_{\mu = 0}^{m} \left(\sum_{x = 0}^{p-1} x^m \binom{x}{\mu} \right) (-1)^\mu \pi^\mu \bmod. \pi^{m+1}.$$

Die für die Umordnung erfolgte Hinzufügung der Glieder mit $x < \mu \leq m$ (für die $x < m$) ist gestattet, weil für sie

$$\binom{x}{\mu} = \frac{x(x-1)\cdots(x-(\mu-1))}{\mu!} = 0 \text{ ist.}$$

Nach dem Wilsonschen Satz (§ 4,11) ist nun

$$-1 \equiv (p-1)! = \prod_{x=1}^{m} x(p - x) \equiv (-1)^m m!^2 \bmod. p,$$

also

$$\frac{1}{m!} \equiv - (-1)^m \, m! \bmod. p .$$

Setzt man daher

$$\frac{1}{\mu!} = \frac{g_\mu}{m!} \qquad (\mu = 0,\, 1,\, \ldots,\, m)$$

mit ganzrationalen g_μ, so werden die ganzen Zahlen

$$\binom{x}{\mu} \equiv - (-1)^m \, m! \, g_\mu \, x \, (x-1) \cdots (x-(\mu-1)) \bmod. p ,$$

wo nunmehr rechts ganzzahlige Polynome μ-ten Grades stehen und insbesondere $g_m = 1$ ist. Diese Kongruenzwerte der $\binom{x}{\mu}$ mod. p dürfen in die für $\tau(\chi)$ mod. π^{m+1} erhaltene Kongruenz eingetragen werden; es wird also

$$\tau(\chi) \equiv - (-1)^m \, m!$$

$$\cdot \sum_{\mu=0}^{m} \left(\sum_{x \bmod. p} x^m \cdot x \, (x-1) \cdots (x-(\mu-1)) \, g_\mu \, (-1)^\mu \pi^\mu \right) \bmod. \pi^{m+1} .$$

Denkt man die Polynome $(m+\mu)$-ten Grades in der inneren Summe entwickelt und wendet die Formeln aus § 10,4 für den Kongruenzwert der Summen $\sum\limits_{x \bmod. p} x^r$ mod. p (mit $r \geq 1$) an, so bleibt nur für $\mu = m$ ein Beitrag $\not\equiv 0$ mod. p stehen, nämlich der vom höchsten Glied herrührende Beitrag -1 mod. p. So ergibt sich unter Beachtung von $g_m = 1$ der gesuchte Kongruenzwert zu

$$(6.) \qquad\qquad \tau(\chi) \equiv m! \, \pi^m \bmod. \pi^{m+1}.$$

Der Vergleich der Ergebnisse (5.) und (6.) zeigt, daß in der Tat die Kongruenz (3.) mit $\tilde\omega = \pi^{m+1}$ besteht.

Daß auch die Bedingung (4.) für $\tilde\omega = \pi^{m+1}$ erfüllt ist, ersieht man daraus, daß sonst $2\delta \equiv 0$ mod. π^{m+1}, also auch

$$\delta \equiv (p+1)\,\delta \equiv \frac{p+1}{2} \cdot 2\delta \equiv 0 \bmod. \pi^{m+1}$$

wäre, entgegen der zuvor festgestellten Tatsache, daß δ nicht mehr durch π^{m+1} teilbar ist.

Nach dem Gesagten ist damit die Gleichung (2.) bewiesen und der Beweis von XI vollendet.

In dieser auf KRONECKER zurückgehenden Bestimmung des Vorzeichens der normierten eigentlichen quadratischen Gaußschen Summe ist, wie hervorgehoben, die Rolle der Analysis auf den Schluß beschränkt, daß der Ausdruck

$$\zeta_2^x - \zeta_2^{-x} = 2\,i \sin\left(\frac{2\pi x}{p}\,\frac{p+1}{2}\right) = 2\,i \sin\left(\frac{\pi x}{p} + \pi x\right)$$

für $x = 1, \ldots, \dfrac{p-1}{2}$ abwechselnd negativ- und positiv-imaginär ist.

Neuerdings hat MORDELL gezeigt, wie sich dieser Schluß auch noch von dem Hineinspielen der Exponentialfunktion (bei der Definition der analytisch normierten primitiven p-ten Einheitswurzel $\zeta = e^{\frac{2\pi i}{p}}$) und der Sinusfunktion befreien läßt. Dazu gehe man aus von dem mit ζ selbst $\left(\text{statt } \zeta_2 = \zeta^{\frac{p+1}{2}}\right)$ gebildeten reellen Differenzenprodukt

$$\prod_{\mu=1}^{m} \frac{\zeta^\mu - \zeta^{-\mu}}{i} = \prod_{\mu=1}^{m} 2\sin\frac{2\pi\mu}{p} = \left\{\begin{array}{ll} \delta & \text{für } p \equiv 1 \bmod 4 \\ i\,\delta & \text{für } p \equiv -1 \bmod 4 \end{array}\right\}.$$

Es kommt darauf an zu zeigen, daß dies Produkt positiv ist. Aus dem Verhalten der Sinusfunktion ist klar, daß sogar die einzelnen Faktoren positiv sind. Um das rein-algebraisch zu beweisen, definiere man ζ als die p-te Einheitswurzel mit größtem (doppelten) Realteil $\zeta + \zeta^{-1} = \xi$ und positivem (doppelten) Imaginärteil $\dfrac{\zeta - \zeta^{-1}}{i}$. Daß dann auch die (doppelten) Imaginärteile $\dfrac{\zeta^\mu - \zeta^{-\mu}}{i}$ der Potenzen ζ^μ ($\mu = 2, \ldots, m$) sämtlich positiv sind, läuft auf

$$(7.)\qquad f_\mu(\zeta) = g_\mu(\xi) > 0 \qquad (\mu = 2, \ldots, m)$$

hinaus, wo die

$$f_\mu(z) = \frac{z^\mu - z^{-\mu}}{z - z^{-1}} = z^{\mu-1} + z^{\mu-3} + \cdots + z^{-(\mu-3)} + z^{-(\mu-1)} = g_\mu(x)$$

ganzzahlige Polynome in $z + z^{-1} = x$ mit höchstem Glied $x^{\mu-1}$ sind. Diese Polynome bestimmen sich, ausgehend von

$$g_1(x) = 1, \qquad g_2(x) = x, \qquad g_3(x) = x^2 - 1,$$

rekursiv gemäß

$$(8.)\qquad g_{\mu+1}(x) - x g_\mu(x) + g_{\mu-1}(x) = 0.$$

Nach dieser Rekursionsformel haben $g_{\mu+1}$ und $g_{\mu-1}$ an einer reellen Nullstelle von g_μ entgegengesetzte Vorzeichen.

Wir betrachten nun das ganzzahlige Polynom

$$(9.)\qquad g(x) = g_m(x) + g_{m+1}(x) = z^m + z^{m-1} + \cdots + z^{-(m-1)} + z^{-m}$$

in $x = z + z^{-1}$ mit höchstem Glied x^m. Seine Nullstellen sind gerade die (doppelten) Realteile $\xi_\mu = \zeta^\mu + \zeta^{-\mu}$ der $\zeta^\mu (\mu = 1, \ldots, m)$. Der größte unter ihnen ist definitionsgemäß $\xi_1 = \xi = \zeta + \zeta^{-1}$. Wir zeigen, daß auch die Polynome g_μ, von $g_1 = 1$ abgesehen, größte reelle Nullstellen λ_μ besitzen, und daß diese mit μ monoton wachsen: $\lambda_\mu > \lambda_{\mu-1}$. Für g_2, g_3 stimmt das ersichtlich, mit $\lambda_2 = 0$, $\lambda_3 = 1$. Sei es schon bis g_μ bewiesen. Dann ist $g_{\mu-1}(\lambda_\mu) > 0$, nach (8.) also $g_{\mu+1}(\lambda_\mu) < 0$. Daher hat $g_{\mu+1}$ eine größte reelle Nullstelle $\lambda_{\mu+1} > \lambda_\mu$. Für die nach diesem Induktionsschluß vorhandene größte reelle Nullstelle λ_m von g_m ist $g_{m-1}(\lambda_m) > 0$, nach (8.) also $g_{m+1}(\lambda_m) < 0$. Nach (9.) hat man demnach

$$g(\lambda_m) = g_{m+1}(\lambda_m) < 0.$$

Für die größte reelle Nullstelle ξ von g folgt daraus $\xi > \lambda_m$ und somit erst recht $\xi > \lambda_\mu (\mu = 2, \ldots, m)$. Nach der Bedeutung der λ_μ besagt dies aber die zu beweisende Behauptung (7.).

Der in diesem letzteren Beweis mehrfach angewandte Schluß, daß ein ganzzahliges Polynom zwischen zwei Stellen entgegengesetzten Vorzeichens eine reelle Nullstelle besitzt, kann heute auf Grund der ARTIN-SCHREIERschen Formalisierung des Begriffs „reell"[1] als rein-algebraisch angesehen werden.

Es gibt auch andere Beweise für die Vorzeichenregel XI, bei denen im Gegenteil die Rolle der Arithmetik möglichst weitgehend zurückgedrängt oder sogar völlig durch analytische Schlußweisen ersetzt ist, welch letztere dann allerdings nicht mehr denselben elementaren Charakter wie die eben angegebene analytische Tatsache haben. So hat man die Theorie der Fourierschen Reihen und auch Integrale für diesen Beweis herangezogen.

Während wir uns im ersten reduzierenden Teil des Beweises auf das quadratische Reziprozitätsgesetz gestützt haben, hat schon GAUSS selbst umgekehrt diesen Zusammenhang zu einem Beweise des quadratischen Reziprozitätsgesetzes benutzt, der sich auf eine für quadratische Charaktere mit beliebigem Führer durchgeführte, analytische Vorzeichenbestimmung seiner Summen stützt.

6. Die Kummersche Vermutung für kubische Charaktere nach einem Primzahlmodul

Der Leser wird sich längst gesagt haben, daß die eben in 5 für die Gaußschen Summen $\tau(\chi)$ zu quadratischen Charakteren χ behandelte

---

[1] Siehe dazu etwa B. L. VAN DER WAERDEN: Algebra I, 5. Aufl., Slg. Grundlehren der mathematischen Wissenschaften in Einzeldarstellungen, Band 33. Berlin/Göttingen/Heidelberg 1960, Kap. 9.

Fragestellung nicht auf diesen Spezialfall $k = 2$ beschränkt ist, sondern ihr Analogon auch für die Gaußschen Summen $\tau(\chi)$ zu Charakteren χ von höherer Ordnung $k \geqq 3$ haben wird. Das ist in der Tat der Fall. Jedoch ist dann einerseits schon die Formulierung der Frage mit arithmetischen Schwierigkeiten verbunden, die wir nachher kurz streifen werden; und andererseits ist ihre Beantwortung bisher nicht einmal im nächsthöheren Fall $k = 3$ der kubischen Charaktere gelungen.

Das Einzige, was bisher in dieser Hinsicht vorliegt, ist eine von KUMMER für die kubischen Gaußschen Summen nach einem Primzahlmodul $p \equiv 1$ mod. 3 ausgesprochene, interessante Vermutung, die allerdings wenig Beachtung gefunden hat, obwohl ihre Bearbeitung für die Zahlentheorie vielleicht fruchtbarer wäre, als die Bemühungen so vieler Fachleute und Laien um die große Fermatsche Vermutung (§ 3,8). Wir wollen diese Vermutung hier im Anschluß an die bereits in **4** über die kubischen Gaußschen Summen gewonnenen Ergebnisse herausarbeiten und sie auch in eine von den dortigen arithmetischen Begriffsbildungen freie, ganz elementare Form setzen.

Wir beginnen mit der allgemeinen Aufrollung der Fragestellung. Es sei χ ein Charakter der Ordnung $k \geqq 3$, von dem wir auf Grund der Komponentenzerlegung **2**,VI und nach der Schlußbemerkung in **3** ohne wesentliche Einschränkung voraussetzen können, daß der Führer eine Primzahl $p \equiv 1$ mod. k ist. Nach **3**,VII ist dann die normierte eigentliche Gaußsche Summe

$$\tau(\chi) = \sum_{x \bmod. p} \chi(x)\, \zeta^{x}$$

eine Lagrangesche Resolvente für den einzigen zyklischen Teilkörper k-ten Grades

$$\mathsf{K} = \mathsf{P}(\vartheta)$$

des (vom Grade $p - 1$ zyklischen) Einheitswurzelkörpers P_k, und zwar handelt es sich um die Lagrangesche Resolvente des in **3**, (3.) definierten erzeugenden Elements

$$\vartheta = \sum_{\substack{x \bmod. p \\ \chi(x) = 1}} \zeta^{x} = \frac{1}{k} \sum_{y \not\equiv 0 \bmod. p} \zeta^{y^{k}},$$

der *normierten p-ten Kreisteilungsperiode vom Grade k*. Nach **4**, (5.) ist die k-te Potenz

$$\tau(\chi)^{k} = \omega(\chi) = \chi(-1)\, p \prod_{x \not\equiv 0,\, -1 \bmod. k} \pi(\chi, \chi^{x})$$

als Zahl des (gegenüber $\mathsf{P}_k\, \mathsf{P}_p$ niederen) Einheitswurzelkörpers P_k algebraisch bekannt, und zwar ist diese Zahl unabhängig von der Normierung von ζ, da sie ja bei allen Automorphismen $\zeta \to \zeta^{a}$ von $\mathsf{P}_k\, \mathsf{P}_p / \mathsf{P}_k$ invariant ist. Dadurch ist die Zahl $\tau(\chi) = \sqrt[k]{\omega(\chi)}$ aus $\mathsf{P}_k\, \mathsf{P}_p$ genau k-deutig bestimmt. Die k verschiedenen Werte der k-ten Wurzel entsprechen wegen $\tau(\chi) \to \bar{\chi}(a)\,\tau(\chi)$ bei $\zeta \to \zeta^a$ umkehrbar eindeutig den durch die k Werte von χ unterschiedenen Nebenklassen nach der Untergruppe der k-ten Potenzreste mod. p.

Legt man nun wieder die analytische Normierung $\zeta = e^{\frac{2\pi i}{p}}$ zugrunde, so erhebt sich die Frage, *welcher der k verschiedenen k-ten Wurzeln aus der bekannten Zahl $\omega(\chi)$ die Zahl $\tau(\chi)$ gleich ist.*

Diese Frage ist wieder wesentlich **analytischer** Natur. Zu ihrer präzisen Formulierung reicht die bloß **algebraische** Kenntnis von $\omega(\chi)$ als Zahl aus P_k nicht aus; man muß vielmehr $\omega(\chi)$ auch analytisch, d.h. als komplexe Zahl kennen, um ihre k-ten Wurzeln überhaupt unterscheiden zu können. Diese Schwierigkeit trat im Spezialfall $k = 2$ nicht auf, weil dort $\omega(\chi) = \chi(-1)\,p = p^*$ rational und damit trivialerweise als komplexe Zahl bekannt ist. Sie kann behoben werden, indem man für $\omega(\chi)$ eine **arithmetische** Kennzeichnung von der Art gibt, wie wir das in **4** für die Spezialfälle $k = 3, 4, 6$ getan haben; die dortigen arithmetischen Kennzeichnungen legen ja $\omega(\chi)$ ersichtlich auch als komplexe Zahl fest.

Nun kennt man zwar auch für beliebige Ordnung k eine arithmetische Kennzeichnung von $\omega(\chi)$, nämlich durch Angabe einerseits der Primdivisorzerlegung in P_k und andererseits der zu **5**, (6.) analogen Kongruenzeigenschaft; diese Angaben legen, zusammen mit der Tatsache, daß $|\omega(\chi)| = \sqrt{p^k}$ ist, die Zahl $\omega(\chi)$ eindeutig fest[1]. Damit ist jedoch im allgemeinen nicht wie in jenen Spezialfällen $\omega(\chi)$ als komplexe Zahl bekannt, nämlich deshalb nicht, weil die **Primdivisor**zerlegung in P_k im allgemeinen nicht eine **Primzahl**zerlegung ist. Nur wenn letzteres der Fall ist, d.h. *nur wenn der Einheitswurzelkörper P_k die Klassenzahl $h = 1$ hat, kann man demnach auf diese Weise zu einer Kenntnis von $\omega(\chi)$ als komplexe Zahl und damit zu einer präzisen Formulierung der obigen Fragestellung gelangen.* Für die Spezialfälle

$$k = 3, 4, 6 \quad \text{mit} \quad P_3 = P_6 = P\left(\sqrt{-3}\right) \quad \text{bzw.} \quad P_4 = P\left(\sqrt{-1}\right)$$

trifft das zu.

Wir wenden uns nunmehr dem von K\textsc{ummer} betrachteten **kubischen Fall** $k = 3$ zu; auf die Fälle $k = 6$ und $k = 4$ kommen wir anschließend in **7** zu sprechen.

Nach **4**, (10b.), (11 b$_2$.) hat man im kubischen Falle die arithmetische Kennzeichnung

$$\tau(\chi)^3 = p\,\pi, \qquad \tau(\bar{\chi})^3 = p\,\bar{\pi}$$

---

[1] Siehe dazu die in **4** zitierte Arbeit von D\textsc{avenport}-H\textsc{asse}.

mit

$$(1.) \qquad \left\{ \begin{array}{ll} \pi,\ \bar{\pi} = \dfrac{a \pm 3b\sqrt{-3}}{2}, & a \equiv 1 \bmod. 3 \\[3mm] p = \dfrac{a^2 + 27b^2}{4} & \end{array} \right\}.$$

An Stelle einer arithmetischen Unterscheidung der beiden Konjugierten π, $\bar{\pi}$, die man, analog zu der in § 18,5, (29.) für den biquadratischen Fall gegebenen, auch hier durchführen kann, braucht man für die zu behandelnde Frage die durch die Vorschrift

$$(2.) \qquad \pi \ \text{positiv-imaginär, also} \ b > 0$$

gegebene analytische Unterscheidung. Es genügt, die eine, π zugeordnete Gaußsche Summe $\tau(\chi)$ zu betrachten, da dann die andere $\tau(\bar{\chi})$ als die konjugiert-komplexe bestimmt ist. Ganz analog, wie in § 18,5, (28.) für den biquadratischen Fall, zeigt man auch hier, daß diese umgekehrte Zuordnung von χ und damit $\tau(\chi)$ zu π durch das *verallgemeinerte Eulersche Kriterium*

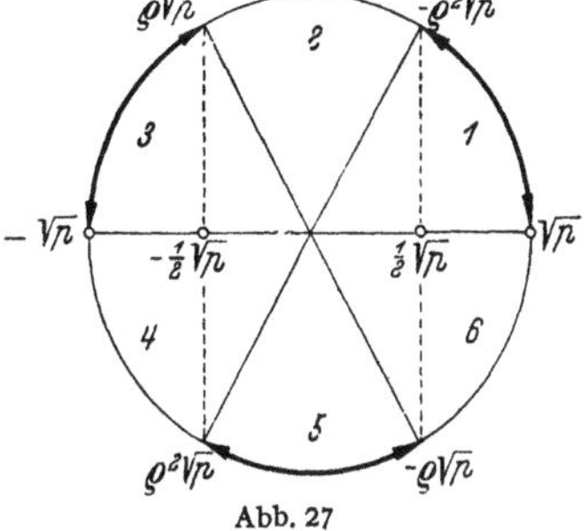

Abb. 27

$$(3.) \qquad \chi(x) \equiv x^{\frac{p-1}{3}} \bmod. \pi$$

gegeben ist.

Nach alledem kann unsere Fragestellung wie folgt präzise formuliert werden:

Sei eine Primzahl $p \equiv 1$ mod. 3 gegeben, sei (1.) ihre normierte Primzerlegung in P_3, und sei χ der dem nach (2.) normierten Primfaktor π gemäß (3.) zugeordnete kubische Restcharakter mod. p.

Welcher der drei komplexen Zahlen $\sqrt[3]{p\pi}$ ist dann die normierte Gaußsche Summe $\tau(\chi)$ gleich?

Bei der Normierung (2.) liegen nun die drei Kubikwurzeln

$$\sqrt[3]{p\pi} \ \text{im 1., 3., 5. Sextanten}$$

der komplexen Zahlenebene, und zwar wegen $|\pi| = \sqrt{p}$ auf dem Kreise vom Radius $\sqrt{p}$ um 0, und wegen der Nichtrealität von π jeweils im Inneren des betreffenden Kreisbogens (Abb. 27). Demgemäß führt unsere Frage zu einer Einteilung aller Primzahlen $p \equiv 1$ mod. 3 in

$$\text{drei Klassen } p_1, p_3, p_5,$$

je nachdem, ob die π wie angegeben zugeordnete normierte Gaußsche Summe

$$\tau(\chi) \ \text{im 1., 3., 5. Sextanten}$$

der komplexen Zahlenebene liegt.

Es erhebt sich die Frage, ob es ein arithmetisches Gesetz gibt, nach dem von einer gegebenen Primzahl $p \equiv 1$ mod. 3 entschieden werden kann, welcher der drei Klassen p_1, p_3, p_5 sie angehört, und wie gegebenenfalls dieses Gesetz beschaffen ist. Auf diese Frage kennt man bis heute keine Antwort.

Zur Verhütung einer falschen Vorstellung und zur Beleuchtung des Sachverhalts bemerken wir, daß die drei Klassen p_1, p_3, p_5 im kubischen Falle nicht etwa das Analogon der im quadratischen Falle hervortretenden beiden Typen $p \equiv \pm 1$ mod. 4 ($p^* \lessgtr 0$) sind. Vielmehr liegen, vom kubischen Falle her gesehen, die Verhältnisse im quadratischen Falle folgendermaßen. Für jeden der beiden Typen ist aus $\tau(\chi)^2 = p^*$ klar, daß $\tau(\chi)$ eine der beiden Quadratwurzeln $\sqrt{p^*}$ ist. Die beiden zugehörigen Punkte auf dem Kreis vom Radius $\sqrt{p}$ um 0 sind hier das Analogon der obigen drei Sektoren. Vor Kenntnis der Vorzeichenbestimmung kann man demgemäß sagen, daß alle ungeraden Primzahlen p (ohne Rücksicht auf den Typus $p \equiv \pm 1$ mod. 4) in zwei Klassen p_1, p_3 zerfallen, je nachdem $\tau(\chi)$ der rechte/obere oder der linke/untere Punkt ist, oder also, je nachdem $\tau(\chi)$ im 1. oder 3. Quadranten (Rand eingeschlossen!) der komplexen Zahlenebene liegt. Die Frage, ob diese Klasseneinteilung von einem Gesetz beherrscht wird, wird hier durch die Vorzeichenbestimmung in 5,XI bejaht. Das Gesetz besagt, daß alle ungeraden Primzahlen p der Klasse p_1 angehören, während die Klasse p_3 leer ist.

Wenn man nun in Analogie zu dieser Sachlage im quadratischen Falle erwarten sollte, daß etwa auch im kubischen Falle alle Primzahlen $p \equiv 1$ mod. 3 einer einzigen jener drei Klassen p_1, p_3, p_5 angehören, so wird man um so mehr durch den wirklichen Sachverhalt überrascht, den Kummer durch numerische Nachprüfung der 45 Primzahlen $p \equiv 1$ mod. 3 mit $p < 500$ festgestellt hat. Er fand

24 Primzahlen $p_1 = $ 7, 31, 43, 67, 73, 79, 103, 127, 163, 181, 223, 229, 271, 277, 307, 313, 337, 349, 409, 421, 439, 457, 463, 499.

14 Primzahlen $p_5 = $ 13, 19, 37, 61, 109, 157, 193, 241, 283, 367, 373, 379, 397, 487.

7 Primzahlen $p_3 = $ 97, 139, 151, 199, 211, 331, 433.

Da das Verhältnis 24:14:7 der Anzahlen in den drei Klassen ungefähr 3:2:1 ist, hat Kummer auf Grund dieses allerdings nicht sehr umfangreichen numerischen Materials die Vermutung ausgesprochen:

Kummersche Vermutung. *In jeder der drei Klassen p_1, p_5, p_3 gibt es unendlich viele Primzahlen, und die drei Klassen haben die Dichten* $\frac{1}{2}$, $\frac{1}{3}$, $\frac{1}{6}$.

Hinsichtlich des Dichtebegriffs verweisen wir auf unsere Ausführungen in § 14,4.

Auch diese Vermutung ist bis heute weder bestätigt noch widerlegt worden. Ihre Bestätigung würde natürlich noch nicht eine Bejahung der obigen Frage nach einem arithmetischen Gesetz für die Klasseneinteilung p_1, p_3, p_5 bedeuten, aber doch das Vorhandensein eines solchen Gesetzes nahelegen, und ihre Widerlegung würde noch nicht ausschließen, daß dennoch ein solches Gesetz besteht.

Von besonderer Bedeutung erscheint die Bestätigung der Kummerschen Vermutung angesichts der folgenden Tatsache, die wir hier nur als Ergebnis mitteilen können. Wenn auch das Zerlegungsgesetz für endlich-algebraische Zahlkörper bisher nur im absolut-abelschen Falle (§ 19,2) und für solche weiteren Körper K bekannt ist, die sich in von P aus übereinander getürmte relativ-abelsche Zahlkörper einbetten lassen, so weiß man doch allgemein, daß die Primzahlmengen der endlich vielen möglichen unverzweigten Zerlegungstypen unendlich sind und gruppentheoretisch bestimmte Dichten haben[1]. Man könnte demgemäß auf den Gedanken kommen, daß die Kummersche Klasseneinteilung das Zerlegungsgesetz in einem geeigneten algebraischen Zahlkörper widerspiegelt. In der Tat gibt es Zahlkörper, deren Primzahlzerlegungstypen gerade die von Kummer vermuteten Dichten $\frac{1}{2}$, $\frac{1}{3}$, $\frac{1}{6}$ haben, und zwar leisten dies genau alle nicht-abelschen kubischen Zahlkörper K; diese sind unter allen kubischen Zahlkörpern überhaupt dadurch gekennzeichnet, daß ihre Diskriminante D keine Quadratzahl ist[2]. Sie lassen sich in zwei übereinandergetürmte relativ-abelsche Zahlkörper einbetten, deren unterer der quadratische Zahlkörper $P\left(\sqrt{D}\right)$ ist, während der obere, ihr zugehöriger galoisscher Körper, kubisch relativ-zyklisch über $P\left(\sqrt{D}\right)$ ist. Das Zerlegungsgesetz ist demnach bekannt. Es gibt drei unverzweigte Zerlegungstypen, nämlich

$$p \cong \mathfrak{p}\,\mathfrak{p}'\,\mathfrak{p}'' \ \text{(Grade 1)}, \quad p \cong \mathfrak{p} \ \text{(Grad 3)}, \quad p \cong \mathfrak{p}\,\mathfrak{p}' \ \text{(Grade 1, 2)},$$

wo die in Klammern beigefügten Zahlen die Restklassengrade (Normexponenten) bedeuten, und diese p haben gerade die Dichten $\frac{1}{6}$, $\frac{1}{3}$, $\frac{1}{2}$ (in dieser Reihenfolge); dabei entspricht der letztgenannte Zerlegungstypus mit der Dichte $\frac{1}{2}$ den Primzahlen p mit $\left(\frac{D}{p}\right) = -1$. Sollte die Kummersche Klasseneinteilung das Zerlegungsgesetz in einem nicht-abelschen kubischen Körper K widerspiegeln, so käme, da es sich bei ihr nur um die Primzahlen $p \equiv 1$ mod. 3 handelt, jedenfalls nicht ein solcher in Frage, dessen Diskriminante D den quadratfreien Kern -3 hat, weil in diesem Falle der Zerlegungstypus mit der Dichte $\frac{1}{2}$ aus allen Primzahlen $p \equiv -1$ mod. 3 besteht. Dadurch wird aber genau jeder rein-kubisch erzeugbare Körper $K = P\left(\sqrt[3]{a}\right)$ (a rational, keine Kubikzahl) und insbesondere der einzige solche ausgeschlossen, in dessen Diskriminante D nur die Primzahl 3 steckt, nämlich der Körper $K = P\left(\sqrt[3]{3}\right)$. Es müßte sich demnach um einen kubischen Zahlkörper K handeln, in dessen Diskriminante D von 3 verschiedene Primzahlen q stecken.

---

[1] Siehe etwa meinen in § 19,2 zitierten Bericht, Teil II, § 24.

[2] Für die hier herangezogenen Tatsachen über kubische Zahlkörper müssen wir auf die Literatur verweisen. Siehe etwa H. Hasse: Arithmetische Theorie der kubischen Zahlkörper auf klassenkörpertheoretischer Grundlage. Math. Ztschr. **31** (1930), 565–582.

Dies ist jedoch aus zwei Gründen unwahrscheinlich. Einmal würden dann diese endlich vielen Primzahlen q (soweit $\equiv 1$ mod. 3) zwar von der Kummerschen Klasseneinteilung, aber nicht von der des Zerlegungsgesetzes erfaßt; dieser Einwand würde wegfallen, falls alle diese Primzahlen $q \equiv -1$ mod. 3 wären – sie müßten dann notwendig schon in der Diskriminante d des quadratischen Körpers $\mathsf{P}\left(\sqrt{D}\right) = \mathsf{P}\left(\sqrt{d}\right)$ stecken. Und außerdem wäre es bei der rein-kubischen Struktur der Kummerschen Klasseneinteilung höchst verwunderlich, wenn einige Primzahlen q eine Vorzugsrolle als Diskriminantenteiler des zugeordneten kubischen Zahlkörpers K spielten, ein Einwand, der in jedem Falle zutrifft; man würde sich sofort fragen, welche Primzahlen das denn sein könnten, und keinen plausiblen Grund finden, weswegen etwa die Primzahl $q = 23$ (vgl. Schluß von § 17,5) oder $q = 4027$ als Parameter etwas mit der Kummerschen Klasseneinteilung zu tun haben sollte.

Wenn es sich demnach bei der Kummerschen Klasseneinteilung auch wahrscheinlich nicht um die Widerspiegelung eines Zerlegungsgesetzes handelt, so wäre es bei dem heutigen Stande der Forschung in der Primzahltheorie doch in jedem Falle interessant, nicht-triviale (d.h. nicht aus primen Restklassen gebildete) Primzahlmengen zu kennen, die eine Dichte besitzen. So ist die Inangriffnahme der Kummerschen Vermutung sicherlich eine lohnende, reizvolle Aufgabe. Die Lösung dürfte auch nicht so schwierig sein, wie für die in § 3,8,II,III aufgeführten Primzahlfragen, die im Vergleich zu der hier gestellten, algebraisch-zahlentheoretisch fundierten, von transzendenter Natur sind.

Einen Zugang zur Lösung könnte man vielleicht finden, indem man die Klasseneinteilung der Primzahlen $p \equiv 1$ mod. 3 auf alle nicht durch 3 teilbaren Führer f kubischer Restklassencharaktere χ, also auf alle Produkte aus lauter verschiedenen solchen Primzahlen verallgemeinert. Für einen Führer $f = p_1 \cdots p_n$ mit n verschiedenen Primfaktoren $p_\nu \equiv 1$ mod. 3 gibt es nach § 13,6 im ganzen 2^{n-1} Paare konjugiert-komplexer kubischer Restklassencharaktere χ_ν, $\overline{\chi}_\nu$, die den 2^{n-1} verschiedenen Zerlegungen $f = \dfrac{a_\nu^2 + 27 b_\nu^2}{4}$ mit $a_\nu \equiv 1$ mod. 3, $b_\nu > 0$ zugeordnet sind. Es handelt sich demnach um eine Klasseneinteilung nicht der Führer f allein, sondern der Paare f, a_ν, je nachdem, auf welchem Sektor des Kreises vom Radius $\sqrt{f}$ um 0 die zugehörige normierte Gaußsche Summe $\tau(\chi_\nu)$ liegt. Sofern für diese Klasseneinteilung ein arithmetisches Gesetz vorliegt, ist anzunehmen, daß es leichter zugänglich ist als bei alleiniger Berücksichtigung der Primzahlführer $f = p$, ebenso wie ja die Tatsache, daß alle Zahlen einer primen Restklasse mod. m die Dichte $\dfrac{1}{\varphi(m)}$ haben (§ 4,8), leichter zu beweisen (ja trivial!) ist als bei Beschränkung auf Primzahlen (§ 14,4). Entsprechendes gilt übrigens auch für das nachher in 7 zu behandelnde biquadratische Analogon der Kummerschen Vermutung. Die arithmetischen Grundlagen über zyklische kubische und biquadratische Zahlkörper, die man zu dieser erweiterten Klasseneinteilung benötigt, habe ich ausführlich in einer kürzlich erschienenen größeren Abhandlung auseinandergesetzt, die sich an meine in § 18,3 zitierte Monographie anschließt[1]. Man würde zweckmäßig damit beginnen, sich durch numerische Nachprüfung hinreichend vieler Führer f ein Bild von dem zu erwartenden Ergebnis zu verschaffen.

Die vorstehenden kleingedruckten Ausführungen wurden 1949 für die erste Auflage dieses Buches niedergeschrieben. Seitdem sind zwei wichtige Beiträge zur Kummerschen Vermutung geleistet worden.

---

[1] H. Hasse: Arithmetische Bestimmung von Grundeinheit und Klassenzahl in zyklischen kubischen und biquadratischen Zahlkörpern. – Abh. Deutsche Akad. d. Wiss. Berlin, Jahrgang 1948, Nr. 2, Berlin 1950.

Erstens haben v. NEUMANN und GOLDSTINE die Kummersche numerische Nachprüfung der Primzahlen $p \equiv 1$ mod. 3 mit $p < 500$ auf $p < 10000$ ausgedehnt[1]. Das Ergebnis dieser elektronisch durchgeführten Rechnung, bei der die überprüften 611 Primzahlen noch in sechs Gruppen zu je 100 und eine Restgruppe zu 11 Primzahlen unterteilt wurden, ist in der folgenden Tabelle zusammengestellt:

Gruppe	p_1	p_5	p_3
1	54	28	18
2	41	38	21
3	46	33	21
4	39	32	29
5	43	29	28
6	44	38	18
7	5	3	3
Gesamtanzahl	272	201	138
relative Häufigkeit	0.4452	0.3290	0.2258

Die erste und dritte der sich ergebenden relativen Häufigkeiten differieren beträchtlich von den von Kummer vermuteten Dichten:

$$\frac{1}{2} = 0.5000\ldots, \quad \frac{1}{3} = 0.3333\ldots, \quad \frac{1}{6} = 0.1666\ldots$$

Zweitens hat G. BEYER die von mir im letzten kleingedruckten Absatz vorgebrachte Anregung aufgegriffen, neben den Primführern

Gruppe	p_1	p_5	p_3
1	50	30	20
2	52	32	16
3	46	32	22
4	45	35	20
5	41	35	24
6	47	33	20
7	40	39	21
8	42	35	23
9	39	36	25
10	47	31	22
11	42	28	30
12	6	4	5
Gesamtanzahl	497	370	248
relative Häufigkeit	0.4458	0.3318	0.2224

---

[1] J. VON NEUMANN – H. H. GOLDSTINE: A numerical study of a conjecture of Kummer, Math. Tables Aids Comput. **7** (1953), 133–134.

$p \equiv 1$ mod. 3 auch die zusammengesetzten Führer f kubischer Restcharaktere einzubeziehen[1]. Diese Rechnung wurde bis $f(=p) = 7057$ (Ende des Wirkungsbereichs des Jacobischen Canon arithmeticus) durchgeführt, wobei die überprüften 1115 Führer wieder in elf Gruppen zu 100 und eine Restgruppe zu 15 Führern unterteilt wurden. Das Ergebnis ist in der vorstehenden Tabelle zusammengestellt.

Die sich ergebenden relativen Häufigkeiten stimmen gut mit denen bei v. Neumann-Goldstine überein; die hinzugekommenen 504 zusammengesetzten Führer f fügen sich also dem Verhalten der 611 Primführer gut ein, wie das zu erwarten war. Dagegen werden, wie schon gesagt, durch diese relativen Häufigkeiten die von Kummer vermuteten Verhältniszahlen $3:2:1$ in Frage gestellt. G. Beyer vermutet, daß diese Verhältniszahlen durch $4:3:2$ zu ersetzen seien, einmal weil die diesen Verhältnissen entsprechenden Dichten

$$\frac{4}{9} = 0.4444\ldots, \qquad \frac{3}{9} = 0.3333\ldots, \qquad \frac{2}{9} = 0.2222\ldots$$

mit den erhaltenen relativen Häufigkeiten recht gut übereinstimmen, zum anderen weil diese Dichten auch wegen des Nenners $9 = 3^2$ dem kubischen Problem besser angemessen erscheinen als die Kummerschen Dichten mit dem Nenner $6 = 2 \cdot 3$.

Emma Lehmer ist allerdings, wie sie in einem Kolloquiumsvortrag 1963 ausführte, auf Grund neuester ausgedehnter numerischer Ermittlungen zu der Vermutung gedrängt worden, daß die wahren Verhältniszahlen auch nicht $4:3:2$ sondern $5:4:3$ sind, also die wahren Dichten

$$\frac{5}{12} = 0.4166\ldots, \qquad \frac{4}{12} = 0.3333\ldots, \qquad \frac{3}{12} = 0.2500\ldots$$

Wir wollen jetzt noch die Kummersche Klasseneinteilung auf eine mehr elementare Art beschreiben. Es zeigt sich nämlich, daß man zu ihrer Definition die normierte Primzerlegung (1.) von p in P_3 nur in ihrer rationalen Form braucht, und nicht auch die auf die algebraische Zahl π und die algebraischen Werte von χ bezüglichen Normierungsvorschriften (2.) und (3.).

Wie sofort ersichtlich (s. o., Abb. 27), sind nämlich die drei Klassen p_1, p_3, p_5 bereits dadurch unterschieden, daß für sie der doppelte Realteil

$$(4.) \qquad \eta = \tau(\chi) + \tau(\bar{\chi})$$

in den (offenen) Intervallen

$$(5.) \qquad \underset{(\text{Klasse } p_3)}{-2\sqrt{p}\cdots-\sqrt{p}} \qquad \underset{(\text{Klasse } p_5)}{-\sqrt{p}\cdots\sqrt{p}} \qquad \underset{(\text{Klasse } p_1)}{\sqrt{p}\cdots2\sqrt{p}}$$

---

[1] Gudrun Beyer: Über eine Klasseneinteilung aller kubischen Restcharaktere. Abhandl. Math. Sem. Hamburg **19** (1954), 115–116.

liegt. Hierfür spielt aber die Unterscheidung zwischen den Konjugierten χ, $\bar{\chi}$ und π, $\bar{\pi}$ keine Rolle. Diese Unterscheidung in Gestalt der obigen Normierungen (2.), (3.) braucht man erst, wenn man über die Klasseneinteilung hinaus die zum Ausgang genommene Frage nach den beiden einzelnen Werten $\tau(\chi)$, $\tau(\bar{\chi})$ beantworten will, während ihre Summe η, wie wir jetzt explizit sehen werden, allein durch die Zahlen p, a aus (1.) bestimmt ist.

Die Zahl η hängt mit der Erzeugenden ϑ des zyklischen kubischen Teilkörpers K von P_p, zu der $\tau(\chi)$ Lagrangesche Resolvente ist, durch die nach **3**, (7.) bestehende Beziehung

$$\vartheta = \frac{1}{3}\left(-1 + \tau(\chi) + \tau(\bar{\chi})\right) = \frac{\eta - 1}{3}$$

zusammen, ist also wie ϑ eine Erzeugende von K. Durch die normierte primitive p-te Einheitswurzel ζ stellen sich die Konjugierten zu ϑ als die p-ten Kreisteilungsperioden dritten Grades in der Form dar:

$$(6.)\quad \left\{\begin{aligned} \vartheta &= \sum_{\substack{x \bmod. p \\ \chi(x)=1}} \zeta^x &&= \frac{1}{3}\sum_{y \,\not\equiv\, 0\bmod. p} \zeta^{y^3} \\[2ex] \vartheta' &= \sum_{\substack{x' \bmod. p \\ \chi(x')=\varrho}} \zeta^{x'} = \sum_{\substack{x \bmod. p \\ \chi(x)=1}} \zeta^{rx} = \frac{1}{3}\sum_{y \,\not\equiv\, 0\bmod. p} \zeta^{r y^3} \\[2ex] \vartheta'' &= \sum_{\substack{x'' \bmod. p \\ \chi(x'')=\varrho^2}} \zeta^{x''} = \sum_{\substack{x \bmod. p \\ \chi(x)=1}} \zeta^{r^2 x} = \frac{1}{3}\sum_{y \,\not\equiv\, 0\bmod. p} \zeta^{r^2 y^3} \end{aligned}\right\},$$

wo r ein kubischer Nichtrest mod. p mit $\chi(r) = \varrho = \dfrac{-1 + \sqrt{-3}}{2}$ ist. Die Konjugierten zu η erhält man dann, indem man in der Summation über y noch das Glied 1 mit $y \equiv 0$ mod. p hinzufügt:

$$(7.)\quad \eta = \sum_{y \bmod. p} \zeta^{y^3}, \qquad \eta' = \sum_{y \bmod. p} \zeta^{r y^3}, \qquad \eta'' = \sum_{y \bmod. p} \zeta^{r^2 y^3}.$$

Die beiden linearen Gleichungssysteme **3**, (4.), (7.) lauten hier:

$$\left\{\begin{aligned} -1 &= \vartheta + \vartheta' + \vartheta'' \\ \tau(\chi) &= \vartheta + \varrho\,\vartheta' + \varrho^2\vartheta'' \\ \tau(\bar{\chi}) &= \vartheta + \varrho^2\vartheta' + \varrho\,\vartheta'' \end{aligned}\right\}, \qquad \left\{\begin{aligned} 0 &= \eta + \eta' + \eta'' \\ \tau(\chi) &= \frac{1}{3}(\eta + \varrho\,\eta' + \varrho^2\eta'') \\ \tau(\bar{\chi}) &= \frac{1}{3}(\eta + \varrho^2\eta' + \varrho\,\eta'') \end{aligned}\right\}$$

und

$$\left\{\begin{aligned} \vartheta &= \frac{1}{3}(-1 + \tau(\chi) + \tau(\bar{\chi})) \\ \vartheta' &= \frac{1}{3}(-1 + \varrho^2\tau(\chi) + \varrho\,\tau(\bar{\chi})) \\ \vartheta'' &= \frac{1}{3}(-1 + \varrho\,\tau(\chi) + \varrho^2\tau(\bar{\chi})) \end{aligned}\right\}, \qquad \left\{\begin{aligned} \eta &= \tau(\chi) + \tau(\bar{\chi}) \\ \eta' &= \varrho^2\tau(\chi) + \varrho\,\tau(\bar{\chi}) \\ \eta'' &= \varrho\,\tau(\chi) + \varrho^2\tau(\bar{\chi}) \end{aligned}\right\}.$$

Denkt man in den letzteren Gleichungen für $\tau(\chi)$ und $\tau(\bar{\chi})$ die richtig normierte $\sqrt[3]{p\pi}$ und ihre Konjugiert-komplexe $\sqrt[3]{p\bar{\pi}}$ eingetragen, so hat man die Cardanischen Auflösungsformeln für die zyklischen kubischen Gleichungen vor sich, denen ϑ und η genügen. Die Gleichung für η hat den zweithöchsten Koeffizienten 0; sie entsteht aus der für ϑ mit dem zweithöchsten Koeffizienten -1 durch die übliche Reduktion.

Explizit ergeben sich diese Gleichungen durch Berechnung der beiden weiteren symmetrischen Grundfunktionen von η, η', η'' wie folgt:

$$\eta\,\eta'\eta'' = \tau(\chi)^3 + \tau(\bar{\chi})^3 = p\pi + p\bar{\pi} = pa,$$
$$\eta\,\eta' + \eta\,\eta'' + \eta'\eta'' = -3\tau(\chi)\,\tau(\bar{\chi}) = -3p.$$

Die Gleichung für η lautet demnach

$$(8.) \qquad\qquad \eta^3 - 3p\eta - ap = 0.$$

Sie ist in der Tat nur durch die beiden Zahlen p, a aus (1.) bestimmt. Ihre Diskriminante ist

$$\frac{4p^3 - a^2 p^2}{27} = b^2 p^2.$$

Als Gleichung für ϑ ergibt sich

$$\vartheta^3 + \vartheta^2 - \frac{p-1}{3}\,\vartheta - \frac{ap + 3p - 1}{27} = 0.$$

Daß hierin auch der letzte Koeffizient ganzzahlig ist, erkennt man als formale Folge aus der Beziehung (1.) zwischen p und a. Mit diesen Gleichungen ist eine algebraische Erzeugung des zyklischen kubischen Teilkörpers $\mathsf{K} = \mathsf{P}(\vartheta) = \mathsf{P}(\eta)$ von P_p explizit angegeben.

Auf unsere Ausgangsfrage zurückkommend, können wir jetzt sagen, daß die drei Wurzeln η, η', η'' der a l g e b r a i s c h e n kubischen Gleichung (8.) in den drei Intervallen (5.) liegen, da sie den drei verschiedenen Normierungen von $\sqrt[3]{p\pi}$ als doppelte Realteile zugeordnet sind. Die Frage ist dann, welchem dieser Intervalle die durch (4.) a n a l y t i s c h normierte Wurzel η von (8.) angehört. Diese analytische Normierung (4.) kann nach (7.) in der Form

$$\eta = \sum_{y\,\mathrm{mod.}\,p} \zeta^{y^3} = 1 + 2 \sum_{\pm y\,\mathrm{mod.}\,p} \cos\frac{2\pi y^3}{p}$$

oder nach (6.) auch

$$\eta = 1 + 3 \sum_{\substack{x\,\mathrm{mod.}\,p \\ \chi(x)=1}} \zeta^x = 1 + 6 \sum_{\substack{\pm x\,\mathrm{mod.}\,p \\ \chi(x)=1}} \cos\frac{2\pi x}{p}.$$

geschrieben werden. Die letztere Form erscheint zur numerischen Entscheidung der Frage am besten geeignet.

Beispiele. $\underline{p = 7}$. Die absolut-kleinsten kubischen Reste sind ± 1 mod. 7. Daher wird

$$\eta = 1 + 6 \cos \frac{2\pi}{7}.$$

Die einfache Abschätzung

$$\eta > 1 + 6 \cos \frac{2\pi}{6} = 1 + 3 = 4 > \sqrt{7}$$

zeigt hier ohne Zuhilfenahme von Tabellen, daß η dem Intervall $\sqrt{7} \ldots 2\sqrt{7}$, also 7 der Klasse p_1 angehört.

$\underline{p = 13}$. Die absolut-kleinsten kubischen Reste sind ± 1, ± 5 mod. 13. Daher wird

$$\eta = 1 + 6 \cos \frac{2\pi}{13} + 6 \cos \frac{10\pi}{13}.$$

Hier zeigen die Abschätzungen

$$\eta < 1 + 6 \cos 0 + 6 \cos \frac{3\pi}{4} = 1 + 6 - 3\sqrt{2} = 7 - 3\sqrt{2} < \sqrt{13},$$

$$\eta > 1 + 6 \cos \frac{2\pi}{12} + 6 \cos \frac{10\pi}{12} = 1 > -\sqrt{13},$$

daß η dem Intervall $-\sqrt{13} \ldots \sqrt{13}$, also 13 der Klasse p_5 angehört.

7. Analoga für bikubische und biquadratische Charaktere

Der bikubische Fall läßt sich wie schon in 4 auf den kubischen Fall zurückführen. Man benutzt dazu am einfachsten nicht wie dort vor (10c.) die etwas tiefer liegende Formel (7.) aus IX, sondern die Grundformel aus VIII für das Faktorensystem der Gaußschen Summen.

In den Bezeichnungen aus 4 für den kubischen und bikubischen Fall hat man danach

$$\tau(\chi\psi) = \frac{\tau(\chi)\,\tau(\psi)}{\pi(\chi,\psi)} = \chi(2)\,\frac{\tau(\chi)\,\tau(\psi)}{\pi}.$$

Hierdurch wird die Normierungsaufgabe für die sechste Wurzel aus

$$\tau(\chi\psi)^6 = p^*\,\bar{\pi}^4$$

auf die in 6 besprochene Normierungsaufgabe für die dritte Wurzel aus $\tau(\chi)^3 = p\pi$ und die in 5 durchgeführte Vorzeichenbestimmung der Quadratwurzel aus $\tau(\psi)^2 = p^*$ zurückgeführt:

$$(1.) \qquad \tau(\chi\psi) = \sqrt[6]{p^*\,\bar{\pi}^4} = \chi(2)\,\frac{\sqrt[3]{p\pi}\,\sqrt{p^*}}{\pi}.$$

Die zu untersuchende $\sqrt[6]{p^*\,\bar{\pi}^4}$ hat hier von vornherein sechs Möglichkeiten, die sich durch die sechs Sextanten des Kreises um 0 vom Radius $\sqrt{p}$ trennen lassen, nicht etwa nur durch eine alternierende Folge von sechs Zwölftelsektoren, weil die positiv-imaginäre Normierung von π keinerlei Einschränkung für die Lage von $p^*\bar{\pi}^4$ in der komplexen Ebene mit sich bringt. Rechnet man jedoch diese Sextanten, anstatt von der positiv-reellen Achse, von dem Strahl durch $\chi(2)\,\dfrac{\sqrt{p^*}}{\pi}$ aus, so kommen entsprechend den drei Klassen p_1, p_3, p_5 der Primzahlen $p \equiv 1$ mod. 3 nach (1.) nur der 1., 3., 5. Sextant in Frage. Es tritt also nicht etwa, wie man hätte denken können, eine Unterteilung jener drei Klassen in je zwei Halbklassen auf. Der bikubische Fall liefert somit nichts wesentlich Neues.

Im biquadratischen Fall, dem wir uns jetzt zuwenden, tritt dagegen ein Analogon zur Kummerschen Klasseneinteilung auf, das hier noch durch eine zum quadratischen Fall analoge Typeneinteilung überlagert ist. Im Anschluß an die Ausführungen in **4** über den biquadratischen Fall und nach dem Vorbild aus **6** des kubischen Falles können wir uns kurz fassen.

Es handelt sich für eine Primzahl $p \equiv 1$ mod. 4 nach **4**, (10a.) um die Normierung der vierten Wurzel aus

$$(2.) \qquad \tau(\chi)^4 = p\,\pi^2, \qquad \tau(\bar{\chi})^4 = p\,\bar{\pi}^2.$$

Dabei können wir ohne Einfluß auf die Fragestellung die arithmetische Normierung **4**, (11a.) von π, $\bar{\pi}$ durch die analytische Normierung

$$(3.) \qquad \left\{ \begin{array}{l} \pi, \bar{\pi} = a \pm 2bi \quad \text{mit} \quad a > 0,\ b > 0 \\ p \ = a^2 + 4b^2 \end{array} \right\}$$

ersetzen, also π im ersten Quadranten der komplexen Zahlenebene wählen, da es in (2.) auf das Vorzeichen von π nicht ankommt. Unter χ ist dann der diesem Primfaktor π von p in P_4 durch das verallgemeinerte Eulersche Kriterium

$$(4.) \qquad \chi(x) \equiv x^{\frac{p-1}{4}} \ \text{mod}.\,\pi$$

zugeordnete biquadratische Charakter mod. p zu verstehen.

Anders als im kubischen Falle sind hier $\tau(\chi)$, $\tau(\bar{\chi})$ nicht immer konjugiert-komplex zueinander, sondern es ist

$$\tau(\bar{\chi}) = \chi(-1)\,\tau(\chi)$$

mit

$$\chi(-1) = (-1)^{\frac{p-1}{4}} = \left\{ \begin{array}{l} 1 \ \text{für} \ p \equiv 1 \,\text{mod}.\,8 \\ -1 \ \text{für} \ p \equiv 5 \,\text{mod}.\,8 \end{array} \right\}.$$

Diese Alternative ergibt eine Einteilung der zu betrachtenden Primzahlen $p \equiv 1$ mod. 4 in zwei Typen.

Bei der Normierung (3.) ist der Radikand $p\pi^2$ positiv-imaginär. Demnach verteilen sich die Primzahlen $p \equiv 1$ mod. 4 jedes der beiden Typen auf

$$\text{vier Klassen } p_1,\, p_3,\, p_5,\, p_7,$$

je nachdem, ob die π wie angegeben zugeordnete normierte Gaußsche Summe

$$\tau(\chi) \text{ im 1., 3., 5., 7. Oktanten}$$

der komplexen Zahlenebene liegt (Abb. 28). Setzt man

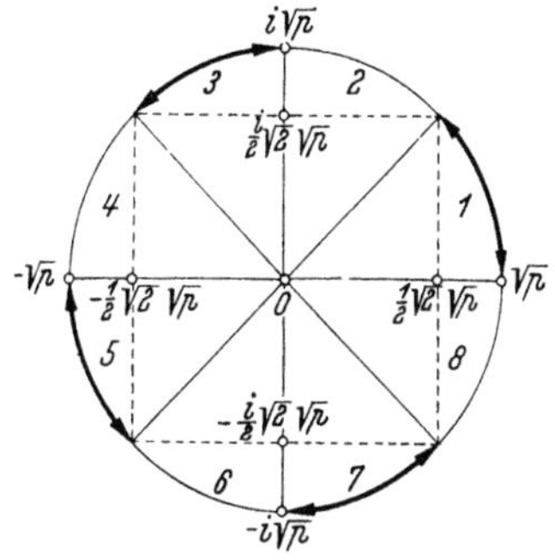

$$\tau(\chi) = \varrho + i\sigma, \qquad \overline{\tau(\chi)} = \varrho - i\sigma,$$

also

Abb. 28

$$(5.) \quad \varrho = \tfrac{1}{2}\left(\tau(\chi) + \chi(-1)\,\tau(\bar{\chi})\right), \qquad \sigma = \tfrac{1}{2i}\left(\tau(\chi) - \chi(-1)\,\tau(\bar{\chi})\right),$$

so kann über diese Einteilung ersichtlich auch dadurch entschieden werden, welchem der vier (offenen) Intervalle

$$- \sqrt{p} \ldots - \tfrac{1}{2}\sqrt{2}\sqrt{p} \qquad - \tfrac{1}{2}\sqrt{2}\sqrt{p} \ldots 0$$

$$\text{(Klasse } p_5) \qquad\qquad\qquad \text{(Klasse } p_3)$$

$$0 \ldots \tfrac{1}{2}\sqrt{2}\sqrt{p} \qquad \tfrac{1}{2}\sqrt{2}\sqrt{p} \ldots \sqrt{p}$$

$$\text{(Klasse } p_7) \qquad\qquad \text{(Klasse } p_1)$$

der Realteil

$$\varrho = \tfrac{1}{2}\left(\tau(\chi) + \tau(\bar{\chi})\right) \quad \text{für } p \equiv 1 \text{ mod. } 8,$$

bzw. welchem der vier (offenen) Intervalle

$$- \sqrt{p} \ldots - \tfrac{1}{2}\sqrt{2}\sqrt{p} \qquad - \tfrac{1}{2}\sqrt{2}\sqrt{p} \ldots 0$$

$$\text{(Klasse } p_7) \qquad\qquad\qquad \text{(Klasse } p_5)$$

$$0 \ldots \tfrac{1}{2}\sqrt{2}\sqrt{p} \qquad \tfrac{1}{2}\sqrt{2}\sqrt{p} \ldots \sqrt{p}$$

$$\text{(Klasse } p_1) \qquad\qquad \text{(Klasse } p_3)$$

der Imaginärteil

$$\sigma = \tfrac{1}{2i}\left(\tau(\chi) + \tau(\bar{\chi})\right) \quad \text{für } p \equiv 5 \text{ mod. } 8$$

angehört. Diese Reduktion auf die Summe

$$\eta = \tau(\chi) + \tau(\bar{\chi}) = \begin{cases} 2\varrho & \text{für } p \equiv 1 \text{ mod. } 8 \\ 2i\sigma & \text{für } p \equiv 5 \text{ mod. } 8 \end{cases}$$

erweist sich, wie wir sehen werden, für die numerische Durchführung der Entscheidung als zweckmäßig.

Es erhebt sich wieder die Frage, ob die so durch die Gegebenheiten (2.), (3.), (4.) eindeutig festgelegte Einteilung aller Primzahlen $p \equiv 1$ mod. 4 jedes der beiden Typen $p \equiv 1, 5$ mod. 8 in die vier Klassen p_1, p_3, p_5, p_7 durch ein arithmetisches Gesetz beherrscht wird, und wie gegebenenfalls dieses Gesetz beschaffen ist. Auch auf diese Frage kennt man bis heute keine Antwort.

Was die algebraische Bedeutung der Zahl η betrifft, so ist sie, wie gemäß 3, (7.) die Zahl

$$\vartheta = \frac{1}{4}\left(-1 + \sqrt{p} + \tau(\chi) + \tau(\bar{\chi})\right) = \frac{1}{4}\left(-1 + \sqrt{p} + \eta\right),$$

eine Erzeugende des (einzigen) zyklischen biquadratischen Teilkörpers K von P_p, dessen quadratischer Teilkörper notwendig $\mathsf{P}\left(\sqrt{p}\right)$ ist. Nach den 4, (10a.) zugrunde liegenden Relationen hat man in der Tat

$$\eta^2 = \tau(\chi)^2 + \tau(\bar{\chi})^2 + 2\tau(\chi)\,\tau(\bar{\chi})$$
$$= -\sqrt{p}\,(\pi^* + \bar{\pi}^*) + 2\chi(-1)p = -2a^*\sqrt{p} + 2\chi(-1)p\,,$$

wo der dortigen Normierung (11a.) entsprechend $a^* = (-1)^{\frac{a-1}{2}} a$ und $\pi^*, \bar{\pi}^* = (-1)^{\frac{a-1}{2}} (a \pm 2bi)$ zu verstehen ist. Demnach genügt η in bezug auf den quadratischen Teilkörper $\mathsf{P}\left(\sqrt{p}\right)$ von K einer reinen quadratischen Gleichung. Für Realteil ϱ und Imaginärteil σ von $\tau(\chi)$ ergeben sich daraus nach (5.), den beiden Typen entsprechend, die über $\mathsf{P}\left(\sqrt{p}\right)$ reinen quadratischen Gleichungen

$$\varrho^2 = \sqrt{p}\,\frac{-a^* + \sqrt{p}}{2} \quad \text{für } p \equiv 1 \text{ mod. } 8,$$

$$\sigma^2 = \sqrt{p}\,\frac{a^* + \sqrt{p}}{2} \quad \text{für } p \equiv 5 \text{ mod. } 8,$$

deren rechte Seite beidemal die Norm $b^2 p$ hat. Mit diesen Gleichungen ist eine algebraische Erzeugung des zyklischen biquadratischen Teilkörpers $\mathsf{K} = \mathsf{P}(\vartheta) = \mathsf{P}(\eta) = \mathsf{P}(\varrho)$ bzw. $\mathsf{P}(i\sigma)$ von P_p explizit angegeben.

Analytisch stellt sich die Zahl η in der Form

$$\eta = 2 \sum_{\substack{x \bmod. p \\ \psi(x) = 1}} \chi(x)\,\zeta^x$$

dar, wo $\psi = \chi^2 = \bar{\chi}^2$ wieder den quadratischen Charakter mod. p bezeichnet; denn für $\psi(x) = 1$ ist $\chi(x) + \bar{\chi}(x) = 2\chi(x)$ und für $\psi(x) = -1$

ist $\chi(x) + \bar{\chi}(x) = 0$. Daraus ergeben sich für Realteil ϱ bzw. Imaginärteil σ von $\tau(\chi)$ nach (5.) die Darstellungen

$$\varrho = 2 \sum_{\substack{\pm x \bmod. p \\ \psi(x)=1}} \chi(x) \cos \frac{2\pi x}{p} \quad \text{für } p \equiv 1 \bmod. 8,$$

$$\sigma = 2 \sum_{\substack{\pm x \bmod. p \\ \psi(x)=1}} \chi(x) \sin \frac{2\pi x}{p} \quad \text{für } p \equiv 5 \bmod. 8.$$

Beispiele. $\underline{p = 5}$. Die absolut-kleinsten quadratischen Reste sind $\pm 1 \bmod. 5$, und es ist $\chi(1) = 1$. Daher wird

$$\sigma = 2 \sin \frac{2\pi}{5}.$$

Die einfache Abschätzung

$$\sigma = 2 \sin \frac{2\pi}{5} > 2 \sin \frac{2\pi}{6} = \sqrt{3} > \frac{1}{2} \sqrt{2} \sqrt{5}$$

zeigt hier ohne Zuhilfenahme von Tabellen, daß σ dem Intervall $\frac{1}{2} \sqrt{2} \sqrt{5} \ldots \sqrt{5}$, also 5 der Klasse p_3 angehört.

$\underline{p = 17}$. Die absolut-kleinsten quadratischen Reste sind ± 1, ± 2, ± 4, $\pm 8 \bmod. 17$, und es ist $\chi(1) = 1$, $\chi(2) = -1$, $\chi(4) = 1$, $\chi(8) = -1$. Daher wird

$$\varrho = 2 \left[\cos \frac{2\pi}{17} - \cos \frac{4\pi}{17} + \cos \frac{8\pi}{17} - \cos \frac{16\pi}{17} \right].$$

Durch numerische Ausrechnung findet man, daß ϱ dem Intervall $0 \ldots \frac{1}{2} \sqrt{2} \sqrt{17}$, also 17 der Klasse p_7 angehört.

Klasse/Typus	Primzahlen	Anzahlen	
$p_1 \equiv 1 \bmod. 8$	73, 113, 193, 409, 449, 521, 593, 673, 937, 977	10	
$p_1 \equiv 5 \bmod. 8$	13, 109, 149, 229, 373, 397, 557, 797, 829, 853, 997	11	21
$p_3 \equiv 1 \bmod. 8$	41, 97, 233, 281, 433, 809, 881, 953	8	
$p_3 \equiv 5 \bmod. 8$	5, 37, 61, 181, 197, 269, 293, 389, 541, 613, 653, 661, 757	13	21
$p_5 \equiv 1 \bmod. 8$	137, 241, 617, 761, 929	5	
$p_5 \equiv 5 \bmod. 8$	53, 157, 317, 421, 461, 709, 733	7	12
$p_7 \equiv 1 \bmod. 8$	17, 89, 257, 313, 337, 353, 401, 457, 569, 577, 601, 641, 769, 857	14	
$p_7 \equiv 5 \bmod. 8$	29, 101, 173, 277, 349, 509, 677, 701, 773, 821, 877, 941	12	26
$p \equiv 1 \bmod. 8$		37	
$p \equiv 5 \bmod. 8$		43	80

Auf meine Anregung hin hat KALUZA auf Grund dieser Formeln für die 37 Primzahlen $p \equiv 1$ mod. 8 und die 43 Primzahlen $p \equiv 5$ mod. 8 mit $p < 1000$ die Verteilung auf die Klassen p_1, p_3, p_5, p_7 numerisch bestimmt. Das Ergebnis ist in der vorstehenden Tabelle zusammengestellt.

Dies numerische Material umfaßt zwar die doppelte Spanne wie das Kummersche. Immerhin erscheint es gewagt, auf Grund der Tatsache, daß das Anzahlverhältnis in den vier Klassen beider Typen zusammen (und nicht ganz so genau für die beiden Typen einzeln) ungefähr $2:2:1:2$ ist, eine bestimmte Vermutung über die Dichten auszusprechen, zumal bei diesen Verhältnissen der dem biquadratischen Fall fremdartige Hauptnenner 7 auftreten würde. Jedenfalls möchte ich glauben:

Analogon zur Kummerschen Vermutung. *Für jeden der beiden Typen $p \equiv 1, 5$ mod. 8 gibt es in jeder der vier Klassen p_1, p_3, p_5, p_7 unendlich viele Primzahlen, und diese Klassen haben Dichten, die für beide Typen übereinstimmen.*

MIX
Papier aus verantwortungsvollen Quellen
Paper from responsible sources
FSC® C105338

If you have any concerns about our products,
you can contact us on
ProductSafety@springernature.com

In case Publisher is established outside the EU,
the EU authorized representative is:
Springer Nature Customer Service Center GmbH
Europaplatz 3, 69115 Heidelberg, Germany

Printed by Libri Plureos GmbH
in Hamburg, Germany